Moderne Genetik

T. A. Brown

Moderne Genetik

2. Auflage

Aus dem Englischen übersetzt von
Sebastian Vogel, Sigrid Schneider,
Ingrid Haußer-Siller und Ingrid Glomp

Spektrum Akademischer Verlag Heidelberg · Berlin

Originaltitel: Genetics: A Molecular Approach, Third Edition
Aus dem Englischen übersetzt von Sebastian Vogel sowie
(1. Auflage) Sigrid Schneider, Ingrid Haußer-Siller und Ingrid Glomp

Englische Originalausgabe 1998 bei Chapman & Hall, London, 1999 Stanley Thornes, Cheltenham

Die Deutsche Bibliothek – CIP-Einheitsaufnahme

Brown, Terence A.:
Moderne Genetik / T. A. Brown. Aus dem Engl. übers. von Sebastian
Vogel ... – 2. Aufl. – Heidelberg ; Berlin : Spektrum, Akad. Verl.,
1999
Einheitssacht.: Genetics <dt.>
ISBN 3-8274-0306-5 brosch.
ISBN 3-8274-0276-X Gb.

Lektorat: Frank Wigger, Sabine Loss, Jutta Liebau (Ass.)
Redaktion: Sebastian Vogel
Produktion: Elke Littmann
Reihengestaltung: Zembsch' Werkstatt, München
Umschlaggestaltung: Kurt Bitsch, Birkenau
Satz: Satz- und Reprotechnik GmbH, Hemsbach
Druck und Verarbeitung: Franz Spiegel Buch GmbH, Ulm

Für meine Frau, Keri

Wenn Du nicht wärst, bräche meine Welt zusammen.

Inhalt

Danksagung

Ich möchte herzlich allen danken, die so freundlich waren, die zweite Auflage zu kommentieren, und die mir nun Anregungen für die dritte Auflage geliefert haben. Einige klare Verbesserungsvorschläge habe ich berücksichtigt und bei der neuen Ausgabe umgesetzt. Mein besonderer Dank gilt David Baltimore, Thomas Cech, Erwin Chargaff, Robert Holley, Arthur Kornberg, Joshua Lederberg, Severo Ochoa, Frederick Sanger und Howard Temin für die Bereitstellung kurzer Zitate zu ihren Biographien. Besonders danke ich Rob Beynon, meinem Abteilungsleiter, der mir die Zeit verschaffte, dieses Buch zu schreiben. Ich vermute, daß es die Geduld meiner Freunde und meiner Familie bis an die Grenze des Erträglichen auf die Probe gestellt hat; deshalb bin ich ihnen zu Dank verpflichtet, besonders meiner Frau Keri, die viel Nachsicht mit mir hatte. Ich möchte auch dem unbekannten Studenten Dank sagen, der mir schrieb: »Ich mochte Genetik nicht, bis ich Ihr Buch las, nun finde ich sie großartig.« Damit bekommt all die Mühe einen Sinn.

Vorwort zur dritten englischen Auflage

Für die dritte Auflage habe ich den Text vollständig überarbeitet und einige kleinere Veränderungen vorgenommen, um die Verständlichkeit zu verbessern. Manche Abschnitte wurden auch erweitert, insbesondere wenn sich die Kenntnisse über ein Thema durch neue Entdeckungen erweitert haben. Wo es angebracht war, habe ich den in der zweiten Auflage begonnenen Weg fortgesetzt und weitere Informationen über Eukaryoten hinzugefügt. In manchen Fallen (zum Beispiel bei der eukaryotischen Transkription) bedeutete das, daß ich Abschnitte aus den ergänzenden „Kästen" in den Haupttext übernommen habe; in anderen (so bei der Initiation der DNA-Replikation) habe ich neue Passagen ergänzt.

Die wichtigste Entwicklung in der Genetik seit Erscheinen der zweiten Auflage war die vollständige Sequenzierung der ersten Bakterien- und Eukaryotengenome. Diese Tatsache spiegelt der zweite Teil des Buches („Genome") wider, in dem ich diesmal eine wesentlich befriedigendere Beschreibung des Genomaufbaus von Bakterien und Eukaryoten liefern kann. Am Ende des Buches findet sich ein neues Kapitel, das ausschließlich von Genomprojekten handelt und die verschiedenen Vorgehensweisen bei der Aufklärung langer Sequenzen deutlich machen soll.

T. A. Brown

Vorwort zur zweiten englischen Auflage

Der ersten Auflage lag der Gedanke zugrunde, daß die Lehre der Genetik bei der DNA und nicht bei Mendel beginnen sollte. In den nun vergangenen drei Jahren hat sich nichts ereignet, was meine Meinung über die molekulare Betrachtungsweise verändert hat. Mehr denn je bin ich heute davon überzeugt: Die grundlegende Erkenntnis, daß ein Gen aus einem Stück DNA besteht, verschafft dem Studenten die erforderlichen Voraussetzungen, um erfolgreich mit den Problemen und Feinheiten der „klassischen" Genetik zurechtzukommen. Die zweite Auflage behält daher den molekularen Ansatz bei, weist jedoch zwei wichtige Unterschiede auf. Erstens wurde ich in meiner Überzeugung so weit bestärkt, daß ich mein Konzept nun etwas breiter angelegt habe, um Studenten eine noch gründlichere Einführung zu geben. So sind etwa die Abschnitte über Genanalyse erweitert und zusätzliche Themen wie Populationsgenetik und Evolution an geeigneten Stellen mit aufgenommen worden. Dadurch wurde das Buch als Ganzes vollständiger, was seiner Popularität als kurzes Einführungslehrbuch für den an Genetik interessierten Biologiestudenten keinen Abbruch tun sollte.

Zweitens messe ich, besonders in Teil I des Buches, den Eukaryoten eine größere Bedeutung zu. Man unterliegt immer der Versuchung, eine einführende Vorlesung über Molekularbiologie nur auf *E. coli* aufzubauen, weil Eukaryoten „komplizierter" sind und weil viele wesentliche Grundzüge der eukaryotischen Molekularbiologie noch sehr unzulänglich bekannt sind. Tatsächlich finden aber viele Studenten heute durch die Kenntnis von Krebs, AIDS und anderen „eukaryotischen" Themen Interesse an der Genetik. Das soll nicht heißen, daß wir auf die Prokaryoten insgesamt verzichten und lediglich medizinische Genetik unterrichten sollen, aber es spricht dafür, bereits frühzeitig mit der Behandlung der Eukaryoten und besonders des Menschen zu beginnen. Für weniger komplizierte Einführungen zu Themen wie etwa Transkription oder DNA-Replikation kommt den Prokaryoten eine große Bedeutung zu. Durch die Beschäftigung mit den verbindenden Merkmalen prokaryotischer und eukaryotischer Molekularbiologie kann der Student nachvollziehen, wie die Untersuchung von *E. coli* zu der Erforschung der heute aktuellen Themen geführt hat. Um dieses Ziel zu erreichen, habe ich im gesamten Buch die Vorgänge bei Eukaryoten noch detaillierter behandelt und außerdem ein völlig neues Kapitel über die Molekulargenetik des Menschen hinzugefügt.

T. A. Brown

Vorwort zur ersten englischen Auflage

Es gibt heute in den Buchläden so viele Lehrbücher der Genetik, daß der Autor eines vollkommen neuen Werkes die Pflicht hat zu erklären, warum sein eigener Beitrag notwendig ist. In meinem Fall entsprang der Entschluß, ein Buch über Genetik zu schreiben, dem Eindruck, daß die Auswahl in den Buchläden in Wirklichkeit ziemlich begrenzt ist. Die meisten derzeit auf dem Markt befindlichen Bücher geben umfangreiche und oft äußerst detaillierte Darstellungen, die üblicherweise bei Mendel beginnen und mit Populationsgenetik aufhören; dazwischen wird alles mögliche behandelt – von Trisomie bis Transposons. Dieser Aufbau hat wahrscheinlich für mindestens eine Gruppe von Studienanfängern seine Berechtigung, nämlich für diejenigen, die sich auf Genetik spezialisieren wollen; er ist aber ziemlich ungeeignet für die große Zahl von Studierenden, bei denen Genetik nur als Teil ihres allgemeinen Biologie- oder Medizinstudiums oder im Rahmen ihres Schwerpunktfaches – beispielsweise Biochemie, Mikrobiologie, Zoologie oder Biotechnologie – behandelt wird. Mir scheint, daß die Standardwerke diesen Studenten in zweierlei Hinsicht nicht gerecht werden. Erstens bedeutet die gründliche Bearbeitung genetischer Themen, daß vieles eingehender behandelt wird, als es für den Studenten notwendig ist, so daß das Lehrbuch nur als Ergänzung, nicht aber der Untermauerung des Vorlesungsstoffes dient. Als zweiten und vielleicht wichtigeren Fehler berücksichtigen nur wenige der Standardlehrbücher die Tatsache, daß alle Studenten irgendwann einmal Anfänger sind. Wie viele potentielle Genetiker wurden bei der ersten Berührung mit dem Thema durch den beängstigenden intellektuellen Anspruch entmutigt, den viele heute verfügbare Genetiklehrbücher erheben?

Bei jedem Versuch, ein einführendes Lehrbuch zu einem bestimmten Thema zu schreiben, stellt sich vor allem die Schwierigkeit, das Material in verständlicher Form zu präsentieren, ohne dabei dem Fehler der allzu starken Vereinfachung zu unterliegen. Damit ein solches Buch nützlich ist, sollte gewährleistet sein, daß der Leser einerseits die grundlegenden Sachverhalte und Gedanken begreift und daß es andererseits eine ausreichende Wissenstiefe vermittelt, die das Interesse des Studenten weckt und den Wunsch erzeugt, zu weiterführenden Gesichtspunkten des Stoffes vorzudringen. Mit einem einführenden Buch über Genetik sind diese Ziele vielleicht relativ leicht zu erreichen, weil schon die grundlegenden Tatsachen faszinierend sind und weil zumindest nach meiner Erfahrung die meisten Studienanfänger bereits eine gewisse Neugierde für Gene mitbringen. Ich hoffe das vorliegende Buch trägt dazu bei, daß diese Neugierde zu einer lebenslangen Betätigung auf diesem Gebiet führt.

T. A. Brown

Zum Aufbau des Buches

Soll Genetik bei Mendel oder bei der DNA anfangen? Meine Erfahrung als Student und später als Dozent eines einführenden Genetikkurses brachte mich zu der letzteren Alternative. Wenn man die Darstellung mit dem Konzept vom Gen als einem Stück DNA beginnt, hat man eine sichere Grundlage, die alle Studenten begreifen können und auf die ihr folgendes Wissen aufbauen kann. Der Einstieg mit dem abstrakteren Mendelschen Genbegriff birgt die Gefahr in sich, daß man die weniger eifrigen Geister bereits ganz am Anfang verliert. Die Mendelsche Vorstellung vom Gen ist natürlich wichtig, der springende Punkt ist jedoch, daß der Student Mendels Experimente besser versteht und die Bedeutung der klassischen genetischen Analyse für die moderne Biologie mehr zu schätzen weiß, wenn er durch die Beschäftigung mit den „einfacheren“ molekularen Gesichtspunkten der Genetik bereits Fuß gefaßt hat.

Der erste der drei Teile, in die das Buch sich gliedert, heißt daher „Gene und Genexpression“. Das erste Kapitel gibt einen historischen Überblick über die Vorstellungen, die man bis 1944 von Genen hatte, so daß wir genaugenommen trotz allem bei Mendel beginnen. Der historische Faden spinnt sich mit der chemischen Natur des Gens und der DNA-Struktur weiter durch die Kapitel 2 und 3. Kapitel 4 faßt einige Merkmale von Genen als Moleküle zusammen und führt in die Genexpression ein, deren Einzelheiten in den Kapiteln 5 bis 9 beschrieben werden. Wir gehen dann zur Steuerung der Genexpression in Prokaryoten und Eukaryoten über und schließen den ersten Teil des Buches mit Kapiteln über DNA-Replikation und Mutation, Reparatur und Rekombination ab.

Nachdem wir mit dem Gen angefangen haben, erscheint es logisch, sich als nächstes mit „Genomen“ zu befassen. Teil II dieses Buches beschäftigt sich mit den charakteristischen Merkmalen der Genomorganisation und der Replikation bei Viren (Kapitel 13), Prokaryoten (Kapitel 14) und Eukaryoten (Kapitel 15); Kapitel 16 ist einer ausführlichen Besprechung spezifischer Aspekte des menschlichen Genoms gewidmet. Das Kapitel über Viren konzentriert sich auf Bakteriophagen als die bestuntersuchten Systeme. Ich habe versucht, einen Ausgleich durch einen Abschnitt über eukaryotische Viren zu schaffen, insbesondere über solche, die bei der Krebsentstehung eine Rolle spielen. Kapitel 14 führt in die sexuellen Vorgänge bei Bakterien ein, und in Kapitel 15 werden Mitose und Meiose erläutert: Der Student erfährt hier, daß diese Themen bei der genetischen Analyse von besonderer Bedeutung sind.

Die genetische Analyse wird in Teil III „Die Erforschung der Gene“ vorgestellt. Kapitel 17 beschreibt ziemlich ausführlich Mendels Experimente und seine Interpretationen. Eine Erklärung für Mendels Schlußfolgerungen auf molekularer Ebene stellt den wichtigen Zusammenhang zwischen den beiden Genkonzepten dar. Während wir in Kapitel 18 von Mendel zu Morgan vordringen, nehmen wir den historischen Faden wieder auf und wenden uns der Genkartierung bei Eukaryoten zu. Hier erschien es mir sinnvoll zu erklären, wie man eine solche Kartierung bei Hefe durchführt, weil viele Studenten in Praktika und später in der Forschung mit eukaryotischen Mikroorganismen arbeiten werden. In Kapitel 18 habe ich zudem kurz zu schildern versucht, auf welche Weise man mit Hilfe der Mendelschen Genetik untersuchen kann, wie Gene funktionieren und miteinander in Wechselwirkung treten, um einen Phänotyp zu erzeugen. In Kapitel 19 kehren wir zur Genkartierung zurück, wobei wir uns nun auf die Prokaryoten konzentrieren, und in den letzten beiden Kapiteln geht es schließlich darum, wie aufregend das Klonieren von Genen und die Neuerungen der DNA-Rekombinationstechnik sind. In Kapitel 22 schließlich habe ich den gegenwärtigen Stand der Genomsequenzierungsprojekte beschrieben.

Ergänzendes Material

Vervollständigt wird der Text durch Exkurse (Kästen), Aufgaben, Literaturangaben und ein Glossar, die den Nutzen des Buches als Lehrmittel steigern sollen.

Die Kästen geben kurze Informationen, die für den fortlaufenden Text von Bedeutung sind. Einige Kästen vermitteln wichtige Kenntnisse zum Beispiel über grundlegende Methoden. Andere berichten über entferntere Themen und sollen den aufgeweckteren Studenten als Anregung dienen. An einigen Stellen zeigen Kästen auch historische Zusammenhänge auf und enthalten kurze Biographien von Wissenschaftlern, welche die Genetik entscheidend beeinflußt haben. Die Kästen erfüllen also mehrere Aufgaben, aber vor allem sollen sie zeigen, daß Genetik eine lebendige Wissenschaft ist, daß leibhaftige Menschen für unser heutiges Wissen verantwortlich sind und daß dieses Wissen ständig voranschreitet.

Jedes Kapitel schließt mit einer Liste von Übungsaufgaben. Die erste fragt jeweils nach kurzen Definitionen für die Schlüsselbegriffe des Kapitels. Alle Ausdrücke sind im Glossar erläutert, und ich möchte die Studenten auffordern, anhand der Fragen zu überprüfen, ob sie die grundlegende Terminologie verstanden haben. Die anschließenden Fragen lassen sich mit etwa 100 Worten beantworten; die entsprechenden Antworten kann man zwar mühelos im Text wiederfinden, aber die Fragen dürften sich für kurze Tests bei geschlossenem Buch als nützlich erweisen. Die Fragen, die mit einem Stern gekennzeichnet sind, lassen sich nicht aufgrund des Textes beantworten, sondern erfordern den Einsatz des Dozenten: Sie sind für Diskussionen in Seminaren bestimmt. Ich will nicht verhehlen, daß unter diesen Fragen auch einige sind, deren Antwort ich selbst nicht kenne. Sofern es zweckdienlich erschien, sind schließlich noch einige gewöhnliche Verständnisfragen angefügt, deren Lösungen man am Ende des Buches findet.

Jedes Kapitel enthält eine Literaturliste. Meist handelt es sich um Übersichtsartikel aus Zeitschriften wie *Science, Nature, Trends in Genetics* und *Trends in Biochemical Sciences.* Viele der aufgelisteten Artikel sind ziemlich anspruchsvoll, aber sie sollten alle für den Studenten, der die grundlegenden Sachverhalte des Buches begriffen hat, verständlich sein.

T. A. Brown

I

Gene und Genexpression

Die Ursprünge der Genetik und der Molekularbiologie

1

Mendel • Die Geburt der Genetik • Gene, Chromosomen und Taufliegen • Was ist Leben?

Genetik ist die Lehre von der **Vererbung**. Sie beschäftigt sich mit dem Vorgang, bei dem Merkmale von den Eltern an die Nachkommen weitergegeben werden, so daß alle Lebewesen einschließlich des Menschen ihren Vorfahren ähneln. Die zentrale These der Genetik besagt, daß die Vererbung durch zahlreiche Faktoren gesteuert wird, die man als **Gene** bezeichnet und die als getrennte physische Einheiten in allen lebenden Organismen vorhanden sind.

Die ersten Genetiker interessierten sich vor allem für die Frage, wie Gene bei der Fortpflanzung von den Eltern auf die Nachkommen übertragen werden und wie die verschiedenen Gene so zusammenwirken, daß sie die variablen Merkmale wie Größe und Augenfarbe bestimmen können. Der Schwerpunkt der Forschung verlagerte sich in den dreißiger Jahren, als man erkannte, daß Gene – falls sie physische Einheiten darstellen – wie andere Zellbestandteile aus Molekülen bestehen müssen; daher, so die neue Erkenntnis, sollte es möglich sein, sie mit biophysikalischen und biochemischen Methoden unmittelbar zu untersuchen. So entstand ein neuer Zweig der Genetik, die **Molekularbiologie**, die sich als eines ihrer ersten Ziele die Aufklärung der chemischen Natur des Gens zur Aufgabe machte. Dieser Ansatz führte zu neuen gedanklichen Vorstellungen, und bald betrachteten die Biologen einzelne Gene nicht mehr nur als Vererbungseinheiten, sondern als Einheiten **biologischer Information**, wobei die Gesamtheit der Gene eines Lebewesens die komplette Information enthält, die erforderlich ist, damit ein lebensfähiges und funktionstüchtiges Exemplar dieses Organismus entsteht. Das Ziel der

Genetiker und Molekularbiologen bestand in den letzten 50 Jahren in der Aufklärung der Frage, wie biologische Information in Genen gespeichert ist und wie diese Information für die lebende Zelle verfügbar wird.

Genetik und Molekularbiologie sind sehr nahe verwandte Fachgebiete, und obwohl es Unterschiede zwischen ihnen gibt, ist es zweckmäßiger, sie als ein Thema zu behandeln. Aus diesem Grund gebraucht man heute oft den Begriff **Molekulargenetik**, um den Zweig der Biologie zu beschreiben, der sich mit der Erforschung aller Aspekte des Gens befaßt. Dies ist ein Buch über Molekulargenetik, und als solches umfaßt es einige der faszinierendsten Entdeckungen und fesselndsten Probleme der heutigen Wissenschaft. Bevor wir jedoch die Entdeckungen beschreiben und die offenen Fragen erörtern, müssen wir uns zunächst mit der geschichtlichen Entwicklung der Genetik und Molekularbiologie im späten neunzehnten und frühen zwanzigsten Jahrhundert beschäftigen. Dies verschafft uns eine Grundlage für die folgenden Kapitel, denn der hier beschriebene historische und gedankliche Hintergrund war die Voraussetzung für die späteren Bemühungen, das Gen zu verstehen.

1.1 Mendel und der experimentelle Zugang zur Genetik

Die Genetik, wie wir sie kennen, nahm ihren Ursprung bei Gregor Mendel, genaugenommen bei einem Artikel, den er 1866 in den *Verhandlungen des naturforschenden Vereins in Brünn* veröffentlichte. Mendel war der typische Naturforscher des 19. Jahrhunderts: Er besaß eine unstillbare Neugierde für die Welt der Natur und der Physik, und er interessierte sich brennend für die Vielgestaltigkeit der Lebewesen. Wenn Mendels Familie in der Lage gewesen wäre, ihrem Sohn eine seinen intellektuellen Begabungen entsprechende Ausbildung zu ermöglichen, wäre Gregor möglicherweise ein berühmter Professor an einer der großen europäischen Universitäten geworden. Leider waren seine Eltern arm, und obgleich Mendel vier Semester an der Wiener Universität studierte, war seine Ausbildung bruchstückhaft, und das Wissen, das er sich verschaffte, erwarb er eher durch Beharrlichkeit als durch Privilegien.

Bekanntlich trat Mendel in ein Kloster nahe bei Brünn ein – die Stadt gehörte damals zu Österreich, heute liegt sie jedoch in der Tschechischen Republik. Im Jahre 1868 wurde Mendel schließlich Abt; damit traf er eine glückliche Wahl für seine Laufbahn, denn offensichtlich waren seine Pflichten in den Jahren

Gregor Mendel

* 22. Juli 1822 Heinzendorf, Schlesien (jetzt Hyncice, Tschechische Republik)

† 6. Januar 1884, Brünn, Österreich (jetzt Brno, Tschechische Republik)

Mendels Lebenslauf ist gut bekannt. Er wurde in einem kleinen Dorf als einziger Sohn eines Kleinbauern geboren und zeigte schon früh einen scharfen Verstand. Sein Dorfschullehrer verschaffte ihm einen Platz an dem Gymnasium in Troppau (jetzt Opava), und eine seiner drei Schwestern opferte einen Teil ihrer Aussteuer, um die Fortsetzung seiner Studien am Philosophischen Institut in Olmütz zu ermöglichen. Im Jahre 1843 wurde er Geistlicher und schloß sich dem Brünner Augustinerstift an. Zwischen Oktober 1851 und August 1853 erhielt er an der Wiener Universität den Teil seiner Ausbildung, der ihn vermutlich am stärksten beeinflußte. Er begann 1856 seine Züchtungsexperimente mit Erbsenpflanzen, veröffentlichte 1865 seine Ergebnisse und setzte seine Arbeit fort, bis 1871 seine Pflichten als Abt seine wissenschaftliche Laufbahn stark behinderten. Leider arbeitete er später mit Habichtskraut *(Hieracium)*, welches für Untersuchungen viel weniger geeignet ist als die Erbse.

Trotz unseres Wissens über Mendels Leben kennen wir außer seinen Veröffentlichungen nur wenig von seinen Ideen über die Vererbung. Das liegt unter anderem daran, daß man Mendel zu Lebzeiten nicht als wissenschaftlichen Wegbereiter erkannte, vor allem aber ist es darauf zurückzuführen, daß man seine privaten Aufzeichnungen nach seinem Tode vernichtet hat. Wie weitsichtig Mendel tatsächlich war, wird immer noch diskutiert. Eine vollständige Darstellung von Mendels Leben und der Tragweite seines Schaffens findet sich in *Origins of Mendelism* von R. Olby und in *Gregor Mendel: The First Geneticist* von V. Orel (siehe Literatur).

1856–1864 nicht sehr beschwerlich: Er hatte Zeit für eine Reihe langwieriger Experimente über die Vererbung von Merkmalen wie Größe, Blütenfarbe und Samenform bei Gartenerbsen. Diese Versuche stellte Mendel dem Brünner Naturforschenden Verein durch Vorlesungen am 8. Februar und 8. März 1865 vor, und im darauffolgenden Jahr veröffentlichte er sie in den Verhandlungen des Vereins.

Die Einzelheiten der Mendelschen Versuche und seine Entdekkungen brauchen uns im Augenblick nicht zu interessieren; wir werden in Kapitel 17 darauf zurückkommen. Man sollte sich jedoch von Anfang an bewußt machen, daß Mendels Beitrag nicht nur aus den grundlegenden Gesetzen der Vererbung bestand; vielmehr bewies er auch, daß sich Vererbung experimentell untersuchen läßt. Vor Mendel und eigentlich auch in den noch folgenden 35 Jahren des 19. Jahrhunderts basierten die Vorstellungen über die Vererbung fast ausschließlich auf einfachen Beobachtungen der lebendigen Welt. Die Idee, daß man Vererbung systematisch mit einfachen Experimenten erforschen könnte, war den Hauptströmungen der biologischen Gedankenwelt zur damaligen Zeit völlig fremd. Mendel bewies mit seinen sorgfältig geplanten und peinlich genau durchgeführten Experimenten, daß Vererbung nicht irgendein geheimnisvoller Vorgang ist, sondern in vorhersagbarer und logisch folgerichtiger Weise abläuft. Seine Methoden und Ergebnisse zeigen eindeutig, wie sich die Rätsel der Vererbung durch Experimente entschlüsseln lassen. Bedauerlicherweise blieb Mendel bis zu seinem Tode der einzige, der die wahre Bedeutung seiner wissenschaftlichen Arbeit verstand und zu schätzen wußte.

1.2 Die Geburt der Genetik – Mendel wird wiederentdeckt

Die Vermutung, daß Mendels Artikel „unterging", weil ein unbekannter Mönch aus einem weitabgelegenen Kloster ihn in einer unbedeutenden Zeitschrift veröffentlichte, entspricht eigentlich nicht den Tatsachen. Die Verhandlungen des Brünner Naturforschenden Vereins besaßen eine ziemlich weite Verbreitung, und Exemplare der Ausgabe von 1866 mit Mendels Veröffentlichungen wurden an mindestens 55 europäische Bibliotheken und wissenschaftliche Gesellschaften wie die Royal Society und die Linnean Society in London verschickt. Mendel sandte Nachdrucke seiner Artikel an viele führende Botaniker der damaligen Zeit, auch an Professor Kerner von der Universität Innsbruck (der sie offensichtlich nicht gelesen hat, denn nach seinem Tod fand man die Drucke mit noch ungeöffneten Seiten) und an Professor Naegeli aus München, mit dem Mendel zwischen 1866 und 1873 regelmäßig korrespondierte. Mendels Arbeit fand immerhin so viel Beachtung, daß er oder sein Artikel in 16 Veröffentlichungen des späten 19. Jahrhunderts einschließlich der neunten Auflage der *Encyclopaedia Britannica* erwähnt wurde.

In Wirklichkeit war das biologische Denken erst um die Jahrhundertwende so weit vorangekommen, daß andere Biologen die Bedeutung von Mendels Arbeit verstehen konnten. Mendel war seiner Zeit buchstäblich um 35 Jahre voraus. Schließlich, im Jahr 1900, entwarfen drei Botaniker, nämlich Hugo De Vries, Carl Correns und Erich von Tschermak, ähnliche Versuche wie Mendel, um ihre eigenen Vererbungstheorien zu überprüfen. Sie machten ihre Experimente, und vor der Veröffentlichung ihrer Ergebnisse entdeckte dann jeder unabhängig von den anderen beim Studium der Literatur Mendels Artikel. Nach langer Entstehungsgeschichte war die Wissenschaft der Genetik endlich geboren.

1.3 Gene, Chromosomen und Taufliegen

Mendels Experimente und die von Biologen wie De Vries, Correns und Tschermak befreiten die Vererbung von der Aura des Geheimnisvollen und zeigten, daß der Vorgang vorhersagbaren Gesetzmäßigkeiten folgt. Diese Gesetze lassen sich rational erklären als Weitergabe physischer Faktoren von den Eltern auf die Nachkommen während der Reproduktion, wobei jeder Faktor ein getrennt vererbbares Merkmal steuert. Man gab diesen Faktoren eine Vielzahl von Namen, bis W. Johannsen 1909 die Bezeichnung „Gen" vorschlug, die sich dann allgemein durchsetzte. Zur gleichen Zeit erkannte man, daß die Gene auf den **Chromosomen** der höheren Organismen liegen; bestärkt wurde diese Vorstellung durch die Beobachtung, daß die Verteilung der Chromosomen bei Zellteilung und Reproduktion dem Verhalten der Gene während dieser Vorgänge entspricht. Am überzeugendsten formulierte W.S. Sutton 1903 die Chromosomentheorie. Sutton war zu dieser Zeit Doktorand an der Columbia University in New York und arbeitete dann bis zu seinem frühen Tod 1916 als Chirurg.

Nachdem für die Vererbungsforschung eine experimentelle Grundlage geschaffen war und die Chromosomentheorie allgemeine Zustimmung fand, war der Weg frei für rasche Fortschritte

Thomas Hunt Morgan

* 25. September 1866, Hopemont, Kentucky

† 4. Dezember 1945, Pasadena, Kalifornien

Thomas Hunt Morgan war einer der ersten großen amerikanischen Biologen. Er erhielt seine Ausbildung an der Universität von Kentucky und an der Johns Hopkins University, die gerade erst 10 Jahre zuvor gegründet worden war, aber wegen hervorragender akademischer Leistungen schon internationales Ansehen genoß. Morgan interessierte sich zunächst für Embryologie und die Entwicklung von Tieren, und er verfolgte seine Studien als Lehrer am Bryn Mawr College in Pennsylvania und in den Schulferien an den meeresbiologischen Stationen in Woods Hole, Massachusetts und in Naples. Im Jahre 1903 ging er an die Columbia University in New York und begann, durch die Wiederentdeckung von Mendels Arbeiten inspiriert, eine Reihe von Experimenten über die Vererbung, mehrere davon mit der Taufliege *Drosophila melanogaster*. Viele dieser Arbeiten führten zu nichts (er mache, so sagte er, drei Arten von Experimenten: törichte, ausgesprochen törichte und solche, die noch schlechter waren), aber im Mai 1910 entdeckte er dabei eine weißäugige Fliege, die einen auffälligen Kontrast zu der normalen rotäugigen Form darstellte. Seine ersten „Mendelschen" Züchtungsexperimente führte er mit weiß- und rotäugigen Fliegen durch; es folgte eine große Anzahl weiterer Kreuzungen mit anderen Varianten, die er dadurch erzeugte, daß er die Fliegen Agentien wie etwa Röntgenstrahlen aussetzte. Zusammen mit seiner Forschungsgruppe entwickelte er die Methoden zur Kartierung von Genloci auf Chromosomen, und über 30 Jahre lang blieb er der führende intellektuelle Kopf in der Genetik. Im Jahr 1933 wurde ihm der Nobelpreis verliehen.

Wie kommt man zu neuen Entdeckungen in der Genetik?

Laut Thomas Hunt Morgan:

»Durch Arbeitseifer, vertrauend auf das Glück, daß man auf Neues stößt, durch den intelligenten Gebrauch von Arbeitshypothesen (damit meine ich die Bereitschaft, jede These zurückzuweisen, wenn es nicht nach kritischer Prüfung Hinweise für ihre Stichhaltigkeit gibt), durch Suche nach geeignetem Versuchsmaterial, was oft viel wichtiger ist, als sich auf eingefahrenen Wegen abzumühen in der Hoffnung, daß man etwas findet, was ein bißchen anders ist. Und schließlich durch das nicht zu häufige Abhalten genetischer Kongresse.«

Auf dem sechsten internationalen Genetikkongreß, 1932. Aus Allen, G. E. *Thomas Hunt Morgan*. Princeton, N. J. (Princeton University Press) 1978.

Merkmale bei *Drosophila*

Morgans Gruppe gelang die Identifizierung einer bemerkenswerten Anzahl von unterschiedlichen, vererbbaren Merkmalen der Taufliege. Die meisten davon waren als einfache morphologische Eigenschaften zu erkennen, zum Beispiel an der Augenfarbe oder -form, an der Flügeläderung und so weiter. Die Liste der Augenfarben ist besonders beeindruckend:

weiß	purpurrot	scharlachrot	rubinrot
zinnober	pink	mennige	hellrot
kardinalsrot	granat	braun	weinrot
fleischfarben	sepia		

Offensichtlich mußte man über eine feine Wahrnehmung für die verschiedenen Rotschattierungen verfügen, um mit Morgan zu arbeiten!

Ähnliches gilt auch für andere Körpermerkmale von *Drosophila* (siehe die Bezeichnungen in Abb. 1.1): Die Flügel können ohne Queradern (Crossveinless), verstümmelt (Truncate), verkümmert (Vestigial) oder gebogen (Curved) sein, die Borsten büschelförmig (Bobbed), paarweise angeordnet (Dichaete), ohne Stacheln (Spineless), verkleinert (Minute) oder gebogen (Bent) und so weiter.

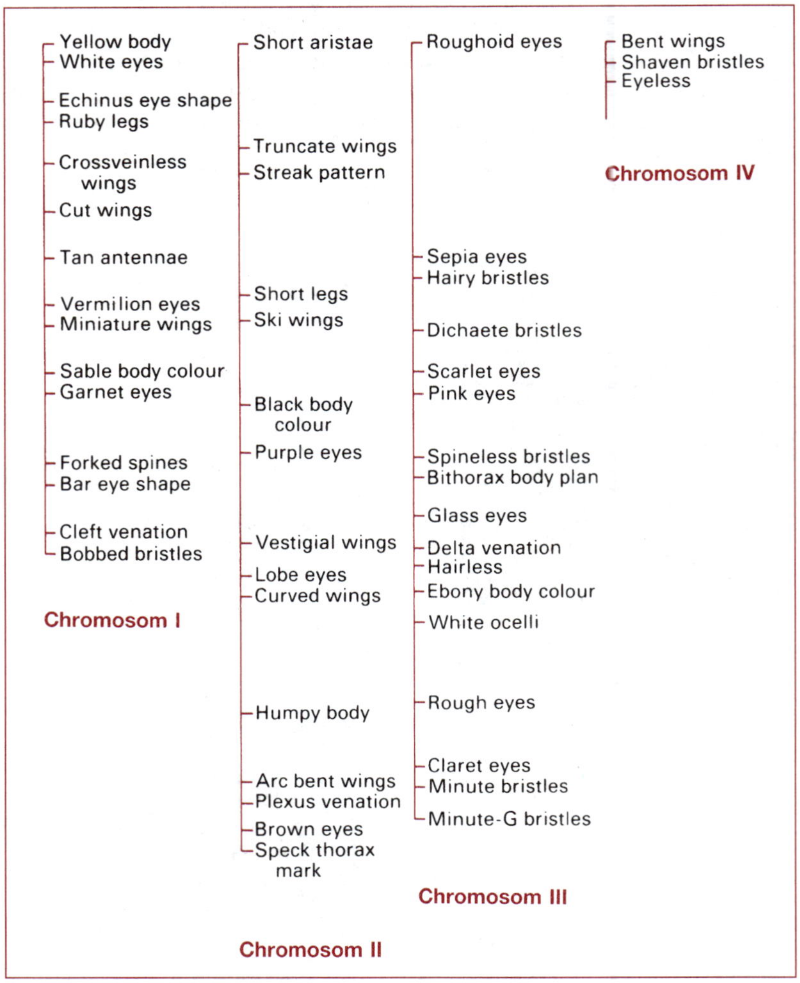

1.1 Die relative Lage von 50 verschiedenen Genen auf den vier Chromosomen der Taufliege, wie Morgans Arbeitsgruppe sie 1922 veröffentlichte. Mittlerweile kennt man die Positionen von über 1000 Genen auf diesen Chromosomen.

bei der Aufklärung genetischer Fragen. Daß man so schnell vorankam, ist hauptsächlich auf die Intuition und Vorstellungskraft von Thomas Hunt Morgan sowie auf die Mitglieder seiner Forschungsgruppe, besonders Calvin Bridges, Arthur Sturtevant und Hermann Muller zurückzuführen. Morgan und seine Mitarbeiter erreichten etwas, wovon viele Biologen träumen: Sie entdeckten einen Organismus, der für das spezielle Forschungsprogramm, das sie sich vorgenommen hatten, wie geschaffen schien. Dieser Organismus war *Drosophila melanogaster*, die Tau- oder Essigfliege. *Drosophila* eignet sich durch einige Eigenschaften ideal für genetische Analysen; am wichtigsten für Morgan war dabei die Tatsache, daß man eine große Anzahl stabiler Varianten der Fliege erhalten konnte. Die Unterschiede zwischen diesen Varianten betrafen Merkmale wie Flügelform und Körperfarbe, wobei es für manche Merkmale mehrere verschiedene Varietäten gab. Anhand dieser Vielgestaltigkeit konnte Morgan erforschen, wie verschiedene Genkombinationen bei der Steuerung der Vererbung eines einzelnen Merkmals zusammenarbeiten. Morgans Gruppe entwickelte viele Verfahren, die heute zu den Standardmethoden der genetischen Analyse gehören, darunter auch solche, mit denen man die relativen Positionen verschiedener Gene auf einem Chromosom kartieren kann (Abb. 1.1). Zwischen 1911 und 1929 lieferte der „Fliegenraum“ der Columbia University die grundlegenden Daten für unser heutiges Wissen über das Gen als Vererbungseinheit.

1.4 Was ist Leben? – Der Aufbruch zur Molekularbiologie

Die Wiederentdeckung von Mendels Arbeit und die bemerkenswerten Fortschritte Morgans und seiner Mitarbeiter zogen die Aufmerksamkeit vieler Biologen auf sich, die selbst nicht in der genetischen Forschung aktiv waren, und während der ersten Jahrzehnte des 20. Jahrhunderts wurden unsere Kenntnisse über das Gen nicht nur durch Genetiker vorangetrieben, sondern auch durch Cytologen, Physiologen, Biochemiker und Biophysiker. Der Beitrag, der sich auf lange Sicht jedoch als am einflußreichsten erwies, stammte keineswegs von Biologen, sondern von mehreren Physikern, die vorher auf dem Gebiet der Quantenmechanik gearbeitet hatten, weitab von Mendel und Taufliegen. Das Interesse der Physiker an biologischen Fragen wurde eingeleitet durch eine Vorlesung von Niels Bohr mit dem Titel „Licht und Leben“ bei einem internationalen Kongreß in Kopenhagen im August 1932 und erreichte 1944 seinen Höhepunkt mit der Veröf-

Gedanken zweier Physiker zur Biologie

Niels Bohrs Sichtweise der grundlegenden biologischen Vorgänge zeigt sich in diesem Textauszug:

»Die erstaunlichen Gegebenheiten, die man fortwährend bei physiologischen Untersuchungen entdeckt und die sich so frappant von dem unterscheiden, was über anorganische Dinge bekannt ist, läßt viele Biologen zweifeln, ob ein wahres Verständnis für das Wesen des Lebens auf rein physikalischer Grundlage möglich ist … Ich glaube, wir stimmen alle mit Newton überein, daß die Wissenschaft in Wahrheit auf der Überzeugung aufbaut, daß Natur unter gleichbleibenden Bedingungen immer den gleichen Gesetzmäßigkeiten unterliegt. Wenn wir daher in der Lage sind, die Untersuchung der Funktionsweise der lebenden Dinge so weit voranzutreiben wie die der atomaren Phänomene, sollten wir kaum erwarten, daß wir auf andere Gesetzmäßigkeiten stoßen als bei der anorganischen Materie.«

Bohr, N. *Light and Life*. In: *Nature* 131 (1933), S. 421–423.

Erwin Schrödinger schrieb:

»Die lebende Materie entzieht sich, wie wir heute wissen, zwar nicht den Gesetzen der Physik, aber sie unterliegt wahrscheinlich anderen, bis jetzt unbekannten physikalischen Gesetzmäßigkeiten, die jedoch, sobald sie sich zu erkennen geben, zu einem genauso integralen Bestandteil der Wissenschaft werden, wie die vorhergehenden.«

Schrödinger, E. *What is Life?* (Cambridge University Press) 1944. (Deutsche Taschenbuchausgabe: *Was ist Leben?* München [Piper] 1989).

Max Delbrück

* 6. September 1906, Berlin

† 9. März 1981, New York

Delbrück studierte erst Quantenchemie und anschließend theoretische Kernphysik. Seinen Doktortitel erhielt er 1930 von der Universität Göttingen. Während Forschungsaufenthalten in Kopenhagen, Zürich und Berlin wurde sein Interesse für Gene geweckt, insbesondere nachdem er 1932 Bohrs Vorlesung „Licht und Leben“ *(Light and Life)* gehört hatte. Zusammen mit N.W. Timofejew-Ressowsky und K.G. Zimmer veröffentlichte er 1935 einen Artikel über die Natur des Gens, der zu einem Meilenstein der frühen Molekulargenetik wurde. Er ging 1937 mit einem Rockefeller-Stipendium für Biologie an das California Institute of Technology und blieb in den USA, wo er 1945 Staatsbürger wurde. Anfang der vierziger Jahre baute er die „Phagengruppe“ auf, eine lockere Vereinigung der bedeutendsten Molekularbiologen jener Zeit. Sie waren zwischen 1940 und 1953 für mehrere bahnbrechende Arbeiten zur Aufklärung der molekularen Beschaffenheit des Gens verantwortlich. Die späteren Jahre seiner wissenschaftlichen Laufbahn verbrachte Delbrück am Cold Spring Harbor Laboratory, dem berühmten und einzigartigen Forschungsinstitut an der Nordküste von Long Island. Von hier aus nahm er weiter Einfluß auf die fortschreitende Entwicklung in der Molekularbiologie, auch wenn Crick und andere seine zentrale Rolle als Vordenker übernahmen. Delbrück teilte sich 1969 den Nobelpreis mit Salvador Luria und Alfred Hershey, zwei weiteren Gründungsmitgliedern der Phagengruppe.

fentlichung des Buches *Was ist Leben?* von Erwin Schrödinger. Bohr und Schrödinger versuchten, die zentrale Frage der Biologie – die nach der Natur des Lebens selbst – von physikalischen Begriffen aus anzugehen, aber beide waren enttäuscht, weil es ihnen offensichtlich nur begrenzt gelang, das Leben mit den Prinzipien der herkömmlichen Physik zu erklären.

Paradoxerweise hält heute weder Bohrs Vorlesung noch Schrödingers Buch einem prüfenden Blick stand: Beide enthalten Fehler und Ungereimtheiten, die in unserer Zeit fast naiv erscheinen. Ihre Beiträge sind weniger wegen der vorgebrachten Gedanken von Bedeutung als vielmehr wegen des Einflusses, den sie auf andere ausübten. Mehrere junge Physiker hörten Bohrs Vorlesung oder lasen den im darauffolgenden Jahr veröffentlichten Artikel in der Wissenschaftszeitschrift *Nature* und waren fasziniert von der Herausforderung, welche die Biologie bot. Unter ihnen war Max Delbrück, ein Deutscher, der später durch das politische Klima in Europa zur Emigration in die USA gezwungen war. Delbrück erfuhr durch Bohr von **Bakteriophagen** (**Viren**, die **Bakterien** angreifen) und kam zu dem Schluß, daß ihr Infektionszyklus als experimentelles System dienen könnte, mit dem sich die Frage angehen ließ, was Gene sind und wie sie arbeiten. Er rief 1940 die „Phagengruppe“ ins Leben, eine informelle Vereinigung von Physikern, Biologen und Chemikern, alle in unterschiedlichen Labors, die ein gemeinsames Interesse an Genen besaßen. Die Entstehung dieser Gruppe gab den Anstoß zur Entwicklung der Molekularbiologie als selbständige Disziplin und führte innerhalb von 20 Jahren zur Aufklärung der chemischen Beschaffenheit des Gens. Hier müssen wir die historische Darstellung beenden, da wir an dem Punkt angelangt sind, an dem wir mit der Beschreibung des Gens beginnen sollten.

Wichtige Entwicklungen der Genetik und Molekularbiologie bis 1944

1865	Mendel stellt die Ergebnisse seiner Züchtungsexperimente mit Erbsen vor.
1900	De Vries, Correns und Tschermak entdecken Mendels Werk wieder.
1903	Sutton vertritt die These, daß Gene auf Chromosomen liegen.
1905	Bateson führt den Begriff „Genetik" für die Erforschung der Vererbung ein.
1909	Johannsen schlägt den Ausdruck „Gene" für Mendels Faktoren vor.
1910	Morgan beginnt seine Züchtungsexperimente mit der Taufliege.
1911	Sturtevant kartiert die Positionen von fünf Genen auf einem *Drosophila*-Chromosom.
1915	Die Genkarte der Taufliege wird auf 85 verschiedene Gene erweitert, die auf vier Chromosomen liegen.
1927	Muller entdeckt, daß Röntgenstrahlen Veränderungen („Mutationen") in Genen auslösen.
1932	Bohr hält seine Vorlesung „Licht und Leben" in Kopenhagen.
1935	Delbrück, Timofejew-Ressowsky und Zimmer postulieren, daß das Gen eine physische Einheit ist.
1940	Delbrück gründet die „Phagengruppe".
1941	Beadle und Tatum stellen die These auf, daß jedes Gen die Aktivität eines einzigen Enzyms steuert.
1944	Schrödinger veröffentlicht *Was ist Leben?*.

Literatur

Olby, R. *Origins of Mendelism*. 2. Aufl. London (University of Chicago Press) 1985.
[Enthält nicht nur eine umfangreiche und vorbildliche Schilderung von Mendels Leben und Werk, sondern gibt auch Auskunft über Ansichten und Theorien anderer Biologen des 19. Jahrhunderts bezüglich der Vererbung.]

Orel, V. *Gregor Mendel: The First Geneticist.* Oxford (Oxford University Press) 1995.
[Eine ausführliche Biographie, verfaßt vom Direktor des Mendel-Museums in Brno (Brünn).]

Peters, J.A. *Classic papers in Genetics.* Englewood Cliffs, N.J. (Prentice Hall) 1959.
[Die am besten zugängliche Quelle zu Mendels Originalveröffentlichungen.]

Shine, I.; Wrobel, S. *Thomas Hunt Morgan: Pioneer of Genetics.* Lexington (University Press of Kentucky) 1976.
[Eine sehr lesenswerte wissenschaftliche Biographie.]

Olby, R. *The Path to the Double Helix*. London (Macmillan) 1974.
Portugal, F.H.; Cohen, J.S. *A Century of DNA*. Cambridge (MIT Press) 1977.
Judson, H.F. *Der 8. Tag der Schöpfung*. Wien/München (Meyster) 1980.
[Ausgezeichnete Bücher, welche die historische Entwicklung der Genetik und Molekularbiologie im 20. Jahrhundert aufzeigen.]

Cohen, S.S. *Finally, the Beginnings of Molecular Biology.* In: *Trends in Biochemical Sciences* 11 (1986) S. 92f.
Olby, R. *Biochemical Origins of Molecular Biology. A Discussion*. In: *Trends in Biochemical Sciences* 11 (1986) S. 303–305.
[Diese Artikel stellen persönlichere Ansichten über die Ursprünge der Molekularbiologie dar.]

Witkowski, J.A. *Schrödinger's „What is Life?": Entropy, Order and Hereditary Code-Scripts.* In: *Trends in Biochemical Sciences* 11 (1986) S. 266–268.
Perutz, M.F. *Physics and the Riddle of Life.* In: *Nature* 326 (1987) S. 555–558.
[Neuere Besprechungen von Schrödingers Buch.]

Aufgaben

1. Definieren Sie folgende Begriffe:

   Genetik
   Vererbung
   Gen
   Molekularbiologie
   biologische Information
   Molekulargenetik
   Chromosomentheorie

2. Beschreiben Sie, welche Rolle folgende Wissenschaftler bei der Entwicklung der Genetik und Molekularbiologie spielten:

   Mendel
   De Vries, Correns und Tschermak
   Johannsen
   Sutton
   Morgan
   Bohr und Schrödinger
   Delbrück

3. Erläutern Sie den Unterschied zwischen den Begriffen „Genetik", „Molekularbiologie" und „Molekulargenetik".

4. Beschreiben Sie die historische Verbindung zwischen Mendels Experimenten und der Arbeit Morgans und seiner Gruppe.

5. Legen Sie dar, welche Rolle Physikern wie Bohr und Schrödinger beim Betreten neuer Wege zur Erforschung der Gene zukam.

6. * Wenn Gregor Mendel in den neunziger Jahren des 20. Jahrhunderts leben würde und ein Forschungsstipendium bräuchte, um seine Versuche durchzuführen, glauben Sie, es wäre ihm möglich, eines zu bekommen?

7. * Ist es heute noch möglich, so bedeutende Experimente wie Mendel zu machen, ohne daß sie in gebührendem Maße gewürdigt werden?

8. * Welche Eigenschaften wären für einen Organismus wünschenswert, den man für ausgiebige Untersuchungen der Vererbung einsetzen möchte?

2

Gene bestehen aus DNA

Chromosomen setzen sich aus Protein und DNA zusammen • Der Beweis, daß Gene aus DNA bestehen – Das transformierende Prinzip – Gene von Bakteriophagen

Zunächst müssen wir uns mit der grundlegenden Frage beschäftigen, die während der ersten 50 Jahre dieses Jahrhunderts in den Köpfen der Genetiker und Molekularbiologen den höchsten Stellenwert hatte. Einfach ausgedrückt lautet sie: *Woraus bestehen Gene?* Exakter formuliert interessiert uns die chemische Beschaffenheit des **genetischen Materials**.

2.1 Chromosomen bestehen aus Protein und DNA

Nachdem einwandfrei bewiesen war, daß Gene auf Chromosomen liegen, erkannte man, daß man durch Bestimmung der genauen biochemischen Zusammensetzung der Chromosomen die chemische Beschaffenheit der Gene aufklären konnte. Man wandte nun eine Reihe experimenteller Verfahren, insbesondere die **Cytochemie**, auf dieses Problem an, und bis 1920 war geklärt, daß Chromosomen aus zwei biologischen Verbindungen aufgebaut sind, nämlich aus **Protein** und einer **Nucleinsäure**, der Desoxyribonucleinsäure, kurz **DNA**. Eine dieser Komponenten (oder vielleicht auch eine Kombination aus beiden, ein Nucleoprotein) mußte demnach das genetische Material sein.

Bei der Entscheidung, welchen der beiden Kandidaten man für den wahrscheinlicheren hielt, begutachteten die Biologen die Eigenschaften der Gene und überlegten, wie diese mit denen der Proteine oder der DNA in Einklang zu bringen seien. Als elementarste Voraussetzung muß das genetische Material eine fast unendliche Anzahl von Formen annehmen können: Jede Zelle verfügt über eine Unmenge verschiedener Gene (mehrere tausend in dem einfachsten Bakterium, Zehntausende in höheren Organismen), von denen jedes ein anderes vererbbares Merkmal kontrolliert, und jedes Gen unterscheidet sich vermutlich in seiner Struktur geringfügig von allen anderen Genen in der Zelle. Um diese Bedingung der Vielgestaltigkeit zu erfüllen, muß das genetische Material in der Lage sein, eine ebenso große Anzahl unterschiedlicher chemischer Strukturen einzunehmen.

Diese Überlegungen sind zwar ziemlich folgerichtig, sie veranlaßten die Biologen aber unglücklicherweise zu der Schlußfolgerung, Protein und nicht DNA müsse das genetische Material sein, ein Fehler, der dadurch entstand, daß man damals die Struktur der DNA mißdeutete. Man nahm an, die DNA sei ein ziemlich kleines, unveränderliches Molekül mit einem Molekulargewicht von 1227, und alle DNA-Moleküle sähen genau gleich aus (Abb. 2.1a); deshalb, so glaubte man, könne die DNA nicht über die für das genetische Material erforderliche Variabilität verfügen. Im Gegensatz dazu war bekannt, daß Proteine **Makromoleküle** aus langen **Polymeren** sind und aus 20 verschiedenen **Aminosäuren** bestehen, die offensichtlich in der Reihenfolge ihrer Verknüpfung keiner Beschränkung unterliegen (Abb. 2.1b). Man wußte, daß es auf Grund unterschiedlicher Aminosäuresequenzen eine fast unendliche Anzahl verschiedener Proteinarten geben

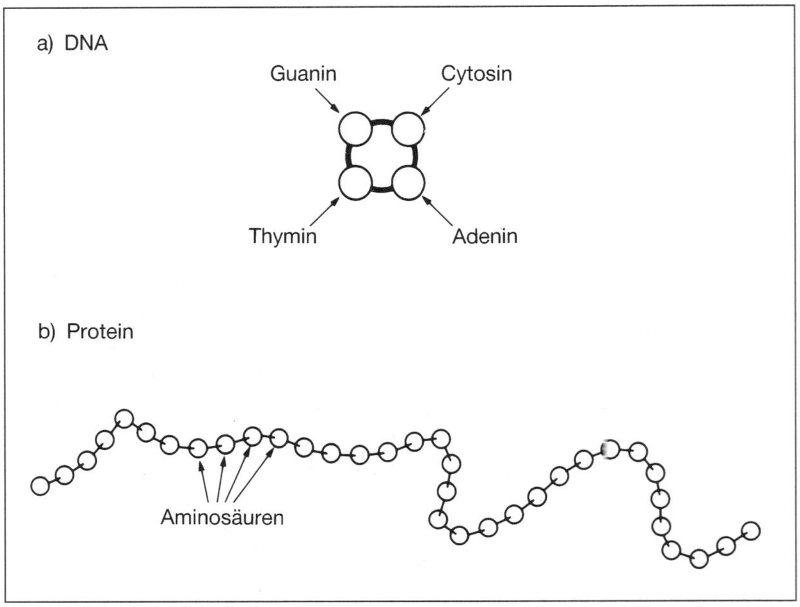

2.1 Wie man sich in den dreißiger Jahren die DNA- und Proteinstruktur vorstellte. a) Das 1935 vorgeschlagene fehlerhafte Tetranucleotidmodell für DNA; man glaubte, alle DNA-Moleküle seien genau gleich. b) Die richtige Polypeptidstruktur der Proteine; man wußte, daß Polypeptide in einer Vielzahl verschiedener Formen vorkommen, die alle unterschiedliche Aminosäuresequenzen aufweisen.

kann: Proteine verfügten also über die potentielle Variabilität, die für das genetische Material unabdingbar war. Erwartungsgemäß kamen die Biologen deshalb während der ersten Hälfte dieses Jahrhunderts zu dem Schluß, daß Gene aus Protein bestehen; den DNA-Bestandteil der Chromosomen betrachtete man als strukturgebendes Material, das möglicherweise notwendig war, um die Proteingene zusammenzuhalten.

2.2 Der experimentelle Beweis, daß DNA das genetische Material ist

Obgleich die Hypothese, daß Gene aus Proteinen bestehen, in der ersten Hälfte des Jahrhunderts lange aufrechterhalten wurde, waren sich ihre Befürworter bewußt, daß sie über keinen experimentellen Beweis verfügten, der ihre Ansicht stützte. Die experimentelle Identifizierung des genetischen Materials wurde Ende der dreißiger Jahre immer dringender, denn allmählich wurde klar, daß die DNA nicht nur ein einfaches, als genetisches Material unbrauchbares Molekül darstellt, sondern in Wirklichkeit ein langes Polymer ist und wie die Proteine eine fast unendliche Anzahl unterschiedlicher Formen annehmen kann. Aber woraus bestanden nun die Gene, wenn sowohl Protein als auch DNA die grundlegende Bedingung des genetischen Materials erfüllten und in Chromosomen vorhanden waren? Zwei entscheidende und in ihrem Aufbau völlig unterschiedliche Experimente führten schließlich zu dem Schluß, daß DNA und nicht Protein das genetische Material ist. Bei dem ersten dieser Experimente identifizierte man die chemische Beschaffenheit des **transformierenden Prinzips**, einer Substanz, die das Bakterium *Streptococcus pneumoniae* von einer Form in eine andere verwandeln konnte.

2.2.1 Das transformierende Prinzip

Im 19. Jahrhundert entdeckte man, daß augenscheinlich identische Bakterien in zahlreichen verschiedenen Formen vorkommen können, und man war verunsichert, ob sich der biologische Artbegriff auf Bakterien ebenso anwenden läßt wie auf höhere Organismen. Während der achtziger Jahre des 19. Jahrhunderts überzeugte der große Mikrobiologe Robert Koch schließlich seine Zeitgenossen davon, daß tatsächlich Bakterienspezies existieren, aber die Mannigfaltigkeit der Formen, die eine einzige derartige Art annehmen kann, blieb für viele Jahre ein verblüffendes Phänomen.

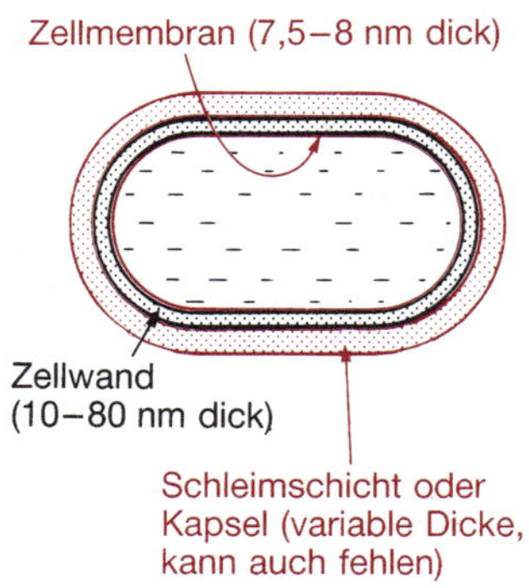

2.2 Eine typische Bakterienzelle mit ihren äußeren Schichten einschließlich der Kapsel.

Besonders zum Tragen kommt die Variabilität bei Bakterien, die Krankheiten auslösen: Die gleiche Spezies kommt oft sowohl in virulenter als auch in avirulenter Form vor. Die Untersuchung derartiger Formen bei *S. pneumoniae*, dem Erreger einer bestimmten Art von Lungenentzündung, brachte Frederick Griffith, einen Londoner Sanitätsoffizier, 1928 zu der Entdeckung der **bakteriellen Transformation**.

a) Die Entdeckung der bakteriellen Transformation. Man kannte seit einiger Zeit drei virulente **Serotypen** von *S. pneumoniae*, die man als Typ I, II und III bezeichnete. Bakterien der einzelnen Serotypen unterscheiden sich durch ihre Kapsel, eine schleimige Umhüllung, die jede Zelle umgibt (Abb. 2.2). Diese Kapsel besteht aus einem Polysaccharid, welches das Bakterium ausscheidet, wobei jeder Serotyp eine Kapsel mit anderer Polysaccharidzusammensetzung produziert. Sie verleiht den Kolonien von *S. pneumoniae* ein glattes, glänzendes Aussehen (englisch *smooth*); daher rührt die Bezeichnung S-Form.

Jeder Serotyp kann auch in einer harmlosen, nicht krankheitserzeugenden Form existieren und unterscheidet sich dann von dem virulenten Typ durch das Fehlen der Kapsel und das „rauhe" Aussehen der Kolonien. Die avirulenten Typen nennt man deshalb „R"-Formen. Man wußte, daß bestimmte Serotypen ihre

Serotypen von S. pneumoniae

Durch immunologische Tests lassen sich verschiedene Serotypen unterscheiden. Wenn man *S.-pneumoniae*-Bakterien des Typs I in den Blutkreislauf einer Maus injiziert, synthetisiert das Tier Schutzproteine, die Antikörper, die an die Bakterien binden und dazu beitragen, sie zu zerstören. Antikörper sind hochspezifisch und binden nur an einen Typ von Bakterien: Beispielsweise kreuzreagiert ein Antikörper gegen *S. pneumoniae* des Typs I nicht mit Typ-II- oder Typ-III-Zellen. Ein Antikörper gegen Typ-II-Bakterien ist ebenso spezifisch für seinen Serotyp und reagiert mit keinem anderen. Gereinigte Antikörper lassen sich deshalb für diagnostische Tests zur Identifizierung unterschiedlicher Serotypen verwenden.

Zellen zweier verschiedener Serotypen tragen zwar unterschiedliche Oberflächenmoleküle, können aber in jeder anderen Hinsicht völlig identisch sein; sie gehören immer noch derselben Bakterienspezies an. Jeder Serotyp von *S. pneumoniae* ist durch eine unterschiedliche chemische Zusammensetzung der Polysaccharidkapsel, welche die Zelle umhüllt, charakterisiert. Hier einige Beispiele:

Serotyp	Kapselbestandteile
II	Rhamnose, Glucose, Glucuronsäure
III	Glucose, Glucuronsäure
VI	Galactose, Glucose, Rhamnose
XIV	Galactose, Glucose, *N*-Acetyl-Glucosamin
XVII	Rhamnose, Glucose

Bei *S. pneumoniae* ist die Kapsel auch für die Entstehung der Krankheit in einem infizierten Tier verantwortlich. Die rauhen Formen der einzelnen Serotypen, die über keine Kapsel verfügen, sind deshalb avirulent.

Form ändern können (zum Beispiel kann der Typ IS sich in den Typ IR verwandeln), und zwar entweder auf natürliche Weise oder als Resultat einer experimentellen Behandlung. Das war für Griffith von großem Interesse, denn seine Ergebnisse zeigten, daß der Speichel von Patienten, die sich von einer Lungenentzündung erholten, oft die avirulente R-Form des für die Infektion verantwortlichen Serotyps aufwies. Er führte dies auf eine mögliche Abschwächung der Virulenz des Bakteriums während der Genesung von der Krankheit zurück. Im Jahr 1928 veröffentlichte Griffith dann jedoch eine aufsehenerregende Serie von Experimenten, die bewiesen, daß es auch eine Transformation von größerer Tragweite gibt, nämlich die von einem Serotyp in einen anderen (zum Beispiel von Typ I in Typ II), ein Ereignis, das eine genetische und nicht nur eine physiologische Umwandlung erfordern würde.

Griffith führte vier besonders bedeutende Experimente durch (Abb. 2.3):

1. Er injizierte einer Maus eine Probe virulenter, glatter Bakterien des Serotyps I (Typ IS); erwartungsgemäß erkrankte die Maus an Lungenentzündung.
2. Einer zweiten Maus injizierte er avirulente, rauhe Bakterien des Serotyps II (Typ IIR): Wieder stellte sich das vermutete Ergebnis ein – die Maus blieb gesund.
3. Als nächstes tötete er eine Probe der Typ-IS-Bakterien durch dreistündiges Erhitzen auf 60 °C ab und injizierte sie in die Maus; daraufhin kam es zu keiner Erkrankung des Tieres. Wiederum hatte man mit diesem Ergebnis gerechnet, denn Bakterien des Typs IS sind zwar virulent, aber nur lebende Bakterien können die Krankheit hervorrufen.
4. Schließlich mischte er eine Probe hitzegetöteter Typ-IS-Bakterien, die keine Krankheit verursachen konnten, mit lebenden avirulenten Typ-IIR-Bakterien und injizierte diese Mischung in eine Maus. Diesmal ergab sich etwas völlig Unerwartetes: Die Maus blieb nicht gesund, sondern erkrankte an Lungenentzündung. Außerdem isolierte er aus diesem Tier eine große Anzahl lebender Typ-IS-Bakterien, obwohl die einzigen lebenden Bakterien in dem ursprünglichen Inokulum dem avirulenten Typ IIR angehörten.

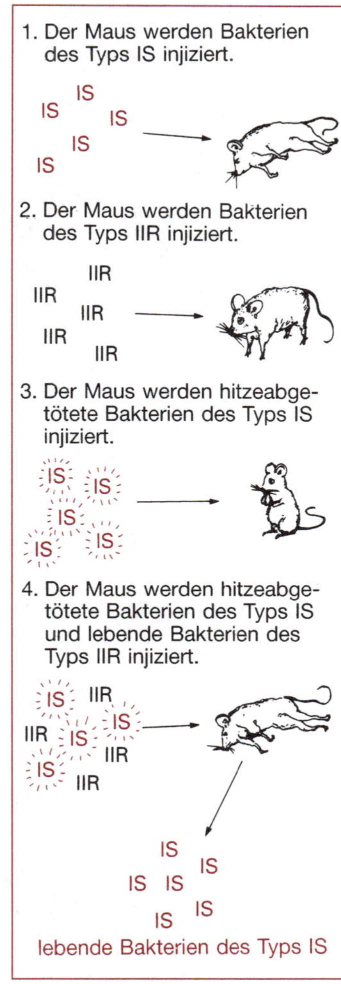

2.3 Griffiths Experiment, das die Transformation von avirulenten Bakterien des Typs IIR in virulente Formen des Typs IS demonstrierte.

b) Bei dem transformierenden Prinzip handelt es sich um genetisches Material. Das letzte von Griffiths vier Experimenten zeigte, daß lebende Typ-IIR-Bakterien und durch Hitze abgetötete Bakterien des Typs IS, die beide allein nicht virulent sind, Lungenentzündung verursachen, sobald man sie zusammenmischt. Wesentlich dabei ist, daß die lebenden, virulenten Bakterien, die man am Ende dieses Versuchs erhielt, zum Typ IS gehörten. Das läßt sich nicht dadurch erklären, daß Typ-IIR-Bakterien der ursprünglichen Kultur die Fähigkeit zur Synthese ihrer Kapselpolysaccharide wiedererlangt hätten. Wäre das geschehen, hätten die

Transformation = Umwandlung

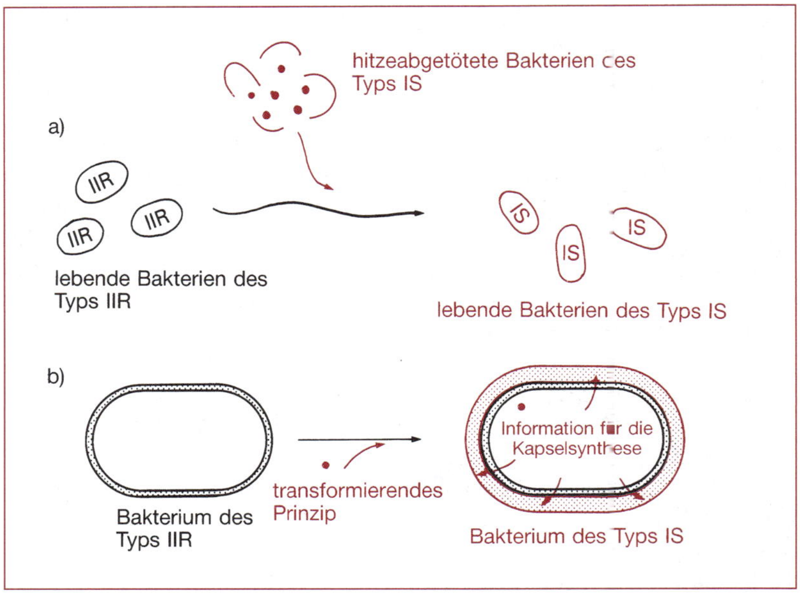

2.4 Das Konzept des transformierenden Prinzips.

entstandenen Bakterien dem Typ IIS angehört. Statt dessen waren die Typ-IIR-Bakterien zum Typ IS umgeformt (transformiert) worden: *Irgendwie hatten sie Kapseln eines völlig anderen Typs erworben.*

Man muß zu dem Schluß kommen, daß ein Bestandteil der hitzegetöteten Typ-IS-Bakterien die Zellen des Typs IIR in den virulenten IS-Serotyp transformiert hat. Diese neu entstandenen, lebenden Bakterien des Typs IS verursachten dann nach Injektion in die Maus Lungenentzündung (Abb. 2.4a). Der für die Transformation verantwortliche Bestandteil (das „transformierende Prinzip“) konnte nicht das Kapselpolysaccharid selbst sein, denn die abgetöteten Zellen des Typs IS hätten nicht genug Material geliefert, um all die lebenden Zellen zu umhüllen, die man später aus der Maus isolierte. Das transformierende Prinzip überträgt vielmehr, wenn es in Bakterien des Typs IIR gelangt, auf diese Zellen eine neue, dauerhafte, vererbbare Eigenschaft, nämlich die Fähigkeit, das für den Serotyp IS charakteristische Kapselpolysaccharid zu synthetisieren (Abb. 2.4b). Deshalb muß das transformierende Prinzip genetisches Material sein. Mit der Identifizierung des transformierenden Prinzips hätte man auch die chemische Beschaffenheit des genetischen Materials geklärt.

c) Das transformierende Prinzip ist DNA. Griffith selbst versuchte nicht, dem transformierenden Prinzip auf die Spur zu kommen. Dieser Aufgabe widmeten sich Oswald Avery und seine Kollegen Colin MacLeod und Maclyn McCarty vom Rockefeller Institut in New York.

Ihre Strategie bestand darin, ein Filtrat aus hitzegetöteten S-Zellen, welches das transformierende Prinzip enthielt, zu präparieren und anschließend die einzelnen Komponenten dieses Fil-

Oswald Avery

* 21. Oktober 1877, Nova Scotia

† 2. Februar 1955, Nashville

Avery wurde in Kanada geboren, aber sein Vater, ein Geistlicher, brachte die Familie in den frühen achtziger Jahren des neunzehnten Jahrhunderts nach New York. Dort studierte Avery an der Columbia University Medizin; er erlangte 1904 sein Masters Degree und ging 1913 an das Rockefeller Institute Hospital, wo er bis 1948 blieb, um sich dann in Nashville, Tennessee zur Ruhe zu setzen. Avery war Junggeselle und widmete sich ganz der Bakteriologie. Er verbrachte immer viele Stunden im Labor, auch noch gegen Ende seiner Laufbahn, zu einem Zeitpunkt, an dem viele Wissenschaftler zufrieden ihren Studenten die harte Arbeit überlassen. Er hatte einigen Anteil an der Erforschung der Bakterien, welche die Lungenentzündung verursachen; so gelang ihm 1932 die Identifizierung der Polysaccharide, die für die Kapseln verschiedener Serotypen spezifisch sind. Seine gewissenhafte Untersuchung des transformierenden Prinzips dauerte mehrere Jahre, bis sie 1944 mit der eindeutigen Identifizierung der DNA als aktiver Substanz ihren Höhepunkt fand. Man hat das Nobelpreiskomitee kritisiert, weil es Averys Errungenschaften nicht vor seinem Tod gewürdigt hat, aber nach allem, was über Avery berichtet wird, hätte ein Nobelpreis nicht zu seiner persönlichen Zufriedenheit mit seiner Arbeit beigetragen. Rene Dubos hat eine Biographie über Avery geschrieben: *The Professor, the Institute, and DNA*. New York (Rockefeller University Press) 1976.

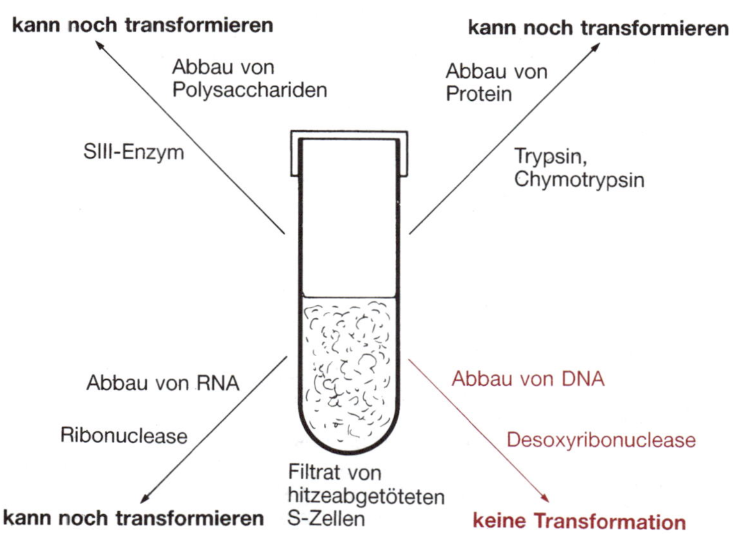

2.5 Das transformierende Prinzip ist DNA.

trats mit spezifischen Enzymen abzubauen (Abb. 2.5). Beispielsweise konnte man eine **Protease** zum Abbau aller Proteine einsetzen und eine **Ribonuclease** für die gesamte Ribonucleinsäure (**RNA**), die zweite Sorte von Nucleinsäure in lebenden Zellen. (Sie ist jedoch anders als DNA kein Hauptbestandteil der Chromosomen.) Nach dem enzymatischen Abbau einer oder mehrerer

Elektrophorese, Ultrazentrifugation und Ultraviolett-(UV-)Spektroskopie

Diese drei Verfahren steckten noch in den Kinderschuhen, als Avery, MacLeod und McCarty sie zur Analyse des transformierenden Prinzips einsetzten; heute sind es wichtige Methoden, die routinemäßig in der DNA-Forschung angewandt werden.

Elektrophorese ist definiert als die Bewegung geladener Teilchen in einem elektrischen Feld. DNA-Moleküle tragen wie Proteine und viele andere biologische Verbindungen eine elektrische Ladung; im Fall der DNA ist sie negativ. Infolgedessen wandern DNA-Moleküle, die man in ein elektrisches Feld bringt, zum positiven Pol. In einer wäßrigen Lösung hängt die Wanderungsgeschwindigkeit eines Moleküls von zwei Faktoren ab: seiner Form und seiner elektrischen Ladung; das bedeutet, daß sich die meisten DNA-Moleküle in einem wäßrigen Elektrophoresesystem mit derselben Geschwindigkeit bewegen.

Heutzutage führt man die Elektrophorese von DNA in einem Gel aus Agarose, Polyacrylamid oder einem Gemisch dieser beiden Verbindungen aus. In einem Gel wird die Wanderungsgeschwindigkeit eines Makromoleküls von einem dritten Faktor bestimmt, seiner Größe. Das liegt daran, daß das Gel aus einem komplexen Netzwerk von Poren besteht, durch welche die Moleküle zum Erreichen der Elektrode wandern müssen. Je kleiner das Molekül ist, desto schneller kann es das Gel passieren. Gelelektrophorese trennt demnach DNA-Moleküle nach der Größe auf.

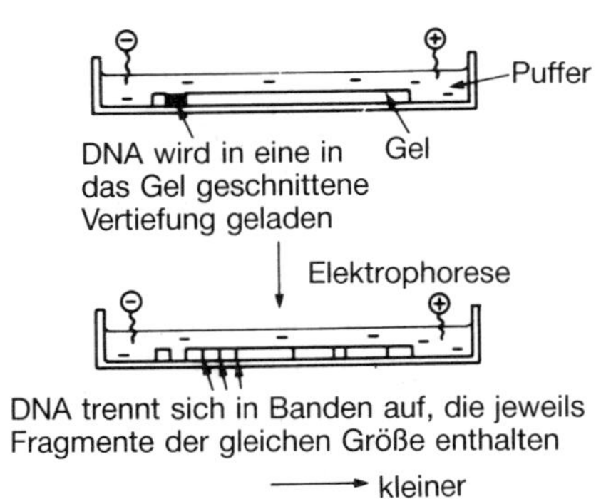

Man verwendet die Gelelektrophorese auch routinemäßig zur Auftrennung von Proteinen mit unterschiedlicher molarer Masse.

Ultrazentrifugation. Die Ultrazentrifuge, erfunden 1925 von Svedberg, ermöglicht es, Proben hohen Zentrifugalkräften auszusetzen, die mehrere hunderttausendmal stärker sein können als die Erdbeschleunigung. Die Sedimentationsgeschwindigkeit von Zellen, Zellbestandteilen und Makromolekülen während der Ultrazentrifugation hängt von ihrer Größe, Form, Dichte und molaren Masse ab.

Bei der Erforschung der DNA sind zwei Arten der Ultrazentrifugation von Bedeutung. Die erste nennt man **Sedimentationsgeschwindigkeitsanalyse**: Man bestimmt die Geschwindigkeit, mit der ein Makromolekül oder ein Partikel unter dem Einfluß hoher Zentrifugalkraft durch eine dichte Flüssigkeit (oft mals eine Saccharoselösung) wandert. Die Sedimentationsgeschwindigkeit ist ein Maß für die Größe des Moleküls oder Partikels (obwohl auch Form und Dichte die Geschwindigkeit beeinflussen); sie drückt sich im Sedimentationskoeffizienten aus (siehe Abschnitt 6.1.1).

Die zweite Methode nennt man **Dichtegradientenzentrifugation**. Man erzeugt einen Dichtegradienten, indem man eine dichte Flüssigkeit (üblicherweise eine Cäsiumchloridlösung) zentrifugiert, denn eine hohe Zentrifugalkraft zieht die Cäsium- und Chloridionen zum Boden des Röhrchens. Ihrer Abwärtswanderung steht die Diffusion gegenüber, so daß sich ein Konzentrationsgradient aufbaut, bei dem am Boden des Röhrchens die größere CsCl-Dichte herrscht. Wenn man die CsCl-Lösung zentrifugiert, bilden darin enthaltene Makromoleküle Banden an ganz bestimmten Stellen im Gradienten, wobei die genaue Lage von der Schwebedichte des Makromoleküls abhängt.

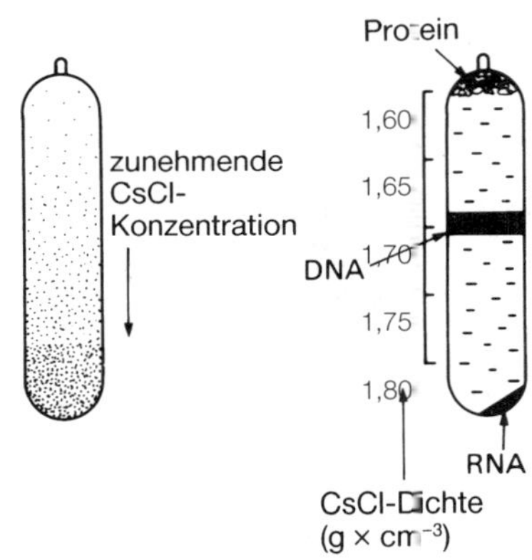

DNA besitzt eine Schwebedichte von etwa 1,7 g x cm^{-3} und wird deshalb an den Punkt im Gradienten wandern, wo die CsCl-Dichte ebenfalls 1,7 g x cm^{-3} ist. Proteine verfügen über viel geringere und RNA über etwas höhere Schwebedichten.

UV-Spektroskopie. Spektroskopie ist die Analyse von Stoffen durch das Spektrum, das sie erzeugen. Jede Substanz emittiert oder absorbiert ein charakteristisches Lichtspektrum. Zum Beispiel absorbiert DNA stark ultraviolettes Licht mit einer Wellenlänge von 260nm; Proteine zeigen dagegen eine starke Absorption bei 280nm.

UV-Spektroskopie verwendet man oft, um zu überprüfen, ob DNA-Proben, die man aus lebenden Zellen isoliert hat, rein sind und keine Proteine oder andere Verunreinigungen enthalten. Da das Ausmaß der UV-Strahlung, die eine Lösung absorbiert, direkt proportional zu der in ihr enthaltenen DNA-Menge ist, kann man mit dieser Methode auch die DNA-Konzentration in einer Probe bestimmen.

Komponenten prüfte man das Filtrat auf die verbliebene Transformationsfähigkeit. Überraschenderweise (man glaubte immer noch, Gene bestünden aus Protein) zeigte die Behandlung mit Protease keinerlei Wirkung auf die Fähigkeit, R-Zellen in S-Formen zu transformieren. Ebenso hatte die Behandlung mit Ribonuclease keinen Effekt auf die Transformationsaktivität. Der Abbau der DNA mit **Desoxyribonuclease** zerstörte die Fähigkeit zur Transformation jedoch vollständig, so daß das Filtrat nicht mehr in der Lage war, einen Zelltyp in einen anderen umzuwandeln.

Allmählich wurde Avery und seinen Kollegen klar, daß DNA das transformierende Prinzip sein muß, aber sie brauchten weitere Beweise. McCarty ging deshalb daran, die DNA aus hitzegetöteten S-Zellen zu reinigen, und bestätigte unter Einsatz von Techniken wie **Elektrophorese**, **Ultrazentrifugation** und **Ultraviolettspektroskopie**, daß das transformierende Prinzip und DNA ein und dieselbe Sache sind.

Die Publikation von Avery, MacLeod und McCarty erschien im Februar 1944 auf dem Höhepunkt des Zweiten Weltkriegs und gerade vier Monate vor der Landung der Alliierten in der Normandie. Wenn wir heute den Artikel lesen, zweifeln wir kaum an der Zuverlässigkeit der Ergebnisse oder der Gültigkeit der Schlußfolgerungen. Dennoch überzeugte der Artikel die wissenschaftliche Welt nicht davon, daß Gene aus DNA bestehen. Viele Biologen, besonders in Europa, bekamen den Artikel erst einige Jahre nach der Veröffentlichung zu Gesicht, und andere, welche die Arbeit kannten, blieben dennoch skeptisch. Es erhoben sich Zweifel an der Wirksamkeit der Enzyme, die man zum Abbau des Proteinanteils im Filtrat der S-Zellen verwendet hatte; außerdem führte man ins Feld, eine Proteinverunreinigung von zwei Prozent in der „reinen" Präparation des transformierenden Prinzips sei nicht nachweisbar, und für den Fall, daß Gene aus Protein bestehen, könne eine solche Verunreinigung für die Transformation der R-Zellen zu S-Zellen verantwortlich sein. Diese nagenden Zweifel waren zwar unbegründet, sie verhinderten aber, daß die Ergebnisse von Averys Gruppe in der wissenschaftlichen Welt allgemeine Zustimmung fanden. Vielleicht waren die Wissenschaftler zu diesem Zeitpunkt, ähnlich wie bei Mendel, noch nicht bereit für eine derartig grundlegend neue Idee. Was gebraucht wurde, war eine zweite, unabhängig durchgeführte experimentelle Identifizierung des genetischen Materials.

2.2.2 Bakteriophagengene bestehen aus DNA

Erst sieben Jahre nach der Veröffentlichung von Averys Arbeit wurde 1951–1952 das zweite, auf die chemische Charakterisierung des genetischen Materials abzielende Experiment durchgeführt. Inzwischen hatte man die experimentellen Verfahren weiter verfeinert, und neue Methoden zur Lösung genetischer Probleme standen zur Verfügung. Insbesondere hatten sich Bakteriophagen als experimentelle Hilfsmittel bei der Erforschung der Molekulargenetik allgemein durchgesetzt.

a) Bakteriophagen sind Viren, die Bakterien infizieren. Bakteriophagen oder Phagen, wie man sie üblicherweise nennt, sind Viren, die spezifisch Bakterien befallen. Der Phage T2 zum Beispiel ist einer von mehreren Phagentypen, die spezifisch für das Bakterium *Escherichia coli* sind. Bringt man T2-Bakteriophagen in eine Kultur von *E. coli*, so werden die Zellen infiziert: Sie produzieren große Mengen neuer Phagenpartikel (Abb. 2.6a). Einzelheiten über den Ablauf des Infektionszyklus erarbeitete man erst einige Jahre später (siehe Abschnitt 13.1.2), aber schon Anfang der fünfziger Jahre bestand die Vermutung, daß die Bakterien für die Herstellung der neuen Phagenpartikel verantwortlich sein müs-

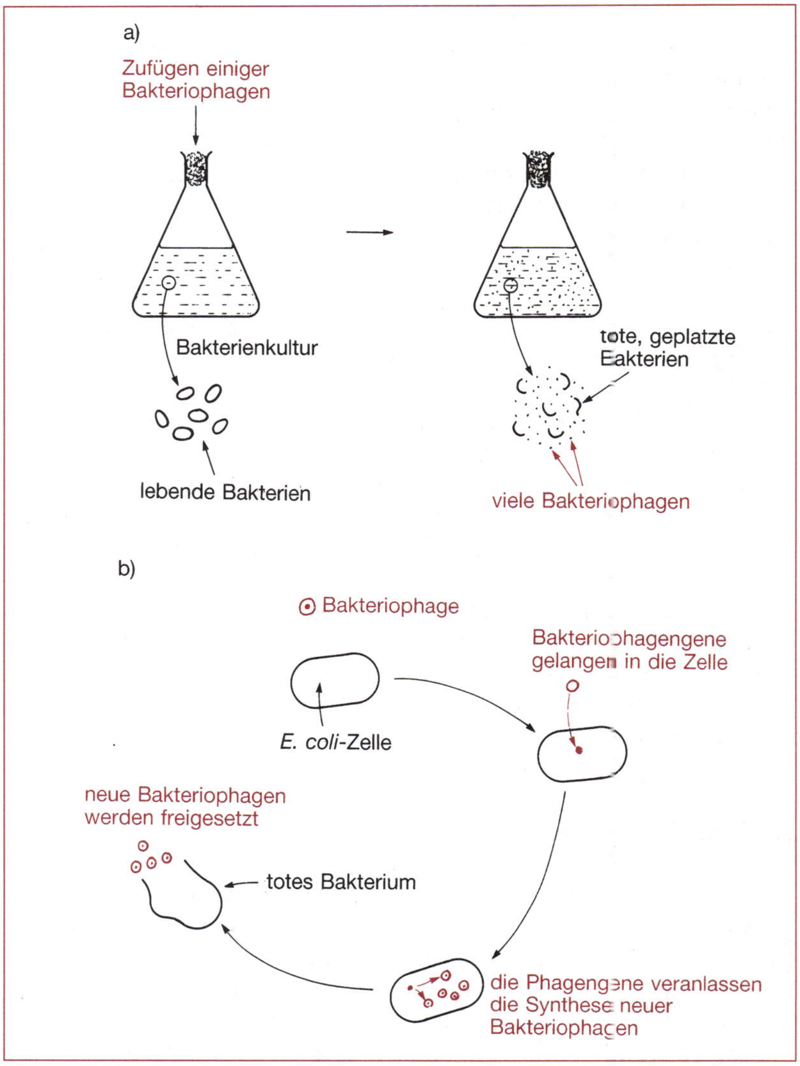

2.6 Infektion von Bakterien mit Bakteriophagen. a) Eine kleine Anzahl von Bakteriophagen kann eine Bakterienkultur infizieren, und beim Abtöten aller Zellen werden große Mengen neuer Phagen freigesetzt. b) Während der Infektion eines einzigen Bakteriums müssen die Phagengene in die Zelle eindringen, um die Synthese neuer Bakteriophagen in die Wege zu leiten. Hershey und Chase vermuteten, daß der Vorgang ähnlich wie hier dargestellt ablaufen muß. Die Einzelheiten des Infektionszyklus, wie wir ihn heute kennen, sind in Abschnitt 13.1.2 erläutert.

sen, denn Phagen sind nicht in der Lage, sich allein zu replizieren. Dabei müßten die Bakterien Gebrauch von der in den Phagengenen enthaltenen Information machen, und dazu, so argumentierte man, müßten diese Gene wahrscheinlich in die Bakterienzellen gelangen (Abb. 2.6b). Falls es gelänge, einen Bestandteil der infizierenden Phagenpartikel, der in die Bakterienzelle gelangt, zu identifizieren, so hätte man das Rätsel der chemischen Beschaffenheit des genetischen Materials gelöst.

b) Man kann Phagenprotein und DNA radioaktiv markieren. Die Identifizierung der Substanz, welche die Phagen in Bakterienzellen einbringen, wird dadurch erleichtert, daß Phagenpartikel ausschließlich aus Protein und DNA bestehen. Im Jahr 1951 hatte man gerade eine neue Methode entwickelt, welche die eindeutige Unterscheidung zwischen Protein und DNA erlaubte. Bei dieser Methode der **radioaktiven Markierung** *(radiolabelling)* wird ein radioaktives Atom (der „Marker") in das fragliche Molekül übertragen. Protein und DNA kann man unterscheiden, weil sich Protein mit ^{35}S markieren läßt, einem radioaktiven Isotop des Schwefels, das in die schwefelhaltigen Aminosäuren Cystein und Methionin eingebaut wird. DNA enthält keinen Schwefel und läßt sich demnach nicht mit ^{35}S markieren. Dafür kann man DNA aber mit ^{32}P markieren, der sich, da Proteine keinen Phosphor enthalten, nicht in Proteine einbaut (Abb. 2.7). Sobald sie mar-

Isotope

Alle Elemente kommen in mehreren Formen vor, den Isotopen, die sich jeweils nur durch die Anzahl an Neutronen im Atomkern unterscheiden. Verschiedene Isotope des gleichen Elements haben daher die gleiche Ordnungszahl, aber unterschiedliche Atommassen.

Isotope können stabil (zum Beispiel ^{12}C) oder instabil (wie etwa ^{14}C) sein. Ist das Isotop instabil, so zerfällt es in ein stabiles Isotop (möglicherweise nicht des gleichen Elements), wobei es Strahlung charakteristischer Energie emittiert. Mit einem Gerät wie dem Flüssigkeitsszintillationszähler kann man das Ausmaß des radioaktiven Zerfalls messen und das daran beteiligte radioaktive Isotop identifizieren.

Für den Biologen ist von ausschlaggebender Bedeutung, daß alle Isotope eines einzigen Elements die gleiche Anzahl an Elektronen aufweisen und deshalb identische chemische Eigenschaften besitzen. Zellen sind nicht in der Lage, zwischen verschiedenen Isotopen eines Elements zu unterscheiden: Beispielsweise kann *E. coli* nicht zwischen ^{14}C-Glucose und ^{12}C-Glucose differenzieren und wird beides gleich wirkungsvoll als Kohlenstoffquelle nutzen.

Hershey und Chase präparierten ^{32}P- und ^{35}S-markierte Bakteriophagen durch Infektion einer *E. coli*-Kultur, bei der die Nährstoffe des Kulturmediums diese radioaktiven Isotope enthielten. Nach der Beimpfung einer neuen Bakterienkultur mit den radioaktiven Phagen konnten sie aufgrund der charakteristischen Energie, welche die Isotope aussandten, bestimmen, ob die Bakterien ^{32}P-DNA oder ^{35}S-Protein enthielten. Wir werden in Kapitel 11 erneut auf radioaktive Markierung mit Isotopen treffen.

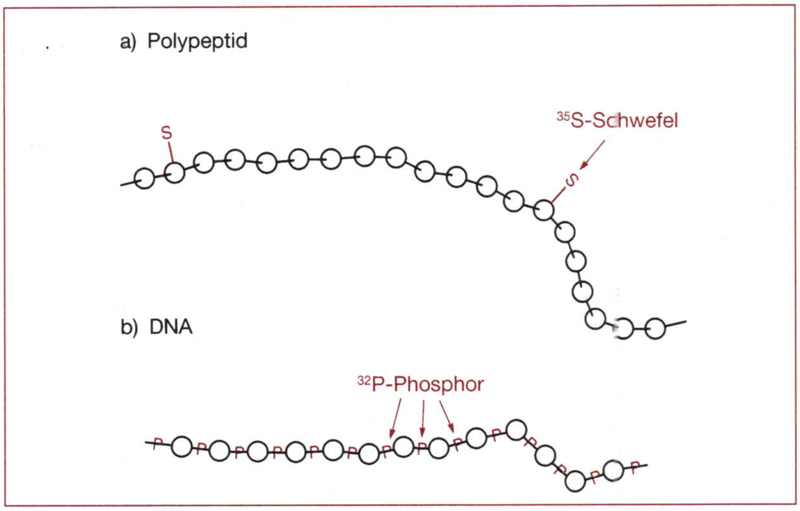

2.7 Die unterschiedliche Markierung von a) Protein und b) DNA mit ^{35}S beziehungsweise ^{32}P. Polypeptide enthalten zwei schwefelhaltige Aminosäuren (Cystein und Methionin), aber keinen Phosphor. DNA enthält keinen Schwefel, aber in jeder Verbindung zwischen den einzelnen Einheiten eines DNA-Moleküls liegt ein Phosphoratom.

kiert sind, kann man zwischen DNA- und Proteinproben differenzieren, da die beiden Radioisotope ^{32}P und ^{35}S Strahlung mit verschiedenen charakteristischen Energien emittieren.

c) Das Hershey-Chase-Experiment. Das entscheidende Experiment machten Alfred Hershey und Martha Chase am Cold Spring Harbor Laboratory in Long Island im Bundesstaat New York. Sie ließen eine mit T2-Phagen infizierte *E. coli*-Kultur in Gegenwart von ^{35}S- und ^{32}P-markierten Nährstoffen wachsen und präparierten anschließend eine radioaktive Probe der T2-Phagen, bei der das Protein nun mit ^{35}S und die DNA mit ^{32}P markiert war. Diese markierten Phagen setzten sie zur Infektion einer neuen, nichtradioaktiven Kultur von *E. coli* zu (Abb. 2.8). Diesmal unterbra-

Alfred Hershey

* 4. Dezember 1908, Owosso, Michigan

Alfred Hershey war zunächst Mikrobiologe und promovierte am Michigan State College, wo er 1934 seinen Doktortitel erhielt, über *Brucella*-Bakterien. Dann ging er an die Washington University in St. Louis, und von dort wechselte er 1950 zur genetischen Abteilung des Carnegie Institute von Washington in Cold Spring Harbor, New York, wo er 1962 Direktor wurde. Er setzte sich 1974 zur Ruhe und lebt jetzt nahe Cold Spring Harbor auf Long Island. Hershey gehörte zu den Gründungsmitgliedern von Delbrücks „Phagengruppe" und war verantwortlich für mehrere Entdeckungen, die zu einem Verständnis des Infektionszyklus der Phagen führten; die Entdeckung, daß Phagen-DNA in die Wirtszelle eindringt, war eigentlich nur ein einziger Schritt in seiner langen „Verfolgungsjagd" auf die Phagen. Delbrück beschrieb Hershey als Eigenbrötler, der sich deshalb gut als Molekularbiologe eigne. Hershey selbst hatte folgende Vorstellung vom Paradies: »Man hat ein Experiment, das funktioniert, und macht es immer wieder.« Er teilte sich 1969 den Nobelpreis mit Salvador Luria und Max Delbrück.

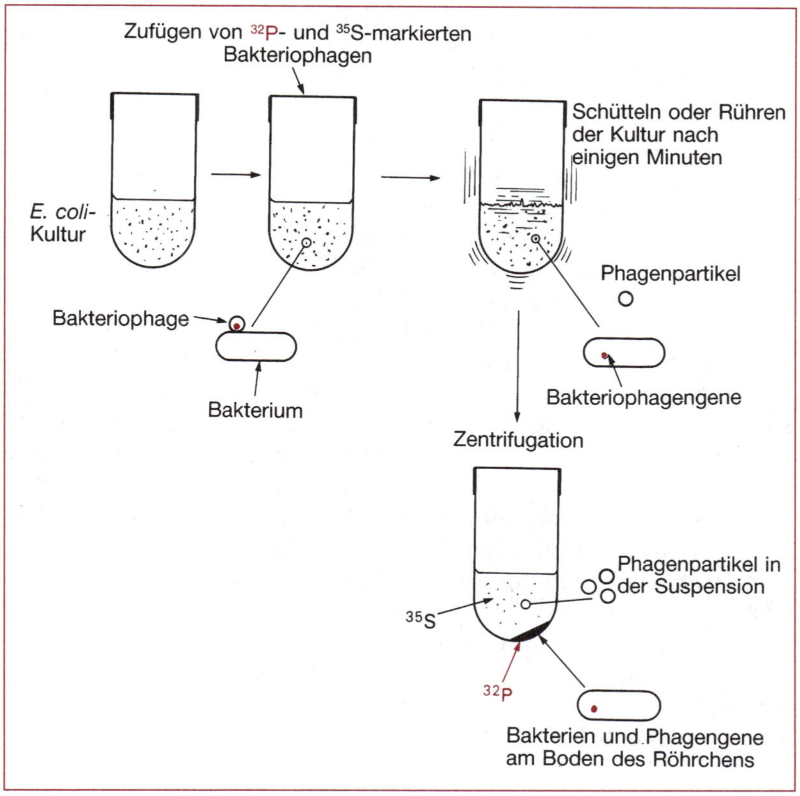

2.8 Das Hershey-Chase-Experiment.

chen sie den Infektionsprozeß jedoch ein paar Minuten nach dem Einbringen der Phagen durch kräftiges Rühren der Zellen in einem Küchenmixer (daher der im Englischen gebräuchliche Name *waring-blender-experiment*). Diese wenigen Minuten reichten aus, damit die Phagengene in die Bakterien eindringen konnten, aber sie waren nicht lang genug, daß neue Bakteriophagen hätten entstehen und die Bakterien abtöten können. Hershey und Chase glaubten, durch das Rühren werde das auf der Zelloberfläche haftende Phagenmaterial entfernt; der einzige in den Bakterien zurückbleibende Bestandteil mußte demnach die eingedrungene Substanz sein, also die Phagengene. Anschließend zentrifugierten sie die Kultur so, daß sich die relativ schweren Bakterienzellen mit den Phagengenen am Boden des Röhrchens ansammelten, während die leeren Phagenpartikel in der Suspension blieben. Hershey und Chase stellten fest, daß sich über 80 Prozent des ^{32}P in dem bakteriellen Bodensatz befanden. Anschließend ließen sie den Infektionsprozeß in den Bakterien weiter ablaufen, und es kam zur Produktion neuer Phagen. In diesen Phagenpartikeln war fast die Hälfte des ^{32}P, aber weniger als ein Prozent des ^{35}S vorhanden. Damit war eindeutig bewiesen, daß DNA und nicht Protein das genetische Material ist.

2.3 DNA wird allgemein als das genetische Material anerkannt

Obwohl man an der Auslegung und Gültigkeit des Hershey-Chase-Experiments kaum Zweifel haben konnte, waren einige Biologen immmer noch nicht davon überzeugt, daß DNA das genetische Material aller Organismen ist. Genaugenommen hatte das Hershey-Chase-Experiment lediglich bewiesen, daß Gene von Bakteriophagen aus DNA bestehen. Phagen sind sehr ungewöhnliche Organismen, wenn man sie überhaupt als Organismen bezeichnen kann, und deshalb, so vermutete man, lassen sich die Ergebnisse von Phagenexperimenten vielleicht nicht auf wirkliche Organismen wie den Menschen übertragen. Bei der Suche nach unanfechtbaren wissenschaftlichen Beweisen hätte ein Biologe deshalb zugeben müssen, daß die chemische Beschaffenheit der Gene in höheren Organismen noch immer nicht geklärt war. Von 1953 an erkannte man DNA jedoch allgemein als genetisches Material an. Dies ergab sich aus der Entdeckung der Struktur der Doppelhelix durch Watson und Crick und aus der Erkenntnis, daß diese Struktur völlig im Einklang mit den Erfordernissen des genetischen Materials steht. Dieser Durchbruch ist das zentrale Thema des nächsten Kapitels.

Literatur

Olby, R. *The Path to the Double Helix*. London (Macmillan) 1974.
[Enthält eine besonders gute Darstellung über die Proteintheorie des Gens und ihre endgültige Widerlegung.]

Levene, P.A. *On the Structure of Thymus Nucleic Acid and on Its Possible Bearing on the Structure of Plant Nucleic Acid.* In: *Journal of Biological Chemistry* 48 (1921) S. 119–125.
[Eine frühe Beschreibung der unrichtigen, nichtvariablen DNA-Struktur.]

Avery, O.T.; MacLeod, C.M.; McCarty, M. *Studies on the Chemical Nature of the Substance Inducing Transformation of Pneumococcal Types.* In: *Journal of Experimental Medicine* 79 (1944) S. 137–158.
Hershey, D.; Chase, M. *Independent Functions of Viral Protein and Nucleic Acid in Growth of Bacteriophage.* In: *Journal of General Physiology* 36 (1952) S. 39–56.
[Die beiden wichtigen Artikel, in denen gezeigt wurde, daß Gene aus DNA bestehen. Beide sind nachgedruckt in Taylor, J.H.

(Hrsg.) *Selected Papers in Molecular Genetics.* New York (Academic Press) 1965.]

McCarty, M. *Reminiscences of the Early Days of Transformation.* In: *Annual Reviews of Genetics* 14 (1980) S. 1–15.
McCarty, M. *The Transforming Principle: Discovering that Genes are Made of DNA.* London (Norton) 1985.
[Zwei persönliche Darstellungen.]

Aufgaben

1. Definieren Sie die folgenden Begriffe:

Protein	transformierendes Prinzip
Nucleinsäure	Serotyp
DNA	Bakterienkapsel
Nucleoprotein	Bakteriophage
Makromolekül	radioaktive Markierung

2. Beschreiben Sie, welchen Beitrag die folgenden Wissenschaftler bei der Erforschung der chemischen Beschaffenheit des Gens leisteten:

   Griffith
   Avery, MacLeod und McCarty
   Hershey und Chase

3. Erläutern Sie, warum die Biologen Anfang des 20. Jahrhunderts glaubten, Gene müßten aus Proteinen bestehen.

4. Erklären sie, was bakterielle Transformation ist und warum sie für die chemische Beschaffenheit des Gens von Bedeutung ist.

5. Stellen Sie die experimentellen Methoden gegenüber, die Avery et al. beziehungsweise Hershey und Chase zur Bestimmung der chemischen Beschaffenheit des Gens benutzten.

6. Erklären Sie, wie radioaktive Markierung in dem Hershey-Chase-Experiment eingesetzt wurde.

7. Inwieweit ist die Aussage „Gene bestehen aus DNA“ vereinbar mit den Ergebnissen von Averys Arbeit und den Resultaten des Hershey-Chase-Experiments?

8. * Welche Eigenschaften außer der Variabilität kann man aufgrund unseres Wissens über die Rolle der Gene bei der Vererbung für das genetische Material voraussagen?

9. * Warum vergingen zwischen der Entdeckung der bakteriellen Transformation und der chemischen Identifizierung des transformierenden Prinzips elf Jahre?

3

Die DNA-Struktur

DNA ist ein Polymer – Nucleotide – Polynucleotide – RNA • **Die Doppelhelix –** Komplementäre Basenpaarung – Verschiedene DNA-Formen

Da wir nun einwandfrei bewiesen haben, daß Gene aus DNA bestehen, müssen wir genau ergründen, wie die DNA-Struktur aussieht und in welcher Beziehung sie zu den Eigenschaften und Erfordernissen des genetischen Materials steht. Manche Studenten halten Molekülstrukturen für einen eher langweiligen Aspekt der Biologie, aber im Falle der DNA können wir uns die Mühe nicht ersparen, die Struktur zu verstehen und im Kopf zu behalten. Die Antwort auf Schrödingers Rätsel „Was ist Leben?“ liegt im DNA-Molekül.

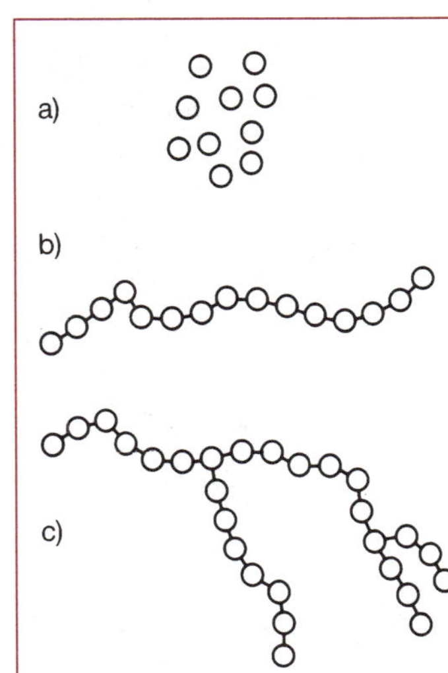

3.1 a) Monomere. b) Ein lineares Polymer. c) Ein verzweigtes Polymer. Nucleinsäuren und Polypeptide sind lineare Polymere. Einige Polysaccharide sind verzweigte Polymere.

3.1 DNA ist ein Polymer

Daß DNA ein langes Polymermolekül ist, begriff man erstmals Ende der dreißiger Jahre; das führte zu der Erkenntnis, daß DNA ebenso wie Protein über die potentielle, für genetisches Material erforderliche Variabilität verfügt. Ein Polymer ist ein langkettiges Molekül, das zahlreiche Einzeleinheiten umfaßt, die **Monomere**, die kettenartig miteinander verbunden sind (Abb. 3.1). Viele wichtige biologische Moleküle, nicht nur Proteine und Nucleinsäuren, sondern auch Polysaccharide und Lipide, sind Polymere des einen oder anderen Typs.

3.1.1 Nucleotide – die Monomere der DNA

Der Grundbaustein der DNA-Moleküle ist das **Nucleotid**. Man findet Nucleotide in der Zelle entweder als Bestandteile von Nucleinsäuren oder als einzelne Moleküle, und in dieser Form können sie verschiedene Aufgaben erfüllen. Beispielsweise sind die Nucleotide der RNA-Moleküle (Abschnitt 3.1.3) in der Zelle auch als Energielieferanten für viele Enzymreaktionen von großer Bedeutung. Das Nucleotid selbst ist ein ziemlich kompliziertes Molekül, das sich aus drei Bestandteilen zusammensetzt: einem Zucker, einer stickstoffhaltigen Base und Phosphorsäure (Abb. 3.2).

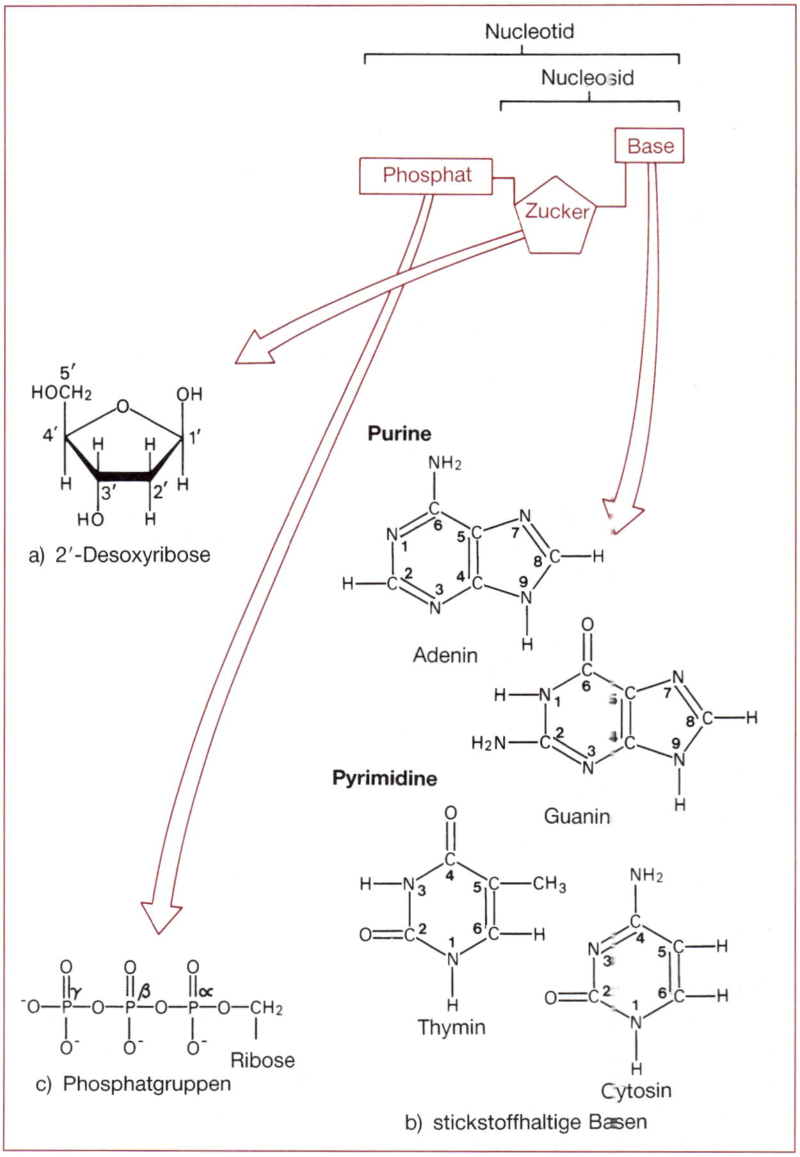

3.2 Die Bestandteile eines Desoxyribonucleotids.

a) Der Zuckerbaustein. In der DNA ist der Zuckerbaustein des Nucleotids eine Pentose (mit fünf Kohlenstoffatomen) namens 2′-Desoxyribose (Abb. 3.2a). Pentosezucker können in zwei Formen vorkommen: als gerade Kette, auch Fischer-Struktur genannt, oder als ringförmige Haworth-Struktur (Abb. 3.3). In Nucleotiden liegt die 2′-Desoxyribose als Ringstruktur vor.

Der Name 2′-Desoxyribose weist darauf hin, daß die normale Ribosestruktur durch Austausch der Hydroxylgruppe (– OH) am Kohlenstoffatom Nummer 2′ durch eine Wasserstoffgruppe (– H) verändert wurde. Man numeriert die Kohlenstoffatome immer in der gleichen Weise, wobei der Kohlenstoff der Carbonylgruppe (– C = O), die sich bei der Kettenstruktur an einem Ende befindet, die Zahl 1′ erhält. Es ist wichtig, sich diese Numerierungsweise einzuprägen, denn sie verrät, an welchen Positionen die anderen Komponenten des Nucleotids mit dem Zucker verbunden sind. Man beachte, daß die Zahlen nicht einfach 1, 2, 3, 4, 5 und 6 lauten, sondern 1′, 2′, 3′, 4′, 5′ und 6′ (ausgesprochen „eins-Strich", „zwei-Strich" und so weiter). Der Strich dient zur Unterscheidung der Kohlenstoffatome des Zuckers von den Kohlenstoff- und Stickstoffatomen der stickstoffhaltigen Base. Letztere numeriert man mit 1, 2, 3 und so fort, denn es ist wichtig, diese nicht mit den Kohlenstoffatomen des Zuckers zu verwechseln.

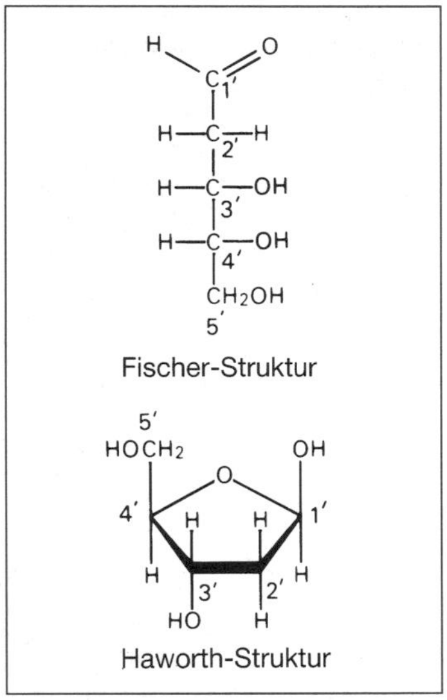

3.3 Die beiden Strukturformeln der 2′-Desoxyribose.

b) Die stickstoffhaltigen Basen. Hierbei handelt es sich um ziemlich komplizierte Strukturen aus einem oder zwei Ringen, die mit dem 1′-Kohlenstoff des Zuckers verbunden sind. In der DNA kann sich jeweils eine von vier verschiedenen stickstoffhaltigen Basen an dieser Position befinden. Adenin und Guanin sind bizyklische **Purine**, Thymin und Cytosin bestehen aus einem Ring und sind **Pyrimidine**. Ihre Struktur ist in Abbildung 3.2b dargestellt.

c) Der Phosporsäurebaustein. Ein Molekül, das aus dem Zucker und einer damit verknüpften Base besteht, nennt man **Nucleosid**. Ein Nucleotid wird daraus durch Anbringen einer Phosphorsäuregruppe am 5′-Kohlenstoff des Zuckers (Abb. 3.2c). Bis zu drei einzelne Phosphatgruppen können hintereinander verknüpft werden; entsprechend entsteht dann das Nucleosidmonophosphat (NMP), Nucleosiddiphosphat (NDP) oder Nucleosidtriphosphat (NTP). Die einzelnen Phosphatgruppen kennzeichnet man mit α, β und γ, wobei das Symbol α dasjenige Phosphat bezeichnet, das direkt mit dem Zucker verbunden ist.

d) Die Nomenklatur von Nucleotiden. Die vier verschiedenen Nucleotide, die zur DNA polymerisieren, sind in Abbildung 3.4 dargestellt. Ausgeschrieben heißen sie:

2′-Desoxyadenosin-5′-triphosphat 2′-Desoxycytidin-5′-triphosphat
2′-Desoxyguanosin-5′-triphosphat 2′-Desoxythymidin-5′-triphosphat

3.4 Die vier in DNA-Molekülen vorkommenden Nucleotide.

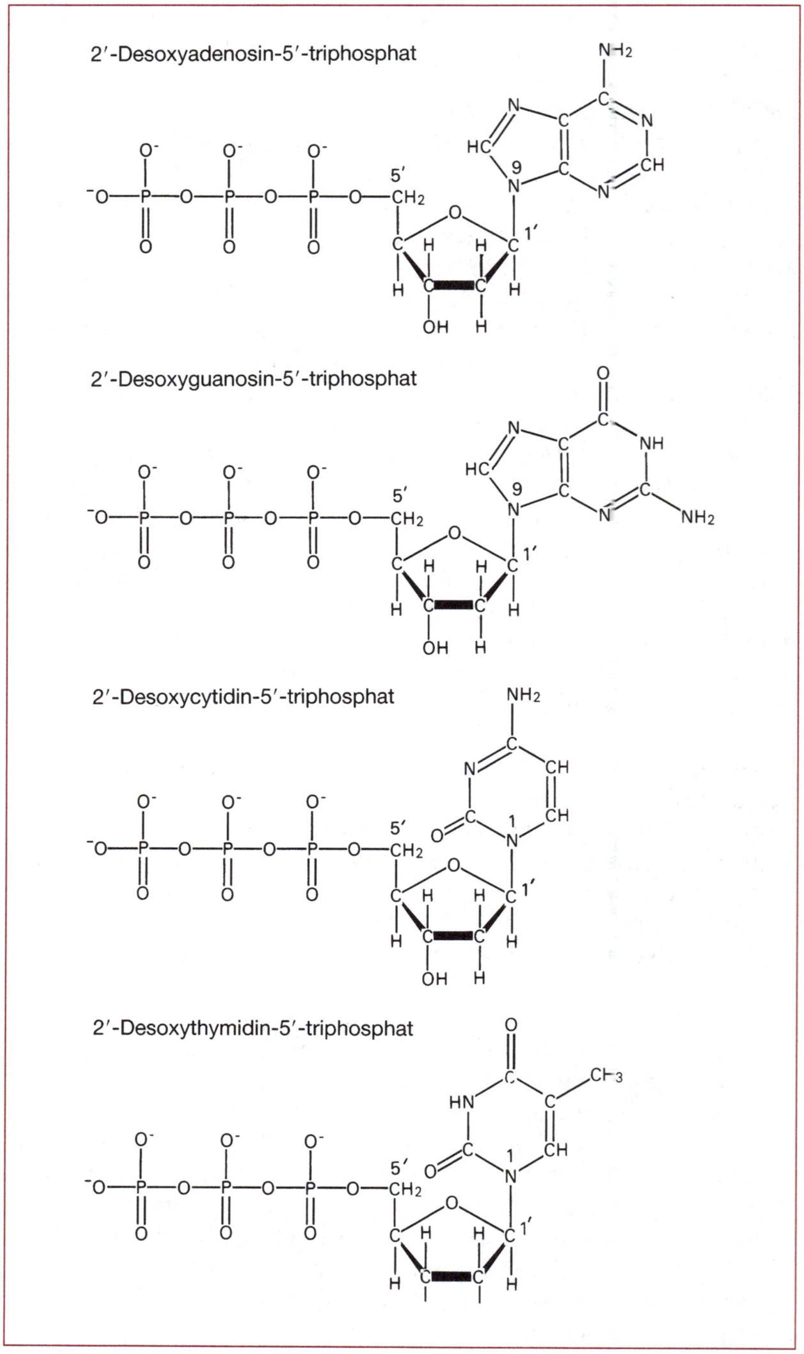

Üblicherweise kürzt man die Namen jedoch mit dATP, dGTP, dCTP und dTTP oder sogar nur mit A, G, C und T ab, insbesondere dann, wenn man die Nucleotidsequenz aufschreibt, die man in einem bestimmten DNA-Molekül gefunden hat.

3.1.2 Polynucleotide

Die nächste Stufe beim Aufbau der DNA-Struktur ist die Verknüpfung der einzelnen Nucleotide zu einem Polymer. Dieses Polymer nennt man **Polynucleotid**, und es entsteht, wenn man einzelne Nucleotide über die Phosphatgruppen aneinanderhängt.

a) Nucleotide sind durch Phosphodiesterbrücken verbunden. Abbildung 3.5 zeigt die Struktur eines Trinucleotids, eines kurzen DNA-Moleküls, bestehend aus drei Nucleotiden. Die Aneinanderreihung der Nucleotidmonomere geschieht durch Verknüpfung der α-Phosphatgruppe am 5′-Kohlenstoff des einen Nucleotids mit dem 3′-Kohlenstoff des nächsten Nucleotids in der Kette. Normalerweise wird ein Polynucleotid aus Nucleosidtriphosphateinheiten aufgebaut, wobei während der Polymerisierung die β- und γ-Phosphate abgespalten werden. Die Hydroxylgruppe am 3′-Kohlenstoff des zweiten Nucleotids geht ebenfalls verloren.

Die Bindung zwischen den Nucleotiden in einem Polynucleotid nennt man **Phosphodiesterbindung**: „phospho" weist auf die Anwesenheit eines Phosphoratoms hin, und „diester" bezieht sich auf die zwei Esterbindungen (C-O-C) in jeder Verknüpfung. Der Genauigkeit halber sollte man von einer 3′-5′-Phosphodiesterbindung sprechen, damit es keine Zweifel darüber gibt, welche Kohlenstoffatome des Zuckers an der Bindung beteiligt sind.

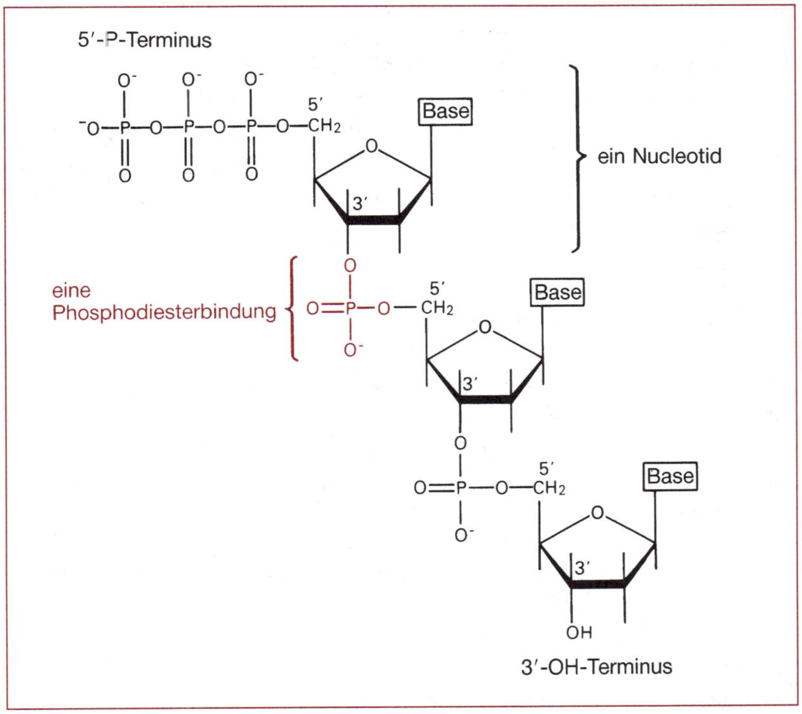

3.5 Struktur eines kurzen Polynucleotids.

b) Polynucleotide haben chemisch unterschiedliche Enden. Polynucleotide haben ein wichtiges Kennzeichen: Die beiden Enden des Moleküls sind nicht gleich. Das ist in Abbildung 3.5 deutlich zu erkennen. Der obere Teil des dargestellten Polynucleotids endet mit einem Nucleotid, dessen Triphosphatgruppe am 5′-Kohlenstoff nicht an einer Phosphodiesterbindung beteiligt ist, und die Phosphatgruppen in β- und γ-Stellung sind noch an Ort und Stelle. Dieses Ende nennt man **5′-Ende** oder **5′-P-Terminus**. An der anderen Seite des Moleküls befindet sich kein Phosphat, sondern eine freie 3′-Hydroxylgruppe. Dieses Ende bezeichnet man als **3′-Ende** oder **3′-OH-Terminus**. Die chemische Verschiedenartigkeit der beiden Enden hat zur Folge, daß Polynucleotide eine Orientierung besitzen, die man 5′→3′ (abwärts in Abb. 3.5) oder 3′→5′ (aufwärts in Abb. 3.5) betrachten kann. Die Orientierung der Polynucleotide ist, wie in späteren Kapiteln klarwerden wird, in der Molekulargenetik von großer Wichtigkeit.

c) Polynucleotide können sehr lang sein und eine beliebige Sequenz aufweisen. Für die Anzahl an Nucleotiden, die sich zur Bildung eines einzelnen DNA-Polynucleotids zusammenfügen lassen, gibt es offensichtlich keine Begrenzung. Im Labor handhabt man oft Moleküle, die aus mehreren tausend Nucleotiden bestehen, und die DNA-Moleküle in Chromosomen sind noch viel länger, möglicherweise mehrere Millionen Nucleotide lang. Darüber hinaus gibt es keine chemischen Einschränkungen für die Anordnung, in der sich die Nucleotide aneinanderreihen können. An jeder Stelle in der Kette könnte das Nucleotid A, G, C oder T stehen. Betrachtet man ein Polynucleotid mit einer Länge von gerade zehn Nucleotiden, so könnte es jede von $4^{10} = 1\,048\,576$ verschiedenen Sequenzen haben (Abb. 3.6). Nun stelle man sich die Zahl der verschiedenen möglichen Sequenzen für ein Polynucleotid mit einer Länge von 1000 oder gar einer Million Nucleotiden vor. Das ist die Variabilität der DNA, die es dem genetischen Material ermöglicht, eine fast unendliche Zahl von Formen zu bilden.

A–T–A–G–A–A–C–A–G–G

A–A–A–G–A–A–C–A–G–G

A–T–A–A–A–A–C–A–G–G

A–T–A–C–A–A–C–A–G–G

A–T–A–G–T–A–C–A–G–G

3.6 Fünf der 1 048 576 verschiedenen Sequenzen, die in einem DNA-Molekül aus zehn Nucleotiden möglich sind.

3.1.3 Auch RNA ist ein Polynucleotid

DNA ist nicht die einzige Nucleinsäure, die man in lebenden Zellen findet. Die nahe verwandte RNA ist ebenfalls eine Nucleinsäure und spielt wie die DNA in der Molekulargenetik eine wichtige Rolle. Auch die RNA ist ein Polynucleotid, sie weist aber zwei wesentliche Unterschiede zur DNA auf.

1. *Der Zucker in der RNA ist Ribose.* In der RNA ist der Zuckerbaustein des Nucleotids nicht 2′-Desoxyribose, sondern die Ribose selbst (Abb. 3.7a).
2. *RNA enthält Uracil statt Thymin.* Drei der stickstoffhaltigen Basen – Adenin, Guanin und Cytosin – finden sich sowohl in

der DNA wie auch in der RNA. Die vierte Base ist jedoch anders. In der DNA handelt es sich um Thymin, in der RNA dagegen um **Uracil**, ein anderes Pyrimidin (Abb. 3.7b).

Die vier Nucleotide, die zur Bildung von RNA polymerisieren, heißen:

Adenosin-5′-triphosphat
Guanosin-5′-triphosphat
Cytidin-5′-triphosphat
Uridin-5′-triphosphat

und die Abkürzungen lauten ATP, GTP, CTP und UTP oder A, G, C und U.

Das RNA-Polynucleotid weist genau die gleiche Struktur wie DNA auf: Die 3′-5′-Phosphodiester-Bindungen verknüpfen die einzelnen Nucleotide in dem Molekül. Wie bei der DNA gibt es keine Beschränkungen für die Nucleotidsequenz innerhalb eines RNA-Moleküls. Es gibt jedoch auf dieser höheren Strukturebene einen sehr wichtigen Unterschied zwischen RNA und DNA. RNA ist in den Zellen normalerweise als einzelnes Polynucleotid vorhanden, während DNA fast immer in Form zweier umeinandergewickelter Polynucleotide vorkommt. Das ist die berühmte **Doppelhelix**, deren Entdeckung die Molekulargenetiker davon überzeugte, daß Gene tatsächlich aus DNA bestehen.

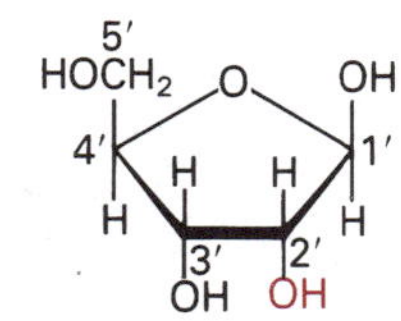

a) Ribose

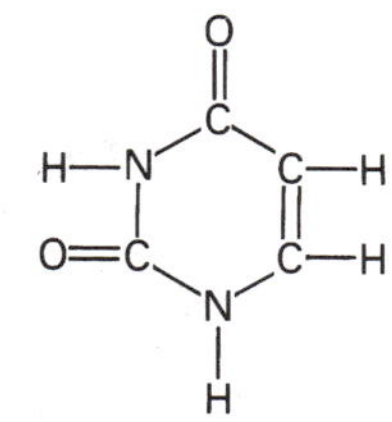

b) Uracil

3.7 Die Bestandteile von RNA, die sich von denen der DNA unterscheiden.

3.2 Die Doppelhelix

Die Entdeckung der Doppelhelix durch James Watson und Francis Crick 1953 in Cambridge war einer der großartigen, durch Überlegen erreichten Triumphe in der Geschichte der Wissenschaft; sie hat sich nicht nur auf alle Aspekte der Molekulargenetik ausgewirkt, sondern sogar auf die Biologie als Ganzes.

Die Struktur des Polynucleotids, wie sie in Abschnitt 3.1.2 beschrieben ist, war bereits bekannt, als Watson und Crick in Erscheinung traten. Der nächste Schritt bestand in der Aufklärung der genauen Struktur, die ein DNA-Molekül in einer lebenden Zelle einnimmt. Ist daran nur ein Polynucleotid beteiligt, oder ist ein DNA-Molekül aus zwei oder mehr irgendwie miteinander verbundenen Polynucleotiden aufgebaut? Die Antwort könnte Aufschlüsse darüber liefern, auf welche Weise DNA als genetisches Material fungieren kann. Um das Problem zu lösen, setzten Watson und Crick den Modellbau ein – sie bauten buchstäblich aufgrund sämtlicher seinerzeit verfügbarer Informationen ein maßstabsgetreues Modell, das ihren Vorstellungen von einem

DNA-Molekül entsprach. Natürlich mußte das Modell mit den Gesetzen der Chemie in Einklang stehen: Die verschiedenen Atome durften nicht zu dicht beieinander liegen, wenn ein Polynucleotid spiralenförmig gewunden oder auf irgendeine Art gefaltet war. Alle geforderten neuen chemischen Bindungen mußten zwischen Atomen mit entsprechend passenden Abständen liegen. Darüber hinaus war es wichtig, daß das Modell die Ergebnisse von zwei anderen Forschungsarbeiten über die DNA-Struktur berücksichtigte; die eine stammte von Erwin Chargaff in New York, die andere von Rosalind Franklin vom King's College in London. Bevor wir daher Watsons und Cricks Doppelhelix in Augenschein nehmen, müssen wir uns, ebenso wie sie, mit den Ergebnissen dieser beiden wegbereitenden Arbeiten befassen.

a) Chargaffs Basenverhältnisse ebneten den Weg zur korrekten Struktur. Die Entdeckung von Avery, MacLeod und McCarty, daß DNA das transformierende Prinzip ist, veranlaßte Erwin Chargaff von der Columbia University, einen anderen New Yorker Forscher, zu einer umfassenden Analyse der chemischen Zusammensetzung von DNA. Zusammen mit seinen Kollegen E. Vischer und S. Zamenhof setzte Chargaff insbesondere neue und empfindliche papierchromatographische Verfahren ein, um die genauen Mengen der vier stickstoffhaltigen Basen in DNA-Proben zu bestimmen, die man aus unterschiedlichen Geweben und verschiedenen Organismen gereinigt hatte. Ihre Befunde waren ziemlich verblüffend: Sie ließen in jeder einzelnen DNA-Probe eine einfache mathematische Beziehung zwischen den Mengen-

Erwin Chargaff

* 11. August 1905, Czernowitz, Österreich (heute Chernovcy, Ukraine)

»Wir können nur das suchen, was wir bereits gefunden haben.«

Erwin Chargaff machte 1928 an der Universität Wien seinen Doktor, und nach Aufenthalten in Yale, Berlin und Paris ging er 1935 an die Columbia University in New York. Er arbeitete auf vielen Gebieten der Biochemie, und seine wissenschaftlichen Publikationen umfassen Untersuchungen über so unterschiedliche Themen wie Lipidmetabolismus und Blutgerinnung. Seinen einflußreichsten Beitrag leistete er zwischen 1945 und 1950, als er zeigen konnte, daß die Basenverhältnisse in der DNA konstant sind. Obwohl es eine der wegbereitenden Entdeckungen war, die zur DNA-Struktur führten, fühlte Chargaff sich nie als Vertreter der Molekularbiologie; im Gegenteil: Er wurde sogar einer ihrer schärfsten Kritiker (siehe beispielsweise *Nature* 326 [1987] S. 199–200). Von ihm stammen viele beißende Kommentare über die heutige Wissenschaft und ihre Wissenschaftler. Er beschrieb Watson und Crick als zwei fliegende Händler auf der Suche nach einer Helix und erklärt seine Abneigung gegenüber der Molekularbiologie so: »... durch ihren Anspruch, alles erklären zu können, erschwert sie in Wirklichkeit das Vorankommen bei wissenschaftlichen Erklärungen«. Seine Autobiographie trägt den Titel *Das Feuer des Heraklit. Skizzen aus einem Leben vor der Natur.* Frankfurt (Luchterhand) 1989.

Chromatographie

Chromatographische Verfahren setzt man ein, um Verbindungen aufgrund ihrer unterschiedlich starken Adsorption an eine feste Matrix zu trennen. Besonders nützlich ist die Chromatographie bei der Auftrennung von Proteinen, Aminosäuren oder Nucleotiden.

Es gibt mehrere verschiedene chromatographische Methoden, die sich durch die Beschaffenheit der festen Matrix unterscheiden. Bei der Papierchromatographie besteht sie aus einem Streifen Filterpapier. Man bringt eine Probe der zu analysierenden Verbindung auf ein Ende des Papierstreifens und eluiert sie, indem man eine wäßrige oder organische Lösung (das Lösungsmittel) durch den Streifen laufen läßt. Wenn sich das Lösungsmittel durch das Papier saugt, nimmt es die Verbindungen mit, jedoch mit unterschiedlicher Geschwindigkeit, je nachdem, wie stark die einzelnen Verbindungen an die Matrix adsorbieren.

Chargaffs Verfahren zur Analyse der Basenzusammensetzung der DNA begann mit einer Alkali- oder Säurebehandlung, durch die das lange Molekül in seine Nucleotidbausteine zerlegt wurde. Anschließend ließ man die Probe mit einem von mehreren Lösungsmitteln (zum Beispiel einem *n*-Butanol-Wasser-Gemisch) durch einen Papierstreifen laufen und schnitt die entstehenden Flecken aus. Die reinen Nucleotide gewann man aus dem Papier wieder, indem man dieses in eine wäßrige Lösung tauchte. Anschließend bestimmte man ihre Konzentration.

Chromatographie wird heutzutage routinemäßig in einer Glassäule ausgeführt, die mit winzigen, mit Lösungsmittel durchtränkten Kügelchen aus Substanzen wie Cellulose oder Agarose gefüllt ist. Man schichtet die Probe oben auf die Säule und eluiert sie, indem man weiteres Lösungsmittel durchlaufen läßt. Anschließend sammelt man die aufgetrennten Verbindungen, sobald sie unten aus der Säule herauslaufen.

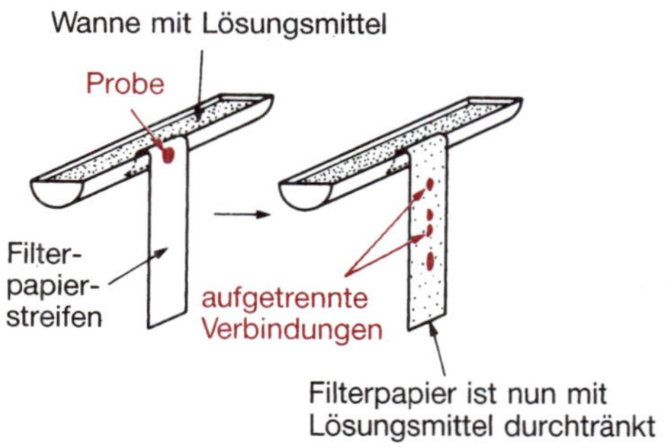

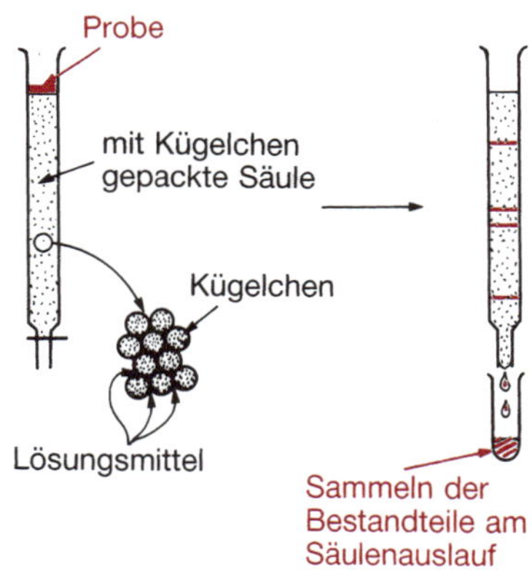

verhältnissen der Basen erkennen. Die Beziehung besteht darin, daß die Anzahl der Adeninbausteine genau mit der Anzahl an Thyminen übereinstimmt, und die Anzahl der Guaninbausteine entspricht der Anzahl der Cytosine, das heißt A = T und G = C. Das besagt auch, daß die Gesamtmenge der Purine (A + G) ebenso groß ist wie die der Pyrimidine (T + C). Tabelle 3.1 stellt diese Regel mit einigen von Chargaffs Gruppe veröffentlichten Originalergebnissen anschaulich dar.

Chargaff war ein sehr gründlicher Wissenschaftler, der sich streng an den Grundsatz von Sherlock Holmes hielt, niemals Theorien aufzustellen, bevor man sich seiner Befunde nicht sicher ist. Er spekulierte – zumindest in seinen Publikationen – nicht in größerem Umfang über die Bedeutung der Basenverhältnisse für die DNA-Struktur. Er war überzeugt, er müsse seine Ergebnisse zunächst durch die Analyse von DNA aus vielen zusätzlichen Quellen absichern, denn sonst, so glaubte er, würde er erneut dem Irrtum verfallen, auf dem die früheren, unrichtigen Vorstellungen über DNA basierten: daß DNA ein kleines und einfaches

GC-Gehalt verschiedener DNAs

Der GC-Gehalt der DNA variiert bei den biologischen Arten beträchtlich. Hier einige repräsentative Werte:

Organismus	GC-Gehalt in Prozent der Gesamtnucleotidanzahl
Plasmodium falciparum (Malariaparasit)	19,0
Schleimpilz	23,0
Seeigel	35,4
Mensch	40,3
Weizen	45,8
Escherichia coli	51,0
Mycobacterium tuberculosis	65,0
Streptomyces griseolus	72,4

Tabelle 3.1: Zusammenfassung einiger Ergebnisse Chargaffs, die eine einheitliche Gesetzmäßigkeit für die relativen Verhältnisse der Basen in der DNA verschiedener Organismen erkennen ließen

	Basenverhältnis in DNA-Proben	
Organismus	Adenin : Thymin	Guanin : Cytosin
Kuh	1,04	1,00
Mensch	1,00	1,00
Lachs	1,02	1,02
Escherichia coli	1,09	0,99

Daten aus: Chargaff, E. *Essays on Nucleic Acids* (Elsevier) 1963 S. 30.

Molekül ist. Ein akzeptables DNA-Strukturmodell muß jedoch erklären, wie diese Basenverhältnisse zustande kommen.

Bevor wir Chargaffs Basenverhältnisse verlassen, sollte man einen weiteren Punkt beachten. Es ist wichtig, sich klarzumachen, daß zwar A = T und G = C ist, aber A + T nicht G + C entspricht. Der **GC-**(oder umgekehrt AT-)**Gehalt** der DNA eines Organismus variiert beträchtlich von einer Art zur anderen. Warum das so ist, weiß man nicht, aber die Basenzusammensetzung kann einen bedeutenden Einfluß auf die Genstruktur haben und auch auf die Art, wie die Genfunktion gesteuert wird.

b) Röntgenstrukturanalyse beweist, daß DNA ein Helixmolekül ist. Das zweite Indiz, das Watson und Crick zur Verfügung stand, war das **Röntgenbeugungsmuster**, das man erhielt, wenn man eine kristallisierte DNA-Faser mit Röntgenstrahlen beschoß. Die Theorie, die sich hinter der **Röntgenstrukturanalyse** verbirgt, ist sehr kompliziert, aber sie basiert auf der Tatsache, daß die Winkel, mit denen die Röntgenstrahlen beim Passieren eines Kristalls gebeugt werden, durch die dreidimensionale Molekülstruktur im Kristall festgelegt sind. Das Beugungsmuster kann man sichtbar machen, indem man den Röntgenstrahl nach der Passage durch

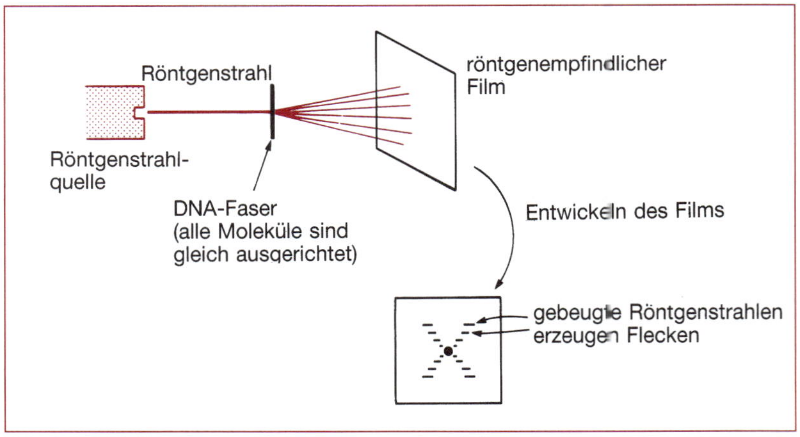

3.8 Das Prinzip der Röntgenstrukturanalyse.

Maurice Wilkins

Rosalind Franklin

Maurice Wilkins

* 15. Dezember 1916, Pongaroa, Neuseeland

Rosalind Franklin

* 25. Juli 1920, London

† 16. April 1958, London

Maurice Wilkins begann seine Laufbahn als Physiker (Bachelor of Art 1938 in Cambridge, Doktortitel 1940 in Birmingham), aber seine Erfahrungen während des Krieges mit dem Atombombenprojekt veranlaßten ihn, sich von der physikalischen Wissenschaft ab- und der Biologie zuzuwenden. Im Jahre 1947 ging er ans King's College in London und begann mit der Erforschung der Chromosomen- und Genstruktur mittels physikalischer Methoden. Im Mai 1950 erhielt er von Rudolf Signer aus Bern eine der wahrscheinlich reinsten DNA-Proben, die zur damaligen Zeit zur Verfügung standen, und erzeugte mit ihr äußerst detaillierte Röntgenbeugungsmuster. Im Januar 1951 kam Rosalind Franklin von Paris ans King's College und übernahm die Analyse der Signer-DNA, wobei sie Aufnahmen machte, die eindeutig bewiesen, daß die DNA eine Helix ist. Leider prallten mit Franklin und Wilkins zwei gegensätzliche Charaktere aufeinander, so daß die geistige Auseinandersetzung, die zur Entschlüsselung der DNA-Struktur vonnöten war (und die Watson und Crick genossen) am King's College niemals stattfand. Franklin war jedoch einer Doppelhelixstruktur schon sehr nahe gekommen, als Watson und Crick ihre Ergebnisse bekanntgaben.

Franklin wechselte 1953 ans Birkbeck College, um über die Struktur von Viren zu arbeiten, und blieb dort bis zu ihrem Krebstod. Man weiß mittlerweile, daß ihre Beschreibung als „Rosy" in dem Buch *Die Doppel-Helix* nicht der Wahrheit entspricht, und aus den Schilderungen ihrer Zeitgenossen wird deutlich, daß sie, hätte sie länger gelebt, wahrscheinlich zu den hervorragendsten britischen Wissenschaftlern ihrer Zeit gehört hätte (siehe *Rosalind Franklin and DNA* von Sayre im Literaturverzeichnis).

Wilkins setzte die DNA-Analyse für einige Jahre fort und teilte sich 1962 den Nobelpreis mit Watson und Crick. Er wurde 1969 der Gründungspräsident der Britischen Gesellschaft für Soziale Verantwortung in der Wissenschaft.

den Kristall auf einem photographischen Film auffängt (Abb. 3.8). Als Ergebnis erhält man ein Muster von Flecken, aus deren Positionen und Intensitäten sich die Struktur des Moleküls ableiten läßt.

Die Anfänge der Röntgenstrukturanalyse gehen auf das Ende des 19. Jahrhunderts zurück, und seither wurde das Verfahren an den Kristallen vieler Verbindungen erfolgreich angewandt. Bis 1953 erzielte man mit ihr die größten Erfolge bei der Strukturaufklärung mehrerer natürlicher Proteine, beispielsweise des Keratins, eines Bestandteils von Wolle und Haaren. Seit 1953 half die Methode auf immer raffiniertere Weise bei der Enträtselung der komplexen dreidimensionalen Strukturen von Proteinen wie zum Beispiel des Hämoglobins. Die berühmtesten aller Röntgenbeugungsbilder gelangen jedoch im Mai 1952 Rosalind Franklin vom King's College in London mit DNA-Kristallen. Die von ihr genutzten Methoden hatte zuvor Maurice Wilkins entwickelt. Diese Bilder zeigten, daß DNA eine Helix ist, die entlang ihrer Molekülachse zwei regelmäßige Periodizitäten von 0,34 Nanometer und 3,4 Nanometer Länge aufweist. Die Frage war nun, welche Beziehung dabei zu Chargaffs Basenverhältnissen und der wirklichen DNA-Struktur besteht.

c) Watson und Crick enträtseln die Struktur. Die Geschichte, wie Watson und Crick zu dem Schluß kamen, daß DNA eine Doppelhelix ist, wurde viele Male erzählt, am unterhaltsamsten wohl von Watson selbst in seinem Buch *Die Doppel-Helix*. Watson und Crick trugen sämtliche experimentellen Daten zusammen, welche die DNA betrafen, und gelangten dabei zu dem Schluß, daß die Doppelhelix (Abb. 3.9) die einzige Struktur ist, die sich mit allen experimentellen Befunden vereinbaren läßt. Sie hat sieben wichtige Eigenschaften:

1. *Die Doppelhelix besteht aus zwei Polynucleotiden.* Die Anzahl der Polynucleotide in der Helix war für einige Zeit eine umstrittene Frage. Mehrere experimentelle Befunde deuteten darauf hin, daß es sich um zwei oder drei solche Stränge handeln mußte, und der berühmte amerikanische Wissenschaftler Linus Pauling stellte einige Monate vor der Watson-Crick-Struktur ein unrichtiges Tripelhelixmodell für DNA auf.

James Watson

Francis Crick

James Watson

* 6. April 1928, Chicago

Francis Crick

* 8. Juni 1916, Northampton

James Watson war ein Wunderkind: Er ging mit 15 Jahren an die University of Chicago, machte 1947 sein Examen und 1950 an der University of Indiana seinen Doktor. Dann wurde ihm ein Stipendium gewährt, mit dem er in Kopenhagen studieren sollte, aber nach einem Jahr wechselte er ans Cavendish Laboratory in Cambridge mit dem festen Ziel, Gene zu erforschen. Dort lernte er Francis Crick kennen, der zwar als Physiker begonnen hatte, nach dem Krieg aber zur Biologie gekommen war und nun an seiner Doktorarbeit über Proteinstruktur arbeitete. Das berühmte Zusammenspiel zweier intellektueller Köpfe ist viele Male erzählt worden, besonders eindrucksvoll von Watson in *Die Doppel-Helix*. Die beiden teilten sich 1962 den Nobelpreis mit Maurice Wilkins.

Nachdem Watson und Crick die Struktur der Doppelhelix aufgeklärt hatten, trennten sich ihre Wege. Watson kehrte 1953 in die USA zurück und wurde schließlich Professor in Harvard, bevor er 1976 an das Cold Spring Harbor Laboratory auf Long Island wechselte, dessen Direktor er wurde. Er arbeitete über RNA-Synthese, Proteinsynthese und die Rolle der Viren bei der Krebsentstehung. In letzter Zeit war er einer der wichtigsten Befürworter des menschlichen Genomprojekts, jenes ehrgeizigen Forschungsprogramms, mit dem man die vollständige Nucleotidsequenz des menschlichen Genoms ermitteln will (Abschnitt 16.3). Crick blieb in Cambridge, bis er 1977 an das Salk Institute in Südkalifornien ging. In den fünfziger und sechziger Jahren hatte er maßgeblichen Einfluß auf die Molekularbiologie, und viele großartige Forschritte beim Verständnis des Gens und der Genexpression gehen unmittelbar auf ihn zurück. Seine Autobiographie heißt *Ein irres Unternehmen. Die Doppelhelix und das Abenteuer der Molekularbiologie.* München (Piper) 1990.

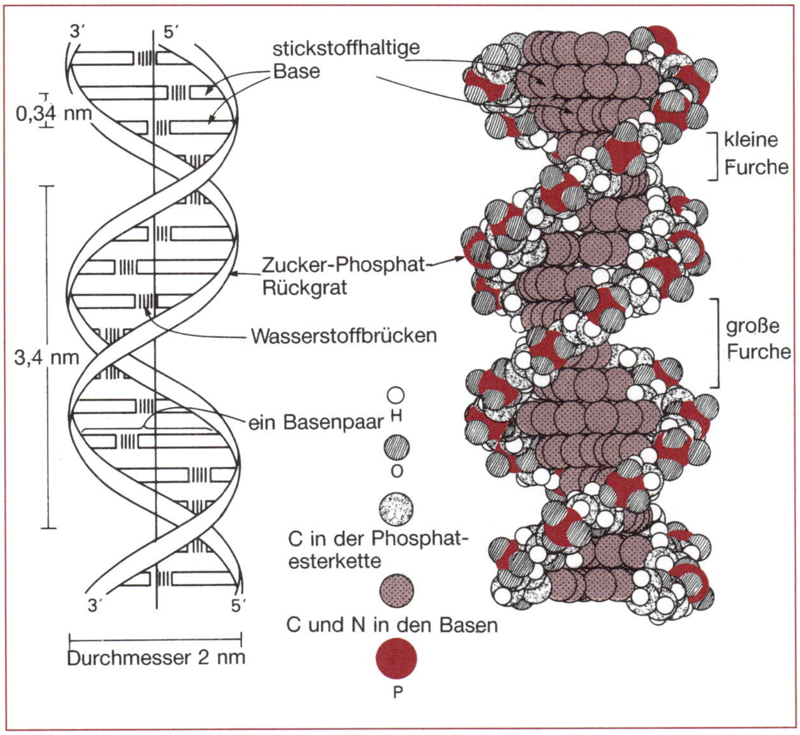

3.9 Zwei Darstellungen der DNA-Doppelhelixstruktur. Links ein vereinfachtes Modell, ähnlich dem, das Watson und Crick ursprünglich veröffentlichten. Rechts das „raumfüllende" Kalottenmodell, bei dem man den Versuch unternommen hat, die relativen Größen der Atome in dem Molekül deutlich zu machen.

Schließlich verfeinerte man die Methode zur Messung der Dichte von DNA, so daß ein doppelsträngiges Molekül wahrscheinlicher wurde.

2. *Die stickstoffhaltigen Basen sind auf der Innenseite der Helix gestapelt.* Die experimentellen Daten ließen auch erkennen, daß das Zucker-Phosphat-„Rückgrat" des Moleküls außen liegt, während die Basen ins Innere der Helix weisen. Genau betrachtet sind die Basen wie ein Stapel Teller übereinandergeschichtet.
3. *Die Basen der beiden Polynucleotide stehen über Wasserstoffbrücken in Wechselwirkung.* Hier liegt die Erklärung für Chargaffs Basenverhältnisse. Ein Adeninrest in einem der Polynucleotide steht immer einem Thymin des anderen Strangs gegenüber; entsprechend paart sich Guanin stets mit Cytosin (Abb. 3.10a). Nur diese beiden Basenpaare und keine anderen Kombinationen sind in der Lage, **Wasserstoffbrücken** auszubilden, und zwar zwei Brücken zwischen A und T sowie drei zwischen G und C (Abb. 3.10b). Diese Wasserstoffbrücken sind die einzigen anziehenden Kräfte zwischen den beiden Polynucleotiden der Doppelhelix; sie halten die ganze Struktur zusammen.
4. *Eine Windung der Helix enthält zehn Basenpaare.* Die Doppelhelix durchläuft alle zehn **Basenpaare** (abgekürzt bp) eine vollständige Windung. Die Höhe der Windung beträgt 3,4 Nano-

3.10 Basenpaarung.

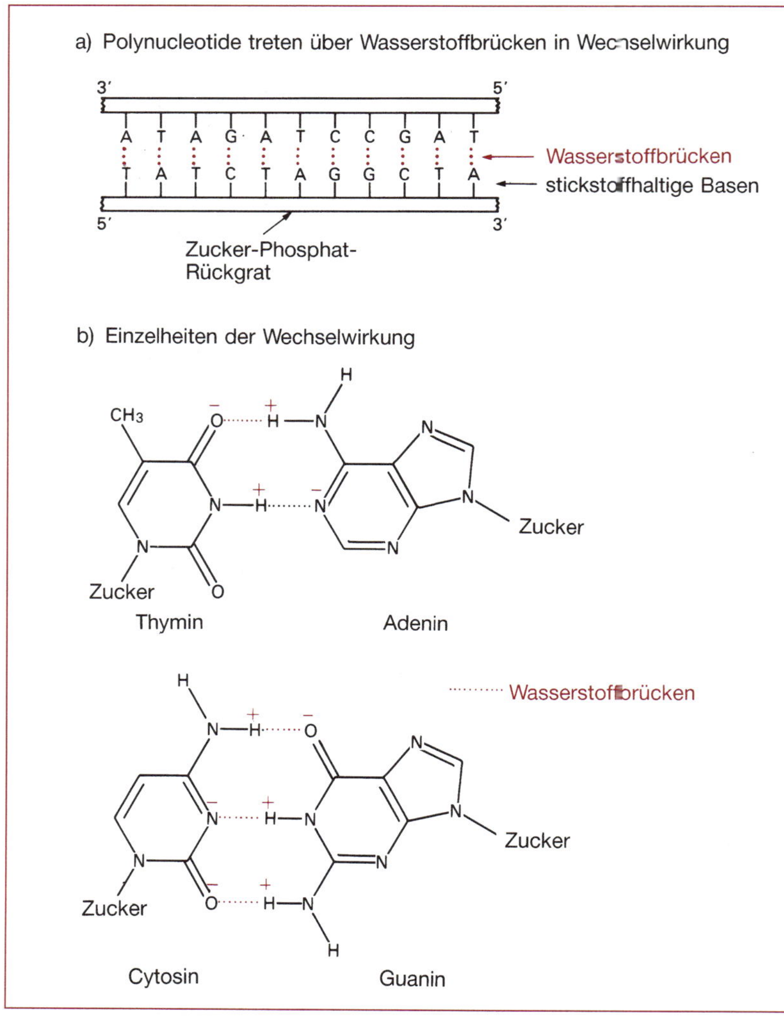

Wasserstoffbrücken

Eine Wasserstoffbrücke (oder auch Wasserstoffbrückenbindung) ist eine schwache elektrostatische Anziehung zwischen einem elektronegativen Atom (wie etwa Sauerstoff oder Stickstoff) und einem Wasserstoffatom, das mit einem zweiten elektronegativen Atom verbunden ist. Sie entsteht, weil die Elektronen in einer kovalenten Bindung wie OH oder NH zu dem elektronegativen Atom hingezogen werden, so daß das Wasserstoffatom eine partielle positive Ladung erhält und deshalb mit einem zweiten elektronegativen Atom eine schwache Bindung eingehen kann. Auf diese Weise teilen sich die beiden elektronegativen Atome das Wasserstoffatom.

Wasserstoffbrücken sind länger als kovalente Bindungen (etwa 0,2 Nanometer gegenüber 0,1 Nanometer) und viel schwächer. Eine Wasserstoffbrücke besitzt bei 25 °C eine Bindungsenergie zwischen 3 und 10 kcal mol^{-1}, während die Energie kovalenter Bindungen mehr als 50 kcal mol^{-1} beträgt. Viele Wasserstoffbrücken können jedoch zusammenwirken und so eine relativ starke Anziehungskraft ausüben.

In der Biologie sind Wasserstoffbrücken wichtig, weil sie zur Entstehung der dreidimensionalen Strukturen von Makromolekülen, wie beispielsweise Nucleinsäuren und Proteinen, beitragen.

meter; der Abstand zwischen benachbarten Basenpaaren ist demnach 0,34 Nanometer. Das sind die periodischen Abstände, die sich aus dem Röntgenbeugungsmuster ableiten ließen. Die Helix hat einen Durchmesser von 2 Nanometer.

5. *Die beiden Stränge der Doppelhelix sind antiparallel.* Ein Polynucleotid verläuft in 5′→3′-Richtung, das andere in 3′→5′-Richtung. Nur antiparallele Polynucleotide bilden eine stabile Helix.

Längeneinheiten

1 Mikrometer oder Mikron (μm)	=	10^{-6} Meter	=	ein Tausendstel eines Millimeters
1 Nanometer (nm)	=	10^{-9} Meter	=	ein Millionstel eines Millimeters

6. *Die Doppelhelix hat zwei verschiedene Furchen.* Die Helix ist nicht völlig regelmäßig. Man unterscheidet eine **große** und eine **kleine Furche**. Diese Eigenart ist von Bedeutung, wenn die Doppelhelix mit Proteinen in Wechselwirkung tritt, die an der DNA-Replikation oder der Expression der genetischen Information beteiligt sind.
7. *Die Doppelhelix ist rechtsgewunden.* Wäre die Doppelhelix eine Wendeltreppe, die man hinaufgeht, so befände sich das Geländer (= das Zucker-Phosphat-Rückgrat) auf der rechten Seite.

Wie man die Länge von DNA-Molekülen angibt

Die monomere Grundeinheit der Doppelhelix ist das Basenpaar, wobei jede Helixwindung zehn Basenpaare umfaßt. Die Länge der DNA gibt man normalerweise in Basenpaaren an, abgekürzt bp (beispielsweise 100 bp, 250 bp). Ein Kilobasenpaar, üblicherweise als Kilobase oder kb bezeichnet (auch kbp), sind 1000 bp.

3.2.1 Die Paarung komplementärer Basen ist der entscheidende Vorgang der Molekulargenetik

Von all diesen Eigenschaften der DNA ist die Basenpaarung die bedeutungsvollste. Die Regel besagt, daß A mit T und G mit C eine Basenpaarung eingehen. Andere Kombinationen sind normalerweise nicht möglich, denn sie sind entweder so groß, daß sie nicht in die Helix passen (das gilt zum Beispiel für Basenpaare aus zwei Purinen), oder zu klein (bei zwei Pyramidinen), oder sie lassen sich nicht so ausrichten, daß sie Wasserstoffbrücken ausbilden können (das ist bei A-C und G-T der Fall). Die beiden Polynucleotide in einer Doppelhelix sind deshalb **komplementär**, das heißt, die Sequenz des einen Stranges legt die Sequenz des anderen fest. Komplementäre Basenpaarung ist in der Molekulargenetik von grundlegender Bedeutung. Wie wir in späteren Kapiteln sehen werden, ermöglicht sie es, daß die Sequenz eines DNA-Moleküls während der Replikation der Doppelhelix erhalten bleibt, eine entscheidende Tatsache, damit die biologische Information in dem Gen während der Teilung nicht durcheinandergerät. Darüber hinaus ist die Paarung komplementärer Basen auch unverzichtbar, wenn die biologische Information in einer für die Zelle nutzbaren Form exprimiert wird.

Franklins Vorstellungen über die DNA-Struktur

»Die Ergebnisse lassen auf eine Helixstruktur schließen ..., die wahrscheinlich pro helikaler Einheit 2, 3 oder 4 coaxiale Nucleinsäureketten enthält und bei der die Phosphatgruppen nahe der Oberfläche liegen.«

Aus einem Bericht von Rosalind Franklin, geschrieben im Februar 1952, ein Jahr bevor Watson und Crick die Doppelhelixstruktur vorstellten (aus: *Rosalind Franklin and DNA* von A. Sayre).

3.2.2 Die Doppelhelix kommt in mehreren Formen vor

Als Watson und Crick die Doppelhelix entdeckten, hatte Rosalind Franklin bereits gezeigt, daß es zwei verschiedene kristalline DNA-Formen gibt, die **A-Form** und die **B-Form**. Welche davon sich ausbildet, hängt von dem Wasseranteil der DNA-Lösung ab, in der die Kristalle entstehen. Die Watson-Crick-Struktur bezieht sich auf die B-Form, von der die klassischen Röntgenbeugungsbilder stammen. Sie ist tatsächlich die Struktur, welche DNA in der Zelle in den meisten Fällen annimmt.

Die A-Form weist zur B-Form zwar relativ geringe, aber doch wesentliche Unterschiede auf. Auch die A-DNA ist eine Doppelhelix, aber mit 11 bp pro Helixwindung und einem Durchmesser von 2,3 Nanometer ist sie kompakter als die B-DNA. Seit 1953

Die verschiedenen DNA-Strukturen

Die von Watson und Crick beschriebene Doppelhelix bezeichnet man heute als B-Form der DNA. In der Zelle kommen darüber hinaus vermutlich zwei weitere DNA-Formen namens A-DNA und Z-DNA vor. Unter Laborbedingungen hat man zusätzliche helikale Strukturen wie C-, D- und E-DNA erzeugt, aber diese kommen wahrscheinlich niemals in der Zelle vor. Die verschiedenen DNA-Formen unterscheiden sich durch die unterschiedlichen Abmessungen ihrer Doppelhelices. Die Daten der am besten untersuchten Formen finden sich in der Tabelle.

A-, B- und C-DNA bilden sich in DNA-Fasern, die man unterschiedlichen relativen Feuchtigkeiten aussetzt (75 % für A, 92 % für B und 66 % für C). Z-DNA bildet sich in einer Doppelhelix aus, deren Sequenz aus abwechselnd angeordneten Purin- und Pyrimidinnucleotiden besteht.

Form	Drehrichtung der Helix	Basenpaare pro Windung	Abstand zwischen den Basenpaaren (nm)	Durchmesser der Helix (nm)
A	rechtsgängig	11	0,26	2,3
B	rechtsgängig	10	0,34	2,0
C	rechtsgängig	9,3	0,33	1,9
Z	linksgängig	12	0,37	1,8

hat man noch weitere DNA-Formen entdeckt, jede mit einer etwas anderen Konformation der Doppelhelix. Die **Z-DNA** unterscheidet sich am auffälligsten, denn in dieser Struktur ist die Helix linksgängig und nicht wie bei A- und B-DNA rechtsgängig. Diese alternativen DNA-Formen fanden in den letzten Jahren vermehrt Beachtung, denn man konnte zeigen, daß die Nucleotidsequenz mit darüber bestimmt, welche DNA-Form sich in einem Abschnitt der Doppelhelix ausbildet. Kürzlich hat man in Chromosomen DNA-Bereiche entdeckt, die aufgrund ihrer Nucleotidsequenz besonders dazu neigen, unübliche Doppelhelices (etwa Z-DNA-Bereiche) zu bilden.

Die Entwicklung des Wissens über DNA bis 1953

1869 Miescher entdeckt die DNA in einem Extrakt aus Eiterzellen.
1894 Kossell und Neumann identifizieren drei der Basen in der DNA.
1900 Hammersten weist einen Pentosezucker in der DNA nach.
1929 Levene zeigt, daß es sich bei dem Zucker um 2′-Desoxyribose handelt.
1934 Die Tetranucleotidtheorie der DNA-Struktur (Abb. 2.1a) wird verworfen, als Caspersson beweist, daß DNA ein Makromolekül ist.
1944 Avery, MacLeod und McCarty entdecken, daß DNA das transformierende Prinzip ist; es war der erste Hinweis, daß es sich bei ihm um das genetische Material handelt.
1950 Chargaff veröffentlicht seine Befunde über die konstanten Basenverhältnisse in DNA-Molekülen unterschiedlicher Herkunft.
1952 Hershey und Chase zeigen, daß Phagengene aus DNA bestehen.
1952 Franklin macht Röntgenbeugungsbilder, die darauf hindeuten, daß DNA eine Helix ist.
1953 Watson und Crick leiten die Doppelhelixstruktur her.

Literatur

Watson, J.D.; Crick, F.H.C. *Molecular Structure of Nucleic Acids: A Structure for Deoxyribose Nucleic Acid.* In: *Nature* 171 (1953) S. 737f.
[Die Originalarbeit über die Doppelhelix.]

Watson, J.D.; Crick, F.H.C. *Genetic Implications of the Structure of Deoxyribose Nucleic Acid.* In: *Nature* 171 (1953) S. 964.
[Erklärt, warum die Doppelhelix ausgezeichnet für ihre Aufgabe als genetisches Material geeignet ist.]

Watson, J.D. *Die Doppel-Helix.* Reinbek (Rowohlt) 1997.
[Watsons eigene Schilderung der Ereignisse, die zur Entdekkung der Doppelhelix führten. Die Reaktionen (einige waren sehr heftig) der übrigen wissenschaftlichen Welt auf Watsons Buch sind beschrieben in:
Stent, G.S. *The Double Helix: A New Critical Edition.* London (Weidenfield & Nicolson) 1981.]

Sayre, A. *Rosalind Franklin and DNA.* New York (Norton) 1975.
Wilson, H.R. *The Double Helix and All That.* In: *Trends in Biochemical Sciences* 13 (1988) S. 275–278.
[Zwei weitere persönliche Berichte über die Begleitumstände bei der Entdeckung der Doppelhelix. Wenn man Watsons Buch gelesen hat, sollte man zur ausgewogenen Meinungsbildung auch Sayres Bericht lesen.]

Olby, R. *The Path to the Double Helix.* London (Macmillan) 1974.
Portugal, F.H.; Cohen, J.S. *A Century of DNA.* Cambridge (MIT Press) 1977.
Judson, H.F. *Der 8. Tag der Schöpfung.* Wien/München (Meyster) 1980.
[Weniger persönliche Darstellungen über die Forschungsarbeit, die zur Doppelhelix führte.]

Chargaff, E. *Chemical Specificity of Nucleic Acids and Mechanism of Their Enzymatic Degradation.* In: *Experientia* 6 (1950) S. 201–209.
[Beschreibt die Methodik zur Bestimmung der Basenzusammensetzung der DNA und enthält einige Originaldaten.]

Pauling, L; Corey, R.B. *A Proposed Structure for the Nucleic Acids.* In: *Proceedings of the National Academy of Sciences USA* 39 (1953) S. 84–97.
[Linus Paulings falsches dreisträngiges DNA-Modell, das er kurz vor der Watson-Crick-Struktur veröffentlichte.]

Dickerson, R.E.; Drew, H.R.; Conner, B.N. et al. *The Anatomy of A-, B- and Z-DNA.* In: *Science* 216 (1982) S. 475–485.
[Eine detaillierte Beschreibung der Röntgenstrukturanalyse verschiedener DNA-Formen.]

Aufgaben

1. Definieren Sie die folgenden Begriffe:

   Polymer
   Monomer
   Nucleotid
   Purin
   Pyrimidin
   Polynucleotid
   Phosphodiesterbindung
   5′-Terminus
   3′-Terminus
   Röntgenbeugungsmuster
   Doppelhelix
   Wasserstoffbrücke
   Basenpaar
   große und kleine Furche
   komplementär

2. Beschreiben Sie, welchen Beitrag folgende Wissenschaftler zur Aufklärung der DNA-Struktur leisteten:

   Chargaff
   Franklin
   Watson
   Crick
   Wilkins

3. Zeichnen Sie die Struktur eines Nucleotids.

4. Nennen Sie die Unterschiede zwischen den Strukturen der DNA- und RNA-Nucleotide.

5. Beschreiben Sie, wie Nucleotide zur Bildung eines Polynucleotids verknüpft sind.

6. Erklären Sie, warum die Enden eines Polynucleotids chemisch verschieden sind.

7. Warum verfügt DNA über die für genetisches Material erforderliche Variabilität?

8. Umreißen Sie die zwei wichtigsten Untersuchungen, welche für Watson und Crick die Voraussetzung zur Ableitung der DNA-Struktur bildeten.

9. Welche wichtigen Eigenschaften hat die Doppelhelixstruktur?

10. Was ist mit „Paarung komplementärer Basen" gemeint und warum ist sie wichtig?

11. * Die berühmteste Aussage in Watsons und Cricks Artikel lautet: »Es ist unserer Aufmerksamkeit nicht entgangen, daß die spezifische Paarung, die wir postuliert haben, sofort einen

möglichen Kopiermechanismus für das genetische Material nahelegt.« Erklären Sie dies.

12. * Inwieweit läßt sich die Doppelhelixstruktur der DNA aus der bloßen Kenntnis von Chargaffs Basenverhältnissen herleiten?

13. * In Kapitel 1, Frage 6 haben Sie Mendel zu einem Forschungsstipendium verholfen. Nun tun Sie das gleiche für Watson und Crick.

14. * Erläutern Sie, warum die Doppelhelix auf Anhieb als korrekte DNA-Struktur allgemein anerkannt wurde.

15. Wenn die Nucleotidsequenz eines Polynucleotids in einer DNA-Doppelhelix 5′-ATAGCAATGCAA-3′ lautet, wie sieht dann die Sequenz des komplementären Stranges aus?

16. 30 Prozent der Nucleotide in der Heuschrecken-DNA sind As. Wie hoch sind demnach die Prozentwerte für a) T, b) G+C, c) G, d) C?

17. Die DNA des Pilzes *Neurospora crassa* hat einen AT-Gehalt von 46 Prozent. Wie hoch ist der GC-Gehalt?

4 Gene und biologische Information

Gene sind DNA-Abschnitte • Genorganisation – Gengruppen – Pseudogene – Gestückelte Gene • **Genexpression –** Das zentrale Dogma – Transkription – Translation – Die Bedeutung der Proteine

Wie wir erfahren haben, bestehen Gene aus DNA, und diese DNA ist eine Doppelhelix aus zwei umeinandergewundenen Polynucleotiden. Nun können wir uns eingehender mit der Frage befassen, was genau ein Gen ausmacht und wie es biologische Information verschlüsselt. In diesem Kapitel beschäftigen wir uns aber auch damit, auf welche Weise die im Gen enthaltene Information gelesen wird und wie die Zelle von ihr Gebrauch macht. Diese Themen werden in den folgenden Kapiteln bei der detaillierten Beschreibung der einzelnen Aspekte der Genexpression noch ausführlicher behandelt.

4.1 Gene sind Abschnitte der DNA

Ein Gen ist einfach ein Abschnitt eines DNA-Moleküls (Abb. 4.1a). Dieses Stück kann jede Länge von 75 bis über 2300 kb aufweisen.

a) Die Nucleotidsequenz ist das entscheidende Merkmal eines Gens. Die biologische Information eines Gens ist in seiner Nucleotidsequenz enthalten. Diese Information umfaßt im wesentlichen eine Reihe von Anweisungen zur Synthese eines RNA-Moleküls, das anschließend entweder die Synthese eines Enzyms

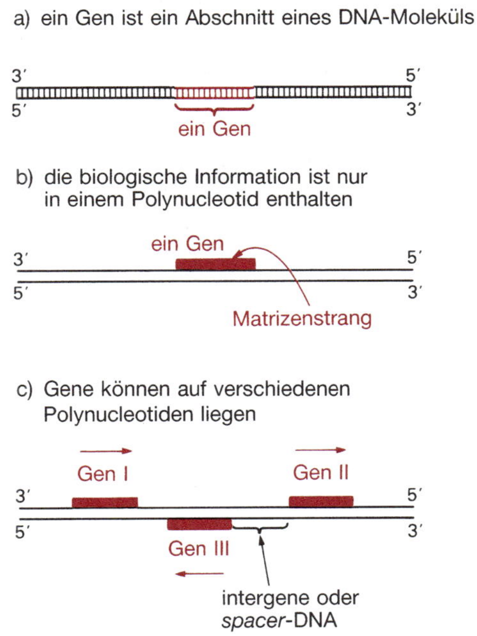

4.1 Gene sind Abschnitte aus DNA. In c) geben die Pfeile die Richtung an, in der die biologische Information während der Genexpression gelesen wird.

oder anderen Proteinmoleküls veranlaßt oder selbst in der Zelle eine Funktion übernimmt. Diesen Vorgang nennt man **Genexpression**. Wir werden später in diesem Kapitel darauf zurückkommen. Vorerst genügt die Feststellung, daß die Nucleotidsequenz des Gens, soweit es die biologische Information anbelangt, der entscheidende Faktor ist.

Gene sind einzelne Bereiche in DNA-Molekülen, die voneinander durch **intergene DNA** abgegrenzt sind. Wie wir in Teil II dieses Buches noch genauer erfahren werden, sind die Gene bei verschiedenen Organismen auf unterschiedliche Weise angeordnet. Viren haben beispielsweise sehr dicht gepackte Gene mit wenig dazwischenliegender DNA (einige Gene überlappen sich sogar). Die Gene höherer Organismen liegen dagegen sehr weit verstreut und sind oft durch ausgesprochen lange intergene Bereiche getrennt. Beim Menschen machen die Gene weniger als 30 Prozent der gesamten DNA der Zellen aus (Abschnitt 16.1).

Die biologische Information eines Gens ist lediglich in einem der beiden Polynucleotide der Doppelhelix enthalten (Abb. 4.1b). Dieses Polynucleotid nennt man **Matrizenstrang** (*template strand*), weil es bei der Synthese eines komplementären RNA-Moleküls auf der ersten Stufe der Genexpression als Matrize fungiert. Die biologische Information des Matrizenstranges wird in $3' \rightarrow 5'$-Richtung abgelesen. Bei zwei Genen auf demselben DNA-Molekül dient nicht unbedingt dieselbe Polynucleotidkette als Matrizenstrang (Abb. 4.1c).

Es sollte dem Leser einleuchten, daß Gene eine fast unbegrenzte Informationskapazität besitzen. Wie bereits erwähnt,

Andere Bezeichnungen für den Matrizenstrang

Wenn man wissenschaftliche Artikel liest, stößt man vielleicht auf Begriffe wie „Sinn“ (*sense*), „Antisinn“ (*antisense*), „codierend“ und „nichtcodierend“, die sich auf die beiden Polynucleotidketten in einem Gen beziehen. Diese Ausdrücke sind nicht sehr hilfreich und können leicht zu Verwechslungen führen.

Für die meisten Biologen entspricht der Sinnstrang dem Matrizenstrang, und der Antisinnstrang bezeichnet den komplementären Nichtmatrizenstrang. Aber in mindestens einem bedeutenden Lehrbuch ist die Zuordnung genau anders herum. Der Gebrauch von „codierend“ und „nichtcodierend“ ist noch verwirrender. Man sollte annehmen, daß der Matrizenstrang logischerweise der codierende Strang ist, der durch den nichtcodierenden Strang ergänzt wird. Unglücklicherweise bezeichnen die meisten Lehrbücher (nicht alle), die diese Terminologie verwenden, den Matrizenstrang als den nichtcodierenden Strang.

Dies ist ein gutes Beispiel dafür, wie die Fachsprache in der Wissenschaft und bei Wissenschaftlern zu Verwechslungen führt. Man sollte immer versuchen, eindeutige Begriffe zu benutzen, wenn man über Genetik redet oder schreibt (versuchen Sie, „Antisinn“ im Wörterbuch zu finden), und man sollte dafür sorgen, daß die verwendeten Begriffe nicht zweideutig sind.

kann ein Gen, das mit einer Länge von 150 bp eigentlich ziemlich kurz ist, 4^{150} verschiedene Nucleotidsequenzen aufweisen. In der Praxis würden nicht alle diese „Gene" in biologischer Hinsicht einen Sinn ergeben, denn es gibt bestimmte Regeln, welche der Anzahl sinnvoller Sequenzen Beschränkungen auferlegen. Ein großer Anteil der 4^{150} Sequenzen würde jedoch biologische Information tragen. Man kann sich also leicht vorstellen, wie es durch die Beschaffenheit der Gene zu der unermeßlichen biologischen Variabilität kommt.

4.2 Die Anordnung von Genen auf DNA-Molekülen

In den Zellen eines höheren Organismus wie etwa des Menschen liegen alle Gene auf relativ wenigen Chromosomen, von denen jedes ein einzelnes DNA-Molekül enthält. Offensichtlich muß jedes dieser DNA-Moleküle mehrere hundert, wenn nicht sogar einige tausend Gene umfassen. Das gleiche gilt auch für niedere Organismen. Ein Bakterium ist zwar viel einfacher aufgebaut als ein Mensch, verfügt daher über weniger Gene, und die meisten Bakterienarten haben nur ein „Chromosom", aber auch hier ist eine große Zahl von Genen auf einem einzigen DNA-Molekül vorhanden. Wie sind diese Gene angeordnet?

Chromosomen und Gene

Die Tabelle gibt eine grobe Abschätzung über die Anzahl von Genen, die bei verschiedenen Organismen auf den einzelnen DNA-Molekülen liegen.

Organismus	Anzahl an Chromosomen	ungefähre Zahl von Genen	durchschnittliche Anzahl von Genen pro Chromosom
Escherichia coli	1	2 400	2 400
Hefe	16	6 600	410
Mensch	23	80 000	3 500

4.2 Gene können als Gruppen vorliegen. Bei der Zeichnung von Genen entspricht es der Konvention, nur den Matrizenstrang darzustellen.

4.2.1 Gene können in Gruppen vorliegen

Die Mehrheit der Gene liegt mehr oder weniger zufällig über die Länge eines DNA-Moleküls verstreut. Ab und zu findet man sie jedoch in abgegrenzten Gruppen (*clusters*) (Abb. 4.2). Manchmal besteht zwischen den einzelnen Genen einer Gruppe keine Beziehung, und es gibt keinen ersichtlichen Grund oder Vorteil für eine derartige Anordnung. Häufiger bestehen die Gruppen jedoch aus

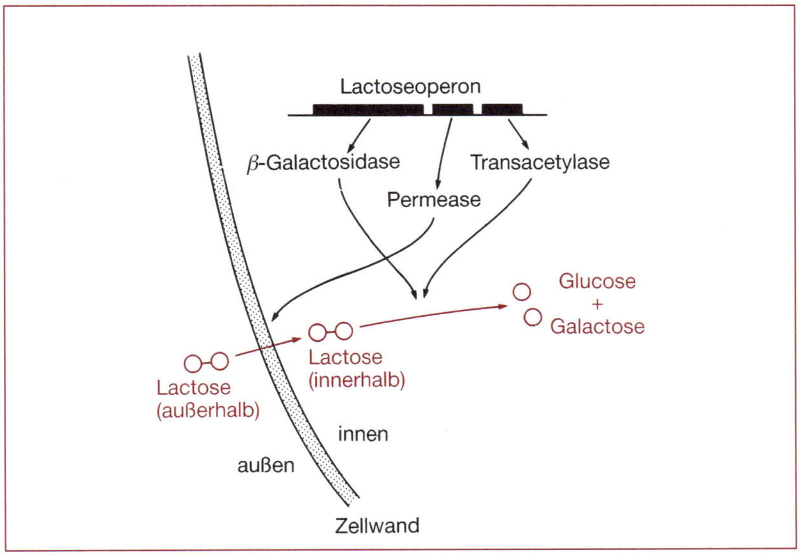

4.3 Das Lactoseoperon von *E. coli*. Die drei Gene spezifizieren drei Enzyme, die an der Nutzbarmachung von Lactose als Kohlenstoff- und Energiequelle beteiligt sind. Die Permease transportiert Lactose in die Zelle und β-Galactosidase und Transacetylase spalten Lactose in Glucose und Galactose.

Genen, die verwandte Einheiten biologischer Information enthalten. Zwei Beispiele sind das **Operon** und die **Multigenfamilie**.

a) Operons. Operons sind eine ziemlich gebräuchliche Form der Genanordnung bei Bakterien. Ein Operon besteht aus einer Gruppe von Genen, und diese Gene codieren eine Serie von Enzymen, die in einem einheitlichen biochemischen Stoffwechselweg zusammenwirken (Abb. 4.3). Das erste Operon, das man entdeckte, war das Lactose- oder *lac*-Operon von *E. coli*, eine Gruppe von drei Genen; die drei von ihnen codierten Enzyme sind an der Umwandlung des Disaccharids Lactose in seine Monosaccharideinheiten Glucose und Galactose beteiligt. Diese Enzyme werden nicht immer benötigt, sondern nur dann, wenn dem Bakterium Lactose zur Verfügung steht. Wenn sie aber gebraucht werden, ist das Bakterium auf alle drei angewiesen: Die drei Einheiten der biologischen Information in den *lac*-Genen müssen zur gleichen Zeit abgelesen werden. Wie wir in Kapitel 10 erfahren werden, hat sich im Zusammenhang mit der Anordnung der Gene als Gruppe ein ausgeklügeltes System entwickelt, das den *lac*-Genen die gemeinsame Expression ermöglicht, und zwar nur dann, wenn sie gebraucht werden.

b) Multigenfamilien. Bei anderen Organismen gibt es nichts, was den Operons der Bakterien unmittelbar vergleichbar wäre. Multigenfamilien findet man dagegen in vielen Organismen. Bei einer Multigenfamilie handelt es sich ebenfalls um eine Gruppe von zueinander in Beziehung stehenden Genen, aber hier besitzen die einzelnen Gene identische oder ähnliche Nucleotidsequenzen, und deshalb enthalten sie auch gleiche oder ähnliche Bereiche biologischer Information.

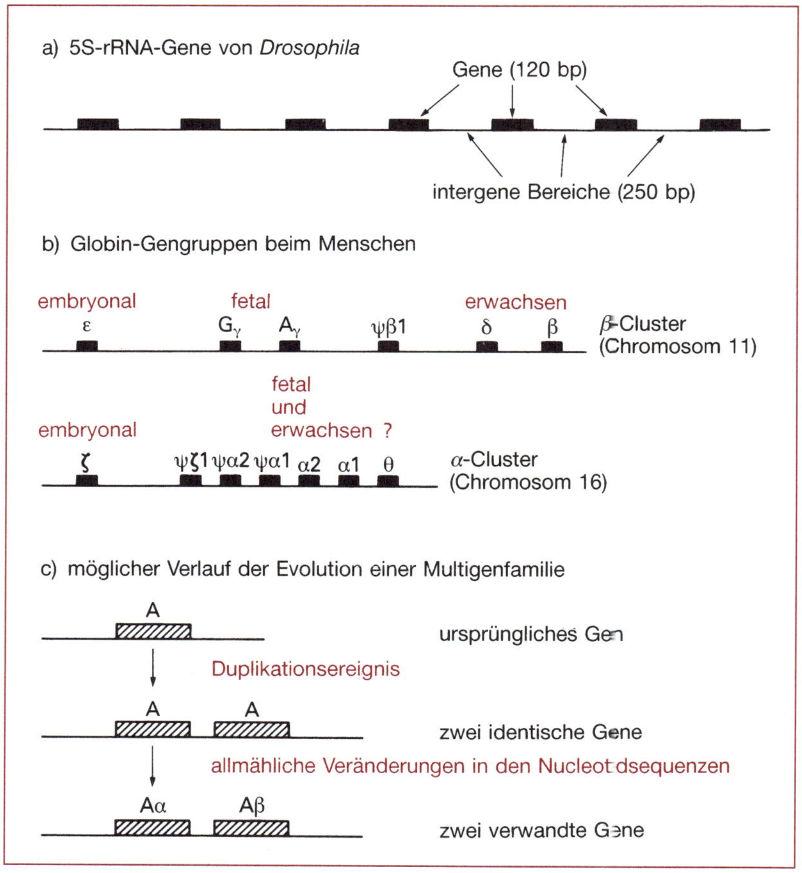

4.4 Multigenfamilien. Pseudogene sind in b) als weiße Kästen dargestellt.

Man unterscheidet zwei Typen von Multigenfamilien:

1. *Einfache Multigenfamilien*, bei denen alle Gene genau oder so gut wie gleich sind. Beispielsweise besitzen die meisten höheren Organismen zahlreiche Kopien des Gens für die 5S-rRNA (einen Bestandteil der Ribosomen – Abschnitt 6.1.1), wahrscheinlich weil zu bestimmten Zeiten große Mengen an 5S-rRNA-Molekülen synthetisiert werden, so daß eine Nachfrage entsteht, die ein Gen oder einige wenige nicht befriedigen könnten. Die 5S-rRNA-Gene sind aber nicht willkürlich über das Genom verteilt, sondern man findet sie zusammen in einer einzigen Multigenfamilie (Abb. 4.4a), die beim Menschen etwa 2000 Kopien des Gens umfaßt.
2. *Komplexe Multigenfamilien* bestehen aus ähnlichen, aber nicht identischen Genen. Ein gutes Beispiel ist die Globingenfamilie der Wirbeltiere. Beim Menschen verbinden sich vier Globinpolypeptide, nämlich zwei α- und zwei β-Ketten, mit einem Häm-Cofaktor zu einem einzigen Hämoglobinmolekül. Dieses Protein ist für den Sauerstofftransport im Blut verantwortlich. Sowohl α- als auch β-Globin kommt als eine Familie verwand-

ter Moleküle vor, die sich voneinander nur an wenigen Aminosäurepositionen in der Polypeptidkette unterscheiden. Beim Menschen gibt es sogar zwei α-ähnliche Globine, nämlich α und ζ, und fünf β-ähnliche Globine, nämlich β selbst sowie δ, $^{A}\gamma$, $^{G}\gamma$ und ε. Welche Globintypen sich im Blut befinden, hängt von der Entwicklungsstufe des Organismus ab, wobei ζ und ε zum Beispiel nur in frühen Embryonalstadien gebildet werden. Die Gene für die menschlichen Globinproteine gehörten zu den ersten, die man mit der DNA-Rekombinationstechnik untersuchte. Tom Maniatis und seine Mitarbeiter vom California Institute of Technology entdeckten Ende der siebziger Jahre, daß die menschlichen Globingene als zwei Gruppen vorliegen, eine α-Multigenfamilie auf dem Chromosom 16 und eine β-Multigenfamilie auf dem Chromosom 11. Im Verlauf weiterer Analysen konnte man die genauen Positionen der einzelnen Gene in den Gruppen kartieren (Abb. 4.4b).

Mittlerweile verfügen wir über Informationen von einer ganzen Reihe von Multigenfamilien aus einer Vielzahl von Organismen; in manchen Fällen handelt es sich um Familien, in denen die einzelnen Gene genaugenommen keine Gruppe darstellen, sondern an verschiedenen Positionen auf einem oder mehr als einem Chromosom verteilt sind. Das deutet darauf hin, daß die gehäufte Anordnung von Mitgliedern einer Multigenfamilie – anders als bei den Operons – nicht als Hilfsmittel zur koordinierten Expression der Gene zu verstehen ist, sondern wahrscheinlich bloß eine

DNA-Rekombinationstechnik

Viele Kenntnisse über die Genstruktur stammen aus der Anwendung der DNA-Rekombinationstechnik. Sie wird in den Kapiteln 20 und 21 genauer beschrieben, aber bereits jetzt sollte der Leser sich die Haupttypen experimenteller Manipulation und die Art der Information, die man durch sie gewinnen kann, einprägen.

1. **DNA-Moleküle lassen sich in definierte Abschnitte zerlegen.** Man kann DNA-Moleküle durch Enzyme in Fragmente spalten. Diese Enzyme, die sogenannten **Restriktionsendonucleasen**, schneiden nur an bestimmten Nucleotidsequenzen. Man kann deshalb ein einzelnes Gen oder eine Gruppe von Genen in Form eines kleinen DNA-Fragments erhalten.
2. **Man kann DNA-Fragmente reinigen.** DNA-Abschnitte lassen sich durch Gelelektrophorese auftrennen (siehe Seite 20) und einzeln in reiner Form aus dem Gel isolieren.
3. **Durch Klonierung verschafft man sich große Mengen eines ausgewählten Gens.** Man kann DNA-Abschnitte in einen **Klonierungsvektor** einbauen und durch Genklonierung große Mengen davon gewinnen. Normalerweise setzt man die gesamte DNA eines Organismus und nicht ein gereinigtes Gen als Ausgangsmaterial für ein Klonierungsexperiment ein. Man erhält dann viele verschiedene Klone, von denen jeder ein anderes DNA-Fragment enthält. Diese *Klonbibliothek* durchmustert man, um den Klon zu identifizieren, der das fragliche Gen enthält.
4. **Mit PCR kann man sich ebenfalls große Mengen eines gewünschten Gens beschaffen.** Als Alternative zum Klonieren läßt sich ein definierter DNA-Bereich durch die **Polymerasekettenreaktion** (**PCR**) zu zahlreichen identischen Kopien amplifizieren (vermehren). Wie beim Klonieren kann man bei dem Experiment so vorgehen, daß man ein bestimmtes Gen erhält, selbst wenn die Gesamt-DNA einer Zelle als Ausgangsmaterial diente.
5. **Die Nucleotidsequenz eines Gens läßt sich bestimmen.** Mit modernen Methoden läßt sich eine Sequenz von mehreren kb (also ein durchschnittlich großes Gen) in wenigen Wochen entschlüsseln; auch sehr viel längere Sequenzen (mehrere Mb) kann man heute ermitteln.

Folge der Evolutionsprozesse darstellt, durch welche die Familie entstanden ist. Wir können Vermutungen darüber anstellen, daß sich die homologen Gene in jeder Familie durch eine Serie von Duplikationen aus einem Urgen entwickelt haben und daß später Vorgänge folgten, bei denen sich die Sequenzen der entstehenden Gene leicht verändert haben (Abb. 4.4c). Durch Umordnungen größeren Maßstabs innerhalb der DNA-Moleküle und zwischen ihnen (von denen man weiß, daß es sie gibt, die man aber bisher wenig durchschaut) könnten die Gruppen anschließend auseinandergerissen worden sein, so daß sich ihre Mitglieder auf unterschiedliche Positionen verstreut haben.

4.2.2 Manche Gene haben ihre Funktion verloren

An der Globin-Multigenfamilie läßt sich eine zweite Besonderheit von Genen und Genorganisation veranschaulichen: das **Pseudogen**. Die Globingengruppen des Menschen enhalten außer den Genen, die α- und β-ähnliche Globine codieren, auch noch zusätzliche, als $\psi\zeta_1$, $\psi\alpha_1$, $\psi\alpha_2$ und $\gamma\beta_1$ bezeichnete Pseudogene (Abb. 4.4b). Diese „Gene" ähneln stark den anderen Mitgliedern ihrer Familie, aber aus ihren Nucleotidsequenzen wird deutlich, daß die in ihnen enthaltene biologische Information durcheinandergeraten und nicht mehr lesbar ist. Wie wir in späteren Kapiteln genauer erfahren werden, können offensichtlich kleinere Veränderungen in der Nucleotidsequenz eines Gens die Bedeutung der biologischen Information vollständig zerstören. Übrig bleibt ein Pseudogen, das seine Funktion nicht mehr erfüllen kann. Sobald die biologische Information verlorengegangen ist, macht ein Pseudogen anscheinend relativ schnelle Sequenzumwandlungen durch, bis es nicht mehr als Genrelikt erkennbar ist. Man entdeckt immer mehr Pseudogene, denn die DNA-Moleküle höherer und niederer Organismen lassen sich mit den hochentwickelten Techniken, die dem Molekularbiologen heute zur Verfügung stehen, in immer mehr Einzelheiten untersuchen.

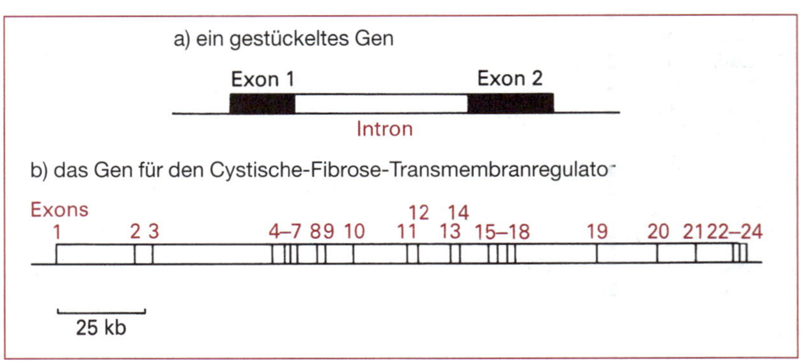

4.5 a) Die Struktur eines gestückelten Gens. b) Das menschliche Gen für den Cystische-Fibrose-Transmembranregulator. Die senkrechten Linien weisen auf die Positionen der Exons hin.

4.2.3 Manche Gene sind gestückelt

Eine der aufsehenerregendsten Entdeckungen der letzten 20 Jahre stammt aus dem Jahre 1977: Damals fanden einige Forscher heraus, daß die biologische Information mancher Gene durch dazwischenliegende DNA-Abschnitte in getrennte Einheiten aufgeteilt ist (Abb. 4.5a). Die Bereiche, die biologische Information enthalten, nennt man **Exons**, die dazwischenliegenden Sequenzen heißen **Introns**. Von **gestückelten Genen** (auch als unterbrochene oder Mosaikgene bezeichnet) weiß man, daß sie häufig in höheren Organismen und vielen Virustypen vorkommen, aber bis vor kurzem glaubte man, sie fehlten in Bakterien. Bei Eubakterien trifft das wahrscheinlich zu (der großen Mehrheit der bekannten Spezies), aber die neueste Forschung wies Introns in bestimmten Genen der entwicklungsgeschichtlich alten, als Archaebakterien bezeichneten Organismen nach (Kapitel 14).

In höheren Organismen gibt es einerseits Gene ohne Introns, andererseits können andere nicht weniger als hundert solcher Sequenzen enthalten (Tabelle 4.1). Oftmals sind die Introns viel länger als die Exons, eine Tatsache, die sich am menschlichen Gen für den Cystische-Fibrose-Transmembranregulator anschaulich darstellen läßt (Abb. 4.5b). Dieses Gen, dessen Defekt die Cystische Fibrose (auch Mukoviszidose genannt) hervorrufen kann, ist insgesamt 250 kb lang und gliedert sich in 24 Exons und 23 Introns. Die durchschnittliche Länge der Exons beträgt 227 bp, so daß alle Exons zusammen lediglich 2,4 Prozent des Gens ausmachen. Diese Exons liegen über die ganze Länge des Gens verstreut und sind durch Introns mit einer Größe von 2 bis 35 kb getrennt.

Die Frage, warum manche Gene in Exons und Introns aufgeteilt sind, war Gegenstand intensiver Spekulationen. Nach einer interessanten, wenn auch nicht nachweislich richtigen Theorie enthält jedes Exon eines gestückelten Gens eine andere Subkomponente der biologischen Information des gesamten Gens. Obgleich diese einzelnen Bausteine jeweils allein nicht so groß sind, daß sie das ganze Protein codieren können, ist die in ihnen enthaltene Information insofern von Bedeutung, als sie einem wiedererkennbaren Teil der Proteinfunktion zuzuordnen sind, bei-

Die Evolution der ersten Gene

Die Entdeckung der Exons gab Anlaß zu Spekulationen darüber, wie sich die Gene vor der Entstehung der lebenden Zellen entwickelt haben. Eine Theorie geht davon aus, daß die ersten „Gene“, die sich in der präbiotischen Suppe bildeten, nicht aus kontinuierlichen Nucleotidsequenzen bestanden, sondern aus einer Anzahl kurzer „Minigene“, die jeweils einen kleinen Abschnitt biologischer Information enthielten. Ursprünglich waren diese Minigene durch große Bereiche bedeutungsloser Nucleotidsequenz voneinander getrennt oder befanden sich sogar auf unterschiedlichen Molekülen, aber letztendlich verschmolzen sie zu einem gestückelten Gen, wobei die Minigene zu Exons wurden. Diese ersten genetischen Moleküle könnten aus DNA bestanden haben, aber mittlerweile erscheint es wahrscheinlicher, daß es sich um RNA handelte und daß sich DNA-Kopien erst in einer späteren Stufe der Evolution bildeten. Falls Gene auf diese Weise entstanden sind, müßten Bakterien ursprünglich Introns besessen und sie zu einem späteren Zeitpunkt verloren haben: Dies geschah möglicherweise zu einer wirkungsvolleren Gestaltung ihrer DNA-Moleküle, womit eine schnellere DNA-Replikation und eine kürzere Generationszeit zwischen zwei Zellteilungen möglich wurde.

Tabelle 4.1: Introns in einigen menschlichen Genen

Gen	Länge (kb)	Zahl der Introns	Intronanteil im Gen (% der Gesamtlänge)
Insulin	1,4	2	67
Serumalbumin	18	13	88
Apolipoprotein-B	43	17	67
Phenylalaninhydroxylase	90	25	97
Blutgerinnungsfaktor VIII	186	25	97
Dystrophin	2400	78	99

Daten aus Strachan, T., und Read, A. P. *Human Molecular Genetics,* Oxford (BIOS) 1996.

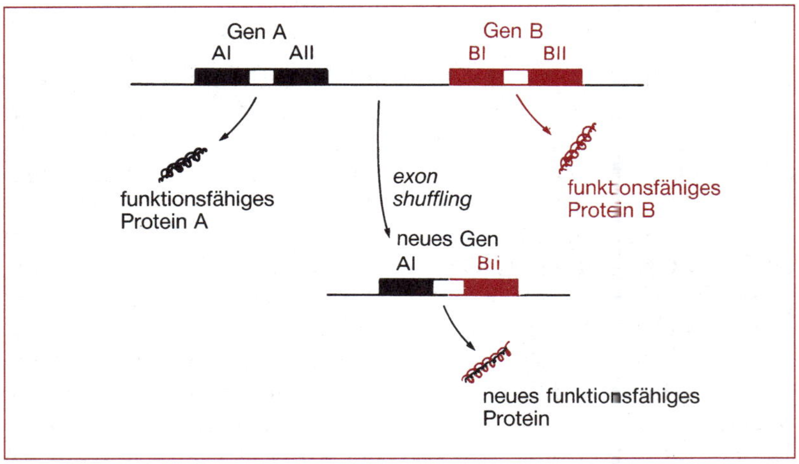

4.6 Die Hypothese des *exon shuffling* besagt, daß neue funktionsfähige Gene durch Umordnung bereits existierender Gene gebildet werden können.

spielsweise der Fähigkeit des Proteins, an ein bestimmtes Substrat oder an einer ausgewählten Stelle in der Zelle zu binden. Nach dieser Hypothese können Exons während der Evolution zwischen verschiedenen gestückelten Genen hin- und herwandern (*exon shuffling*), wobei neue Kombinationen biologischer Information entstehen (Abb. 4.6). Ein derartiger Vorgang würde wahrscheinlich eher neue funktionsfähige Proteine erzeugen als eine völlig zufällige Umordnung vorhandener Gene.

4.3 Genexpression

Die nächsten sechs Kapitel dieses Buches behandeln verschiedene Gesichtspunkte eines Themas: der Genexpression, des Vorgangs, der die in den Genen enthaltene Information der Zelle zugänglich macht. Obwohl die Genexpression sehr kompliziert abläuft, läßt sie sich doch recht einfach im Überblick darstellen. Vorerst wollen wir einen kurzen Blick auf den Gesamtvorgang werfen und auf das, was er leistet. Damit schaffen wir die Voraussetzungen, auf die wir später aufbauen können, wenn die einzelnen Vorgänge in den folgenden Kapiteln im Detail beschrieben werden.

4.3.1 Das zentrale Dogma

Francis Crick formulierte als erster den Vorgang, den wir heute als Genexpression bezeichnen, und zwar in einer Vorlesung mit dem Titel „Über die Proteinsynthese", die er 1958 vor der Gesell-

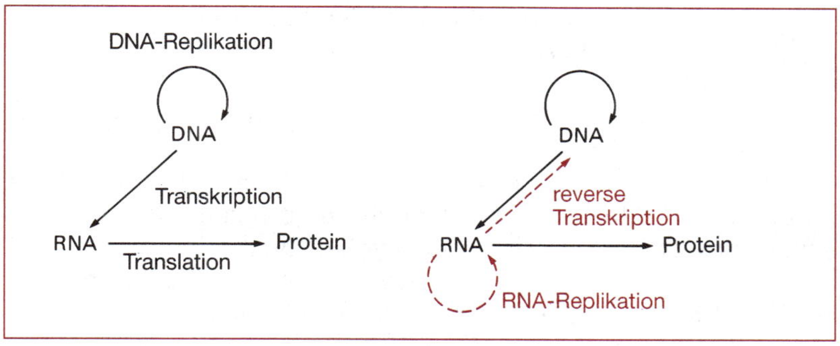

4.7 Cricks zentrales Dogma. Das Diagramm links zeigt, wie die Vermittlung biologischer Information in allen Zellen abläuft. Rechts sind zusätzliche Wege der Informationsübertragung dargestellt, die nur bei wenigen Organismen vorkommen, hauptsächlich bei Viren. Das Grundkonzept besagt: »Sobald die „Information" einmal als Protein vorliegt, kann sie nicht mehr zurück« (Crick, 1958).

schaft für Experimentelle Biologie hielt. Crick postulierte, daß die biologische Information in der DNA des Gens zuerst in RNA und anschließend in Protein überführt wird (Abb. 4.7). Heute wissen wir, daß im wesentlichen genau das geschieht. Crick vertrat auch die These, daß der Informationsfluß nur in eine Richtung verläuft, das heißt, daß Proteine nicht selbst die RNA-Synthese veranlassen können und daß RNA nicht die DNA-Synthese dirigieren kann. Dieser Teil des zentralen Dogmas geriet 1970 ins Wanken, als Howard Temin und David Baltimore unabhängig voneinander entdeckten, daß bestimmte Viren sehr wohl biologische Information von RNA in DNA umschreiben (Abschnitt 13.2.2). Das **zentrale Dogma** bleibt dennoch als eines der grundlegenden Konzepte der Molekulargenetik bestehen.

4.3.2 Transkription – die erste Stufe der Genexpression

Alle Gene durchlaufen die erste Stufe der Genexpression, die man als **Transkription** bezeichnet (Abb. 4.8). Während der Transkription lenkt der Matrizenstrang des Gens die Synthese eines RNA-Moleküls, wobei die Sequenz dieses RNA-**Transkripts** durch die komplementäre Basenpaarung festgelegt ist.

4.3.3 Translation – die zweite Stufe der Genexpression

Bei einigen Genen stellt das RNA-Transkript selbst das Endprodukt der Genexpression dar. Bei anderen durchläuft das Transkript die zweite Stufe der Genexpression, die sogenannte **Translation**. Während der Translation lenkt das RNA-Molekül (**Messenger-RNA** oder **mRNA**) die Synthese eines Polypeptids, dessen Aminosäuresequenz durch die Nucleotidsequenz der mRNA (die sich selbst natürlich von der Nucleotidsequenz des Gens ableitet) bestimmt ist. Jedes Triplett benachbarter Ribonucleotide legt eine einzige Aminosäure des Polypeptids fest, wobei die Identität der Aminosäure, die zu jedem Triplett gehört, durch den **genetischen Code** vorgeschrieben wird.

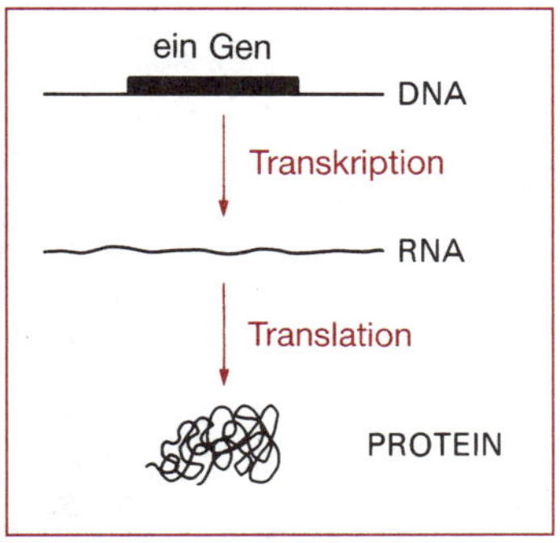

4.8 Die beiden Stufen der Genexpression.

4.3.4 Die Proteinsynthese nimmt die Schlüsselstellung bei der Expression biologischer Information ein

Bei allen Genen ist der Endpunkt der Genexpression mit der Synthese eines RNA-Moleküls oder eines Polypeptids erreicht. Wie kann dieser einfache Vorgang die Nutzung der biologischen Information in den Genen herbeiführen und dadurch die Entstehung eines lebenden Organismus ermöglichen?

Die Antwort liegt in der funktionellen Vielseitigkeit von Proteinmolekülen: Polypeptide mit unterschiedlichen Aminosäuresequenzen können ziemlich verschiedenartige chemische Eigenschaften besitzen, so daß sie in der Lage sind, in der Zelle sehr unterschiedliche Aufgaben zu übernehmen. Betrachten wir einmal einige Funktionen, die verschiedene Proteine ausüben.

1. *Strukturproteine* bilden einen Teil des stützenden Gerüsts der Organismen. Beispiele sind das Kollagen, das in Sehnen, Knochen und Knorpel der Wirbeltiere vorkommt, das Sklerotin im Exoskelett von Insekten und die Virushüllproteine.
2. *Kontraktile Proteine* ermöglichen es den Organismen, sich zu bewegen. Beispiele sind Aktin und Myosin in Muskeln und Dynein in Cilien und Flagellen.
3. *Enzyme* katalysieren die vielfältigen biochemischen Reaktionen, die für die Freisetzung und Speicherung von Energie (Katabolismus) und die Synthese neuer Verbindungen (Anabolismus) sorgen. Beispiele sind: Hexokinase, das Enzym, das den ersten Schritt in der Glycolyse katalysiert, jenes Stoffwechselweges, der Energie aus Glucose gewinnt; RNA-Polymerase, die während der Genexpression für die Transkription von DNA in RNA verantwortlich ist; Tryptophansynthetase – sie katalysiert den letzten Schritt in dem langwierigen biosynthetischen Stoffwechselweg, der das aus Glucose gebildete Phosphoenolpyruvat in die Aminosäure Tryptophan umwandelt.
4. *Transportproteine* befördern wichtige Moleküle im Körper. Beispiele sind das Hämoglobin, das den Sauerstoff im Blutkreislauf der Wirbeltiere transportiert; Haemocyanin, das bei manchen Wirbellosen die gleiche Funktion erfüllt; und Serumalbumin, das Fettsäuren im Blut befördert.
5. *Regulationsproteine* steuern und koordinieren biochemische Reaktionen in der Zelle und im gesamten Organismus. Beispiele sind das Katabolit-Aktivatorprotein, das bei *E. coli* die Expression der Gene für den Zuckermetabolismus reguliert, und Hormone wie etwa das Insulin, das den Glucosestoffwechsel bei Wirbeltieren steuert.
6. *Schutzproteine* sind vor allem bei Wirbeltieren sehr hoch entwickelt und schützen gegen Krankheitserreger und Verletzungen. Beispiele sind die Immunglobuline, die mit fremden Proteinen Komplexe bilden, sowie Thrombin und weitere Bestandteile des Blutgerinnungssystems.

7. *Speicherproteine* speichern Aminosäuren und andere Substanzen für zukünftigen Gebrauch durch den Organismus. Beispiele sind Ovalbumin, das der Speicherung von Aminosäuren im Eiklar dient, und Ferritin, das Eisen in der Leber speichert.

Man kann die Entwicklung und Funktionsfähigkeit eines lebenden Organismus schlicht als die wohlgeordnete Aktivität einer großen Zahl verschiedener Proteinmoleküle betrachten. Die biologische Information, die in den Genen enthalten ist, der Bauplan für das Leben selbst, besteht lediglich aus Anweisungen zur Synthese dieser Proteine zur richtigen Zeit und am richtigen Ort. Man kann wohl mit Fug und Recht behaupten, daß wir im Augenblick wahrscheinlich etwas weniger als ein Prozent davon verstehen, wie das alles funktioniert.

Literatur

Strachan, T.; Read, A.P. *Molekulare Humangenetik*. Heidelberg/Berlin (Spektrum Akademischer Verlag) 1996.
[Lesenswerte Beschreibungen über Genfamilien und gestükkelte menschliche Gene.]

Fritsch, E.F.; Lawn, R.M.; Maniatis, T. *Molecular Cloning and Characterization of the Human α-Like Globin Gene Cluster.* In: *Cell* 19 (1980) S. 959–972.
[Einzelheiten über die erste Analyse dieser Gengruppe.]

Crick, F.H.C. *On Protein Synthesis.* In: *Symposium of the Society for Experimental Biology* 12 (1958) S. 138–163.
[Die erste klare Beschreibung des zentralen Dogmas.]

Temin, H. *RNA-directed DNA-Synthesis.* In: *Scientific American* 226(1) (1972) S. 24–33.
[Eine Beschreibung, wie biologische Information von RNA in DNA übertragen wird.]

Crick, F.H.C. *Central Dogma of Molecular Biology.* In: *Nature* 227 (1970) S. 561–563.
[Eine auf einen neueren Stand gebrachte Darstellung, welche die Überführung von RNA in DNA berücksichtigt.]

Aufgaben

1. Definieren Sie die folgenden Begriffe:

Genexpression	Intron
intergene DNA	zentrales Dogma
Matrizenstrang	Transkription
Operon	Transkript
Multigenfamilie	Translation
Pseudogen	Messenger-RNA
gestückeltes Gen	genetischer Code
Exon	

2. Nennen Sie die Unterschiede zwischen den Aufgaben des Matrizen- und des Nichtmatrizenstranges eines Gens.

3. Erklären Sie, warum die Fähigkeit von Genen, Information aufzunehmen, fast unbegrenzt ist.

4. Beschreiben Sie, welche Beziehungen oft zwischen Genen bestehen, die in Gruppen vorliegen.

5. Nennen Sie zwei Beispiele für Multigenfamilien.

6. Welche Aspekte der Genstruktur und der Genorganisation veranschaulichen die Globingenfamilien des Menschen?

7. Erläutern Sie, was das zentrale Dogma bedeutet. Wie hat sich die ursprüngliche Vorstellung des zentralen Dogmas im Lichte neuerer Entdeckungen verändert?

8. * Gestückelte Gene sind in höheren Organismen häufig, aber in Bakterien kommen sie praktisch nicht vor. Diskutieren Sie die möglichen Gründe dafür.

9. * Es ist bekannt, daß Introns in den Genen der sogenannten Archaebakterien vorkommen, die entwicklungsgeschichtlich sehr alt sind. Welche Folgen hat diese Entdeckung für Theorien über die Evolution genetischer Systeme?

10. * Was würde es für die Evolutionstheorien bedeuten, falls man entdeckte, daß das zentrale Dogma grundlegend falsch ist und daß Information vom Protein zur RNA und damit zur DNA gelangen kann?

11. * Nennen Sie Argumente für oder gegen die Behauptung: „Man kann die Entwicklung und das Funktionieren eines Lebewesens als die bloße wohlgeordnete Aktivität einer großen Anzahl verschiedener Proteinmoleküle betrachten.“

12. Wie viele mögliche Nucleotidsequenzen gibt es für ein Gen mit einer Länge von 95 bp?

13. Hier sind die Nucleotidsequenzen der Matrizenstränge von zwei imaginären (und viel zu kurzen) Genen:

    3′-TACCCATGATTTCCCGCGATATATATGCCTGCAATC-5′
    3′-TACCCTTGGTTTCGCGCGATGTATATACCAGGAATC-5′

    Wie hoch (in Prozent) ist die Sequenzhomologie zwischen den beiden Genen?

14. Schreiben sie die Nucleotidsequenzen der Messenger-RNA-Moleküle auf, die an den beiden Genen aus Frage 13 transkribiert würden.

5 Transkription

Eukaryoten und Prokaryoten • Nucleotidsequenzen • RNA-Synthese – RNA-Polymerasen • **Transkription bei *E. coli* –** Initiation – Elongation – Termination • **Transkription bei Eukaryoten**

Auf der ersten Stufe der Genexpression steuert der Matrizenstrang des Gens die Synthese eines komplementären RNA-Stranges. Diesen Vorgang nennt man Transkription, und das dabei synthetisierte RNA-Molekül bezeichnet man als das Transkript. In diesem Kapitel befassen wir uns mit der chemischen Reaktion, die mit der RNA-Synthese verbunden ist, mit dem Enzym, das die Reaktion katalysiert, und mit den Ereignissen, die am Gesamtprozeß der Transkription beteiligt sind. Zunächst müssen jedoch zwei wichtige, grundsätzliche Punkte geklärt werden. Der eine betrifft die Unterscheidung von höheren und niederen Organismen, der andere die Schreibweise, die man zur Darstellung der Nucleotidsequenz eines Gens verwendet.

5.1 Eukaryoten und Prokaryoten

Bisher wurden die Bezeichnungen „höherer" und „niederer" Organismus dazu verwendet, zwischen Wirbeltieren auf der einen Seite und Bakterien auf der anderen zu unterscheiden. Die korrektere Terminologie, die von nun an verwendet werden soll, bedient sich der Begriffe **Eukaryot** und **Prokaryot**.

Eukaryoten und Prokaryoten unterscheiden sich durch den grundsätzlich anderen Aufbau der Zellen (Abb. 5.1). Die typische

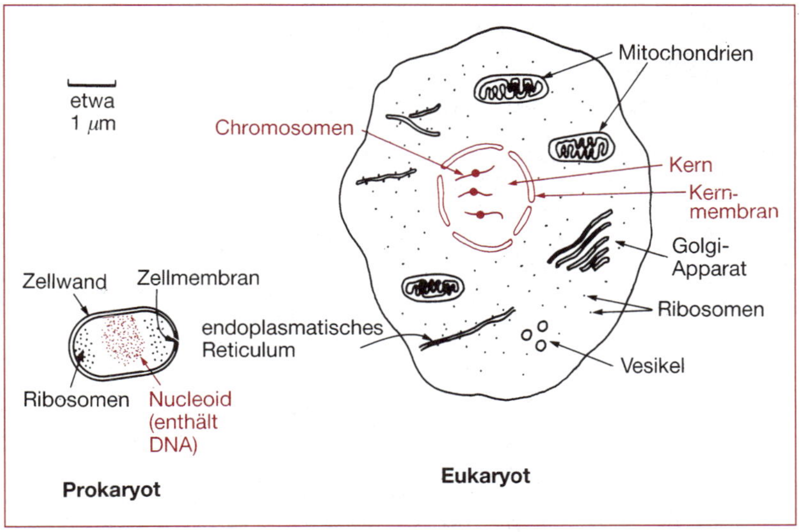

5.1 Strukturunterschiede zwischen einer typischen prokaryotischen und einer typischen eukaryotischen Zelle. Der Prokaryot ist ein stäbchenförmiges Bakterium wie *E. coli*, der Eukaryot stellt eine relativ kleine, unspezialisierte Tierzelle dar.

eukaryotische Zelle ist meist größer und besitzt einen membranumhüllten Kern, der die Chromosomen enthält; außerdem gibt es in ihrem Inneren weitere von Membranen umgrenzte Organellen wie Mitochondrien, Vesikel und Golgi-Apparat. Damit ist sie wesentlich komplizierter als eine prokaryotische Zelle. Prokaryoten fehlt eine komplizierte innere Struktur: Membranumhüllte Organellen sind nicht vorhanden, und das genetische Material ist nicht in einer gesonderten Struktur eingeschlossen.

Eukaryoten können einzellig oder mehrzellig sein, und zu ihnen gehören alle makroskopischen Formen des Lebens wie Pflanzen, Tiere und Pilze. Prokaryoten sind normalerweise einzellig und umfassen Bakterien und Blaualgen – letztere bezeichnet man heute korrekterweise als Cyanobakterien. Eukaryoten und Prokaryoten haben sich wahrscheinlich während der frühesten Phasen der zellulären Evolution voneinander getrennt.

Die Unterscheidung zwischen Eukaryoten und Prokaryoten ist wichtig, denn obgleich die grundlegenden Merkmale von Genen bereits vor der Aufspaltung dieser Organismengruppen festgelegt waren, bestehen dennoch bedeutende Unterschiede zwischen der prokaryotischen und eukaryotischen Genstruktur und Genexpression. Wie bereits erwähnt wurde, sind manche eukaryotischen Gene gestückelt, prokaryotische dagegen nicht. Aus Gründen, die hauptsächlich mit der einfacheren experimentellen Handhabung zu tun haben, führte man den größten Teil der molekulargenetischen Pionierarbeit mit dem Prokaryoten *Escherichia coli* aus. Experimente mit Säugerzellen sind viel schwieriger, und jahrelang überstieg unser Wissen über die Genexpression bei *E. coli* die Kenntnis über die entsprechenden Vorgänge der Eukaryoten bei weitem. Das ändert sich jedoch seit Beginn der achtziger Jahre, insbesondere weil man mikrobielle Eukaryoten (wie etwa die Hefe *Saccharomyces cerevisiae*) eingehend erforscht hat. Genexpression verläuft bei Hefe nicht genauso wie beim Menschen,

Zucht von Bakterienkulturen

Es gibt mehrere Gründe, warum man für experimentelle Arbeiten oft Bakterien benutzt, und zwar nicht nur in der Genetik und Molekularbiologie, sondern auch in der Biochemie und anderen Gebieten der Biologie. Wichtig ist dabei vor allem, daß man Bakterien in Kultur sehr einfach wachsen lassen kann. Bakterien lassen sich in einer Reihe von Kulturmedien züchten, von denen die meisten leicht herzustellen sind. Zur Herstellung des LB-Mediums zum Beispiel, das üblicherweise für *E. coli*-Kulturen verwendet wird, löst man einfach 10 g Trypton (liefert Aminosäuren), 5 g Hefeextrakt (eine getrocknete Präparation von Hefezellen) und 10 g Natriumchlorid in einem Liter Wasser. Man sterilisiert das Medium durch Hitzebehandlung bei hohem Druck (autoklavieren), um alle bereits vorhandenen Bakterien abzutöten, und beimpft es anschließend mit einer kleinen Probe der zu untersuchenden Organismen. Nach einer kurzen Verzögerungsphase beginnen die Bakterien zu wachsen und sich zu teilen, wobei sehr häufig, nämlich alle 20 Minuten, eine Teilung erfolgt, wenn die Wachstumsbedingungen genau richtig sind. Die Vermehrung setzt sich über mehrere Stunden fort, bis eine hohe Zelldichte ($2 - 3 \times 10^9$ ml^{-1}) erreicht ist. Auf diese Weise kann man recht schnell eine große Zahl an Bakterienzellen gewinnen. Aus diesen Zellen kann man dann die DNA isolieren und mit der DNA-Rekombinationstechnik erforschen, die in dem Kasten auf Seite 53 sowie in den Kapiteln 20 und 21 beschrieben ist.

Statt dessen kann man aus den aufgebrochenen Zellen auch die Enzyme und andere Moleküle reinigen und analysieren. Viele Moleküle, die an der Genexpression beteiligt sind (beispielsweise das RNA-Polymerase-Enzym), hat man auf diese Weise erforscht. Auch durch eine Untersuchung des Kulturwachstums lassen sich Erkenntnisse gewinnen. Wenn die Kulturbedingungen genau beibehalten werden, entspricht das Wachstum einer zweiten Kultur genau dem der ersten. Die Auswirkung von Veränderungen der Wachstumsbedingungen (zum Beispiel der Zusatz eines neuen Nährstoffes oder die Infektion mit einem Bakteriophagen) auf den Zellstoffwechsel oder die Genaktivität lassen sich daher auf diese Weise untersuchen.

Im Gegensatz zu Bakterien bereitet die Aufzucht der meisten Eukaryoten unter kontrollierten Bedingungen weitaus mehr Schwierigkeiten. Während der sechziger Jahre entwickelte man Methoden, um Pflanzenzellen in Kulturmedien heranzuziehen, aber das gelingt noch nicht bei allen Spezies. Tierzellen hat man über mehrere Jahre in Kultur wachsen lassen, aber die Wachstumsgeschwindigkeit und die Zellausbeute sind allgemein gering. Eine Ausnahme bilden allerdings mikrobielle Eukaryoten wie etwa Hefen (beispielsweise *Saccharomyces cerevisiae*) und einzellige Algen (wie etwa *Aspergillus nidulans* und *Neurospora crassa*): Sie lassen sich in Kultur fast ebenso einfach ziehen wie Bakterien. Untersuchungen mit diesen Organismen während etwa der letzten 20 Jahre haben so unser Wissen über die Genexpression bei Eukaryoten vorangetrieben.

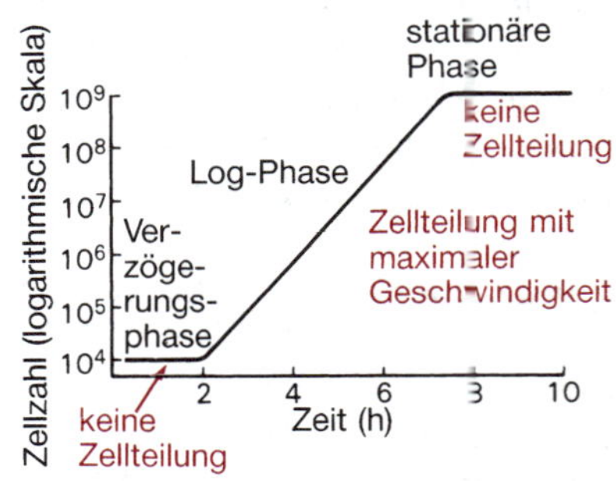

aber die Ähnlichkeit reicht aus, damit man anhand von Ergebnissen, die man mit Hefe gewonnen hat, aufschlußreiche Experimente mit Tierzellen entwerfen kann. Dies ist der beste Weg, um Fortschritte in der Biologie zu erzielen: Man untersucht zunächst „einfache" Organismen und arbeitet sich dann allmählich zu den komplexeren Formen vor.

5.2 Nucleotidsequenzen

Von nun an werden wir vermehrt Nucleotidsequenzen darstellen, um Aspekte von Genstruktur und Genexpression zu veranschaulichen. Normalerweise handelt es sich bei der dargestellten Se-

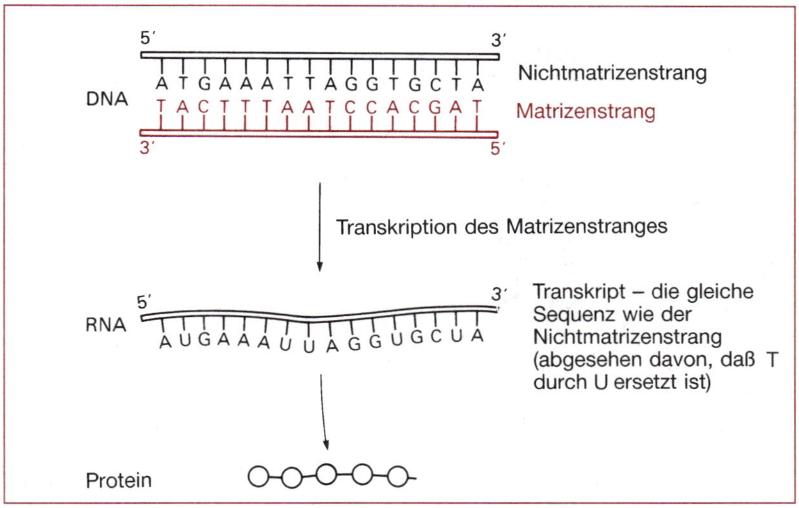

5.2 Wenn man eine Nucleotidsequenz aufschreibt, stellt man den Nichtmatrizenstrang dar, da dieser die gleiche Sequenz wie das RNA-Transkript besitzt.

quenz um den Nichtmatrizenstrang des Gens in 5′→3′-Richtung. Das mag auf den ersten Blick unlogisch erscheinen, denn wir wissen ja, daß die biologische Information in dem Matrizenstrang enthalten ist und nicht in seinem Gegenüber. Wie jedoch in späteren Kapiteln klar werden wird, ist es die Sequenz des RNA-Transkripts (das ist die gleiche wie die des Nichtmatrizenstranges), der das eigentliche Interesse des Molekularbiologen gilt, weil von dieser Sequenz aus mit Hilfe des genetischen Codes die wichtige Umwandlung zu den Aminosäuren erfolgt (Abb. 5.2). Aus diesem Grund benutzt man zur Beschreibung einer Gensequenz üblicherweise den Nichtmatrizenstrang.

5.3 RNA-Synthese

Die der Transkription zugrundeliegende chemische Reaktion ist die Synthese eines RNA-Moleküls. Sie erfolgt durch Polymerisierung von Ribonucleotideinheiten und läßt sich wie folgt zusammenfassen:

n(NTP) → RNA von n Nucleotiden Länge + n – 1(PPi)

Die Reaktion ist im Detail in Abbildung 5.3 dargestellt.

Während der Polymerisierung reagiert die 3′-OH-Gruppe eines Ribonucleotids mit der 5′-P-Gruppe des zweiten, so daß eine Phosphodiesterbindung geknüpft wird. Das führt bei jeder neuen Bindung zur Abspaltung eines Pyrophosphatmoleküls (PP_i). Bei der Transkription wird die chemische Reaktion durch die Anwe-

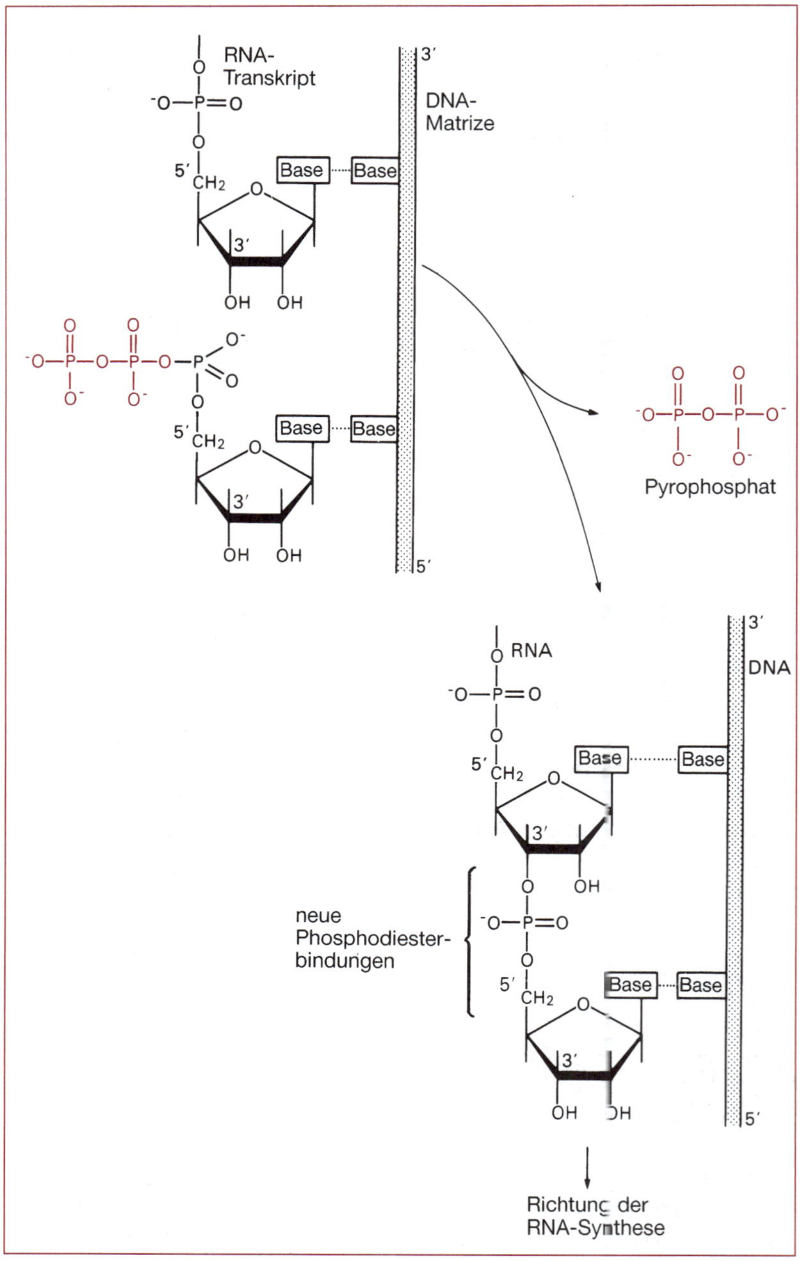

5.3 Transkription – RNA-Synthese an einer DNA-Matrize.

senheit der DNA-Matrize gesteuert: Sie gibt vor, in welcher Reihenfolge die einzelnen Ribonucleotide zu RNA polymerisieren (Abb. 5.4). Das RNA-Transkript wird Schritt für Schritt aufgebaut, wobei das neue Ribonucleotid jeweils an das freie 3′-Ende des entstehenden Polymers angefügt wird. Infolgedessen verläuft die Synthese des Transkripts in 5′→3′-Richtung. Man erinnere sich, daß die komplementären Polynucleotide für eine Basenpaarung antiparallel sein müssen: Das bedeutet, daß der Matrizen-

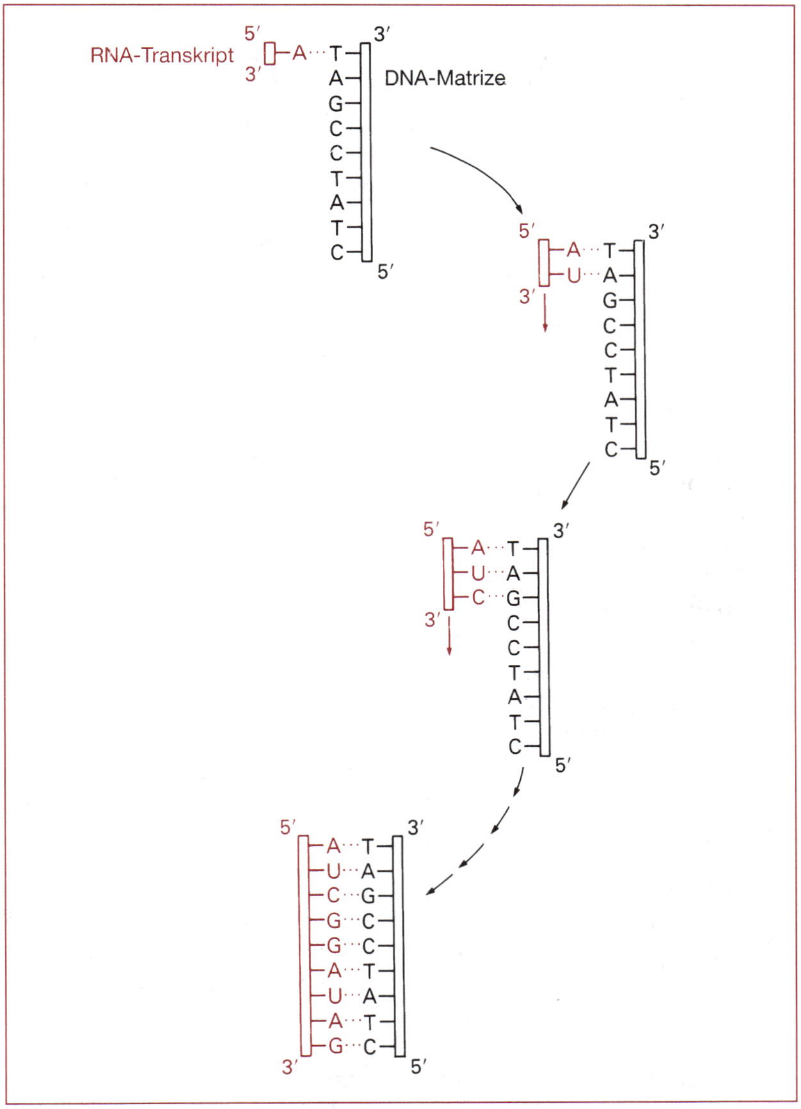

5.4 Während der Transkription wird das RNA-Transkript entlang der DNA-Matrize stufenweise aufgebaut. Die Matrize wird in 3′→5′-Richtung abgelesen, und die RNA-Synthese erfolgt in 5′→3′-Richtung.

strang eines Gens in 3′→5′-Richtung gelesen werden muß. Das Enzym, das die Reaktion katalysiert, nennt man DNA-abhängige RNA-Polymerase oder einfach **RNA-Polymerase**.

5.3.1 RNA-Polymerasen

Das Enzym, das die RNA-Synthese während der Transkription katalysiert, entdeckte man erstmals 1958, und seitdem ist es Gegenstand intensiver Forschung. Wie viele Enzyme, die an molekulargenetischen Prozessen beteiligt sind, erfüllt eine RNA-Polymerase mehrere Aufgaben, über die wir später in diesem Kapitel mehr erfahren werden, wenn die an der Transkription beteiligten

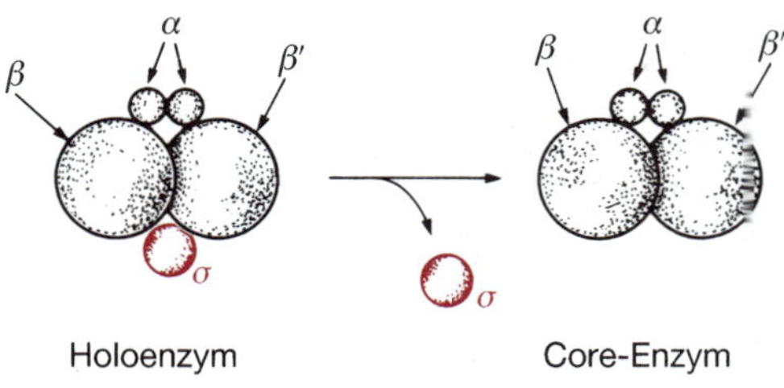

5.5 Die Beziehung zwischen der Holo- und der Core-Enzymform der RNA-Polymerase von *E. coli*.

Vorgänge beschrieben werden. Es überrascht daher nicht, daß die *E. coli*-RNA-Polymerase ein recht großes Protein ist, das aus mehreren verschiedenen Polypeptiduntereinheiten besteht.

a) Die RNA-Polymerase von *E. coli* besteht **aus fünf Untereinheiten.** Jede *E. coli*-Zelle enthält etwa 7000 RNA-Polymerase-Moleküle, von denen zwischen 2000 und 5000 jederzeit aktiv an der Transkription beteiligt sein können. Die Struktur des Enzyms beschreibt man als $\alpha_2\beta\beta'\sigma$, was bedeutet, daß jedes Molekül aus zwei α-Polypeptiden, aus jeweils einem β und dem verwandten β' sowie einem σ aufgebaut ist (Abb. 5.5). Diese Form des Enzyms nennt man **Holoenzym** (Molmasse 480 000 Dalton), und es unterscheidet sich von dem **Core-Enzym** (Molmasse 395 000), einer zweiten Form, die keine σ-Untereinheit enthält und nur aus $\alpha_2\beta\beta'$ besteht. Wie weiter unten noch beschrieben wird, haben die beiden Enzymformen während der Transkription unterschiedliche Aufgaben.

b) Eukaryoten besitzen komplexere RNA-Polymerasen. Alle *E. coli*-Gene werden von dem gleichen Typ der RNA-Polymerase transkribiert. Im Gegensatz dazu besitzen Eukaryoten drei verschiedene RNA-Polymerasen (RNA-Polymerase I, II und III), von denen jede eine andere Kategorie von Genen transkribiert (Tabelle 5.1).

Die eukaryotischen Enzyme sind mit Molmassen von mehr als 500 000 Dalton jeweils größer als die Version von *E. coli* und bestehen jeweils aus acht bis zwölf Untereinheiten. Zwischen den Enzymen der Pro- und Eukaryoten gibt es aber Ähnlichkeiten: So entsprechen die drei größten Untereinheiten der RNA-Polymerase II von Hefe (RPB1, RPB2 und RPB3) offenbar den α-, β-

Tabelle 5.1: Aufgaben der eukaryotischen RNA-Polymerasen

RNA-Polymerase	*transkribierte Genarten**
RNA-Polymerase I	Gene für ribosomale RNA
RNA-Polymerase II	Gene für Proteine; die meisten Gene für kleine RNA im Zellkern (snRNA)
RNA-Polymerase III	kleine RNAs: Transfer-RNA, ribosomale 5-S-RNA, U6-snRNA, 7SL-RNA, 7SK-RNA, 7SM-RNA

* In Kapitel 6 und 7 sind diese unterschiedlichen Gentypen beschrieben.

und β'-Untereinheiten des *E. coli*-Enzyms. Zu dieser Schlußfolgerung gelangte man durch den Vergleich der Aminosäuresequenzen der Hefe- und *E. coli*-Polypeptide und indem man die genauen Funktionen jeder Untereinheit während der Transkription untersuchte. Welche Rolle die anderen Untereinheiten der RNA-Polymerase II bei der Hefe spielen, ist nicht bekannt. Einige von ihnen scheinen sogar entbehrlich zu sein, denn die Transkription läuft auch ohne sie einwandfrei ab.

5.4 Transkription bei *E. coli*

Den eigentlichen Vorgang, durch den ein Gen transkribiert wird, teilt man zweckmäßigerweise in drei Phasen auf: Initiation, Elongation und Termination.

5.4.1 Initiation

Entscheidend für die Initiation der Transkription ist die Fähigkeit der RNA-Polymerase, nicht wahllos irgendwelche DNA-Stücke, sondern Gene zu transkribieren. Das bedeutet, daß die erste Bindung einer RNA-Polymerase an ein DNA-Molekül an einer bestimmten Stelle erfolgen muß, und zwar gerade vor (**stromaufwärts**, englisch *upstream*) dem zu transkribierenden Gen. Dafür sind spezifische Bindungsstellen unabdingbar, denn bei allen Organismen besteht ein großer Teil der Gesamt-DNA nicht aus Genen, und wirkungsvolle Transkription von Genen erfolgt nicht einfach zufällig.

a) Der Promotor bezeichnet die Initiationsstelle für die Transkription. Diese Bindungsstellen nennt man **Promotoren**. Ein Promotor ist eine kurze Nucleotidsequenz, die zu Beginn der Transkription von einer RNA-Polymerase als DNA-Bindungsstelle erkannt wird. Man findet Promotoren nur stromaufwärts von Genen und an keiner anderen Stelle im Genom.

Wenn das gleiche Enzym alle Promotoren erkennt, müssen diese offensichtlich gleiche oder sehr ähnliche Sequenzen aufweisen. In *E. coli* hat man die Promotorsequenz genau analysiert und

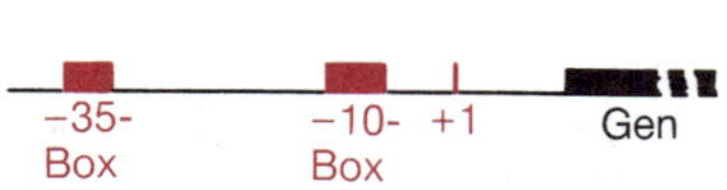

5.6 Die Positionen der Promotorsequenzen stromaufwärts eines *E. coli*-Gens. Die Transkription beginnt an einem mit „+1" gekennzeichneten Punkt. Man beachte, daß dieser Punkt eine kurze Strecke stromaufwärts vom Start des eigentlichen Gens liegt.

dabei festgestellt, daß sie sich aus zwei gesonderten Bestandteilen zusammensetzt, der –35-Box und der –10-Box (Abb. 5.6). Die letztere nennt man nach dem Wissenschaftler, der sie zuerst beschrieb, auch **Pribnow-Box**. Die Bezeichnungen mit Zahlen beziehen sich auf die Lage der Boxen auf dem DNA-Molekül relativ zu der Stelle, an der die Transkription beginnt. Die Sequenzen der Boxen lauten:

–35-Box: 5′-TTGACA-3′
–10-Box: 5′-TATAAT-3′

(Wie bereits erwähnt, handelt es sich dabei um Sequenzen auf dem Nichtmatrizenpolynucleotid.)

In Wirklichkeit variieren die tatsächlichen Sequenzen der beiden Promotorbereiche von Gen zu Gen, aber alle sind mit den oben gezeigten **Consensussequenzen** verwandt und in ihnen wiedererkennbar. Es ist nicht bekannt, ob den etwas unterschiedlichen Varianten der stromaufwärts gelegenen Promotorsequenzen verschiedener Gene eine Bedeutung zukommt. Man hat die These aufgestellt, daß die tatsächliche Sequenz sich auf die Wirksamkeit, mit der RNA-Polymerase den Promotor findet und an ihn bindet, auswirkt und damit das Ausmaß der Genexpression beeinflußt. Komplizierter werden diese Thesen durch die Beobachtung, daß bestimmte kleinere Änderungen in der Promotorse-

DNase-Schutzexperimente

Man hat eine Reihe von Methoden eingesetzt, um die Wechselwirkung zwischen RNA-Polymerase und Promotorsequenzen zu erforschen. Die bedeutendste dieser Techniken nennt man Deoxyribonuclease (DNase)-Schutzverfahren.

DNase ist ein Enzym, das DNA abbaut, indem es Phosphodiesterbindungen spaltet. Die Auswirkung von DNase-Aktivität auf reine DNA besteht also darin, daß die Doppelhelix zu einzelnen Nucleotiden abgebaut wird.

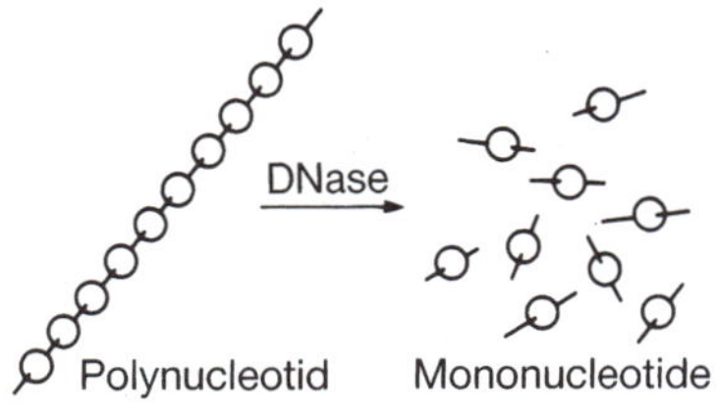

Wenn jedoch ein gereinigtes DNA-Fragment einen Promotor enthält, an den ein RNA-Polymerase-Protein gebunden ist, so sind nicht alle Phosphodiesterbindungen für den Angriff der DNase zugänglich: Einige werden durch das gebundene Enzym „geschützt“. Durch die DNase-Behandlung erhält man demnach einige wenige Mononucleotide und ein ungespaltenes DNA-Fragment. Die Größe dieses DNA-Abschnitts gibt Auskunft über das Ausmaß der Interaktion zwischen RNA-Polymerase und DNA: Seine Nucleotidsequenz (die man durch DNA-Sequenzierung ermitteln kann) zeigt genau, welcher Teil des Moleküls durch das Enzym geschützt ist.

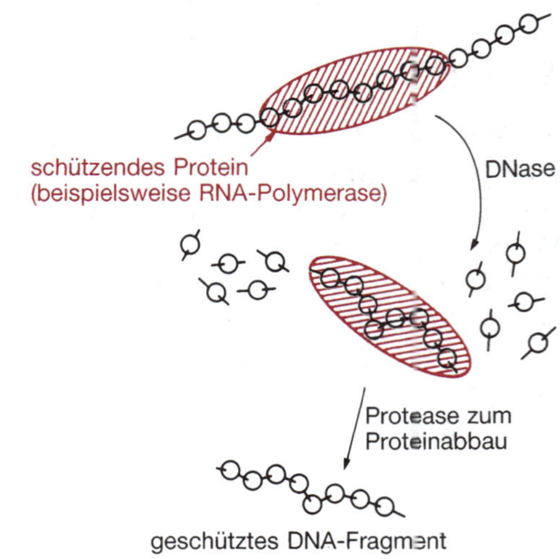

Die Ergebnisse dieser Experimente zeigen, daß die *E. coli*-Polymerase zwischen 41 und 44 bp der DNA einschließlich der –10- und der –35-Box sowie einen kleinen Abschnitt der umgebenden Sequenz abdeckt.

Promotorsequenzen

Die folgende Tabelle zeigt die Sequenzen einiger Promotoren, die von der *E. coli*-Polymerase erkannt werden.

Gene	–35-Sequenz	–10-Sequenz
E. coli-Consensussequenz	TTGACA	TATAAT
lac-Operon	TTTACA	TATGTT
trp-Operon	TTGACA	TTAACT
tRNA-Gene	TTTACA	TATGAT

Aus diesen wenigen Beispielen kann man erkennen, daß die tatsächliche Promotorsequenz von der Consensussequenz an zwei oder möglicherweise auch mehr Positionen abweichen kann. Man hat jedoch experimentell bewiesen, daß nicht alle Variationen in der Consensussequenz möglich sind, und einige Änderungen führen zu einem „Promotor", den die RNA-Polymerase nicht mehr erkennt. Die Gründe dafür sind nicht ganz klar, aber durch eingehende Untersuchung der physikalischen Wechselwirkung zwischen dem Holoenzym und dem DNA-Molekül im Bereich des Promotors versucht man, ihnen auf die Spur zu kommen.

quenz die Erkennung durch die RNA-Polymerase vollständig unterbinden können.

b) Die σ-Untereinheit der RNA-Polymerase erkennt den Promotor. Bei *E. coli* ist das RNA-Polymerase-Holoenzym ($\alpha_2\beta\beta'\sigma$) für die Initiation erforderlich; genaugenommen ist die σ-Untereinheit des Enzyms für die Erkennung der Promotorstelle verantwortlich. Wenn sie fehlt, kann das Core-Enzym sich zwar immer noch an die DNA heften, aber es bindet dann mehr zufällig an einer Vielzahl von Stellen und nicht spezifisch an Promotoren.

Die Struktur, die sich zuerst zwischen RNA-Polymerase und DNA ausbildet, nennt man **geschlossenen Promotorkomplex** (Abb. 5.7a). In diesem Komplex bedeckt oder „schützt" das Enzym etwa 60 bp der Doppelhelix, einen Bereich, der sich von unmittelbar stromaufwärts der –35-Box bis genau stromabwärts der –10-Box erstreckt. Zwar lassen experimentelle Daten vermuten, daß das RNA-Polymerase-Holoenzym die –35-Box spezifisch als die DNA-Bindungsstelle erkennt, aber diese Schlußfolgerungen

Funktionen der Untereinheiten des Core-Enzyms der *E. coli*-RNA-Polymerase

Untereinheit	Funktion
α	Bindung an den Promotor
β	Bindung der Ribonucleotide vor Beginn der RNA-Synthese
β'	Bindung an die DNA-Matrize

Die α-Untereinheit bindet zwar an den Promotor, sie kann ihn aber eigentlich nicht erkennen: Das ist die Aufgabe der σ-Untereinheit. Die Untereinheiten β und β' katalysieren wahrscheinlich gemeinsam die RNA-Synthese während der Transkription.

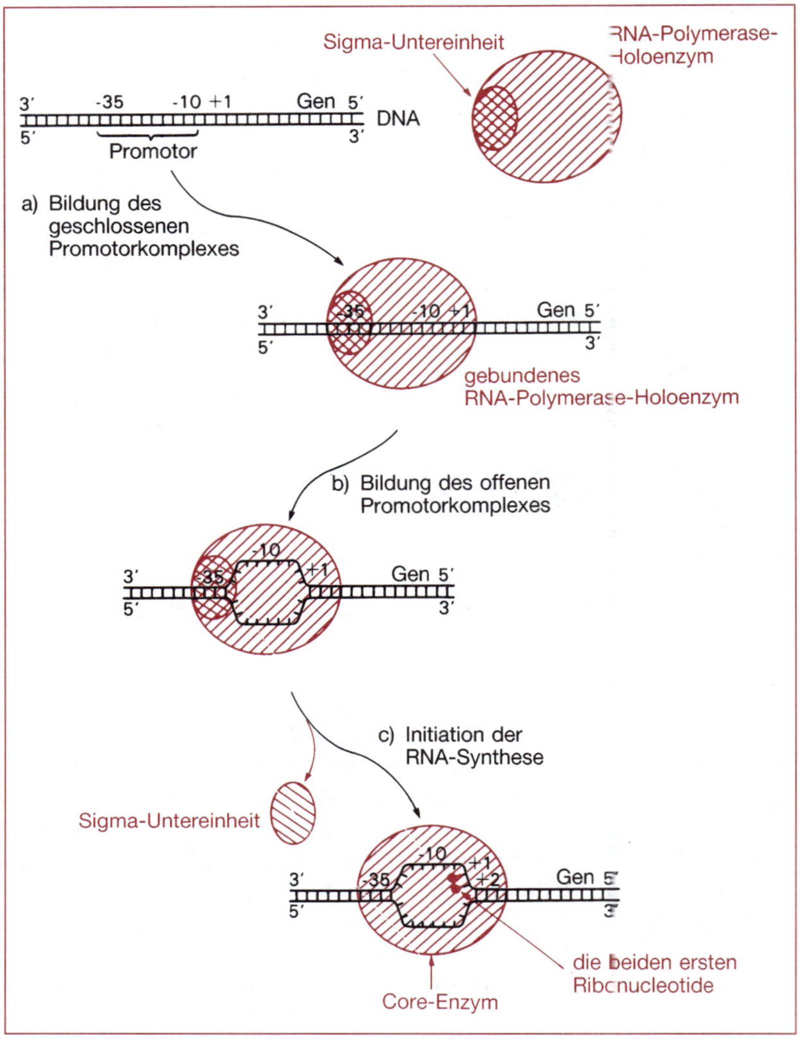

5.7 Die Initiation der Transkription bei *E. coli*.

sind noch umstritten. Zweifellos ist die –10-Box jedoch der Bereich, an dem das Aufbrechen der Basenpaarung (als „Aufschmelzen" bezeichnet) und die Entwindung der DNA-Doppelhelix zuerst erfolgen. Dabei bildet sich eine zweite Struktur, der **offene Promotorkomplex** (Abb. 5.7b). Das Aufschmelzen stellt natürlich eine wesentliche Voraussetzung für die Transkription dar, denn die Basen des Matrizenstranges müssen zur Steuerung der Transkriptsynthese offen liegen. Vermutlich wird das Aufschmelzen der Helix in diesem Bereich dadurch erleichtert, daß die –10-Box vollständig aus A-T-Paaren besteht, die im Vergleich zu einem G-C-Paar jeweils nur zwei statt drei Wasserstoffbrückenbindungen besitzen.

Sobald sich der offene Promotorkomplex gebildet hat, dissoziiert die σ-Untereinheit, und das Holoenzym verwandelt sich in das Core-Enzym. Zur gleichen Zeit können die ersten beiden Ri-

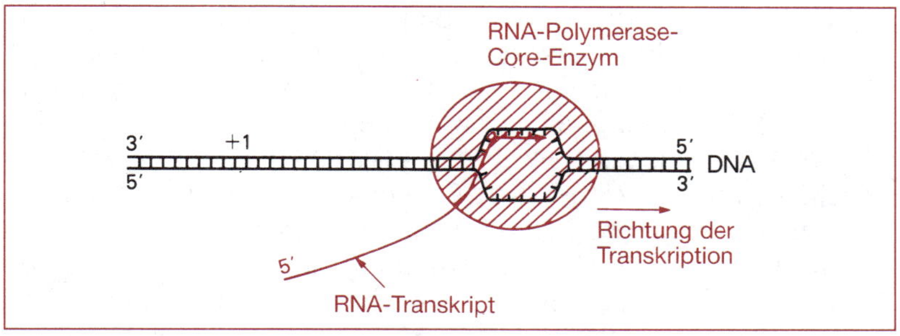

5.8 Die Elongationsphase der Transkription.

bonucleotide an den Positionen +1 und +2 eine Basenpaarung mit dem Matrizenpolynucleotid eingehen, und die erste Phosphodiesterbindung des RNA-Moleküls wird synthetisiert (Abb. 5.7c).

5.4.2 Elongation

Während der Elongationsphase der Transkription wandert die RNA-Polymerase an dem DNA-Molekül entlang, und dabei sorgt sie für das Aufschmelzen und Entwinden der Doppelhelix. Gleichzeitig fügt sie nacheinander Ribonucleotide an das 3′-Ende des wachsenden RNA-Moleküls an, wobei die Basenpaarung mit dem Matrizenpolynucleotid des Gens festlegt, welches Ribonucleotid an der jeweiligen Position angefügt wird (Abb. 5.8).

Drei Punkte sollte man sich einprägen:

1. *Das Transkript ist länger als das Gen.* Die Position +1 in Abbildung 5.7, an der die Synthese des RNA-Transkripts tatsächlich ihren Anfang nimmt, stellt selten den Beginn des eigentlichen Gens dar. Fast immer transkribiert die RNA-Polymerase eine **Leader-Sequenz**, bevor sie das Gen erreicht (Abb. 5.9). Die Länge dieser Leader-Sequenz variiert von Gen zu Gen: Bei *E. coli* kann sie aus 20, aber auch aus mehr als 600 Nucleotiden bestehen. Auf ähnliche Weise transkribiert das Enzym einen **Trailer**, wenn das Ende des Gens erreicht ist und bevor es zur Termination kommt.
2. *Zu jeder Zeit ist nur ein kleiner Bereich der Doppelhelix entwunden.* Sobald die Elongation begonnen hat, kann der polymerisierte Bereich des RNA-Moleküls allmählich von dem

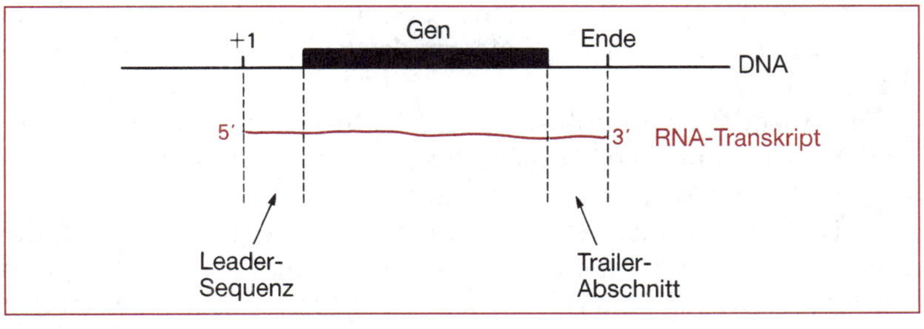

5.9 Transkripte sind gewöhnlich länger als die zugehörigen Gene, weil sie Leader- und Trailer-Abschnitte einschließen.

Matrizenstrang dissoziieren, und das ermöglicht es der Doppelhelix, in ihren ursprünglichen Zustand zurückzukehren. Demnach ist zu jeder Zeit nur ein begrenzter Bereich des DNA-Moleküls aufgeschmolzen (siehe Abb. 5.8). Der geöffnete Bereich, auch Transkriptions-„Blase“ genannt, enthält zwischen zwölf und siebzehn RNA-DNA-Basenpaare und umfaßt somit nur eine sehr kurze Strecke des gesamten Gens. Das ist von Bedeutung, weil die Entwindung eines Teiles der Doppelhelix eine Überdrehung der benachbarten Bereiche erfordert, und für diesen Vorgang steht dem Molekül nur eine begrenzte Bewegungsfreiheit zur Verfügung.

3. *Die Elongationsrate ist nicht konstant.* Eine Eigenschaft der Transkription, die zunehmend das Interesse der Molekularbiologen auf sich zieht, ist die unterschiedliche Transkriptionsrate, die man beobachten kann, wenn die RNA-Polymerase an einem DNA-Molekül entlangwandert. Gelegentlich verlangsamt sich die Bewegung des Enzyms, es hält an und beschleunigt wieder, oder es läuft sogar ein kurzes Stück rückwärts und entfernt Ribonucleotide vom Ende des neusynthetisierten Transkripts, bevor es seinen Vorwärtskurs wieder aufnimmt. Nach Erklärungen für dieses Phänomen suchen die Wissenschaftler noch.

5.4.3 Termination

Wie die Initiation, so ist auch die Termination der Transkription kein willkürlicher Vorgang, sondern sie erfolgt nur an dafür vorgesehenen Stellen, die kurz hinter den Enden von Genen liegen. Es überrascht vielleicht, daß die Termination nicht durch spezifische Sequenzen ähnlich dem Promotor ausgelöst wird, sondern durch ein komplexeres Signal.

a) Terminatoren sind komplementäre Palindrome. Terminationssignale in Genen von *E. coli* unterscheiden sich beträchtlich in ihren Nucleotidsequenzen, aber alle weisen ein gemeinsames Merkmal auf: Sie sind komplementäre Palindrome. Das bedeutet, daß es nicht nur zwischen den beiden Strängen der Doppelhelix, sondern auch innerhalb jedes Stranges und sogar innerhalb des RNA-Transkripts zur Basenpaarung kommen kann (Abb. 5.10). Das Resultat einer solchen intramolekularen Basenpaarung ist bei doppelsträngiger DNA eine **kreuzförmige** Struktur und bei einzelsträngiger RNA eine **Haarnadelstruktur (Stamm-Schleife-Struktur)**.

Die Ausbildung einer kreuzförmigen Struktur in doppelsträngiger DNA ist unwahrscheinlich, denn die intermolekular basengepaarte Doppelhelix ist aufgrund der viel größeren Anzahl möglicher Basenpaare energetisch stabiler. Tatsächlich ergibt sich die Wirkung des komplementären Palindroms auf die Transkription durch Ausbildung einer Haarnadelstruktur in dem wachsenden

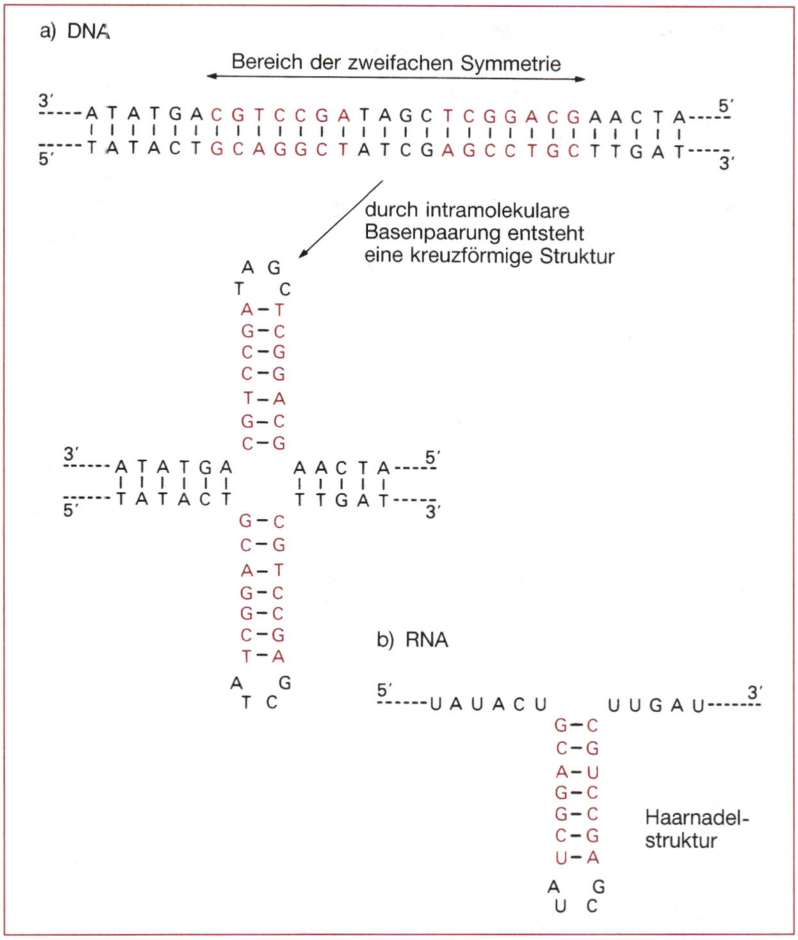

5.10 Mögliche Auswirkungen eines komplementären Palindroms in a) einer DNA-Doppelhelix und b) dem an ihr transkribierten RNA-Molekül. Basenpaarung zwischen Nucleotiden des gleichen Stranges kann dazu führen, daß sich in einem doppelsträngigen DNA-Molekül eine kreuzförmige Struktur oder in der einzelsträngigen RNA eine Haarnadelstruktur ausbildet.

RNA-Molekül. Die Bildung dieser Struktur ist ein wesentlicher Teil der Termination, aber leider hat sich gezeigt, daß die Untersuchung dieser Phase der Transkription Schwierigkeiten bereitet, und was dabei im einzelnen geschieht, ist immer noch ein Rätsel. Hinter einigen Terminatoren mit Haarnadelstruktur findet man auf der DNA-Matrize eine Serie von fünf bis zehn A-Nucleotiden, die nach der Transkription in Us bewirken, daß das Transkript an der Matrize durch eine Reihe schwacher A-U-Basenpaare hängen bleibt. Man nimmt an, daß die RNA-Polymerase kurz nach der Haarnadelstruktur anhält und daß die A-U-Basenpaare dann auseinanderbrechen, so daß sich das Transkript von der Matrize löst (Abb. 5.11a).

Andere Terminatoren weisen keine Serien von A-Nucleotiden auf und müssen demnach auf andere Weise funktionieren. Man nennt sie **Rho-abhängige Terminatoren**, da sie nur in Anwesenheit eines als **Rho** bezeichneten Proteins arbeiten können. Rho ist ziemlich groß (Molmasse von 276 000 Dalton), und es ist wahrscheinlich keine richtige Untereinheit der RNA-Polymerase. Vielmehr hängt sich Rho an das wachsende RNA-Molekül an,

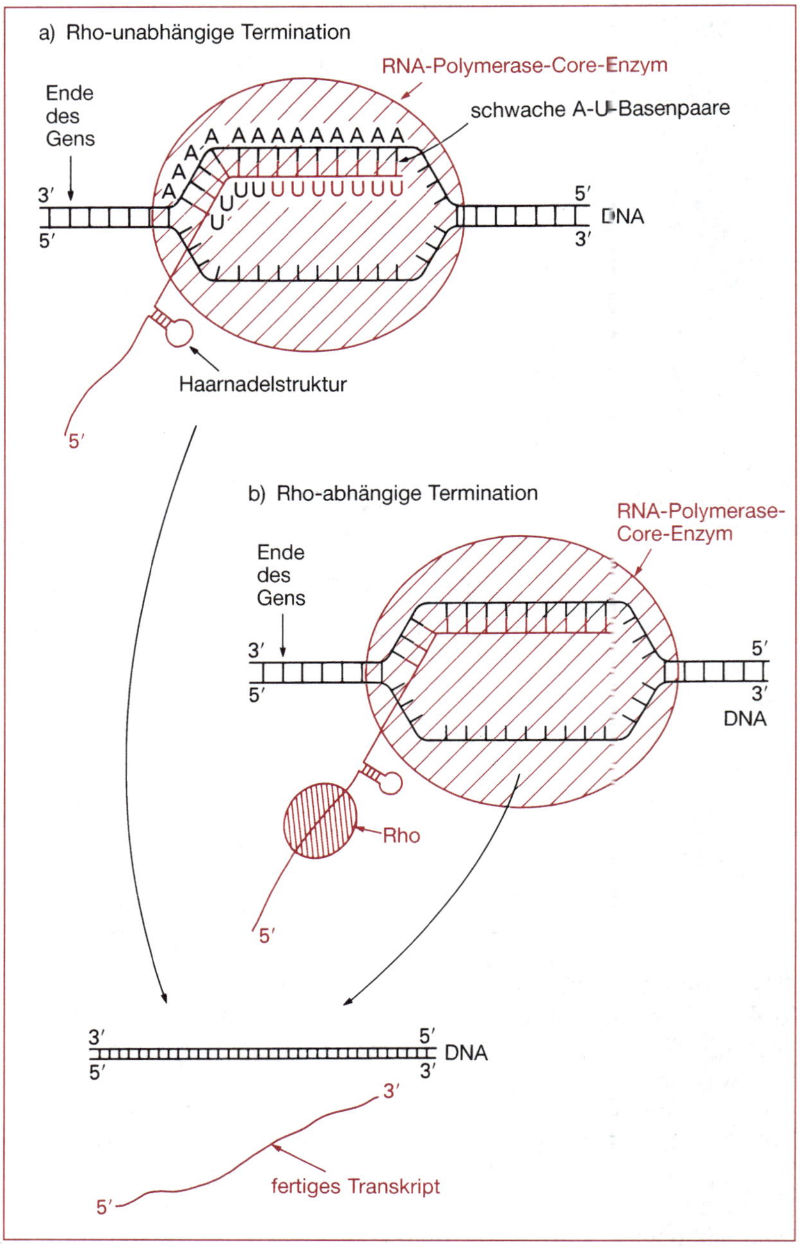

5.11 Termination der Transkription bei *E. coli*.

und sobald die Polymerase an der Haarnadelstruktur eine Pause einlegt, zerstört es aktiv die Basenpaarung zwischen der DNA-Matrize und dem RNA-Transkript (Abb. 5.11b).

b) Beendigung der Transkription. Die Termination der Transkription führt zur Ablösung des RNA-Polymerase-Enzyms von der DNA und setzt das RNA-Transkript frei. Das Core-Enzym ist nun in der Lage, sich wieder mit der Sigma-Untereinheit zusammenzulagern und eine neue Transkriptionsrunde an dem gleichen oder einem anderen Gen zu beginnen. Das RNA-Transkript ist bereit, seine Funktion aufzunehmen, entweder als Endprodukt der Genexpression oder als Übermittler zur Synthese eines Polypeptids bei der Translation.

5.5 Transkription bei Eukaryoten

Die Transkription bei Eukaryoten verläuft auf ganz ähnliche Weise wie der eben für *E. coli* beschriebene Vorgang. Die wichtigsten Unterschiede betreffen die Initiation der Transkription, die bei Eukaryoten viel komplizierter ist.

5.5.1 Initiation der Transkription durch RNA-Polymerase II

Wie bei *E. coli* hängt die Initiation der Transkription auch bei Eukaryoten von dem RNA-Polymerase-Enzym ab, das eine Promotorsequenz erkennt und an sie bindet. Die drei verschiedenen RNA-Polymerasen der Eukaryoten haben jeweils ihre eigenen Promotoren, so daß jedes Enzym nur seinen eigenen Satz an Genen transkribiert. Beispielsweise kann die RNA-Polymerase II keine Transfer-RNA-Gene transkribieren, da diese Promotoren für RNA-Polymerase III besitzen.

Eukaryotische Promotoren sind komplizierter gebaut als die von *E. coli*. So umfaßt beispielsweise der Promotor für die RNA-Polymerase II nicht nur die Sequenz, an der das Enzym an die DNA bindet (diesen Abschnitt bezeichnet man meist als **Core-Promotor**), sondern auch eine Reihe weiterer Sequenzen, die sich vermutlich über mehrere hundert Basenpaare verteilen und die Bindung der Polymerase an die DNA auf unterschiedliche Weise beeinflussen (Abb. 5.12). Viele dieser zusätzlichen Sequenzen haben die Aufgabe, die Initiation der Transkription anzuregen oder zu unterbinden und so die Genexpression zu regulieren. Auf dieses Thema werden wir in Kapitel 10 zurückkommen. Vorerst wollen wir näher betrachten, wie die RNA-Polymerase II an den Core-Promotor bindet.

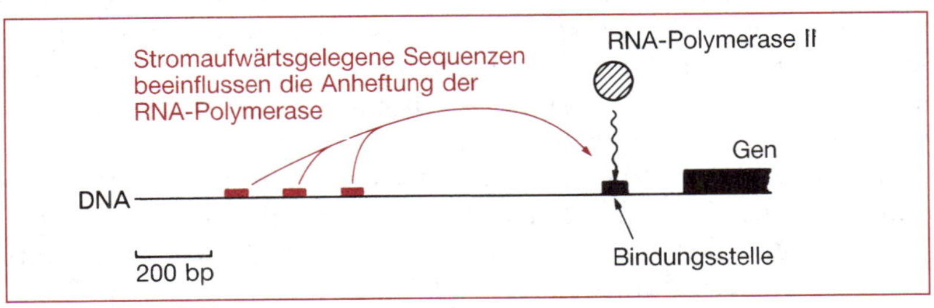

5.12 Nucleotidsequenzen stromaufwärts von der Bindungsstelle können die Bindung der RNA-Polymerase II an die DNA-Matrize beeinflussen.

a) Die Bildung des Prä-Initiationskomplexes. Der allererste Schritt in der Transkription eines Gens durch die RNA-Polymerase II ist die Bildung des Prä-Initiationskomplexes; er besteht aus der Polymerase und mehreren weiteren Proteinen, die man als **Transkriptionsfaktoren** bezeichnet. Der Prä-Initiationskomplex entsteht am Core-Promotor, der folgende Consensus-Sequenz besitzt:

5′-TATAAT-3′ (TATA-Box)

Die TATA-Box liegt in der Regel 25 Nucleotide stromaufwärts von der Stelle, an der die Transkription beginnt, und wird deshalb auch –25-Box genannt.

Die RNA-Polymerase II heftet sich aber nicht unmittelbar an die TATA-Box, sondern die Sequenz wird vom **TATA-Bindeprotein** (TBP) erkannt, einer Untereinheit des Transkriptionsfaktors IID (abgekürzt TFIID) (Abb. 5.13a). Unterstützt wird die Erkennung der TATA-Box durch einen zweiten Transkriptionsfaktor namens TFIIA, der vermutlich die Anheftung des TBP stabilisiert.

Der nächste Schritt führt zur Anheftung der RNA-Polymerase II an den Komplex (Abb. 5.13b). An diesem Vorgang sind zwei weitere Transkriptionsfaktoren beteiligt: TFIIB verbindet sich mit dem an die DNA gehefteten TBP und bildet so die Struktur, die von der RNA-Polymerase II erkannt wird; TFIIF dagegen bindet an die RNA-Polymerase und verhindert, daß sie an der falschen Stelle mit der DNA in Kontakt tritt. Schließlich kommen in dem Komplex nochmals zwei Transkriptionsfaktoren (TFIIE und TFIIH) hinzu (Abb. 5.13c). Wichtig ist insbesondere TFIIH: Er ist eine **Helikase** und sorgt für das Aufschmelzen der DNA, so daß die Transkription beginnen kann.

5.5.2 Termination der Transkription durch RNA-Polymerase II

Was geschieht, wenn die RNA-Polymerase II ein Transkript vollendet hat, weiß man nicht genau. Es hat sich als schwierig erwiesen, die Terminationssignale der RNA-Polymerase II zu identifizieren, unter anderem deshalb, weil die 3′-Enden der Transkripte sofort nach der Synthese durch Spaltung einer internen Phosphodiesterbindung entfernt werden (siehe Abschnitt 7.3.2). Offensichtlich können die Trailer-Abschnitte sehr lang sein und sich möglicherweise über 1000 bis 2000 bp stromabwärts vom Gen erstrecken. Bei manchen Genen scheinen die Terminationspunkte von Transkript zu Transkript zu variieren: Einige Transkripte des Maus-β-Globin-Gens haben Trailer von 600 bp Länge, wohingegen andere über 1750 bp lang sind. Das hat zu der Vermutung geführt, daß es in der Tat keine festgesetzten Terminationspunkte stromabwärts der von RNA-Polymerase II transkribierten Gene gibt. Möglicherweise löst sich am Ende des Gens einer der Tran-

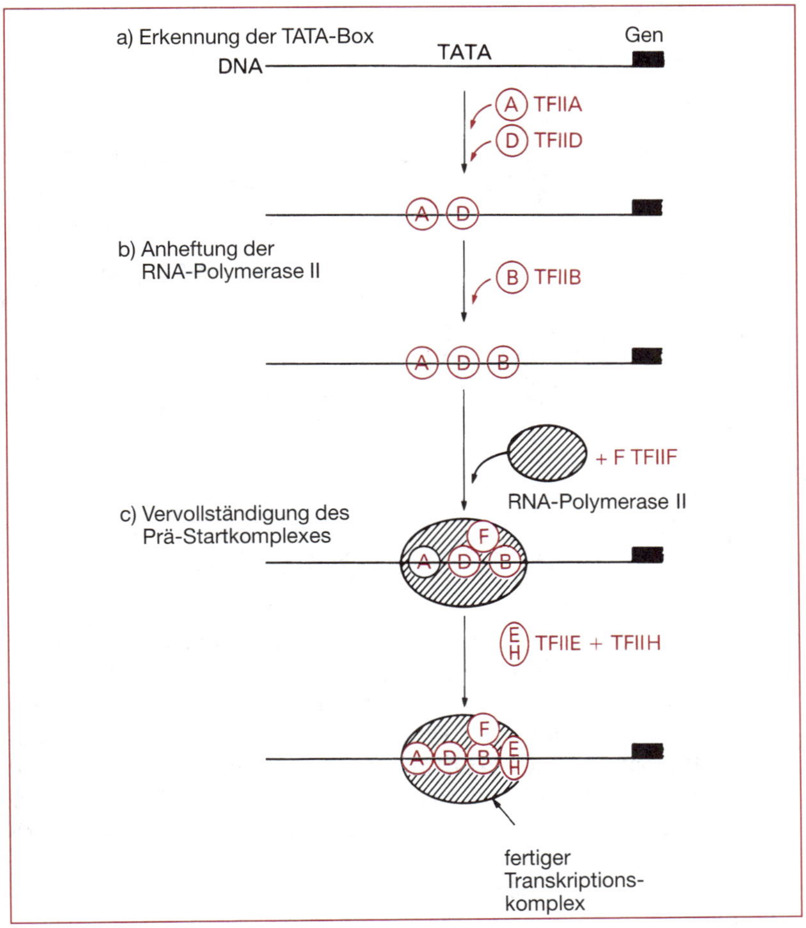

5.13 Die Vorgänge, die nach der derzeitigen Vorstellung zur Bildung des Prä-Initiationskomplexes der RNA-Polymerase II führen. a) Erkennung der TATA-Box. b) Anheftung der RNA-Polymerase II. c) Der Prä-Initiationskomplex wird vervollständigt.

skriptionsfaktoren von dem Komplex, so daß dieser destabilisiert wird und an einem späteren Punkt von der Matrize abfällt. Wie bei *E. coli* liegt noch viel Arbeit vor uns, bevor wir wissen, was im einzelnen geschieht.

5.5.3 Transkription durch die RNA-Polymerasen I und III

Jede eukaryotische RNA-Polymerase bedient sich zur Initiation und Termination der Transkription eines anderen Mechanismus. Der Core-Promotor der RNA-Polymerase I umfaßt den Bereich von den Nucleotiden – 45 bis + 20 und damit auch den Startpunkt der Transkription (Abb. 5.14a). Andere, weiter stromaufwärts gelegene Sequenzen regulieren die Bindung des Enzyms an die DNA und den Beginn der Transkription. Die Termination erfolgt etwa 1000 bp nach dem Ende des Gens an einem Signal, das aus einer Consensussequenz von 18 bp besteht.

Ungewöhnlich sind die Promotoren für die RNA-Polymerase III: Sie liegen innerhalb des Gens, das transkribiert werden soll

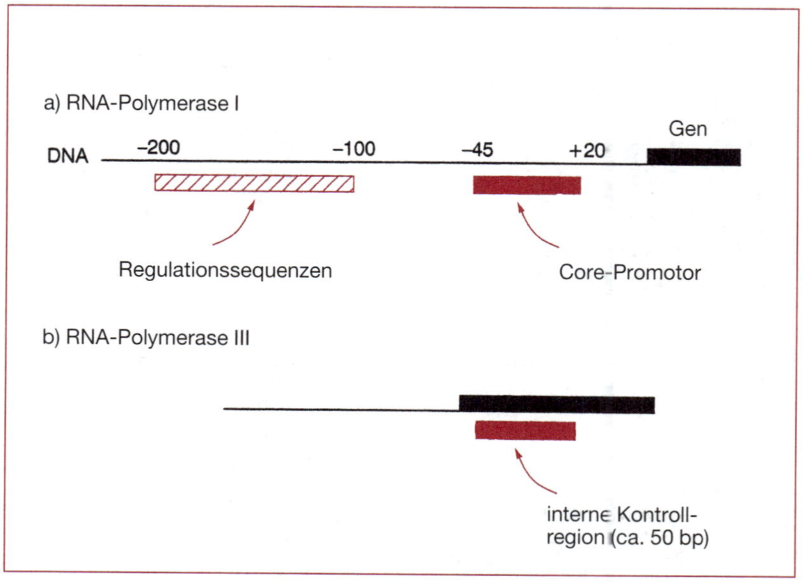

5.14 a) Lage des Core-Promotors und der stromaufwärts gelegenen Regulationssequenzen eines von der RNA-Polymerase I transkribierten Gens; b) Position der internen Kontrollregion in einem Gen, das von der RNA-Polymerase III transkribiert wird.

(Abb. 5.14b). Solche Sequenzen, die man als interne Kontrollregionen bezeichnet, sind in der Regel etwa 50 bp lang. Wenn der Transkriptionskomplex sich zusammengefunden hat, verlagert sich die RNA-Polymerase III nach hinten zum Anfang des Gens und beginnt mit der Transkription. Die Termination findet recht kurz hinter dem Ende des Gens offenbar an einem Abschnitt aus mehreren A's statt, ohne daß sich eine Haarnadelstruktur ausbildet.

Literatur

Travers, A.A.; Burgess, R.R. *Cyclic Re-Use of the RNA-Polymerase Sigma Factor*. In: *Nature* 222 (1969) S. 537–540.
[Der erste Beweis für die Funktion des Sigma-Faktors.]

Bujard, H. *The Interaction of E. coli RNA-Polymerase with Promotors.* In: *Trends in Biochemical Sciences* 5 (1980) S. 274–278.
[Eine Übersicht über die DNA-Protein-Wechselwirkung während der Initiation der Transkription.]

Bear, D.G.; Peabody, D.S. *The E. coli Rho Protein*. In: *Trends in Biochemical Sciences* 13 (1988) S. 343–347.
[Einige Vorstellungen über die Funktionsweise von Rho bei der Transkriptionstermination.]

Novina, C.D.; Roy, A.L. *Core Promoters and transcriptional control.* In: *Trends in Genetics* 12 (1996), S. 351–355.

Roeder, R.G. *The Role of General Transcription Factors in Transcription by RNA Polymerase II.* In: *Trends in Biochemical Sciences* 21 (1996), S. 327–335.
Halle, J.-P.; Meisterernst, M. *Gene Expression: Increasing Evidence for a Transcriptosome.* In: *Trends in Genetics* 12 (1996), S. 161–163.
Reines, D.; Conaway, J. W.; Conaway, R. C. *The RNA Polymerase II General Elongation Factors.* In: *Trends in Biochemical Sciences* 21 (1996), S. 351–355.
[Übersichtsartikel über verschiedene Aspekte der Transkription durch die RNA-Polymerase III.]

Aufgaben

1. Definieren Sie die folgenden Begriffe:

   Eukaryot
   Prokaryot
   RNA-Polymerase
   Holoenzym
   Core-Enzym
   stromaufwärts
   stromabwärts
   Promotor
   Transkriptionsfaktor
   Consensussequenz
   geschlossener Promotorkomplex
   offener Promotorkomplex
   Leader-Sequenz
   Trailer
   kreuzförmige Struktur
   Haarnadelstruktur
   Rho-abhängiger Terminator
   Pribnow-Box
   Core-Promotor
   Prä-Initiationskomplex
   TATA-Box
   TATA-Bindeprotein
   Helikase

2. Zeichnen Sie ein detailliertes Schema von der chemischen Reaktion, die für die Synthese von RNA aus einzelnen Nucleotiden erforderlich ist.

3. Nennen Sie die Unterschiede zwischen der Core- und der Holoenzymform der *E. coli*-RNA-Polymerase. Welche Rolle spielen die beiden Formen bei der Transkription?

4. Umreißen Sie die Unterschiede zwischen prokaryotischen und eukaryotischen RNA-Polymerasen.

5. Erklären Sie, wie die *E. coli*-RNA-Polymerase die richtige Stelle innerhalb eines DNA-Moleküls erkennt, an der sie die Transkription startet.

6. Beschreiben Sie die allgemeinen Eigenschaften eines Transkriptionsterminationssignals bei *E. coli*.

7. Erläutern Sie, was mit „komplementäres Palindrom“ gemeint ist.

8. Nennen Sie die Unterschiede zwischen den Vorgängen, die vermutlich bei der Transkriptionstermination an Rho-abhängigen und Rho-unabhängigen Strukturen ablaufen.

9. Umreißen Sie die Vorgänge, die an der Initiation und Termination der Transkription durch RNA-Polymerase II beteiligt sind.

10. * Manche Bakterienarten besitzen mehr als einen σ-Faktor. Beispielsweise verfügt *Bacillus subtilis* (ein zur Sporenbildung fähiges Bakterium) über mindestens vier solcher Polypeptide. Welche Funktion könnten sie haben?

11. * Bei manchen Bakteriophagen kommt die Transkription der Gene des Wirtsbakteriums kurz nach der Infektion zum Erliegen. Alle RNA-Polymerase-Enzyme der Zelle beginnen statt dessen mit der Transkription der Bakteriophagengene. Überlegen Sie, welche Vorgänge diesem Phänomen zugrunde liegen könnten.

12. Formulieren Sie eine für folgende Sequenzen passende Consensussequenz:

    5′- A T A G A C A T A -3′
    A T A G C C A T T
    A T A C A C T T A
    A G A G A G A A T
    A T A G A C A T A
    T T T G A C A T T
    A T A A A T A T A

13. Welches der folgenden RNA-Moleküle wäre in der Lage, Haarnadelstrukturen auszubilden?
    5′-ACGUUUGGCAGUCCAAACU-3′
    5′-AGCUAGCUACAGCUAGCUUUGUGAGCUAGCUUGUG-3′
    5′-GGCUAGGUCGAAACGACCUAGCC-3′

RNA-Typen: rRNA und tRNA

6

Ribosomale RNA – Ribosomenstruktur – rRNA-Synthese • **Transfer-RNA** – Die Kleeblattstruktur – Weiterverarbeitung und Modifikation

Die RNA-Moleküle, die bei der Transkription entstehen, lassen sich nach ihrer Funktion in drei Hauptklassen einteilen: die **ribosomale** oder **rRNA**, die **Transfer-** oder **tRNA** und die **Messenger-** oder **mRNA**. Ribosomale RNA und Transfer-RNA sind Endprodukte der Genexpression und erfüllen ihre Aufgaben in der Zelle als RNA-Moleküle (Abb. 6.1). Die Messenger-RNA durchläuft dagegen die zweite Stufe der Genexpression, die Translation, und dient ausschließlich als Vermittler zwischen einem Gen und seinem Expressionsendprodukt, einem Polypeptid.

Ribosomale RNA und Transfer-RNA bezeichnet man oft als **stabile RNA**, um darauf hinzuweisen, daß sie, anders als die mRNA, in der Zelle langlebige Moleküle sind. Die RNA hat eine

Andere RNA-Typen bei Eukaryoten

Die drei Hauptklassen der RNA (rRNA, tRNA und mRNA) findet man sowohl bei Pro- als auch bei Eukaryoten. Eukaryoten besitzen außerdem noch mehrere weitere Typen von RNA-Molekülen:

RNA-Typ	Funktion
snRNA	Weiterverarbeitung von mRNA und rRNA
snoRNA	Weiterverarbeitung von rRNA
7SL-RNA	Mitwirkung an der Ausscheidung von Proteinen
7SK-RNA	unbekannt
7SM-RNA	unbekannt
Alu-RNA	unbekannt

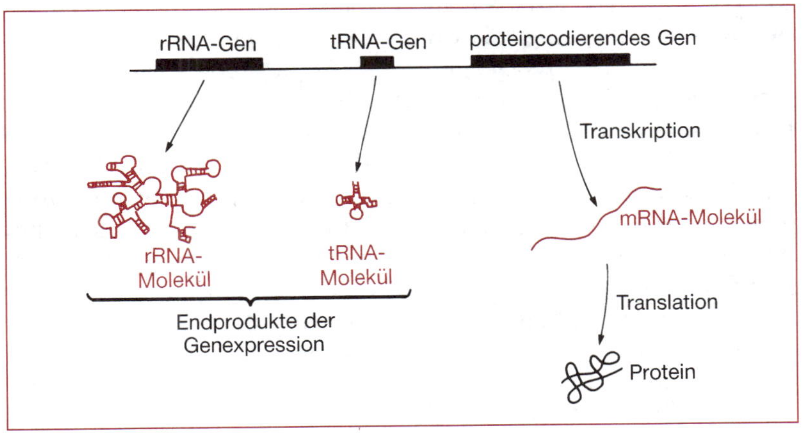

6.1 Die drei durch Transkription erzeugten Haupttypen von RNA-Molekülen. rRNA und tRNA sind die Endprodukte bei der Expression ihrer Gene; die mRNA durchläuft die zweite Stufe der Genexpression, die man als Translation bezeichnet.

relativ hohe **Umsatzgeschwindigkeit**, die für einige bakterielle mRNAs möglicherweise nur eine Minute beträgt. Beide Typen stabiler RNA – rRNA und tRNA – sind an der Proteinsynthese beteiligt, obwohl sie selbst nicht translatiert werden. Das nun folgende Kapitel beschreibt die Strukturen dieser Moleküle und die besonderen Merkmale ihrer Synthese. Es dient als Einleitung zu den Kapiteln 8 und 9, in denen die Aufgaben der RNA bei der Proteinsynthese im einzelnen beschrieben werden.

6.1 Ribosomale RNA

Ribosomale RNA-Moleküle sind Bestandteile der **Ribosomen**, großer Strukturen aus vielen Molekülen, die als Fabriken der Proteinsynthese dienen. Während der Translation binden sich Ribosomen an mRNA-Moleküle und wandern an ihnen entlang, wobei sie Polypeptide synthetisieren. Dies ist in etwa der Rolle der RNA-Polymerase bei der Transkription vergleichbar. Ribosomen bestehen aus rRNA-Molekülen und Proteinen und sind in den meisten Zellen ausgesprochen zahlreich. Ein aktiv wachsendes Bakterium kann über 20 000 Ribosomen enthalten, die ungefähr 80 Prozent der gesamten Zell-RNA und zehn Prozent des gesamten Proteins enthalten.

6.1.1 Die Struktur von Ribosomen

Das prokaryotische Ribosom hat eine gesamte Molmasse von 2 520 000 Dalton, ist annähernd eiförmig und hat eine Größe von etwa 29 nm × 21 nm (1 nm = 10^{-9} m). Eukaryotische Ribosomen sind größer: 4 220 000 Dalton und 32 nm × 22 nm.

a) Die Größe von Ribosomen bestimmt man durch Sedimentationsanalyse. Ribosomen sind wie viele Makromoleküle und multimolekulare Strukturen so groß, daß die Abschätzung ihrer Molmasse Schwierigkeiten bereitet. Deshalb bestimmt man die Größe solcher Strukturen durch Sedimentationsgeschwindigkeitsanalyse (Kasten auf Seite 20); mit dieser Methode ermittelt man die Geschwindigkeit, mit der ein Molekül oder ein Partikel durch eine dichte Lösung (oft Saccharose) sedimentiert, wenn es einer hohen Zentrifugalkraft (700 000 × *g* oder mehr) ausgesetzt wird. Der Sedimentationskoeffizient wird mit einem **S-Wert** (S = Svedberg-Einheit, nach dem Schweden The Svedberg, der Anfang der zwanziger Jahre die erste Ultrazentrifuge baute) angegeben; er hängt von mehreren Faktoren ab, insbesondere von der Molmasse und von der Form des Makromoleküls oder der makromo-

Tabelle 6.1: Die Zusammensetzung typischer prokaryotischer und eukaryotischer Ribosomen. Bei Eukaryoten sind die Längen der großen rRNAs und die Anzahl an Proteinen nicht in allen Spezies genau gleich. Die hier genannten Werte beziehen sich spezifisch auf Ribosomen von Säugern.

	Prokaryoten	Eukaryoten
Ribosom		
Sedimentationskoeffizient	70S	80S
Molmasse (Dalton)	2 520 000	4 220 000
Anzahl der Untereinheiten	2	2
große Untereinheit		
Sedimentationskoeffizient	50S	60S
Molmasse (Dalton)	1 590 000	2 820 000
RNA-Moleküle		
Anzahl	2	3
Größen	23S = 2904 N*	28S = 4718 N
	5S = 120 N	5,8S = 160 N
		5S = 120 N
Anzahl der Polypeptide	34	50
kleine Untereinheit		
Sedimentationskoeffizient	30S	40S
Molmasse (Dalton)	930 000	1 400 000
RNA-Moleküle		
Anzahl	1	1
Größen	16S = 1541 N	18S = 1874 N
Anzahl der Polypeptide	21	33

* N = Nucleotide

lekularen Struktur. Prokaryotische Ribosomen haben einen Sedimentationskoeffizienten von 70S und sind etwas kleiner als eukaryotische Ribosomen, die variabel, aber durchschnittlich 80S groß sind.

b) Ribosomen bestehen aus zwei Untereinheiten. Bei *E. coli* besitzen diese Untereinheiten Sedimentationskoeffizienten von 50S und 30S. Die große Untereinheit enthält zwei rRNA-Moleküle von 23S und 5S sowie 34 verschiedene Polypeptide. Die kleinere Untereinheit besteht nur aus einer einzigen 16S-rRNA und 21 Polypeptiden. Diese Zahlen sind in Tabelle 6.1 zusammengefaßt.

Größenvariationen der rRNA in verschiedenen Eukaryoten

Die Zahlen in Tabelle 6.1 beziehen sich auf Säugerribosomen. Bei anderen Eukaryoten sind die großen (23S bei Säugern) und kleinen (18S) rRNA-Moleküle etwas kürzer.

Organismus	große rRNA	kleine rRNA
Säuger	4718 Nucleotide	1874 Nucleotide
Amphibien	4110 Nucleotide	1825 Nucleotide
Hefe	3392 Nucleotide	1799 Nucleotide

Eukaryotische Ribosomen setzen sich ebenfalls aus zwei Untereinheiten zusammen, die aber in diesem Fall 60S und 40S groß sind (Tabelle 6.1). Die große Untereinheit enthält drei rRNAs (28S, 5,8S und 5S) und 49 Polypeptide. Die kleine Untereinheit beinhaltet eine einzige 18S-rRNA und 33 Polypeptide. Die zusätzliche rRNA der eukaryotischen großen Untereinheit ist das 5,8S-Molekül, welches bei *E. coli* einen Teil der 23S-rRNA bildet.

c) Die molekulare Struktur des Ribosoms. Nach der herkömmlichen Vorstellung von der Ribosomenstruktur dienen die rRNA-Moleküle als Gerüst, an dem die Proteine, welche die funktionelle Aktivität des Ribosoms übernehmen, befestigt sind. Um dieser Aufgabe gerecht zu werden, müssen die rRNA-Moleküle in der Lage sein, eine stabile dreidimensionale Struktur auszubilden. Das wird durch inter- und intramolekulare Basenpaarung erreicht, wobei verschiedene rRNAs einer Untereinheit und, was noch wichtiger ist, auch unterschiedliche Bereiche derselben Moleküle in einer geordneten Weise untereinander Basenpaarungen

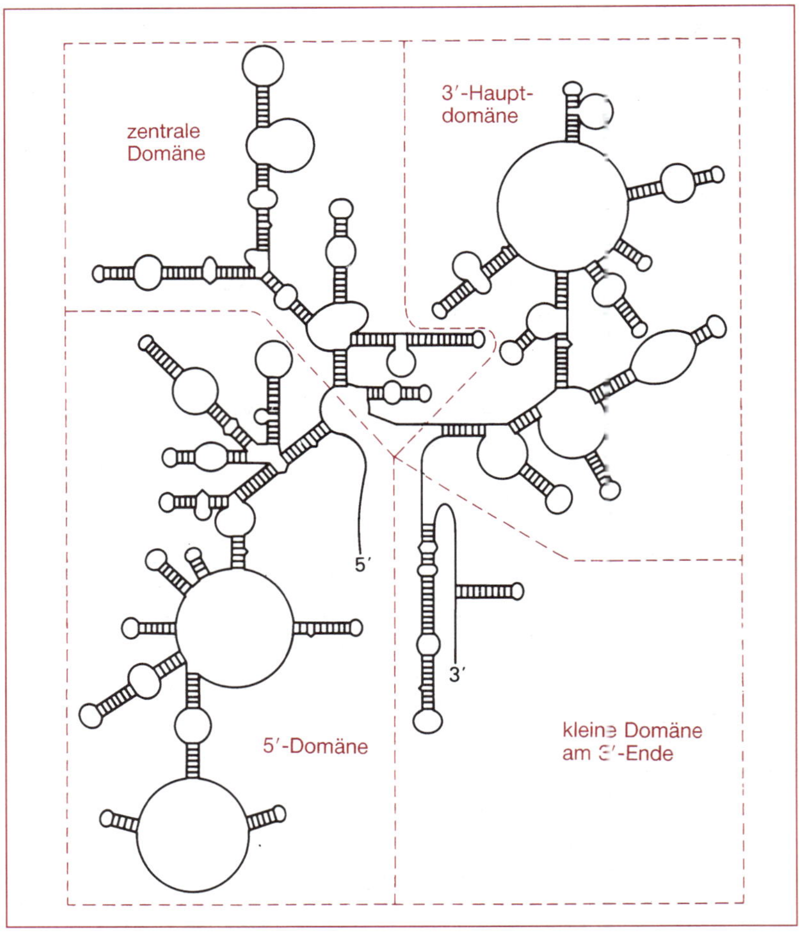

6.2 Die für das 16S-rRNA-Molekül von *E. coli* angenommene basengepaarte Struktur. Dieses Molekül hat eine Länge von 1541 Nucleotiden.

eingehen. Abbildung 6.2 zeigt eine zweidimensionale Darstellung der basengepaarten Struktur der 16S-rRNA von *E. coli*, des rRNA-Bausteins in der kleinen Untereinheit des prokaryotischen Ribosoms. Entwickelt wurde dieses Modell mit Hilfe mehrerer experimenteller Methoden. Am wichtigsten waren dabei die drei folgenden:

1. Eine Untersuchung der Nucleotidsequenz der *E. coli*-16S-rRNA und die Identifizierung der Bereiche, die untereinander Basenpaare ausbilden können.
2. Vergleich der *E. coli*-Sequenz mit den etwas abweichenden Sequenzen der entsprechenden rRNAs anderer Prokaryoten, da man erwartete, daß die basengepaarten Bereiche des *E. coli*-Moleküls bei anderen Bakterien konserviert sind.
3. Behandlung der basengepaarten rRNA mit Ribonucleasen, die einzelsträngige RNA abbauen, auf basengepaarte Bereiche aber keine Wirkung haben. Die doppelsträngigen Bereiche, die übrigbleiben, untersucht man, um festzustellen, ob sie mit den durch das Modell vorhergesagten Abschnitten übereinstimmen (Abb. 6.3a).

Durch zusätzliche Experimente konnte man die Bereiche in der 16S-rRNA ausfindig machen, an welche die Polypeptidkomponenten der kleinen Untereinheit von *E. coli* binden. Bei einer wichtigen Methode geht man dabei entsprechend den DNase-Schutzexperimenten vor, die man zur Untersuchung der Wechselwirkung zwischen RNA-Polymerase und dem Promotor verwendet (Kasten auf Seite 70). Man behandelt einen Komplex aus rRNA und einem einzelnen Ribosomenprotein mit einer unspezifischen Ribonuclease, die sowohl einzel- als auch doppelsträngige RNA abbaut. Dabei wird die gesamte RNA gespalten, mit Ausnahme der durch das Protein geschützten Abschnitte. Anschließend kann man das Protein abbauen, das RNA-Fragment identi-

Die Bindungsstelle für ein ribosomales Protein

Man hat mittlerweile die Bindungsstellen für mehrere Ribosomenproteine auf den rRNA-Molekülen lokalisiert. Ein Beispiel ist das ribosomale Protein S8 von *E. coli*, das an die folgende Haarnadelstruktur in der 16S-rRNA bindet:

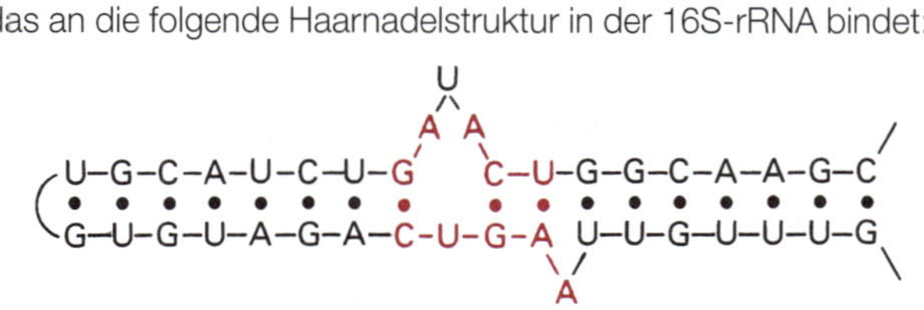

Rot dargestellt sind diejenigen Nucleotide, die am engsten mit dem ribosomalen Protein verbunden sind. Man beachte, daß in der RNA neben den „Watson-Crick-Basenpaaren" (A-U und G-C) eine zusätzliche Art von Basenpaarung erlaubt ist: G kann sich auch mit U paaren.

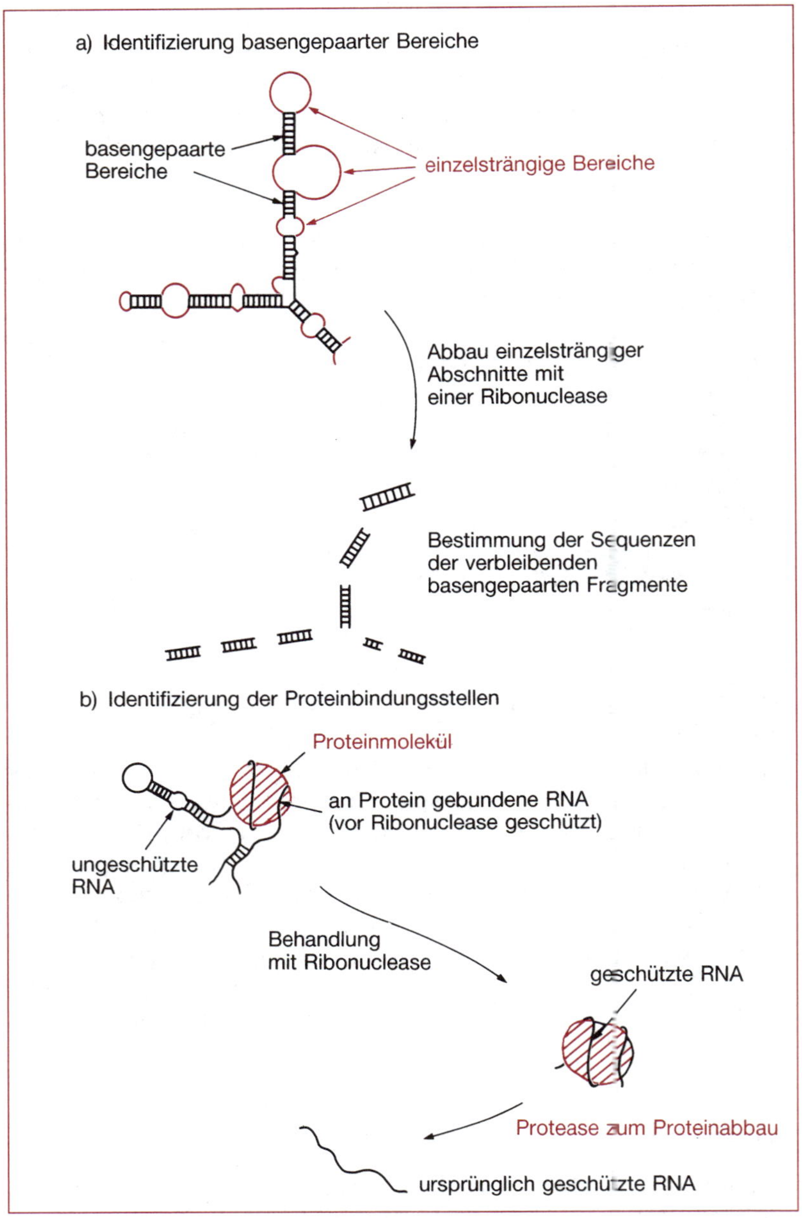

6.3 Zwei Methoden zur Erforschung der RNA-Struktur. a) Identifizierung basengepaarter Bereiche durch Behandlung mit einer einzelstrangspezifischen Ribonuclease. b) Identifizierung von Proteinbindungsstellen durch Nuclease-Schutzexperimente.

fizieren und auf der rRNA-Struktur lokalisieren (Abb. 6.3b). Auf diese Weise hat man Bindungsstellen für mehrere Ribosomenproteine identifiziert.

d) Die dreidimensionale Struktur. Die basengepaarten Strukturen in Abbildung 6.2 sind zweidimensionale Darstellungen und sagen wenig über den wahren dreidimensionalen Aufbau des Ribosoms aus. Tatsächlich geht man diesem Problem derzeit sehr intensiv nach. Ribosomen lassen sich mit dem Elektronenmikroskop un-

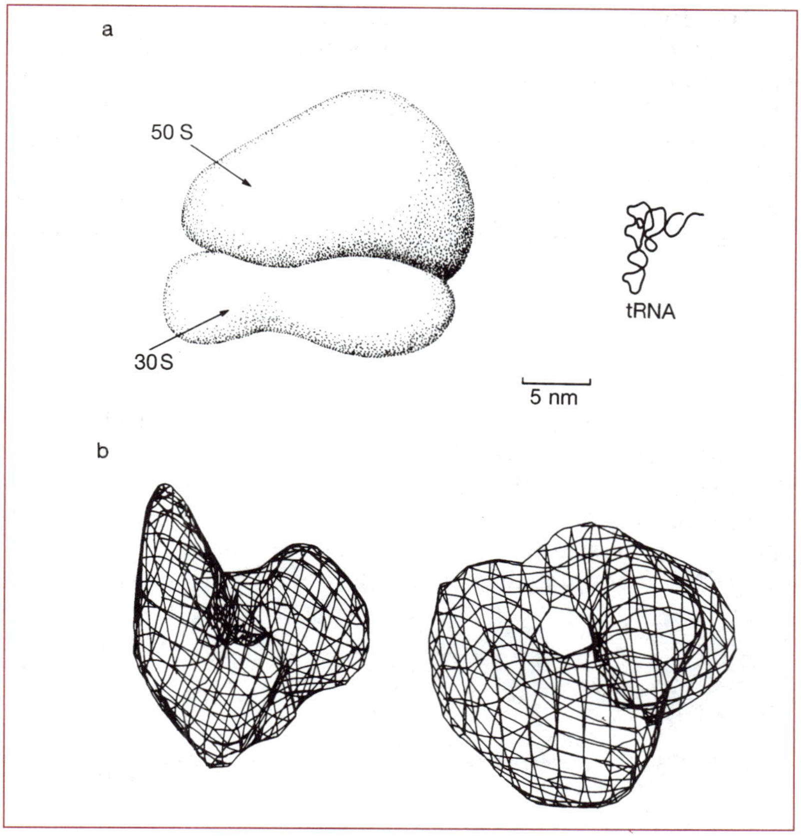

6.4 Die dreidimensionale Struktur des *E. coli*-Ribosoms. a) Ein anhand von elektronenmikroskopischen Bildern gezeichnetes Modell für das Ribosom sowie ein im gleichen Maßstab dargestelltes tRNA-Molekül. b) Zwei Ansichten der 50S-Untereinheit, abgeleitet aus Röntgenstrukturanalysen.

tersuchen, wenn auch an den Grenzen der Auflösung, und durch Analyse der so gewonnenen Bilder konnte man annähernd dreidimensionale Rekonstruktionen erstellen (Abb. 6.4a). Diese Modelle wurden dann mit einer Vielzahl von Methoden, insbesondere aber mit der Röntgenstrukturanalyse (Abschnitt 3.2), weiter verfeinert. Die Komplexität der Beugungsmuster macht eine genaue Interpretation schwierig, aber besonders mit Hilfe computergestützter Analysen werden die Strukturen in immer mehr Einzelheiten verständlich (Abb. 6.4b), und man kann die Lage einzelner Ribosomenproteine ermitteln.

e) Bei der Proteinsynthese könnten rRNA-Moleküle eine Enzymfunktion übernehmen. Die herkömmliche Vorstellung von rRNA als stützendes Gerüst für die daran befestigten Proteine, welche die eigentliche biologische Aktivität des Ribosoms ausüben, wird heute durch die neuesten, aufregenden Entdeckungen über die Funktion von RNA in Frage gestellt. Viele Jahre lang glaubte man, die enzymatische Katalyse sei ausschließlich eine Eigenschaft von Proteinen, und RNA-Moleküle könnten nicht als Enzyme fungieren. Wenn das stimmt, muß jede von dem Ribosom während der Proteinsynthese entfaltete katalytische Aktivität eine Eigenschaft der ribosomalen Proteine sein. Mittlerweile hat man jedoch entdeckt, daß auch bestimmte RNA-Moleküle enzymatische Aktivität aufweisen. Das zeigte man erstmals 1982 bei dem selbstspleißenden Intron von *Tetrahymena* (Abschnitt 7.4.2), und später wurde es für andere RNA-Moleküle ebenfalls bewiesen oder angenommen. Bis jetzt gibt es noch keinen Beweis, daß die rRNA in den Ribosomen eine enzymatische Funktion besitzt, aber eine entsprechende Entdeckung könnte kurz bevorstehen.

6.1.2 Synthese von rRNA

Jedes Ribosom enthält eine Kopie von jedem der verschiedenen rRNA-Moleküle, in einem prokaryotischen Ribosom gibt es also drei und in einem eukaryotischen vier rRNA-Moleküle. Am wirkungsvollsten wäre es für die Zelle, alle diese Moleküle in gleicher Anzahl zu synthetisieren. Natürlich könnte die Zelle von jeder rRNA unterschiedliche Mengen herstellen, aber das wäre

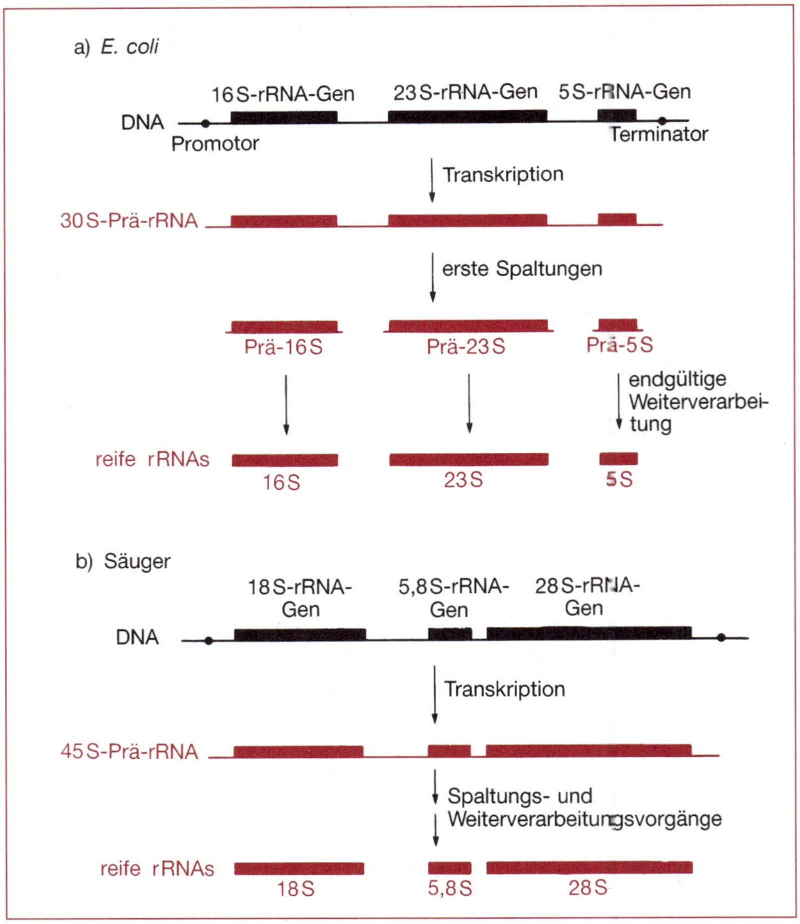

6.5 Transkription und Weiterverarbeitung der Transkripte der rRNA-Gene a) bei *E. coli* und b) bei Säugern. Man beachte, daß die Transkription der 5S-rRNAs bei Säugern unabhängig von der Haupteinheit erfolgt.

rRNA- und tRNA-Genkopien

Alle Organismen besitzen mehrere Kopien ihrer rRNA und tRNA-Gene. Die tatsächliche Anzahl an Kopien variiert von Spezies zu Spezies.

Spezies	Zahl an Genen		
	Haupt-rRNA-Transkriptionseinheit	5S-rRNA-Gene*	tRNA-Gene
E. coli	7	7	60
Saccharomyces cerevisiae	140	140	250
Mensch	280	2 000	1 300
Frosch	450+	24 000	1 150

* Bei *E. coli* ist das 5S-rRNA-Gen Teil der Haupt-rRNA-Transkriptionseinheit. Bei Eukaryoten liegt es zwar woanders (siehe Text), aber bei *S. cerevisiae* besteht dennoch ein Zusammenhang zwischen der Anzahl an 5S-rRNA-Genen und der Zahl der rRNA-Haupttranskriptionseinheiten.
+ In bestimmten Zellen noch weiter durch Genamplifikation erhöht, beispielsweise in Oocyten.

Verschwendung, weil einige Kopien übrigblieben, sobald die in geringster Menge vorhandene rRNA ganz aufgebraucht ist.

a) Die rRNA-Transkriptionseinheit. Die Synthese gleicher Mengen aller rRNA-Moleküle läßt sich dadurch gewährleisten, daß ein vollständiger Satz rRNA-Moleküle zusammen in einer Einheit transkribiert wird. Das Produkt der Transkription, das **Primärtranskript**, ist daher eine lange RNA-Vorstufe, die **Prä-rRNA**, die alle, jeweils durch kurze Spacer getrennte rRNAs enthält. Durch Bearbeitungsvorgänge werden die Spacer entfernt, so daß die reifen rRNAs freigesetzt werden. Der Ablauf der rRNA-Synthese bei *E. coli* ist in Abbildung 6.5a dargestellt. Eine ähnliche Serie von Ereignissen läuft auch bei der Synthese der eukaryotischen rRNAs ab, aber mit dem Unterschied, daß nur die 28S-, 18S- und 5,8S-Gene zusammen transkribiert werden (Abb. 6.5b).

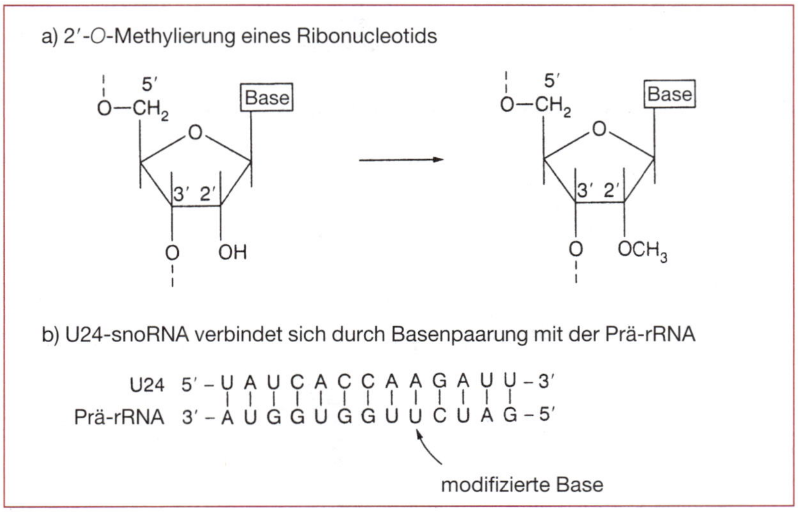

6.6 Chemische Modifikation der Prä-rRNA. a) 2'-*O*-Methylierung eines Ribonucleotids. b) Die U24-snoRNA verbindet sich durch Basenpaarung mit der Prä-rRNA.

Die 5S-Gene liegen anderswo auf den eukaryotischen Chromosomen, und ihre Synthese erfolgt unabhängig von der Haupteinheit.

Die Prä-rRNA wird aber nicht nur zur reifen rRNA auseinandergeschnitten, sondern sie macht auch eine andere Weiterverarbeitung durch: die **chemische Modifikation**. Bei diesem Vorgang werden bestimmte Nucleotide durch Veränderung ihrer chemischen Struktur in ungewöhnliche Verbindungen umgewandelt. Die häufigste Modifikation ist bei eukaryotischen rRNAs die 2'-OH-Methylierung: Das Wasserstoffatom der OH-Gruppe am 2'-Kohlenstoff wird durch eine Methylgruppe ersetzt (Abb. 6.6a). Diese Veränderung spielt sich an knapp über 100 Stellen in jeder Garnitur menschlicher rRNAs ab, also in Abständen von durchschnittlich 70 Nucleotiden. Wichtig ist dabei, daß die Modifikation nicht an zufälligen Stellen erfolgt: So ist beispielsweise jedes Molekül der 28S-rRNA genau an den beiden gleichen Nucleotidpositionen abgewandelt. Wie man kürzlich nachweisen konnte, enthält der **Nucleolus** (der Teil des eukaryotischen Zellkerns, in dem die Transkription und Weiterverarbeitung der rRNA stattfindet) kurze RNA-Moleküle von 70 bis 200 Nucleotiden, die vermutlich durch Basenpaarung an den richtigen Stellen an die Prä-rRNA binden und sie so als Orte der Modifikation kennzeichnen. In der **kleinen Nucleolus-RNA** (**snoRNA**) mit der Bezeichnung U24, die bei der Hefe vorkommt, kann sich zum Beispiel ein Abschnitt von 24 Nucleotiden durch Basenpaarung genau mit einer Stelle der Prä-rRNA verbinden, an der eine Modifikation stattfinden muß (Abb. 6.6b). Andere snoRNAs gehen an weiteren Stellen, wo eine chemische Veränderung notwendig ist, Basenpaarungen ein. Aufgrund solcher Beobachtungen liegt natürlich die Vermutung nahe, daß der basengepaarte Bereich als Signal dient und von dem Enzym, das die Methylierung ausführt, erkannt wird.

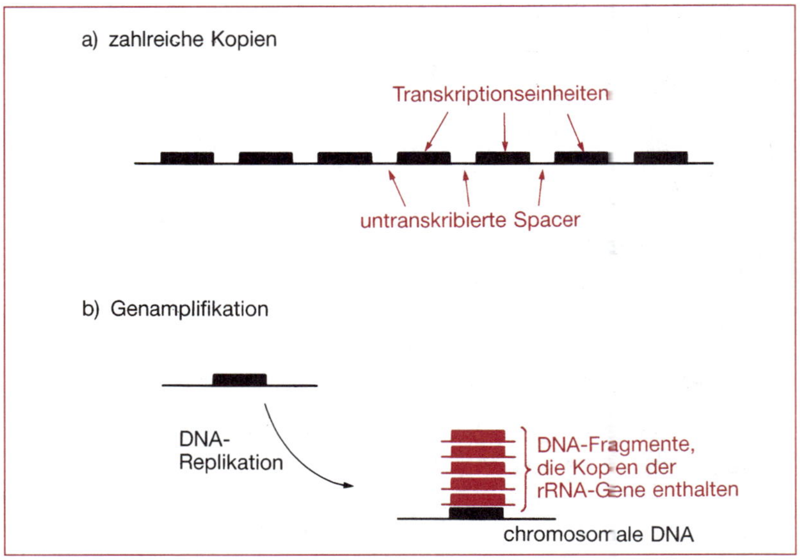

6.7 Strategien, mit denen Zellen ihre Kapazität für die rRNA-Synthese erhöhen. a) Bei den meisten Eukaryoten findet man mehrere Kopien der rRNA-Transkriptionseinheit. b) Amplifizierte Kopien der Transkriptionseinheit, ein typisches Merkmal der Amphibienoocyten.

b) Es gibt zahlreiche Kopien der rRNA-Transkriptionseinheiten. Die aktiv wachsende *E. coli*-Zelle, die 20 000 Ribosomen enthält, teilt sich etwa alle 20 Minuten. Deshalb muß sie alle 20 Minuten 20 000 neue Ribosomen herstellen, nämlich den gesamten Bestand für eine der beiden Tochterzellen. Das erfordert ein beträchtliches Ausmaß an rRNA-Transkription, und zwar in einem solchen Umfang, daß eine einzige Transkriptionseinheit nicht in der Lage wäre, dem Bedarf gerecht zu werden. Tatsächlich verfügt das *E. coli*-Chromosom über sieben Kopien der rRNA-Transkriptionseinheit. Bei Eukaryoten kann der Bedarf an rRNA-Synthese sogar noch größer sein, und je nach Spezies sind 50 bis 5000 identische Kopien der rRNA-Transkriptionseinheiten vorhanden. Bei Eukaryoten sind diese Einheiten üblicherweise in Multigenfamilien angeordnet (Abschnitt 4.2.1), wobei jeweils zahlreiche Kopien, durch nichttranskribierte Spacer getrennt, hintereinander angeordnet sind (Abb. 6.7a). Aber unter bestimmten Bedingungen kann nicht einmal das den Bedarf an rRNA-Synthese decken, und in einigen eukaryotischen Zellen (beispielsweise den Oocyten von Amphibien) kommt eine weitere Strategie zum Einsatz, die sogenannte **Genamplifikation**. Dabei werden die rRNA-Gene repliziert, und es entstehen zahlreiche DNA-Kopien, die als unabhängige, nicht mit den Chromosomen verbundene Moleküle vorliegen (Abb. 6.7b); durch Transkription der amplifizierten Kopien entstehen dann zusätzliche rRNA-Moleküle. Genamplifikation ist nicht auf rRNA-Gene beschränkt; sie kommt auch bei einigen anderen Genen vor, deren stark erhöhte Transkription in bestimmten Situationen erforderlich ist.

6.2 Transfer-RNA

Transfer-RNA-Moleküle sind ebenfalls an der Proteinsynthese beteiligt, aber sie spielen dabei eine völlig andere Rolle als die rRNA. Transfer-RNAs sind genau gesagt die Adaptormoleküle, welche die Sequenz des mRNA-Transkripts lesen und es in eine Aminosäuresequenz umwandeln. Crick postulierte in den fünfziger Jahren die Existenz von tRNA, und einzelne tRNA-Moleküle wurden erstmals 1959 von Robert Holley isoliert, der sechs Jahre später auch die vollständige Nucleotidsquenz eines solchen Moleküls ermittelte.

Die genaue Funktion der tRNA bei der Proteinsynthese wird in den Kapiteln 8 und 9 besprochen. Jetzt wollen wir die Struktur der tRNA-Moleküle untersuchen, die Art ihrer Transkription und die Weiterverarbeitungs- und Modifikationsvorgänge, die sie nach der Transkription durchlaufen.

Robert Holley

* 28. Januar 1922, Urbana, Illinois

† 11. Februar 1993, Los Gatos, Kalifornien

»Es kann genauso einfach sein, ein wichtiges wie ein triviales Problem zu lösen; deshalb untersuche die Probleme, die Du als wichtig erachtest.«

Nachdem Robert Holley an der University of Illinois seinen Bachelor's Degree gemacht hatte, ging er an die Cornell University in Ithaca im Staat New York, wo er 1947 promovierte. Von 1944 bis 1946 arbeitete er an dem Cornell University Medical College in New York City über Penicillinsynthese. Er begann 1955 am California Institute of Technology mit Studien an Nucleinsäuren und setzte seine Forschung auf diesem Gebiet fort, als er ein Jahr später an die Cornell University zurückkehrte. Er wählte für seine Untersuchungen die Alanin-tRNA, die relativ einfach zu reinigen war; aber bis er neue Verfahren entwickelt und aus 140 Kilogramm Hefe ein Gramm tRNA gewonnen hatte, vergingen dennoch drei Jahre. Um die Nucleotidsequenz der tRNA zu ermitteln, entwickelte Holley neue Methoden zur Isolierung und Sequenzierung großer Oligonucleotide, und im März 1965 schloß er die Arbeit schließlich ab. Er erklärte, die Kleeblattstruktur sei nicht seine eigene Idee gewesen, sondern zwei seiner Mitarbeiter, Betty Keller und John Penswick, hätten sie entdeckt. Genaugenommen stellte das Kleeblatt nur eine von mehreren möglichen zweidimensionalen Strukturen dar; sie wurde erst bestätigt, als man andere tRNAs fand, die mit genau dem gleichen Modell übereinstimmten. Holley erhielt 1968 den Nobelpreis. Im gleichen Jahr wurde er Professor für Molekularbiologie am Salk Institute in San Diego.

6.2.1 Struktur von tRNA

Transfer-RNA-Moleküle sind ziemlich klein, die verschiedenen Moleküle aus unterschiedlichen Spezies bestehen meist aus 74 bis 95 Nucleotiden. Jeder Organismus synthetisiert eine Anzahl verschiedener tRNAs, von denen jede in mehreren Kopien vorliegt. Allerdings nehmen praktisch alle tRNAs nach der Synthese die gleiche Struktur ein.

a) Das tRNA-Kleeblatt. Fast alle tRNA-Moleküle jedes Organismus lassen sich in eine basengepaarte Struktur falten, die man als **Kleeblatt** bezeichnet (Abb. 6.8). Diese Struktur besteht aus folgenden Komponenten:

1. *Dem Akzeptorarm*, der sich normalerweise durch eine Serie aus sieben Basenpaaren zwischen den Nucleotiden am 5'- und 3'-Ende des Moleküls bildet. Während der Proteinsynthese wird eine Aminosäure an den Akzeptorarm der tRNA gebunden (Abschnitt 9.1.1).
2. *Dem D- oder DHU-Arm*, dessen Name darauf hinweist, daß die Schleife an seinem Ende fast immer das ungewöhnliche Pyrimidin Dihydrouracil, enthält.

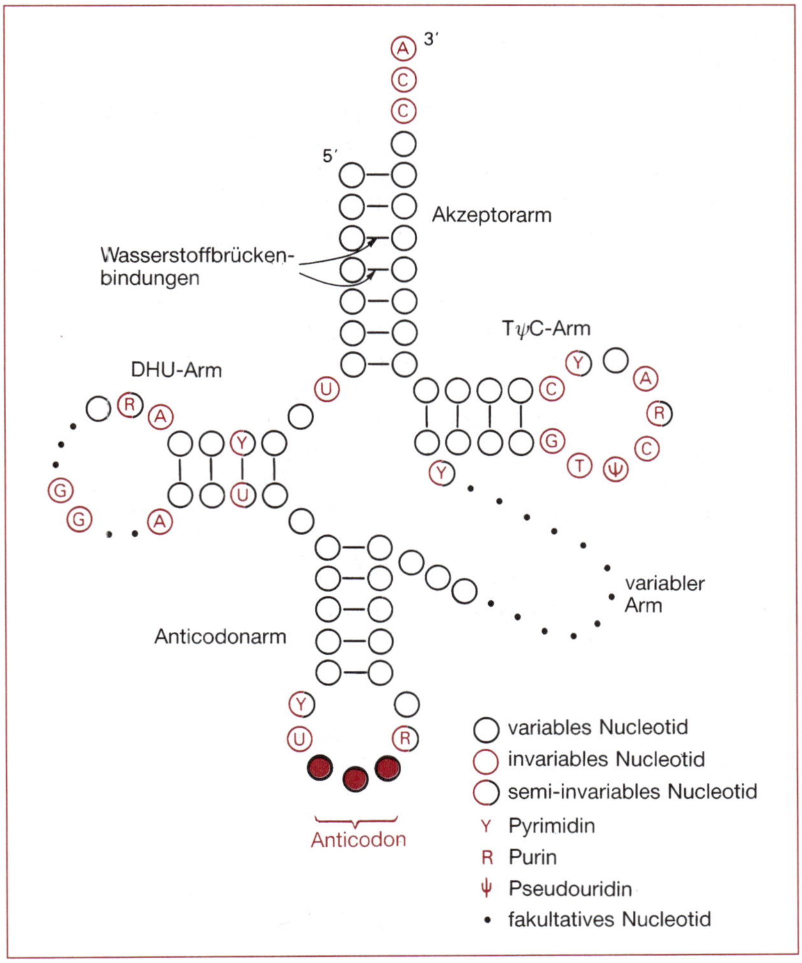

6.8 Die tRNA-Kleeblattstruktur.

Ungewöhnliche tRNA-Strukturen

Das Kleeblatt ist keine allgemein gültige Struktur. Vor allem viele tRNA-Moleküle, die in Mitochondrien vorkommen (Abschnitt 15.4), weisen andere, ungewöhnliche Strukturen auf.

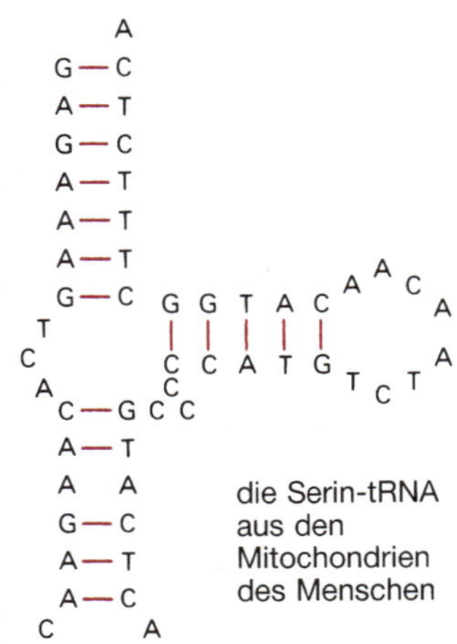

die Serin-tRNA aus den Mitochondrien des Menschen

3. *Dem Anticodonarm*, der bei der Entschlüsselung der biologischen Information in der mRNA die zentrale Rolle spielt (Abschnitt 9.1.2).
4. *Dem Extra- oder variablen Arm*, der aus einer Schleife von nur drei bis fünf Nucleotiden bestehen kann (Klasse-I-tRNAs, etwa 75 Prozent aller tRNAs) oder von einer viel größeren Haarnadelstruktur aus 13 bis 21 Nucleotiden mit bis zu fünf Basenpaaren im Stamm gebildet wird (Klasse-II-tRNAs).
5. *Dem TψC-Arm*, der nach der Nucleotidsequenz T, ψ, C benannt ist, die in seiner Schleife fast immer vorkommt (ψ = ein Nucleotid mit Pseudouracil, einer weiteren ungewöhnlichen Pyrimidinbase).

Außer der gemeinsamen Sekundärstruktur besitzen verschiedene tRNAs auch einen gewissen Grad an Konservierung der Nucleotidseqenz. Einige Positionen sind unveränderlich: Hier steht in allen tRNAs das gleiche Nucleotid. Andere sind halbinvariabel und enthalten immer den gleichen Nucleotidtyp, entweder ein Pyrimidin- oder Purinnucleotid. Diese invariablen und halbinvariablen Positionen sind in Abbildung 6.8 gekennzeichnet.

b) Die Tertiärstruktur. Man sollte sich bewußt sein, daß das Kleeblatt zwar eine handliche Darstellungsweise für die Struktur einer tRNA ist, daß aber das eigentliche Molekül in der Zelle eine viel weniger wiedererkennbare dreidimensionale Struktur ausbildet. Diese Tertiärstruktur hat man durch Röntgenstrukturanalyse bestimmt. Sie ist in Abbildung 6.9 dargestellt. Die Basenpaarungen in den Stielen des Kleeblatts werden in der dreidimensionalen Struktur beibehalten, aber mehrere zusätzliche Basenpaare bilden sich zwischen Nucleotiden, die in der Kleeblattstruktur weit auseinander zu liegen scheinen. Dadurch wird das Molekül in eine kompakte Konformation gefaltet. Bei vielen Nucleotiden, die an der tertiären Basenpaarung beteiligt sind, handelt es sich um die invariablen und halbinvariablen Basen, die in unterschiedlichen tRNAs konserviert sind. Durch die Tertiärstruktur liegen der Akzeptorarm und die Anticodonschleife an entgegengesetzten Enden des Moleküls. Die Funktionen dieser Teile der tRNA während der Proteinsynthese werden in den Kapiteln 8 und 9 im einzelnen beschrieben.

6.2.2 Weiterverarbeitung und Modifikation von tRNA-Transkripten

Sowohl prokaryotische als auch eukaryotische tRNAs werden zunächst als Vorläufer-tRNA transkribiert, aus der anschließend durch Bearbeitung (*processing*) die reifen Moleküle entstehen. Bei *E. coli* gibt es mehrere getrennte tRNA-Transkriptionseinhei-

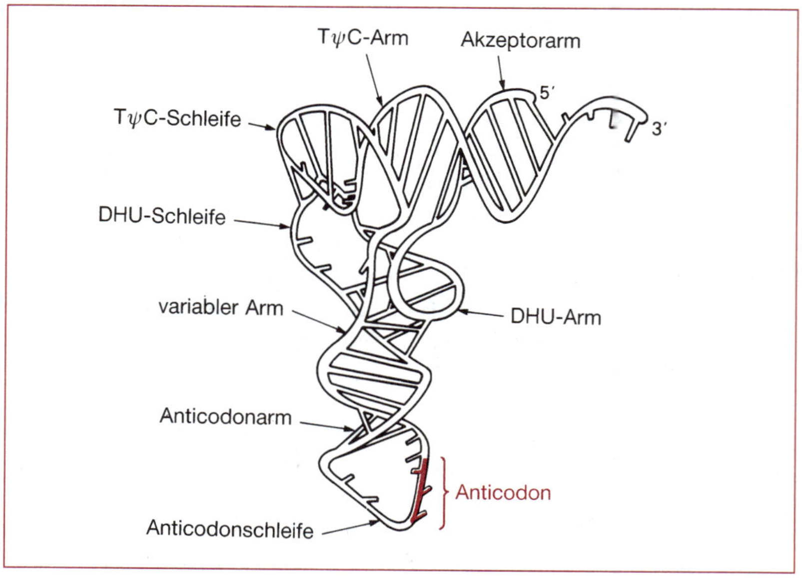

6.9 Die Tertiärstruktur eines tRNA-Moleküls.

ten, von denen einige nur ein tRNA-Gen enthalten, während andere aus nicht weniger als sieben verschiedenen tRNA-Genen in einer Gruppe bestehen. Eine Kombination aus verschiedenen Ribonucleasen bearbeitet ein Prä-tRNA-Molekül, indem die **RNase P** an den 5′- und die **RNase D** an den 3′-Enden der reifen tRNA-Sequenz spezifisch schneidet (Abb. 6.10). RNase P ist ein besonders interessantes Enzym, denn es ist ein Komplex aus einem kleinen Protein (Molmasse 20 000 Dalton) und einem RNA-Molekül aus 377 Nucleotiden. Wie man kürzlich gezeigt hat, übernimmt das RNA-Molekül im Komplex der RNase P zumindest ei-

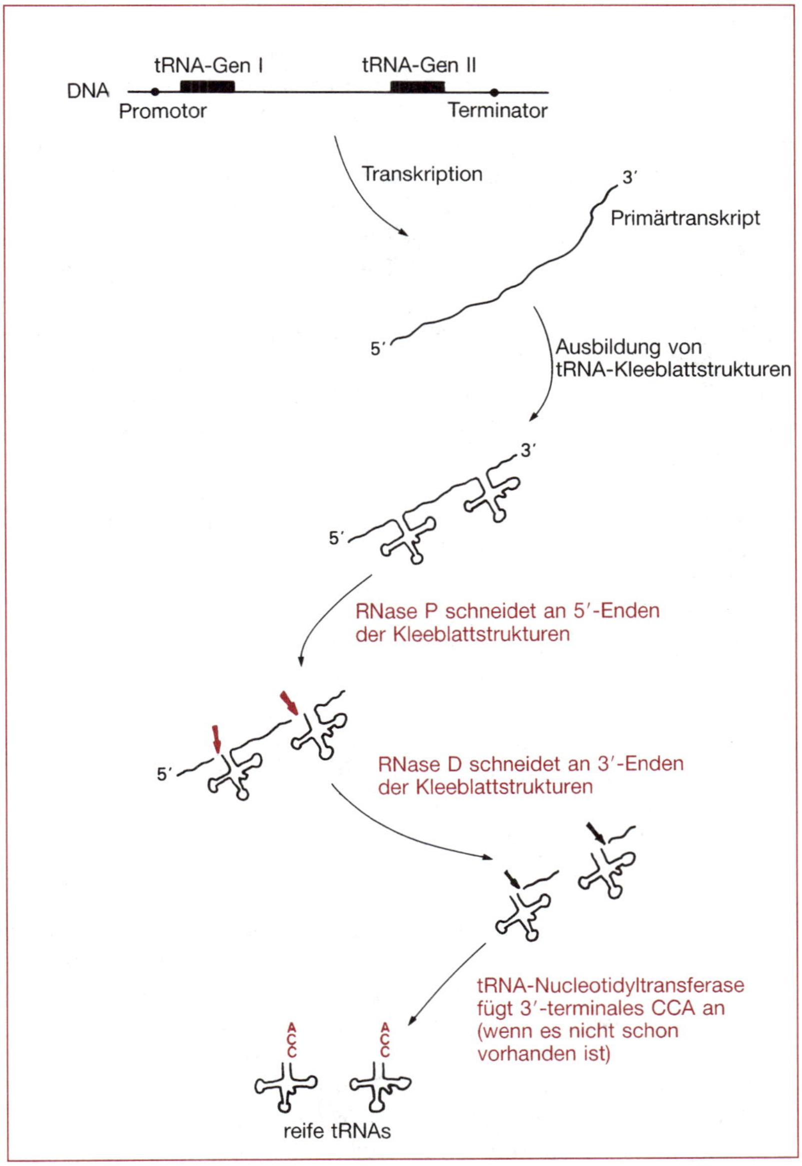

6.10 Transkription und Weiterverarbeitung von tRNA-Molekülen in *E. coli.*

nen Teil der enzymatischen Aktivität, und deshalb ist es ein Beispiel für ein RNA-Enzym oder **„Ribozym“**.

Eukaryotische tRNA-Gene kommen ebenfalls in Gruppen und außerdem in zahlreichen Kopien vor, was den riesigen Bedarf an tRNA-Synthese in der eukaryotischen Zelle widerspiegelt. Die Vorgänge, die an der Bearbeitung der eukaryotischen Prä-tRNA beteiligt sind, hat man bis jetzt noch nicht eingehender charakterisiert, aber dabei dürften Enzyme eine Rolle spielen, die eine ähnliche Aktivität besitzen wie die RNase P und RNase D von *E. coli*.

a) Die drei Nucleotide am 3′-Ende dürften nach der Transkription angefügt werden. Alle tRNAs weisen an ihrem 3′-Ende die Trinucleotidsequenz 5′-CCA-3′ auf. Als man die Gene untersuchte, die die tRNAs bei Eukaryoten codieren, entdeckte man, daß die CCA-Sequenz in den meisten Fällen nicht an der erwarteten Stelle in dem DNA-Molekül vorhanden ist. Statt dessen fügt ein anderes Weiterverarbeitungsenzym, die sogenannte **tRNA-Nucleotidyltransferase**, das 3′-terminale CCA nach der Transkription an (Abb. 6.10,). Bei Prokaryoten ist das am Ende liegende CCA häufiger im tRNA-Gen codiert, und es wird deshalb auf normale Weise transkribiert. Es scheint jedoch, daß RNase D gelegentlich diese Sequenz oder einen Teil davon während der Bearbeitung der Prä-tRNA entfernt, so daß sie von einem prokaryotischen Nucleotidyltransferase-Enzym ersetzt werden muß. Diese CCA-Nucleotide sind von entscheidender Bedeutung, weil an dieser Stelle die Anheftung der Aminosäure an die tRNA während der Proteinsynthese erfolgt.

b) Bestimmte Nucleotide unterliegen chemischer Modifikation. Es wurde bereits darauf hingewiesen, daß in bestimmten Haarnadelstrukturen des tRNA-Kleeblatts ungewöhnliche Nucleotide vorkommen. Im Vergleich zur rRNA macht in der tRNA ein größerer Anteil der Nucleotide eine Veränderung durch, und das Spektrum der Abwandlungen ist größer. Die häufigsten Typen sind die folgenden:

1. *Methylierung* – Anheftung von einer oder mehrerer Methylgruppen ($-CH_3$) an die Base oder den Zuckerbaustein des Nucleosids. Beispielsweise wird Guanosin in 7-Methylguanosin (Abb. 6.11a) und Uridin in Ribothymidin (Abb. 6.11b) umgewandelt.
2. *Basenumlagerungen* – Austausch der Position von Atomen in dem Purin- oder Pyrimidinring. Beispielsweise die Umwandlung von Uridin in Pseudouridin (Abb. 6.11c).
3. *Sättigung von Doppelbindungen* – Umwandlung einer Doppelbindung in der Base in eine Einfachbindung. Beispielsweise die Umformung von Uridin in Dihydrouridin (Abb. 6.11d).
4. *Desaminierung* – Entfernung einer Aminogruppe (NH_2). Beispielsweise Umwandlung von Guanosin in Inosin (Abb. 6.11e).

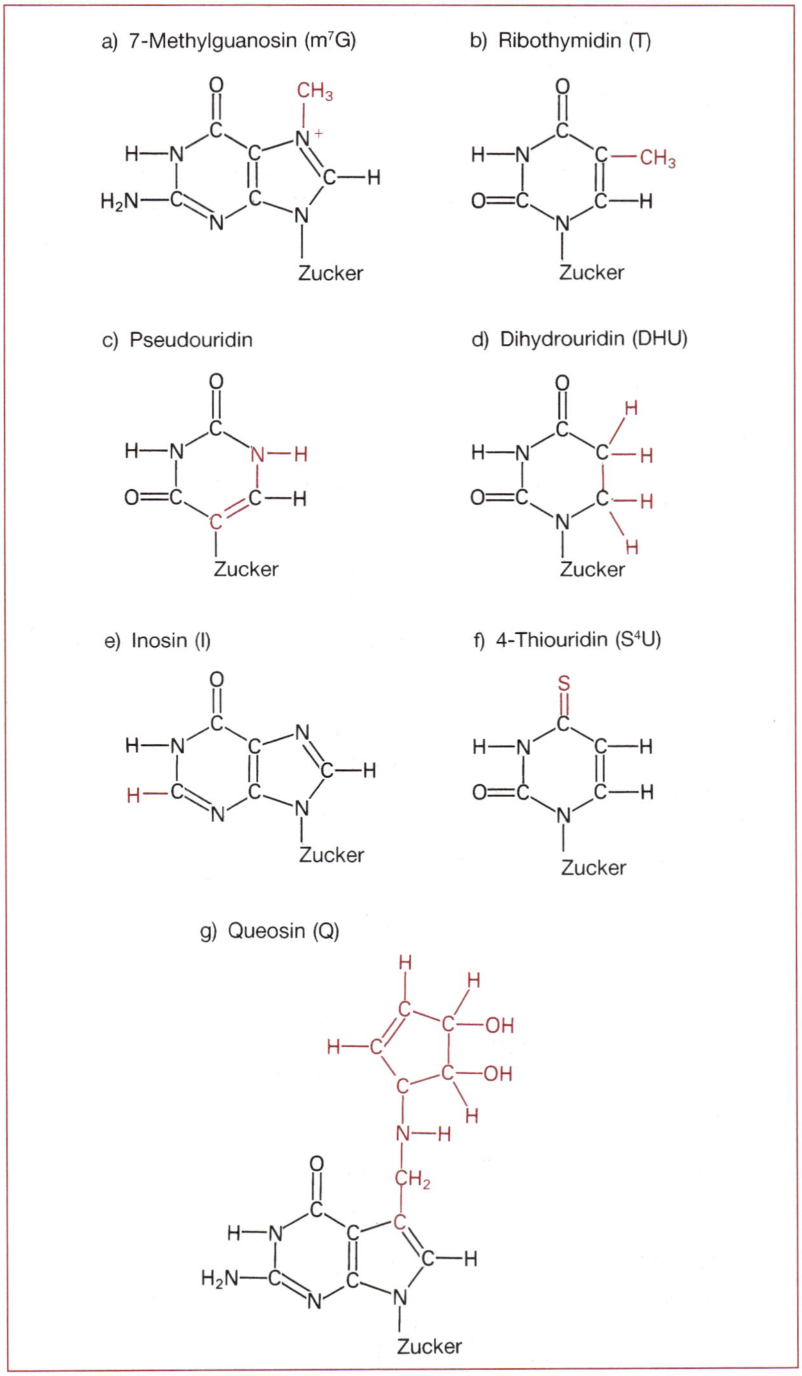

6.11 Einige Beispiele, welche die große Auswahl modifizierter Nucleoside in der tRNA veranschaulichen. Interessant ist der Vergleich der jeweiligen Struktur mit dem Standard-RNA-Nucleosid, von dem sie sich ableitet (Abb. 3.2b und 3.7b).

5. *Schwefelsubstitution* – Das Sauerstoffatom in Guanosin oder Uridin wird durch Schwefel ersetzt. Beispielsweise die Umformung von Uridin in 4-Thiouridin (Abb. 6.11f).
6. *Anheftung komplexerer Gruppen* – Beispielsweise die Umwandlung von Guanosin in Queosin (Abb. 6.11g).

Bisher hat man 50 Arten chemischer Modifikationen an tRNA-Nucleotiden entdeckt, wobei jeweils ein anderes tRNA-modifizierendes Enzym die Reaktion katalysiert. Die Gründe für die Modifikationen sind in den meisten Fällen unbekannt; einigen Abwandlungen konnte man allerdings Funktionen zuschreiben, insbesondere wenn es sich um ein Nucleotid innerhalb des Anticodons handelte. In Kapitel 9 wird genauer davon die Rede sein.

Literatur

Lake, J.A. *Ribosomen: die Proteinfabriken der Zelle.* In: *Spektrum der Wissenschaft* 10 (1981) S. 68–85.
[Besonders brauchbar zum Verständnis der dreidimensionalen Struktur des Ribosoms.]

Hill, W.E.; Dahlberg, A.; Garrett, R.A. et al. *The Ribosome: Structure, Function and Evolution.* Washington (American Society for Microbiology) 1990.
Draper, D.E. *RNA-Protein Interactions in Ribosomes.* In: Nagai, K.; Matthaj, I.W. (Hrsg.). *RNA-Protein Interactions.* Oxford (IRL Press at Oxford University Press) 1994, S. 82–102.
[Einzelheiten über Ribosomenproteine und die Untersuchung ihrer Wechselwirkungen mit der rRNA.]

Zimmermann, R.A. *Ins and Outs of the Ribosome.* In: *Nature* 376 (1995) S. 391–392.
[Neueste Vorstellungen über die Struktur der Ribosomen.]

Maden, T. *Click Here for Methylation.* In: *Nature* 383 (1996), S. 675–676.
Tollervey, D. *Small Nucleolar RNAs Guide Ribosomal RNA Methylation.* In: *Science* 273 (1996), S. 1056–1057.
[Zwei Übersichtsartikel über die Funktion der snoRNA und die chemische Modifikation der rRNA.]

Crick, F.H.C. *On Protein Synthesis.* In: *Symposium of the Society for Experimental Biology* 12 (1958) S. 138–163.
[Beinhaltet den ersten Hinweis auf ein Adaptormolekül bei der Proteinsynthese, das man heute als tRNA kennt.]

Hoagland, M.B.; Stephenson, M.L.; Scott, J.F. et al. *A Soluble Ribonucleic Acid Intermediate in Protein Synthesis.* In: *Journal of Biological Chemistry* 231 (1958) S. 241–257.
[Die Entdeckung der tRNA.]

Holley, R.W.; Apgar, J.; Everett, G.A. et al. *Structure of a Ribonucleic Acid.* In: *Science* 147 (1965) S. 1462–1465.
Holley, R. *The Nucleotide Sequence of a Nucleic Acid.* In: *Scientific American* 214(2) (1966) S. 30–39.
[Ein Forschungs- und ein Übersichtsartikel über die erste tRNA-Sequenzbestimmung.]

Basavappa, R.; Sigler, P.B. *The 3 Å Structure of Yeast Initiator RNA; Functional Implications in initiator/elongator discrimination.* In: *EMBO Journal* 10 (1991) S. 3105–3111.
[Die Aufklärung der dreidimensionalen Struktur einer tRNA.]

Björk, G.R.; Ericson, J.U.; Gustafsson, C. et al. *Transfer RNA Modification.* In: *Annual Review of Biochemistry* 56 (1987) S. 263–287.
[Näheres über modifizierte Nucleotide in der tRNA.]

Aufgaben

1. Definieren Sie die folgenden Begriffe:

ribosomale RNA	Primärtranskript
Transfer-RNA	Prä-rRNA
stabile RNA	Genamplifikation
Umsatzgeschwindigkeit	tRNA-Kleeblatt
Ribosom	Ribozym
Sedimentationskoeffizient	kleine Nucleolus-RNA

2. Beschreiben Sie, welchen Beitrag folgende Personen zu unserem Wissen über RNA-Moleküle leisteten:

   Svedberg Crick Holley

3. Nennen Sie die Unterschiede zwischen dem Aufbau eines typischen prokaryotischen und eukaryotischen Ribosoms.

4. Beschreiben Sie frühere und heutige Methoden zur Strukturaufklärung des Ribosoms.

5. Umreißen Sie den Weg der Weiterverarbeitung pro- und eukaryotischer Rrä-rRNA.

6. Wie decken prokaryotische und eukaryotische Zellen den Bedarf für a) rRNA- und b) tRNA-Synthese?

7. Zeichnen und erläutern Sie die tRNA-Kleeblattstruktur. Inwieweit ist das Kleeblatt eine richtige Darstellung der tatsächlichen tRNA-Struktur?

8. Beschreiben Sie die Rolle der folgenden Enzyme bei der tRNA-Synthese: RNase P, RNAse D, tRNA-Nucleotidyltransferase.

9. * Ribosomale und Transfer-RNA-Moleküle haben in der Zelle eine relativ lange Lebensdauer. Dagegen unterliegen mRNAs ziemlich hohen Umsatzgeschwindigkeiten. Diskutieren Sie die möglichen Gründe und Konsequenzen.

10. * In *Saccharomyces cerevisiae* werden die 5S-rRNA-Gene getrennt von den rRNA-Haupttranskriptionseinheiten transkribiert. Trotzdem entspricht die Anzahl der 5S-rRNA-Gene genau der der Haupttranskriptionseinheiten. Welche mögliche Erklärung könnte es dafür geben?

11. Unten ist die Sequenz der Hefe-Alanin-tRNA dargestellt, die erstmals von Holley und seinen Kollegen bestimmt wurde:

    5′-GCGUGUGGCGUAGUCGGUAGCGCGCUCCCU-
    UIGCIUGGGAGAGGUCUCCGGUUCGAUUCCGGA-
    CUCGUCCACCA-3′

    Fertigen Sie eine vollständig beschriftete Zeichnung einer möglichen Kleeblattstruktur für diese tRNA an.

12. Ein RNA-Molekül hat die Sequenz:

    5′-AUUAGCAUGUAAAUGCUAUCUGGCAAC-3′

    Nach Behandlung mit einer einzelstrangspezifischen RNase bleibt das basengepaarte Molekül 5′-AGCAU-3′ übrig.
    3′-ÜĊĠÜȦ-5′

    Wie sah die basengepaarte Struktur des ursprünglichen Moleküls aus?

13. Ein zweites RNA-Molekül hat die Sequenz:

    5′-CUCCUCAAAUGAUUCAGUGCAUCUAACCCUAUU
    UAAACGCACUAGCUCAUGAGAGGAG-3′

    Nach Behandlung mit dem gleichen Enzym erhält man die folgenden Moleküle:

5′-UAA-3′	5′-AUGA-3′	5′-AGUGC-3′	5′-CUCCUC-3′
3′-ȦÜÜ-5′	3′-ÜȦĊÜ-5′	3′-ÜĊȦĊĠ-5′	3′-ĠȦĠĠȦĠ-5′

    Zeichnen Sie die Struktur des ursprünglichen Moleküls.

7

RNA-Typen: mRNA

Die meisten mRNAs sind instabil • **Modifikation und Weiterverarbeitung • Modifikation der Enden • Intronspleißen –** RNA-Editing

Die Messenger-RNA fungiert als Vermittler zwischen dem Gen und dem Polypeptidtranslationsprodukt. Daß es sie geben muß, postulierten Crick und seine Mitarbeiter neben vielen anderen charakteristischen Merkmalen der Genexpression schon in den fünfziger Jahren. Unter anderem wies damals ein wichtiges Indiz auf die mRNA hin: Wie man wußte, liegen die Gene in eukaryotischen Zellen auf den Chromosomen im Kern, während die Proteinsynthese an den Ribosomen im Cytoplasma stattfindet.

Diese physische Trennung von Genen und Ribosomen bedeutet, daß eine Art von Botenmolekülen die biologische Information vom Kern ins Cytoplasma befördern muß. Bei Bakterien ist die physische Trennung von DNA und Ribosomen weniger ausgeprägt, aber auch hier ist ein Botenmolekül erforderlich.

Elliot Volkin und Lazarus Astrachan vom Oak Ridge National Laboratory lieferten 1956 den ersten Hinweis, daß dieser „Bote" tatsächlich aus RNA besteht. Aber noch überzeugender zeigten dies Sol Spiegelman und Benjamin D. Hall von der Illinois University fünf Jahre später. Wie beide Arbeitsgruppen demonstrieren konnten, ist nach Infektion einer Bakterienkultur mit einem Bakteriophagen die Sequenz der neusynthetisierten RNA mit der Phagen-DNA verwandt; man konnte also vermuten, daß die Phagengene in RNA kopiert werden, bevor es zur Synthese des Phagenproteins kommt. Der unmittelbare Nachweis von mRNA-Molekülen in *E. coli*-Zellen gelang kurz darauf unabhängig voneinander zwei weiteren Forscherteams: einerseits Sydney Brenner, François Jacob und Matthew Meselson, die an verschiedenen

Universitäten arbeiteten, aber das entscheidende Experiment am California Institute of Technology durchführten, und andererseits James Watsons Gruppe an der Harvard University.

7.1 Die meisten mRNA-Moleküle sind instabil

Messenger-RNA-Moleküle haben in der Zelle im allgemeinen keine lange Lebensdauer. Die meisten bakteriellen mRNAs haben eine **Halbwertszeit** von nur wenigen Minuten, sie werden also rasch umgesetzt. In Eukaryoten sind die Halbwertszeiten der mRNA-Moleküle länger (zum Beispiel sechs Stunden für viele Säuger-mRNAs), aber auch hier findet ein Umsatz statt. Der Umsatz von mRNA ist wichtig, denn auf diese Weise läßt sich die absolute Menge einer bestimmten mRNA in der Zelle durch eine entsprechend angepaßte Transkriptionsgeschwindigkeit des jeweiligen Gens steuern. Wenn die Transkriptionsgeschwindigkeit des Gens sinkt, fällt die Menge der mRNA in der Zelle ebenfalls ab, bis sich ein neuer Gleichgewichtszustand einpendelt (Abb. 7.1). Wie wir in Kapitel 10 erfahren werden, erfolgt die Steuerung der Genexpression hauptsächlich durch die Regulation der Transkription, und ein solches System kann nur funktionieren, wenn die mRNA relativ schnell umgesetzt wird.

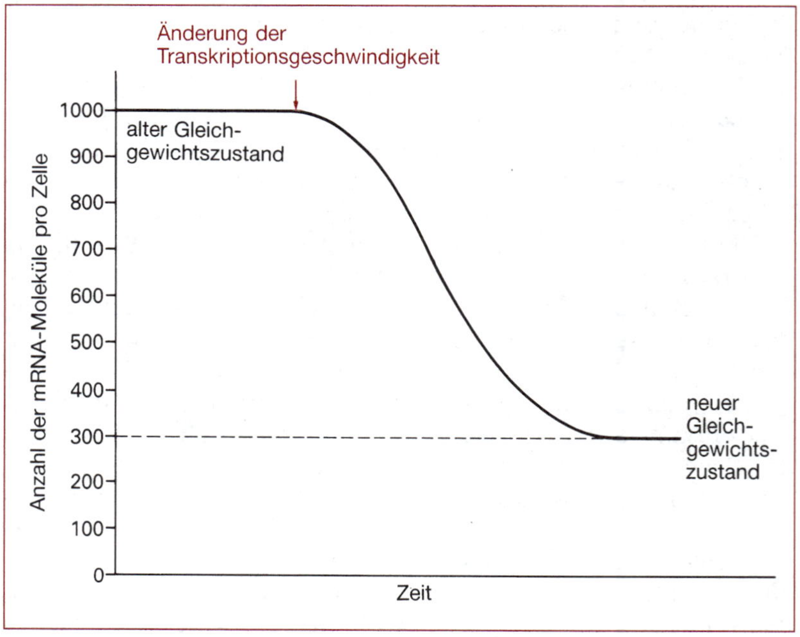

7.1 Die Auswirkung der Transkriptionsgeschwindigkeit auf den mRNA-Gleichgewichtszustand in der Zelle. In diesem Beispiel beträgt die Halbwertszeit der mRNA-Moleküle fünf Minuten. Die anfängliche Transkriptionsgeschwindigkeit liegt bei 100 synthetisierten mRNA-Molekülen pro Minute, was zu einem Gleichgewichtszustand von 1000 Molekülen pro Zelle führt. Dann fällt die Transkriptionsgeschwindigkeit auf 30 synthetisierte mRNA-Moleküle pro Minute ab; das Gleichgewichtsniveau sinkt allmählich, bis ein neuer Wert von 300 Molekülen pro Zelle erreicht ist.

Man kennt wenige Ausnahmen und Beispiele für langlebige mRNAs. Beispielsweise ist die Globin-mRNA in Reticulocyten fast vollständig stabil. In diesen Zellen ist eine Regulation der Globingenexpression nicht wichtig, da die Globinsynthese praktisch immer mit maximaler Geschwindigkeit laufen muß. Auf weitere langlebige mRNAs stieß man, als man verschiedene Typen spezialisierter Zellen untersuchte.

7.2 Modifikation und Weiterverarbeitung von mRNA

Bei Bakterien sind die mRNA-Moleküle, die translatiert werden, unmittelbare Kopien der Gene. In Eukaryoten herrschen andere Verhältnisse: Hier durchlaufen die meisten mRNAs eine ziemlich komplizierte Serie von Modifikations- und Bearbeitungsvorgängen, bevor es zur Translation kommt. Dazu gehören:

1. Chemische Modifikationen an den Enden des mRNA-Moleküls.
2. Entfernung von Introns.
3. In einigen speziellen Fällen Veränderungen in der Nucleotidsequenz der mRNA (**RNA-Editing**).

Wie erwähnt, finden diese Vorgänge nur in Eukaryoten statt.

Erste Hinweise, daß eukaryotische mRNAs modifiziert und weiterverarbeitet werden, ergaben sich aus Vergleichen der RNA-Fraktionen im Zellkern und im Cytoplasma. Der Kern läßt sich in zwei Bereiche einteilen: den **Nucleolus**, in dem die Transkription der rRNA-Gene erfolgt, und in das **Nucleoplasma**, wo die anderen Gene einschließlich derer für die mRNA transkribiert werden. Die nucleoplasmatische RNA-Fraktion nennt man **heterogene Kern-RNA** oder **hnRNA**, wobei der Name darauf hinweist, daß sie aus einer komplexen Mischung von RNA-Molekülen besteht, von denen manche über 20 kb lang sind. Die mRNA im Cytoplasma ist ebenfalls heterogen, aber ihre durchschnittliche Länge liegt bei nur 2 kb. Falls die mRNA im Cytoplasma von der hnRNA abstammt, müssen Modifikations- und Bearbeitungsvorgänge inklusive einer Kürzung der Primärtranskripte stattfinden, bevor die mRNA den Kern verläßt.

Die hnRNA-Fraktion umfaßt mRNAs in verschiedenen Stadien der Modifikation und Weiterverarbeitung, und deshalb kann man nur unter großen Schwierigkeiten die genaue Reihenfolge der Vorgänge untersuchen, die an einem einzelnen Molekül ablaufen. Manchen Hinweisen zufolge ist die Modifikation der En-

Modifikation und Weiterverarbeitung der RNA in der Zelle

Die Unterschiede zwischen prokaryotischer und eukaryotischer mRNA bei Modifikation und Weiterverarbeitung spiegeln möglicherweise die größere strukturelle Komplexität der eukaryotischen Zelle wieder. In Prokaryoten gibt es nur ein Zellkompartiment, und Transkription und Translation laufen zusammen ab; die beiden Prozesse können sogar so gekoppelt sein, daß die Translation einer mRNA beginnt, bevor die Transkription des Moleküls vollendet ist:

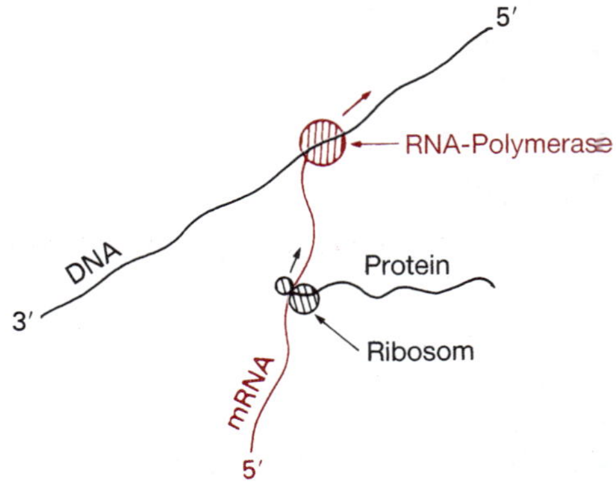

In Eukaryoten ist der Transport der transkribierten mRNA in das Cytoplasma erforderlich, bevor die Translation stattfinden kann:

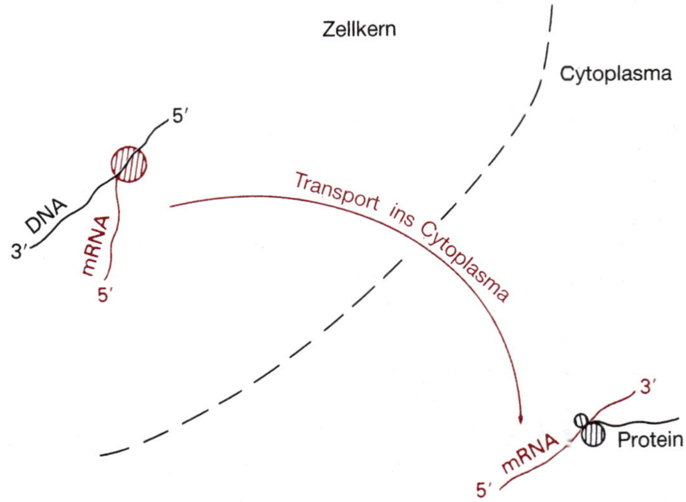

Modifikations- und Weiterverarbeitungsvorgänge finden im Kern statt und sind fast immer abgeschlossen, bevor die RNA ins Cytoplasma transportiert wird. Man hat untersucht, ob die Modifikations- beziehungsweise Weiterverarbeitungsvorgänge mit der anschließenden Fähigkeit der mRNA zu tun haben, an ihre korrekte Stelle im Cytoplasma zu wandern, aber bisher konnte man keinen eindeutigen Zusammenhang nachweisen.

den abgeschlossen, bevor alle Introns entfernt sind, aber das gilt möglicherweise nicht für alle mRNAs. Wir werden uns zunächst mit der Modifikation der Enden beschäftigen und uns dann der komplizierteren Frage zuwenden, wie die Introns entfernt werden. Zum Abschluß wird von den bemerkenswerten jüngsten Entdeckungen im Zusammenhang mit dem RNA-Editing die Rede sein.

7.3 Chemische Modifikationen an den Enden eukaryotischer mRNAs

Die Enden einer eukaryotischen mRNA werden unterschiedlich modifiziert. Die 5′-Enden erhalten eine als „Cap" bezeichnete Struktur, und die 3′-Enden werden polyadenyliert.

7.3.1 Alle eukaryotischen mRNAs erhalten eine Cap-Struktur

Ein durch Transkription synthetisiertes RNA-Molekül, das keine weitere Modifikation durchmacht, besitzt an seinem 5′-Ende die chemische Struktur pppNpN..., wobei N den Zucker-Basen-Baustein des Nucleotids und p eine Phosphatgruppe darstellt. Man beachte, daß der 5′-Terminus aus einem Triphosphat besteht (siehe Abb. 3.5). Bei der fertiggestellten eukaryotischen mRNA ist dies nicht der Fall, denn hier hat der 5′-Terminus eine komplexere chemische Struktur, die man als m^7GpppNpN... beschreibt (Abb. 7.2). Dabei ist m^7G das Nucleotid, das die modifizierte Base 7-Methylguanin trägt. Das m^7G-Nucleotid wird nach der Transkription in einem Zweistufenprozess an das mRNA-Molekül angehängt, wobei es zur Methylierung erst kommt, nachdem ein normales G angefügt wurde. Wie man in Abbildung 7.2 erkennt, handelt es sich bei den Phosphatgruppen zwischen dem m^7G und dem ersten Nucleotid des Transkripts um eine ungewöhnliche Struktur: Statt der normalen, in einem Polynucleotid vorhandenen 5′-3′-Bindung liegt die Bindung in der **Cap-Struktur** zwischen den beiden 5′-Kohlenstoffatomen der benachbarten Nucleotide.

Neben dieser grundsätzlichen Modifikation, dem Anheften der Cap-Struktur, finden am 5′-Ende mancher eukaryotischen mRNAs weitere Abwandlungen statt, etwa durch Anfügen zusätzlicher Methylgruppen an die nächsten ein oder zwei Nucleotide des Moleküls. Bisher konnte man der Cap-Struktur keine eindeutige Funktion zuordnen, aber man nimmt an, daß sie bei der Translation der mRNA eine Rolle spielt (Abschnitt 9.3).

7.2 Bildung der Cap-Struktur bei eukaryotischer mRNA. a) Die Cap-Struktur besteht aus einem modifizierten G, das mit dem 5′-Ende des mRNA-Moleküls durch eine ungewöhnliche 5′-5′-Bindung verbunden ist (* = Positionen von möglichen zusätzlichen Methylierungen). b) Die einzelnen Schritte zur Bildung der Cap-Struktur.

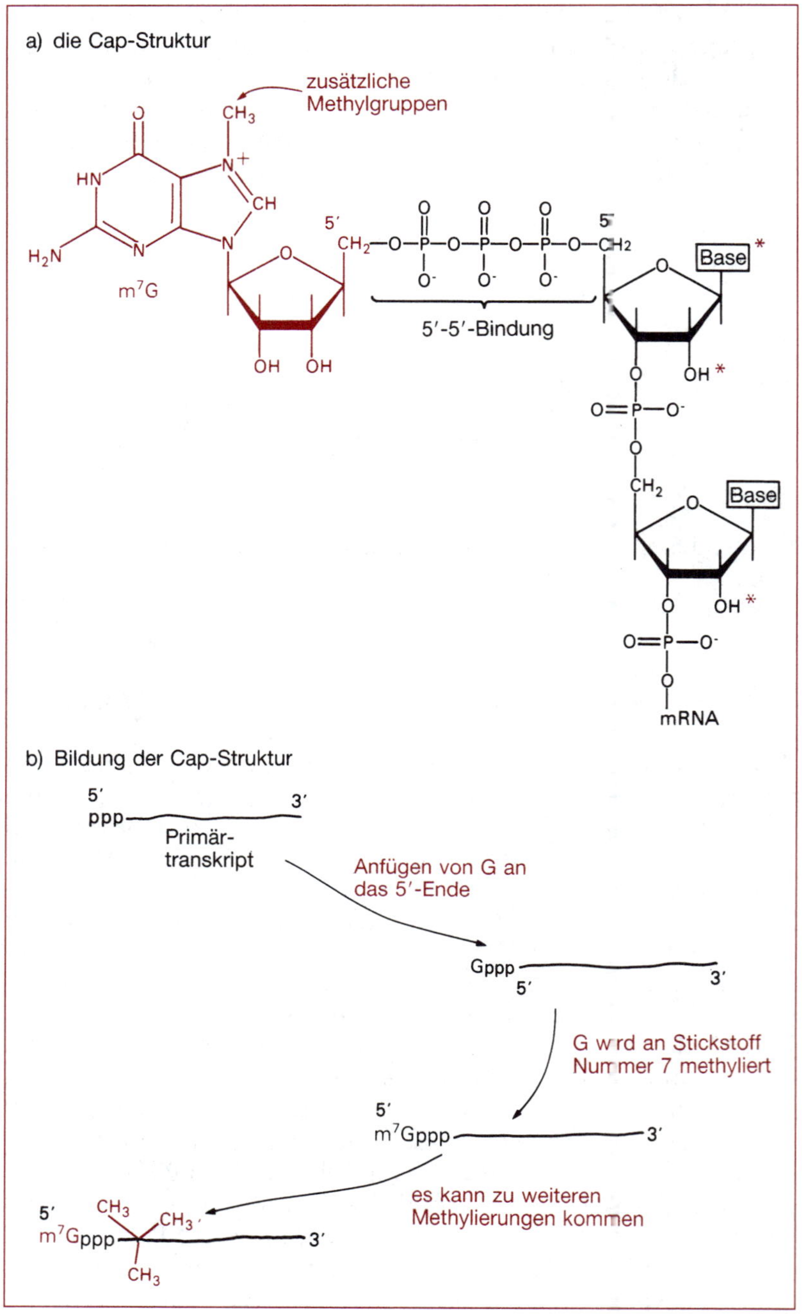

7.3.2 Die meisten eukaryotischen mRNAs sind polyadenyliert

Eine zweite Modifikation der meisten eukaryotischen mRNAs besteht aus dem Anfügen einer langen Reihe von bis zu 250 A-Nucleotiden an das 3′-Ende des Moleküls, wobei ein Poly(A)-Schwanz entsteht: $\ldots pNpNpA(pA)_n pA$

Reinigung von mRNA

Die an den meisten eukaryotischen mRNAs vorhandenen Poly(A)-Schwänze sind ein gutes Hilfsmittel zur Reinigung dieser Moleküle. Die dabei verwendete Methode, die Affinitätschromatographie, stellt eine besondere Art von Chromatographie (Kasten Seite 37) dar, bei der eine feste Matrix die reaktiven Gruppen trägt, an welche die zu reinigenden Moleküle selektiv binden. Zur Reinigung von mRNA besitzt die feste Matrix Poly(U)- oder Poly(dT)-Polynucleotide. Wenn man eine Probe der gesamten Zell-RNA (mRNA, rRNA und tRNA) aufbringt, bindet die mRNA über ihre Poly(A)-Schwänze an die Matrix. RNA-Moleküle, die nicht polyadenyliert sind, gehen mit der Matrix keine Basenpaarung ein und lassen sich so entfernen. Anschließend kann man die mRNA in reiner Form eluieren, und zwar durch Waschen mit einer Lösung, die eine hohe Salzkonzentration (üblicherweise 1,5 M NaCl) enthält und die Basenpaarung destabilisiert.

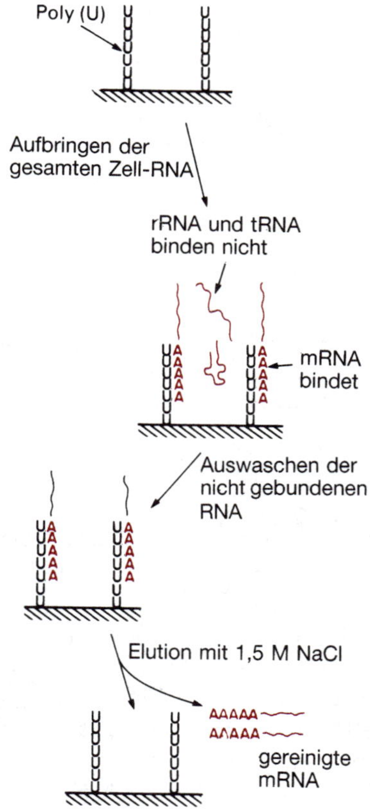

Die **Polyadenylierung** erfolgt nicht am äußersten 3′-Ende des Primärtranskripts. Vielmehr werden die letzten paar Nucleotide durch einen Spaltungsvorgang entfernt, der sich in dem Abschnitt zwischen dem Polyadenylierungssignal (Consensussequenz 5′-AAUAAA-3′) und einer 30 bis 40 Nucleotide weiter stromabwärts gelegenen, GU-reichen Sequenz ereignet (Abb. 7.3). Diese beiden Sequenzen dienen als Bindungsstellen für eine Gruppe von Proteinen, welche die RNA schneiden und vorübergehend ein 3′-Ende erzeugen; an dieses Ende fügt das Enzym **Poly(A)-Polymerase** anschließend den Poly(A)-Schwanz an.

Den Grund für die Polyadenylierung kennt man nicht, aber mehrere Hypothesen ranken sich um die Vorstellung, daß die Länge des Poly(A)-Schwanzes festlegt, wie lange die mRNA im Cytoplasma erhalten bleibt, bevor sie abgebaut wird. Alle Theorien müssen jedoch der Tatsache Rechnung tragen, daß manche eukaryotischen mRNAs, insbesondere die histoncodierenden (Abschnitt 15.2.1), nicht polyadenyliert sind.

7.3 Polyadenylierung eukaryotischer mRNA.

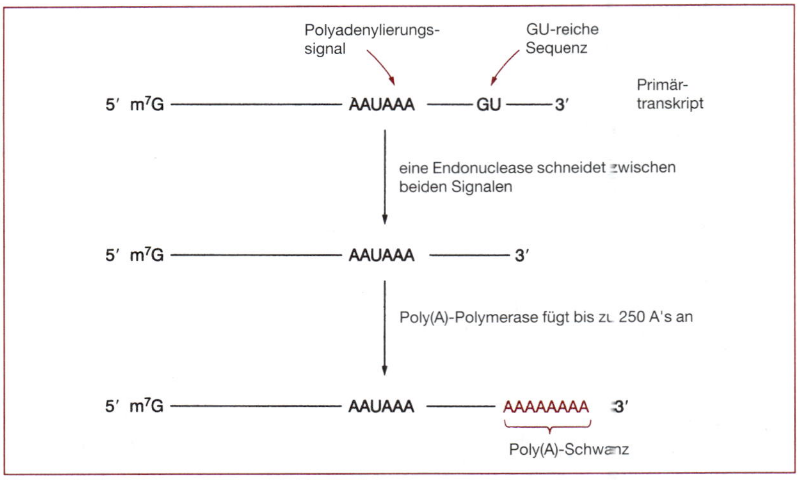

7.4 Das Spleißen von Introns

Bei der Transkription wird der Matrizenstrang des Gens originalgetreu kopiert. Wenn das Gen Introns besitzt, sind die Kopien dieser Abschnitte auch im Primärtranskript enthalten. Bevor es jedoch zur Translation kommen kann, müssen die Introns entfernt und die Exonbereiche des Transkripts miteinander verbunden werden. Diesen Vorgang nennt man **Spleißen**, er ist sehr kompliziert und keineswegs vollständig aufgeklärt.

Beim Erforschen der Introns stellt sich unter anderem die Schwierigkeit, daß es mindestens fünf verschiedene Typen von Introns gibt, die jeweils eigene Besonderheiten und einen unterschiedlichen Spleißmechanismus haben. Allmählich kristallisieren sich Ähnlichkeiten zwischen den fünf Intronklassen heraus, aber es gibt immer noch bedeutende Abweichungen. Wir werden unsere Aufmerksamkeit hauptsächlich der „GT-AT"-Intronklasse widmen, da praktisch alle Introns in den Genen des Zellkerns, die zu mRNA transkribiert werden, in diese Kategorie gehören.

7.4.1 Spleißen von GT-AG-Introns

Die Bezeichnung „GT-AG" bezieht sich auf die Tatsache, daß praktisch alle Mitglieder dieser Klasse am 5′- und 3′-Ende die gleichen Dinucleotidsequenzen besitzen. Für die ersten zwei Nucleotide des Introns lautet die Sequenz GT (GT ist natürlich die Sequenz in der DNA; im Transkript lautet sie GU) und für die letzten zwei Nucleotide AG (Abb. 7.4). Genaugenommen sind diese Intronenden, die der **GT-AG-Regel** gehorchen, nur Teile der etwas längeren Consensussequenzen, die man an den 5′- und

Die Suche nach Introns in einem Gen

Introns lassen sich leicht identifizieren, wenn man die Nucleotidsequenz eines Gens mit der Nucleotidsequenz seiner mRNA oder der Aminosäuresequenz des Proteins, welches es verschlüsselt, vergleicht. Man kann Introns aber auch durch eine andere Methode nachweisen; dabei bedient man sich der Fähigkeit des Gens, mit seinem RNA-Transkript eine Basenpaarung einzugehen (zu „hybridisieren"). Falls das Gen keine Introns besitzt, stellt die mRNA eine direkte Kopie der DNA dar, und es bildet sich eine ununterbrochene Heteroduplex:

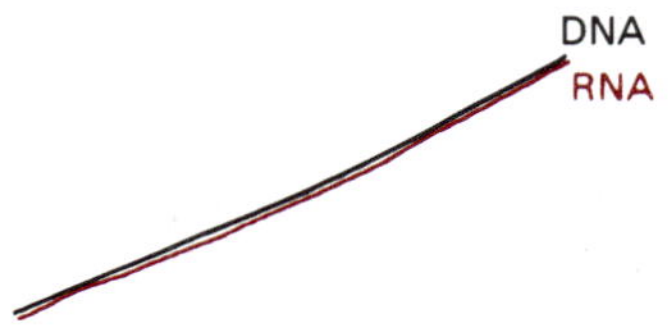

Wenn das Gen dagegen ein oder mehrere Introns enthält, dann sind diese Bereiche der DNA nicht in der Lage, mit der gespleißten RNA zu hybridisieren, da in letzterer die Introns entfernt wurden. Infolgedessen bildet sich innerhalb der Heteroduplex eine Reihe von Schleifen:

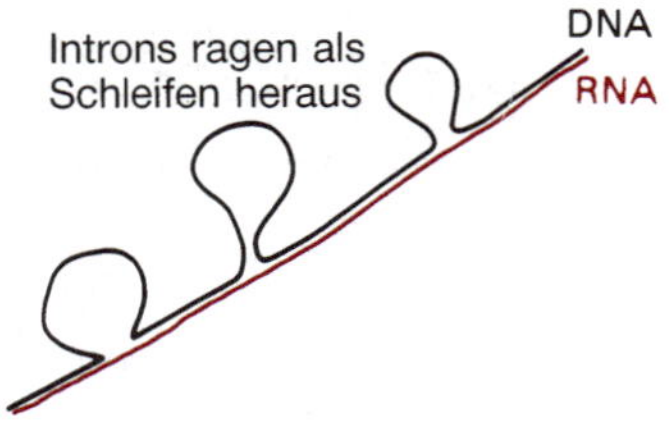

Um festzustellen, ob die Heteroduplex Schleifen enthält, kann man zwei Methoden einsetzen. Man kann Polynucleotide im Elektronenmikroskop sichtbar machen, wenn man die Moleküle mit Proteinen behandelt hat, die an die Nucleinsäuren binden und ihren wirksamen Durchmesser erhöhen. Andererseits kann man auch eine einzelstrangspezifische Desoxyribonuclease (beispielsweise S1-Nuclease, Abschnitt 21.3.1) zum Abbau der Schleifen in der Heteroduplex verwenden. Die übrigbleibenden DNA-Abschnitte untersucht man elektrophoretisch: Anzahl und Größe der Fragmente geben über die Zahl und relative Lage der Introns Auskunft.

3′-Spleißpunkten von GT-AG-Introns findet. Bei Wirbeltieren lauten die Consensussequenzen wie folgt:

5′-Spleißstelle: 5′-AGGTAA$^{\downarrow}$GT-3′
3′-Spleißstelle: 5′PyPyPyPyPyPyNCAG$^{\downarrow}$-3′

Damit sind diese Consensussequenzen etwas komplizierter als diejenigen, mit denen wir bisher in Berührung geraten sind. „Py" bezeichnet eine Position, an der beide Pyrimidinnucleotide (C oder U) vorkommen können, und „N" stellt ein beliebiges Nucleotid dar. Die Consensussequenz für die 3′-Spleißstelle umfaßt also sechs aufeinanderfolgende Pyrimidine, gefolgt von einem beliebigen Nucleotid, einem C und zum Abschluß dem AG. Dabei gilt zu bedenken, daß dies Consensussequenzen sind, von denen die tatsächlichen Sequenzen, die man bei individuellen Introns findet, leicht abweichen können. Allerdings sind die GT- und AG-Bestandteile fast immer vorhanden.

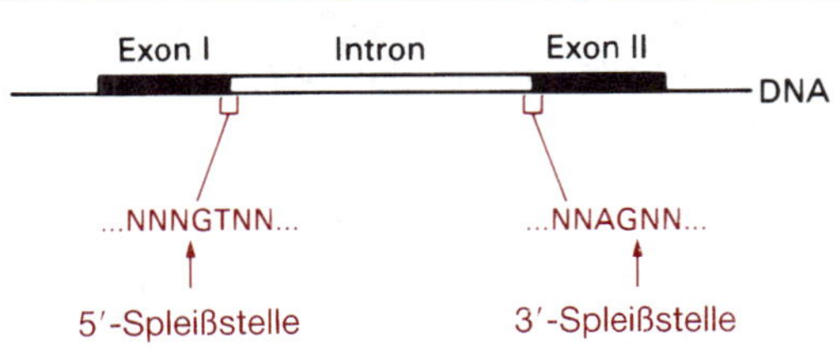

7.4 Die GT-AG-Regel.

Ursprünglich glaubte man, die Sequenzen an den Spleißpunkten seien die einzigen homologen Bereiche in der Nucleotidsequenz der GT-AG-Introns. Bei der Hefe *Saccharomyces cerevisiae* gibt es jedoch eine zusätzliche konservierte Sequenz:

Die **TACTAAC-Box** 5′-TACTAAC-3′

Diese Sequenz ist in allen Hefeintrons, die man bis jetzt sequenziert hat, genau gleich. Sie liegt innerhalb des Introns, und zwar zwischen 18 und 140 bp stromaufwärts von der 3′-Spleißstelle. Andere niedere Eukaryoten (beispielsweise Pilze) haben Sequenzen, die der TACTAAC-Box ähneln, aber in den Introns der Wirbeltiere findet man das Motiv nicht.

a) snRNAs sind am Spleißen der GT-AG-Introns beteiligt. Wie man seit einiger Zeit weiß, sind am Spleißen der Introns RNA-Moleküle eines besonderen Typs beteiligt. Diese Moleküle nennt man „kleine RNAs im Zellkern" (*small nuclear RNAs*, **snRNAs**), nicht zu verwechseln mit den recht ähnlichen snoRNAs, die bei der Weiterverarbeitung der rRNA mitwirken (Abschnitt 6.1.2). Im Zellkern der Wirbeltiere kommen eine ganze Reihe von snRNAs vor; die häufigsten bezeichnet man als U1, U2, U3, U4, U5 und U6 (das U steht für „uracilreich"). Diese RNAs sind ziemlich kurz und variieren in ihrer Größe zwischen 106 Nucleotiden (U6) und 217 Nucleotiden (U3). Die Sequenz jedes Typs der U-RNA ist bei allen höheren Eukaryoten ziemlich ähnlich, und bei niederen Eukaryoten wie etwa Hefe findet man ebenfalls entsprechende Moleküle. Die U-RNAs stellen in der Tat eine weitere Klasse stabiler RNA dar und sind für Eukaryoten ebenso wichtig wie rRNA und tRNA. In der Zelle findet man snRNAs in Partikeln, den sogenannten „kleinen Ribonucleoproteinen im Zellkern" (*small nuclear ribonucleoproteins*, **snRNPs**), von denen jedes eine U-RNA und mehrere Proteine enthält (lediglich U4 und U6 kommen im gleichen snRNP vor). SnRNPs lassen sich aus Kernextrakten als Partikel mit Sedimentationskoeffizienten zwischen 10S und 12S reinigen.

b) Der Ablauf des Spleißens bei GT-AG-Introns. Unsere Kenntnisse über den Spleißvorgang bei GT-AG-Introns haben sich in den letzten Jahren beträchtlich erweitert, vor allem weil experimentelle Verfahren zur Reinigung ungespleißter Transkripte entwickelt wurden, so daß man diese Moleküle nun unter kontrollierten Bedingungen im Reagenzglas einer Spleißreaktion unterwerfen kann. In groben Zügen umfaßt die Spleißreaktion drei Schritte (Abb. 7.5):

1. An der 5′-Spleißstelle kommt es zur Spaltung.
2. Das entstehende freie 5′-Ende geht mit einer innerhalb des Introns liegenden Stelle eine Bindung ein und bildet das Lariat, eine „Lassostruktur". Bei Hefe stellt das letzte A in der TAC-

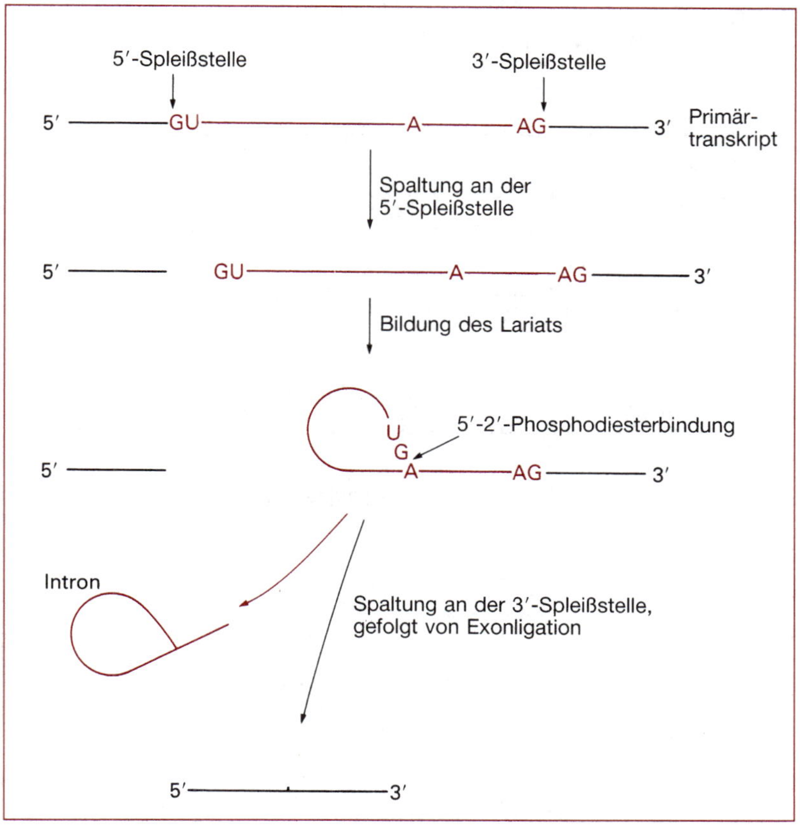

7.5 Der Ablauf des Spleißens bei GT-AG-Introns.

TAAC-Box diese Verzweigungsstelle dar. Bei Wirbeltieren ist die Verbindungsstelle ebenfalls ein A, aber da Wirbeltierintrons keine TACTAAC-Boxen besitzen, bleibt unklar, wie es zur Auswahl dieses As kommt.

3. Die 3′-Spleißstelle wird aufgeschnitten, und die beiden Exons werden verbunden.

Auf welche Weise sind die snRNPs an dem ganzen Prozeß beteiligt? Um diese Frage zu beantworten, hat man großen Forschungsaufwand betrieben, aber mehrere Teile des Rätsels sind noch nicht gelöst. Man weiß seit einiger Zeit, daß die U1-snRNA in der Lage ist, mit der Consensussequenz an der 5′-Spleißstelle eine Basenpaarung einzugehen. Die Bindung des U1-snRNP an diesen Bereich des Introns ist vermutlich einer der ersten Schritte der Spleißreaktion (Abb. 7.6a). Wie man außerdem weiß, bindet das U2-snRNP an die Verzweigungsstelle, und auch hier könnte Basenpaarung eine Rolle spielen, aber das ist weniger sicher. Statt mit der U2-RNA selbst könnte die Wechselwirkung zwischen der Verzweigungsstelle und einem Protein in dem U2-snRNP bestehen.

Was geschieht als nächstes? Manchen Vermutungen zufolge haben die U1- und U2-snRNPs eine Affinität füreinander, so daß

Andere snRNAs

Nicht alle snRNAs sind am Spleißen von Introns beteiligt. Die U3-snRNA spielt bei der Weiterverarbeitung von Prä-RNA eine ungeklärte Rolle (Abschnitt 6.1.2), U11 hat eine Hilfsfunktion bei der mRNA-Polyadenylierung (Abschnitt 7.3.2), und U7 ist an der Weiterverarbeitung der 3′-Enden von Histon-mRNAs beteiligt (dies sind ungewöhnliche Prä-mRNAs, die nicht polyadenyliert sind). Den anderen snRNAs (z. B. U8, U9 und U10) konnte man bisher noch keine Funktion zuordnen.

7.6 Die Beteiligung von snRNPs beim Spleißen von GT-AG-Introns.

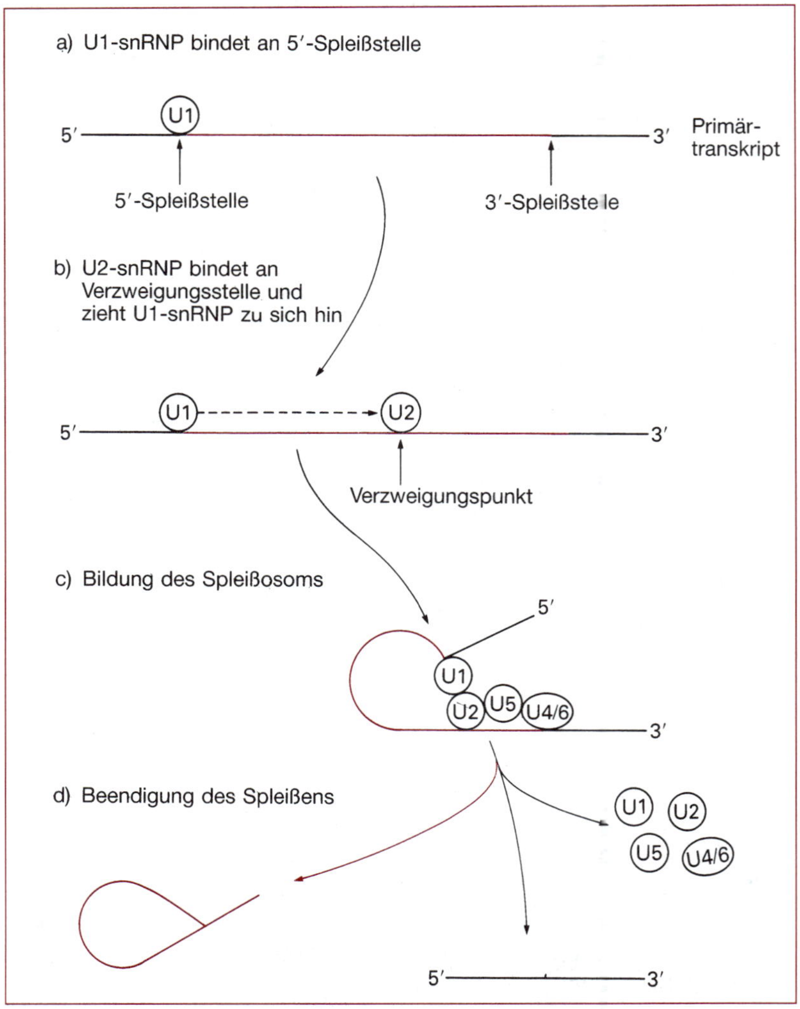

die 5′-Spleißstelle an den Verzweigungspunkt gezogen wird (Abb. 7.6b). Die anderen am Spleißen beteiligten snRNPs (U5-snRNP und U4/U6-snRNP) binden sich zu diesem Zeitpunkt ebenfalls an das Intron, so daß ein großer Komplex mit einem Sedimentationskoeffizienten von 35S entsteht, den man als **Spleißosom** bezeichnet (Abb. 7.6c). Die Reaktionen des Schneidens und Wiederverbindens, die das Intron heraustrennen und die Exons verknüpfen, finden innerhalb des Spleißosoms statt. Nach Beendigung der Reaktion dissoziiert das Spleißosom in seine snRNP-Bestandteile, und die gespleißte RNA wird freigesetzt (Abb. 7.6d).

Der Ablauf des Spleißens von GT-AG-Introns wirft immer noch eine Reihe von Fragen auf. Das Spleißosom enthält weitere Proteine, die nicht Bestandteile der snRNPs sind und deren Funktionen man in den meisten Fällen nicht kennt. Ein oder mehrere Enzyme müssen die Reaktionen des Schneidens und

Wiederverbindens katalysieren, aber eine derartige Enzymaktivität konnte man bei keinem der Proteine in dem Spleißosom nachweisen. Damit ergab sich die Möglichkeit, daß die Intron-RNA selbst Enzymaktivität besitzt und so ein weiteres Beispiel für ein Ribozym darstellt. Bei GT-AG-Introns ist das noch Spekulation, aber es ist von Bedeutung, weil Introns eines anderen Typs erwiesenermaßen Ribozymaktivität besitzen. Gemeint ist das berühmte selbstspleißende Intron von *Tetrahymena*, dem wir nun unsere Aufmerksamkeit zuwenden.

7.4.2 Das selbstspleißende Intron

Man findet Introns nicht nur in Genen, die zu mRNA transkribiert werden. Insbesondere die rRNA-Gene bestimmter Protozoen, besonders die des Ciliaten *Tetrahymena*, enthalten ebenfalls Introns. Diese Introns gehören nicht zur GT-AG-Klasse, denn ihnen fehlen die charakteristischen Consensussequenzen und sie sind nicht mit Spleißosomen assoziiert. Statt dessen faltet sich das Intron durch intramolekulare Basenpaarung zu einer komplizierten dreidimensionalen Struktur, in der die zwei Spleißstellen in enge Nachbarschaft gebracht werden (Abb. 7.7). Dieses basengepaarte Intron ist ein Ribozym, das seine eigene Spleißreaktion katalysiert: Völlig ohne Proteinmoleküle wird das Intron herausgeschnitten, und die beiden Exons werden verbunden.

Thomas Cech

* 8. Dezember 1947, Chicago

»Wissenschaftler erhalten oft seltsame und unerwartete experimentelle Ergebnisse und sind dann normalerweise sehr aufgeregt darüber. Die Kunst liegt darin, zu entscheiden, ob solche Ergebnisse bedeutungsvoll sind, so daß es sich lohnt, sie weiterzuverfolgen, oder ob man durch irgendeinen Fehler in der experimentellen Methode in die Irre geleitet wird.«

Thomas Cech machte seinen Doktor an der University of California in Berkeley und ging dann 1975 ans Massachusetts Institute of Technology. Im Jahr 1978 wurde er Mitglied der Fakultät der University of Colorado in Boulder und begann die Forschung, die zur Entdeckung der selbstspleißenden RNA führte. Die erste Vermutung, daß das *Tetrahymena*-Intron für sein eigenes Spleißen verantwortlich sein könnte, veröffentlichte er 1981, und im nächsten Jahr folgte der Beweis, daß die Intron-RNA sich selbst aus den benachbarten Exons herausschneidet, und zwar völlig ohne Proteine. Cech und seine Gruppe stellten 1986 die Intron-RNA gentechnisch als RNA-Enzym her, das in der Lage war, andere RNA-Moleküle zu schneiden, ohne sich selbst bei dem Vorgang zu verändern. Außer der Bedeutung dieser Entdeckungen für die Kenntnis über Introns und ihren Spleißvorgang läßt Cechs Arbeit auch Rückschlüsse auf die Ursprünge des Lebens zu: Ribozyme könnten sowohl als Matrizen als auch als Katalysatoren gedient haben und stellten demnach vielleicht ein erstes selbstreplizierendes biochemisches System dar. Cech teilte sich 1989 den Nobelpreis für Chemie mit Sydney Altman von der Yale University.

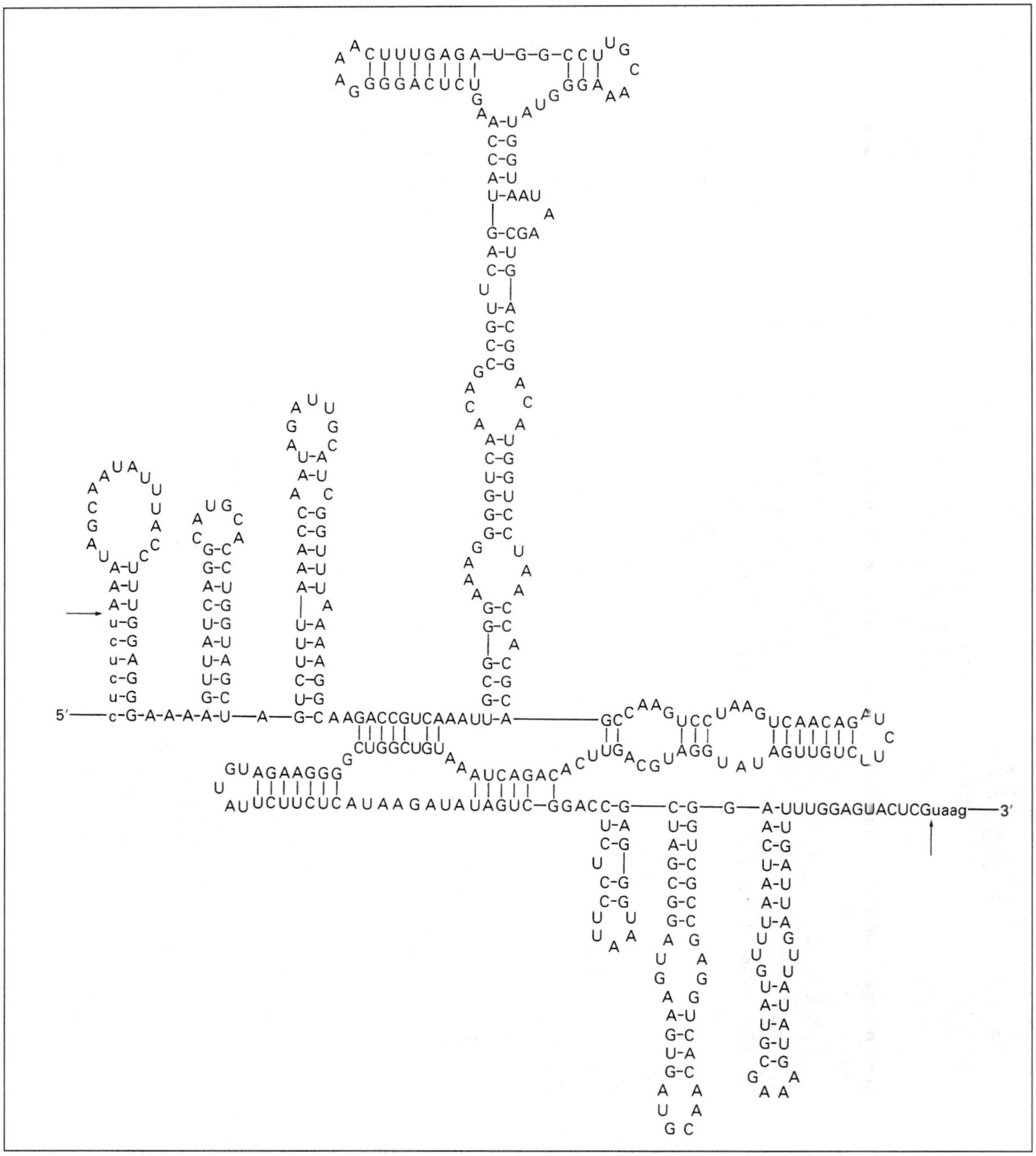

7.7 Zweidimensionale Darstellung der basengepaarten Struktur, die das selbstspleißende Intron von *Tetrahymena* ausbildet. In dieser Zeichnung sind die Nucleotide im Intron mit Großbuchstaben dargestellt, für die Exons wurden Kleinbuchstaben verwendet. Die Pfeile deuten auf die beiden Spleißstellen. Die wirkliche dreidimensionale Struktur ist viel komplizierter: Das Intron ist dichter gefaltet, so daß die Spleißstellen in enge Nachbarschaft gebracht werden. (Nach Burke, J. M. et al. *Nucleic Acids Research* 15 (1987) S. 7217–7221.)

Das selbstspleißende Intron von *Tetrahymena* wurde 1981 von Thomas Cech von der University of Colorado entdeckt. Es war das erste Ribozym, das man aufspürte, und deshalb erregte es beträchtliches Aufsehen: Viele Biochemiker mochten einfach nicht glauben, daß RNA eine Enzymaktivität besitzen könnte – diese Eigenschaft, so dachte man, sei ausschließlich den Proteinen vorbehalten. Um Zweifler zu überzeugen, entwarfen Thomas Cech und seine Mitarbeiter eine elegante Serie von Experimenten, mit denen sie bewiesen, daß die Spleißreaktion ohne jegliche Proteine abläuft und daß das Intron in der Lage ist, als Enzym zu wirken, und zwar entsprechend den strengsten biochemischen Definitionen dieses Begriffes. Cech analysierte die basengepaarte Struktur des Introns und fand heraus, wie die katalytische Reaktion abläuft.

Das selbstspleißende Intron gehört zur „Gruppe I" der Introns. Gruppe-I-Introns findet man auch in den rRNA-Genen anderer Protozoen und in Mitochondriengenen von Pilzen und Hefe (Abschnitt 15.4.2). Ihr charakteristisches Kennzeichen ist die Fähigkeit, die gleiche basengepaarte Struktur wie das *Tetrahymena*-In-

Ribozyme

Wir haben bisher in diesem Buch drei anerkannte oder mutmaßliche Ribozyme kennengelernt. Das erste Ribozym, das man entdeckte, war das selbstspleißende Intron von *Tetrahymena*, und bald darauf folgte die RNase P (Abschnitt 6.2.6). Ob die RNA-Bestandteile der Ribosomen irgendeine enzymatische Aktivität aufweisen (Abschnitt 6.1.1), ist immer noch ungeklärt.

Abgesehen von diesen Beispielen, verfügen auch mehrere ungewöhnliche Viren über Ribozyme. Diese bezeichnet man als Satellitenviren oder Viroide, und sie stellen wahrscheinlich die extremste Form von „Leben" auf unserem Planeten dar. Sie bestehen lediglich aus einem RNA-Molekül von etwa 350 Nucleotiden ohne jegliche erkennbaren Gene, aber sie können sich innerhalb von Pflanzenzellen, die sie infizieren, replizieren. Auf der letzten Stufe der Replikation werden die zwei Tochter-RNAs, die „Kopf an Schwanz" verbunden sind, durch eine selbstkatalysierte Spaltung getrennt:

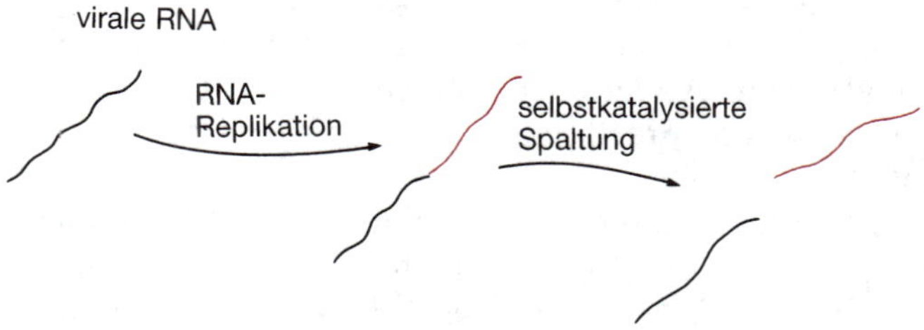

Die Entdeckung der Ribozyme unterstreicht einen wichtigen allgemein gültigen Punkt in der Biologie. Im Jahre 1980 galt die Vorstellung, daß RNA als Enzym fungieren könnte, als völlig abwegig. Mittlerweile akzeptieren wir diese Tatsache als eine wichtige Facette in unserem Verständnis für biologische Vorgänge. In der Biologie muß man jederzeit bereit sein, vorgefaßte Meinungen aufzugeben und vollkommen neue Ideen anzunehmen. Man sollte sich nicht dem Glauben hingeben, daß wir das meiste, was es zu wissen gibt, bereits kennen.

tron einzunehmen, aber bisher konnte man nur beim *Tetrahymena*-Intron in Abwesenheit von Proteinen einen wirkungsvollen Spleißvorgang nachweisen. Das bedeutet nicht, daß andere Gruppe-I-Introns keine Ribozyme sind. Möglicherweise wird die Spleißreaktion durch das Intron selbst katalysiert; die bekannten Proteine würden dann in der Zelle lediglich dazu dienen, die basengepaarte Struktur zu stabilisieren.

7.4.3 Andere Arten von Introns

Bisher wurden zwei der fünf Intronklassen behandelt. Im folgenden werden die übrigen Typen vorgestellt:

1. „AT-AC-Introns" ähneln den GT-AG-Introns und finden sich ebenfalls in den Genen im Zellkern, die in mRNA transkribiert werden. AT-AC-Introns sind aber viel seltener: Sie machen in derartigen Genen nur 0,1 Prozent aller Introns aus. Wie man sich natürlich leicht denken kann, sind „AT" die beiden ersten und „AC" die beiden letzten Nucleotide eines solchen Introns. Der Ablauf des Spleißens entspricht offenbar völlig dem bei GT-AG-Introns: Es bildet sich eine Lariat-Übergangsstruktur, und der ganze Vorgang findet in einem Spleißosom statt. Im einzelnen scheint es sich sogar um genau den gleichen Spleißvorgang wie bei den GT-AG-Introns zu handeln, aber interessanterweise ist daran eine völlig andere Gruppe von snRNPs beteiligt; lediglich die U5-snRNA wirkt beim Spleißen sowohl der AT-AC- als auch der GT-AG-Introns mit.
2. „Gruppe II"-Introns findet man auch überwiegend in Mitochondriengenen. Diese Introns sind interessant, weil sie ein Bindeglied zwischen der Gruppe I und der GT-AG/AT-AC-Klasse darstellen. Wie die Introns der Gruppe I bilden sie eine basengepaarte Struktur aus (jedoch nicht die gleiche Struktur wie die Gruppe I), und sie verfügen über eine geringe Selbstspleißaktivität. Andererseits ähneln sie den GT-AG- und AT-AC-Introns, da ihre Spleißreaktion eine Lariatzwischenform beinhaltet.
3. tRNA-Introns, die relativ kurz sind und in tRNA-Genen fast immer in der Anticodonschleife liegen (Abschnitt 6.2.1). Nachdem die tRNA ihre Kleeblattstruktur ausgebildet hat, entfernt eine Ribonuclease das Intron. Die am Spleißen dieser Introns beteiligten Vorgänge ähneln denen, die für das Herausschneiden der tRNAs aus ihren Vorläufertranskripten verantwortlich sind (Abschnitt 6.2.2).

7.5 RNA-Editing

Jetzt müssen wir uns noch mit einem letzten Typ der Weiterverarbeitung von RNA befassen: mit dem **RNA-Editing** („Redigieren von RNA"). Es besteht darin, daß die Nucleotidsequenz einer RNA durch Einbau neuer sowie durch Entfernen oder Verändern vorhandener Nucleotide abgewandelt wird. Entdeckt wurde das RNA-Editing 1986, als man die Mitochondriengene des parasitisch lebenden Protozoen *Trypanosoma brucei* untersuchte. Dabei wurde klar, daß die Primärtranskripte vieler Mitochondriengene bei Trypanosomen durch Einbau von U-Nucleotiden „redigiert" werden. Dieses Editing hat einen recht großen Umfang (Abb. 7.8): An mehreren Stellen der RNA werden jeweils ein oder mehrere Us eingebaut.

Seit diesen ersten Befunden hat man bei verschiedenen Lebewesen Fälle von RNA-Editing nachgewiesen, unter anderem auch beim Menschen und anderen Säugetieren. Eines der am besten untersuchten Beispiele ist die mRNA für das menschliche Apolipoprotein-B. In Leberzellen sorgt diese mRNA für die Synthese des Apolipoprotein-B100, eines Proteins aus 4563 Aminosäuren, das am Lipidtransport im Blut beteiligt ist. Auch Darmzellen stellen ein Apolipoprotein-B her, aber das Protein ist hier kürzer (2153 Aminosäuren) und hat geringfügig andere biochemische Eigenschaften. Ursprünglich glaubte man, die Formen B100 und B48 seien in unterschiedlichen Genen codiert, aber 1987 konnte man nachweisen, daß beide in demselben Gen verschlüsselt sind; das Darmprotein B48 entsteht dann durch RNA-Editing. In den Darmzellen wird nämlich ein C in der mRNA desaminiert, das heißt, die NH_2-Gruppe am Kohlenstoffatom Nummer 2 wird entfernt (siehe Abb. 3.2), so daß daraus ein Uracil wird. Das hat zur Folge, daß das Triplett CAA sich in UAA verwandelt, das, wie wir im nächsten Kapitel sehen werden, ein Terminationscodon ist. Deshalb ist das Protein, das anhand der in den Darmzellen redigierten mRNA gebildet wird, kürzer als jenes, welches an der unveränderten RNA in den Leberzellen entsteht (Abb. 7.9).

RNA-Editing ist derzeit ein Hauptgesprächsthema in der Biologie. Das Editing muß mit absoluter Genauigkeit ablaufen, denn sonst gerät die genetische Botschaft durcheinander: Was das im

RNA-Editing bei Trypanosomen

5′....GGGGAAAGAUAUUGAUGAAAGGA....3′

↓ Einfügen von U-Nucleotiden

5′....GUGGUGAAUUUAUUGUUUAUAUUGAUUGUAUUAUAGGUUA....3′

7.8 Ein Beispiel für RNA-Editing bei einer mitochondrialen mRNA von *Trypanosoma brucei.*

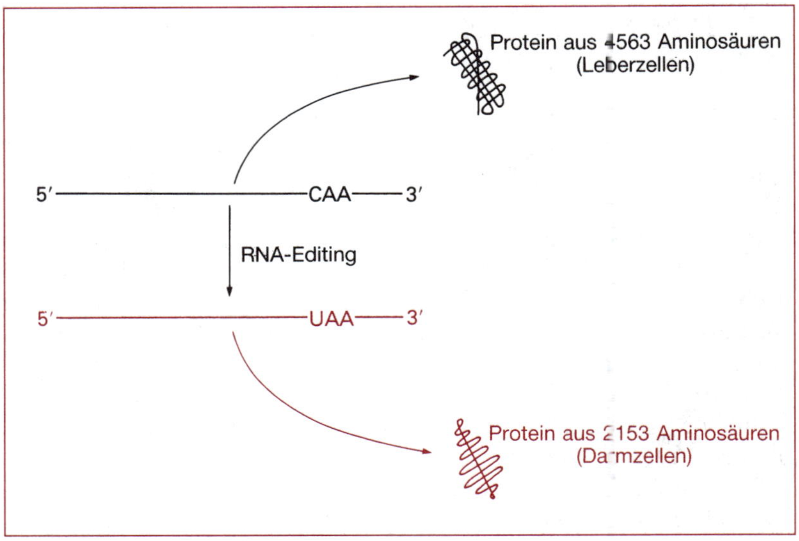

7.9 RNA-Editing der mRNA für das menschliche Apolipoprotein-B führt in Darmzellen zur Synthese eines kürzeren Polypeptids.

Wie die Genauigkeit des RNA-Editing gewährleistet wird

Die Mechanismen, die beim RNA-Editing für Genauigkeit sorgen, werden allmählich aufgeklärt. Bei Trypanosomen steuern „Lenkungs-RNAs" die Spezifität, kurze RNA-Moleküle, die sich durch Basenpaarung mit dem Abschnitt der mRNA verbinden, an dem das Editing stattfinden soll. Die Lenkungs-RNAs enthalten A-Nucleotide an den Stellen, wo in die mRNA ein U eingefügt werden muß, und legen auf diese Weise genau die Positionen fest, an denen das Editing erfolgen soll:

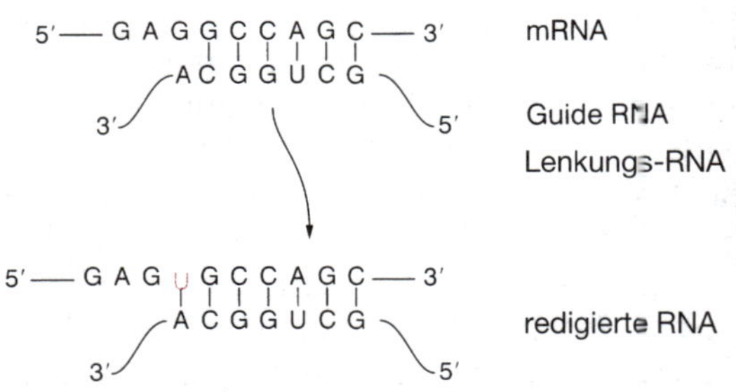

Im Fall des Apolipoprotein-B stellt das Enzym Cytidindesaminase, das die Umwandlung von C nach U vollzieht, die richtige Stelle auf der mRNA fest, indem es die Nucleotidsequenz beiderseits der fraglichen Stelle erkennt:

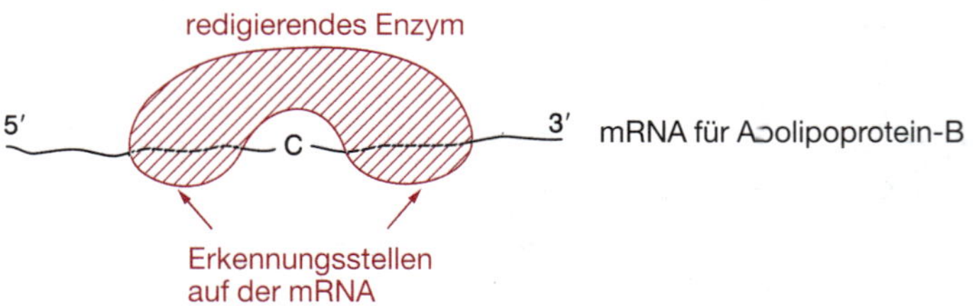

Die Spezifität ist dabei sichergestellt, denn die Erkennungssequenz von 21 bp kommt ansonsten in der mRNA für Apolipoprotein-B nicht vor. Und was ebenso wichtig ist: Die Sequenz scheint sogar in der gesamten übrigen mRNA des Menschen zu fehlen, so daß die Desaminase auch nicht fälschlicherweise andere mRNA-Moleküle verändert.

einzelnen bedeutet, wird im nächsten Kapitel deutlich werden, wenn vom genetischen Code die Rede ist. Daß einfache Formen des RNA-Editing, beispielsweise die Desaminierung in der mRNA für Apolipoprotein-B, sich sehr exakt abspielen können, kann man recht gut begreifen, denn ähnliche Vorgänge kennt man auch von der rRNA und tRNA (Abschnitt 6.1.2 und 6.2.2). Es ist jedoch viel schwieriger, sich vorzustellen, wie bei dem ausgiebigen Editing, das man in mRNAs von Trypanosomen findet, die notwendige Präzision erreicht werden kann.

Noch verwirrender ist die Frage, warum es RNA-Editing überhaupt gibt. In einigen Fällen gibt es darauf eine Antwort, beispielsweise bei der Apolipoprotein-B-mRNA. Sie ist wahrscheinlich einfach ein Mechanismus, durch den anhand eines einzigen Gens zwei Proteine mit geringfügig unterschiedlichen biochemischen Eigenschaften entstehen können. Wichtig ist dabei, daß sowohl die abgewandelte als auch die unveränderte mRNA funktionsfähige Proteine codieren. Die nicht redigierte mRNA der Trypanosomen dagegen funktioniert nicht: Sie enthält erst nach dem Editing eine sinnvolle genetische Information. Warum liegt diese Information nicht einfach in vollständiger Form im Gen?

Literatur

Brenner, S.; Jacob, F.; Meselson, M. *An Unstable Intermediate Carrying Information from Genes to Ribosomes for Protein Synthesis.* In: *Nature* 190 (1961) S. 576–581.

Gros, F.; Hiatt, H; Gilbert, W.; Kurland, C.G.; Riseborough, R.W.; Watson, J.D. *Unstable Ribonucleic Acid Revealed by Pulse Labelling of Escherichia coli.* In: *Nature* 190 (1961) S. 581–585.

[Die zwei Artikel, in denen die Existenz von mRNA bewiesen wurde.]

Adams, J.M.; Cory, S. *Modified Nucleosides and Bizarre 5'-Termini in Mouse Myeloma mRNA.* In: *Nature* 255 (1975) S. 28–33.

[Ein früher Nachweis der Cap-Struktur.]

McLaughlin, C.S.; Warner, J.R.; Edmonds, M. et al. *Polyadenylic Acid Sequences in Yeast Messenger Ribonucleic Acid.* In: *Journal of Biological Chemistry* 248 (1973) S. 1466–1471.

[Der erste eindeutige Nachweis der Polyadenylierung.]

Wickens, M. *How the Messenger Got Its Tail: Addition of Poly(A) in the Nucleus.* In: *Trends in Biochemical Sciences* 15 (1990) S. 277–281.

[Eine klare Beschreibung unserer gegenwärtigen Kenntnisse über die Polyadenylierung.]

Witkowski, J.A. *The Discovery of „Split" Genes: A Scientific Revolution.* In: *Trends in Biochemical Sciences* 13 (1988) S. 110–113.

[Dies ist zwar größtenteils ein historischer Bericht, aber er ist lesenswert, wenn man sich dafür interessiert, welchen Einfluß neue Ideen auf die Molekularbiologen haben.]

Padgett, R.A.; Grabowski, P.J.; Konarska, M.M.; Sharp, P.A. *Splicing Messenger RNA Precursors: Branch Sites and Lariat RNAs.* In: *Trends in Biochemical Sciences* 10 (1985) S. 154–157.

[Eine gute zusammenfassende Darstellung des Spleißens von GT-AG-Introns.]

Nagai, K.; Mattaj, I.W. *RNA-Protein Interactions in the Splicing snRNPs.* In: Nagai, K.; Mattaj, I.W. (Hrsg.) *RNA-Protein Interactions.* Oxford (IRL Press bei Oxford University Press) 1994, S. 150–177.

[Eine detaillierte Beschreibung der snRNPs.]

Mount, S.M. *AT-AC Introns: an Attack on Dogma.* In: *Science* 271 (1996) S. 1690–1692.

Nilsen, T.W. *A Parallel Spliceosome.* In: *Science* 273 (1996) S. 1813.

[Zwei kurze Übersichtsartikel über die neu entdeckten AT-AC-Introns.]

Sollner-Webb, B. *Trypanosome RNA Editing: Resolved.* In: *Science* 273 (1996) S. 1182–1183.

[Der Titel deutet an, es könne sich um das letzte Wort in dieser Sache handeln, aber das muß nicht stimmen!]

Smith, H.C.; Sowden, M.P. *Base-modification mRNA Editing Through Deamination – the Good, the Bad and the Unregulated.* In: *Trends in Genetics* 12 (1996) S. 418–424.

[Über Apolipoprotein-B und ähnliche Systeme mit RNA-Editing.]

Aufgaben

1. Definieren Sie die folgenden Begriffe:

Halbwertszeit	Poly(A)-Polymerase
Nucleoplasma	Spleißen
heterogene Kern-RNA	TACTAAC-Box
Polyadenylierung	snRNA
Cap-Struktur	snRNP
Spleißosom	

2. Erklären Sie, warum man bereits vor der Entdeckung der mRNA vorausahnte, daß es sie geben muß.

3. Beschreiben Sie die Modifikationsvorgänge, die an den 5′- und 3′-Enden eines eukaryotischen mRNA-Moleküls ablaufen.

4. Warum ist es erforderlich, Introns aus der Prä-mRNA zu entfernen, bevor es zur Translation kommt?

5. Erklären Sie, worauf sich die GT-AG-Regel bezieht.

6. Zeichnen Sie den Verlauf der Ereignisse nach, die vermutlich zur Entfernung eines typischen GT-AG-Introns aus einem primären Transkript führen.

7. Worin unterscheiden sich die Spleißmechanismen der GT-AG- und der Gruppe-I-Introns?

8. Worin ähneln sich GT-AG-, Gruppe-I- und Gruppe-II-Introns?

9. Erklären Sie, was mit RNA-Editing gemeint ist. Geben Sie Beispiele für Editing aus niederen und höheren Eukaryoten.

10. * Wie könnte die Länge des Poly(A)-Schwanzes die Halbwertszeit einer eukaryotischen mRNA beeinflussen?

11. * Eukaryotische Zellen verwenden große Energie darauf, Introns aus den primären Transkripten zu entfernen. Dennoch scheinen Introns keine eigene Funktion zu besitzen. Erklären Sie.

12. * Diskutieren Sie die Fragen, die durch die Entdeckung des RNA-Editing auftraten.

8 Der genetische Code

Polypeptide sind Polymere – Aminosäuren – Ebenen der Proteinstruktur – Die Bedeutung der Aminosäuresequenz • **Der genetische Code –** Erste Grundprinzipien – Aufklärung und Merkmale des Codes

Die drei Haupttypen von RNA-Molekülen, die bei der Transkription entstehen – Messenger-, ribosomale und Transfer-RNA –, kooperieren bei der Translation, dem Vorgang zur Synthese von Proteinen. Der entscheidende Punkt bei der Translation besteht darin, daß die Aminosäuresequenz des synthetisierten Polypeptids durch die Sequenz der Nucleotide in dem translatierten mRNA-Molekül festgelegt ist (Abb. 8.1). Die Regeln, die bestimmen, welche Nucleotidsequenzen die einzelnen Aminosäuren spezifizieren, bilden den genetischen Code.

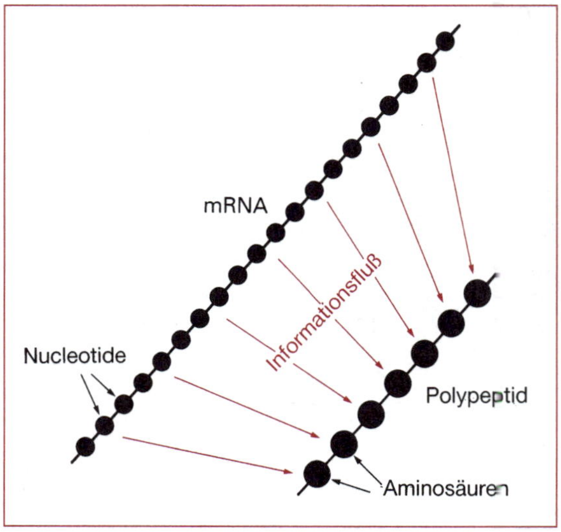

8.1 Bei der Translation wird die Aminosäuresequenz eines Polypeptids durch die Sequenz der Nucleotide in einem mRNA-Molekül festgelegt.

Man behandelt den genetischen Code üblicherweise als ein von der eigentlichen Proteinsynthese unabhängiges Thema. Diese Sichtweise geht bis in die fünfziger Jahre zurück, als die Vorstellungen vom genetischen Code und die Experimente, die man für seine Erforschung entwarf, in den Zuständigkeitsbereich der Molekularbiologen fielen, während die Aufklärung der Feinheiten bei der Proteinsynthese ein Problem für Biochemiker darstellte. Diese Unterscheidung zwischen Molekularbiologie und Biochemie ist bedauerlich, aber dennoch werden wir den genetischen Code in diesem Kapitel behandeln und die Mechanismen der Proteinsynthese im nächsten. Bevor wir jedoch beides angehen, müssen wir uns die grundlegenden Kenntnisse über die Proteinstruktur ins Gedächtnis rufen.

8.1 Polypeptide sind Polymere

Auf der alleruntersten Stufe sind die Strukturen von Polypeptiden und Nucleinsäuren gleich: Beide sind Polymere aus einer Serie verknüpfter Monomere. In einem Polypeptid heißen die Mono-

Tabelle 8.1: Die 20 in Proteinen vorkommenden Aminosäuren

Aminosäure	Abkürzungen* drei Buchstaben	ein Buchstabe	Molmasse	Polarität der R-Gruppe
Alanin	Ala	A	89,1	unpolar
Arginin	Arg	R	174,4	positiv polar
Asparagin	Asn	N	132,1	ungeladen polar
Asparaginsäure	Asp	D	133,1	negativ polar
Cystein	Cys	C	121,2	ungeladen polar
Glutaminsäure	Glu	E	147,1	negativ polar
Glutamin	Gln	Q	146,2	ungeladen polar
Glycin	Gly	G	75,1	ungeladen polar
Histidin	His	H	155,2	positiv polar
Isoleucin	Ile	I	131,2	unpolar
Leucin	Leu	L	131,2	unpolar
Lysin	Lys	K	146,2	positiv polar
Methionin	Met	M	149,2	unpolar
Phenylalanin	Phe	F	165,2	unpolar
Prolin	Pro	P	115,1	unpolar
Serin	Ser	S	105,1	ungeladen polar
Threonin	Thr	T	119,1	ungeladen polar
Tryptophan	Trp	W	204,2	unpolar
Tyrosin	Tyr	Y	181,2	ungeladen polar
Valin	Val	V	117,2	unpolar

*Am häufigsten verwendet man die Standardabkürzungen mit drei Buchstaben. Die Abkürzungen aus einem Buchstaben sollten nur dann benutzt werden, wenn man die Aminosäuresequenz eines Polypeptids platzsparend aufschreiben möchte.

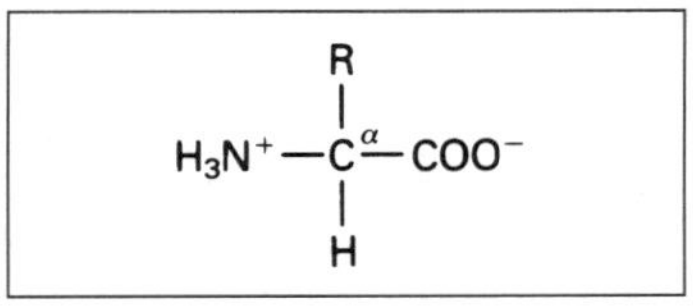

8.2 Die Struktur einer Aminosäure.

mere Aminosäuren, und die polymere Kette ist im allgemeinen weniger als 2000 Einheiten lang; damit ist sie viel kürzer als die meisten natürlich vorkommenden Nucleinsäuremoleküle.

8.1.1 Aminosäuren

In Proteinmolekülen findet man 20 verschiedene Aminosäuren (Tabelle 8.1). Sie alle haben die in Abbildung 8.2 gezeigte allgemeine Struktur mit einem zentralen α-Kohlenstoffatom, das mit vier Gruppen verknüpft ist:

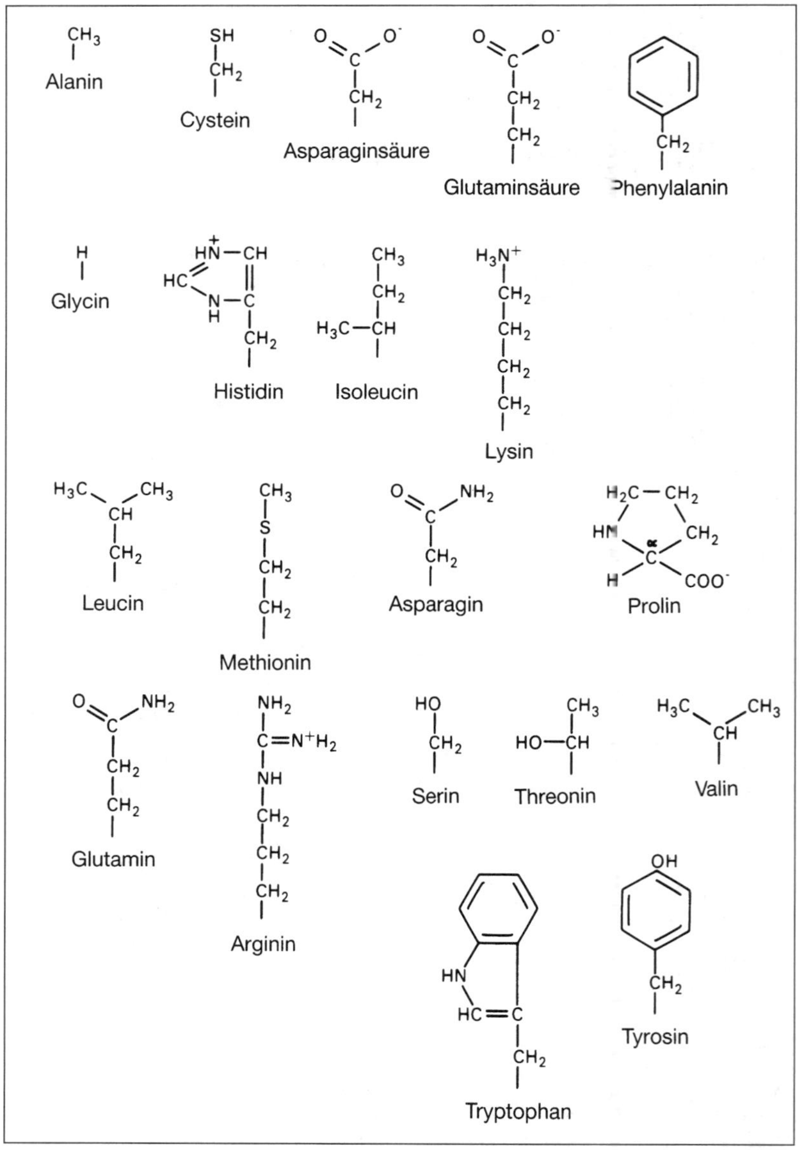

8.3 Die R-Gruppen der zwanzig an der Translation beteiligten Aminosäuren. Es gilt zu beachten, daß bei Prolin die gesamte Struktur dargestellt ist, weil die R-Gruppe dieses Moleküls die Aminogruppe beinhaltet, die an das α-Kohlenstoffatom gebunden ist. Prolin ist genaugenommen eine Iminosäure.

1. Mit einem Wasserstoffatom.
2. Mit einer Carboxylgruppe ($-COO^-$).
3. Mit einer Aminogruppe (NH_3^+).
4. Mit der **R-Gruppe**, die in jeder Aminosäure anders ist (Abb. 8.3).

Die R-Gruppen variieren in ihrer chemischen Komplexität beträchtlich: Bei Glycin besteht die R-Gruppe lediglich aus einem Wasserstoffatom, bei Tyrosin, Phenylalanin und Tryptophan dagegen sind die R-Gruppen komplizierte aromatische Seitenketten. In ihrer Mehrheit sind die R-Gruppen zwar ungeladen, aber zwei Aminosäuren (Asparaginsäure und Glutaminsäure) besitzen negativ geladene R-Gruppen, und drei (Lysin, Arginin und Histidin) haben positiv geladene R-Gruppen. Einige R-Gruppen sind **polar** (beispielsweise die von Glycin, Serin und Threonin), andere sind **unpolar** (beispielsweise bei Alanin, Valin und Leucin). Diese Unterschiede haben zur Folge, daß trotz der nahen Verwandtschaft aller Aminosäuren jede einzelne doch ihre eigenen chemischen Eigenschaften besitzt.

Aminosäuren sind über Peptidbindungen miteinander verknüpft. Die Polymerstruktur eines Polypeptids entsteht durch Verknüp-

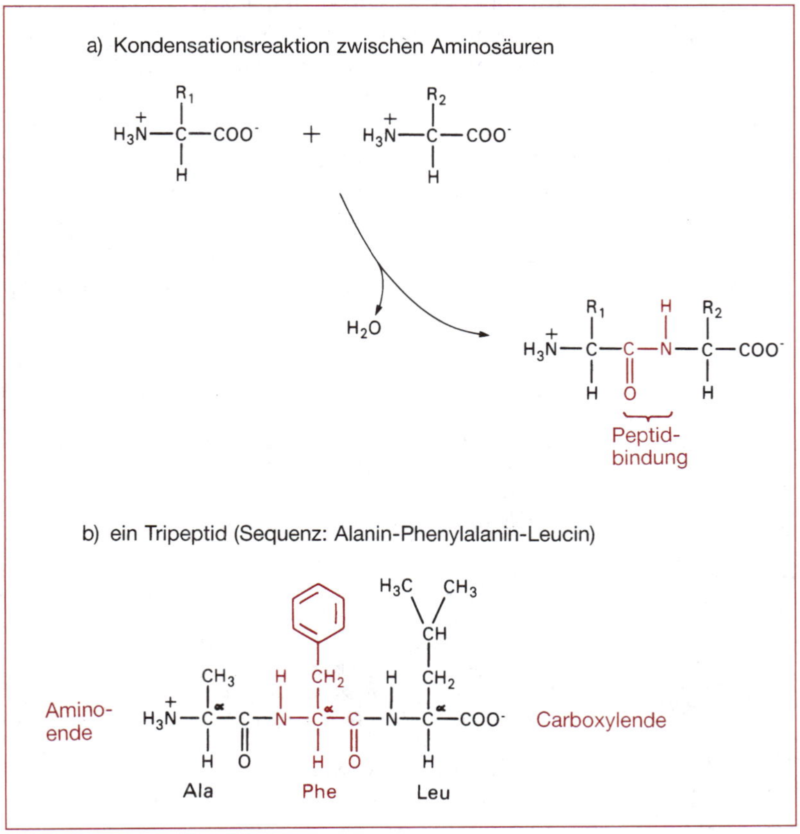

8.4 Peptidbindungen und Polypeptidstruktur.

fung einer Serie von Aminosäuren über **Peptidbindungen**, die sich durch eine Kondensationsreaktion zwischen der Carboxylgruppe einer Aminosäure mit der Aminogruppe einer zweiten Aminosäure bilden (Abb. 8.4a). Die Struktur eines Tripeptids aus drei Aminosäuren ist in Abbildung 8.4b dargestellt.

Dabei gilt es zu beachten, daß sich die Enden eines Polypeptids, ähnlich wie bei Polynucleotiden, chemisch unterscheiden: Das eine Ende besitzt eine freie Aminogruppe und heißt Amino-, NH_2- oder N-Terminus; das andere weist eine freie Carboxylgruppe auf und wird als Carboxyl-, COOH- oder C-Terminus bezeichnet.

8.1.2 Die verschiedenen Ebenen der Proteinstruktur

Man unterscheidet bei Proteinmolekülen vier Strukturebenen.

1. Die *Primärstruktur* wird von der Aminosäuresequenz selbst gebildet.
2. Die *Sekundärstruktur* besteht aus der gleichmäßigen oder sich wiederholenden Konfiguration der Aminosäurekette. Die zwei wichtigsten Sekundärstrukturen sind die α-Helix (Abb. 8.5a) und das β-Faltblatt (Abb. 8.5b). Beide werden hauptsächlich durch Wasserstoffbrücken zwischen den Carboxyl- und Aminogruppen verschiedener Aminosäuren stabilisiert. Normalerweise bilden die einzelnen Bereiche eines Polypeptids unterschiedliche Sekundärstrukturen aus, so daß das gesamte Polypeptid aus einer Reihe von α-Helices, β-Faltblättern und weniger strukturierten Abschnitten besteht.
3. Die *Tertiärstruktur* besteht aus der dreidimensionalen Konformation, die durch das Zusammenfalten der Strukturkomponenten der Sekundärstruktur des Polypeptids gebildet wird (Abb. 8.5c). Zusammengehalten wird die Tertiärstruktur durch

Erforschung der Proteinstruktur

Um die Struktur eines Proteins zu untersuchen, kann man mehrere Arten von Experimenten durchführen. Die folgenden stellen wichtige Beispiele dar:

1. Die **Aminosäurezusammensetzung** läßt sich durch Zerlegen des Proteins in seine einzelnen Aminosäuren bestimmen. Das geschieht üblicherweise, indem man eine Probe für einige Stunden heißer, konzentrierter Säure aussetzt. Anschließend kann man die freien Aminosäuren durch Chromatographie auftrennen und quantitativ erfassen.
2. Die **Aminosäuresequenz** läßt sich durch eines von mehreren ähnlichen Verfahren erarbeiten. Diese umfassen einen stufenweisen Abbauprozeß, bei dem jeweils eine einzelne Aminosäure vom Aminoterminus des Polypeptides abgespalten wird. Diese Aminosäure läßt sich aufgrund ihrer chromatographischen Eigenschaften identifizieren, und anschließend wiederholt man den Zyklus. Der Vorgang setzt sich so lange fort, bis man die gesamte Aminosäuresequenz ermittelt hat. Seit 1967 stehen automatische Polypeptidsequenziermaschinen zur Verfügung.
3. Die **Tertiärstruktur** läßt sich beispielsweise durch Röntgenstrukturanalyse untersuchen (Abschnitt 3.2). In jüngster Zeit hat man auch andere Verfahren entwickelt, unter anderem die Kernresonanzspektroskopie (NMR), die es erlaubt, die Umgebung verschiedener chemischer Atomkerne zu bestimmen. Man entwickelte diese Methode zunächst zur Strukturerforschung kleiner Moleküle, aber sie wurde allmählich so verfeinert, daß sie nun auch Informationen über Proteine und andere große Moleküle liefern kann.

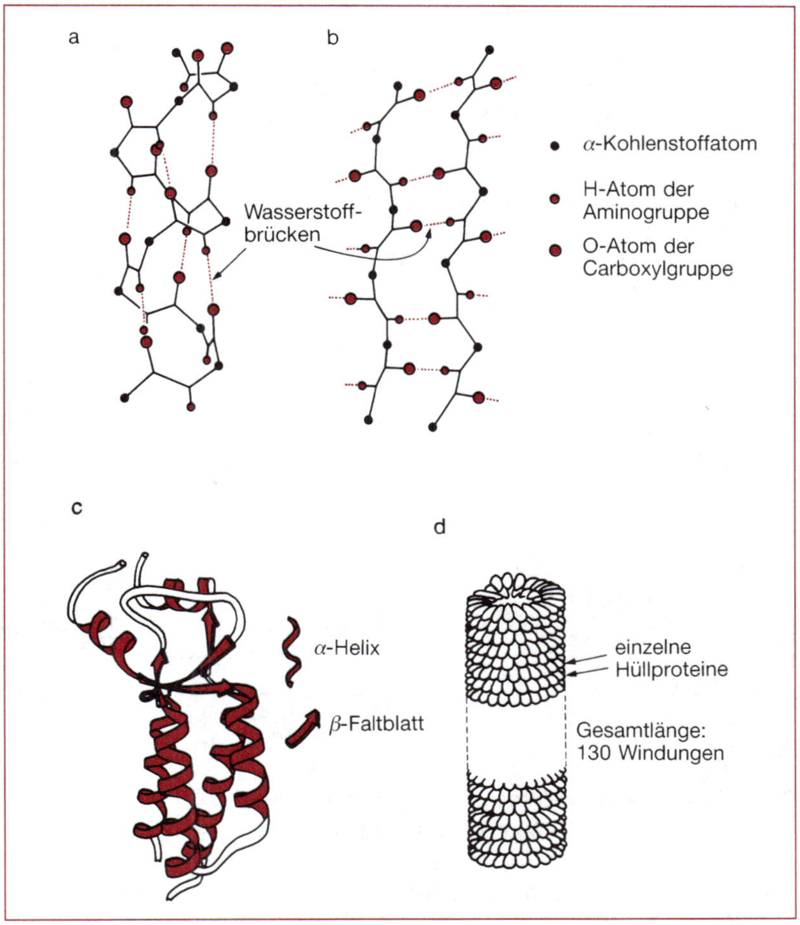

8.5 Die Ebenen der Proteinstruktur. Die wichtigsten Sekundärstrukturen sind a) die α-Helix und b) das β-Faltblatt. c) Die Tertiärstruktur des Hüllproteins des Tabakmosaikvirus. d) Die komplizierte Quartärstruktur des Tabakmosaikviruscapsids, die sich aus 2130 Hüllproteinuntereinheiten zusammensetzt.

eine Vielzahl von Wechselwirkungen zwischen verschiedenen Aminosäuren. Bei diesen Kräften handelt es sich um Wasserstoffbrücken, **Disulfidbrücken** (kovalente Bindungen), die sich zwischen zwei Cysteinbausteinen bilden können (Abb. 8.6), und die natürliche Neigung der Polypeptidkette, sich so zu falten, daß nichtpolare R-Gruppen vom Wasser abgeschirmt liegen.

4. Die *Quartärstruktur* ist die Art, wie zwei oder mehr Polypeptide gegeneinander ausgerichtet sind, wenn eine Struktur aus mehreren Untereinheiten besteht. Die Quartärstruktur kann mehrere Moleküle des gleichen Polypeptids umfassen oder wie die RNA-Polymerase $\alpha_2\beta\beta'\sigma$ (siehe Abschnitt 5.3.1) aus verschiedenen Polypeptiden bestehen. In manchen Fällen ist die Quartärstruktur aus einer sehr großen Zahl von Polypeptiduntereinheiten aufgebaut, so daß eine komplizierte Anordnung entsteht: Die besten Beispiele für solche Gebilde sind die Proteinhüllen von Viren (Kapitel 13), wie etwa die des Tabakmosaikvirus, die sich aus 2130 gleichartigen Proteinuntereinheiten zusammensetzt (Abb. 8.5d).

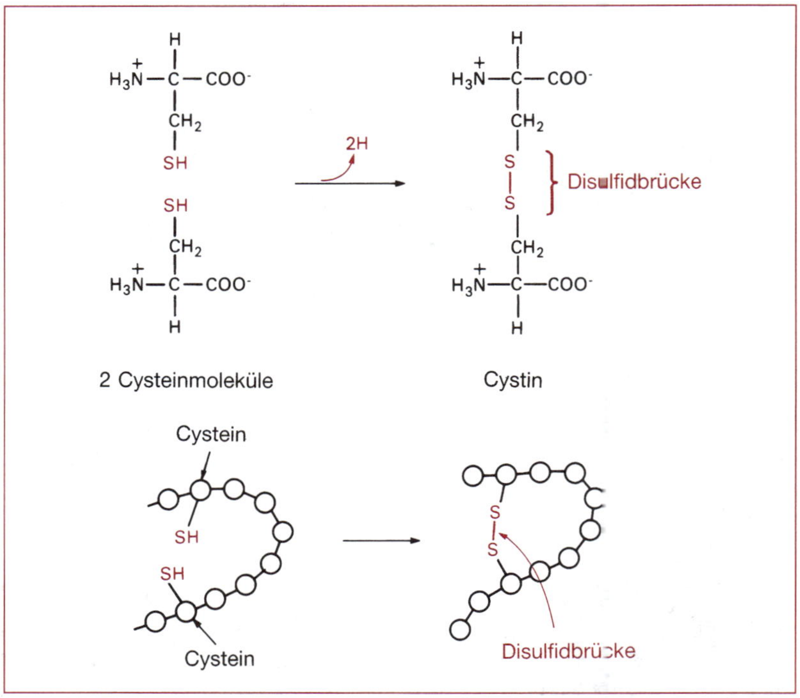

8.6 Disulfidbrücken. Oben ist die Reaktion zwischen zwei Cysteinaminosäuremolekülen dargestellt, durch die ein einziges Cystin entsteht. Unten erkennt man, welche Konsequenzen die Bildung einer Disulfidbrücke zwischen Cysteinresten in dem gleichen Polypeptid mit sich bringt.

8.1.3 In der Aminosäuresequenz liegt der Schlüssel zur Proteinstruktur und -funktion

Alle höheren Ebenen der Proteinstruktur – Sekundär-, Tertiär- und Quartärstruktur – sind durch die Primärstruktur festgelegt, das heißt durch die Aminosäuresequenz selbst. Das läßt sich am besten auf der Stufe der Sekundärstruktur verstehen, wo man leicht erkennt, daß bestimmte Aminosäuren aufgrund der chemischen und physikalischen Eigenschaften ihrer R-Gruppen die Bildung einer α-Helix fördern, während andere die Bildung eines β-Faltblattes begünstigen. Andererseits treten bestimmte Aminosäuren häufiger außerhalb regelmäßiger Strukturen auf und können dazu dienen, das Ende einer Helix oder eines Faltblattes festzusetzen. Man kennt diese Faktoren mittlerweile so gut, daß man Regeln entwickelt hat, nach denen sich die Sekundärstrukturen, die Aminosäuresequenzen einnehmen, vorhersagen lassen.

Zweifellos sind auch die Tertiär- und Quartärstruktur eines Proteins von der Aminosäuresequenz abhängig, allerdings sind die Zusammenhänge hier weniger gut untersucht. Die Wechselwirkungen zwischen einzelnen Aminosäuren sind auf diesen Strukturebenen so komplex, daß man trotz aller Versuche, Regeln zur Vorhersage aufzustellen, noch keine zuverlässigen Aussagen machen kann. Wie man jedoch schon vor etlichen Jahren nachgewiesen hat, kann man ein Protein **denaturieren**, beispielsweise durch eine milde Hitzebehandlung oder durch Zusatz einer chemischen denaturierenden Substanz wie etwa Harnstoff, durch die es seine höheren Strukturorganisationen verliert und eine ungeordnete Konformation einnimmt, und wenn man es anschließend **renaturieren** läßt (beispielsweise durch Abkühlen), hat es nach wie vor seine charakteristische Fähigkeit, spontan wieder die korrekte Tertiärstruktur auszubilden (Abb. 8.7). Sobald sich die Tertiärstruktur gebildet hat, entsteht von selbst aus den Untereinheiten ein multimeres Protein. Das beweist, daß die Vorgaben für die Tertiär- und Quartärstrukturen in der Aminosäuresequenz liegen.

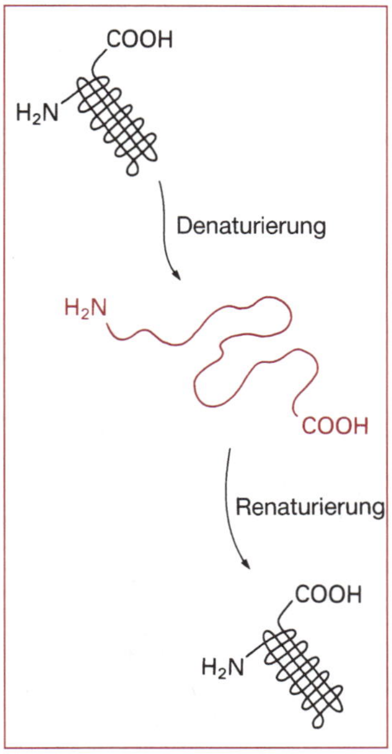

8.7 Ein denaturiertes Protein bildet bei Renaturierung spontan wieder seine Tertiärstruktur aus. Denaturieren kann man das Molekül durch mildes Erhitzen oder durch Behandlung mit einem chemischen Denaturierungsmittel wie etwa Harnstoff. Zur Renaturierung kommt es, wenn die Temperatur abfällt oder wenn der Harnstoff entfernt wird.

Die Funktion hängt von der Aminosäuresequenz ab. Von diesen Betrachtungen ist es nur ein kleiner Schritt zu der Erkenntnis, daß die Funktion eines Proteins ebenfalls von seiner Aminosäuresequenz bestimmt ist. Um das zu veranschaulichen, wollen wir uns solche Proteine ansehen, die an ein DNA-Molekül binden müssen, um ihre Aufgabe in der Zelle zu erfüllen. Diese DNA-

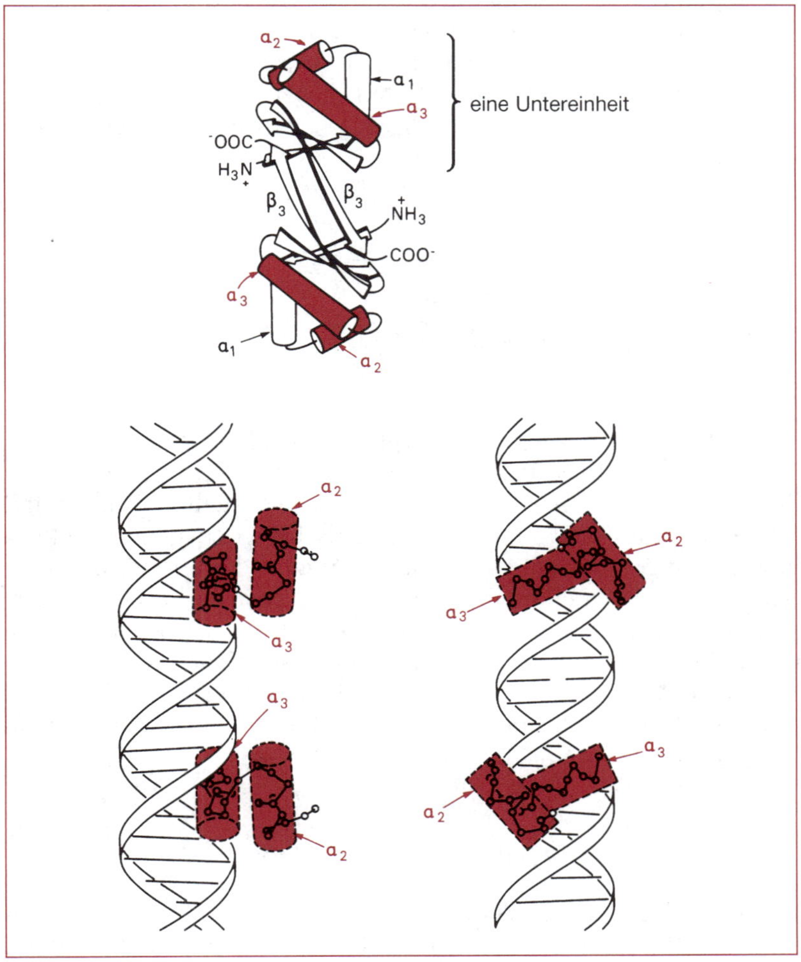

8.8 Die Wechselwirkung zwischen einem typischen DNA-bindenden Protein und der DNA-Doppelhelix. Der obere Teil der Abbildung zeigt das Dimer des Cro-Proteins, wobei die drei α-Helices in jeder Untereinheit als Zylinder gezeichnet sind. In der unteren Abbildung wird aus zwei verschiedenen Blickwinkeln ersichtlich, daß die beiden als α_3 bezeichneten Helices in benachbarte Abschnitte der großen Furche der Doppelhelix passen. (Nachgezeichnet nach Brennan, R. G.; Matthews, B. W. In: *Trends in Biochemical Sciences* 14 [1989] S. 286–290.)

bindenden Moleküle bilden eine große und vielgestaltige Gruppe; zu ihr gehören beispielsweise die RNA-Polymerase (Kapitel 5) und eine Reihe bedeutender regulatorischer Proteine, welche die Transkription einzelner Gene steuern und zeitweise blockieren (Kapitel 10). Ein Beispiel ist Cro, ein Regulationsprotein, das bei einem Bakteriophagen namens λ die Expression einer Reihe von Genen steuert (Abschnitt 13.1.3). Cro ist ein Dimer aus identischen Polypeptiden, von denen jedes aus drei α-Helices und einem β-Faltblattbereich besteht. In der aktiven Form des Proteins liegen die beiden α_3-Helices (jeweils eine aus beiden Polypeptiden des Dimers) genau 3,4 nm auseinander, so daß sie in zwei benachbarte Bereiche der großen Furche eines DNA-Moleküls passen (Abb. 8.8). Wenn die α_3-Helices fehlen oder falsch ausgerichtet sind, verliert das Protein seine Fähigkeit, an DNA zu binden. Die DNA-Bindung ist also nur möglich, wenn das Protein die korrekte Sekundär-, Tertiär- und Quartärstruktur einnimmt, und die hängt wiederum von der Aminosäuresequenz ab.

Dies ist ein entscheidender Punkt in der Molekulargenetik: Die Funktion eines Proteins hängt von seiner Aminosäuresequenz ab, die durch die Sequenz der Nucleotide in der mRNA vorgegeben ist, die ihrerseits eine Kopie des Gens darstellt. Die im Gen enthaltene biologische Information codiert im wesentlichen die Proteinfunktion. Vor dem Hintergrund dieser wichtigen Erkenntnis können wir nun zur Betrachtung des genetischen Codes zurückkehren.

8.2 Der genetische Code

Von 1953, als die Doppelhelixstruktur vorgestellt wurde, bis 1966, als man schließlich ein klare Vorstellung vom genetischen Code hatte, waren die Molekularbiologen intellektuell vor allem mit der Frage beschäftigt, wie der genetische Code genau funktioniert. Einige ausgefallene Spekulationen dieser frühen Tage scheinen heute unglaublich weit an den Haaren herbeigezogen, aber man muß bedenken, daß es mit den bis 1960 verfügbaren Methoden sehr schwierig war, die Frage nach dem Code unmittelbar anzugehen. Die dadurch entstehende Frustration ließ viel Zeit für Phantasien und für das Erfinden ausgeklügelter Codierungssysteme übrig.

8.2.1 Die ersten Grundprinzipien des Codes

Während der fünfziger Jahre bemühten sich die klügsten Molekularbiologen, die sich wie üblich um Crick scharten, zu verhindern, daß die Vorstellungen über die genetische Codierung zu kompliziert wurden. Allmählich entwickelte sich das einfachste System, das sich mit den Tatsachen in Einklang bringen ließ, zur Arbeitshypothese. Dieses System beruhte auf zwei Annahmen, die man anschließend beide durch experimentelle Analyse bestätigte.

a) Kolinearität zwischen Gen und Protein. Schon 1953 nahm man mehr oder weniger an, daß Gene mit den Proteinen, die sie codieren, **kolinear** sind, das heißt, daß die Reihenfolge der Nucleotide in dem Gen unmittelbar der Reihenfolge der Aminosäuren in dem entsprechenden Polypeptid entspricht. Das ist zweifellos die einfachste Art, wie Gene Proteine codieren können, aber genaugenommen wurde es erst 1964 experimentell bewiesen.

Man war sich ziemlich im klaren darüber, was für ein Experiment erforderlich war: Man mußte die Nucleotidsequenz eines Gens an einer bestimmten Stelle abändern und untersuchen, ob sich die Aminosäuresequenz des entsprechenden Polypeptids an der gleichen relativen Stelle oder anderswo ebenfalls verändert (Abb. 8.9). Die Schwierigkeit bestand darin, daß man zwar damals ohne allzu großen Aufwand Veränderungen in Gene einführen konnte (Kasten Seite 174), aber dann herauszufinden, wo genau im Gen die Veränderung stattgefunden hatte, war weitaus problematischer. Charles Yanofsky und seinen Mitarbeitern gelang schließlich die notwendige Untersuchung mit einem Gen von *E. coli*, das die Tryptophansynthase codiert (dieses Enzym ist für die Katalyse des letzten Schrittes im Biosyntheseweg für die Aminosäure Tryptophan verantwortlich). Das Ergebnis war der eindeutige Beweis für die Kolinearität zwischen Gen und Protein. Kurz danach vollendete Sydney Brenners Gruppe an einem Gen des Phagen T4 und seinem Protein eine ähnliche Analyse, die Yanofskys Ergebnis bestätigte. Später zeigte man, daß der Aminoterminus des Proteins dem 5′-Ende des Gens entspricht.

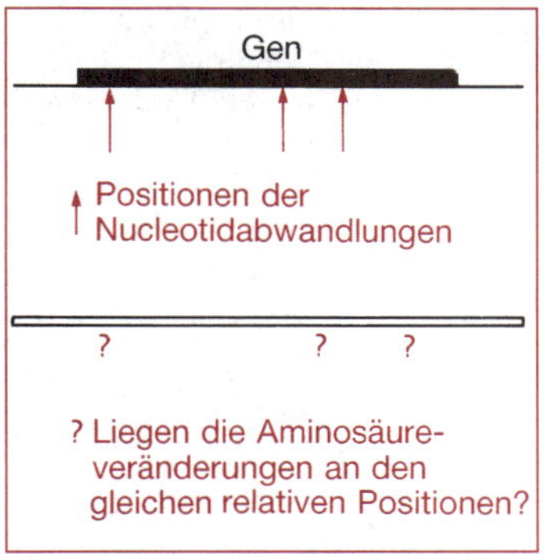

8.9 Ein derartiges Experiment wäre erforderlich, um die Kolinearität eines Gens mit dem von ihm codierten Polypeptid nachzuweisen.

b) Jedes Codewort ist ein Nucleotidtriplett. Die zweite grundlegende Annahme über den Code betraf die Größe des Codeworts oder **Codons**, der Gruppe von Nucleotiden, die eine einzelne Aminosäure verschlüsselt. Offensichtlich konnten Codons nicht einfach aus einzelnen Nucleotiden (A, T, G oder C) bestehen, weil dann nur vier verschiedene Codeworte möglich wären; es sind aber 20 Codons erforderlich, eines für jede der zwanzig in Proteinen vorkommenden Aminosäuren. Ebenso kann man einen Zweiercode (Codons wie AT, TA, TT, GC und so weiter) ausschließen, denn dieser würde nur $4^2 = 16$ verschiedene Codons umfassen. Die nächste Stufe, ein Triplettcode (Codons AAA, AAT, TAT, GCA und so weiter), wäre denkbar, da dieser mit $4^3 = 64$ mehr als genug Codeworte ergibt.

Wie bei der Kolinearität waren auch Experimente zum Beweis, daß es sich um einen Triplettcode handelt, von der Idee her einfach, aber ihre Durchführung bereitete Schwierigkeiten. Wie man bereits wußte, sorgen die Verbindungen einer Klasse von Chemi-

8.10 Die Grundlage für die Experimente, mit denen die Triplettnatur des genetischen Codes zweifelsfrei bewiesen wurde.

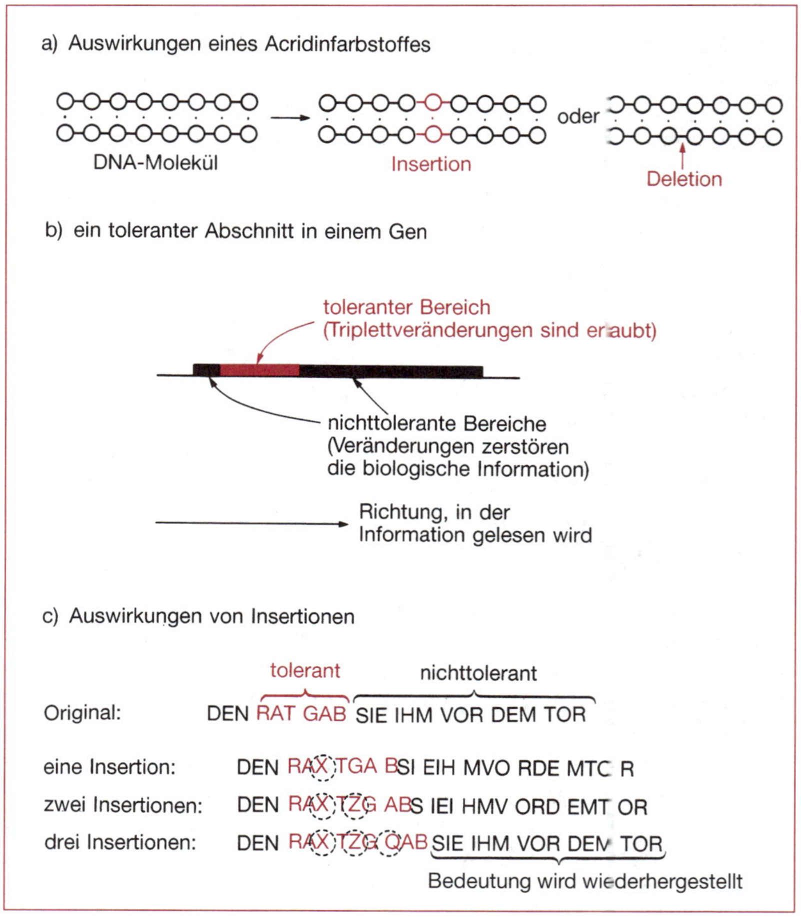

kalien, die man als **Acridinfarbstoffe** bezeichnet (Abschnitt 12.1.3, ein Beispiel ist **Proflavin**) für Deletionen oder Insertionen einzelner Basenpaare in doppelsträngigen DNA-Molekülen (Abb. 8.10a). Bekannt war auch, daß manche Proteine Bereiche enthalten, in denen die Aminosäuresequenz geändert werden kann, ohne daß die Proteinfunktion beeinträchtigt wird (Abb. 8.10b), obwohl andere Bereiche des gleichen Proteins solche Veränderungen nicht tolerieren. Was wäre, so fragte man sich, wenn man eine Reihe von Insertionen und/oder Deletionen in den Bereich eines Gens einfügte, der einen „toleranten" Abschnitt eines Proteins codiert? Falls der Code aus Triplettcodewörtern besteht, würde eine Insertion oder Deletion eines einzelnen Nucleotids zu einem nicht funktionsfähigen Protein führen, da alle Codeworte stromabwärts von der Mutation verändert würden, auch die in dem nichttoleranten Bereich, der auf den toleranten folgt (Abb. 8.10c). Insertionen oder Deletionen von zwei Nucleotiden (jedoch nicht beides gleichzeitig) würden zum gleichen Ergebnis führen. Aber Insertionen oder Deletionen von drei Nucleotiden würden das richtige **Leseraster** in der nichttoleranten

Region wiederherstellen und sollten, so die Erwartung, keine Wirkung auf die Proteinfunktion haben. Schließlich gelang Crick, Brenner und anderen ein elegantes Experiment dieser Art: An einem Gen namens *rIIb* aus dem Phagen T4 untersuchten sie den Effekt von Veränderungen, die sie mit Proflavin erzeugt hatten; sie beobachteten, ob die so behandelten Phagen *E. coli* infizieren konnten oder nicht. Diese Arbeit bestätigte unzweifelhaft die Triplettnatur des Codes; zum Zeitpunkt ihrer Veröffentlichung im Jahre 1961 hatte jedoch schon der erste experimentelle Angriff auf den Code selbst begonnen.

8.2.2 Die Aufklärung des Codes

Allmählich kam es während der fünfziger Jahre zu methodischen Neuerungen, mit deren Hilfe man schließlich die Frage beantworten konnte, welches Triplettcodon, welche Aminosäure spezifiziert. Dazu trugen vor allem zwei bedeutende Fortschritte bei:

1. *Synthese künstlicher RNA-Moleküle.* Wenn man zur Translation ein RNA-Molekül mit bekannter Nucleotidsequenz verwendet, sollte es möglich sein, durch Analyse der Aminosäuresequenz des dabei synthetisierten Proteins einzelne Codons zuzuordnen. Dazu wäre es notwendig, künstliche RNA-Moleküle mit bekannter oder vorhersagbarer Sequenz herzustellen.

Severo Ochoa

* 24. September 1905, Luarca, Spanien

† 1. November 1993, Madrid, Spanien

»Mein Ratschlag für Studenten der Wissenschaft ist, daß sie, falls sie das dringende Bedürfnis haben zu forschen, dies unbedingt tun sollten. Dem starken Verlangen, sein Leben der Wissenschaft zu widmen, sollte nichts im Wege stehen.«

»Wenn Sie den Drang verspüren, wissenschaftliche Forschung zu betreiben, erlangen Sie die richtige Ausbildung und tun Sie es unter allen Umständen: Nichts anderes kann Ihnen wahrscheinlich so viel Befriedigung geben und vor allem solch ein Gefühl von Erfüllung.«

Severo Ochoa erhielt seine Ausbildung in seinem Heimatland und machte 1921 an der Universität in Malaga sein erstes Examen; anschließend erhielt er 1929 in Madrid seinen MD (Master Degree). Er arbeitete mit Otto Meyerhof in Deutschland über die Biochemie der Muskeln und ging dann über England in die USA, wo er 1942 an die New York University kam. In den fünfziger Jahren standen die Enzyme, welche die Energie in den energiereichen Phosphatbindungen des ATP nutzen, im Mittelpunkt seiner Forschung. Das führte ihn 1955 zusammen mit Marianne Grunberg-Manago zur Entdeckung der Polynucleotidphosphorylase, des Enzyms, das man anschließend zur Herstellung synthetischer RNA-Moleküle für die Aufklärung des genetischen Codes benutzte. Ochoa erhielt 1959 den Nobelpreis für Physiologie und Medizin. Im Jahr 1985 kehrte er als Professor für Biologie zur Madrider Universität zurück.

Dies wurde möglich, als Severo Ochoa 1955 die **Polynucleotidphosphorylase** entdeckte, ein Enzym, das in der Zelle RNA abbaut, aber das man im Reagenzglas dazu veranlassen kann, die umgekehrte Reaktion zu katalysieren, also die Synthese von RNA. Diese Reaktion benötigt keine DNA-Matrize und hat nichts mit der Transkription zu tun.

2. *Zellfreie Proteinsynthese.* Um künstliche RNA-Moleküle als Botenmoleküle bei der Translation einzusetzen, benötigt man einen Zellextrakt, der in der Lage ist, Proteine zu synthetisieren. Ein derartiges **zellfreies** oder *In-vitro*-System muß alle notwendigen Zellbestandteile zur Proteinsynthese enthalten (beispielsweise Ribosomen, tRNAs, Aminosäuren und so weiter), aber endogene mRNA muß fehlen, so daß es nur dann zur Proteinsynthese kommt, wenn man künstliche Botenmoleküle zufügt.

a) Zellfreie Proteinsynthese mit Homopolymeren. Marshall Nirenberg und Heinrich Matthaei aus den Labors der National Institutes of Health in den USA vervollkommneten schließlich ein zellfreies System, das sie aus *E. coli* hergestellt hatten und das Polypeptide synthetisieren konnte, die durch eine zugefügte künstliche Messenger-RNA vorgegeben waren. Am Samstag, den 27. Mai 1961, etwa gegen sechs Uhr morgens und nachdem er die Nacht durchgearbeitet hatte, machte Matthaei eine entscheidende Entdeckung: Wenn man „Poly(U)", ein ganz aus Uridinnucleotiden bestehendes **Homopolymer**, zu einem zellfreien System zufügt, wird Polyphenylalanin synthetisiert. Damit war die erste Codonzuordnung möglich: 5′-UUU-3′ codiert Phenylalanin (Abb. 8.11).

Man benutzte Poly(U) bei diesem ersten Experiment, weil sich homopolymere RNAs relativ einfach herstellen lassen. Wenn das Reaktionsgemisch, in dem Polynucleotidphosphorylase das RNA-Molekül aufbaut, nur Uridinmononucleotide enthält, wird

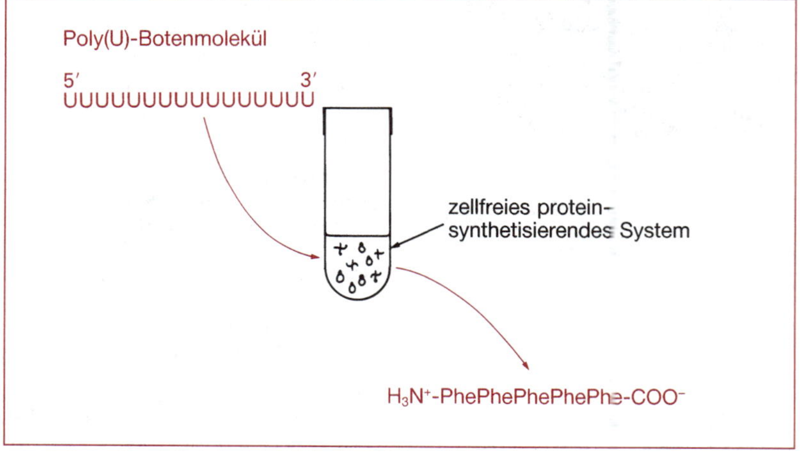

8.11 Die erste erfolgreiche Aufklärung einer Codonbedeutung.

zufälliges Heteropolymer aus C und A im Verhältnis 5 : 1

Wahrscheinlichkeit, daß C in einem Triplett enthalten ist = 5/6
Wahrscheinlichkeit, daß A in einem Triplett enthalten ist = 1/6

mögliche Tripletts	Wahrscheinlichkeit
CCC	$(5/6)^3 = 57.9\%$
CCA, CAC, ACC	$(1/6)(5/6)^2 = 11.6\%$
CAA, ACA, AAC	$(1/6)^2(5/6) = 2.3\%$
AAA	$(1/6)^3 = 0.4\%$

Ergebnisse der zellfreien Proteinsynthese

Aminosäure	Anteil im Polypeptid	Erklärung
Prolin	69%	CCC + eines von CCA, CAC und ACC
Threonin	14%	eines von CCA, CAC, ACC + eines von CAA, ACA, AAC
Histidin	12%	eines von CCA, CAC, ACC
Asparagin	2%	jeweils eines von CAA, ACA, AAC
Glutamin	2%	jeweils eines von CAA, ACA, AAC
Lysin	1%	AAA

8.12 Die statistische Analyse der Ergebnisse eines Experiments mit zufälligen Heteropolymeren.

nur Poly(U) gebildet. Man synthetisierte auch die drei anderen RNA-Homopolymere, fügte sie jeweils einzeln zu dem zellfreien System hinzu und ordnete so AAA = Lysin und CCC = Prolin zu. Aus nicht ganz geklärten Gründen funktionierte Poly(G) in dem System nicht, und deshalb ließ sich die Aminosäure, die von GGG codiert wird, zu diesem Zeitpunkt nicht identifizieren.

b) Zufällige Heteropolymere. Der nächste Schritt bestand in der Herstellung von **Heteropolymeren**, künstlichen RNA-Molekülen, die Nucleotide mehrerer Typen enthielten. Zu diesem Zweck läßt man ein Nucleotidgemisch mit Polynucleotidphosphorylase polymerisieren. Dabei stellt sich jedoch ein Problem: Da die Polymerisierung zufällig erfolgt, ist die tatsächliche Sequenz des entstehenden RNA-Moleküls nicht bekannt. Ein Heteropolymer aus A und C enthält beispielsweise acht verschiedene Codons (AAA, AAC, ACA, CAA, ACC, CCA, CAC, CCC) in willkürlicher Anordnung und codiert Polypeptide aus sechs verschiedenen Aminosäuren (Prolin, Histidin, Threonin, Asparagin, Glutamin, Lysin). Offensichtlich werden diese sechs Aminosäuren von den acht möglichen Codons verschlüsselt, aber welches codiert welche?

Zumindest eine Teilantwort erhält man, wenn man die einzelnen Nucleotide in der Reaktionsmischung der RNA-Synthese in bekannten Mengen einsetzt. Wenn beispielsweise das Verhältnis von C zu A 5:1 beträgt, ist die Wahrscheinlichkeit für das Auftreten eines CCC-Codons viel größer als die für ein AAA-Codon.

Nomenklatur von Heteropolymeren

Es ist wichtig, daß die Nomenklatur, die man zur Beschreibung von Heteropolymeren verwendet, eine Unterscheidung zwischen zufälligen und geordneten Molekülen erlaubt. Es gilt folgende Konvention:

Poly (A, C) = zufälliges Heteropolymer (CACCCAACCCACAC)

Poly(AC) = geordnetes Heteropolymer (ACACACACACA-CAC)

Die Häufigkeiten für jedes der acht möglichen Codons lassen sich tatsächlich bestimmen und mit den Mengen der einzelnen Aminosäuren in dem entstehenden Polypeptid vergleichen. (Abb. 8.12). Die mit dieser Methode erreichte Zuordnung der Codons ist nicht endgültig, aber immerhin statistisch wahrscheinlich, und sie läßt sich durch Veränderung der Zusammensetzung des Heteropolymers überprüfen. Mit solchen Methoden konnten Nirenberg, Matthaei und Ochoa den meisten der 64 Codons des genetischen Codes eine mutmaßliche Bedeutung zuordnen.

c) Die vollständige Aufklärung des Codes. Mit Homopolymeren und zufälligen Heteropolymeren konnte man den genetischen Code zwar zum größten Teil klären, aber die unzweifelhafte Bestimmung jedes Codons erforderte zwei weitere Arten von Experimenten.

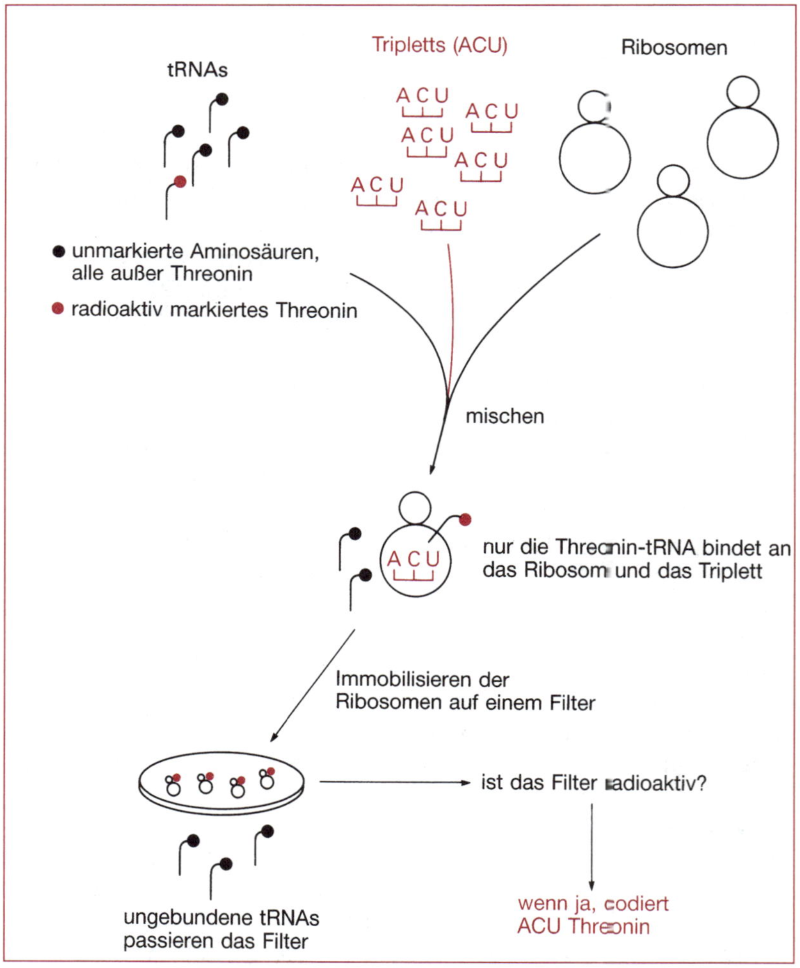

8.13 Der Triplettbindungstest.

1. *Geordnete Heteropolymere* wurden von H. Gobind Khorana synthetisiert. Bei ihrer Herstellung polymerisiert man keine Mononucleotide, sondern entweder Dinucleotide bekannter Sequenz, wie etwa AC (wodurch eine ACACACAC-Sequenz entsteht, die zwei Codons enthält, nämlich ACA und CAC), oder Trinucleotide, wie beispielsweise UGU (wodurch eine UGUUGUUGUUGU-Sequenz mit den Codons UGU, GUU, UUG entsteht). Mit Hilfe der einfacheren Polynucleotide, die anhand solcher Moleküle synthetisiert wurden, ließ sich die Bedeutung mehrerer kniffeliger Codons ermitteln.
2. *Der Triplettbindungstest* wurde 1964 von Nirenberg und Philip Leder als eine Modifizierung des zellfreien Proteinsynthesesystems entwickelt. Man entdeckte, daß gereinigte Ribosomen sich an ein mRNA-Molekül aus nur drei Nucleotiden (genaugenommen ein einziges Codon) anheften und dann das korrekte Aminosäure-tRNA-Molekül binden (Abb. 8.13). Da man Tripletts mit bekannter Sequenz im Labor erzeugen konnte, war es mit diesem Bindungstest möglich, die zuvor zugeordneten Codons zu überprüfen und praktisch allen übrigen eine Bedeutung zuzuweisen. Fünf Jahre nach Matthaeis ersten Experimenten bestätigte man schließlich 1966 das letzte Codon; damit war der genetische Code vollständig aufgeklärt.

8.2.3 Eigenschaften des Codes

Der Code ist in Tabelle 8.2 dargestellt. Er hat drei wichtige Eigenschaften.

1. *Der Code ist degeneriert.* Allen Aminosäuren außer Methionin und Tryptophan sind mehrere Codons zugeordnet, so daß alle 64 Tripletts eine Bedeutung besitzen, obwohl es nur 20 Aminosäuren gibt. Die meisten synonymen Codons lassen sich in Familien gruppieren (GGA, GGU, GGG und GGC codieren Glycin); das ist von Bedeutung für die Art, wie der Code während der Proteinsynthese entziffert wird (Abschnitt 9.1.2).
2. *Der Code enthält „Satzzeichencodons“.* Drei Codons, nämlich UAA, UGA und UAG, codieren keine Aminosäure. Wenn sie in der Mitte eines Heteropolymers auftauchen, verursachen sie einen Abbruch der Proteinsynthese, so daß ein kürzeres Polypeptid entsteht, als man erwartet hatte. Man nennt diese Tripletts **Stop-** oder **Terminationscodons**; eines von ihnen tritt immer am Ende eines Gens auf, und zwar an der Stelle, an der die Translation abbricht.
   Entsprechend findet man AUG fast immer am Beginn eines Gens, und es markiert die Position, wo die Translation ihren Anfang nehmen sollte. Deshalb bezeichnet man AUG als **Start-** oder **Initiationscodon**, und da es Methionin codiert, haben die meisten neusynthetisierten Polypeptide diese Aminosäure am Aminoterminus, wo sie allerdings anschließend durch

posttranslationale Bearbeitung des Proteins entfernt werden kann. Dabei fällt auf, daß AUG das einzige Methionincodon darstellt, so daß man AUGs, die keine Startcodons bilden, auch innerhalb des Gens finden kann.

3. *Der Code ist nicht universell.* Als man den genetischen Code 1966 vollständig aufgeklärt hatte, war man von seiner Allgemeingültigkeit überzeugt. Man postulierte, der genetische Code müsse unumstößlich sein und könne sich nicht weiterentwickeln, weil eine Abwandlung in einer Codonbedeutung fast jedes Protein in der Zelle abändern würde. Die zellfreien Systeme, die man zur Aufklärung des Codes verwendete, präparierte man aus *E. coli*, aber man wiederholte die Experimente bald mit Säugerextrakten und gelangte dabei im wesentlichen zu den gleichen Ergebnissen. Allmählich akzeptierte man die Annahme von der Allgemeingültigkeit des Codes als Dogma. Es war daher geradezu ein Schock, als Frederick Sangers Gruppe in Cambridge 1979 entdeckte, daß für Mitochondriengene des Menschen (Abschnitt 15.5.2) ein leicht abgewandelter genetischer Code gilt (Tabelle 8.3). In diesen Genen codiert UGA (normalerweise ein Stopcodon) Tryptophan, AGA und AGG (normalerweise Arginin) sind Stopcodons, und AUA (normalerweise Isoleucin) verschlüsselt Methionin. Diese Abweichungen bestätigten sich später bei Mitochondriengenen anderer Säuger, und Codons, die sich geringfügig von dem üblichen Code unterscheiden, entdeckte man auch in den Mitochondriengenen von *Drosophila*, Pilzen und Hefe.

Ungewöhnliche genetische Codes und RNA-Editing

Wäre es möglich, daß manche ungewöhnlichen Codons in Wirklichkeit durch Editing der mRNA „korrigiert" werden (Abschnitt 7.5)? Bei den meisten ungewöhnlichen Codons ist das sicherlich auszuschließen, aber bei Pflanzenmitochondrien scheint so etwas tatsächlich vorzukommen. Beim Mais haben beispielsweise viele Mitochondriengene das Triplett CGG an Positionen, an denen man Tryptophancodons erwarten würde. Nach der Transkription werden die Codons durch RNA-Editing in UGG-Codons umgewandelt, die dann in Übereinstimmung mit dem Standardcode als „Tryptophan" gelesen werden.

Tabelle 8.2: Der genetische Code

UUU	phe*	UCU	ser	UAU	tyr	UGU	cys
UUC		UCC		UAC		UGC	
UUA	leu	UCA		UAA	'stop'	UGA	'stop'
UUG		UCG		UAG		UGG	trp
CUU	leu	CCU	pro	CAU	his	CGU	arg
CUC		CCC		CAC		CGC	
CUA		CCA		CAA	gln	CGA	
CUG		CCG		CAG		CGG	
AUU	ile	ACU	thr	AAU	asn	AGU	ser
AUC		ACC		AAC		AGC	
AUA		ACA		AAA	lys	AGA	arg
AUG	met	ACG		AAG		AGG	
GUU	val	GCU	ala	GAU	asp	GGU	gly
GUC		GCC		GAC		GGC	
GUA		GCA		GAA	glu	GGA	
GUG		GCG		GAG		GGG	

* Die ausgeschriebenen Namen der Aminosäuren finden sich in Tabelle 8.1.

Tabelle 8.3: Beispiele für ungewöhnliche Codons

Organismus	Gene	Codon	übliche Bedeutung	tatsächliche Bedeutung
Säuger	alle Mitochondriengene	UGA AGA, AGG AUA	Stop Arg Ile	Trp Stop Met
Drosophila	alle Mitochondriengene	UGA AGA AUA	Stop Arg Ile	Trp Ser Met
Saccharomyces cerevisiae	alle Mitochondriengene	UGA CUN* AUA	Stop Leu Ile	Trp Thr Met
Protozoen	alle Kerngene	UAA, UAG	Stop	Gln
Candida cylindracea	alle Kerngene	CUG	Leu	Ser
Säuger	Glutathionperoxidase	UGA	Stop	SeCys
Escherichia coli	Formiatdehydrogenase	UGA	Stop	SeCys

*N = ein beliebiges Nucleotid

Wie wir in Kapitel 15 noch genauer erfahren werden, sind für die Expression von Mitochondriengenen eine andere RNA-Polymerase, andere Ribosomen und andere tRNAs zuständig als für die Expression der Kerngene. Deshalb kann man sich relativ leicht vorstellen, daß Mitochondrien- und Kerngene etwas unterschiedliche genetische Codes aufweisen. Wie sich der genetische Code der Mitochondrien in der Evolution entwickeln konnte, ist schwer zu begreifen, aber es gibt auch nur wenige proteincodierende Mitochondriengene (13 beim Menschen), so daß ein Wechsel in der Codonbedeutung eine weniger dramatische Wirkung nach sich gezogen hätte, als man es für eine Veränderung im genetischen Code des Kerns erwarten würde. Kürzlich hat man jedoch gezeigt, daß ungewöhnliche Codes nicht auf Mitochondrien beschränkt sind: Man entdeckte einige Beispiele, bei denen ein Organismus für seine Kerngene einen genetischen Code benutzt, der nicht dem Standardcode entspricht. Am häufigsten scheint so etwas bei den Protozoen einschließlich *Tetrahymena* und *Paramecium* vorzukommen. Dort codieren die Stopcodons UAA und UAG beide Glutamin.

Noch mehr überraschte die Entdeckung, daß die Bedeutung eines Codons in dem gleichen Organismus je nach Gen variieren kann. In Genen der Zellkerne des Menschen dient UGA in Übereinstimmung mit der üblichen Bedeutung häufig als Stopcodon. In mindestens zwei Genen des Menschen, nämlich denen für die Enzyme Glutathionperoxidase und Typ-I-Iodothyronin-5′-Deiodinase, codiert UGA jedoch die ungewöhnliche Aminosäure Selenocystein (ein Cystein, bei dem das Schwefelatom durch Selen ersetzt ist). Es sieht so aus, als ob die an diesen Genen transkribierten mRNAs spezielle Haarnadelstrukturen in ihren Trailer-Bereichen besitzen und daß diese Haarnadeln während der Translation eine Rolle spielen, die gewährleistet, daß das UGA-Triplett als Selenocystein und nicht als Terminationssignal gelesen wird. Mit weiteren Forschungen will man nun klären, wie das genau funktioniert, und man möchte herausfinden, ob es andere Beispiele für Codons gibt, denen in verschiedenen Genen unterschiedliche Bedeutung zukommt.

Literatur

Branden, C.; Tooze, J. *Introduction to Protein Structure.* New York (Garland) 1991.

Richards, F.M. *Die Faltung von Proteinmolekülen.* In: *Spektrum der Wissenschaft* 3 (1991) S. 72–81.

[Ein interessanter Artikel über die Weise, wie sich ein Protein in seine korrekte Tertiärstruktur faltet.]

Yanofsky, C.; Carlton, B.C.; Guest, J.R.; Helsinki, D.R.; Henning, U. *On the Colinearity of Gene Structure and Protein Structure.* In: *Proceedings of the National Academy of Sciences USA* 51 (1964) S. 266–272.

Yanofski, C. *Gene Structure and Protein Structure.* In: *Scientific American* 216/5 (1967) S. 80–94.

[Der erste Forschungsartikel und ein Übersichtsartikel über die Kolinearität zwischen Gen und Protein.]

Crick, F.H.C.; Barrett, F.R.S.L.; Brenner, S.; Watts-Tobin, R.J. *General Nature of the Genetic Code for Proteins.* In: *Nature* 192 (1961) S. 1227–1232.

[Der experimentelle Beweis für die Triplettnatur des Codes.]

Nirenberg, M.W.; Matthaei, H. *The Dependence of Cell-Free Protein Synthesis in E. coli upon Naturally Occurring or Synthetic Polyribonucleic Acids.* In: *Proceedings of the National Academy of Sciences USA* 47 (1961) S. 1588–1602.

Nirenberg, M.W.; Leder, P. *RNA Codewords and Protein Synthesis.* In: *Science* 145 (1964) S. 1399–1407.

[Zwei der ersten Veröffentlichungen aus Nirenbergs Labor.]

Crick, F.H.C. *The Genetic Code.* In: *Scientific American* 207/4 (1962) S. 66–74.

Nirenberg, M.W. *The Genetic Code II.* In: *Scientific American* 208/3 (1963) S. 80–94.

Crick, F.H.C. *The Genetic Code III.* In: *Scientific American* 215/4 (1966) S. 55–62.

[Drei exzellente Übersichtsartikel, die die Fortschritte bei der Aufklärung des Codes aufzeigen.]

Hall, B.D. *Mitochondria Spring Surprises.* In: *Nature* 282 (1979) S. 129f.
[Gibt eine Übersicht über die ersten Berichte der ungewöhnlichen genetischen Codierung in Mitochondriengenen.]

Low, S. C.; Berry, M. J. *Knowing When not to Stop: Selenocysteine Incorporation in Eukaryotes.* In: *Trends in Biochemical Sciences* 21 (1996) S. 203–208.
[Die Fragen, die sich stellten, nachdem man entdeckt hatte, daß UGA sowohl die Termination als auch Selenocystein codieren kann.]

Aufgaben

1. Definieren Sie die folgenden Begriffe:

   R-Gruppe
   Peptidbindung
   Disulfidbrücke
   Denaturierung
   Renaturierung
   Leseraster
   Codon
   Homopolymer
   zufällige Heteropolymere
   geordnete Heteropolymere
   Stopcodon
   Startcodon

2. Beschreiben Sie, welchen Beitrag folgende Wissenschaftler zu unserem Wissen über den genetischen Code leisteten:

   Crick
   Yanofsky
   Brenner
   Ochoa
   Nirenberg und Matthaei
   Khorana
   Nirenberg und Leder

3. Zeichnen Sie die Struktur einer Aminosäure und geben Sie an, welche Teile des Moleküls in allen Aminosäuren gleich sind und welche Bereiche sich unterscheiden.

4. Nennen Sie die Unterschiede zwischen den vier Ebenen der Proteinstruktur.

5. Welcher experimentelle Hinweis unterstützt die Behauptung, daß die Anweisungen für die höheren Strukturebenen eines Proteins in der Aminosäuresequenz liegen?

6. Äußern Sie sich zu der Aussage: „Die im Gen enthaltene biologische Information codiert im wesentlichen eine Proteinfunktion.“

7. Erklären Sie, was mit Kolinearität zwischen Gen und Protein gemeint ist.

8. Welche Überlegungen ließen vermuten, daß jedes Codon drei Nucleotide umfassen würde? Wie hat man diese Tatsache experimentell bewiesen?

9. Nennen Sie Unterschiede zwischen dem Nutzen zufälliger und geordneter Heteropolymere bei der Aufklärung des genetischen Codes.

10. Erläutern Sie, was mit Degeneration im Zusammenhang mit dem genetischen Code gemeint ist.

11. * Diskutieren Sie die Gründe, warum Polypeptide im Gegensatz zu Polynucleotiden eine Vielzahl von Strukturen ausbilden können.

12. * In den fünfziger Jahren vermutete man, benachbarte Codons könnten sich überlappen, so daß die Sequenz ACAUG zwei Codons enthalten könnte: ACA und AUG. Entwerfen Sie ein Experiment, mit dem man diese Vorstellung überprüfen könnte.

13. * Zu welchem Ergebnis wäre man gekommen, wenn man bei den ersten Tests zur Überprüfung der Kolinearität zwischen Genen und Proteinen von einem Gen Gebrauch gemacht hätte, das Introns enthält?

14. * Wie kann sich der genetische Code verändern, wenn ein Wechsel in der Codonzuordnung wahrscheinlich in jedem Protein der Zelle eine Abwandlung verursacht?

15. Berechnen Sie die Anzahl an Codons, die möglich wäre, wenn jedes Codon aus vier Nucleotiden bestünde.

16. Erstellen Sie eine Liste der Codons, die in einem zufälligen Heteropolymer aus A- und G-Nucleotiden enthalten wären. Aus welchen Aminosäuren würde ein aus diesem Heteropolymer synthetisiertes Polypeptid bestehen?

17. Der Nichtmatrizenstrang eines Gens hat folgende Sequenz:

    5′-ATGTTAGCTGATCCGGAAATGATGTTATATATAA-TATATGCCCAATAG-3′

    Wie würde die Aminosäuresequenz des Genprodukts lauten?

9

Translation

Die Rolle der tRNA – Aminoacylierung – Codonerkennung • **Ablauf der Proteinsynthese bei *E. coli*** – Initiation – Elongation – Termination • **Translation bei Eukaryoten**

Der genetische Code kommt während der letzten Stufe der Genexpression zum Einsatz, wenn die mRNA-Moleküle in Polypeptide translatiert werden. Die Translation ist sehr kompliziert, und an ihr sind viele verschiedene Zellkomponenten beteiligt. Von zentraler Bedeutung für den gesamten Vorgang ist jedoch, daß der genetische Code eingehalten wird. Dafür sorgen tRNA-Moleküle: Sie dienen als „Adapter" und sind sowohl physisch als auch in Bezug auf die Information das Bindeglied zwischen der Nucleotidsequenz der mRNA und der Aminosäuresequenz des Polypeptids (Abb. 9.1). Später in diesem Kapitel werden wir uns in allen Einzelheiten mit dem Proteinsynthesemechanismus in der Zelle beschäftigen. Zunächst müssen wir uns jedoch mit der grundlegenderen Frage befassen, wie die tRNAs im einzelnen dafür sorgen, daß die Translation im Einklang mit den Gesetzen des genetischen Codes vonstatten geht.

9.1 Die Rolle der tRNA bei der Translation

Jede Zelle enthält eine Anzahl verschiedener Typen von tRNA-Molekülen mit unterschiedlicher Sequenz, die aber alle die in Kapitel 6 beschriebenen invarianten und halb-invarianten Nucleoti-

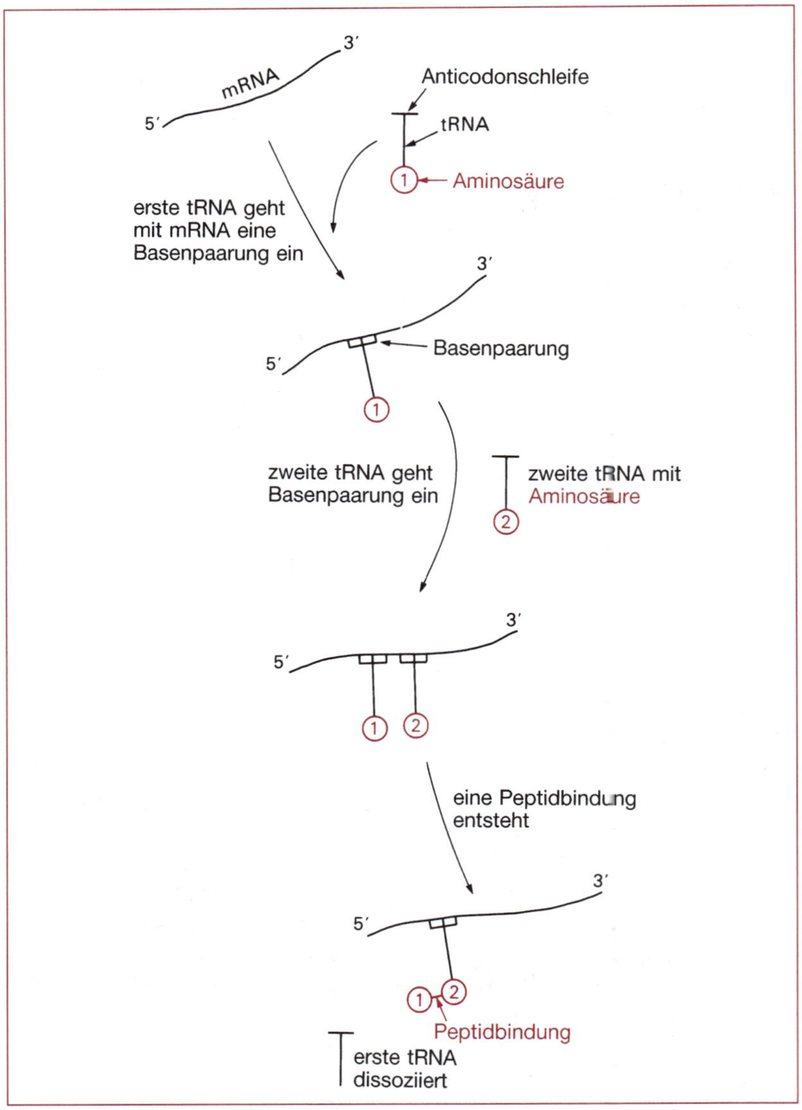

9.1 Die Funktion der tRNA bei der Translation. Die tRNA ist durch ein „T" dargestellt. Der Querbalken des T symbolisiert die Anticodonschleife.

de enthalten. Jede tRNA unterscheidet sich in funktioneller Hinsicht durch ihre Spezifität für eine der zwanzig Aminosäuren, die an der Proteinsynthese beteiligt sind: Beispielsweise ist das tRNA-Molekül, das man als $tRNA^{tyr}$ bezeichnet, spezifisch für Tyrosin, $tRNA^{gly}$ ist spezifisch für Glycin. Ein tRNA-Molekül bildet eine kovalente Bindung mit seiner Aminosäure (und mit keiner anderen) und kann das Codon, das zu dieser Aminosäure gehört, erkennen und an es binden (Abb. 9.2). Für eine Aminosäure kann es mehrere Typen von tRNA-Molekülen geben; darin spiegelt sich die Tatsache wider, daß der genetische Code degeneriert ist, so daß die meisten Aminosäuren durch mehr als ein Triplett codiert werden. Zwei tRNAs, die an die gleiche Aminosäure binden, nennt man **Isoakzeptoren**.

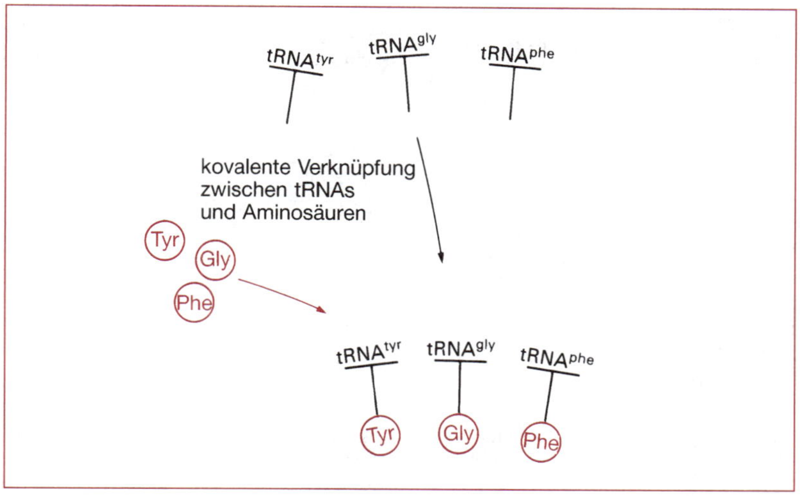

9.2 Einzelne tRNA-Moleküle sind für verschiedene Aminosäuren spezifisch.

9.1.1 Aminoacylierung von tRNA

Jedes tRNA-Molekül ist in der Lage, durch einen als **Aminoacylierung** oder **Beladung** bezeichneten Vorgang eine kovalente Bindung mit seiner speziellen Aminosäure einzugehen. Die Aminosäure wird am Ende des Akzeptorarms an das tRNA-Kleeblatt angefügt. Die Bindung bildet sich zwischen der Carboxylgruppe der Aminosäure und der 3′-OH-Gruppe des letzten Nucleotids der tRNA (Abb. 9.3). Wie bereits erwähnt wurde, ist dieses terminale Nucleotid immer ein A, weil alle tRNAs die Sequenz 5′-CCA-3′ an ihren 3′-Enden aufweisen.

Aminoacyl-tRNA-Synthetasen steuern die Beladung. Eine Gruppe von Enzymen, die man **Aminoacyl-tRNA-Synthetasen** nennt,

Untypische Beladung von tRNA

Manche tRNA-Moleküle werden durch einen Vorgang beladen, der komplizierter ist als der im Text beschriebene. Bei einigen Bakterien heftet zum Beispiel die Aminoacyl-tRNA-Synthetase für $tRNA^{gln}$ nicht das Glutamin an seine tRNA, sondern ein Molekül Glutaminsäure. Dieser „Fehler" wird dann von einem zweiten Enzym (einer Aminotransferase) korrigiert, das die O^--Gruppe der Glutaminsäure durch deine NH_2-Gruppe ersetzt und so das Glutamin erzeugt. Ein ähnlicher Vorgang sorgt bei Säugetieren für die Produktion der $tRNA^{Secys}$, welche in den Genen für Glutathionperoxidase und einige andere Proteine die ungewöhnlichen Codons für Selenocystein entschlüsselt (Abschnitt 8.2.3). Anfangs ist diese tRNA mit Serin beladen, das dann durch Austausch der OH- gegen eine SeH-Gruppe in Selenocystein umgewandelt wird.

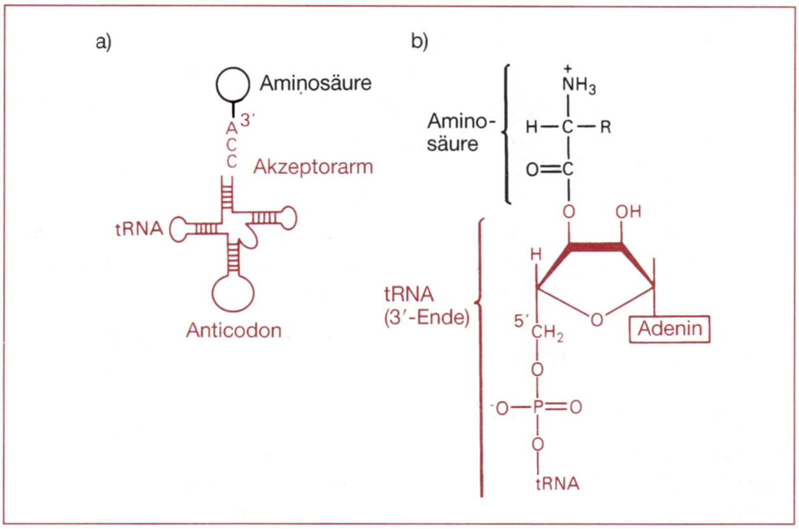

9.3 Die Anlagerung einer Aminosäure an ein tRNA-Molekül. a) Die Aminosäure bindet an das 3′-Ende des tRNA-Akzeptorarms. b) Die Verknüpfung zwischen der Aminosäure und dem 3′-terminalen Nucleotid der tRNA.

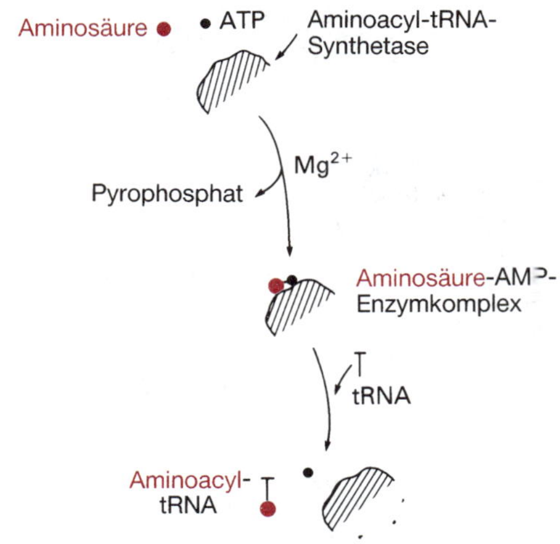

9.4 Der Reaktionsablauf bei der Aminoacylierung einer tRNA.

> **Wie erkennt eine Aminoacyl-tRNA-Synthetase ihre tRNA?**
>
> Mit zwei einander ergänzenden experimentellen Methoden kann man feststellen, wie eine Aminoacyl-tRNA-Synthetase ihre tRNA erkennt. Die erste bedient sich der Röntgenstrukturanalyse, die man nicht nur bei einzelnen Protein- oder DNA-Molekülen, sondern auch bei molekularen Komplexen wie einer Aminoacyl-tRNA-Synthetase mit ihrer gebundenen tRNA verwenden kann. Mit dieser Methode lassen sich die Verknüpfungspunkte zwischen den beiden Molekülen sichtbar machen. Eine derartige Untersuchung hat man mit $tRNA^{gln}$ und ihrer Aminoacyl-tRNA-Synthetase von *E. coli* durchgeführt, und dabei stellte sich heraus, daß das Enzym mit dem Akzeptorarm und der Anticodonschleife der tRNA in Verbindung steht (Abb. 6.8).
>
> Bei der zweiten Methode ändert man die Nucleotidsequenz einer tRNA und untersucht, ob die Aminoacyl-tRNA-Synthetase sie noch erkennt. Falls ein für die Wechselwirkung entscheidendes Nucleotid verändert wird, können das Enzym und die tRNA keinen Komplex mehr ausbilden. Entsprechende Experimente mit der $tRNA^{ala}$ von *E. coli* lassen vermuten, daß ein einziges Basenpaar im Akzeptorarm das wichtige Merkmal für die Erkennung durch die Aminoacyl-tRNA-Synthetase darstellt.

katalysieren die Aminoacylierung. In den meisten Zellen gibt es für jede Aminosäure eine einzige Aminoacyl-tRNA-Synthetase, was bedeutet, daß ein Enzym mehrere isoakzeptierende tRNAs beladen kann.

Die Aminoacyl-tRNA-Synthetasen stellen eine ziemlich heterogene Enzymgruppe dar, aber sie katalysieren alle die gleiche Reaktion (Abb. 9.4), wobei die Spaltung von ATP zu AMP und Pyrophosphat die erforderliche Energie für das Anfügen der Aminosäure an die tRNA liefert. Die Reaktion läuft in zwei getrennten Schritten ab; der erste führt zu einer aktivierten Aminosäurezwischenstufe, bei der die Carboxylgruppe mit AMP verknüpft ist. Dieses Zwischenprodukt ist sehr reaktionsfreudig und bleibt am Enzym gebunden, bis das AMP im zweiten Reaktionsschritt durch das tRNA-Molekül ersetzt wird, so daß die Aminoacyl-tRNA und freies AMP entstehen.

Die Spezifität des Beladens (die sicherstellt, daß die richtige Aminosäure an die richtige tRNA bindet) ist eine Funktion der Aminoacyl-tRNA-Synthetase, die in der Lage ist, sowohl die korrekte Aminosäure in erster Linie aufgrund ihrer charakteristischen R-Gruppe als auch die zugehörige tRNA zu erkennen. Wie die Aminoacyl-tRNA-Synthetase die tRNA identifiziert, ist nicht im Detail bekannt, aber offensichtlich sind bestimmte variante Nucleotide des Kleeblattes für eine einzelne tRNA charakteristisch, und das Enzym unterscheidet eines oder mehrere davon.

9.1.2 Codonerkennung

Sobald die richtige Aminosäure an den Akzeptorarm der tRNA gekoppelt ist, muß das aminoacylierte Molekül die Verbindung zwischen mRNA und Polypeptid herstellen, indem es das richtige Codon erkennt und daran bindet: Das heißt, es muß an ein Codon binden, das die Aminosäure codiert, mit der es beladen ist. Codonerkennung ist eine Funktion der Anticodonschleife der tRNA, insbesondere des als **Anticodon** bezeichneten Trinucleotids (Abb. 6.8). Dieses Trinucleotid ist zu dem Codon komplementär und kann sich deshalb über Basenpaarung daran anlagern (Abb. 9.5). Damit ist die Spezifität des genetischen Codes gewährleistet, denn das in einer bestimmten tRNA vorhandene Anticodon ist komplementär zu dem Codon für die Aminosäure, mit der die tRNA beladen ist.

Codons und Anticodons können „wobbeln". Aus dem bis hierher Gesagten könnte man schließen, daß in jeder Zelle 61 verschiedene Arten von tRNA-Molekülen vorkommen, eines für jedes der Codons, die eine Aminosäure spezifizieren. In Wirklichkeit weiß man bereits seit Anfang der sechziger Jahre, daß es nicht 61,

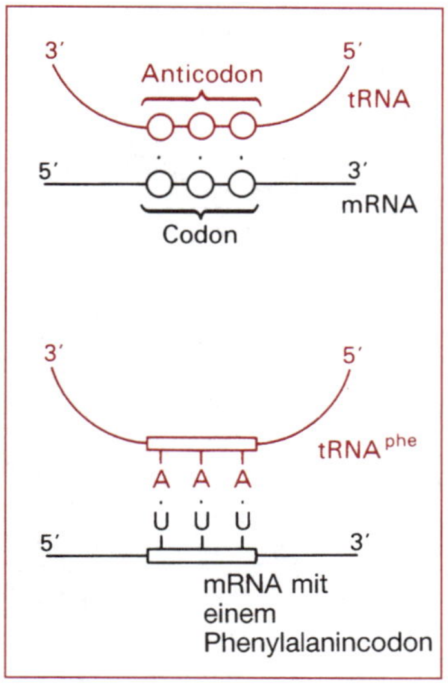

9.5 Codonerkennung. Oben erkennt man die Basenpaarung zwischen dem Anticodon eines tRNA-Moleküls und einem Codon eines mRNA-Moleküls. Unten ist der spezielle Fall der Entschlüsselung eines Phenylalanincodons veranschaulicht.

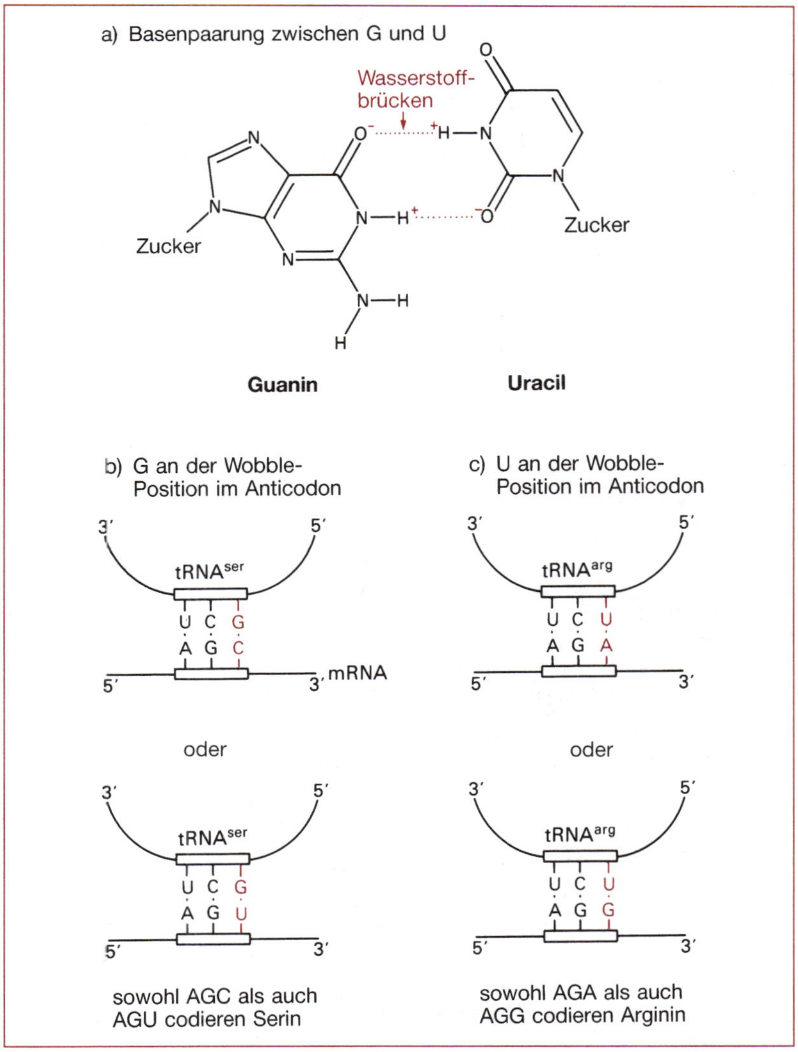

9.6 G-U-Basenpaare an der Wobble-Position. a) Basenpaarung zwischen G und U. Zum Vergleich finden sich in Abbildung 3.10b die Standardbasenpaare. b) und c) Zwei Auswirkungen von G-U-Basenpaaren an der Wobble-Position.

sondern wesentlich weniger verschiedene tRNA-Moleküle gibt, normalerweise je nach Organismus zwischen 31 und 40. Die Erklärung hierfür liefert die **Wobble-Hypothese**, die Crick 1966 erstmals entwickelte.

Die Hypothese beruht auf der Tatsache, daß die Anticodonschleife tatsächlich eine Schleife ist, so daß das eigentliche Anticodon kein vollkommen lineares Trinucleotid darstellt. Die kurze Doppelhelix, die sich durch Basenpaarung zwischen dem Codon und Anticodon ausbildet, besitzt daher nicht die exakte Konfigu-

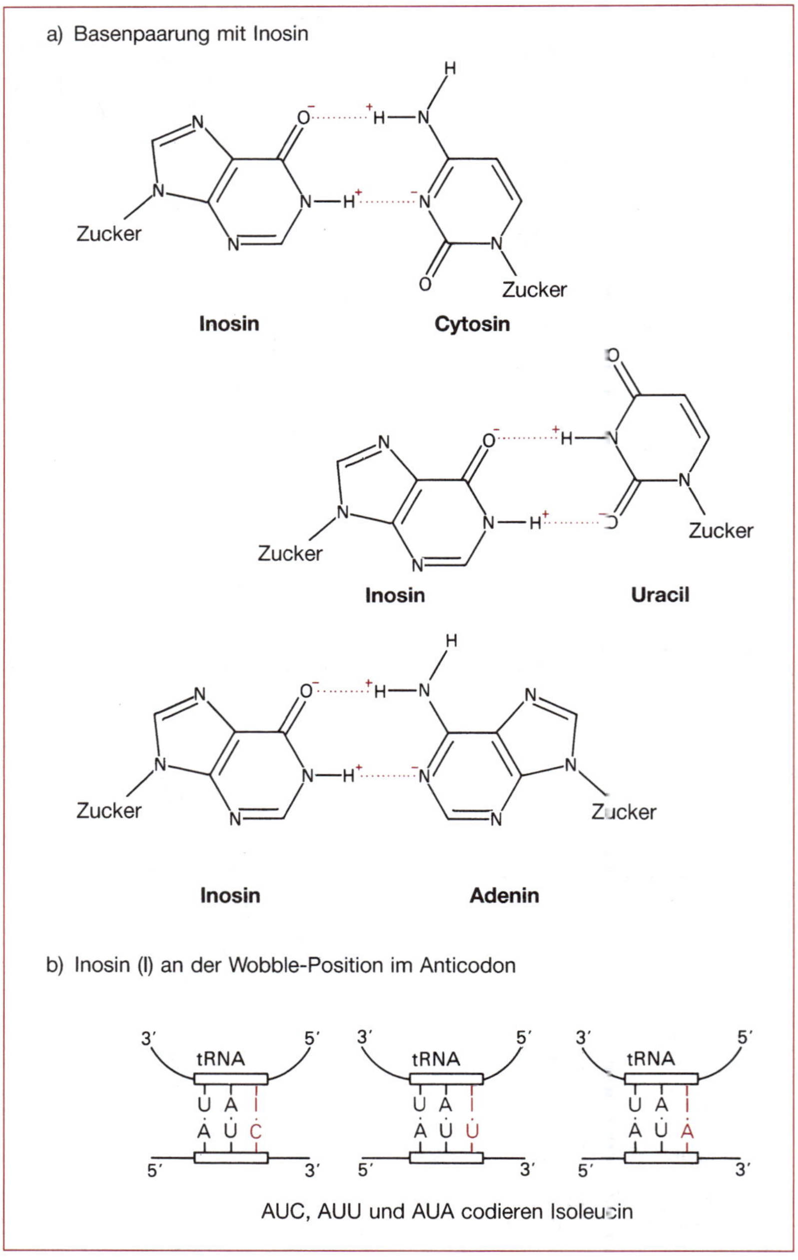

9.7 Inosin (I) an der Wobble-Position. a) Die mit diesem Nucleotid möglichen Basenpaare. b) Die Folgen, wenn sich I an der Wobble-Position befindet.

ration einer üblichen RNA-Helix, sondern ihre Dimensionen sind leicht verändert. Infolgedessen können sich an der Wobble-Position (zwischen dem ersten Nucleotid des Anticodons und dem dritten Nucleotid des Codons) unübliche Basenpaare ausbilden. Auf diese Weise kann ein einziges Anticodon sich mit mehr als einem Codon paaren, und eine einzige tRNA kann mehr als ein Mitglied einer Codonfamilie entziffern. Allerdings sind die Regeln für die Basenpaarung an der Wobble-Position nicht vollkommen flexibel, sondern es sind nur wenige unübliche Basenpaare möglich. Am häufigsten sind folgende Kombinationen:

1. *G-U-Basenpaare.* Ein G-U-Basenpaar ist an der Wobble-Position zulässig (Abb. 9.6a). Die Abbildungen 9.6a und c stellen zwei mögliche Konsequenzen dieser Verbindung dar.
2. *Inosin kann mit C, A und U Basenpaarungen eingehen.* In einigen tRNAs handelt es sich beim Wobble-Nucleotid des Anticodons um Inosin (I), eine desaminierte Form von G (Abb. 6.11). I kann nicht nur mit C eine Basenpaarung eingehen, sondern auch mit A und U (Abb. 9.7a). Eine mögliche Folge dieser Tatsache ist in Abbildung 9.7b dargestellt.

Durch das „Wobbeln" vermindert sich daher die Zahl der zur Entzifferung des genetischen Codes erforderlichen tRNAs, so daß eine einzige Zelle mit nicht mehr als 31 verschiedenen tRNAs auskommen kann. Allerdings bleiben die Regeln des genetischen Codes unantastbar, und die Polymerisation eines durch Translation synthetisierten Polypeptids erfolgt streng gemäß der Nucleotidsequenz der entsprechenden mRNA. Wir wenden unsere Aufmerksamkeit nun dem Mechanismus dieses Prozesses zu.

9.2 Der Ablauf der Proteinsynthese bei *E. coli*

Wenn man die Aufgabe der tRNA erst einmal verstanden hat, läßt sich der genaue Mechanismus der Translation viel leichter nachvollziehen. Traditionell gliedert man den Prozess in drei Stufen – Initiation, Elongation und Termination –, obwohl die Vorgänge in Wirklichkeit kontinuierlich ablaufen.

9.2.1 Initiation der Translation

Der allererste Schritt bei der Translation bei *E. coli* besteht in der Anlagerung der kleinen (30S) Untereinheit eines Ribosoms an

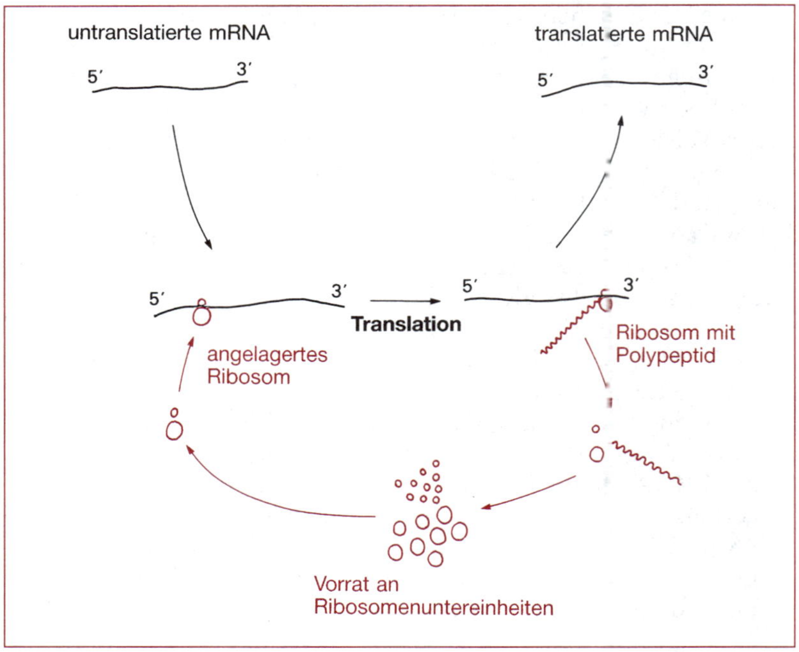

9.8 Der Ribosomenvorrat in der Zelle besteht aus dissoziierten Untereinheiten, die nicht an der Translation beteiligt sind.

ein mRNA-Molekül. Wenn Ribosomen nicht gerade mit der Proteinsynthese beschäftigt sind, dissoziieren sie in ihre Untereinheiten, so daß der Ribosomen-„Pool" in der Zelle aus einer großen Zahl einzelner 30S- und 50S-Untereinheiten besteht (Abb. 9.8).

a) Die Ribosomenbindungsstelle gewährleistet, daß die Translation an der richtigen Stelle beginnt. Wie bei der Beschreibung des Transkriptionsprozesses erwähnt wurde, ist es wichtig, daß die RNA-Polymerase an der richtigen Stelle mit der Transkription beginnt, so daß Gene und keine zufälligen DNA-Stücke transkribiert werden. Analog sind die Verhältnisse auch bei der Translation: Die 30S-Ribosomenuntereinheit muß sich an das zu transla-

Ribosomenbindungsstellen

Einzelheiten über einige Ribosomenbindungsstellen in Genen von *E. coli*:

Gen	Genprodukt	Nucleotid-sequenz	Abstand zum AUG-Codon (Nucleotide)
E. coli-Consensus-sequenz	–	AGGAGGU	10
lacZ	β-Galactosidase	AGGA	7
galE	Hexose-1-P-Uridyltransferase	GGAG	6
galT	Galactose-1-P-Uridyltransferase	AGGA	6
rplJ	ribosomales Protein L10	AGGAG	8
cro	regulatorisches Protein des Phagen λ	AGGAGGU	3
B	Hüllprotein des Phagen ϕX174	AGGAG	7

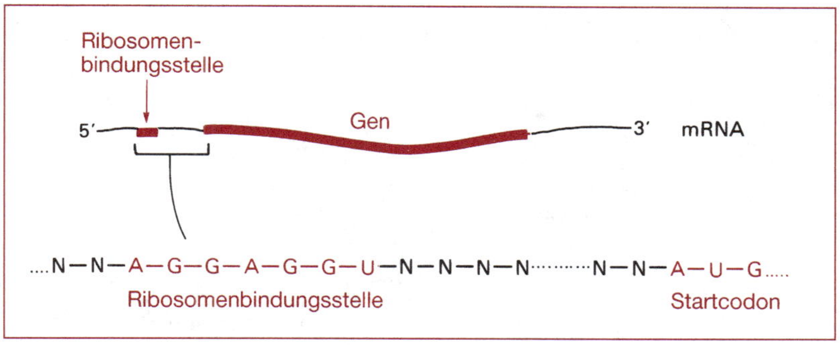

9.9 Die Ribosomenbindungsstelle von *E. coli* und ihre relative Lage zum Startcodon des Gens. „N" symbolisiert beliebige Nucleotide.

tierende mRNA-Molekül anlagern, und zwar nicht an einer beliebigen Position, sondern an einem spezifischen Punkt unmittelbar stromaufwärts vom Startcodon des Gens (Abb. 9.9).

Der richtige Ort für die Anlagerung ist durch die **Ribosomenbindungsstelle** gekennzeichnet, die bei *E. coli* folgende Consensussequenz besitzt:

5′-AGGAGGU-3′

Diese als **Shine-Dalgarno-Sequenz** bekannte Nucleotidfolge, so die Vermutung, geht eine vorübergehende Basenpaarung mit einem Teil des 16S-rRNA-Polynucleotids ein und ermöglicht es der 30S-Untereinheit dadurch, an die mRNA zu binden.

Sobald die 30S-Untereinheit die Ribosomenbindungsstelle identifiziert hat, wandert sie stromabwärts, bis sie auf ein AUG-Codon trifft, das sich üblicherweise innerhalb der nächsten zehn Nucleotide hinter der Bindungsstelle befindet (Abb. 9.10a). Dieses AUG-Triplett bildet das Startcodon des Gens und markiert die Stelle, an der die Translation beginnen muß.

b) Bildung des Initiationskomplexes. Der Translationsvorgang selbst beginnt, sobald eine aminoacylierte tRNA mit dem Startcodon, das durch die 30S-Untereinheit des Ribosoms ausfindig gemacht wurde, eine Basenpaarung eingeht (Abb. 9.10b). Diese Initiator-tRNA ist mit Methionin beladen, denn das ist die von AUG codierte Aminosäure. Bei Bakterien (aber nicht bei Eukaryoten) wird dieses Methionin jedoch nach der Beladung durch Austausch eines Wasserstoffatoms der Aminogruppe gegen eine Formylgruppe (COH) modifiziert, wodurch *N*-Formylmethionin oder **fmet** entsteht (Abb. 9.11a). Diese Substitution blockiert die Aminogruppe, so daß sie sich nicht an der Bildung einer Peptidbindung beteiligen kann. Die Polymerisation des Polypeptids kann daher nur in der Richtung vom Amino- zum Carboxylende stattfinden (Abb. 9.11b).

Die so entstandene Struktur, die sich im wesentlichen aus mRNA, 30S-Untereinheit und aminoacylierter $tRNA^{fmet}$ zusammensetzt, nennt man **Initiationskomplex**, und seine Bildung markiert das Ende der Initiationsphase der Translation.

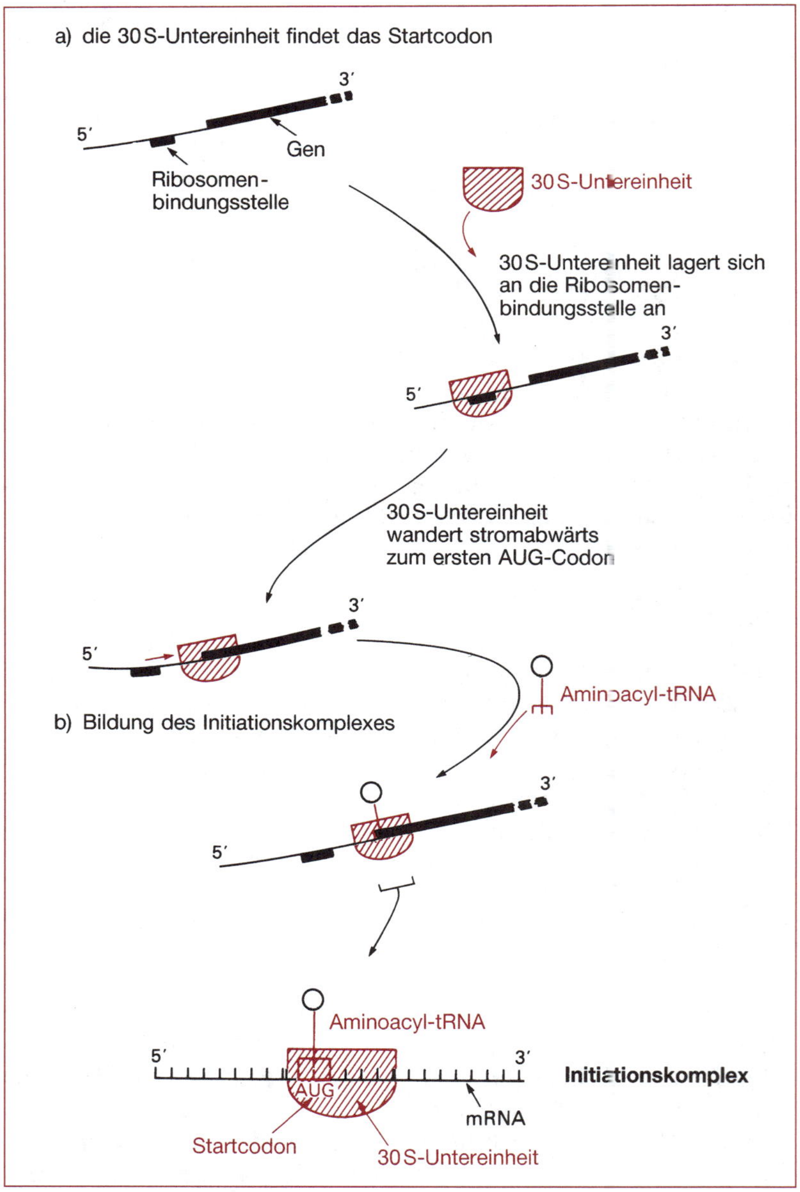

9.10 Initiation der Translation in *E. coli*. Aus Gründen der Übersichtlichkeit sind die Initiationsfaktoren und das GTP-Molekül weggelassen.

c) Initiationsfaktoren. Die Funktion der vielen nichtribosomalen Proteinfaktoren stellt den größten noch ungeklärten Fragenkomplex bei der Translation dar. Beispielsweise sind für die Initiation bei *E. coli* drei als **Initiationsfaktoren** bezeichnete Proteine erforderlich. IF1 und IF3 sind anscheinend für die Dissoziation des Ribosoms in seine 30S- und 50S-Untereinheiten verantwortlich (was wichtig ist, da vollständige Ribosomen die Translation nicht initiieren können), und IF3 ist wahrscheinlich an der Erkennung der Ribosomenbindungsstelle beteiligt. IF2 spielt bei der Anlagerung der beladenen Initiator-tRNA eine Rolle und sorgt auch dafür,

Untersuchung der Translation bei *E. coli*

Um die Translation genauer zu verstehen, führt man oft Experimente mit Inhibitoren durch, die einen bestimmten Schritt in dem Prozeß blockieren. Das ist wichtig, wenn man feststellen will, in welcher Reihenfolge die einzelnen Schritte ablaufen.

Inhibitor	Aktivität
Streptomycin	verhindert, daß die Initiator-tRNA die P-Stelle besetzt
Kirromycin	bindet an EF-Tu
Chloramphenicol	inhibiert die Peptidyltransferase
Thiostrepton	bindet an EF-G und verhindert die Translokation

Ein gutes Beispiel für die Verwendung eines Inhibitors ist Kirromycin. Es bindet an EF-Tu und verhindert die Ablösung dieses Faktors von dem Ribosom, nachdem er die Aminoacyl-tRNA an die A-Stelle befördert hat. Deshalb kann die Peptidbindung sich nicht ausbilden. Das beweist ziemlich eindeutig, daß unter normalen Bedingungen vor der Bildung der Peptidbindung zuerst EF-Tu entfernt werden muß.

daß ein GTP-Molekül, das die Energie für den nächsten Schritt der Translation bereitstellt, an den Initiationskomplex bindet.

9.2.2 Elongation der Polypeptidkette

Sobald sich der Initiationskomplex gebildet hat, kann sich die große Untereinheit des Ribosoms anlagern. Dazu ist die Hydro-

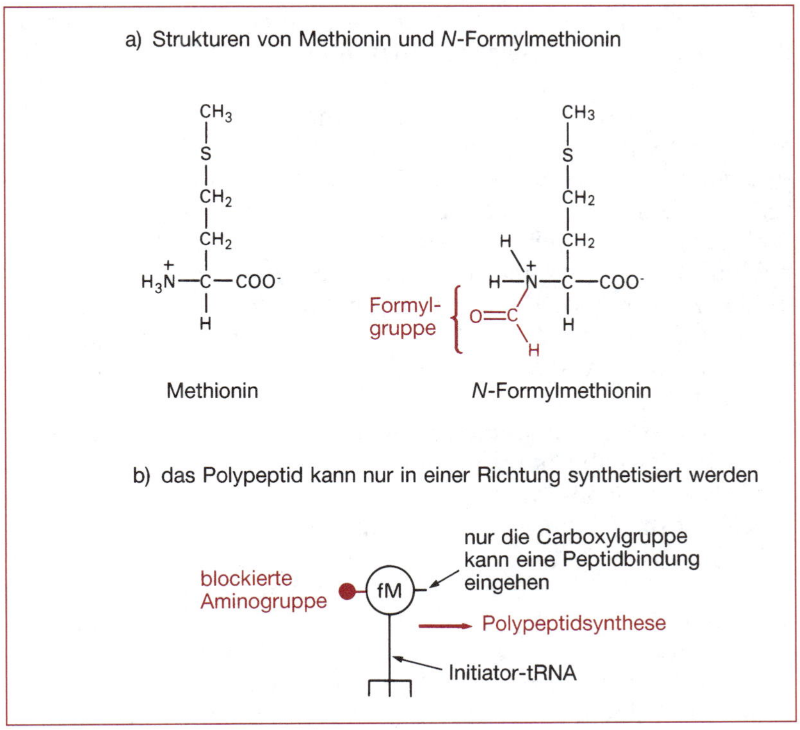

9.11 *N*-Formylmethionin und seine Aufgabe bei der Initiation der Translation in *E. coli*.

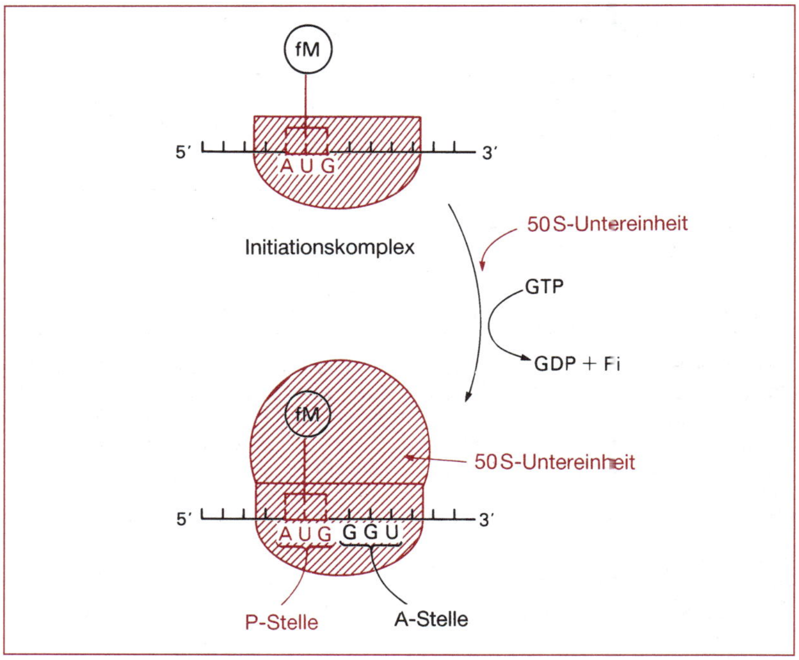

9.12 Durch Anlagerung der 50S-Untereinheit an den Initiationskomplex entstehen zwei getrennte tRNA-Bindungsstellen.

lyse des GTP-Moleküls erforderlich, das mit dem Initiationskomplex assoziiert ist, und es entstehen zwei verschiedene abgegrenzte Bereiche, an denen tRNAs binden können (Abb. 9.12). Der erste heißt **Peptidyl-** oder **P-Stelle** und ist im Augenblick von der aminoacylierten tRNA^{fmet} besetzt, die noch mit dem Startcodon basengepaart ist. Die **Aminoacyl-** oder die **A-Stelle** liegt über dem zweiten Codon des Gens und ist zunächst unbesetzt. Die Elongation beginnt, wenn sich die richtige aminoacylierte tRNA an der A-Stelle anlagert und mit dem zweiten Codon eine Basenpaarung eingeht (Abb. 9.13a). Dazu sind zwei **Elongationsfaktoren**, EF-Tu und EF-Ts, erforderlich. EF-Tu ist unmittelbar an der Anlagerung der Aminoacyl-tRNA an die A-Stelle beteiligt, wobei zur Beschaffung der notwendigen Energie ein zweites Molekül GTP hydrolysiert wird. Dadurch entsteht eine inaktive Form von EF-Tu, die durch EF-Ts reaktiviert werden muß, bevor der Faktor an einer weiteren Elongationsrunde teilnehmen kann.

a) Bildung der Peptidbindung und Translokation. Nun sind beide Bereiche des Ribosoms mit aminoacylierten tRNAs besetzt, und die beiden Aminosäuren stehen in nahem Kontakt. Der nächste Schritt ist die Bildung einer Peptidbindung zwischen der Carboxylgruppe von fmet und der Aminogruppe der zweiten Aminosäure. Ein kompliziert aufgebautes Enzym, das möglicherweise aus einer Kombination mehrerer verschiedener Ribosomenproteine besteht und das man als **Peptidyltransferase** bezeichnet, katalysiert diese Reaktion. Die Peptidyltransferase wirkt in Verbindung mit einem zweiten ribosomalen Enzym, der **tRNA-**

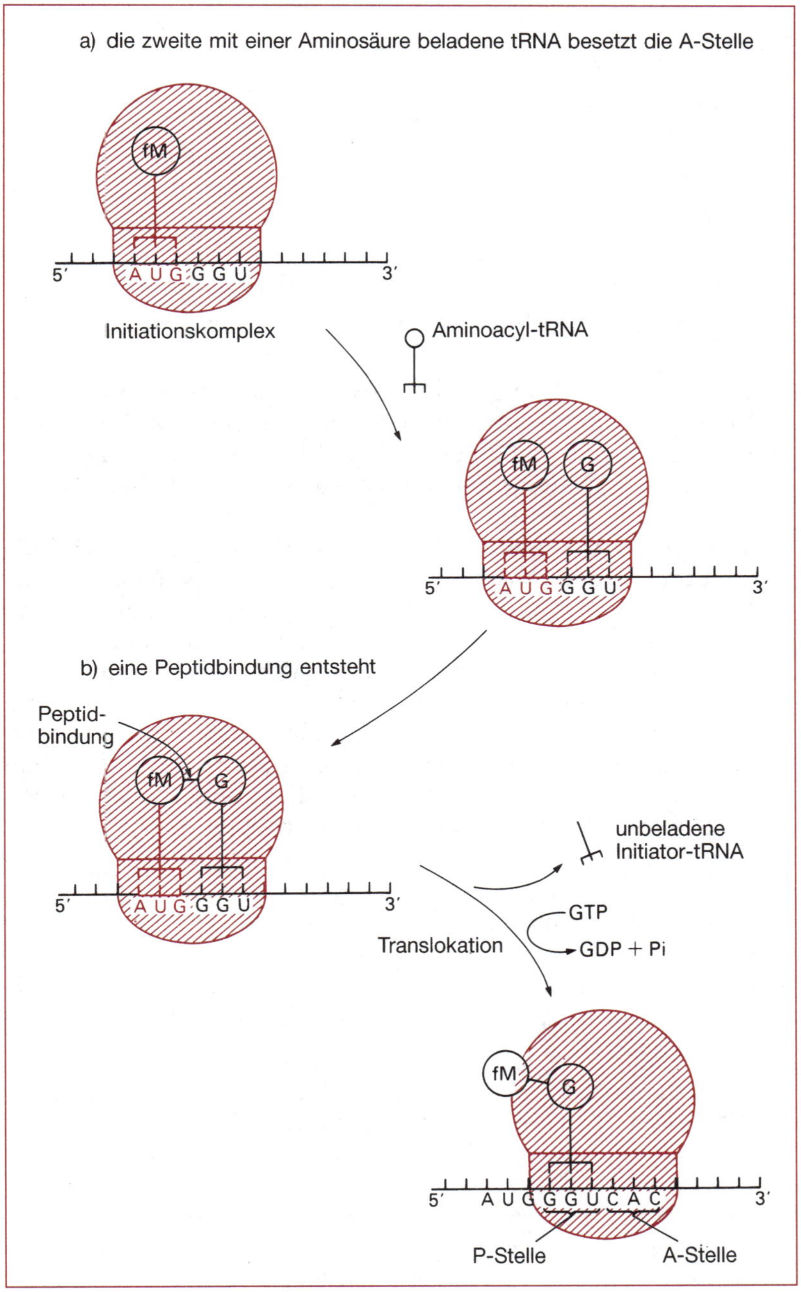

9.13 Der Elongationsschritt der Translation bei *E. coli*.

Deacylase, welches die Bindung zwischen fmet und der tRNA aufbricht. Als Ergebnis erhält man ein Dipeptid, das mit der tRNA an der A-Stelle verknüpft ist (9.13b).

Nun findet die **Translokation** statt. Das Ribosom wandert auf der mRNA drei Nucleotide weiter. Dadurch gelangt die mit zwei Aminosäuren verknüpfte tRNA zur P-Stelle und verdrängt dort die unbeladene $tRNA^{fmet}$, während sie gleichzeitig die A-Stelle

9.14 Ein Polysom.

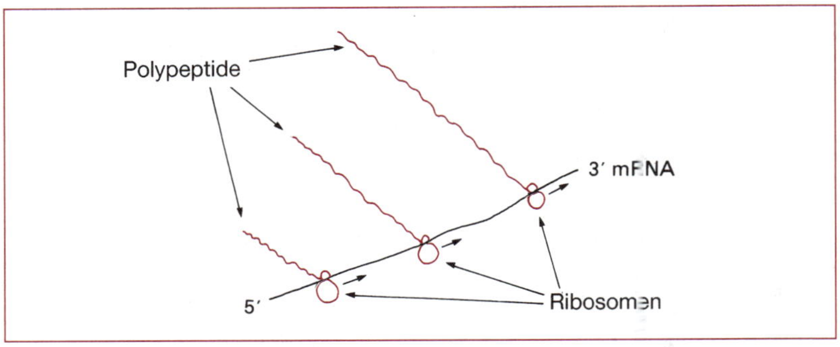

freigibt. Die dritte aminoacylierte tRNA besetzt nun die A-Stelle, und der Elongationszyklus wiederholt sich. Jeder Zyklus erfordert die Hydrolyse von einem Molekül GTP und steht unter der Kontrolle eines dritten Elongationsfaktors namens EF-G.

b) Jede mRNA kann durch mehrere Ribosomen gleichzeitig translatiert werden. Nach mehreren Elongationsrunden ist der Anfang der mRNA nicht mehr an das Ribosom gebunden, und eine weitere Translationsreaktion kann beginnen. Dazu lagert sich eine zweite 30S-Untereinheit an die Ribosomenbindungsstelle an, und ein neuer Initiationskomplex bildet sich. Als Endprodukt entsteht ein **Polysom** (Abb. 9.14), eine mRNA, die von mehreren Ribosomen gleichzeitig translatiert wird. Man hat Polysomen auf elektronenmikroskopischen Bildern von prokaryotischen wie eukaryotischen Zellen beobachtet.

9.2.3 Kettenabbruch

Sobald ein Stopcodon (UAA, UAG oder UGA) an die A-Stelle gelangt, kommt es zur Termination der Translation. Es gibt kein

Überblick über die Translationsfaktoren bei *E. coli*

Faktor	Molmasse (Dalton)	Funktion
Initiation		
IF1	9 000	Dissoziation der Ribosomen in ihre Untereinheiten
IF2	97 000	Anlagerung von $tRNA^{fmet}$ an den Initiationskomplex
IF3	23 000	Dissoziation der Ribosomen, Bindung der mRNA an den Initiationskomplex
Elongation		
EF-Tu	43 000	Bindung der Aminoacyl-tRNA an die A-Stelle
EF-Ts	74 000	Beschaffung von aktivem EF-Tu
EF-G	77 000	Translokation
Termination		
RF	136 000	Kettenablösung – UAA-, UAG-Codons
RF2	41 000	Kettenablösung – UGA-, UAA-Codons
RF3	46 000	arbeitet mit RF1 und RF2 zusammen

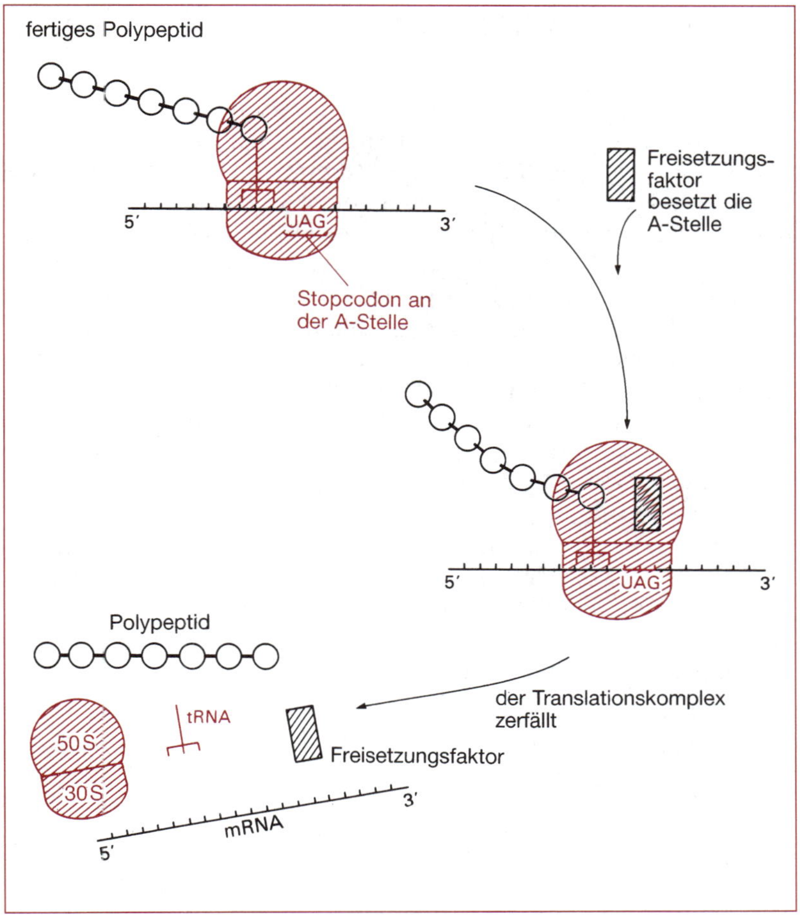

9.15 Termination der Translation bei *E. coli*.

tRNA-Molekül, dessen Anticodon mit einem der Stopcodons eine Basenpaarung eingehen könnte: Statt dessen besetzt einer von zwei **Freisetzungsfaktoren** (RF1 oder RF2) die A-Stelle und spaltet das fertige Polypeptid von der letzten tRNA ab (Abb. 9.15). Ein dritter Freisetzungsfaktor mit der Bezeichnung RF3 erfüllt bei diesem Vorgang eine Hilfsfunktion. Das Ribosom setzt das Polypeptid und die mRNA frei und dissoziiert anschließend in die Untereinheiten von 30S und 50S, die sich dem zellulären Pool anschließen, bevor sie an einer neuen Translationsrunde teilnehmen. Die Polypeptidkette faltet sich in ihre Tertiärstruktur, und dann nimmt sie ihre funktionelle Tätigkeit in der Zelle auf.

9.3 Translation bei Eukaryoten

Bei Eukaryoten läuft die Translation im wesentlichen auf die gleiche Weise ab wie bei *E. coli*. Der einzige wesentliche Unterschied betrifft die Art, wie die kleine Untereinheit des Ribosoms (40S bei Eukaryoten) an die mRNA bindet und das AUG-Codon, an dem die Translation beginnen soll, ausfindig macht. Eine eukaryotische mRNA besitzt keine der Shine-Dalgarno-Sequenz von *E. coli* entsprechende interne Ribosomenbindungsstelle. Statt dessen erkennt die kleine Untereinheit des Ribosoms die Cap-Struktur (Abschnitt 7.3.1) als Bindungsstelle, und dementsprechend lagert sie sich an das äußerste 5′-Ende der mRNA an. Die Untereinheit wandert dann an der mRNA entlang, bis sie ein Startcodon erreicht, und dort kann die Translation beginnen (Abb. 9.16). Normalerweise ist das erste AUG-Triplett, auf das die kleine Untereinheit bei ihrer Suche entlang der mRNA trifft, das Startcodon. Das gilt jedoch nicht immer: Bei manchen mRNAs startet die Translation an einem späteren AUG-Triplett. Zur Erklärung dieses Phänomens hat man angenommen, daß die Sequenz im Umfeld des AUG-Codons mit darüber entscheidet, ob das Triplett als Startcodon genutzt wird.

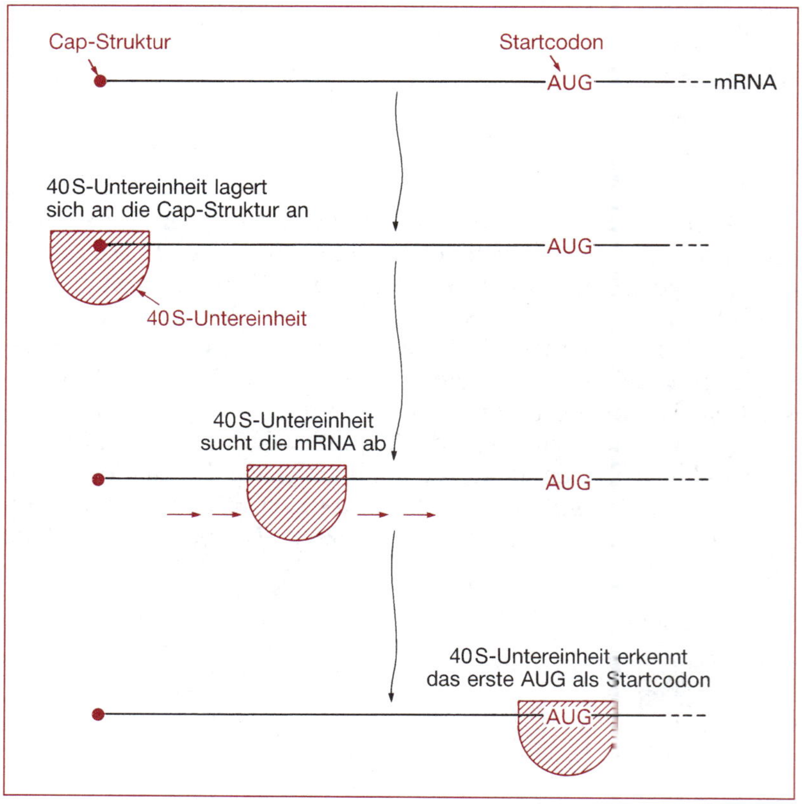

9.16 Initiation der Translation bei Eukaryoten.

Überblick über eukaryotische Translationsfaktoren

Faktor	Funktion
Initiation	
eIF3, eIF4C	lagern sich, bevor die mRNA bindet, an die 40S-Untereinheit an
eIF4A, eIF4E, eIF4G	lagern sich an die Cap-Struktur an und assistieren beim Binden der40S-Untereinheit
eIF4B	bricht vermutlich beim Entlangwandern an der mRNA Haarnadelstrukturen auf
eIF2	bindet an die Initiator-mRNA
eIF2B	Regeneration von aktivem eIF2
eIF5	setzt eIF2, 3 und 4 von dem wachsenden Initiationskomplex frei
eIF6	Dissoziation der Ribosomenuntereinheiten
eIF1	nicht gesichert
Elongation	
eEF1	Bindung der Aminoacyl-tRNA an die A-Stelle
eEF2	Translokation
Termination	
eRF	Erkennung aller Terminationscodons

Darüber hinaus hat die eukaryotische Translation weitere Unterscheidungsmerkmale:

1. Die Initiator-tRNA der Eukaryoten trägt ein unmodifiziertes Methionin und nicht die für *E. coli* typische fmet-Aminosäure.
2. Für die eukaryotische Translationsinitiation sind weit mehr Initiationsfaktoren erforderlich als bei *E. coli*, wo drei solche Proteine ausreichen.
3. Die Initiaton erfordert bei Eukaryoten die Hydrolyse von ATP-Molekülen, und zwar sowohl zum Aufbau des Initiationskomplexes als auch für das Entlangwandern an der mRNA.
4. Die eukaryotische Termination der Translation erfordert im Gegensatz zu der in *E. coli* die Hydrolyse eines GTP-Moleküls.

Literatur

Hoagland, M.B.; Keller, E.B.; Zamecnik, P.C. *Enzymatic Carboxyl Activation of Amino Acids.* In: *Journal of Biological Chemistry* 218 (1956) S. 345–358.
[Die Entdeckung der Aminoacyl-tRNA-Synthetasen.]

Arnez, J.G.; Moras, D. *Aminoacyl-tRNA Synthetase-tRNA Recognition.* In: Nagai, K.; Mattaj, I.W. (Hrsg.) *RNA-Protein Interactions.* Oxford (IRL Press bei Oxford University Press) 1994, S. 52–81.

Ibba, M.; Curnow, A.W.; Söll, D. *Aminoacyl-tRNA Synthesis: Divergent Routes to a Common Goal.* In: *Trends in Biochemical Sciences* 22 (1997) S. 39–42.
[Enthält die Beschreibung einer untypischen Beladung von tRNA.]

Crick, F.H.C. *Codon-Anticodon Pairing: The Wobble Hypothesis.* In: *Journal of Molecular Biology* 19 (1966) S. 548–555.

Hunt, T. *The Initiation of Protein Synthesis.* In: *Trends in Biochemical Sciences* 5 (1980) S. 178–181.
Clark, B. *The Elongation Step of Protein Biosynthesis.* In: *Trends in Biochemical Sciences* 5 (1980) S. 207–210.
Caskey, C.T. *Peptide Chain Termination.* In: *Trends in Biochemical Sciences* 5 (1980) S. 234–237.
[Drei verständliche Übersichtsartikel über die einzelnen Schritte bei der Proteinsynthese.]

Shine, J.; Dalgarno, L. *The 3'-Terminal Sequence of Escherichia coli 16S Ribosomal RNA: Complementarity to Nonsense Triplets and Ribosome Binding Sites.* In: *Proceedings of the National Academy of Sciences USA* 71 (1974) S. 1342–1346.

Adams, J.M.; Capecchi, M.R. *N-Formylmethionyl-tRNA as the Initiator of Protein Synthesis.* In: *Proceedings of the National Academy of Sciences USA* 55 (1966) S. 147–155.

Hannig, E.M. *Protein Synthesis in Eukaryotic Organisms – New Insights into the Function of Translation Initiation Factor eIF-3.* In: *BioEssays* 17 (1995) S. 915–919.
Hentze, M.W. *eIF4G: a Multipurpose Ribosome Adaptor?* In: *Science* 275 (1997) S. 500–501 (siehe auch 275, S. 1553).
Condeelis, J. *Elongation Factor 1a, Translation and the Cytoskeleton.* In: *Trends in Biochemical Sciences* 20 (1995) S. 169–170.
Stansfield, I.; Jones, K.M.; Tuite, M.F. *The End in Sight: Terminating Translation in Eukaryotes.* In: *Trends in Biochemical Sciences* 20 (1995) S. 489–491.
[Vier beispielhafte Artikel über neuere Befunde zur Translation bei Eukaryoten.]

Aufgaben

1. Definieren Sie die folgenden Begriffe:

isoakzeptierende tRNAs	Aminoacyl-Stelle
Aminoacylierung	Elongationsfaktor
Anticodon	Translokation
Ribosomenbindungsstelle	Polysom
Initiationskomplex	Freisetzungsfaktor
Initiationsfaktor	Peptidyl-Stelle

2. Umreißen Sie die Funktionen der folgenden Enzyme bei der Proteinsynthese:

   Aminoacyl-tRNA-Synthetase
   Peptidyltransferase
   tRNA-Deacylase

3. Beschreiben Sie, wie eine Aminosäure an ein tRNA-Molekül gebunden ist.

4. Erklären Sie, wie die tRNA-Moleküle gewährleisten, daß die Translation entsprechend den Gesetzen des genetischen Codes abläuft.

5. Erklären Sie, warum weniger als 61 tRNAs ausreichen, um den gesamten genetischen Code zu entschlüsseln.

6. Erläutern Sie die Vorgänge, die an der Bildung des Initiationskomplexes während der Proteinsynthese bei *E. coli* beteiligt sind.

7. Welche Auswirkung hat die Formylierung des Initiator-Methionins während der Translationsinitiation bei *E. coli*?

8. Umreißen Sie die Vorgänge, die bei der Elongation und Termination der Translation bei *E. coli* ablaufen.

9. Beschreiben Sie, wie die 40S-Untereinheit eines eukaryotischen Ribosoms ein Startcodon auf einem mRNA-Molekül findet.

10. * Diskutieren Sie den Zusammenhang zwischen der Wobble-Hypothese und der Degeneriertheit des genetischen Codes.

11. * In den Mitochondrien des Menschen sind für die Proteinsynthese lediglich 22 verschiedene tRNAs erforderlich (Abschnitt 15.4.2). Welche Konsequenzen hat das für die Gesetzmäßigkeiten, die für die Codon-Anticodon-Wechselwirkungen in diesem System maßgebend sind?

12. * Die meisten Organismen weisen in ihren Genen eine besondere Codonvorliebe auf. In den Genen von *Saccharomyces cerevisiae* beispielsweise kommen von den vier Codons für Prolin überhaupt nur zwei (CUC und CCA) häufig vor; CCC und CCG sind weniger häufig. Man hat die Vermutung geäußert, daß Gene, die eine relativ hohe Anzahl selten benutzter Codons enthalten, möglicherweise recht schwach exprimiert werden. Erklären Sie die Gedanken, die dieser Hypothese zugrunde liegen und diskutieren Sie die Auswirkungen.

10 Regulation der Genexpression

Warum wird die Genexpression reguliert? • Mögliche Strategien • Regulation der Genexpression bei Bakterien – Regulation des Lactosemetabolismus – andere Operons bei *E. coli* **• Stromaufwärts gelegene Bindungsstellen und DNA-bindende Proteine • Genregulation in der Entwicklung • Nachweis der an der Entwicklung beteiligten Gene**

In den vorangegangenen fünf Kapiteln wurde in groben Zügen der Vorgang der Genexpression dargestellt, und es wurde beschrieben, wie die biologische Information, die in der DNA-Sequenz eines Gens enthalten ist, entschlüsselt und von der Zelle benutzt wird. Als nächstes stellt sich nun die Frage, wie dieser Prozeß gesteuert wird.

10.1 Warum wird die Genexpression reguliert?

Die Gesamtheit der Gene in einer einzelnen Zelle stellt eine unglaubliche Menge an biologischer Information dar. Einen Teil dieser Information benötigt eine Zelle ständig: Die meisten Zellen synthetisieren zum Beispiel laufend Ribosomen und müssen daher ständig rRNA und ribosomale Proteine transkribieren. Auch Gene, die Enzyme codieren wie RNA-Polymerase oder solche, die an grundlegenden Stoffwechselwegen mitwirken, sind in allen Zellen immer aktiv. Da diese Gene ständig für die Aufrechterhaltung der Zellfunktion gebraucht werden, nennt man sie konstitutive Gene oder auf englisch *housekeeping genes* („Haushaltungsgene“).

Im Gegensatz dazu haben viele Gene eine speziellere Aufgabe. Ihre biologische Information benötigt die Zelle nur unter ganz bestimmten Umständen. Alle Organismen können deshalb die Expression ihrer Gene so regulieren, daß die Gene, deren RNA oder Protein gerade nicht erforderlich sind, abgeschaltet werden. Das Prinzip klingt einfach, aber die Ausführung ist sehr kompliziert. Um das Problem zu erläutern, wollen wir kurz die grundlegenden Merkmale der Genregulation bei Bakterien und Eukaryoten betrachten.

10.1.1 Genregulation in *E. coli*

Genregulation ermöglicht es einem Bakterium, auf Veränderungen seiner Umwelt zu reagieren. Ein Beispiel dafür sind die Gene für die Verwertung verschiedener Zuckerverbindungen, die als Kohlenstoff- und Energiequellen dienen. Eine Reihe von Genen bei *E. coli* codiert verschiedene Enzyme, mit denen die Zelle mehrere verschiedene Zucker aufnehmen und verarbeiten kann. Welche Enzyme genau ein einzelnes Bakterium zu einem bestimmten Zeitpunkt braucht, hängt davon ab, welche Zucker in der Umgebung vorhanden sind. Manchmal steht viel Glucose zur Verfügung, zu anderen Zeiten ist der Glucosespiegel gering, und das Bakterium verwertet einen anderen Zucker, zum Beispiel Lactose. *E. coli* könnte nun ständig alle seine zuckerverwertenden Enzyme exprimieren. Dann stünden ihm zu jeder Zeit Moleküle von jedem Enzym zur Verfügung. Das wäre jedoch Energie-

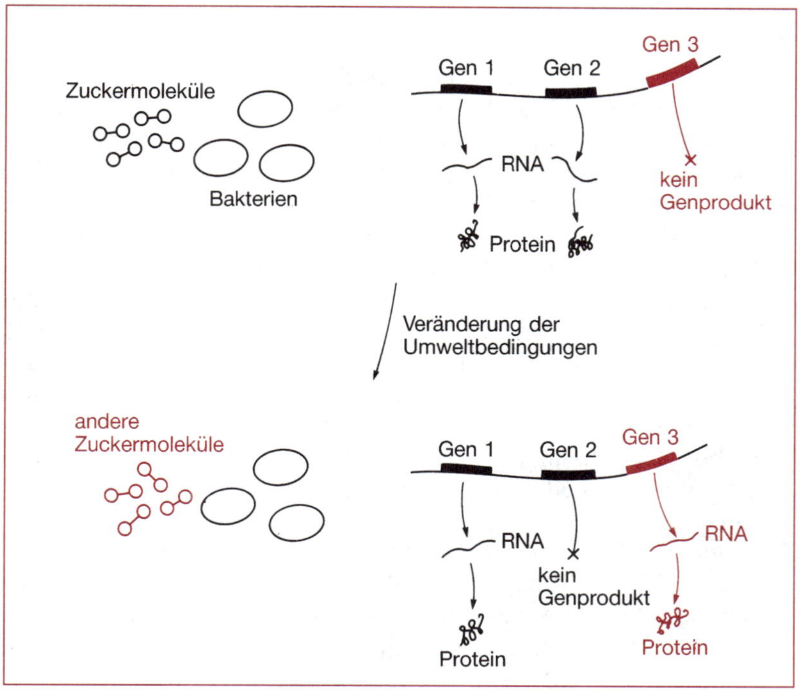

10.1 Gene können an- und abgeschaltet werden. In diesem Beispiel ist Gen 1 ein konstitutives Gen, das heißt, es ist immer eingeschaltet. Die Gene 2 und 3 codieren Enzyme, die am Stoffwechsel zweier verschiedener Zucker beteiligt sind. Sie stehen unter regulatorischer Kontrolle und werden nur eingeschaltet, wenn die Zelle ihre Genprodukte benötigt.

verschwendung – und die versuchen alle Organismen zu vermeiden. Warum Enzyme für die Verwertung von Lactose synthetisieren, wenn gar keine Lactose zur Verfügung steht? Statt dessen exprimiert ein Bakterium nur die Gene für diejenigen Enzyme, welche die sofort verfügbaren Zucker verwerten können. Die Gene für alle anderen Enzyme sind inaktiv, das heißt abgeschaltet, da ihre Genprodukte zur Zeit nicht benötigt werden (Abb. 10.1). Wenn sich die Umweltbedingungen ändern und ein Zucker durch einen anderen ersetzt wird, kann das Bakterium schnell die Expression der Gene in Gang setzen, deren Genprodukte jetzt gebraucht werden, und dafür diejenigen Gene abschalten, deren Produkte überflüssig geworden sind. *E. coli* und andere Bakterien können durch die Regulation der Expression ihrer Gene schnell auf Veränderungen in der Umwelt reagieren, ohne Energie dadurch zu verschwenden, daß sie den aktiven Zustand von Genen aufrechterhalten, deren Produkte sie im Augenblick gar nicht benötigen.

10.1.2 Genregulation bei Eukaryoten

Ganz grundsätzlich dient die Genregulation bei Bakterien und Eukaryoten dem gleichen Zweck: Sie versetzt die Zelle in die Lage, ihre biologischen Fähigkeiten zu verändern. Bei Eukaryoten beobachtet man jedoch wesentlich verwickeltere Verhältnisse, sowohl im Hinblick auf die Signale, welche die Genexpression beeinflussen, als auch bei den Auswirkungen, die die Genregulation für das ganze Lebewesen hat. Dies kann man folgendermaßen zusammenfassen:

1. *Eukaryotische Zellen reagieren auf ein breiteres Spektrum regulierender Reize.* Wie *E. coli*, so sprechen auch eukaryotische Zellen auf Umweltveränderungen an und wandeln daraufhin das Muster ihrer Genexpression ab. Hefe reguliert beispielsweise ihre Gene für die Nutzung verschiedener Zucker ganz ähnlich wie *E. coli*, und Pflanzenzellen schalten bei Licht ihre Gene für die Photosyntheseproteine ein (Abb 10.2a). In vielzelligen Lebewesen reagieren einzelne Zellen oder Zellgruppen auch auf Reize aus dem Inneren des Organismus. Viele Hormone, Wachstumsfaktoren und andere Regulationssubstanzen werden von Zellen eines Typs produziert und sorgen in anderen für eine Veränderung der Genexpression (Abb. 10.2b). Auf diese Weise kann die Aktivität von Zellgruppen so koordiniert werden, wie es für den Gesamtorganismus nützlich ist.
2. *Manche eukaryotischen Gene werden entwicklungsabhängig reguliert.* Die meisten Eukaryoten (und auch manche Bakterien) schalten Gene in bestimmten Entwicklungsstadien ein oder aus. Ein Beispiel sind die Globingene des Menschen (Abschnitt 4.2.1): Hier werden im Embryo, Fetus und Erwachse-

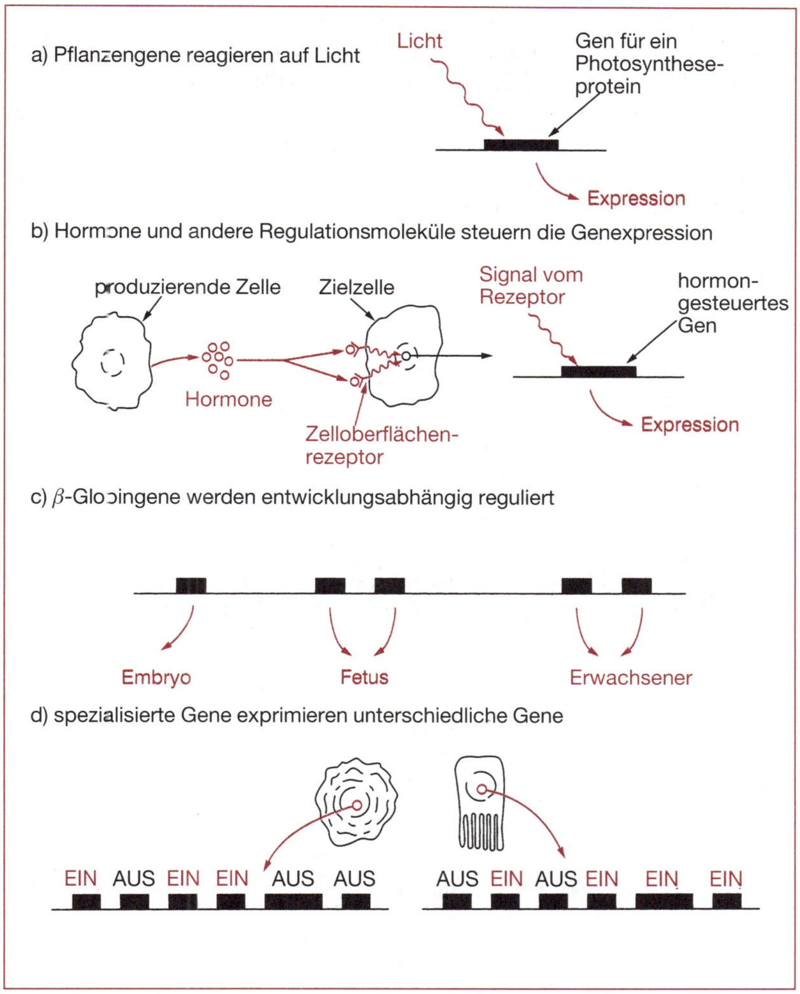

10.2 Vier Möglichkeiten der Genregulation bei vielzelligen Eukaryoten. Die in c) gezeigte Gruppe der menschlichen β-Globingene ist in Abbildung 4.4 genauer dargestellt.

nen unterschiedliche Gene der α- und β-Familie exprimiert (Abb. 10.2c). Durch die entwicklungsabhängige Genregulation können sich die biochemischen Vorgänge in einem Organismus je nach den Erfordernissen des jeweiligen Stadiums im Lebenszyklus verändern.

3. *In vielzelligen Organismen führt die Genregulation zur Spezialisierung von Zellen.* Im menschlichen Körper gibt es etwa 250 Zelltypen, jeder mit eigener Morphologie, eigenen biochemischen Eigenschaften und einer eigenen Aufgabe im Organismus. Die Unterschiede zwischen den Zelltypen entstehen durch unterschiedliche Genexpressionsmuster. Eine Leberzelle ist deshalb ganz anders als eine Muskelzelle, weil sie eine andere Genausstattung exprimiert (Abb. 10.2d). Solche Genexpressionsmuster sind von Dauer – eine Leberzelle kann nie zur Muskelzelle werden – und werden schon sehr früh in der Entwicklung festgelegt.

Diese komplizierteren Verhältnisse führen zwangsläufig dazu, daß die Vorgänge der Genregulation bei Eukaryoten wesentlich verwickelter sind als bei Bakterien. Es gibt aber auch wichtige Ähnlichkeiten, und zu einem recht großen Teil kann man die eukaryotische Genexpression verstehen, wenn man sich mit den entsprechenden Vorgängen bei Bakterien befaßt. Nach diesem Prinzip werden wir in dem vorliegenden Kapitel verfahren.

10.2 Mögliche Strategien zur Steuerung der Genexpression

Regulation der Genexpression heißt im Endeffekt Kontrolle über die Menge an Genprodukten in der Zelle. Diese Menge ergibt sich durch ein Gleichgewicht zwischen zwei Faktoren (Abb. 10.3):

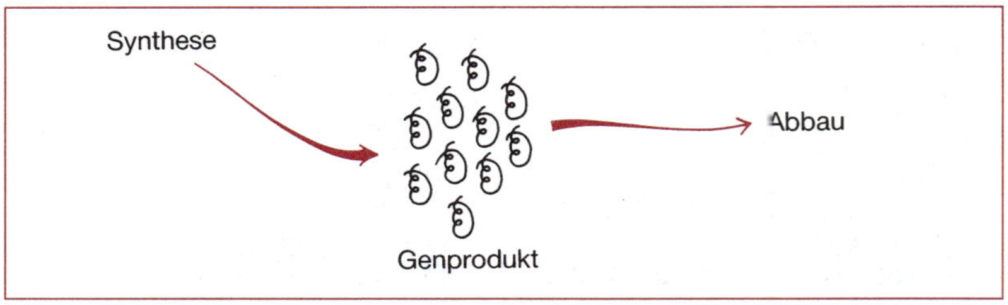

10.3 Die Menge eines Genprodukts in der Zelle ergibt sich durch das Gleichgewicht zwischen Syntheserate und Abbaurate.

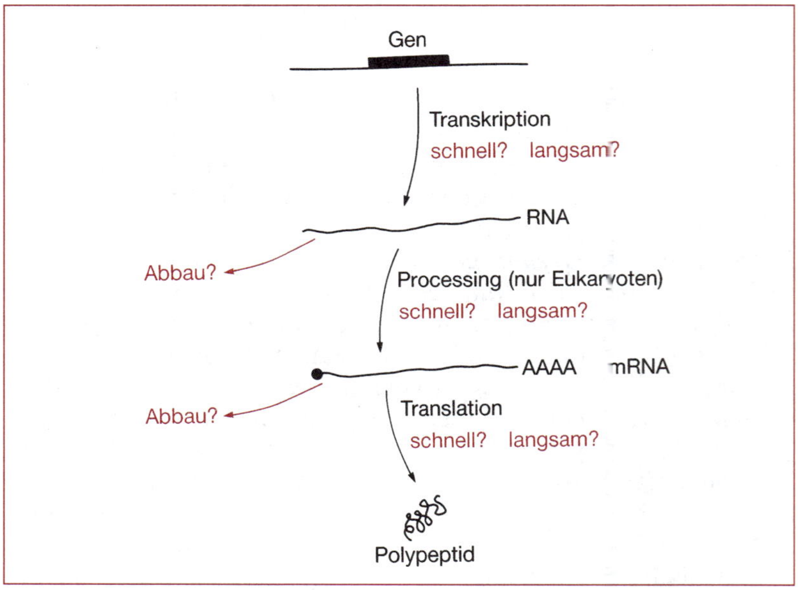

10.4 Faktoren, welche die Syntheserate eines Genprodukts beeinflussen.

der Syntheserate (wie viele Moleküle des Genprodukts werden pro Zeiteinheit gebildet) und der Abbaugeschwindigkeit (wie viele Moleküle werden pro Zeiteinheit abgebaut). Jedes Genprodukt in der Zelle hat eine eigene Gleichgewichtskonzentration. Wenn sich die Synthese- oder die Abbaugeschwindigkeit ändert, ändert sich auch die Gleichgewichtskonzentration. Unser Wissen ist wohl noch unvollständig, aber nach derzeitiger Kenntnis beruhen wirklich entscheidende Verschiebungen des Gleichgewichts von Genprodukten auf veränderten Syntheseraten. Das gilt sowohl für RNA-Genprodukte (rRNA, tRNA und so weiter) als auch für Proteine.

Wie läßt sich die Synthesegeschwindigkeit eines Genprodukts regulieren? Die Antwort: Indem die verschiedenen Schritte der Genexpression einzeln oder in Kombinationen gesteuert werden. Dazu gibt es folgende Möglichkeiten (Abb. 10.4):

1. *Transkription.* Verändert sich die Zahl der Transkripte, die je Zeiteinheit gebildet werden, verändert sich auch die Menge des synthetisierten Genprodukts: Schnellere Transkription führt zu einer größeren, langsamere zu einer geringeren Menge des Genprodukts.
2. *Abbau der mRNA.* Werden die mRNA-Moleküle schneller abgebaut, entsteht weniger Genprodukt, verläuft der Abbau langsamer, nimmt die Menge des Genprodukts zu.
3. *Weiterverarbeitung der mRNA (processing).* Ereignisse wie *capping*, Polyadenylierung und Spleißen eukaryotischer mRNAs sind in den meisten Fällen Voraussetzungen für die Translation. Wenn diese Weiterverarbeitungsschritte verlangsamt werden, sinkt die Syntheserate des Produkts.
4. *Translation.* Die Regulation könnte in diesem Fall über die Anzahl von Ribosomen erfolgen, die sich an eine einzelne mRNA anheften können, oder über die Geschwindigkeit, mit der einzelne Ribosomen eine Nachricht übersetzen.

Den Molekularbiologen wird mittlerweile klar, daß die Regulation der Genexpression eine komplexe Angelegenheit ist, an der wahrscheinlich alle oben aufgeführten Strategien beteiligt sind. Die am besten untersuchten Mechanismen sowohl bei Prokaryoten als auch bei Eukaryoten beruhen jedoch nur auf der ersten Möglichkeit: der regulatorischen Kontrolle über die Transkription. Wir werden zuerst Prokaryoten und dann Eukaryoten betrachten und erfahren, wieviel darüber bekannt ist, auf welche Art und Weise die Transkription reguliert wird.

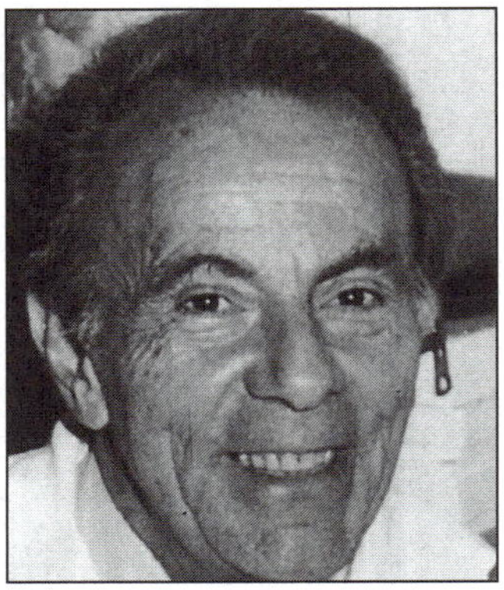

François Jacob

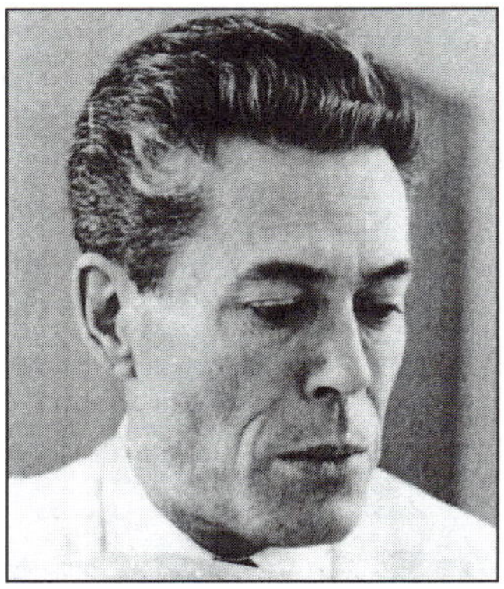

Jacques Monod

François Jacob

* 17. Juni 1920, Nancy

Jacques Monod

* 9. Februar 1910, Paris

† 31. Mai 1976, Cannes

Jacob und Monod waren im Zweiten Weltkrieg beim Militär.
Jacob wurde bei den Streitkräften des Freien Frankreich im August 1944 in der Normandie schwer verletzt. Monod spielte eine führende Rolle in der Résistance. Monod war bereits promoviert, während Jacob erst 1947 seine medizinische Doktorwürde von der Universität von Paris verliehen bekam. Beide verbrachten den Großteil ihrer Laufbahn am Institut Pasteur, dem berühmten Pariser Forschungszentrum, das Ende des 19. Jahrhunderts für Louis Pasteur errichtet wurde und das immer noch eines der einflußreichsten europäischen Labors ist. Vor seiner Zusammenarbeit mit Monod, die 1961 zur Operon-Theorie und dem Konzept der Messenger-RNA führte, war Jacob mit André Lwoff und Elie Wollman an frühen Untersuchungen über Bakteriophagen beteiligt. Jacob und Monod teilten sich 1965 den Nobelpreis mit Lwoff. Sie veröffentlichten wichtige Bücher: *Zufall und Notwendigkeit* von Monod ist eine engagierte Rechtfertigung der natürlichen Selektion. In *The Logic of Life* erläutert Jacob die Veränderungen im wissenschaftlichen Denken in den letzten drei Jahrhunderten. Jacobs Autobiographie *Die innere Statue* erschien 1987.

10.3 Kontrolle der Genexpression in Bakterien

Den Grundstein für unsere Kenntnisse darüber, wie Bakterien die Expression ihrer Gene regulieren, legten François Jacob und Jacques Monod 1961 mit einer Veröffentlichung, die mittlerweile als klassisches Beispiel experimenteller Analyse und deduktiver Beweisführung gilt. Jacobs und Monods Thesen basierten auf einer komplizierten genetischen Analyse des Lactosemetabolismus von *E. coli*. Sie beschrieben ein elegantes regulatorisches System, das sich sich nach und nach in nahezu jedem Detail bestätigt hat. Wir werden das Lactosesystem als zentrales Beispiel für Genregulation in Bakterien verwenden.

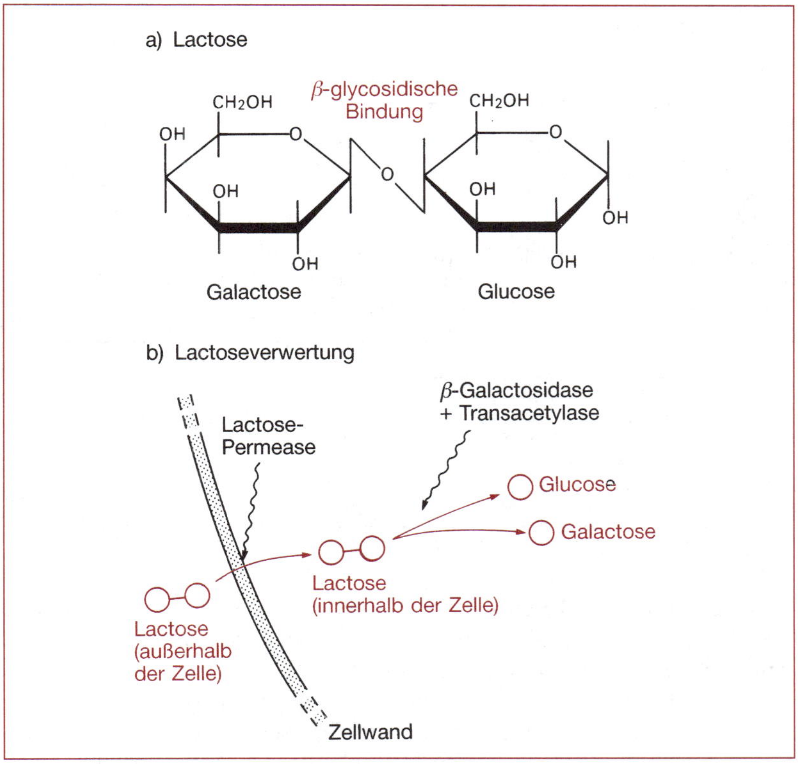

10.5 Lactose und ihre Verwertung durch *E. coli*.

10.3.1 Regulation der Lactoseverwertung

Lactose ist ein Disaccharid und besteht aus einer Glucoseeinheit, die an eine Galactoseeinheit gebunden ist (Abb. 10.5a). Um Lactose als Kohlenstoff- und Energiequelle verwerten zu können, muß eine *E. coli*-Zelle zunächst Lactosemoleküle aus der Umgebung in die Zelle transportieren und dann die Moleküle durch Hydrolyse in Glucose und Galactose spalten (Abb. 10.5b). Diese Reaktionen werden von drei Enzymen katalysiert, die alle ausschließlich der Lactoseverwertung dienen: Die Lactose-Permease transportiert Lactose in die Zelle, und die β-Galactosidase ist für die Spaltungsreaktion verantwortlich; die Funktion der β-Galactosid-Transacetylase ist nicht genau bekannt. In Abwesenheit von Lactose gibt es nur wenige Moleküle jedes Enzyms in der *E. coli*-Zelle, wahrscheinlich weniger als jeweils fünf. Wenn das Bakterium auf Lactose stößt, wird die Enzymsynthese schnell induziert, und innerhalb weniger Minuten können bis zu 5000 Moleküle jedes Enzyms pro Zelle vorhanden sein. Die Induktion der drei Enzyme erfolgt koordiniert, das heißt, sie werden alle zur gleichen Zeit und im gleichen Ausmaß induziert. Das liefert einen Anhaltspunkt für die Anordnung der zugehörigen Gene auf dem DNA-Molekül von *E. coli*.

Genbezeichnungen

Einzelne Gene bezeichnet man mit einer sehr einfachen Nomenklatur, die hier am Beispiel von *E. coli* gezeigt werden soll:

lacZ

Eine Abkürzung aus drei Buchstaben gibt die Funktion des Gens an. (*lac*)

Ein oder mehr Buchstaben unterscheiden zwischen Genen mit verwandter Funktion. (*Z*)

Nach allgemeiner Übereinkunft schreibt man den Namen kursiv, oder man unterstreicht ihn (je nachdem, ob er gedruckt, mit der Schreibmaschine oder mit der Hand geschrieben wird). Einige Beispiele:

Gen	Funktion	Genprodukt
lacZ	LACtoseverwertung	β-Galactosidase
trpA	TRyPtophanbiosynthese	Tryptophansynthase
rplA	Ribosomales Protein, große (large) Untereinheit	ribosomales Protein L1
polA	DNA-POLymerase	DNA-Polymerase-I
leuA	LEUcinbiosynthese	β-Isopropylmalatsynthase
pyrG	PYRimidinbiosynthese	CTP-Synthese

a) Die Gene des Lactosemetabolismus bilden ein Operon. Die drei Gene, die an der Lactoseverwertung von *E. coli* beteiligt sind, heißen *lacZ* (β-Galactosidase), *lacY* (Permease) und *lacA* (Transacetylase). Diese Gene liegen in einer Gruppe hintereinander mit nur sehr geringen Abständen zwischen dem Ende des einen Gens und dem Anfang des nächsten (Abb. 10.6a). Die drei Gene bilden ein Operon (Abschnitt 4.2.1): Alle drei werden in ein einziges mRNA-Molekül transkribiert; sie haben stromaufwärts von *lacZ* einen einzigen Promotor und stromabwärts von *lacA* einen einzigen Terminator.

Jacob und Monod konnten *lacZ*, *lacY* und *lacA* mit Hilfe genetischer Analysen identifizieren und ihre relativen Positionen auf dem Chromosom von *E. coli* bestimmen. Sie entdeckten auch

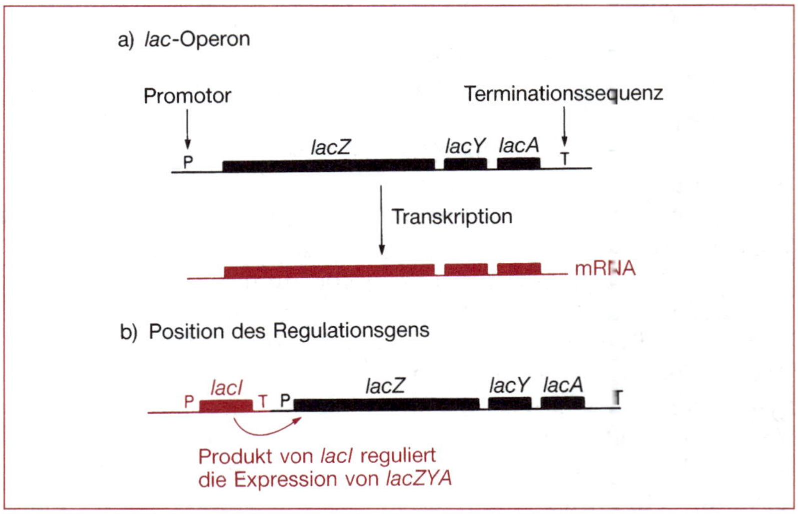

10.6 Das *lac*-Operon und sein Regulationsgen *lacI*.

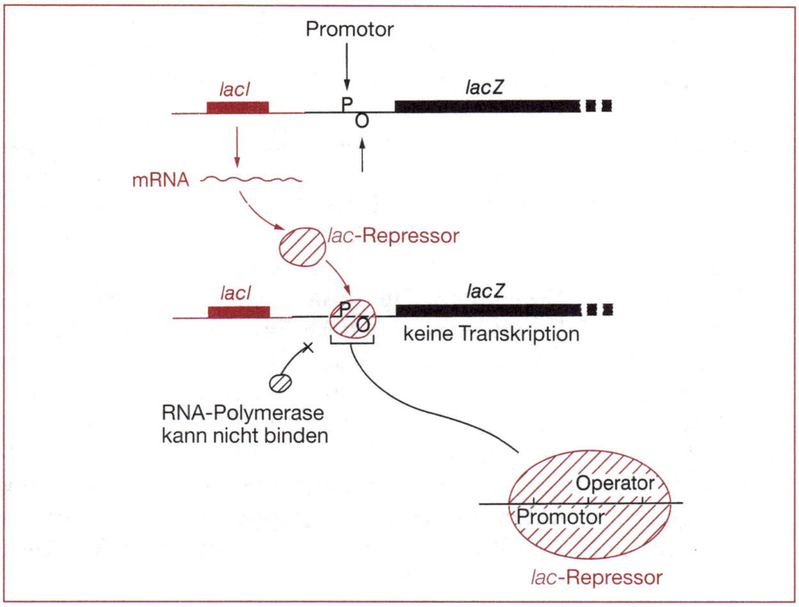

10.7 In Abwesenheit von Lactose heftet sich der *lac*-Repressor an den Operator. Die RNA-Polymerase kann nicht an den Promotor binden, und deshalb kann keine Transkription stattfinden.

noch ein zusätzliches Gen, das sie als *lacI* bezeichneten. Dieses Gen liegt unmittelbar stromaufwärts von der *lac*-Gengruppe, ist aber selbst kein Teil des Operons, denn es wird von einem eigenen Promotor aus transkribiert und hat eine eigene Terminationssequenz (Abb. 10.6b). Das Genprodukt von *lacI* ist zwar an der Lactoseverwertung beteiligt, aber es ist kein Enzym, das für die Aufnahme oder die Hydrolyse des Zuckers unmittelbar notwendig wäre. Es reguliert vielmehr die Expression der drei anderen Gene: Wenn *lacI* durch eine Mutation inaktiviert ist, bleibt das *lac*-Operon auch in Abwesenheit von Lactose ständig eingeschaltet. Die Bezeichnungen von Jacob und Monod gelten auch heute noch: *lacZ*, *lacY* und *lacA* nennt man **Strukturgene**, da ihre Pro-

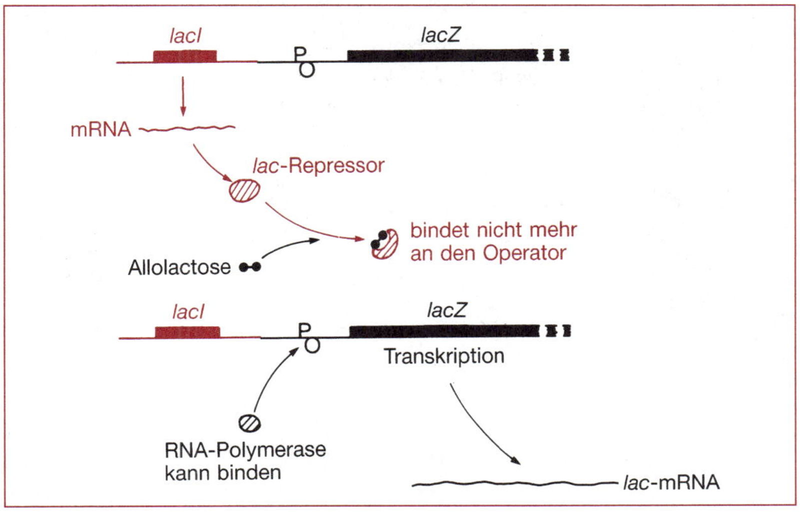

10.8 In Gegenwart von Lactose bindet der *lac*-Repressor an Allolactose. Das bewirkt eine Konformationsänderung des Repressors, so daß dieser nicht mehr in der Lage ist, am Operator zu binden: Die Transkription läuft ab.

dukte enzymatische oder strukturelle Aufgaben in der Zelle erfüllen, *lacI* dagegen ist ein **Regulationsgen**, da seine Aufgabe darin besteht, die Expression andere Gene zu kontrollieren.

b) Der Lactoserepressor. Das Genprodukt von *lacI* ist ein Protein, das Jacob und Monod den **Lactoserepressor** nannten. Dieses Protein kann sich an das DNA-Molekül von *E. coli* heften, und zwar an einer Stelle zwischen dem Promotor für das *lac*-Operon und dem Beginn von *lacZ*, dem ersten Gen der Gruppe (Abb. 10.7). Diese Stelle heißt **Operator**: Jacob und Monod lokalisierten sie ebenfalls mit genetischen Methoden. Eigentlich überlappt der Operator mit dem Promotor, so daß der Zugriff auf den Promotor blockiert ist, wenn der Repressor sich angeheftet hat; die RNA-Polymerase kann in diesem Fall nicht an die DNA binden, und die Transkription des *lac*-Operons findet nicht statt. Genau das geschieht, wenn der Zelle keine Lactose zur Verfügung steht: **Wenn es keine Lactose gibt, erfolgt keine Transkription des *lac*-Operons, weil der Promotor durch den Repressor blockiert wird.**

Allolactose induziert die Transkription. Ebenso wie an den Operator kann der *lac*-Repressor an Allolactose binden. Allolactose ist ein Isomer der Lactose und entsteht als Zwischenprodukt bei der Spaltung von Lactose in Glucose und Galactose. Sie kann, wenn auch in extrem geringen Mengen, selbst dann synthetisiert werden, wenn das Operon abgeschaltet ist, denn einige Moleküle Lactosepermease, β-Galactosidase und Transacetylase sind, wie bereits erwähnt, immer vorhanden.

Wenn das Bakterium auf neuen Nachschub an Lactose trifft, nimmt es einige Moleküle davon auf und wandelt sie in Allolactose um. Allolactose wiederum bindet an den Repressor und be-

Die Auswirkungen von Mutationen auf Gene

Jacobs und Monods Analyse des *lac*-Operons ist ein ausgezeichnetes Beispiel dafür, wie man sich **Mutationen** in der genetischen Forschung zunutze macht.

Eine Mutation ist eine Veränderung in der Nucleotidsequenz eines DNA-Moleküls. Mutationen entstehen auf natürliche Weise oder als Reaktion auf die Einwirkung von Agentien wie ultraviolette Strahlung (Abschnitt 12.1.3). Eine Mutation kann in einem Gen ein oder mehrere Codons verändern, und dadurch ändert sich die Aminosäuresequenz des Proteins, das in dem Gen codiert ist. Diese Änderung kann dazu führen, daß das Protein inaktiv wird oder daß sich seine Funktion ändert. Man kann Mutationen also benutzen, die Funktion eines Gens aufzuklären. Eine Mutation des Gens *lacY* zum Beispiel kann dazu führen, daß eine *E. coli*-Zelle unfähig ist, Lactose aufzunehmen; das weist eindeutig darauf hin, daß das *lacY*-Gen die Lactose-Permease codiert.

Daß *lacI* ein Regulationsgen ist, wurde klar, als man die Auswirkungen von Mutationen in diesem Gen untersuchte. In einer *lac*⁻-Zelle (das ist eine Zelle, in der das *lacI*-Genprodukt inaktiv ist) werden alle Gene des *lac*-Operons ständig exprimiert, auch in Abwesenheit von Lactose. Das nennt man **konstitutive Expression**. *lacI* muß also irgendwie an der Regulation der Reaktion des *lac*-Operons auf die An- oder Abwesenheit von Lactose in der Umgebung beteiligt sein.

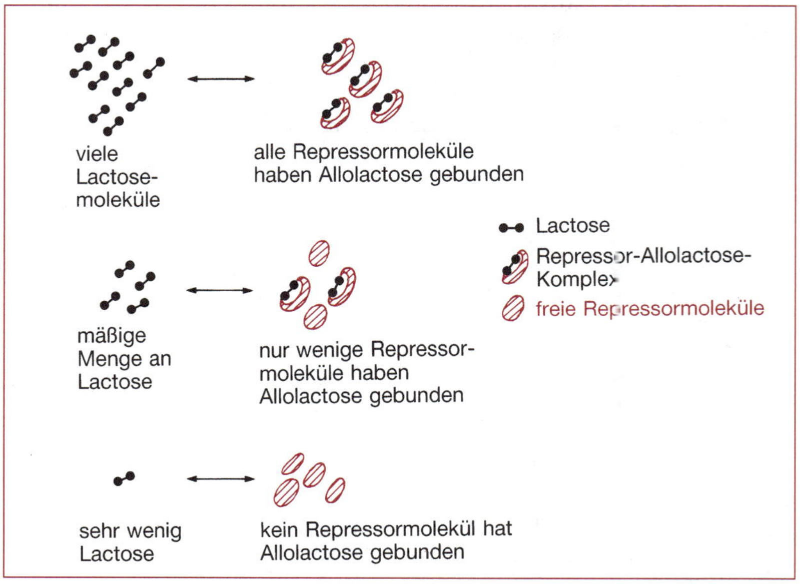

10.9 Die Repressor-Induktor-Bindung ist eine Gleichgewichtsreaktion.

wirkt eine Konformationsänderung des Proteins, die zur Folge hat, daß der Repressor nicht mehr am Operator verbleiben kann (Abb. 10.8). Der Komplex aus Repressor und Allolactose dissoziiert also vom DNA-Molekül. Dadurch kann die RNA-Polymerase an den Promotor binden, und die Transkription des Operons beginnt. Das führt zur Synthese der viel größeren Anzahl von Enzymmolekülen, die zur Aufnahme und zur Umwandlung der restlichen Lactose nötig sind.

Allolactose wirkt also als **Induktor** des Operons. **Wenn Lactose vorhanden ist, wird das *lac*-Operon transkribiert, weil der Repressor-Induktor-Komplex nicht an den Operator bindet.**

Die lactoseverarbeitenden Enzyme verbrauchen schließlich den Vorrat an Lactose. Die Repressor-Induktor-Bindung stellt ein Gleichgewicht dar (Abb. 10.9). Wenn also die Konzentration der freien Lactose zurückgeht, sinkt auch die Anzahl der Repressor-Allolactose-Komplexe, und es gibt immer mehr freie Repressormoleküle, bis diese schließlich überwiegen. Diese freien Repressormoleküle haben wieder ihre ursprüngliche Konformation, und sie können also wieder an den Operator binden. **Wenn der Lactosevorrat aufgebraucht ist, wird das Operon abgeschaltet, weil der Repressor wieder an den Operator bindet**.

c) Auch Glucose reguliert das *lac*-Operon. Nicht nur die Anwesenheit oder Abwesenheit von Lactose beeinflussen die Expression des *lac*-Operons. Wenn die Zelle genug Glucose (eines der Abbauprodukte von Lactose) zur Energieversorgung hat, braucht sie Lactose nicht umzuwandeln, auch wenn diese ebenfalls zur Verfügung steht. Deshalb ist ein Mechanismus erforderlich, mit dem die Zellen in Gegenwart von Glucose das Lactose-System außer Kraft setzen und das Operon, wenn nötig, ausgeschaltet halten können.

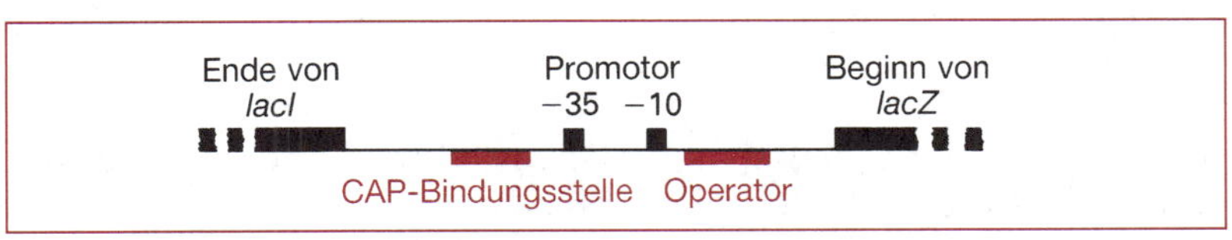

10.10 Die Lage der CAP-Sequenz stromaufwärts des *lac*-Operons.

Diesen Prozeß nennt man **Katabolitrepression**. Daran ist ein zweites Regulationsprotein beteiligt, das **Katabolit-Aktivatorprotein (CAP)** und eine zweite, stromaufwärts gelegene Bindungsstelle, die **CAP-Stelle** (Abb. 10.10). CAP heftet sich nur dann an seine Bindungsstelle, wenn zyklisches AMP (**cAMP**) vorhanden ist, ein modifiziertes Nucleotid, das in einer durch die **Adenylatcyclase** katalysierten Reaktion aus ATP entsteht. Die Menge an cAMP in der Zelle wird durch Glucose beeinflußt, die die Adenylatcyclase hemmt (Abb. 10.11a). Wenn der Glucosespiegel hoch ist, gibt es relativ wenig cAMP, ist er niedrig, nimmt die Menge an cAMP zu.

Glucose kann indirekt die Bindung des CAP-cAMP-Komplexes an die CAP-Bindungsstelle regulieren, indem es die Menge

10.11 Regulation des *lac*-Operons durch Glucose. a) Glucose steuert den cAMP-Spiegel in der Zelle, indem es die Adenylatcyclase hemmt. b) Wenn cAMP vorhanden ist (bei niedrigem Glucosespiegel), bindet sich CAP-cAMP an die CAP-Sequenz und stimuliert die Transkription des *lac*-Operons.

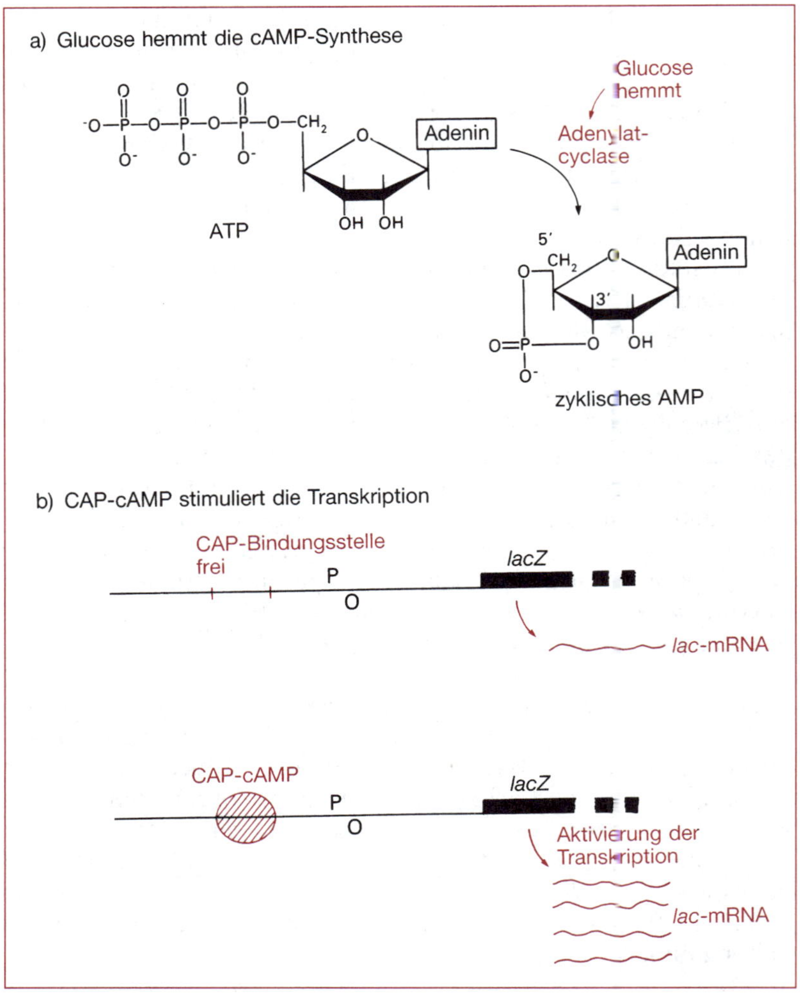

an cAMP in der Zelle steuert. Das ist deshalb von Bedeutung, weil der CAP-cAMP-Komplex, sobald er seine Bindungsstelle besetzt hat, die Bindung von RNA-Polymerase an den Promotor und damit auch die Transkription des *lac*-Operons stimuliert (Abb. 10.11b). Wenn die CAP-Bindungsstelle unbesetzt ist, wird das Operon nur in geringem Ausmaß transkribiert, auch wenn Lactose vorhanden und der *lac*-Repressor nicht an den Operator gebunden ist. Das Ganze läßt sich wie folgt zusammenfassen:

Glucose ist vorhanden → Adenylatcyclase wird gehemmt → cAMP-Spiegel ist niedrig → CAP-Bindungsstelle ist frei = *lac*-Operon wird nur in geringem Umfang transkribiert.

Glucose fehlt → Adenylatcyclase ist aktiv → cAMP-Spiegel ist hoch → CAP-cAMP heftet sich an die CAP-Bindungsstelle = *lac*-Operon wird in großem Umfang transkribiert.

Wenn sowohl Glucose als auch Lactose verfügbar sind, wird das *lac*-Operon also nur wenig transkribiert, weil die CAP-Bindungsstelle frei ist. Ist der Glucosevorrat aufgebraucht, steigt der cAMP-Spiegel, die CAP-Bindungsstelle wird besetzt, die Transkription des *lac*-Operons wird aktiviert, und die Zelle kann mit der Verwertung von Lactose beginnen (Abb. 10.12).

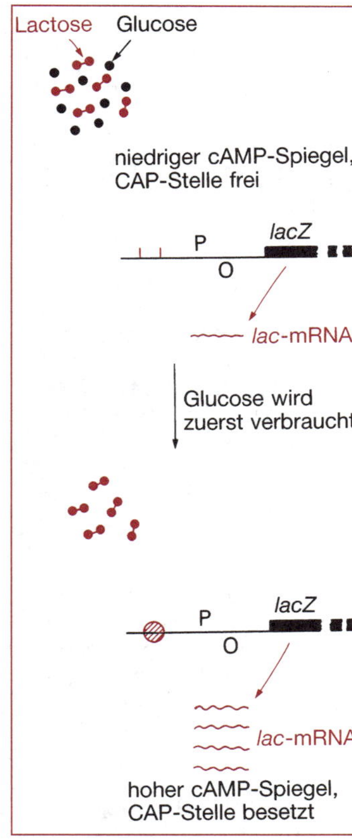

10.12 Die Katabolitrepression ermöglicht es *E. coli*, in Anwesenheit von Lactose und Glucose vorzugsweise Glucose zu verwerten.

10.3.2 Andere Operons bei *E. coli*

E. coli besitzt über 75 Operons. Ganz allgemein kann man dabei zwei Kategorien unterscheiden:

1. *Induzierbare Operons* – das Musterbeispiel ist das *lac*-Operon – codieren Enzyme für einen Stoffwechselweg; reguliert werden sie von einem Substrat dieses Stoffwechselweges, welches das Operon induziert. Weitere Beispiele sind das Galactose- und das Arabinose-Operon.

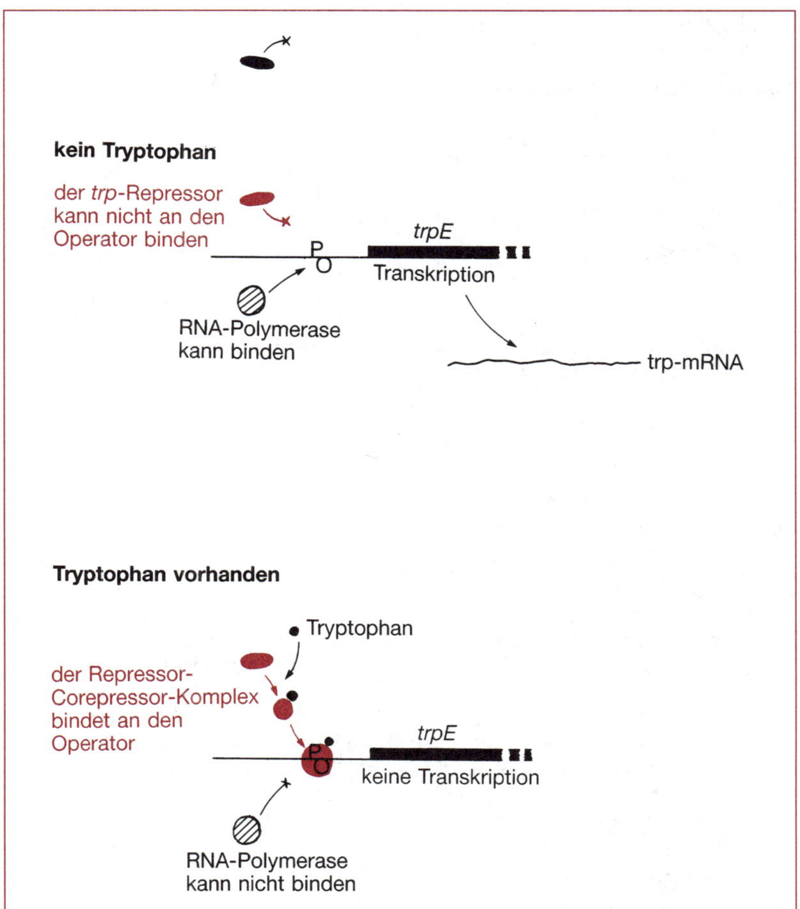

10.13 Die Regulation des *trp*-Operons.

2. *Reprimierbare Operons* codieren Enzyme, die an Biosynthesewegen beteiligt sind, und werden vom Produkt dieser Reaktionswege reguliert. Ein Beispiel ist das *trp*-Operon mit fünf Genen, die an der Synthese der Aminosäure Tryptophan

Attenuation

Das *trp*-Operon bedient sich außerdem noch einer ganz anderen Strategie der Genregulation, der sogenannten **Attenuation**, die dazu dient, die Expression des Operons genau abzustimmen. Bei genauer Betrachtung der Nucleotidsequenz zwischen dem Promotor und dem ersten Gen des *trp*-Operons, stellt man fest, daß sich im Transkript zwei Stamm-Schleife-Strukturen bilden können. Die relative Lage dieser beiden Sequenzen verhindert, daß sich beide Strukturen zugleich ausbilden: Es kann sich nur die eine oder die andere falten. Die größere und stabilere Struktur hat keinen Einfluß auf die Transkription; die kleinere Stamm-Schleifen-Struktur ist jedoch ein Terminator (Abschnitt 5.4.3). Wenn sich diese Struktur bildet, beendet sie die Transkription, bevor das Operon erreicht ist. Es gibt dann keine Expression.

Attenuation ist nur möglich, weil Transkription und Translation bei Bakterien gekoppelt sind, so daß ein mRNA-Molekül, das gerade transkribiert wird, bereits eines oder mehrere Ribosomen gebunden haben kann (Seite 158). Wenn sich ein Ribosom an das *trp*-Transkript heftet, kann es Einfluß darauf nehmen, welche der beiden Stamm-Schleife-Strukturen sich bildet, und damit entscheiden, ob die Transkription beendet wird.

Das System funktioniert folgendermaßen: Unmittelbar stromaufwärts des Stamm-Schleifen-Abschnitts liegt ein kurzes „Gen“, das das Ribosom translatieren muß. Dieses Gen besteht nur aus 14 Codons, aber zwei davon sind für Tryptophan. Wenn in der Zelle ausreichend Tryptophan vorhanden ist, wird das Ribosom keine Schwierigkeiten haben, das Gen zu translatieren, und es wird weiterhin dicht hinter der RNA-Polymerase bleiben. Unter diesen Umständen wird das Ribosom die große Stamm-Schleifen-Struktur zerstören, der Terminator wird sich bilden, und die Transkription kommt zum Stillstand:

ausreichende Mengen an Tryptophan

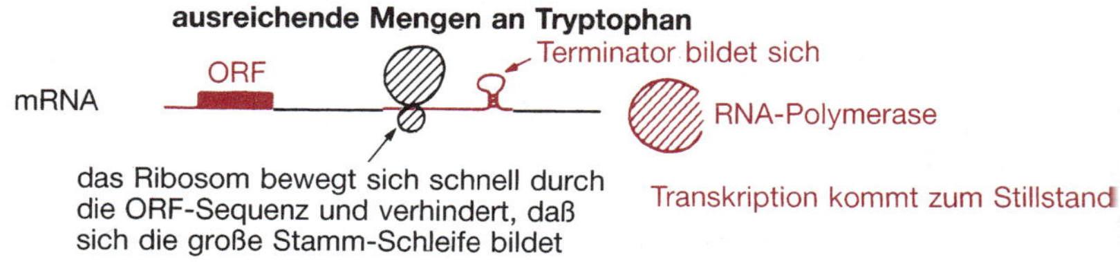

Wenn jedoch der Tryptophanspiegel niedrig ist, bleibt das Ribosom während der Translation des Gens stecken, weil Tryptophan zum Einbau in das Peptid fehlt. Das RNA-Polymeraseenzym bewegt sich vorwärts, die große Stamm-Schleifen-Struktur wird nicht durch das Ribosom zerstört, und der Terminator bildet sich nicht. Die Transkription geht weiter:

geringe Mengen an Tryptophan

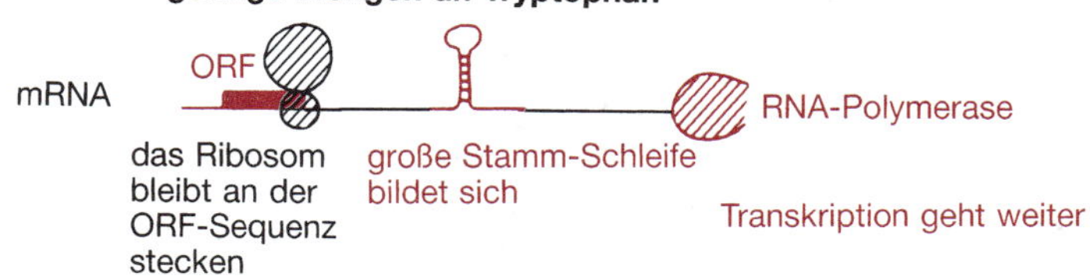

Wichtig ist dabei, daß die Geschwindigkeit, mit der das Ribosom das Gen translatiert, nicht für alle Transkripte gleich ist. Wenn mäßig viel Tryptophan vorhanden ist (nicht im Überfluß, aber auch nicht völlig fehlend), werden manche Transkripte beendet, aber andere nicht. Attenuation moduliert also die Synthese von Tryptophan. Die Anwesenheit oder Abwesenheit des Repressors entscheidet, ob das Operon an- oder abgeschaltet ist. Wenn das Operon angeschaltet ist, entscheidet die Attenuation darüber, wie effizient transkribiert wird. Die Expression des Operons kann also genau auf die Bedürfnisse der Zelle abgestimmt werden.

Das *trp*-Operon ist nicht das einzige, an dem Attenuation stattfindet. Auch mehrere andere (zum Beispiel das Phenylalanin-Operon) besitzen sowohl einen Repressor als auch einen Attenuator. Manche Operons, darunter die für Histidin, Leucin und Threonin, haben überhaupt keinen Repressor und werden ausschließlich durch Attenuation reguliert.

mitwirken. Die Expression des Operons wird vom *trp*-Repressor gesteuert, der sich an den *trp*-Operator heftet und die Transkription verhindert. In diesem Fall kann der Repressor aber allein nicht an den Operator binden. Zur Repression des Operons kommt es nur, wenn der *trp*-Repressor Tryptophan gebunden hat (Abb. 1.13). Das ist natürlich ganz und gar folgerichtig, denn Tryptophan ist das Produkt der biochemischen Reaktionsfolge, für die das Operon zuständig ist. Fehlt Tryptophan, werden die Enzyme zu seiner Produktion gebraucht, und das Operon muß transkribiert werden. Das Tryptophan bezeichnet man auch als **Corepressor**. Ein weiteres Beispiel für solche reprimierbaren Operons ist das Phenylalanin-Operon.

10.4 Stromaufwärts gelegene Sequenzen und DNA-bindende Proteine

Wiederholen wir noch einmal, was wir auf den letzten Seiten über die Regulation des *lac*-Operons erfahren haben:

1. Es gibt unmittelbar stromaufwärts vom *lac*-Operon zwei regulatorische Bindungsstellen:
   Den Operator und die CAP-Bindungsstelle.
2. Beide sind Bindungsstellen für Regulationsproteine:
   Der Operator ist die Bindungsstelle für den lac-Repressor. Die CAP-Stelle ist die Bindungsstelle für den CAP-cAMP-Komplex.
3. Die an diese Stellen gebundenen Proteine reprimieren oder aktivieren die Transkription:
   An den Operator gebunden, verhindert der lac-Repressor die Transkription, indem er den Zugang zum Promotor blockiert, so daß die RNA-Polymerase sich dort nicht anheften kann. Der CAP-cAMP-Komplex aktiviert, wenn er an der CAP-Sequenz gebunden ist, die Transkription, indem er die Bindung der RNA-Polymerase an den Promotor stimuliert.

Damit haben wir das Grundprinzip der Genregulation verstanden: Die Transkription eines Gens kann von einem DNA-bindenden Protein gesteuert werden, das sich an eine Stelle stromaufwärts des Gens heftet. Wie wir noch sehen werden, gilt das nicht nur für die relativ einfachen Regulationssysteme der Bakterien, sondern auch für die verwickeltere Genregulation der eukaryotischen Zellen.

10.14 Die stromaufwärts gelegenen Sequenzen, die an der Expression des menschlichen Metallothionein-Gens beteiligt sind. Die Zahlen bezeichnen die Lage der Nucleotide relativ zur Position +1, der Stelle, an der die Synthese des Transkripts beginnt. Abkürzungen: GRE = Glucocorticoid-Reaktionselement; MRE = Metall-reaktionselement; GC = GC-Box; TATA = TATA-Box.

10.4.1 Das menschliche Metallothionein-Gen

Besonders deutlich wird die Bedeutung der stromaufwärts gelegenen Sequenzen und der DNA-bindenden Proteine für die Genregulation bei Eukaryoten am Beispiel des menschlichen Metallothionein-Gens. Metallothionein ist ein Protein, das Zellen vor der toxischen Wirkung von Schwermetallen wie Cadmium schützt. Geringe Mengen von Metallothionein sind immer in der Zelle vorhanden; verschiedene Auslöser, vor allem Schwermetalle, induzieren jedoch die Synthese. Wie alle eukaryotischen Gene, die Proteine codieren, wird das Metallothionein-Gen von der RNA-Polymerase II transkribiert (Abschnitt 5.3.1).

An der Expression des Metallothionein-Gens sind neun stromaufwärts gelegene DNA-Abschnitte beteiligt (Abb. 10.14). Diese neun Sequenzen lassen sich entsprechend ihrer Funktion in vier Gruppen aufteilen:

1. *Die TATA-Box* ist die Stelle, an der die RNA-Polymerase II mit Hilfe der Transkriptionsfaktoren TFIIA, TFIIB und so weiter an das Transkript bindet (Abschnitt 5.5.1).
2. *Stromaufwärts gelegene Promotorelemente* (*upstream promoter Elements*, **UPEs**). Die häufigsten Beispiele sind die **GC-Box** (Consensussequenz 5′-GGGCGG-3′), von der man ein Exemplar auch stromaufwärts vom Metallothionein-Gen findet, und die **CAAT-Box** (Consensussequenz 5′-CCAAT-3′). Beide Boxen sind Bindungsstellen für Proteine, die in allen menschlichen Zellen vorkommen und nach heutiger Kenntnis an der Aktivierung der Transkription durch die RNA-Polymerase II mitwirken. Damit bestimmen die UPEs über das grundlegende Ausmaß der Expression eines Gens.
3. *Enhancer* sind ebenfalls Transkriptionsaktivatoren, aber ihre Sequenzen sind länger als die der UPEs und enthalten vermutlich Bindungsstellen für mehrere Proteine. Anders als ein UPE kann ein Enhancer mehrere Kilobasen weit von dem Gen entfernt sein, das er steuert, und unter Umständen beeinflußt er auch die Expression mehrerer Gene. Die Wirkungsweise der Enhancer ist bis heute nicht genau geklärt. Nach einer Theorie, die vermutlich für viele oder sogar alle derartigen Sequenzen gilt, enthalten sie Bindungsstellen für Proteine, die nur in bestimmten Zellen vorkommen und demnach zur gewebespezifischen Genexpression beitragen, das heißt, sie sorgen dafür, daß in jedem spezialisierten Zelltyp die richtigen Gene transkribiert werden. Manche Gene werden auch von **Silencern** reguliert, die wie Enhancer wirken, nur in umgekehrter Richtung.

Wie man die Funktion einer stromaufwärts gelegenen Bindungsstelle ermittelt

Die Lage der Proteinbindungsstellen stromaufwärts von einem eukaryotischen Gen kann man mit DNase-Schutzexperimenten feststellen (Seite 70). Anschließend läßt sich mit einem als **Deletionsanalyse** bezeichneten Verfahren ihre Funktion ermitteln. Dazu entfernt man den DNA-Abschnitt mit der Bindungsstelle und untersucht, wie sich eine solche Deletion auf die Genexpression auswirkt. Führt sie zu einer allgemeinen Abnahme der Transkriptionsrate, kann man schließen, daß ein Enhancer oder UPE deletiert ist. Verändert sich durch eine Deletion stromaufwärts des Metallothionein-Gens (Abbildung 10.14) die Reaktion auf Metallionen, kann man davon ausgehen, daß ein MRE aus der DNA beseitigt wurde.

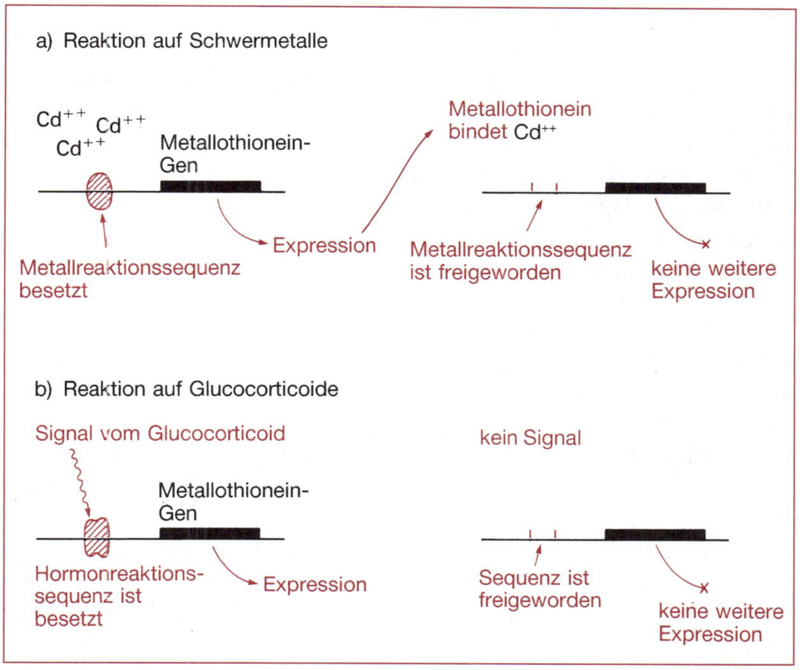

10.15 Die Funktion der Reaktionselemente bei der Expressionsregulation des menschlichen Metallothionein-Gens.

4. *Reaktionselemente mit vorübergehender Wirkung.* UPEs und Enhancer üben offenbar einen ständigen, unveränderlichen Einfluß auf die von ihnen regulierten Gene aus. Eine Sequenz mit vorübergehender Wirkung dagegen aktiviert die Transkription nur eine Zeitlang als Reaktion auf einen Reiz aus der Umgebung oder dem Inneren der Zelle. Die entsprechenden Reaktionselemente des Metallothionein-Gens sind die Metall-Reaktionselemente, mit deren Hilfe die Transkription sich an die Menge der in der Zelle vorhandenen Schwermetalle anpassen kann, und das Glucocorticoid-Reaktionselement, das die Transkription auf ein äußeres Signal in Form eines Glucocorticoidhormons aktiviert. Unsere Kenntnisse über das *lac*-Operon von *E. coli* liefern auch Anhaltspunkte für die Funktionsweise der Reaktionselemente mit vorübergehender Wirkung. Sind Schwermetalle vorhanden, werden die Metall-Reaktionselemente von Regulationsproteinen besetzt, welche die RNA-Polymerase II aktivieren: Das Metallothionein-Gen wird aktiviert, und das zugehörige Protein entsteht. Hat das Metallothionein die Schwermetalle verarbeitet, geben die Regulationsproteine die Metall-Reaktionselemente wieder frei, und das Gen wird abgeschaltet (Abb. 10.15a). Entsprechende Vorgänge spielen sich auch an dem Glucocorticoid-Element ab, wenn das Signal in Form des Hormons vorliegt (Abb. 10.15b). Vier Metall-Reaktionselemente besitzt das Gen vermutlich deshalb, weil es auf diese Weise genauer reguliert werden kann.

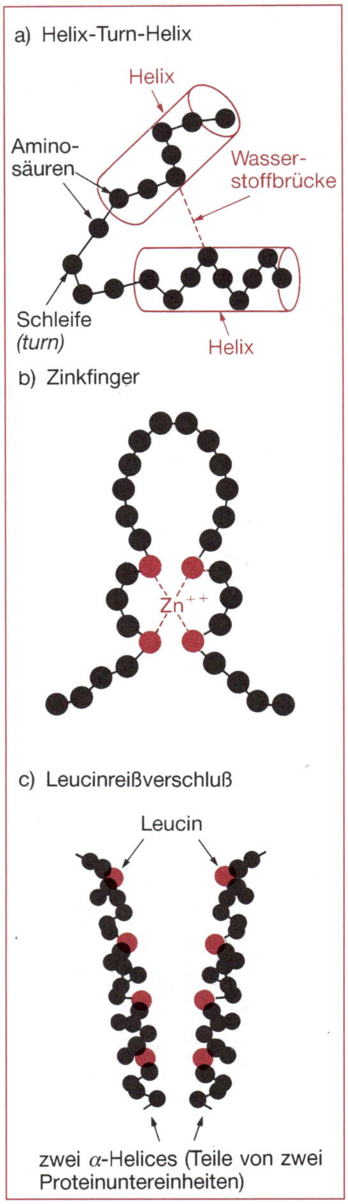

10.16 Strukturen in DNA-bindenden Proteinen: a) Helix-Turn-Helix; b) Zinkfinger; c) Leucinreißverschluß; c) zeigt zwei Leucinreißverschlüsse, die aneinander haften wie ein Reißverschluß und so zwei Untereinheiten eines dimeren Proteins zusammenhalten können.

10.4.2 DNA-bindende Proteine

Die stromaufwärts eines Gens gelegenen Bindungsstellen zu identifizieren erwies sich sowohl bei Pro- als auch bei Eukaryoten als einfacher, als die dazugehörigen DNA-bindenden Proteine zu untersuchen. Der *lac*-Repressor wurde 1966 von Walter Gilbert und Benno Müller-Hill gereinigt, nur fünf Jahre nachdem Jacob und Monod ihn durch genetische Analysen nachgewiesen hatten, aber erste genaue Kenntnisse über die Struktur der Regulationsproteine haben wir erst seit etwa Ende der achtziger Jahre.

Seit 1990 hat die Forschung in diesem Bereich rasche Fortschritte gemacht, und heute kennen wir zumindest in Teilen die Struktur von über 50 Proteinen, die bei Pro- oder Eukaryoten an der Genregulation beteiligt sind. Die Befunde zeigen, daß es Ähnlichkeiten zwischen verschiedenen DNA-bindenden Proteinen gibt – dies spiegelt die Tatsache wider, daß sie ähnliche Funktionen erfüllen.

Die Fähigkeit, an DNA zu binden, geht beispielsweise oft auf die **Helix-Turn-Helix**-Struktur zurück (Abb. 10.16.a). „Helix-Turn-Helix“ bezeichnet die Tatsache, daß in dieser Struktur zwei α-Helices durch vier Aminosäuren getrennt sind, die einen scharfen Knick der Polypeptidkette verursachen. Aminosäuren der beiden Helices treten in Kontakt mit Nucleotiden in der Doppelhelix, so daß ein bestimmtes Protein an seiner definierten Bindungsstelle bindet und sonst nirgendwo. Diese Struktur findet sich in vielen bakteriellen Repressorproteinen, einschließlich des *trp*-Repressors und des Cro-Proteins des Bakteriophagen λ (Abb. 8.8) und liegt auch in einer Gruppe wichtiger DNA-bindender Proteine der Eukaryoten vor (Abschnitt 10.5.2).

Andere DNA-bindenden Proteine haben Strukturen, die man als **Zinkfinger** bezeichnet; der Name rührt daher, daß ein Zinkatom einen Komplex mit dem DNA-bindenden Abschnitt der Polypeptidkette bildet (Abb. 10.16b). Ein solches Zinkfingerprotein ist beispielsweise das Protein SP1, das an die GC-Box bindet. Wieder andere DNA-bindende Proteine haben **Leucinreißverschlüsse** aus einer Reihe von Leucinresten, die so angeordnet sind, daß sie in einer Linie auf der Oberfläche einer α-Helix liegen (Abb. 10.16c). Leucinreißverschlüsse binden nicht direkt an die DNA, sondern halten die Untereinheiten eines dimeren Proteins zusammen und sorgen dafür, daß andere Teile der Untereinheiten so orientiert sind, daß sie mit der Doppelhelix gut in Kontakt treten können. Daraus ergibt sich eine interessante Möglichkeit: Möglicherweise kann das Molekül seinen „Reißverschluß“ öffnen und eine Untereinheit durch eine geringfügig andere ersetzen, so daß sich die Funktion des Proteins ein wenig ändert.

Wie beeinflussen die DNA-bindenden Proteine nun die Transkription? Bei den Repressoren der Bakterien lautet die Antwort offenbar: Das gebundene Protein deckt ganz einfach den Promotor zu und verhindert, daß die RNA-Polymerase sich an ihn anheftet (Abb. 10.7). Dagegen kann man sich nicht ohne weiteres

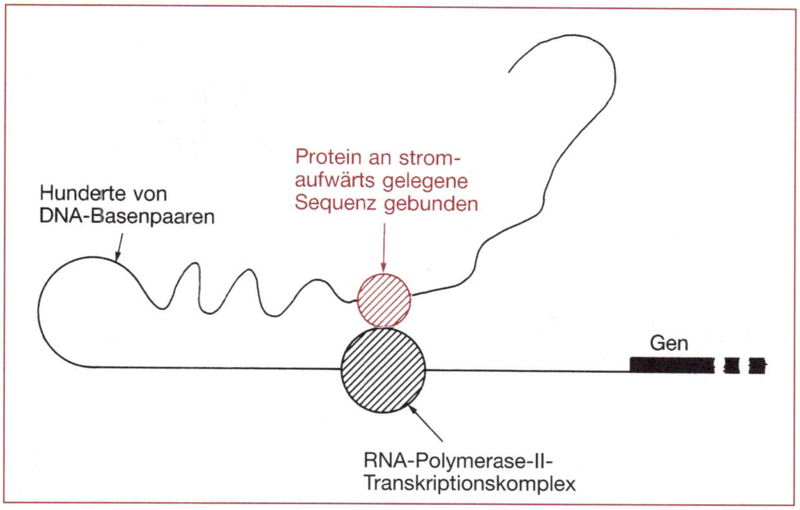

10.17 Ein Protein, das mehrere hundert Basenpaare stromaufwärts vom Gen entfernt gebunden ist, kann durch Biegen der DNA in Kontakt mit dem Promotor treten.

ausmalen, wie die Bindung eines Proteins an eine stromaufwärts gelegene Stelle die Transkription aktivieren kann. Der Abstand zwischen der Bindungsstelle und dem Promotor ist dabei noch das geringste Problem, denn die DNA ist flexibel und kann sich biegen, so daß ein gebundenes Regulationsprotein und der Promotor in Kontakt kommen (Abb. 10.17). Damit ist aber noch nicht erklärt, wie das Regulationsprotein die Aktivität der RNA-Polymerase beeinflussen kann. Nach derzeitiger Kenntnis übermittelt TFIID (Abschnitt 5.5.1) die Wirkung der Regulationsproteine auf den Prä-Initiationskomplex mit der RNA-Polymerase II, aber die Einzelheiten dieser Wechselwirkungen sind immer noch rätselhaft.

10.5 Genregulation in der Entwicklung

Als nächstes stellt sich für den Genetiker die Aufgabe, einen größeren gedanklichen Sprung zu vollziehen: Nachdem man weiß, wie ein einzelnes Gen reguliert wird, möchte man nun herausfinden, wie eine komplexe biologische Funktion, welche das koordinierte Zusammenspiel vieler Gene erfordert, gesteuert wird. Und die größte derartige Herausforderung ist die Frage, wie jene programmierte Abfolge von Veränderungen reguliert wird, die von der befruchteten Eizelle zum erwachsenen Menschen führt. Die Entwicklung kann man als Ablauf von Ereignissen betrachten, die sich daraus ergibt, daß in den richtigen Zellen zum richtigen Zeitpunkt ganz bestimmte Gene an- oder abgeschaltet werden. Um die Entwicklung zu verstehen, muß man sich also mit Genregulation befassen.

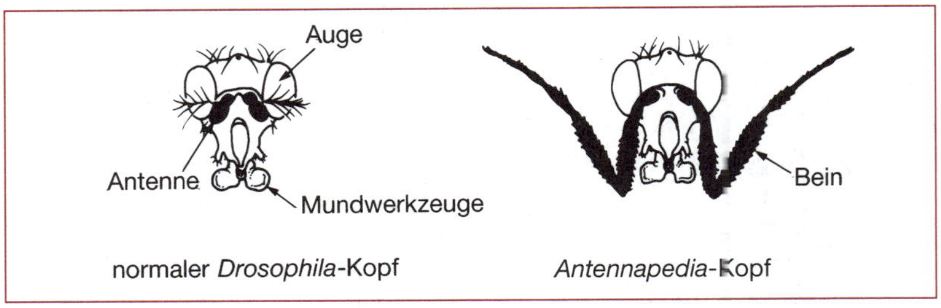

10.18 Die Mutation *Antennapedia.*

10.5.1 Die Identifizierung der an der Entwicklung beteiligten Gene

Das Hauptproblem bei der Erforschung der Entwicklung ist die Frage, welche Gene dabei eine Rolle spielen. Ein Gen, dessen biologische Information „β-Galactosidase-Enzym" oder „Metallothionein-Protein" lautet, ist relativ einfach zu identifizieren, aber wie kann man ein Gen finden oder verstehen, das „laß' ein Bein wachsen, und zwar jetzt" sagt?

a) Entwicklungsmutanten von *Drosophila.* Tatsächlich hat man in der Beantwortung solcher Fragen während der letzten 50 Jahre stetige Fortschritte gemacht; die Arbeiten gehen bis auf die klassischen genetischen Untersuchungen an *Drosophila melanogaster* in den zwanziger Jahren zurück. Wie wir im Kapitel 1 erfahren haben, erforschten Thomas Hunt Morgan und andere Pioniere der Genetik abweichende Eigenschaften der Taufliege, beispielsweise ungewöhnliche Augenfarben. Unter den vielen mutierten Formen, die man bei *Drosophila* entdeckte, waren auch einige, bei denen die Entwicklung der Tiere entsetzlich in die Irre ging. Ein bekanntes Beispiel ist die Mutation *Antennapedia*, bei der den betroffenen Fliegen Beine anstelle der Antennen wachsen (Abb. 10.18). Solche genetischen Veränderungen, bei denen ein Körperteil sich in einen anderen verwandelt, bezeichnet man als **homöotische Mutationen** („homöotisch" bedeutet ungefähr „Identität"). Weitere homöotische Gene bei *Drosophila* sind *Labial*, das die Entwicklung einiger Teile des Kopfes steuert, und *Ultrabithorax*, das die Segmente des Hinterleibes entstehen läßt.

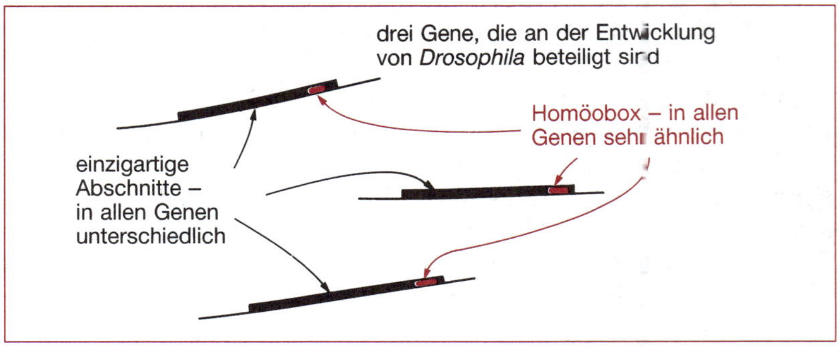

10.19 Die Homöobox.

Seit den siebziger Jahren, als die Methoden der Gentechnik aufkamen (Seite 53 sowie Kapitel 20 und 21), konnte man die Gene isolieren, die in mutierter Form für solche Entwicklungsabweichungen verantwortlich sind. Wenn Molekularbiologen nicht genau wissen, wie sie etwas untersuchen sollen, beginnen sie häufig mit der Isolierung und Sequenzierung der fraglichen Gene, einfach um festzustellen, wie sie aussehen. Bei der Untersuchung der homöotischen Gene von *Drosophila* stellte sich heraus, daß jedes von ihnen eine 180 bp lange Sequenz enthält, die in verschiedenen Gen sehr ähnlich ist (Abb. 10.19). Diese Sequenz bezeichnet man als **Homöobox**, und sie codiert wahrscheinlich eine DNA-bindende Struktur, die der Helix-Turn-Helix-Domäne verwandt ist (Abschnitt 10.4.2). Daraus kann man folgern, daß homöotische Gene DNA-bindende Proteine codieren, das heißt, es handelt sich um Regulationsgene, welche die Expression anderer Gene steuern: Es ist genau die Funktion, die man von einem an der Entwicklung beteiligten Gen erwartet.

b) Homöobox-Gene bei Wirbeltieren. *Drosophila* ist eine Fliege, das heißt, ihr Körperbauplan unterscheidet sich stark von dem der Wirbeltiere. Deshalb war es eine große Überraschung, als 1984 über ein Gen des Krallenfrosches *Xenopus laevis* berichtet wurde, in dem sich eine Homöobox befindet, ganz ähnlich den entsprechenden Sequenzen bei *Drosophila*. Wenig später entdeckte man Homöobox-Gene bei Säugetieren, und heute wissen wir, daß auch die Chromosomen des Menschen mindestens 38 solcher Gene enthalten.

Welche Funktion erfüllen die Homöobox-Gene bei Wirbeltieren? Offenbar lautet die Antwort: Sie sind wie bei *Drosophila* dafür zuständig, in der Entwicklung des Embryos den Grundbauplan des Körpers festzulegen. So gibt es beispielsweise auf dem menschlichen Chromosom Nummer 17 eine Gruppe von mindestens neun Homöobox-Genen (die *HOXB*-Gene), die anscheinend über die Struktur des Zentralnervensystems bestimmen. Entsprechend spielt die Gengruppe *HOXD* für die Entwicklung der Extremitäten eine Rolle. Bis wir verstehen, wie diese Gene im Programm der menschlichen Embryonalentwicklung wirken, liegt noch ein langer Weg vor uns, aber die Erkenntnis, daß Experimente mit *Drosophila* von unmittelbarer Bedeutung für Wirbeltiere sind, ist ein wichtiger Schritt nach vorn.

Literatur

Jacob, F.; Monod, J. *Genetic Regulatory Mechanisms in the Synthesis of Proteins.* In: *Journal of Molecular Biology* 3 (1961) S. 318–356.
[Die klassische Veröffentlichung, in der die Operon-Theorie zum ersten Mal vorgestellt wurde.]

Ptashne, M.; Gilbert, W. *Genetic Repressors.* In: *Scientific American* 222/6 (1980) S. 36–44.
[Wirkungsweise von Repressoren und Methoden zur Proteinisolierung.]

Zubay, G.; Schwartz, D.; Beckwith, J. *Mechanisms of Activation of Catabolite Sensitive Genes: A Positive Control System.* In: *Proceedings of the National Academy of Sciences USA*, 66 (1970) S. 104–110.
[Eine der ersten Beschreibungen des CAP-Systems.]

Latchman, D. *Gene Regulation: A Eukaryotic Perspective.* 2. Aufl. London (Chapman & Hall) 1995.
[Ein ausgezeichnetes Buch zum umfassenderen Verständnis der Genregulation in Eukaryoten.]

McKnight, S.L. *Molekulare Reißverschlüsse bei der Genregulation.* In: *Spektrum der Wissenschaft* 6 (1991) S. 58–63.
Luisi, B. *DNA-Protein Interaction at High Resolution.* In: *DNA-Protein Structural Interactions* (Lilley, D.M.J., Hrsg.). Oxford (IRL Press bei Oxford University Press) 1995 S. 1–48.
Matthews, K.S. *The Whole Lactose Repressor.* In: *Science* 271 (1996) S. 1245–1246.
[Einzelheiten über die Struktur DNA-bindender Proteine.]

Buratowski, S. *Mechanisms of Gene Activation.* In: *Science* 270 (1995) S. 1773–1774.
[Neue Vorstellungen zu der Frage, wie Regulationsproteine die Aktivität der RNA-Polymerase II beeinflussen.]

Beardsley, T. *Intelligente Gene.* In: *Spektrum der Wissenschaft* 10 (1991) S. 64–74.
Holland, P.W.H. *Homeobox Genes and Vertebrate Evolution.* In: *BioEssays* 14 (1992) S. 267–273.
Mann, R.S. *The Specificity of Homeotic Gene Function.* In: *BioEssays* 17 (1995) S. 855–863.
[Drei Übersichtsartikel über die Genregulation während der Entwicklung.]

Aufgaben

1. Definieren Sie folgende Begriffe:

konstitutive Gene	Operator
Strukturgene	Katabolitrepression
Regulationsgen	homöotisches Gen
CAP-Bindungsstelle	zyklisches AMP

2. Unterscheiden Sie sorgfältig die Bedeutung folgender Begriffe im Zusammenhang mit der Kontrolle der Genregulation von Bakterien:

   Induktor   Repressor   Corepressor

3. Beschreiben Sie die Aufgabe folgender Sequenzen bei der Genregulation von Eukaryoten:

GC-Box	Enhancer
CAAT-Box	Silencer

4. Was versteht man unter folgenden Begriffen:

   Helix-Turn-Helix
   Zinkfinger
   Leucinreißverschluß
   Homöobox

5. Erläutern Sie, warum es für Organismen erstrebenswert ist, die Expression ihrer Gene regulieren zu können.

6. Beschreiben Sie a) die Ähnlichkeiten und b) die Unterschiede zwischen der Art, wie die Genexpression im *lac*-Operon und im *trp*-Operon von *E. coli* reguliert wird. Beschränken Sie Ihre Antwort auf die Repressor-Operator-Systeme.

7. Wie beeinflußt Glucose die Expression einer Reihe von Operons für die Metabolisierung verschiedener Zucker?

8. Beschreiben Sie die Struktur des Abschnitts, der stromaufwärts vom menschlichen Metallothionein-Gen liegt.

9. Umreißen Sie, was über die Art bekannt ist, wie DNA-bindende Proteine die Transkription aktivieren.

10. Was haben uns Untersuchungen von Mutationen wie *Antennapedia* über die Entwicklung von *Drosophila* gelehrt? Inwieweit sind diese Befunde von Bedeutung für die Entwicklung des Menschen?

11. * Aus Abbildung 10.4 geht hervor, daß es zahlreiche Möglichkeiten gibt, die Synthese eines Genprodukts zu regulieren. In einzelnen Systemen sind viele verschiedene Strategien bekannt. Kann angesichts dessen die Untersuchung eines Modellsystems wie des *lac*-Operons ein umfassendes Verständnis der Genregulation vermitteln?

12. * Diskutieren Sie die These: Operons sind sehr praktische Systeme für eine koordinierte Regulation der Expression verwandter Gene. Operons sind verbreitet in Bakterien, in Eukaryoten jedoch nicht vorhanden.

13. Das Galactose-Operon von *E. coli* umfaßt drei Strukturgene – *galK*, *galT* und *galE* –, deren Genprodukte am Stoffwechsel des Zuckers Galactose beteiligt sind. Es gibt weiterhin ein Regulationsgen namens *galR*, das ein Repressorprotein codiert, welches an einen Operator stromaufwärts des *gal*-Operons bindet. Galactose wirkt als Induktor. Welche Vorgänge erwarten Sie a) in Abwesenheit von Galactose und b) in Anwesenheit von Galactose?

14. Wie wir in Kapitel 12 sehen werden, ist eine Mutation eine Änderung der Nucleotidsequenz, welche die Funktion eines Gens, eines Promotors oder einer Regulationssequenz verändern kann. Leiten Sie die Auswirkungen jeder der folgenden Mutationen auf die Expression des *lac*-Operons ab und erklären Sie sie:

    a) Eine Mutation im Operator, so daß der Repressor nicht mehr binden kann.
    b) Eine Mutation in *lacI*, so daß der Repressor nicht mehr synthetisiert wird.
    c) Eine Mutation im Promotor, so daß die RNA-Polymerase nicht mehr binden kann.
    d) Eine Mutation in *lacI*, so daß der Repressor keine Lactose binden kann.
    e) Eine Mutation in *lacY*, die bewirkt, daß die Transkription in der Mitte des Gens aufhört.
    f) Eine Mutation unbekannter Lokalisation, die verhindert, daß die *lac*-RNA abgebaut wird.

11

Replikation von DNA-Molekülen

Semikonservative Replikation • Replikation bei *E. coli* – DNA-Polymerase – Vorgänge an der Replikationsgabel – Topologische Probleme • **Replikation bei Eukaryoten**

Jedesmal wenn sich eine Zelle teilt, muß sie eine vollständige Kopie aller ihrer Gene herstellen. Das ist natürlich unabdingbar, denn die Teilungsprodukte, die beiden Tochterzellen, sollen ja jeweils wieder die gesamte biologische Information der Ausgangszelle erhalten. Eine sich teilende Zelle muß also eine umfassende DNA-Replikation durchführen.

Bei der DNA-Replikation muß ein hohes Maß an Genauigkeit herrschen. Schon eine Fehlerquote von 0,01 % (ein Fehler pro 10 000 Nucleotide) verursacht bei einem sich schnell teilenden Organismus (beispielsweise einem Bakterium) eine beträchtliche Anhäufung von Veränderungen innerhalb der Gene, was schnell dazu führt, daß lebenswichtige DNA-Sequenzen ihren Informationsgehalt verlieren.

Wir werden uns hier mit zwei Aspekten der DNA-Replikation beschäftigen. Der erste betrifft das Grundschema der Replikation und die Frage, wie aus einer einzelnen DNA-Doppelhelix zwei Tochtermoleküle werden können. Ein einziges elegantes Experiment, das im Jahre 1958 durchgeführt wurde, löste dieses Problem. Der zweite Gesichtspunkt betrifft die Biochemie und Enzymologie des Vorgangs: Welche Proteine sind an welchen Reaktionen während der DNA-Replikation beteiligt?

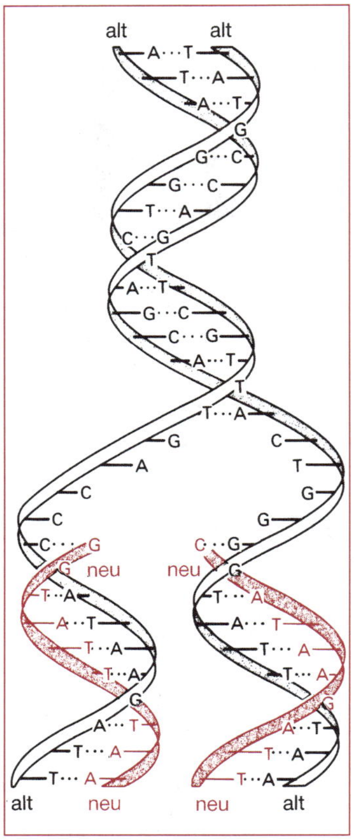

11.1 Die Paarung komplementärer Basen bildet die Grundlage für die DNA-Replikation.

11.1 Das Grundschema der DNA-Replikation

Einer der letzten Sätze in der 1953 erschienenen Veröffentlichung von Watson und Crick lautet: »Es ist unserer Aufmerksamkeit nicht entgangen, daß die von uns postulierten spezifischen Basenpaarungen zugleich einen möglichen Mechanismus zur Verdoppelung des genetischen Materials nahelegen.« Sie bezogen sich damit auf die Tatsache, daß die Paarung komplementärer Basen zwischen den beiden Polynucleotiden der Doppelhelix es jedem Strang ermöglicht, als Matrize für die Synthese seines Gegenstücks zu fungieren (Abb. 11.1). Die Doppelhelix besitzt offensichtlich die Möglichkeit, sich selbst zu replizieren.

Dennoch waren sich die Molekularbiologen Anfang der fünfziger Jahre unsicher über das Grundschema des Vorgangs. Drei verschiedene Prinzipien schienen möglich (Abb. 11.2):

1. Die **semikonservative Replikation**, bei der jedes Tochtermolekül eine Polynucleotidkette vom ursprünglichen Molekül und einen neu synthetisierten Strang enthält.
2. Die **konservative Replikation**, bei der ein Tochtermolekül beide elterlichen Polynucleotide enthält und das andere zwei neu synthetisierte Stränge.

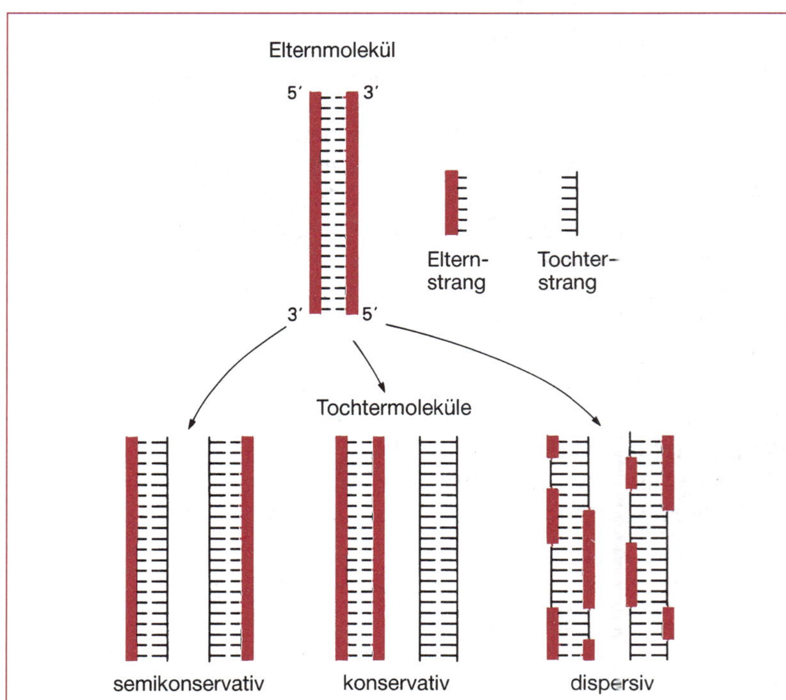

11.2 Drei Möglichkeiten für den Mechanismus der DNA-Replikation.

3. Die **dispersive Replikation**, bei der jeder Strang jedes Tochtermoleküls teilweise aus dem ursprünglichen und teilweise aus neu synthetisiertem Polynucleotid besteht.

Obwohl die semikonservative Replikation schon rein intuitiv am wahrscheinlichsten schien und auch von Watson und Crick favorisiert wurde, mußte man sich ein Experiment überlegen, mit dem man zwischen diesen drei Replikationsarten unterscheiden und damit bestätigen konnte, welches Schema tatsächlich zutraf. Das Experiment, das diese Frage klärte, führten Matthew Meselson und Franklin Stahl 1958 am California Institute of Technology durch.

11.1.1 Das Meselson-Stahl-Experiment

Das Meselson-Stahl-Experiment beruht, wie viele Fortschritte in der Biochemie und Molekularbiologie, auf der Verwendung chemischer Isotope (Seite 23). Stickstoff hat mehrere Isotope: Neben dem „normalen" ^{14}N, das in der Umwelt vorherrscht und eine Atommasse von 14,008 hat, gibt es eine Anzahl anderer Isotope, die in viel geringeren Mengen vorkommen. Eines davon ist ^{15}N, das wegen seiner höheren Atommasse „schwerer" Stickstoff genannt wird. Unterschiedliche Isotope lassen sich durch eine Reihe von Methoden auseinanderhalten. Wenn man also einer Zelle ein Molekül, das ein ungewöhnliches Isotop enthält, als Nährstoff anbietet, läßt sich das Schicksal des Moleküls (das heißt die biochemischen Reaktionen, an denen es in der Zelle teilnimmt) verfolgen, indem man alle zellulären Stoffwechselzwischenprodukte identifiziert, die mit dem Isotop markiert sind (Abb. 11.3a). Entscheidend für das Meselson-Stahl-Experiment ist die Tatsache, daß *E. coli*-Zellen, denen man schweren Stickstoff in Form von $^{15}NH_4Cl$ anbietet, den markierten Stickstoff in ihre DNA-Moleküle einbauen (Abb. 11.3b).

Schwerer Stickstoff ist ein stabiles Isotop, er ist also nicht radioaktiv. Dennoch lassen sich DNA-Moleküle, die schweren Stickstoff enthalten, von DNA-Molekülen mit dem normalen Isotop durch eine Dichtegradientenzentrifugation unterscheiden (Seite 20). ^{15}N-DNA hat nämlich eine größere Schwebedichte als ^{14}N-DNA und bildet daher in einem CsCl-Dichtegradienten eine tiefer gelegene Bande (Abb. 11.3c).

a) Das Experiment. Meselson und Stahl verwendeten den schweren Stickstoff folgendermaßen (Abb. 11.4): Zunächst ließen sie eine Kultur von *E. coli* in Anwesenheit von $^{15}NH_4Cl$ wachsen, so daß die DNA-Moleküle in den Zellen mit schwerem Stickstoff markiert wurden. Dann wurde die Kultur leicht zentrifugiert, das schwere Medium wurde verworfen, und die Bakterien wurden in Medium resuspendiert, das nur $^{14}NH_4Cl$ enthielt. Neue Polynu-

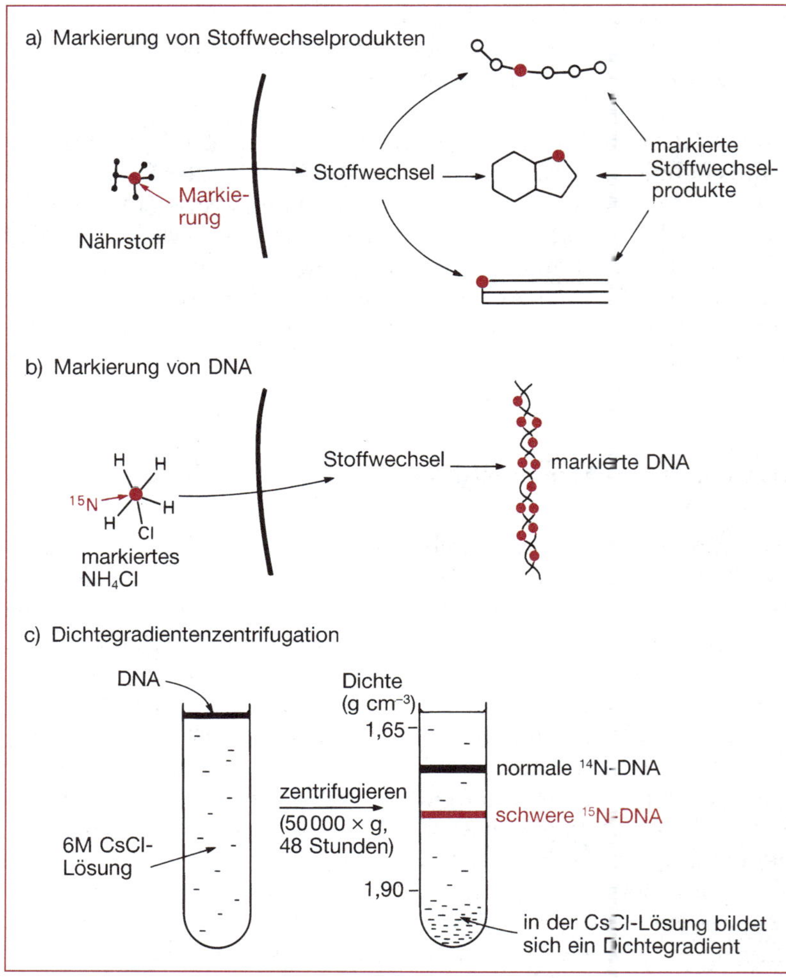

11.3 Biochemische Markierungen. a) Ein markierter Nährstoff liefert markierte Metaboliten, die man ausfindig machen kann. b) Mit $^{15}NH_4Cl$ entsteht markierte DNA. c) ^{14}N- und ^{15}N-DNA lassen sich mit einer Dichtegradientenzentrifugation trennen.

cleotide, die nach dem Wechsel des Mediums synthetisiert wurden, enthielten also nur das normale Stickstoffisotop.

Dann ließen sie die Bakterien sich einmal teilen, was bei *E. coli* ungefähr 20 Minuten dauert. Während dieser Zeit repliziert sich jedes DNA-Molekül genau einmal. Einige Zellen der Kultur wurden entnommen, ihre DNA wurde gereinigt, und eine Probe wurde einer Dichtegradientenzentrifugation unterworfen. Das Ergebnis, dargestellt in Abbildung 11.4, war eine einzelne Bande von DNA an einer Position, die einer spezifischen Dichte zwischen der von ^{15}N-DNA und der von ^{14}N-DNA entspricht. Nach einer Replikationsrunde enthielt also jedes DNA-Molekül ungefähr gleiche Mengen von ^{15}N- und ^{14}N-Polynucleotid. Bei nochmaligem Betrachten der drei Schemata für die DNA-Replikation erkennt man (Abb. 11.2), daß sich dieses Ergebnis sowohl mit der semikonservativen Replikation (jede Doppelhelix enthält ein ^{15}N-Polynucleotid und ein ^{14}N-Polynucleotid) als auch mit der dispersiven Replikation (beide Stränge bestehen aus einer Mischung von ^{15}N-Polynucleotid und ^{14}N-Polynucleotid) vereinba-

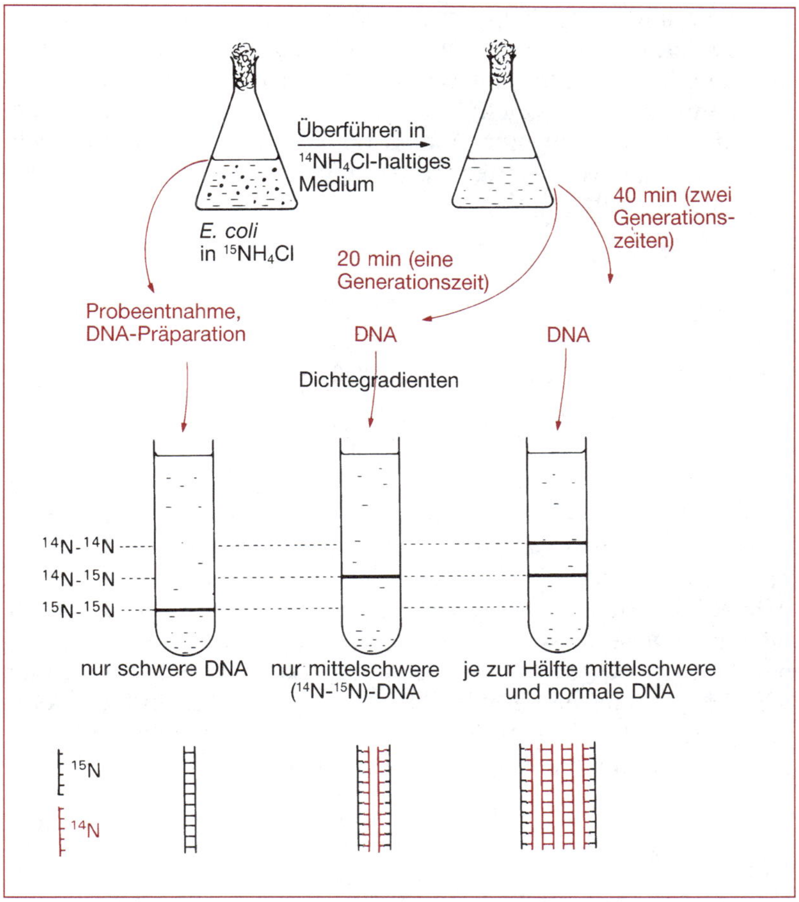

11.4 Das Meselson-Stahl-Experiment.

ren läßt. Die konservative Replikation kann zu diesem Zeitpunkt bereits ausgeschlossen werden, da es in diesem Fall zwei Populationen von DNA-Molekülen geben müßte, die entweder ausschließlich ^{15}N oder ausschließlich ^{14}N enthalten würden; aber Hybride gäbe es nicht.

Um zwischen semikonservativer und dispersiver Replikation zu unterscheiden, ließen Meselson und Stahl die *E. coli*-Kultur sich ein zweites Mal teilen (Abb. 11.4). Wieder wurden Zellen entnommen und ihre DNA im Dichtegradienten untersucht. Jetzt tauchten zwei Banden auf: Eine stellte die gleichen Hybridmoleküle dar wie zuvor, die zusätzliche Bande jedoch entsprach reiner ^{14}N-DNA. Dieses Ergebnis steht in völliger Übereinstimmung mit der Vorstellung von der semikonservativen Replikation, denn jetzt gibt es einige Enkelmoleküle, die vollständig aus ^{14}N-Polynucleotiden bestehen. Die dispersive Variante kann dagegen ausgeschlossen werden, denn mit dieser Methode würden immer noch ausschließlich Hybridmoleküle entstehen, und das noch viele Zellgenerationen lang.

Das Meselson-Stahl-Experiment gilt zu recht als klassisches Beispiel für wissenschaftliches Arbeiten. Das zu lösende Problem war klar umrissen, die verfügbaren Methoden wurden sinnvoll ausgenutzt, und das Experiment war so angelegt, daß die Ergebnisse eindeutig waren. Dieses Meisterstück ermöglichte es den Biochemikern und Molekularbiologen, ihre Aufmerksamkeit unmittelbar auf den zweiten Aspekt der DNA-Replikation zu richten, die Frage, welche Enzyme beteiligt sind und wie der Prozeß eigentlich abläuft.

11.2 Der Mechanismus der DNA-Replikation bei *E. coli*

Während ein DNA-Molekül repliziert wird, sind immer nur in einem begrenzten Abschnitt die Basen nicht gepaart. Die Unterbrechung der Basenpaarung beginnt an einer bestimmten Stelle, dem **Replikationsursprung** (Abb. 11.5), und läuft nach und nach, möglicherweise in beiden Richtungen, am Molekül entlang, wobei die Synthese der neuen Polynucleotide mit dem Auftrennen der Doppelhelix einhergeht. Der eigentliche Abschnitt, in dem die Elternmoleküle getrennt und die neuen Polynucleotide synthetisiert werden, heißt **Replikationsgabel**.

11.2.1 DNA-Polymerase

Ein Enzym, das ein neues DNA-Nucleotid synthetisieren kann, nennt man **DNA-Polymerase**. Eine DNA-Polymerase katalysiert

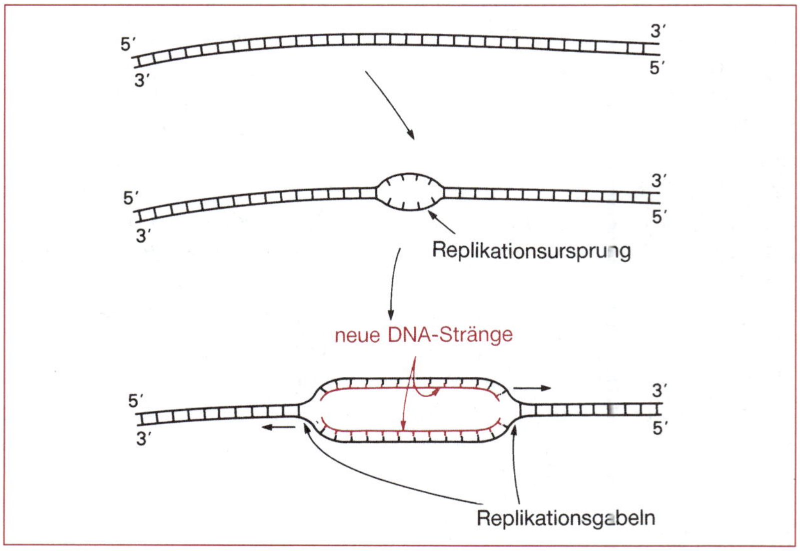

11.5 Ein Replikationsursprung und die Bewegung der Replikationsgabeln an einer Doppelhelix entlang.

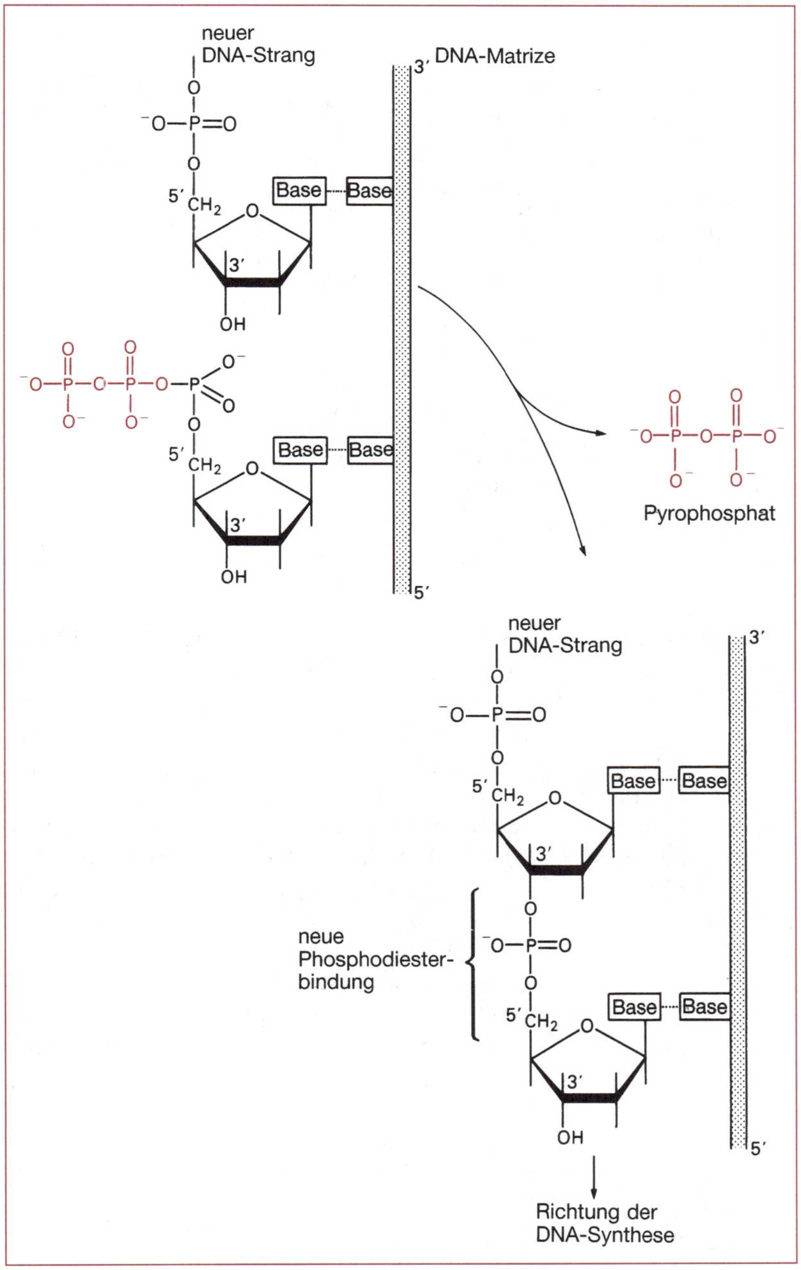

11.6 Die DNA-Synthesereaktion, die während der DNA-Replikation von einer DNA-Polymerase katalysiert wird. Man vergleiche diese Abbildung mit dem Schema der RNA-Transkription (Abb. 5.3).

eine ähnliche chemische Reaktion wie eine RNA-Polymerase (Abschnitt 5.3), nur daß das neue Polynucleotid, das zusammengesetzt wird, aus Desoxyribonucleotiden besteht und nicht aus Ribonucleotiden (Abb. 11.6). Die Reaktionen als solche sind die gleichen: Die Sequenz des neuen Polynucleotids hängt von der Sequenz der Matrize ab und ergibt sich durch die Paarung komplementärer Basen; die DNA-Polymerisation kann außerdem wie die RNA-Synthese nur in $5' \rightarrow 3'$-Richtung erfolgen.

Arthur Kornberg

* 3. März 1918, Brooklyn

»Ich kenne kein langweiliges Enzym.«

Kornberg ist einer von mehreren Biochemikern, deren Arbeiten von immensem Wert beim Verständnis von Genexpression und DNA-Replikation waren. Kornberg promovierte 1941 in Medizin an der Universität von Rochester und verbrachte dann zehn Jahre an den National Institutes of Health in Bethesda, Maryland. Der Schwerpunkt seiner Forschungsarbeit lag damals auf Coenzymen, Molekülen, die selbst keine Proteine sind, aber an bestimmte Enzyme binden und wesentlich zu deren Aktivität beitragen. Die Isolierung der DNA-Polymerase-I erfolgte später an der Washington University, die sich weder in der Stadt noch im Staat Washington befindet, sondern in St. Louis, Missouri. Für diese Arbeit wurde ihm 1959 zusammen mit Severo Ochoa der Nobelpreis zuerkannt. Im selben Jahr wurde Kornberg Professor für Biochemie an der Stanford University, wo er seine Untersuchungen über den Mechanismus und die Kontrolle der DNA-Replikation fortsetzte. Er hat einen sehr unterhaltsamen Bericht über sein Leben in der Wissenschaft geschrieben: *For the Love of Enzymes: The Odyssey of a Biochemist*. Boston (Harvard University Press) 1989.

DNA-Polymerase I und DNA-Polymerase III. Im Jahr 1957 isolierten Arthur Kornberg und seine Kollegen ein Enzym aus *E. coli*, das an einer Polynucleotidmatrize DNA synthetisieren konnte. Natürlich glaubte man, dieses Enzym sei die DNA-Polymerase, die für die DNA-Replikation in der Bakterienzelle verantwortlich ist. Als man das Enzym genauer untersuchte, tauchten leider Befunde auf, die mit dieser Funktion unvereinbar waren. Am problematischsten war im Jahr 1969 die Entdeckung von *E. coli*-Zellen, in denen das Gen, für dieses Enzym, das man inzwischen **DNA-Polymerase I** nannte, inaktiv war: Diese mutierten Zellen konnten immer noch ihre DNA replizieren.

Schließlich stellte sich heraus, daß die DNA-Polymerase I zwar an der DNA-Replikation beteiligt ist, aber nicht das Hauptenzym für die Replikation darstellt. Das Enzym, das nach heutigem Wissen bei der Replikation in *E. coli* die Hauptrolle spielt, wurde 1972 isoliert und heißt **DNA-Polymerase III**. Ein Zeichen für die komplexen Funktionen, die dieses riesige Enzym in der Zelle erfüllt, ist seine Zusammensetzung. Es besteht aus einer noch nicht

Die drei DNA-Polymerasen von *E. coli*

E. coli besitzt drei DNA-Polymerasen mit folgenden Merkmalen:

Enzym	Molmasse (Dalton)	ungefähre Zahl der Moleküle je Zelle	Funktion
DNA-Polymerase I	109 000	400	DNA-Replikation, Reparatur
DNA-Polymerase II	120 000	?	DNA-Reparatur?
DNA-Polymerase III	800 000	10–20	DNA-Replikation

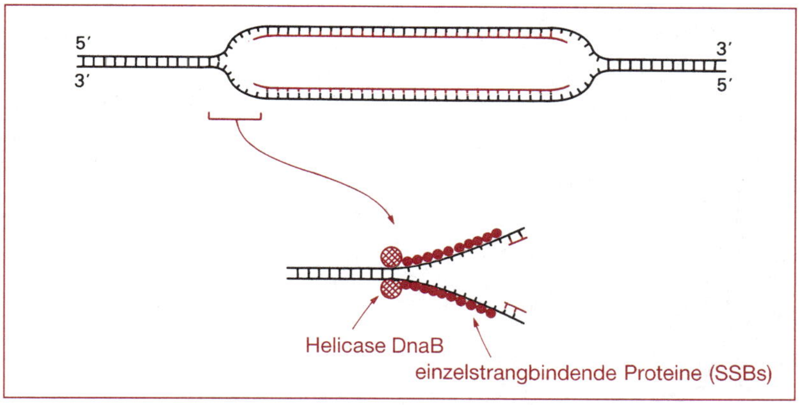

11.7 Die Funktion der DnaB-Helicase und einzelstrangbindenden Proteine (SSB) bei der DNA-Replikation: Sie brechen die Doppelhelix auf und verhindern, daß sie sich sofort wieder verschließt.

bekannten Anzahl von Untereinheiten und hat eine Molmasse von etwa 800 000 Dalton.

11.2.2 Ereignisse an der Replikationsgabel

Unser Wissen darüber, wie DNA im einzelnen repliziert wird, trugen zahlreiche Molekularbiologen und Biochemiker in Labors in der ganzen Welt in jahrelanger Arbeit zusammen. Schließlich war man sich einig über diesen komplizierten Prozeß, an dem eine ganze Reihe von Enzymen und andere Proteine beteiligt sind.

a) Auftrennung der elterlichen Doppelhelix. Während der DNA-Replikation müssen ständig gepaarte Basen der beiden Stränge des elterlichen DNA-Moleküls getrennt werden. Verantwortlich für diese Reaktion ist die **Helicase DnaB**, ein Enzym, das mit **einzelstrangbindenden Proteinen** (*single strand binding proteins*, SSBs) zusammenwirkt. Diese Proteine heften sich an die einzelsträngige DNA, die die Helicase gerade produziert hat, und verhindern, daß sich die beiden Stränge sofort wieder verbinden (Abb. 11.7). An der so entstehenden Replikationsgabel sind die Matrizen freigelegt, an denen die DNA-Polymerase III arbeiten kann.

b) Leitstrang und Folgestrang. Die Hauptkomplikation der DNA-Replikation besteht darin, daß die beiden dissoziierten Stränge des elterlichen Moleküls nicht gleich behandelt werden können. Die DNA-Polymerase III kann nämlich DNA nur von 5′ nach 3′ synthetisieren, das heißt, die Matrizenstränge müssen von 3′ nach 5′ abgelesen werden (Abb. 11.6). Für einen elterlichen Strang, den sogenannten **Leitstrang**, ist das kein Problem, da sich das neue Polynucleotid kontinuierlich synthetisieren läßt (Abb. 11.8a). Der zweite oder **Folgestrang** jedoch kann nicht kontinuierlich kopiert werden, da das eine 3′→5′-Synthese erfordern würde. Der Folgestrang muß statt dessen stückweise synthetisiert

Die Exonuclease-Aktivitäten der DNA-Polymerasen I und III

Die DNA-Polymerase III muß die DNA-Synthese beenden, wenn sie den Anfang des nächsten Okazaki-Fragments erreicht, da sie keine 5′→3′-Exonuclease-Aktivität hat, die nötig wäre, um die Ribonucleotide des Primers zu entfernen. Die DNA-Polymerase I hat diese Aktivität und löst die DNA-Polymerase III an diesem Punkt ab.

Beide Enzyme haben Exonuclease-Aktivitäten in 3′→5′-Richtung, also entgegengesetzt zur Syntheserichtung. Demnach kann das Enzym, wenn ein Nucleotid während der DNA-Synthese falsch eingefügt wird, denselben Weg zurückgehen, das unpassende Nucleotid entfernen und durch das richtige ersetzen. Das versteht man unter der **Korrekturlese-Funktion,** die mit dazu beiträgt, daß eine praktisch fehlerfreie DNA-Replikation sichergestellt ist. Man hat ausgerechnet, daß die DNA-Polymerase III lediglich alle 5 000 000 000 Nucleotide einen unkorrigierten Fehler macht.

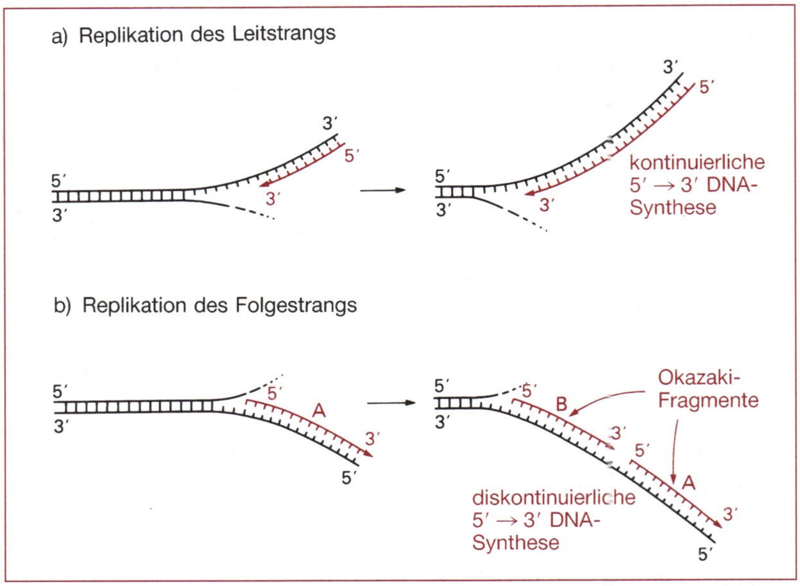

11.8 Die unterschiedliche Replikation von Leitstrang und Folgestrang.

werden: Ein Teil der Elternhelix wird dissoziiert, und ein kleines Stück des Folgestrangs entsteht; die Helix dissoziiert ein Stück weiter, und ein weiterer Abschnitt des Folgestrangs wird repliziert und so fort (Abb. 11.8b). Zunächst war dieses Bild nur eine Hypothese, aber nachdem man 1968 während der DNA-Replikation die **Okazaki-Fragmente** isoliert hatte, kurze DNA-Stücke mit einer Länge zwischen 100 und 1000 Nucleotiden, war die Vermutung bestätigt.

c) Das Startproblem und die Verbindung der Okazaki-Fragmente. Im Gegensatz zur RNA-Polymerase kann die DNA-Polymerase III nicht mit der DNA-Synthese beginnen, wenn nicht bereits ein kurzer doppelsträngiger Abschnitt vorhanden ist, der als **Primer** (Starter) fungiert (Abb. 11.9a). Wie geschieht das während der DNA-Replikation? Offensichtlich sind die allerersten wenigen

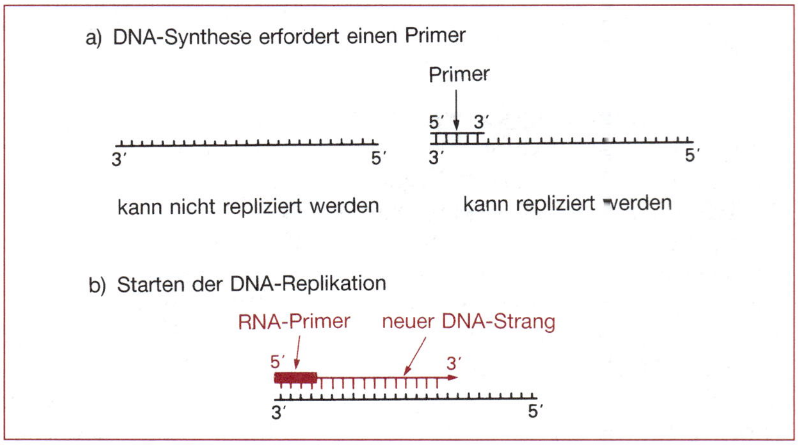

11.9 Die DNA-Synthese muß mit einem Primer gestartet werden.

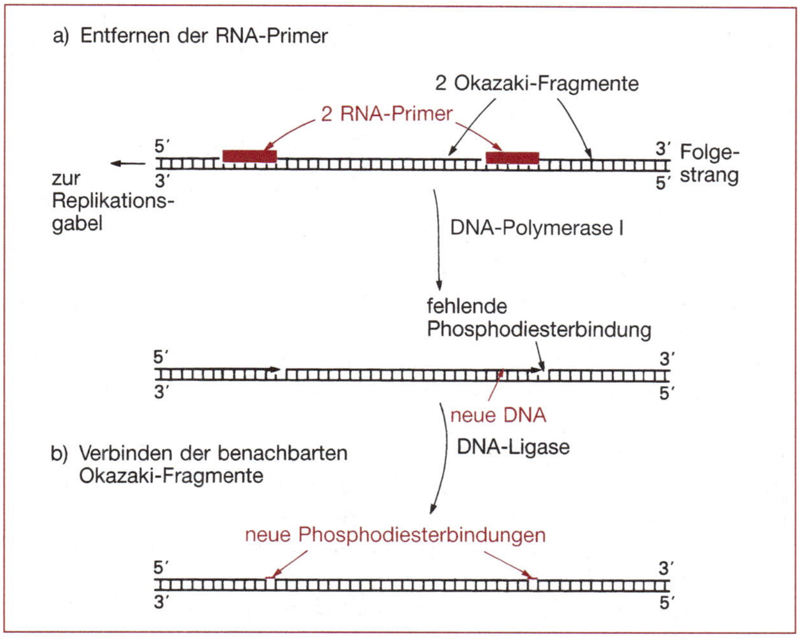

11.10 Abschluß der DNA-Synthese des Folgestranges.

Nucleotide, die sich entweder an den Leitstrang oder den Folgestrang heften, keine Desoxyribonucleotide, sondern Ribonucleotide, die von einem RNA-Polymerase-Enzym dorthin plaziert werden (Abb. 11.9b). Wenn einige Ribonucleotide (zwischen sechs und 30) an der Matrize polymerisiert sind, verläßt die RNA-Polymerase das Molekül, und die DNA-Polymerase III setzt die Polymerisation, jetzt von DNA, an der Matrize fort. Die RNA-Polymerase heißt **Primase** und ist bei *E. coli* ein einzelnes Polypeptid mit einer Molmasse von ungefähr 60 000 Dalton (sie unterscheidet sich also von der transkribierenden RNA-Polymerase aus Kapitel 5). Sie arbeitet mit sechs oder mehr Proteinen zusammen und bildet mit diesen eine Struktur, die man als **Primosom** bezeichnet.

Auf dem Folgestrang kann die DNA-Polymerase III nur bis zu einer gewissen Entfernung vor dem RNA-Primer am 5′-Ende des nächsten Okazaki-Fragments DNA synthetisieren. Hier kommt die DNA-Polymerase III zum Stillstand, und die DNA-Polymerase I tritt in Aktion, setzt die DNA-Synthese fort und übernimmt eine weitere wichtige Funktion, indem sie die Ribonucleotide des Primers im nächsten Okazaki-Fragment entfernt und durch Desoxyribonucleotide ersetzt (Abb. 11.10a). Wenn alle Ribonucleotide ersetzt sind, stellt die DNA-Polymerase I entweder ihre Arbeit ein, oder sie ersetzt noch in einem kurzen DNA-Stück des nächsten Okazaki-Fragments Nucleotide, bevor sie von der neuen Doppelhelix dissoziiert.

Die letzte Reaktion, mit der die Replikation des Folgestrangs abgeschlossen wird, ist die Verbindung benachbarter Okazaki-Fragmente, die bis jetzt noch durch eine fehlende Bindung zwischen benachbarten Nucleotiden getrennt sind. An diesen Stellen muß noch eine Phosphodiesterbindung geknüpft werden, eine Reaktion, die von einem weiteren Enzym katalysiert wird, der **DNA-Ligase** (Abb. 11.10b).

11.2.3 Topologische Probleme

Mit dem gerade beschriebenen System erfolgt die Replikation des Leitstrangs und des Folgestrangs des elterlichen Moleküls, und es entstehen zwei Tochter-Doppelhelices. Mit einem ungelösten Problem müssen wir uns jedoch noch beschäftigen. Die beiden Polynucleotide des Ausgangsmoleküls sind ja umeinander gewunden. Das bedeutet, daß bei der Vorwärtsbewegung der Replikationsgabel am Elternmolekül entlang die Helix nicht nur geöffnet, sondern auch entwunden werden muß. Das ist in der Tat recht problematisch, wenn man bedenkt, daß das DNA-Molekül von *E. coli* 4000 kb lang ist; die Helix hat somit 400 000 Drehungen und muß in 20 Minuten repliziert werden. Daraus folgt, daß die Doppelhelix mit einer Geschwindigkeit von 20 000 Umdrehungen pro Minute um sich selbst rotiert!

Das ist so unvorstellbar, daß Molekularbiologen viele Jahre lang nach Lösungen suchten, die das Entwinden der Helix vermeiden. Irgendwann um 1979 herum wurde die Lage so verzweifelt, daß einige Wissenschaftler sogar vermuteten, die Doppelhelix sei die falsche Struktur, und die Polynucleotide in einem doppelsträngigen DNA-Molekül lägen in Wirklichkeit nebeneinander und seien nicht umeinander gewunden. Glücklicherweise entdeckte man schließlich eine Gruppe von Enzymen, die dieses topologische Problem lösten.

DNA-Topoisomerasen. Die Enzyme, welche die DNA-Doppelhelix entwinden, heißen **DNA-Topoisomerasen** und lassen sich in

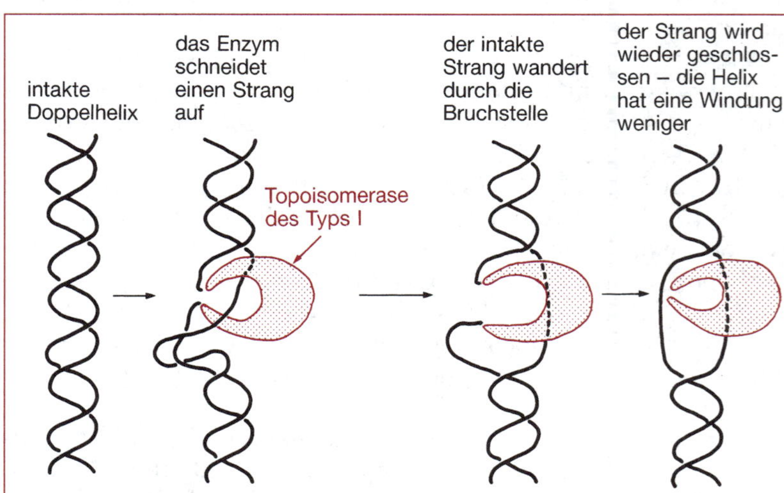

11.11 Der Wirkungsmechanismus einer Topoisomerase des Typs I. Typ-II-Topoisomerasen sorgen für eine ähnliche Reaktion, schneiden jedoch beide Polynucleotide auf.

drei Klassen einteilen, Typ I-5′, Typ I-3′ und Typ II. Alle entwinden ein DNA-Molekül, ohne die Doppelhelix eigentlich zu drehen; dieses Kunststück erreichen sie, indem sie vorübergehend Brüche in das Polynucleotidrückgrat einführen.

Topoisomerasen des Typs I brechen nur eine Polynucleotidkette auf und lassen den anderen Strang durch die Lücke wandern, bevor sie das Rückgrat wieder schließen (Abb. 11.11). Die Enzyme vom Typ II, darunter die gut charakterisierte **DNA-Gyrase** von *E. coli*, führen die gleiche Art von Reaktion durch, brechen dabei aber beide Polynucleotide an benachbarten Stellen auf. Die Topoisomerasen beider Typen erreichen trotz dieses Unterschiedes das gleiche: Abschnitte der Doppelhelix, die unmittelbar vor der Replikationsgabel liegen, werden entwunden, so daß die Replikationsgabel ungehindert auf dem Elternmolekül vorankommen kann. DNA-Topoisomerasen können auch die umgekehrte Reaktion ausführen und zusätzliche Drehungen in ein DNA-Molekül einführen: So entsteht eine **Überspiralisierung** (*supercoiling*, Seite 266), das Gegenteil der Entwindung.

Nomenklatur für Topoisomerasen des Typs I

Die Topoisomerasen der Typen I-5′ und I-3′ unterscheiden sich in den Wechselwirkungen zwischen dem Enzym und dem aufgeschnittenen Strang der DNA-Doppelhelix. Die Enzyme des Typs I-5′ bilden an der Schnittstelle eine kovalente Bindung mit dem 5′-Ende des Polynucleotids aus. Enzyme des Typs I-3′ dagegen gehen eine solche Bindung mit dem 3′-Ende des Polynucleotids ein.

11.3 DNA-Replikation bei Eukaryoten

Die DNA-Replikation läuft in allen Organismen auf sehr ähnliche Weise ab. Das Schema, das gerade für die Ereignisse an der Replikationsgabel von *E. coli* beschrieben wurde, gilt auch für Eukaryoten. Säugerzellen haben fünf verschiedene DNA-Polymerasen mit den Bezeichnungen α, β, γ, δ und ε, wobei die DNA-Polymerasen α und δ für die Replikation der DNA im Zellkern verantwortlich sind. Was für eine Rolle sie genau spielen, ist noch nicht ganz klar. Die DNA-Polymerase δ repliziert wahrscheinlich den Leitstrang, während die DNA-Polymerase α den Folgestrang kopiert. Die DNA-Polymerase α hat außerdem eine eng assoziierte Primaseaktivität, die, wie man annimmt, für die Synthese des RNA-Primers für jedes Okazaki-Fragment verantwortlich ist. Ein Rätsel ergibt sich aus der Beobachtung, daß weder die DNA-Polymerase α noch die DNA-Polymerase δ die $5' \rightarrow 3'$-Exonucleaseaktivitäten besitzen, die zur Entfernung der RNA-Primer

Die fünf DNA-Polymerasen der Säugerzellen

	Molmasse	Funktion
DNA-Polymerase α	> 500 000	Replikation der DNA im Zellkern
DNA-Polymerase β	40 000	DNA-Reparatur
DNA-Polymerase γ	140 000	Replikation mitochondrialer DNA
DNA-Polymerase δ	173 000	Replikation der DNA im Zellkern
DNA-Polymerase ε	215 000	DNA-Reparatur

vom Folgestrang notwendig sind. Eine weitere ungelöste Frage betrifft das Korrekturlesen des Folgestranges, da der DNA-Polymerase α außerdem die $3' \rightarrow 5'$-Exonuclease fehlt, so daß sie ihre Schritte nicht nachfahren kann, um ein falsches Nucleotid zu ersetzen.

Literatur

Kornberg, A.; Baker, T.A. *DNA Replication.* 2. Aufl. New York (Freeman) 1991.
[Alles, was man über DNA-Replikation wissen muß.]

Meselson, M.; Stahl, F. *The Replication of DNA in Escherichia coli.* In: *Proceedings of the National Academy of Sciences, USA* 44 (1958) S. 671–682.
[Das berühmte Experiment.]

Kornberg, A. *Biologic Synthesis of Deoxyribonucleic Acid.* In: *Science* 131 (1960) S. 1503–1508.
[Beschreibung der DNA-Polymerase I.]

Kornberg, A. *DNA Replication.* In: *Trends in Biochemical Sciences* 9 (1984) S. 1503–1508.
[Eine Beschreibung der Vorgänge an der Replikationsgabel.]

Okazaki, T.; Okazaki, R. *Mechanisms of DNA Chain Growth.* In: *Proceedings of The National Academy of Sciences* USA 64 (1969) S. 1242–1248.
[Die Entdeckung der Okazaki-Fragmente.]

Radman, M.; Wagner, R. *Die DNA-Verdoppelung – ein Präzisionsprozeß.* In: *Spektrum der Wissenschaft* 10 (1988) S. 48–54.
[Beschreibt, wie Fehler während der DNA-Replikation vermieden und verbessert werden.]

West, S.C. *DNA Helicases Get Physical.* In: *Nature* 384 (1996) S. 316–317.
[Informationen über diese wichtige Enzymgruppe.]

Roca, J. *The Mechanisms of DNA Topoisomerases.* In: *Trends in Biochemical Sciences* 20 (1995) S. 156–160.

Aufgaben

1. Definieren Sie die folgenden Begriffe:

   semikonservative Replikation
   Replikationsursprung
   Replikationsgabel
   Leitstrang
   Folgestrang
   Okazaki-Fragment
   Primer
   Primosom
   Korrekturlesen

2. Beschreiben Sie die Rolle der folgenden Enzyme und Proteine bei der DNA-Replikation von *E. coli*:

   DNA-Polymerase I
   DNA-Polymerase III
   Helicase
   einzelstrangbindendes Protein
   Primase
   DNA-Ligase
   DNA-Topoisomerasen
   DNA-Gyrase

3. Nennen Sie die Unterschiede zwischen den drei Arten, wie die Doppelhelix repliziert werden könnte, und beschreiben Sie ein Experiment, das entscheiden kann, welche der Möglichkeiten bei *E. coli* zutrifft.

4. Unterscheiden Sie die Aufgaben von DNA-Polymerase I und DNA-Polymerase III bei der Replikation von *E. coli.*

5. Erklären Sie, warum die ersten paar Nucleotide, die bei der DNA-Replikation angelagert werden, in Wirklichkeit Ribonucleotide sind.

6. Erklären Sie, warum die Replikation des Folgestranges diskontinuierlich verläuft.

7. Was ist die Lösung des topologischen Problems bei der DNA-Replikation?

8. * Diskutieren Sie, warum die semikonservative Replikation favorisiert wurde, noch bevor das Meselson-Stahl-Experiment durchgeführt wurde.

9. Skizzieren Sie das Muster der Dichtegradientenbanden, das Meselson und Stahl erhalten hätten, wenn sich die DNA-Replikation als a) konservativ oder b) dispersiv herausgestellt hätte.

10. Skizzieren Sie das Bandenmuster, das Meselson und Stahl erhalten hätten, wenn sie die DNA-Replikation mehr als zwei Durchgänge lang verfolgt hätten. Achten Sie darauf, die relativen Mengen von DNA in jeder Ihrer Banden anzugeben.

12 Veränderungen des genetischen Materials

Mutation – Mutationstypen – Aufheben der Wirkung einer Mutation – Mutagene • **DNA-Reparatur • Rekombination –** Allgemeine Rekombination – Bedeutung der Rekombination für die Genetik

Die DNA-Replikation verläuft zwar praktisch fehlerfrei, gelegentlich kommen aber doch Abweichungen vor. Ein Fehler bei der Replikation hat zur Folge, daß ein Tochtermolekül an einer Stelle eine **Fehlpaarung** *(mismatch)* enthält, weil die in der Doppelhelix gegenüberliegenden Nucleotide nicht zueinander passen, das heißt, weil sie nicht komplementär sind (Abb. 12.1a). Wenn das Tochtermolekül mit dieser Fehlpaarung seinerseits repliziert wird, sind die beiden Enkelmoleküle nicht identisch: Eines hat die richtige Nucleotidsequenz, das andere enthält jedoch eine **Mutation**. Eine Mutation ist einfach eine Veränderung in der Nucleotidsequenz eines DNA-Moleküls.

Mutationen werden auch von chemischen und physikalischen **Mutagenen** verursacht. Manche Chemikalien reagieren mit DNA-Molekülen und verändern die Struktur eines oder mehrerer Nucleotide innerhalb der Doppelhelix. Ähnliche Auswirkungen haben Wärme, ultraviolette Strahlung und andere physikalische Mutagene. Wenn sich die Struktur eines Nucleotids ändert, kann das seine Eigenschaften bei der Basenpaarung beeinträchtigen. Das wiederum kann zu einer Mutation führen, wenn das DNA-Molekül repliziert wird (Abb. 12.1b).

Wie wir noch sehen werden, können Mutationen harmlos sein oder auch schwerwiegende, sogar tödliche Auswirkungen auf den Organismus haben. Um die Zahl von Mutationen, die fest eingebaut werden, so niedrig wie möglich zu halten, besitzen alle Organismen Mechanismen für die **DNA-Reparatur**, mit denen sie versuchen, Fehlpaarungen und strukturelle Veränderungen in ihren

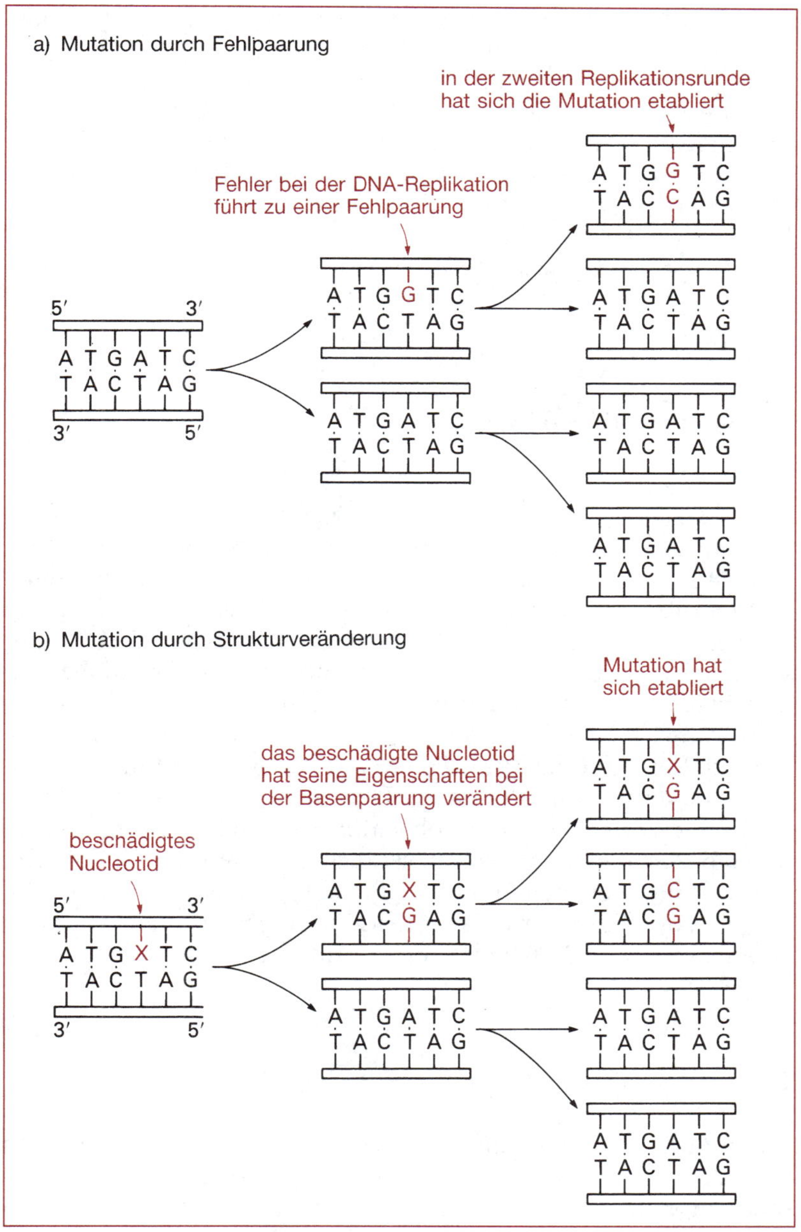

12.1 Zwei Wege zur Entstehung einer Mutation.

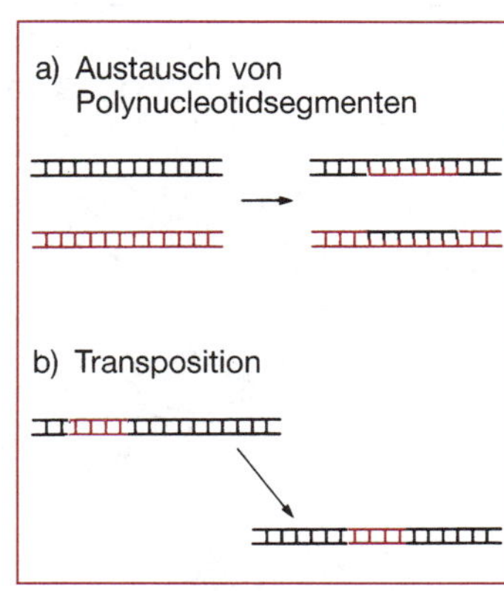

12.2 Zwei mögliche Auswirkungen von Rekombination.

DNA-Molekülen zu korrigieren. Einige Mutationen entgehen jedoch diesen Maßnahmen.

Eine Mutation ist eine geringfügige Veränderung in einem DNA-Molekül. Zu größeren Veränderungen kommt es bei einem anderen Vorgang, der **Rekombination**. Eine Rekombination kann verschiedene Auswirkungen haben, unter anderem den Austausch von Polynucleotidabschnitten zwischen verschiedenen DNA-Molekülen und die **Transposition** eines Stücks DNA von einer Stelle zu einer anderen in einem Molekül (Abb. 12.2). Rekombination ist keineswegs schädigend, sondern sie hat im Leben einer Zelle mehrere wichtige Aufgaben.

Dieses Kapitel beschäftigt sich mit Mutationen, Mutagenen, Reparaturmechanismen und Rekombination. Es beschreibt ein umfangreiches Gebiet und enthält viele neue Fachausdrücke. Diese Ausdrucksweise mag unbequem sein, aber man muß sich mit ihr abfinden: Mutationen und Rekombination sind zentrale Vorgänge in der Genetik.

Genotyp und Phänotyp

Die Unterscheidung von Phänotyp und Genotyp ist manchmal nicht ganz einfach. Zur Verdeutlichung der beiden Begriffe betrachten wir eine *E. coli*-Mutante, der die β-Glactosidaseaktivität fehlt:

Den **Genotyp** bezeichnet man als *lacZ*⁻. Das hochgestellte Minuszeichen gibt an, daß das Gen mutiert ist. Wie bereits auf Seite 172 erwähnt, druckt man die Bezeichnung eines Gens kursiv (beziehungsweise man unterstreicht sie, wenn man mit der Hand schreibt).

Den **Phänotyp** bezeichnet man als „Fehlen von β-Galactosidase". Ein Genetiker schreibt LacZ⁻ – in normaler Schrift und mit groß geschriebenem „L", damit keine Verwechslung mit der Genotypbezeichnung auftritt.

12.1 Mutationen

Bevor wir uns mit Mutationen und ihren Auswirkungen befassen, müssen wir einige Begriffe definieren. Wie bereits erläutert, ist eine Mutation eine Veränderung in der Nucleotidsequenz eines DNA-Moleküls. Sie kann innerhalb eines Gens auftreten oder in Abschnitten zwischen Genen. Zwischen Genen wird sie wahrscheinlich **stumm** sein und keine erkennbare Wirkung auf die Zelle haben. Wenn eine Mutation jedoch innerhalb eines Gens auftritt, kann sie das Genprodukt abwandeln und eine sichtbare Veränderung im Organismus erzeugen: Dann spricht man von einer Veränderung des **Phänotyps**. Der Phänotyp eines Organismus ist die Gesamtheit seiner beobachtbaren Eigenschaften; als **Genotyp** bezeichnet man dagegen seine genetische Konstitution. Ein Organismus, der den üblichen Phänotyp seiner Art darstellt, nennt man **Wildtyp**; ist der Phänotyp aufgrund einer Mutation verändert ist, spricht man von einer **Mutante**.

12.1.1 Verschiedene Arten von Mutationen

Mutationen kann man unter drei verschiedenen Gesichtspunkten betrachten. Zunächst kann man sich die DNA-Sequenz selbst ansehen und die verschiedenen Arten der in der Nucleotidsequenz vorkommenden Änderungen aufzählen. Als zweites stellt sich die Frage, welche Auswirkung die verschiedenartigen Mutationen haben, wenn sie in einem Gen auftreten. Und drittens gibt es noch die Ebene des Organismus und die verschiedenen Arten phänotypischer Veränderungen, zu denen es aufgrund einer Mutation kommt. Wir werden diese drei Mutationsebenen nacheinander betrachten.

a) Mutationen auf der Ebene der DNA-Sequenz. Durch Mutationen können in der DNA-Sequenz verschiedene Typen von Veränderungen auftreten (Abb. 12.3):

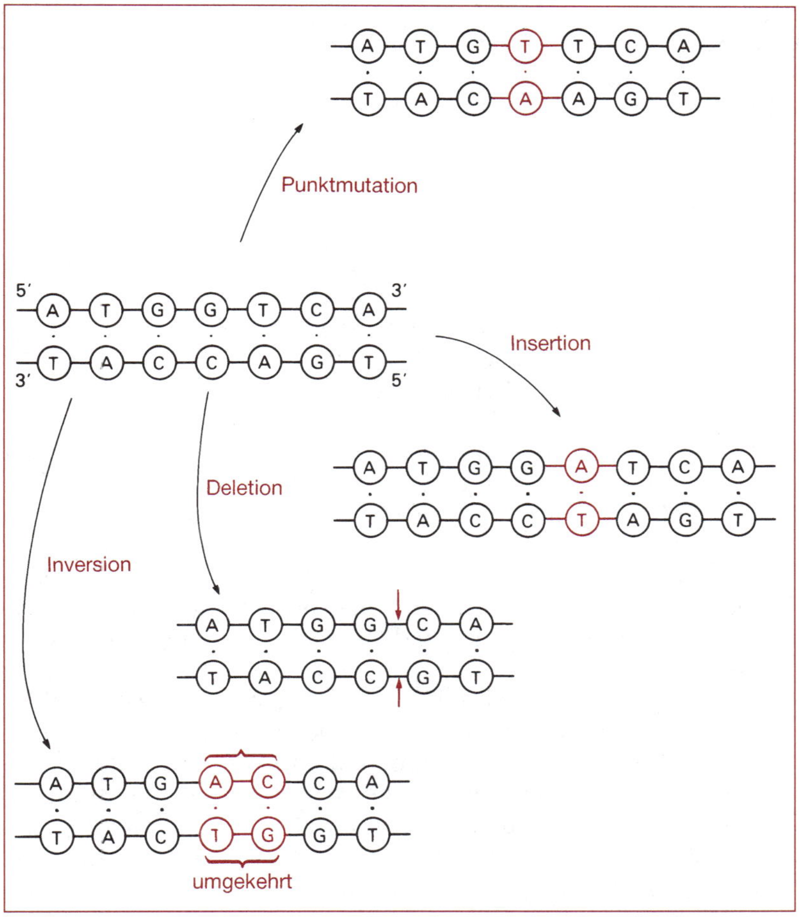

12.3 Verschiedenen Arten von DNA-Sequenzveränderungen durch eine Mutation. Verglichen sind hier nur die ursprünglichen („Wildtyp") und mutierten DNA-Moleküle, ohne Rücksicht darauf, welche Schritte für die Umwandlung erforderlich sind.

1. Eine **Punktmutation** ist der Austausch eines Nucleotids gegen ein anderes. Als **Transition** bezeichnet man eine Punktmutation, wenn ein Purin durch ein Purin (A ↔ G) oder ein Pyrimidin durch ein Pyrimidin (T ↔ C) ersetzt wird; bei einer **Transversion** dagegen wird ein Purin durch ein Pyrimidin ersetzt oder umgekehrt (A oder G ↔ T oder C).
2. Von einer **Insertion** beziehungsweise **Deletion** spricht man, wenn ein oder mehrere Basenpaare bis hin zu recht ausgedehnten DNA-Stücken hinzukommen oder entfernt werden.
3. Bei einer **Inversion** wird ein Teil der Doppelhelix herausgeschnitten und an derselben Stelle, aber in umgekehrter Orientierung, wieder eingefügt.

b) Mutationen auf Genebene. Ob nun eine Punktmutation, Insertion, Deletion oder Inversion vorliegt, eine Mutation wird aller Wahrscheinlichkeit nach stumm sein, wenn sie in einer Region zwischen Genen liegt. Was für Auswirkungen sind jedoch zu erwarten, wenn eine Mutation in der codierenden Region eines Gens erfolgt? Um diese Frage zu beantworten, erfinden wir uns

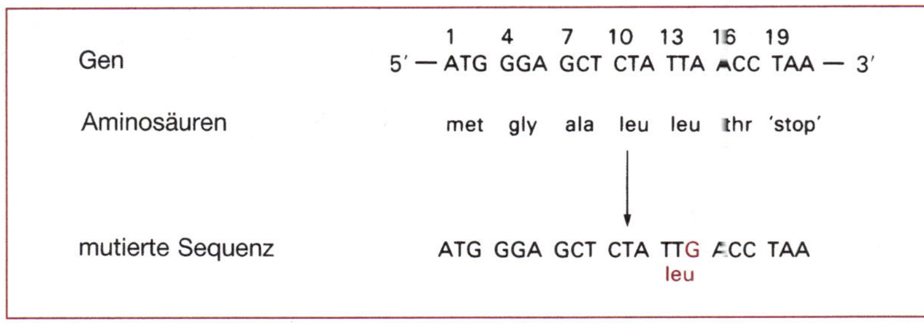

12.4 Eine stumme Mutation innerhalb eines Gens.

ein kurzes imaginäres Gen (siehe Abb. 12.4), das zwar ein nur sechs Aminosäuren langes Peptid codiert, uns aber dennoch die meisten der möglichen Folgen zeigt.

1. *Stumme Mutation innerhalb eines Gens* (Abb. 12.4). Dieser Fall tritt ein, wenn eine Punktmutation das dritte Nucleotid eines Codons betrifft, die das Codon aufgrund des degenerierten genetischen Codes, aber nicht die Aminosäure ändert (zum Beispiel Nucleotid 15, Veränderung von A zu G). Eine stumme Mutation hat keine Auswirkung auf die Aminosäuresequenz des Genprodukts und läßt keinen mutierten Phänotyp entstehen.
2. *Missense-Mutation* (Abb. 12.5). Dabei handelt es sich ebenfalls um eine Punktmutation, die aber die Aminosäure verändert. Die meisten Punktmutationen an der ersten oder zweiten Nucleotidposition sowie einige wenige an der dritten Position eines Codons sind Missense-Mutationen. Eine Änderung des Nucleotids 4 von G zu A macht zum Beispiel aus einem Glycin-Codon ein Arginin-Codon, und eine Änderung des Nucleotids 15 von A zu T codiert Phenylalanin statt Leucin. Eine Missense-Mutation erzeugt ein Polypeptid mit einer einzelnen veränderten Aminosäure. Ob sich daraus ein mutierter Phänotyp ergibt oder nicht, hängt davon ab, welche Bedeutung die mutierte Aminosäure für die Struktur und/oder die Funktion des Proteins hat. Die meisten Proteine können einige Abwandlungen ihrer Aminosäuresequenz tolerieren; verändert eine Missense-Mutation jedoch eine Aminosäure, die entschei-

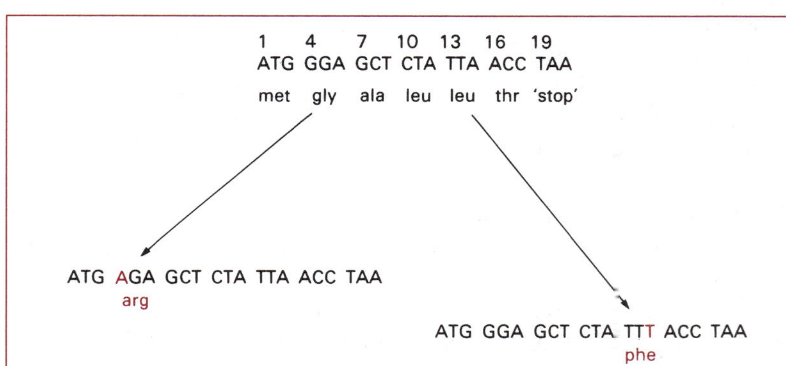

12.5 Zwei Missense-Mutationen.

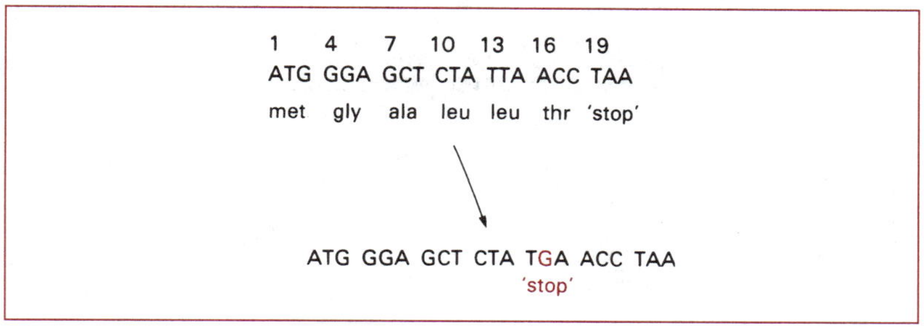

12.6 Eine Nonsense-Mutation.

dend zur Struktur oder Funktion beiträgt, ist das Protein inaktiv, und der Phänotyp ist mutiert.

3. *Nonsense-Mutation* (Abb. 12.6). Dabei handelt es sich um eine Punktmutation, die ein Codon für eine Aminosäure in ein Stopcodon umwandelt (zum Beispiel eine Umwandlung des Nucleotids 14 von T in G). Das Ergebnis ist ein verkürztes Gen, dessen zugehöriges Polypeptid am Carboxylende ein Segment verloren hat. In vielen Fällen, allerdings nicht immer, befinden sich in diesem Segment Aminosäuren, die für die Aktivität des Proteins entscheidend sind, und daher entsteht ein mutierter Phänotyp.
4. Eine *Rasterverschiebung* (Abb. 12.7) ist die übliche Folge einer Insertion oder einer Deletion. Das Hinzufügen oder Entfernen einer beliebigen Anzahl von Basenpaaren, die nicht ein Vielfaches von drei ist, führt dazu, daß das Ribosom stromabwärts von der Mutation eine völlig neue Zusammenstellung von Codons abliest. Wie Nonsense-Mutationen führen auch Rasterverschiebungen gewöhnlich zu einem mutierten Phänotyp.

c) Mutationen auf dem Niveau des Organismus. Damit ein mutierter Phänotyp ensteht, muß aufgrund der veränderten Nucleotidsequenz ein mutiertes Genprodukt entstehen, das seine Funktion in der Zelle nicht erfüllen kann. In vielen Fällen kann die Zelle den Verlust der Funktion nicht tolerieren und stirbt. Solche Mutationen nennt man deshalb **letal**.

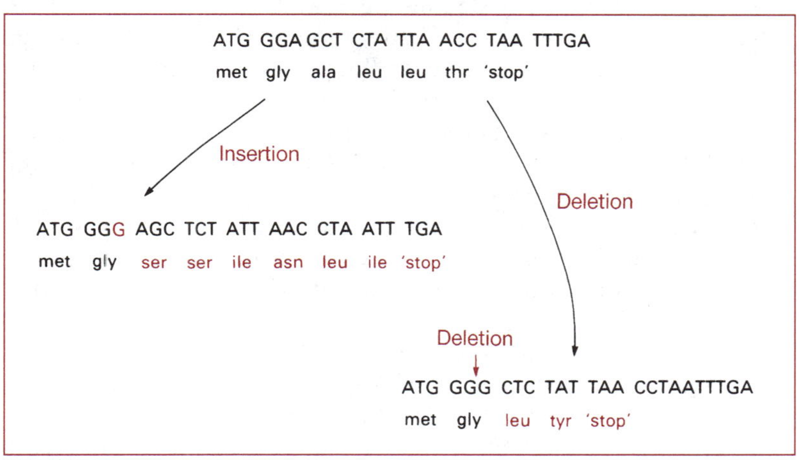

12.7 Leserasterverschiebungen.

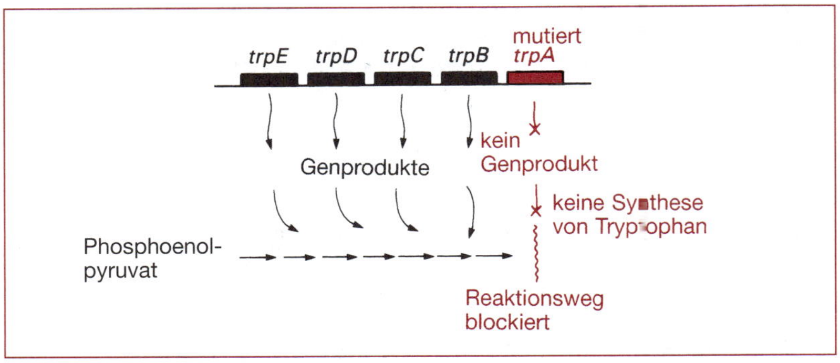

12.8 Ein Beispiel für eine auxotrophe Mutation. Oben erkennt man das *trp*-Operon (Abschnitt 10.3.2); es besteht aus fünf Genen für Enzyme, die Phosphoenolpyruvat in Tryptophan umwandeln. Eine Mutation in einem dieser Gene, zum Beispiel in *trpA*, verhindert die Synthese von Tryptophan.

Nicht alle Mutationen, die eine Veränderung des Phänotyps verursachen, haben jedoch eine derart drastische Wirkung. Manche Mutationen inaktivieren Proteine, die für die Zelle nicht lebenswichtig sind, und andere bewirken die Bildung von Proteinen mit reduzierter oder modifizierter Aktivität. Das gilt für Eukaryoten und Prokaryoten; am besten zu verstehen ist es, wenn man ein paar Beispiele von *E. coli* betrachtet.

1. *Auxotrophen Mutanten* fehlt ein Genprodukt, das an der Synthese eines lebenswichtigen Metaboliten, wie beispielsweise einer Aminosäure, beteiligt ist. Diese Mutanten können jedoch am Leben bleiben, wenn die entsprechende Substanz dem Kulturmedium als Nährstoff beigegeben wird. Einer Tryptophan-auxotrophen Mutante von *E. coli* fehlt zum Beispiel eines der Enzyme, die an der Tryptophanbiosynthese beteiligt sind (Abb. 12.8). Der Organismus kann in einem **Minimalmedium**, dem Tryptophan fehlt, nicht überleben; in einem ergänzten Medium, dem diese Aminosäure zugesetzt wurde, kann er jedoch wachsen. Das Gegenteil einer auxotrophen Zelle ist eine **prototrophe** Zelle, die die gleichen Nahrungsbedürfnisse hat wie der Wildtyp.
2. *Konditional-letale Mutanten* können überleben, aber nur, wenn sie unter bestimmten Bedingungen kultiviert werden. Die bekanntesten Beispiele sind **temperatursensitive Mutanten**, die innerhalb eines bestimmten Temperaturbereichs überleben können (zum Beispiel unter 30°C); sie sterben, wenn die Temperatur über diesen Schwellenwert steigt. Die Mutation, die temperatursensitive Mutanten trägt, beeinträchtigt häufig eine Aminosäure, die für die Aufrechterhaltung der Tertiärstruktur des jeweiligen Proteinprodukts wesentlich ist. Das mutierte Protein behält seine richtige Struktur bei niedriger Temperatur bei, wird jedoch durch Wärme leicht denaturiert und inaktiviert (Abb. 12.9).
3. *Antibiotikaresistente Mutanten.* Antibiotika töten Wildtypbakterien, haben aber keine Wirkung auf resistente Mutanten. Resistenz gegenüber einem Antibiotikum kann auf verschiedene Weise entstehen; meist verändert sich das Zielmolekül

Durchlässige (*leaky*) Mutanten

Eine durchlässige Mutante ist eine Zwischenstufe zwischen Wildtyp und einer echten Mutante. Eine durchlässige *trp*$^{A-}$-auxotrophe Mutante zum Beispiel kann etwas Tryptophan synthetisieren, aber nicht so viel wie der Wildtyp. Die Mutante wächst deshalb in Minimalmedium langsam, im Gegensatz zur echten *trp*$^{A-}$-Mutante, die sich in Abwesenheit von Tryptophan überhaupt nicht vermehrt. In einer durchlässigen Mutante ist das mutierte Genprodukt normalerweise nicht völlig inaktiviert, so daß es seine Funktion noch mit reduzierter Effektivität ausüben kann. Es gibt auch durchlässig-letale, durchlässig-konditionale und durchlässig-resistente Mutanten.

des Antibiotikums. Streptomycin beeinträchtigt zum Beispiel die Proteinbiosynthese, indem es das ribosomale Protein S12 bindet, einen Bestandteil der kleinen Ribosomenuntereinheit von *E. coli* (Seite 155). Wenn Streptomycin an die kleine Untereinheit gebunden ist, kann die Initiator-tRNA nicht an die P-Stelle gelangen; infolgedessen können keine mRNAs translatiert werden, und das Bakterium stirbt. In einer streptomycinresistenten Mutante ist das Gen für das ribosomale S12-Protein mutiert. Das veränderte S12-Protein kann zwar seine Funktion als ribosomales Protein ausführen, es bindet jedoch Streptomycin nicht mehr. Das Antibiotikum hat also auf das mutierte Bakterium keine Wirkung mehr.

4. *Regulationsmutanten* haben die Fähigkeit verloren, die Expression eines Gens oder Operons zu steuern, die normalerweise einer Regulation unterliegen. Es gibt zum Beispiel *E. coli*-Mutanten, welche die Gene des *lac*-Operons auch in Abwesenheit von Lactose exprimieren (Seite 174). Diese sogenannten **konstitutiven Mutanten** enstehen gewöhnlich durch eine Mutation im Gen des *lac*-Repressors, durch die der Repressor entweder nicht produziert wird oder eine veränderte Struktur hat, so daß er nicht mehr am Operator binden kann. Eine Mutante mit dem gleichen Phänotyp kann auch durch eine Mutation innerhalb der Operatorsequenz selbst entstehen.

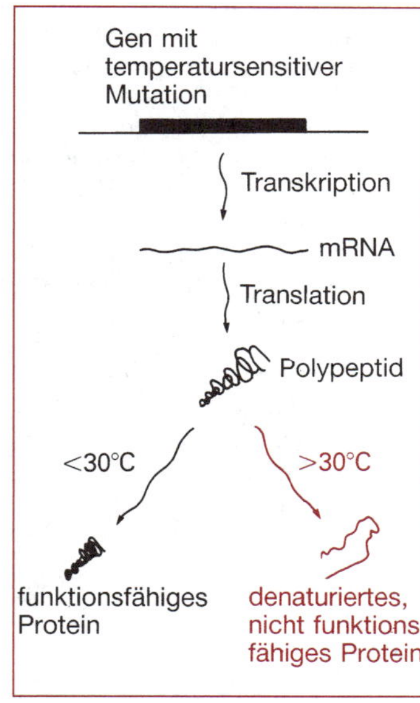

12.9 Mögliche Auswirkung einer temperatursensitiven Mutation. In diesem Beispiel liegt die Temperaturgrenze bei 30°C, darüber denaturiert das mutierte Polypeptid.

12.1.2 Aufheben der Wirkung einer Mutation

Mutierte Organismen können manchmal durch eine zweite Mutation wieder zum Wildtyp-Phänotyp werden. Dafür gibt es mehrere Mechanismen; der einfachste besteht darin, daß eine zweite Mutation die ursprüngliche Nucleotidsequenz des DNA-Moleküls wiederherstellt. Eine Punktmutation kann durch eine zweite Punktmutation aufgehoben werden, eine Insertion durch eine nachfolgende Deletion und so weiter. Diese Ereignisse nennt man **Rückmutationen**; sie sind nicht sehr wahrscheinlich, wenn

1	4	7	10	13	16	19
ATG	GGA	GCT	CTA	TTA	ACC	TAA
met	gly	ala	leu	leu	thr	'stop'
				↓ Missense-Mutation		
ATG	GGA	GCT	CTA	TTT	ACC	TAA
met	gly	ala	leu	phe	thr	'stop'
				↓ ausgleichende Reversion		
ATG	GGA	GCT	CTA	CTT	ACC	TAA
met	gly	ala	leu	leu	thr	'stop'

12.10 Ausgleichende Reversion.

Die Auswirkungen von Mutationen in vielzelligen Organismen

In vielzelligen Organismen hängt die Auswirkung einer Mutation sowohl von der Mutation selbst als auch von der betroffenen Zelle ab. Eine letale Mutation in einer einzelnen Zelle hat normalerweise keine Bedeutung, da die Zellen in Geweben und Organen ohnehin kontinuierlich durch neue Zellen ersetzt werden. Eine nichtletale Mutation kann Auswirkungen haben, wenn aus der mutierten Zelle eine ganze Zellinie ensteht und die Nachkommen ebenfalls die Mutation tragen. Ein Beispiel dafür ist die Farbenverteilung auf buntscheckigen Blättern einiger Zierpflanzen. In manchen Fällen kommen sie dadurch zustande, daß ein Gen, das an der Pigmentsynthese beteiligt ist, in einer Zelle mutiert, deren Nachkommen später einen Sektor des Blattes bilden:

Bei höher entwickelten Eukaryoten wie dem Menschen besteht ein wesentlicher Unterschied zwischen den sogenannten **somatischen Zellen**, aus denen der größte Teil des Organismus besteht, und den **Geschlechtszellen**, aus denen weibliche Eizellen und männliche Spermien hervorgehen. Eine Mutation in einer somatischen Zelle ist nur dann von Bedeutung, wenn sie der Zelle irgendeine gefährliche Eigenschaft verleiht, zum Beispiel die Fähigkeit, sich unkontrolliert zu teilen. Das kann Krebs auslösen. Eine Mutation in einer Geschlechtszelle dagegen wird mit dem Ei oder dem Spermium an die Nachkommen weitergegeben, so daß alle somatischen Zellen der Nachkommen mutiert sind. Die Vererbung eines solchen mutierten Gens kann man anhand eines **Stammbaumes** verfolgen, wie es hier für die Bluterkrankheit (Hämophilie) bei den Nachkommen der Königin Victoria gezeigt ist.

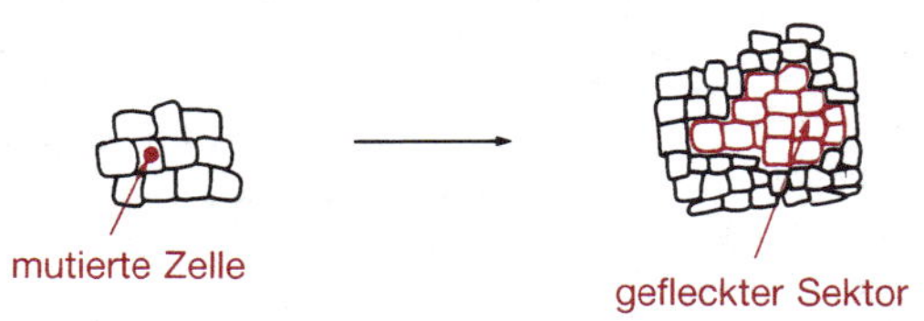

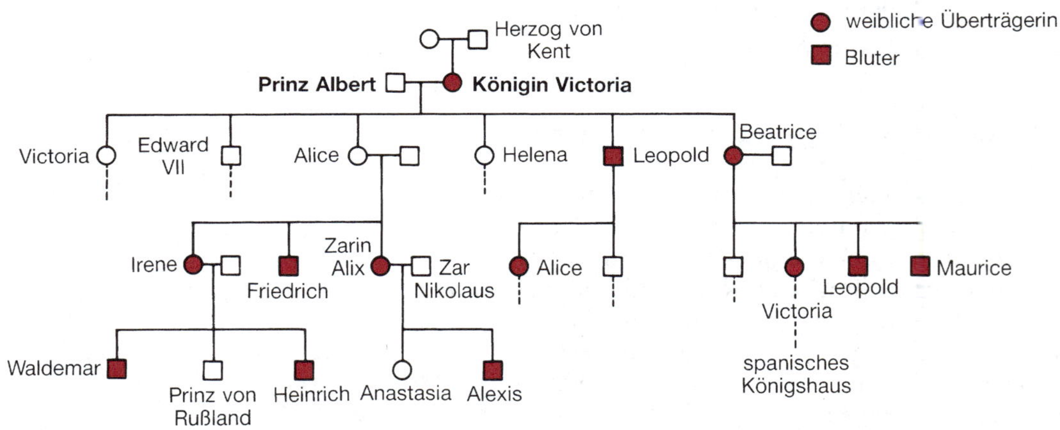

Anmerkung: In diesem Stammbaum sind bei weitem nicht alle Nachkommen aufgeführt!

nicht die Stelle, an der die erste Mutation erfolgte, eine natürliche Neigung zu Veränderungen hat.

Viele Mutationen können auch durch eine *second site reversion* (ausgleichende Reversion) korrigiert werden, eine zweite Mutation, die den ursprünglichen Phänotyp wiederherstellt, ohne aber die DNA-Sequenz in ihren unmutierten Zustand zurückzuverwandeln. Einer der möglichen Wege dazu soll an dem beschriebenen Mustergen deutlich werden. Eine der Missense-Mutationen in Abb. 12.5 besteht in der Veränderung des Nucleotids 15 von A zu T, wodurch ein Leucin-Codon (TTA) zu einem Codon für

Phenlyalanin (TTT) wird. Findet nun eine zweite Mutation statt, durch die das Nucleotid 13 von T zu C wird, dann lautet das Codon CTT, was wieder Leucin codiert (Abb. 12.10). Die Missense-Mutation ist korrigiert, und das Genprodukt ist wieder das normale, obwohl sich die Nucleotidsequenz weiterhin von der ursprünglichen unterscheidet.

Eine ausgleichende Reversion erfolgt innerhalb desselben Gens wie die erste Mutation. Der letztmögliche Weg, die Wirkung einer Mutation aufzuheben, ist die **Suppression**, eine ausgleichende Mutation in einem anderen Gen. Für dieses Phänomen gibt es mehrere Beispiele: Am häufigsten ist die Aufhebung einer Nonsense-Mutation durch eine Suppressormutation im Anticodon einer tRNA. Das Anticodon für tRNA^{trp} ist zum Beispiel 5′-CCA-3′, und es decodiert das Tryptophancodon 5′-UGG-3′. Wenn sich das erste Nucleotid des Anticodons in der tRNA durch eine Mutation von C in U ändert, entsteht das Anticodon 5′-UCA-3′, welches das Stopcodon 5′-UGA-3′ decodiert (Abb. 12.11a). Dieses Stopcodon wird also während der Translation „überlesen", und das verkürzte Polypeptid, das durch die ursprüngliche Nonsense-Mutation entstand, bekommt wieder die volle Länge (Abb. 12.11b). Die Aminosäure, die in das Peptid gelangt, wenn das supprimierte Stopcodon abgelesen wird, ist aller-

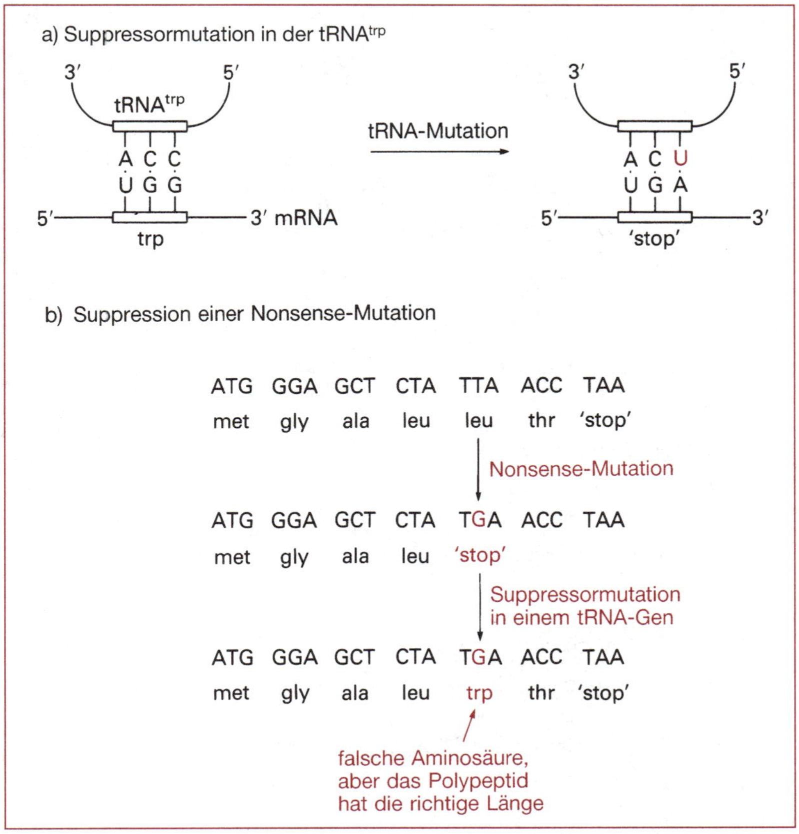

12.11 Suppression.

dings nicht die, die man an der entsprechenden Position im unmutierten Peptid findet. Eine solche geringfügige Änderung der Aminosäuresequenz wird jedoch wie im Falle einer Missense-Mutation mit hoher Wahrscheinlichkeit toleriert, so daß die Aktivität des Proteins wiederhergestellt ist.

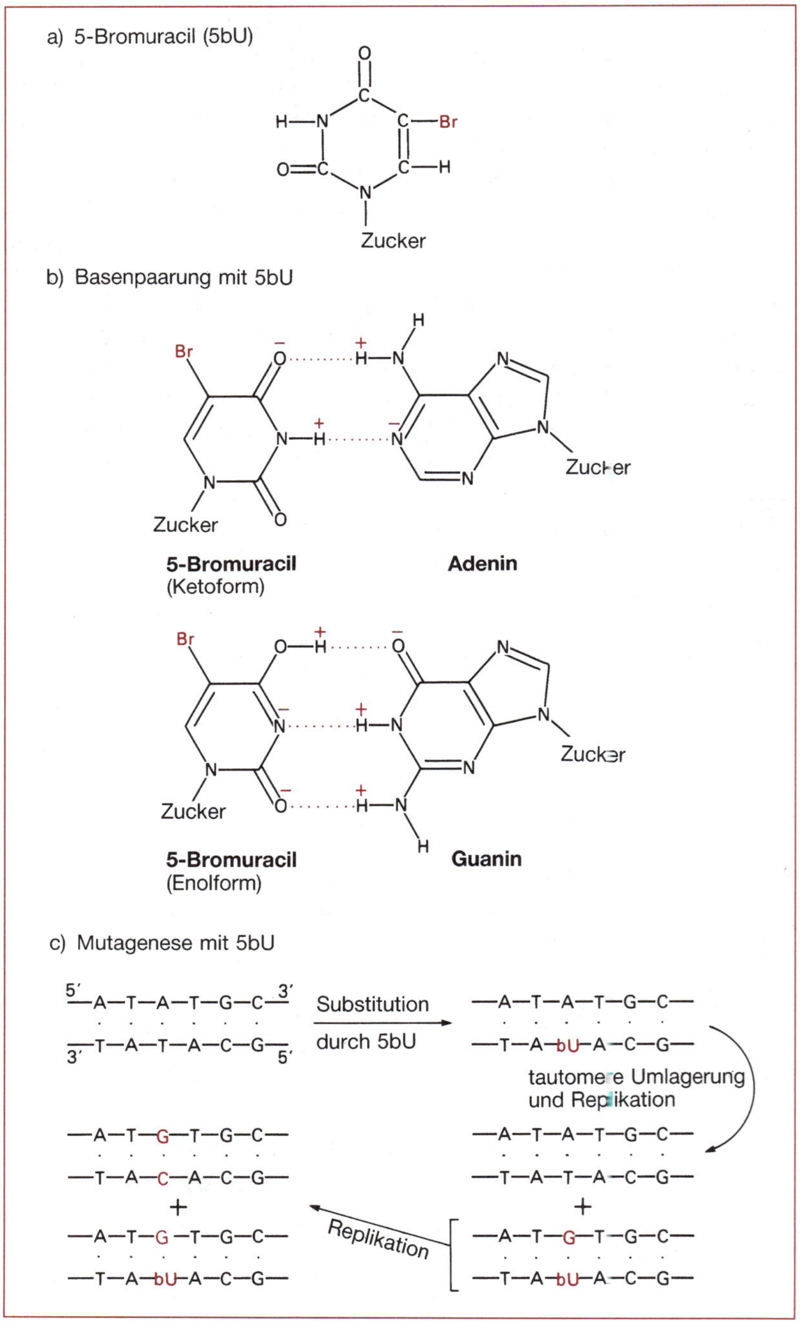

12.12 5-Bromuracil (5bU) und seine mutagene Wirkung.

12.1.3 Mutagene

Wie wir gesehen haben, können in DNA-Molekülen verschiedenartige Mutationen auftreten. Manche davon ereignen sich durch Fehler bei der DNA-Replikation, die den Korrekturlesefunktionen der Replikationsenzyme entgehen (Seite 197), aber die meisten entstehen durch die Einwirkung von Mutagenen, die in der natürlichen Umwelt vorhanden sind und Strukturveränderungen der DNA-Moleküle auslösen. Es gibt mehrere Typen von Mutagenen mit jeweils anderem Wirkungsmechanismus, aber es ist hier nicht notwendig, sie alle im einzelnen zu behandeln. Vier Beispiele – **Basenanaloga, interkalierende Wirkstoffe**, Wärme und ultraviolette Strahlung – reichen aus, um die möglichen Arten der Veränderung deutlich zu machen.

a) Basenanaloga können während der Replikation als Stellvertreter fungieren. 5-Bromuracil (5bU, Abb. 12.12a) leitet sich von Thymin ab, in dem die Methylgruppe (CH_3) durch Brom (Br) ersetzt ist. Es ist dem Thymin so ähnlich, daß es bei Replikation in Anwesenheit von 5bU in eine Polynucleotidkette anstelle des normalen Nucleotids eingebaut wird.

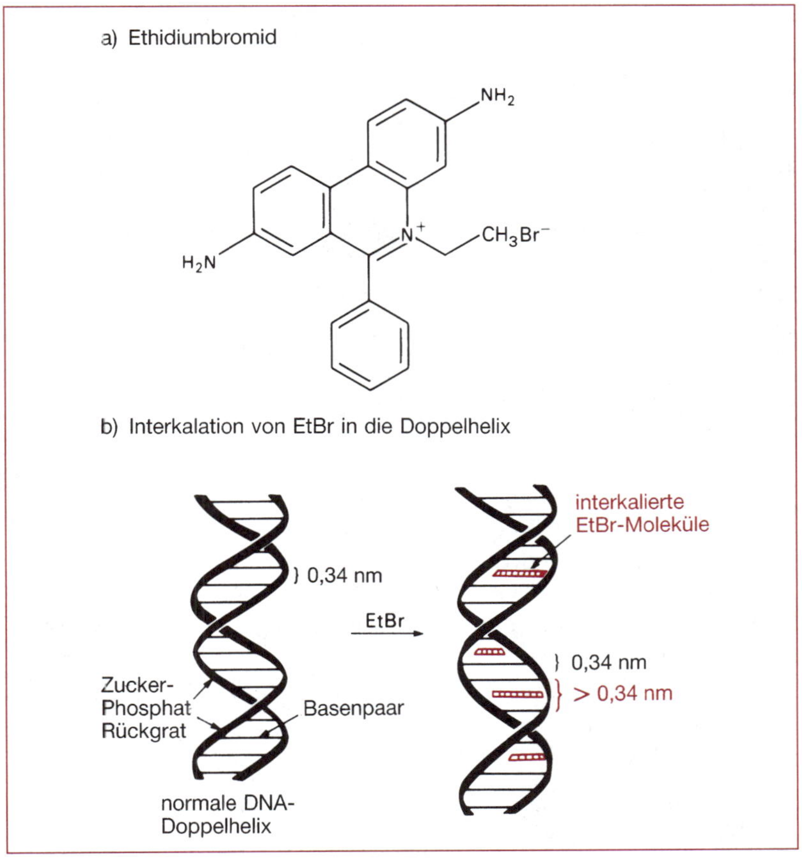

12.13 Ethidiumbromid (EtBr) und seine mutagene Wirkung.

Tautomere

Tautomere sind Strukturisomere, die miteineinander im Gleichgewicht stehen. Tautomere einer Verbindung haben dieselbe chemische Formel, jedoch geringfügig unterschiedliche Molekülstrukturen. Die Purin- und Pyrimidinbasen, die in DNA und RNA vorkommen, können jeweils in zwei tautomeren Formen auftreten:

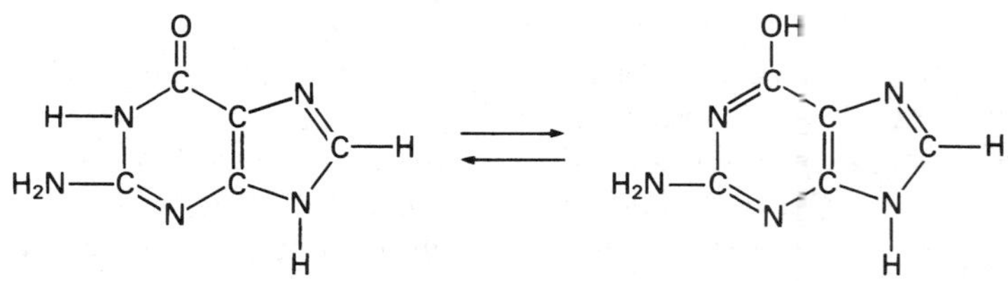

Ketoform **Guanin** Enolform

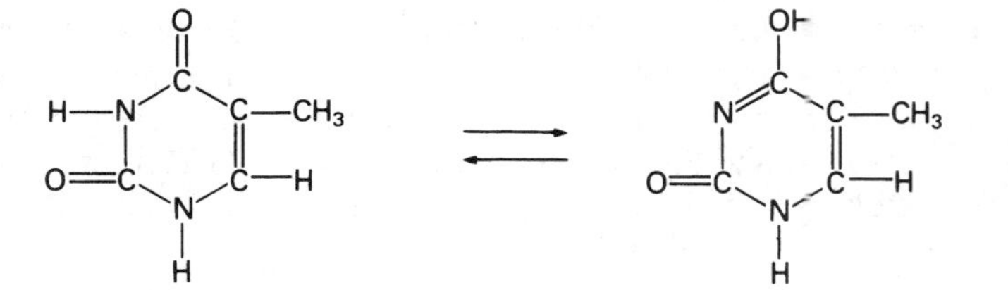

Ketoform **Thymin** Enolform

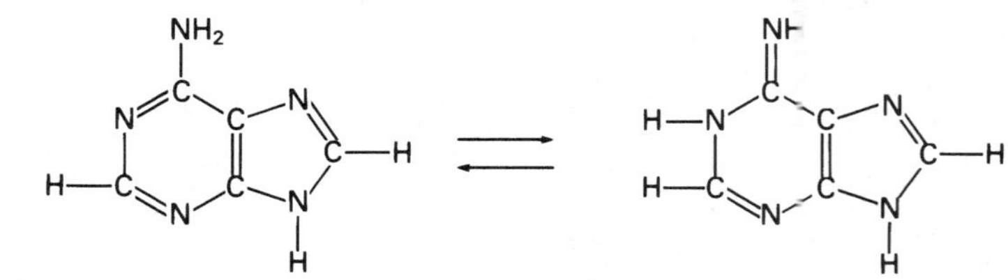

Aminoform **Adenin** Iminoform

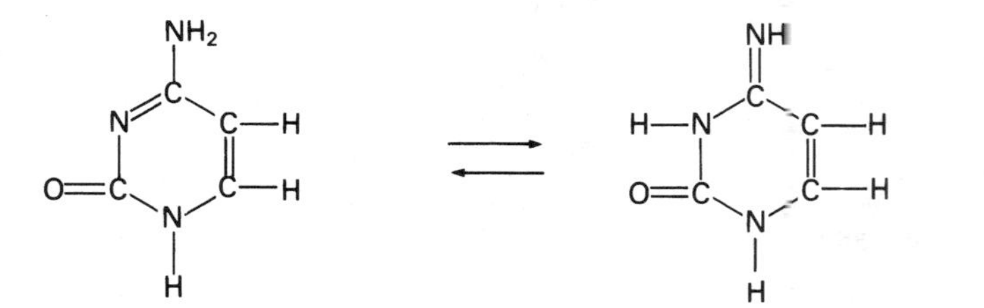

Aminoform **Cytosin** Iminoform

Unter physiologischen Bedingungen liegt das Gleichgewicht fast vollständig auf der Seite der Keto- beziehungsweise Aminoform.

Eine tautomere Umlagerung (von einem Tautomer zum anderen) in einem DNA-Molekül kann zu einer Mutation führen, denn der Wechsel verändert im Molekül die Position der Gruppen, die Wasserstoffbrückenbindungen eingehen können; das wiederum führt zu veränderten Eigenschaften bei der Basenpaarung. Die seltene Enolform von T zum Beispiel paart sich mit G und nicht mit A. Entsprechend verbindet sich die seltene Iminoform von A mit C. Tautomere Umlagerungen können also spontane Mutationen verursachen. Hinzu kommt, daß manche Basenanaloga wie 5bU häufiger in der selteneren Form vorliegen und so die Mutationsrate erhöhen, wenn sie in der DNA eingebaut sind.

Isolierung von Mutanten

Mutanten spielen in der genetischen Forschung eine wichtige Rolle (Seite 174 und Kapitel 17 bis 19). Deshalb braucht man Methoden für die Isolierung von Organismen mit Mutationen in interessanten Genen.

Die Isolierung von mutierten Mikroorganismen wie Bakterien und Hefen ist recht einfach. Zunächst mutagenisiert man eine Kultur des betreffenden Mikroorganismus durch Behandlung mit einem chemischen Mutagen wie Ethidiumbromid, das dem Kulturmedium unmittelbar zugesetzt wird, oder durch ultraviolette Strahlung. Das Ergebnis ist eine große Zahl mutierter Zellen, darunter einige wenige mit Mutationen in den gewünschten Genen. Jetzt bedarf es einer Methode zur Identifizierung dieser Mutanten. Dafür gibt es eine Vielzahl von Möglichkeiten, die von dem jeweiligen mutierten Gen abhängen. Um zum Beispiel eine Tryptophan-auxotrophe Mutante von *E. coli* zu isolieren, bringt man die mutagenisierten Zellen zunächst auf ein Minimalmedium, dem Tryptophan zugesetzt wurde. Jetzt bilden alle Zellen Kolonien, auch die Tryptophan-auxotrophen. Wenn die Kolonien genügend groß sind, werden sie per Stempeltechnik (Replikaplattierung) auf Minimalmedium ohne Tryptophan überimpft. Die Tryptophan-auxotrophen Mutanten wachsen auf diesem Medium nicht. Durch Vergleich der Position der jeweiligen Kolonien auf den beiden Platten lassen sie sich identifizieren.

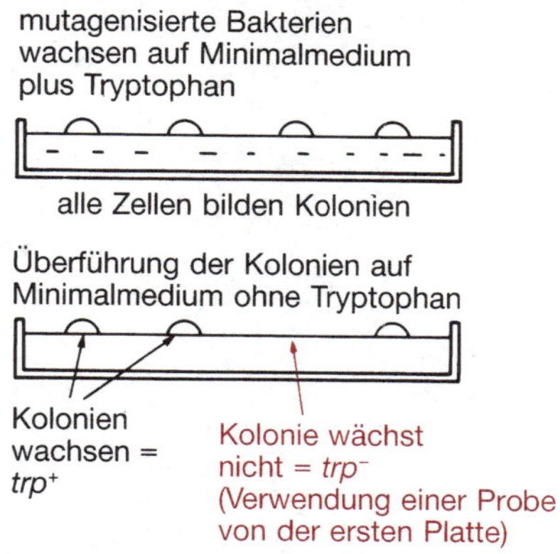

Für höhere Organismen ist das Verfahren nicht so einfach. Bei Arten wie *Drosophila* kann man Mutationen durch ultraviolettes Licht einführen. Selektionsmethoden, die spezifisch für eine Mutation in einem bestimmten Gen sind, gibt es jedoch in vielen Fällen nicht. Deshalb muß man einzelne Mutanten auf morphologische oder biochemische Veränderungen untersuchen, die eventuell eine Mutation in einem gerade interessanten Gen anzeigen können.

Entscheidend ist eine besondere Eigenschaft von 5bU: Es kann sich einerseits sowohl mit A paaren, wie man es für ein Analogon von T auch erwarten würde, oder andererseits seine chemische Struktur durch eine sogenannte **tautomere Umlagerung** etwas verändern, so daß es sich mit G paart (Abb. 12.12b). Wenn das während der DNA-Replikation geschieht, hat eines der Tochtermoleküle ein 5bU-G-Basenpaar anstelle des ursprünglichen A-T (Abb. 12.12c); die andere Tochterdoppelhelix ist jedoch nicht mutiert. In einer weiteren Replikationsrunde des mutierten Moleküls wird in einer Doppelhelix ein G-C-Paar entstehen – damit ist die Mutation etabliert –, und in der anderen Tochterhelix befindet sich ein 5bU-G oder auch 5bU-A. Das ist ein Beispiel dafür, wie eine Punktmutation zustande kommt.

b) Interkalierende Agentien verursachen Insertionen. Eine wichtige Gruppe von Mutagenen, die im Labor verwendet werden, sind interkalierende Agentien, beispielsweise Acridinfarbstoffe wie das Ethidiumbromid (EtBr; Abb. 12.13a). EtBr ist ein Molekül aus vier Ringen, das in seinen Abmessungen einem Purin-Pyrimidin-Basenpaar ähnelt, so daß sich die Substanz in eine Doppelhelix einlagern kann (Abb. 12.13b). Dabei schiebt sie benachbarte Basenpaare etwas auseinander. Wie dieser Vorgang die DNA-Replikation im einzelnen unterbricht, ist nicht bekannt, aber die Wirkung ist klar: An der Stelle der Interkalation erfolgt mit hoher Wahrscheinlichkeit eine Insertion eines einzelnen Nucleotids, und wenn die Stelle innerhalb eines Gens liegt, entsteht

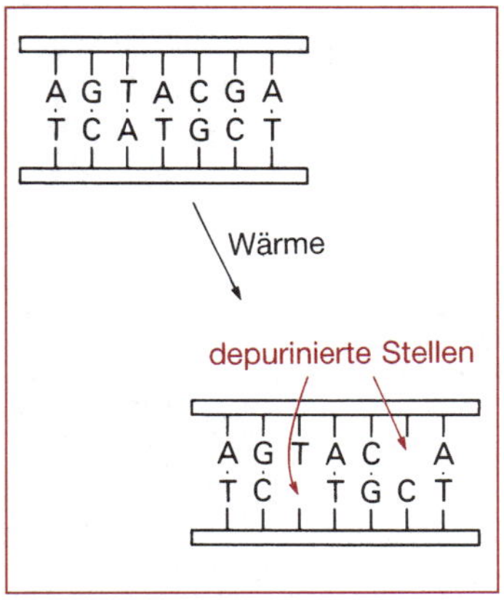

12.14 Die mutagene Wirkung von Wärme.

12.15 Thymindimere – erzeugt durch ultraviolette Strahlung.

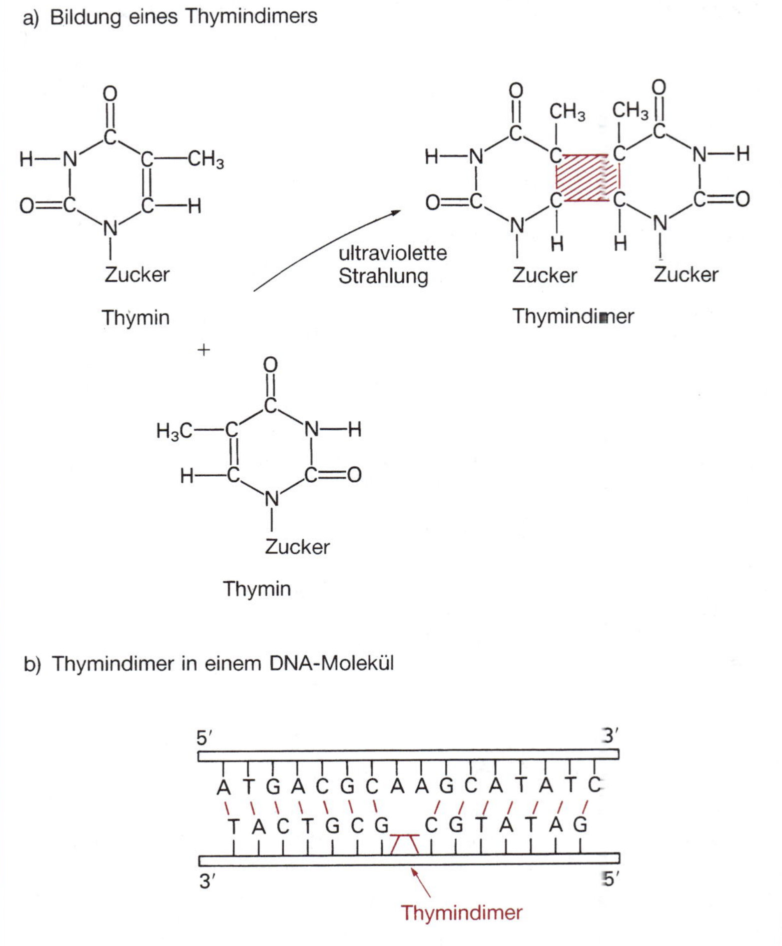

eine Leserasterverschiebung. Da Rasterverschiebungen im allgemeinen zu phänotypischen Veränderungen führen, sind interkalierende Agentien beliebte Mutagene, wenn man Mutanten für die Forschung erzeugen will.

c) Wärme führt zum Verlust von Basen. Wärme ist wahrscheinlich das wichtigste umweltbedingte Mutagen. Ihre Wirkung auf DNA-Moleküle besteht darin, daß sie die Bindungen zwischen Purinbasen und ihren Zuckern spaltet; dadurch kommt es zu depurinierten Stellen in den Polynucleotiden (Abb. 12.14). Jeden Tag entstehen in jeder menschlichen Zelle bis zu 10 000 depurinierte Stellen. Diejenigen, die nicht repariert werden, können Punktmutationen oder Deletionen verursachen, wenn die DNA repliziert wird.

d) Ultraviolette Strahlung läßt Basendimere entstehen. Mehrere Arten von Strahlung sind ebenfalls mutagen. Ultraviolette Strahlung von ungefähr 260 nm Wellenlänge wird von Purinen und Pyrimidinen absorbiert und kann strukturelle Veränderungen verursachen, insbesondere die Bildung von **Cyclobutyldimeren** zwischen benachbarten Pyrimidinen (in den meisten Fällen Thyminen) eines Polynucleotids (Abb. 12.15). Durch die Dimerisierung sind die Basen dichter gestapelt, was zu Deletionen während der Replikation führen kann.

12.2 DNA-Reparatur

Angesichts der großen Zahl chemischer und physikalischer Agentien, die strukturelle Veränderungen in DNA-Molekülen hervorrufen können, ist es beruhigend, daß alle Organismen, nicht zuletzt der Mensch, über umfangreiche Mechanismen zur Reparatur beschädigter DNA verfügen. DNA-Reparatur ist ein komplizierter Vorgang; bei *E. coli* sind mindestens 24 Proteine daran beteiligt, jeweils einen Schaden zu beheben. Es gibt drei Haupttypen von Reparaturmechanismen:

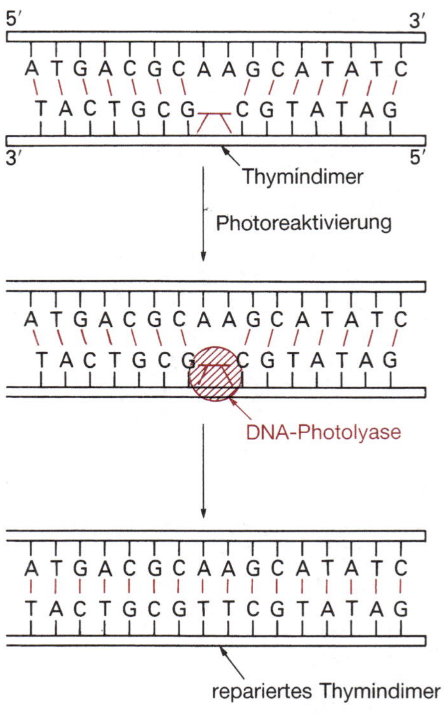

12.16 Reparatur eines Thymindimers durch Photoreaktivierung.

1. Bei der *direkten Reparatur* wird eine strukturelle Änderung einfach rückgängig gemacht. Dieser DNA-Reparaturmechanismus ist zwar nicht häufig, ein wichtiges Beispiel ist jedoch die **Photoreaktivierung**. Sie erfolgt durch die sogenannten DNA-Photolyasen, Enzyme, die durch sichtbares Licht aktiviert werden und Thymindimere reparieren, indem sie die Bindungen, die für die Dimerisierung verantwortlich sind, spalten (Abb. 12.16). DNA-Photolyasen kennt man bei Bakterien, einzelligen Eukaryoten und Pflanzen.
2. Die *Basen-Excisionsreparatur* erfolgt durch Enzyme, die an der DNA entlang nach häufigen Typen von Nucleotidschäden suchen. So kommt es beispielsweise in Gegenwart von Wasser spontan zur Desaminierung (Entfernen der NH_2-Gruppe) des Cytosins, so daß ein Nucleotid mit einem Uracil als Base entsteht (Abb. 12.17a). Enzyme, die man als Uracil-DNA-Glycosylasen bezeichnet, suchen die DNA-Moleküle ab und überprüfen dabei mehrere tausend Basenpaare in der Sekunde; stoßen sie dabei auf ein Uracil, entfernen sie es durch Spaltung

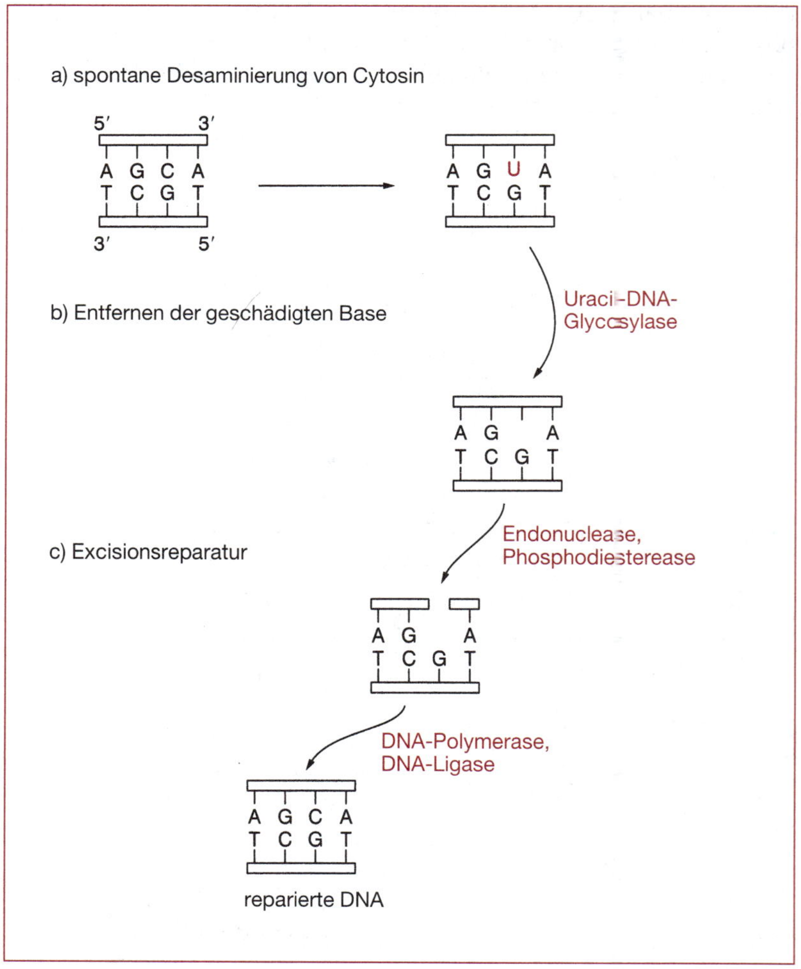

12.17 Basen-Excisionsreparatur.

der *N*-glycosidischen Bindung zwischen Base und Desoxyribose (Abb. 12.17b). Das Ergebnis ist eine depurinierte Stelle, wie sie in gleicher Form auch durch Wärme entstehen kann (Seite 218). Solche Stellen werden anschließend durch eine Reihe von Enzymreaktionen repariert: Eine Endonuclease schneidet das Polynucleotid neben der Schadstelle, eine Phosphodiesterase entfernt das Nucleotid, dem die Base fehlt, eine DNA-Polymerase (bei *E. coli* die DNA-Polymerase I) füllt die Lücke auf, und die DNA-Ligase schließt die letzten Bindungen (Abb. 12.17c).

3. Eine allgemeinere Form der DNA-Reparatur ist die *Nucleotid-Excisionsreparatur*, die wahrscheinlich bei den meisten Lebewesen den wichtigsten Mechanismus zur Schadensbeseitigung darstellt. Sie kann von mehreren Enzymen in Gang gesetzt werden, die wenige Basenpaare von einem geschädigten Nucleotid einen Einzelstrangbruch *(nick)* in der DNA erzeugen (Abb. 12.18a). Dabei werden viele Arten von Schäden erkannt, unter anderem auch Thymindimere. Im zweiten Schritt wird der Abschnitt mit dem geschädigten Nucleotid und einigen seiner Nachbarn entfernt, so daß eine einzelsträngige Lücke *(gap)* entsteht (Abb. 12.18b). Diese Lücke wird dann von einer DNA-Polymerase aufgefüllt, und DNA-Ligase stellt wieder das durchlaufende Polynucleotid her (Abb. 12.18c).
4. Die *Fehlpaarungsreparatur* korrigiert Fehler, die während der DNA-Replikation eingeführt wurden. Wiederum gibt es Enzyme, die erkennen können, daß etwas falsch ist, und die entweder die Fehlpaarung markieren oder sie unmittelbar reparieren. Dabei muß das Reparatursystem in der Lage sein, zwischen dem elterlichen Polynucleotid und dem neu synthetisierten Tochterstrang zu unterscheiden, denn das falsche Nucleotid befindet sich im Tochterstrang. Dieser Strang muß repariert werden und nicht der elterliche. In *E. coli* ist die Unterscheidung dadurch möglich, daß am Elternstrang Methylgruppen an Adeninnucleotiden hängen, die sich innerhalb bestimmter Sequenzen befinden (zum Beispiel in der Sequenz 5′-GATC-3′). Diese modifizierten Adenine dienen als Markierungen für den Elternstrang, so daß die Reparaturenzyme erkennen können, welches Polynucleotid an Positionen mit Fehlpaarungen repariert werden soll (Abb. 12.19). Der Tochterstrang wird ebenfalls methyliert, aber erst einige Zeit nach der Synthese, wenn die Reparaturenzyme ihre Aufgabe erfüllt haben.

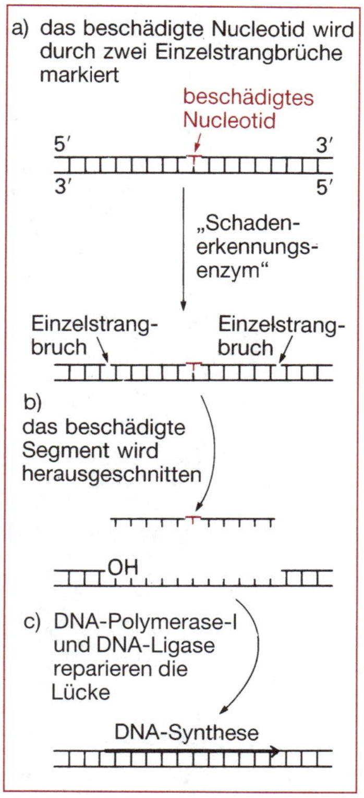

12.18 Nucleotid-Excisionsreparatur.

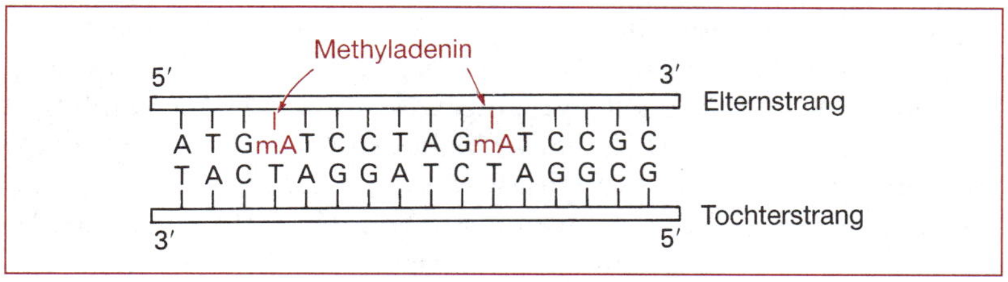

12.19 Bei *E. coli* sind manche Adeninreste des elterlichen DNA-Stranges in Sequenzen wie 5′-GATC-3′ mit Methylgruppen verknüpft.

12.3 Rekombination

Bevor wir uns dem zweiten wichtigen Vorgang zuwenden, der zur Veränderung des genetischen Materials führt, sollten wir eine Pause einlegen, um uns geistig zu erholen. Die vorangegangene Darstellung der Mutationen legen wir erst einmal zur Seite. Rekombination und Mutation sind nicht verwandt, außer daß beide Vorgänge Änderungen des genetischen Materials verursachen.

Rekombination führt zu einer Neuanordnung des genetischen Materials der Zelle. Es gibt drei Formen, die sich geringfügig unterscheiden:

1. Die **allgemeine** oder **homologe Rekombination**, bei der die beiden Moleküle, die rekombinieren, eine ausgedehnte Sequenzhomologie haben.
2. Die **sequenzspezifische Rekombination** zwischen zwei Molekülen, die nur eines kurzes Stück mit homologer Nucleotidsequenz gemeinsam haben.
3. Die **illegitime** oder **nichthomologe Rekombination**, bei der keine Homologie zwischen den beiden rekombinierenden Molekülen besteht.

Die Aufklärung der Rekombinationsvorgänge ist eine der großen intellektuellen Herausforderungen der Molekularbiologie. Wir gehen heute davon aus, daß wir zumindest in groben Zügen wissen, wie die allgemeine Rekombination vonstatten geht; beim Verständnis der beiden anderen Arten gibt es jedoch noch Probleme.

12.3.1 Allgemeine Rekombination

Zur allgemeinen Rekombination bedarf es zweier doppelsträngiger DNA-Moleküle (oder zweier verschiedener Teile desselben Moleküls), die einen homologen Abschnitt haben, in dem die Nucleotidsequenzen gleich oder zumindest sehr ähnlich sind (Abb. 12.20a). Die Moleküle legen sich nebeneinander und interagieren, indem sie Teile der Polynucleotide austauschen. Zunächst sorgen Endonucleasen für Einzelstrangbrüche an äquivalenten Stellen der identischen Polynucleotidsegmente (Abb. 12.20b). Es kommt zur Strangverdrängung und zur Bildung einer Crossing-over-Verknüpfung, wobei eine **Heteroduplex** entsteht, in der die unterbrochenen Polynucleotide auf die beiden Doppelhelices aufgeteilt werden (Abb. 12.20c). Die Brüche werden durch die DNA-Ligase geschlossen, um die Heteroduplex zu stabilisieren, und durch „Schenkelwanderung" *(branch migration)* werden Stränge ausgetauscht, wobei der Überkreuzungspunkt auf den beiden Molekülen wandert (Abb. 12.20d). Da die Moleküle homolog sind, könnnen die ausgetauschten Polynucleotid-

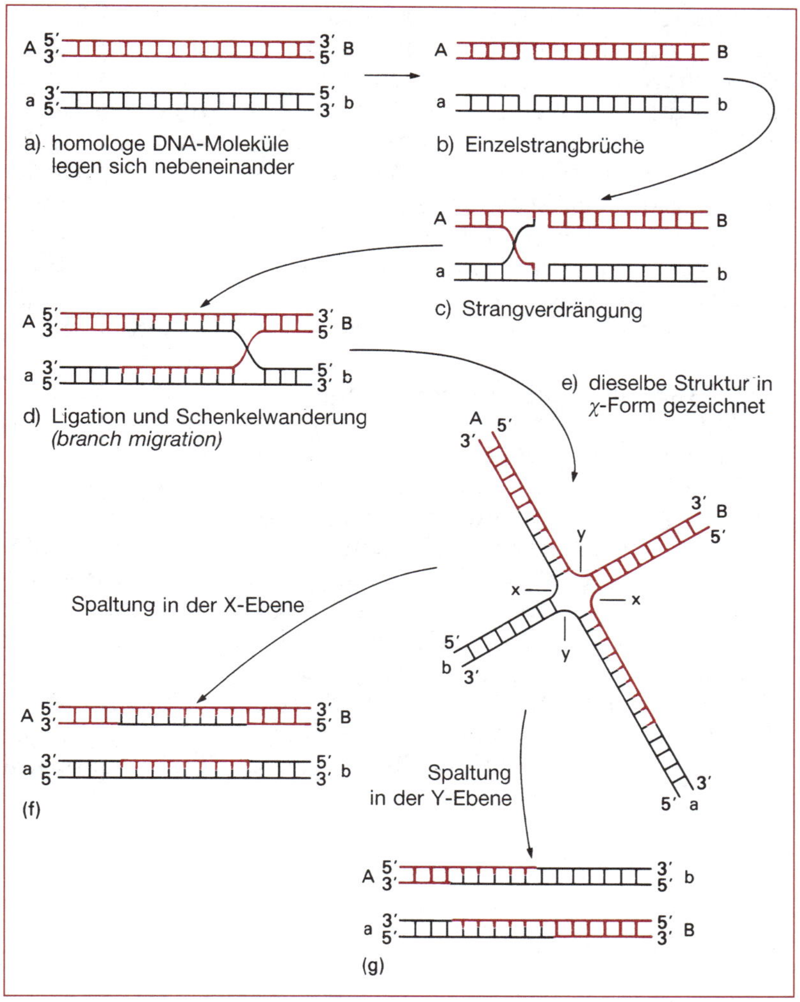

12.20 Rekombination zwischen zwei homologen, linearen, doppelsträngigen DNA-Molekülen. Einzelheiten im Text.

teile ja mit den komplementären Strangteilen jedes der beiden DNA-Moleküle Basenpaare bilden. Die geschlossene Heteroduplex nennt man **Holliday-Struktur** nach Robin Holliday, der als erster vermutete, daß es sie geben muß.

Die Hauptkomplikation tritt auf, wenn die Heteroduplex in zwei separate Moleküle gespalten wird. Die zweidimensionale Darstellung in Abbildung 12.20a–d ist in diesem Stadium nicht sehr hilfreich, da sie die tatsächliche topologische Struktur der Heteroduplex nicht zeigt, so daß sich die Spaltungsvorgänge nur schwer verfolgen lassen. Die Heteroduplex von Abbildung 12.20d ist in Abbildung 12.20e richtiger in der sogenannten **Chi-Form** dargestellt, einem Zwischenprodukt, das durch elektronenmikroskopische Beobachtung rekombinierender DNA-Moleküle bestätigt wurde. Zwei unterschiedliche Spaltungen können die Chi-Form auflösen und daraus wieder getrennte doppelsträngige Moleküle machen. Die erste (Abb. 12.20f) entspricht einer Spaltung direkt durch den Überkreuzungspunkt von Abbildung 12.20d, so daß nach der Verknüpfung der geschnittenen Stränge zwei Moleküle vorliegen, die einen Polynucleotidabschnitt ausgetauscht haben. Da die ausgetauschten Stränge ähnliche Sequenzen haben, ist die Auswirkung auf den genetischen Informationsgehalt der Moleküle relativ unbedeutend. Wichtiger ist die zweite Art der Auflösung der Chi-Struktur (Abb. 12.20g), die sich nicht direkt aus der Darstellung in Abbildung 12–20d ableiten läßt. Jetzt entstehen zwei völlig verschiedene DNA-Moleküle, wobei das Ende des einen Moleküls gegen das Ende des anderen ausgetauscht wurde – ganz klar eine erheblich tiefgreifendere Umordnung.

a) Die Meselson-Radding-Modifikation. Das gerade beschriebene Modell wirft unter anderem das Problem auf, daß es zwei Einzelstrangbrüche an nebeneinanderliegenden Stellen ähnlicher DNA-Moleküle erfordert. Es ist unwahrscheinlich, daß diese zufällig an genau den richtigen Stellen auftreten, und es ist nur schwer zu verstehen, wie der Rekombinationsvorgang eingeleitet wird. Zur Lösung dieses Problems gehen Meselson und Radding von der Annahme aus, daß ein Bruch in einem Molekül für den Start ausreicht, da das freie Polynucleotid, das dabei entsteht, in das zweite doppelsträngige Molekül an der passenden Stelle „eindringen“ könnte (Abb. 12.21). Möglicherweise stimuliert das die Spaltung, die im eingedrungenen Molekül nötig ist, damit sich die Heteroduplex bilden kann. In den folgenden Stadien entspricht das Modell der Abbildung 12.20.

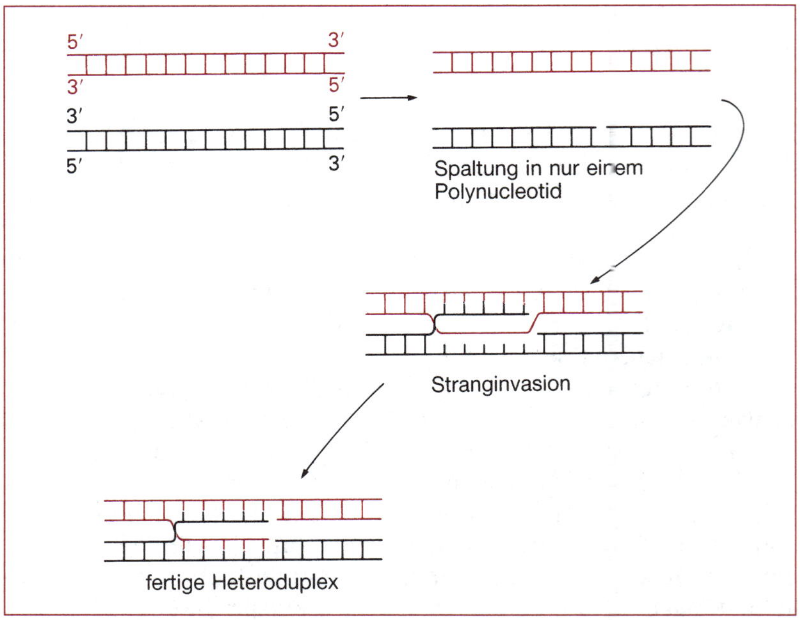

12.21 Das Meselson-Radding-Modell für den Rekombinationsstart.

12.3.2 Die Bedeutung der Rekombination für die Genetik

In den folgenden Kapiteln werden uns noch einige wichtige Ereignisse begegnen, die sich aus Rekombinationsvorgängen ergeben. Drei davon wollen wir erwähnen, bevor wir fortfahren.

a) Durch allgemeine Rekombination entstehen Crossing over zwischen Chromosomen. Eine allgemeine Rekombination kann zur Folge haben, daß genetisches Material zwischen linearen, doppelsträngigen DNA-Molekülen ausgetauscht wird (Abb. 12.20). Derartige Rekombinationsvorgänge spielen sich zwischen DNA-Molekülen in den Chromosomen eukaryotischer Zellen ab; sie sind die Ursache für die Vermischung der elterlichen Merkmale während der sexuellen Fortpflanzung. Wir werden auf diesen Punkt in Kapitel 15 zurückkommen, wenn wir uns mit der eukaryotischen Zellteilung beschäftigen, sowie in Teil III, wenn von Genanalyseverfahren die Rede ist.

b) Sequenzspezifische Rekombination zwischen ringförmigen DNA-Molekülen. Betrachten wir einmal, was Rekombination bewirkt, wenn die beiden DNA-Moleküle nicht linear, sondern ring-

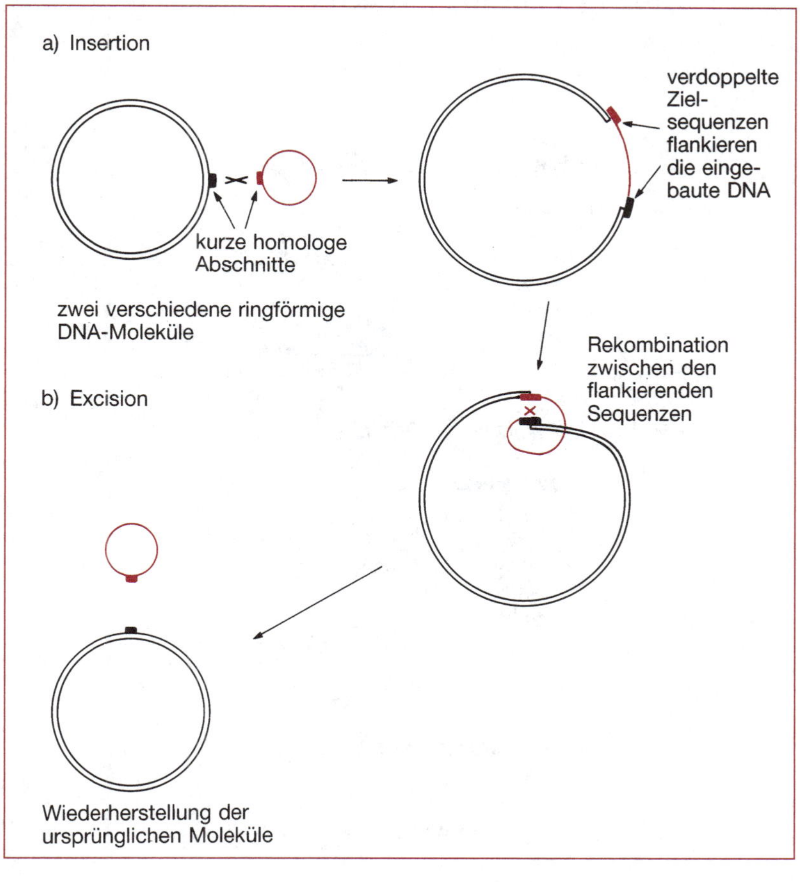

12.22 Rekombination zwischen zwei ringförmigen, doppelsträngigen DNA-Molekülen kann zum Einbau eines Moleküls in das andere führen. Ein zweiter Rekombinationsvorgang kann dann die beiden ursprünglichen Moleküle wiederherstellen.

förmig sind. Die Auflösung der Chi-Struktur könnte dann auf eine Insertion des einen Rings in den anderen hinauslaufen (Abb. 12.22a). Die beiden Moleküle brauchen nur sehr begrenzte homologe Abschnitte zu haben, denn bei der sequenzspezifischen Rekombination ist nur ein kurzes Stück ähnlicher Sequenzen erforderlich, damit sich die Heteroduplex bildet. Nach der Rekombination liegen die homologen Sequenzen beiderseits des eingebauten Abschnitts. Durch eine intramolekulare Rekombination zwischen diesen beiden flankierenden Sequenzen können der eingebaute Abschnitt herausgeschnitten und die beiden ursprünglichen Moleküle wiederhergestellt werden (Abb. 12.22b). Solche Vorgänge sind in der Bakteriengenetik von großer Bedeutung. Wir werden ihnen in Kapitel 13 wieder begegnen, wenn wir die Lebenszyklen von Bakteriophagen betrachten, und in Kapitel 14, in dem wir uns mit Plasmiden und Sexualvorgängen bei Bakterien auseinandersetzen.

c) Transposition. Darunter versteht man einen speziellen Rekombinationsvorgang, durch den ein Stück DNA (normalerweise zwischen 750 bp und 10 kb) sich auf demselben Molekül von einer Stelle zur anderen oder zwischen zwei DNA-Molekülen bewegen kann (Abb. 12.23a). Das **transponierbare Element** ist an seinem Platz in der DNA von kurzen wiederholten Nucleotidsequenzen

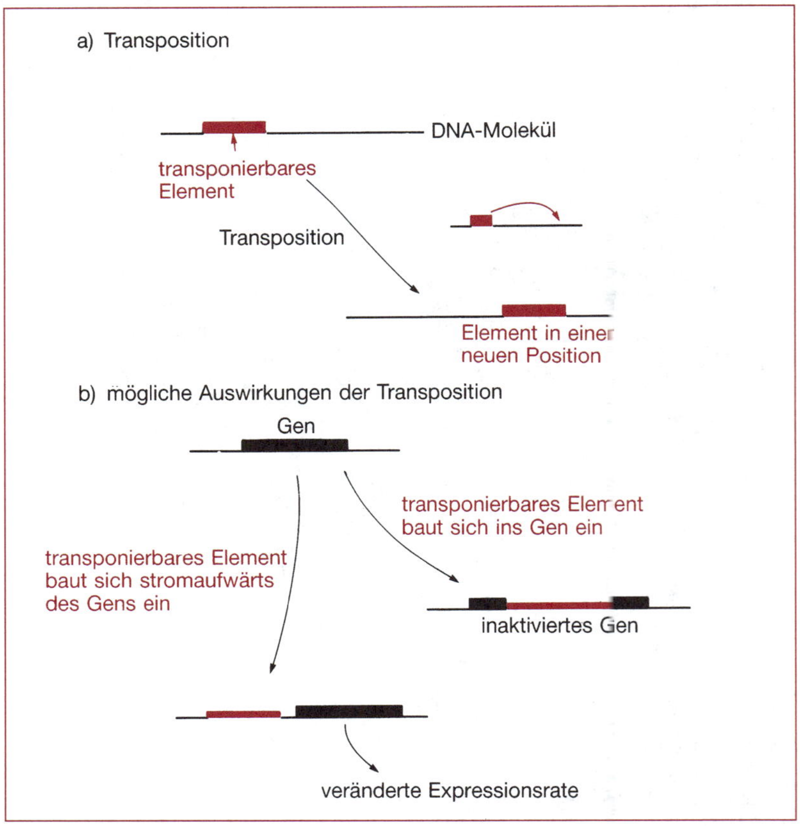

12.23 Transposition und ihre möglichen Folgen.

flankiert, und man geht davon aus, daß an der Transposition eine Rekombination zwischen diesen Sequenzen beteiligt ist, möglicherweise unter Bildung eines ringförmigen Moleküls als Zwischenprodukt. Transposition umfaßt oft eine nichthomologe Rekombination, denn das transponierbare Element hat gewöhnlich keine Sequenzhomologie mit der Stelle, zu der es sich bewegt.

Transponierbare Elemente spielen bei Bakterien eine wichtige Rolle, denn sie tragen oft Gene, die für eine Antibiotikaresistenz verantwortlich sind und die für eine Ausbreitung der Resistenz in natürlichen Populationen sorgen können (siehe Kapitel 14). In höheren Organismen haben Retroviren (siehe Kapitel 13), darunter Viren, die vermutlich bei Krebs eine Rolle spielen, sowie das AIDS-Virus, Ähnlichkeit mit transponierbaren Elementen. Im Labor verwendet man transponierbare Elemente als Mutagene, weil sie Gene, in die sie sich einbauen, inaktivieren können; möglicherweise sind sie auch in der Lage, die Expression eines Gens stromabwärts von einer Insertionsstelle zu modulieren (Abb. 12.23b); in beiden Fällen entsteht eine phänotypische Veränderung, die nicht von einer Mutation zu unterscheiden ist.

Literatur

Drake, J.W.; Glickman, B.W.; Ripley, L.S. *Updating the Theory of Mutation*. In: *American Scientist* 71 (1983) S. 621–630.
[Ein allgemeiner Überblick über Mutationen.]

Hearst, J.E. *The Structure of Photolyase: Using Photon Energy für DNA Repair*. In: *Science* 268 (1995) S. 1858–1859.
Seeberg, E.; Eide, J.; Bjørås, M. *The Base Excision Repair Pathway*. In: *Trends in Biochemical Sciences* 20 (1995) S. 391–397.
Lehmann, A.R. *Nucleotide Excision Repair and the Link With Transcription*. In: *Trends in Biochemical Sciences* 20 (1995), S. 402–405.
Kolodner, R.D. *Mismatch Repair: Mechanisms and Relationship to Cancer Susceptibility*. In: *Trends in Biochemical Sciences* 20 (1995) S. 397–401.
Tornaletti, S.; Pfeifer, G.P. *UV Damage and Repair Mechanisms in Mammalian Cells*. In: *BioEssays* 18 (1996) S. 221–228.
Kunkel, T.A.; Wilson, S.H. *Push and Pull of Base Flipping*. In: *Nature* 384 (1996) S. 25–26.
[Sechs Übersichtsartikel über verschiedene Aspekte der DNA-Reparatur.]

Stahl, F.W. *Genetische Rekombination*. In: *Spektrum der Wissenschaft* 4 (1987) S. 98–109.
[Ein Übersichtsartikel, der das Verständnis dieses schwierigen Themas etwas erleichtert.]

Holliday, R. *A Mechanism for Gene Conversion in Fungi.* In: *Genetical Research* 5 (1964) S. 282–304.
[*Die* Veröffentlichung über Rekombination.]

Meselson, M.; Weigle, J.J. *Chromosome Breakage Accompanying Genetic Reconstruction in Bacteriophage.* In: *Proceedings of the National Academy of Sciences, USA* 47 (1961) S. 857–868.
Sigal, N.; Alberts, B. *Genetic Recombination: The Nature of a Crossed Strand-Exchange Between two Homologous DNA-Molecules.* In: *Journal of Molecular Biology* 71 (1972) S. 789–793.
Meselson, M.; Radding, C.M. *A General Model for Genetic Recombination.* In: *Proceedings of the National Academy of Sciences USA* 72 (1975) S. 358–361.
[Drei Veröffentlichungen über verschiedene Aspekte von Rekombinationsmodellen.]

Aufgaben

1. Definieren Sie die folgenden Begriffe:

Fehlpaarung	Chi-Form
mutagen	Mutation
Rekombination	DNA-Reparatur
Phänotyp	Transposition
Wildtyp	Genotyp
Transition	Mutante
stumme Mutation	Transversion
Letalmutation	Heteroduplex
prototroph	auxotroph
temperatursensitive Mutante	Minimalmedium
Rückmutation	konstitutive Mutation
Suppression	ausgleichende Reversion
Basenanalogon	interkalierendes Agens
tautomere Umlagerung	Cyclobutyldimer
Photoreaktivierung	transponierbares Element

2. Nennen Sie die Unterschiede zwischen den folgenden Begriffen: a) Punktmutation, b) Insertion, c) Deletion, d) Inversion.

3. Erklären Sie, warum Nonsense-Mutationen und Rasterverschiebungen mit höherer Wahrscheinlichkeit einen mutierten Phänotyp verursachen als Missense-Mutationen.

4. Welcher der folgenden Mutationstypen kann durch eine Punktmutation in einer Nucleotidsequenz verursacht werden: a) Missense-Mutation, b) Nonsense-Mutation, c) Raster-

verschiebung, d) Rückmutation, e) ausgleichende Reversion, f) Suppression. Welcher kann durch eine Insertion verursacht werden?

5. Warum sind nur manche Mutationen letal?

6. Unterscheiden Sie zwischen den Begriffen „auxotrophe Mutante“ und „konditional-letale Mutante“.

7. Beschreiben Sie drei Arten, wie die phänotypische Auswirkung einer Mutation rückgängig gemacht werden kann.

8. Nennen Sie die Unterschiede zwischen der mutagenen Wirkung von 5-Bromuracil, Ethidiumbromid, Hitze und ultravioletter Strahlung.

9. Beschreiben Sie zwei Arten, wie bei *E. coli* ein Thymindimer durch DNA-Reparaturmechanismen korrigiert werden kann.

10. Nennen Sie Gemeinsamkeiten und Unterschiede von Basen- und Nucleotid-Excisionsreparatur.

11. Wie unterscheidet das Fehlpaarungsreparatursystem zwischen Eltern- und Tochterpolynucleotiden?

12. Erläutern Sie die Unterschiede zwischen allgemeiner, sequenzspezifischer und illegitimer Rekombination.

13. Skizzieren Sie die nacheinanderfolgenden Stadien bei der Rekombination zwischen zwei linearen, doppelsträngigen DNA-Molekülen.

14. Beschreiben Sie, was während der Rekombination zwischen ringförmigen, doppelsträngigen DNA-Molekülen geschieht.

15. * Erklären Sie, warum eine Punktmutation eines Purins in ein anderes Purin oder eines Pyrimidin in ein anderes Pyrimidin Transition genannt wird, eine Änderung eines Purins in ein Pyrimidin (oder umgekehrt) jedoch Transversion.

16. * Das Beispiel für Suppression, das im Text beschrieben ist, sollte dazu führen, daß alle UGA-Stopcodons überlesen werden. Das hätte natürlich lauter verlängerte Polypeptide zur Folge. Meinen Sie, das wäre letal? Wenn nicht, warum nicht? Wenn ja, wie funktionieren derartige Suppressormutationen wohl im einzelnen?

17. * Überlegen Sie sich ein Modell für eine Suppressormutation ohne Veränderung eines tRNA-Gens.

18. Hier ist die Nucleotidsequenz eines kurzen Gens:

    5'-ATGGGTCGTACGACCGGTAGTTACTGGTTCAGTTAA-3'

    Wie lautet die Aminosäuresequenz des Polypeptids, das dieses Gen codiert? Führen Sie nun folgende Mutationen ein und beschreiben Sie ihre Auswirkung auf das Polypeptid: a) eine stumme Mutation, b) eine Missense-Mutation, c) eine Nonsense-Mutation, d) eine Rasterverschiebung.

19. Erklären Sie, wie es durch Punktmutationen zu den folgenden Veränderungen des Codons kommen kann:

    a) ein Glycincodon in ein Alanincodon,
    b) ein Tryptophancodon in ein Stopcodon,
    c) ein Cysteincodon in ein Arginincodon,
    d) ein Serincodon in ein Isoleucincodon,
    e) ein Serincodon (entweder AGU oder AGC) in ein Threonincodon,
    f) die Mutation in e) zurück in ein Serincodon, aber ohne die ursprüngliche Nucleotidsequenz wiederherzustellen.

20. Beschreiben Sie, wie Sie eine streptomycinresistente Mutante von *E. coli* isolieren würden.

II

Genome

In Teil I haben wir die Struktur der Gene untersucht sowie die Art und Weise, wie sie exprimiert und repliziert werden. Gelegentlich sind wir dabei auf Fragen über Wechselwirkungen zwischen verschiedenen Genen gestoßen, zum Beispiel bei der Genregulation, aber im großen und ganzen galt unser Augenmerk den Genen als unabhängigen physischen Einheiten. Nun müssen wir diese Sichtweise etwas zurechtrücken, indem wir uns mit den **Genomen** beschäftigen, die in den verschiedenen Typen von Lebewesen auf dem Planeten Erde vorkommen.

Das Wort „Genom" beschreibt die Gesamtheit der DNA-Moleküle, die ein Organismus besitzt. Es bezeichnet also nicht einfach „alle Gene", sondern umfaßt vielmehr „alle Gene und auch sämtliche intergenen Abschnitte". In den nächsten drei Kapiteln betrachten wir die Genome von Viren, Bakterien und Eukaryoten. Der Schwerpunkt liegt in jedem Kapitel etwas anders; darin spiegeln sich die unterschiedlichen Fragen wider, die man mit Hilfe der verschiedenartigen Organismen beantworten wollte. Ein Thema wird jedoch immer wieder zur Sprache kommen: die Methode, mit der ein Organismus sein Genom repliziert und sicherstellt, daß eine vollständige Kopie an jeden seiner Nachkommen weitergegeben wird.

Nach den Genomen von Viren, Bakterien und Eukaryoten wenden wir unsere Aufmerksamkeit dem Menschen zu. Der Mensch ist natürlich nur ein weiterer Eukaryot, aber das menschliche Genom ist so wichtig für uns, daß es ein eigenes Kapitel verdient. Die Hauptthemen, die wir untersuchen werden, sind die Art, wie die Gene und intergenen Abschnitte im menschlichen Genom organisiert sind, und die Frage, wie man anhand von Nucleotidsequenzen den Ursprüngen und der Evolution der menschlichen Spezies auf die Spur kommen kann.

13

Viren – die einfachsten Lebensformen

Bakteriophagen – Genome – Lebenszyklen – Genorganisation und Genexpression • **Viren in Eukaryoten** – Strukturen und Infektionszyklen – Replikationsstrategien – Das AIDS-Virus – Retroviren und Krebs

Viren sind die erste und einfachste Lebensform, die wir untersuchen wollen. Sie sind in biologischer Hinsicht wirklich so simpel, daß häufig die Frage aufkam, ob man sie überhaupt als lebende Organismen betrachten kann. Die Zweifel ergaben sich teilweise deshalb, weil Viren ganz anders aufgebaut sind als alle anderen Lebensformen – sie sind keine Zellen –, und teilweise aufgrund ihres Lebenszyklus. Viren sind obligatorische Parasiten extremster Ausprägung. Sie können sich nur innerhalb einer Wirtszelle fortpflanzen, und um ihre Gene exprimieren und replizieren zu können, müssen sie den genetischen Apparat des Wirts zumindest teilweise unter ihre Kontrolle bringen. Manche Viren verfügen über Gene, die ihre eigene RNA-Polymerase und DNA-Polymerase codieren, aber viele sind für ihre Transkription und DNA-Replikation auf die Wirtsenzyme angewiesen. Alle Viren bedienen sich der Ribosomen und des Translationsapparates des Wirts für die Synthese der Polypeptide, aus denen die Proteinhüllen ihrer Nachkommen bestehen. Das bedeutet, daß Virusgene zum genetischen System des Wirts passen müssen. Viren sind also ganz spezifisch für einen bestimmten Organismus, und einzelne Typen können kein breites Spektrum von Arten infizieren.

Es gibt eine Vielzahl verschiedener Virustypen; die größte Aufmerksamkeit wurde denjenigen zuteil, die Bakterien infizieren, den sogenannten Bakteriophagen oder Phagen. Seit den dreißiger Jahren werden sie in allen Einzelheiten untersucht; damals wählten die ersten Molekularbiologen, vor allem Max Delbrück (Abschnitt 1.4), Phagen als geeignete Modellorganismen für die Un-

Größenverhältnisse von Viren, Bakterien und Eukaryotenzellen

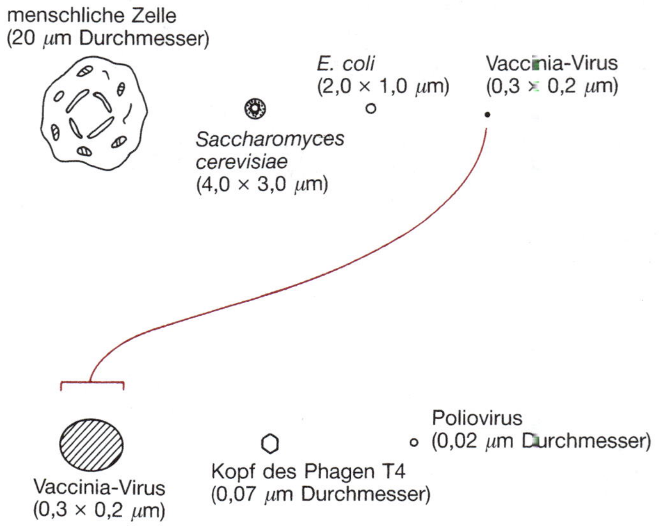

tersuchung von Genen. Wir wollen uns Delbrück als Vorbild nehmen und Bakteriophagen als Ausgangspunkt für unsere Untersuchung viraler Genetik verwenden.

13.1 Bakteriophagen

Bakteriophagen sind aus zwei Grundbestandteilen aufgebaut: Protein und Nucleinsäure. Das Protein bildet eine Hülle oder ein **Capsid**, in dem sich das Genom aus Nucleinsäure befindet. Für Capside gibt es drei Grundstrukturen (Abb. 13.1):

1. *Ikosaedrisch*, wobei die einzelnen Polypeptiduntereinheiten (**Protomere**) zu einer dreidimensionalen geometrischen Struktur angeordnet sind, welche die Nucleinsäure umgibt. Beispiele sind der Phage MS2, der *E. coli* infiziert, und PM2, der sich in *Pseudomonas aeruginosa* vermehrt.
2. *Filamentös* (*fädig*) oder *helixförmig*, wobei die Protomere in einer Helix zu einer stäbchenförmigen Struktur angeordnet sind. Ein Beispiel ist der *E. coli*-Phage M13.
3. *Kopf und Schwanz*, eine Kombination aus einem ikosaedrischen Kopf, der die Nucleinsäure enthält, und einem daran angehefteten filamentösen Schwanz; eventuell gibt es noch zu-

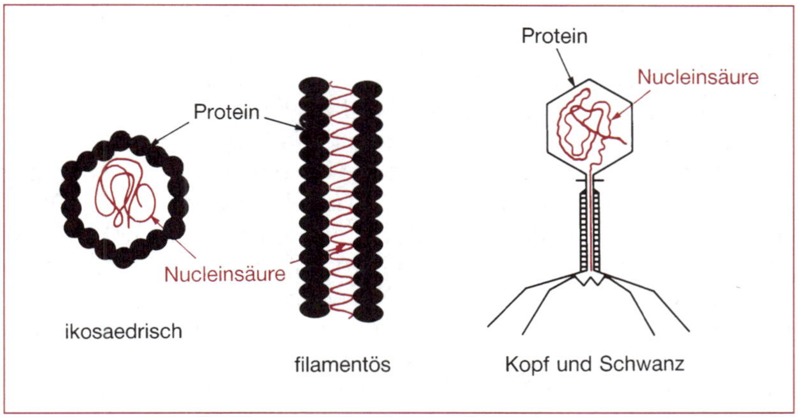

13.1 Die drei Typen von Capsidstrukturen, die bei Bakteriophagen häufig vorkommen. Die Strukturen sind im Querschnitt dargestellt; die DNA ist jeweils im Proteincapsid eingeschlossen.

sätzliche Strukturen, die das Eindringen der Nucleinsäure in die Wirtszelle erleichtern. Diese Form kommt häufig vor, zum Beispiel bei den *E. coli*-Phagen T4 und λ sowie beim Phagen SPO1 von *Bacillus subtilis.*

13.1.1 Bakteriophagengenome können aus DNA oder RNA bestehen

Wir haben für Phagengenome den Oberbegriff „Nucleinsäure“ verwendet, denn in einigen Fällen handelt es sich bei diesen Mo-

Tabelle 13.1: Merkmale einiger typischer Bakteriophagen

Phage	Wirt	Gestalt	Genomtyp*	Genomgröße (kb)	Genzahl+
MS2	*E. coli*	ikosaedrisch	ss lineare RNA	3,6	3
ΦX174	*E. coli*	ikosaedrisch	ss zirkuläre DNA	5,4	11
M13	*E. coli*	filamentös	ss zirkuläre DNA	6,4	10
Φ6	*Pseudomonas phaseolica*	ikosaedrisch	ds lineare RNA	3,3; 4,6; 7,5++	?
PM2	*Pseudomonas aeruginosa*	ikosaedrisch	ds lineare DNA	13,5	?
T7	*E. coli*	Kopf und Schwanz	ds lineare DNA	39,9	55+
λ	*E. coli*	Kopf und Schwanz	ds lineare DNA	49,5	48
SPO1	*Bacillus subtilis*	Kopf und Schwanz	ds lineare DNA	150,0	?
T2, T4, T6	*E. coli*	Kopf und Schwanz	ds lineare DNA	166,0	150+

* Die angegebene Form ist die im Phagencapsid. Einige Genome nehmen in der Wirtszelle andere Formen ein. Abkürzungen: ss = einzelsträngig *(single-stranded)*; ds = doppelsträngig *(double-stranded)*.

\+ Die Zahlen beziehen sich auf Gene mit identifizierten Funktionen. Es kann auch zusätzliche, hier nicht angegebene Gene geben.

++ Φ6 hat ein segmentiertes Genom; die Größen stehen für die drei Komponenten.

lekülen um RNA. Viren widersprechen als einzige Form des „Lebens" der These von Avery und seinen Kollegen sowie von Hershey und Chase, daß DNA das genetische Material ist (siehe Kapitel 2). Viren, einschließlich der Phagen, brechen noch eine weitere Regel: Ihre Genome, ob aus DNA oder RNA, können einzelsträngig und auch doppelsträngig sein. Es gibt eine ganze Reihe möglicher Strukturen, die in Tabelle 13.1 zusammengefaßt sind. Die meisten Phagen haben ein einzelnes DNA- oder RNA-Molekül, welches das gesamte Genom darstellt. Das ist jedoch nicht immer der Fall: Manche RNA-Phagen besitzen **segmentierte Genome**, das heißt, ihr Genom ist in mehreren verschiedenen RNA-Molekülen enthalten. Die Größe der Phagengenome variiert enorm (Tabelle 13.1) von ungefähr 1,6 kb bei den kleinsten Phagen bis über 150 kb bei großen Phagen wie T2, T4 und T6. Die Zahl der Gene ist ebenfalls unterschiedlich und variiert zwischen nur drei und über 200.

13.1.2 Lebenszyklen von Bakteriophagen

Bakteriophagen teilt man nach ihrem Lebenszyklus in zwei Gruppen ein: **lytische** und **lysogene** Phagen. Der grundlegende Unterschied zwischen diesen beiden Gruppen besteht darin, daß ein lytischer Phage sein Wirtsbakterium sehr bald nach der Erstinfektion tötet, während sich ein lysogener Phage eine ganze Zeitlang, sogar über mehrere Generationen der Wirtszelle hinweg, ruhig verhalten kann. Typische Vertreter für diese beiden Lebenszyklen sind zwei *E. coli*-Phagen: der lytische (oder **virulente**) Phage T4 und der lysogene (oder **temperente**) Phage λ.

Wie macht man eine Bakteriophageninfektion sichtbar?

In der Forschung untersucht man die Infektion von Bakterien durch Bakteriophagen oft auf einem festen Agarmedium. Man mischt eine konzentrierte Probe der Bakterien mit einigen Bakteriophagen und gießt sie auf den Agar. Die Platte wird für ungefähr 18 Stunden inkubiert, so daß die Bakterien Zeit haben, sich zu vermehren und einen durchgehenden Rasen auf der Agarplatte zu bilden. Der Rasen ist jedoch nicht ganz geschlossen, denn die Phagen in der Probe verursachen Löcher oder **Plaques**. Jede Plaque

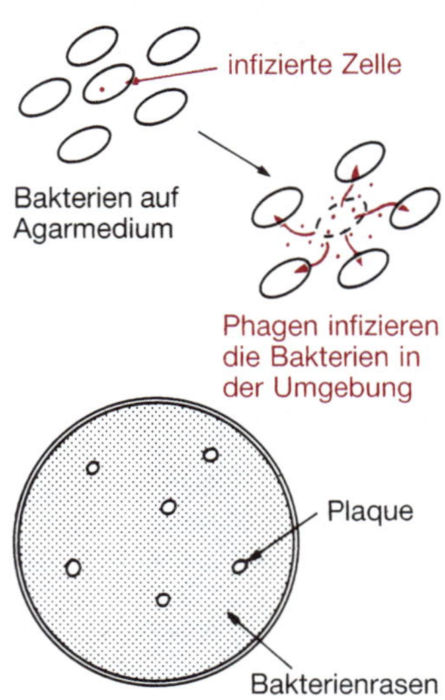

entsteht aus einem einzelnen infizierten Bakterium, das platzt und neue Phagen freisetzt, die die umgebenden Zellen infizieren, die dann selbst platzen, und so weiter.

Anhand der Anzahl der Plaques auf der Agarplatte läßt sich die Zahl der Phagen in der ursprünglichen Probe abschätzen. Experten können an der Größe, Gestalt und am Aussehen einer Plaque den Bakteriophagentyp identifizieren und die Auswirkungen von Mutationen auf dessen Gene beurteilen.

a) Der lytische Infektionszyklus von T4. Die Gruppe der T-Phagen (T1 bis T7), die *E. coli* befallen, waren die ersten Phagen, die den Molekulargenetikern zur Verfügung standen, und sie waren seitdem Gegenstand vieler Untersuchungen. Hershey und Chase verwendeten zum Beispiel T2 für ihren Beweis, daß Gene aus DNA bestehen. T4 gehört zu den am besten charakterisierten Phagen überhaupt.

Die Infektion von *E. coli* durch T4 beginnt damit, daß sich der Phage an ein Rezeptorprotein auf der Außenseite des Bakteriums heftet (Abb. 13.2a). Verschiedene Phagentypen bevorzugen un-

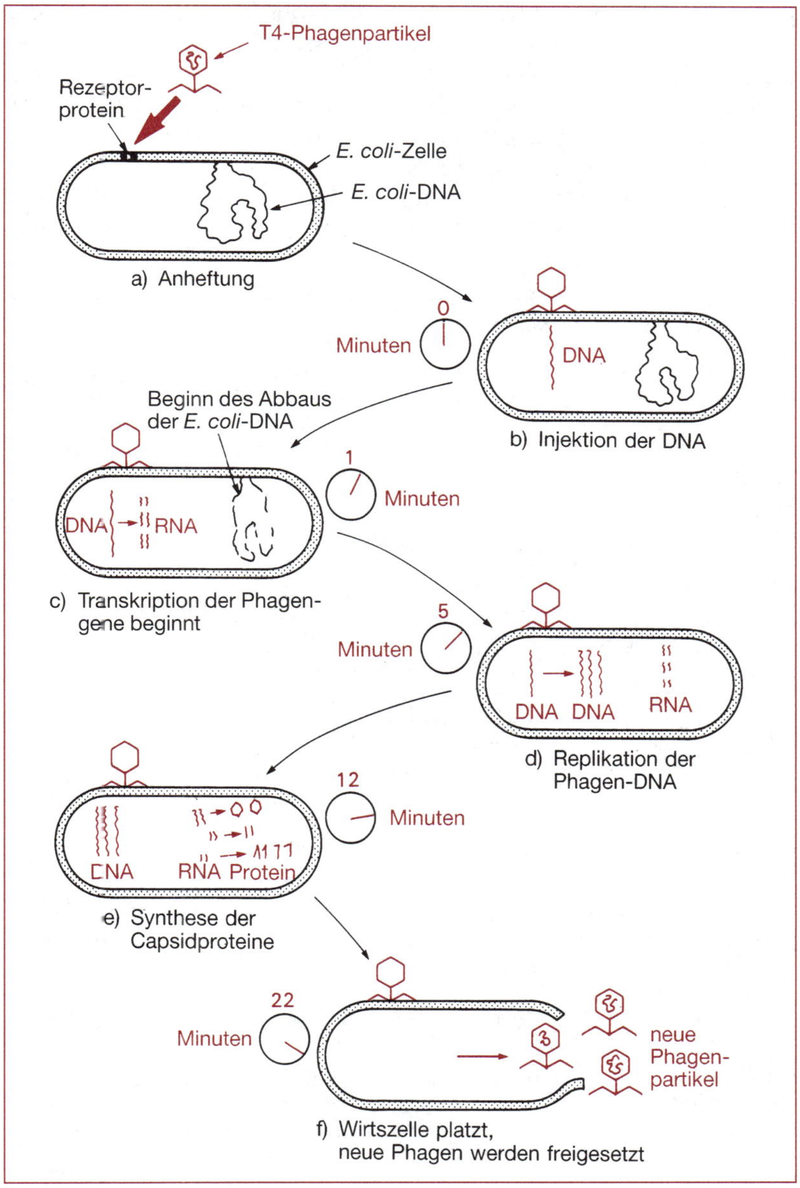

13.2 Der lytische Infektionszyklus des Bakteriophagen T4.

terschiedliche Rezeptoren. Der Rezeptor für T4 ist ein Protein namens OmpC („Omp“ steht für *outer membrane protein*); es gehört zu den Porinen, das sind Proteine, die Tunnel durch die äußere Zellmembran bilden und dadurch die Nahrungsaufnahme erleichtern. Nach der Anheftung injiziert der Phage sein DNA-Genom durch seine Schwanzstruktur in die Zelle (Abb. 13.2b).

Die nächsten 22 Minuten, in denen für den außenstehenden Beobachter nichts zu geschehen scheint, nennt man **Latenzphase**. Innerhalb der Zelle jedoch ist jetzt die ganze Aktivität auf die Synthese von neuen Phagenpartikeln gerichtet. Sofort nach dem Eindringen der Phagen-DNA hört die DNA-, RNA- und Proteinsynthese des Wirtes auf, und die Transkription der Phagengene beginnt (Abb. 13.2c). Innerhalb von fünf Minuten ist das bakterielle DNA-Molekül depolymerisiert, und die daraus entstandenen Nucleotide werden zur Replikation des T4-Genoms verwendet (Abb. 13.2d). Nach zwölf Minuten tauchen die neuen Phagencapsidproteine auf, und die ersten vollständigen Phagenpartikel werden zusammengebaut (Abb. 13.2e). Am Ende der Latenzphase platzen die Zellen, und die neuen Phagenpartikel werden freigesetzt. In einem typischen Infektionszyklus entstehen

Einstufige Wachstumskurve

Emory Ellis und Max Delbrück untersuchten 1939 als erste den Infektionszyklus von T4. Sie gaben Phagen zu einer Kultur von *E. coli*, warteten drei Minuten, damit sich die Phagen an die Bakterien anheften konnten, und maßen dann 60 Minuten lang die Zahl der infizierten Zellen. Sie kamen zu folgenden Ergebnissen:

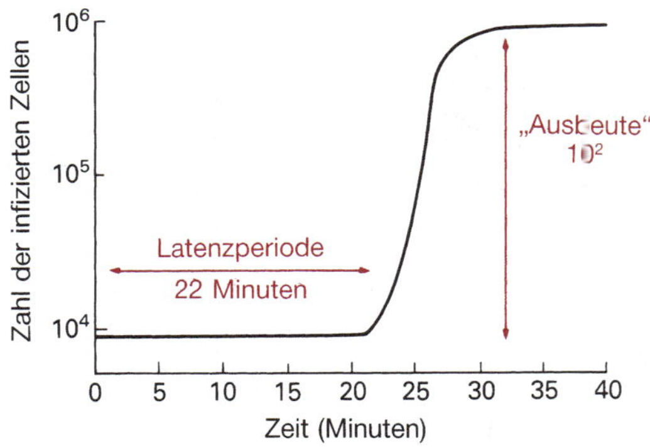

Die Kurve zeigt, daß sich in den ersten 22 Minuten des Experiments die Zahl der infizierten Zellen nicht änderte. Ellis und Delbrück interpretierten dies als die Zeit, welche die Phagen brauchten, um sich in ihren Wirten zu reproduzieren. Nach 22 Minuten begann die Zahl der infizierten Zellen zu steigen; das zeigte, daß es zur Lyse der ursprünglichen Wirte gekommen war und daß die neu gebildeten Phagen jetzt andere Zellen in der Kultur infizierten.

Mit der einstufigen Wachstumskurve kann man die Latenzperiode und die „Ausbeute“, das heißt die Zahl der bei der Infektion produzierten Phagen, abschätzen. In dem hier dargestellten Experiment ist die Latenzphase 22 Minuten lang, und die „Ausbeute“ beträgt ungefähr 100 Phagen pro Zelle.

pro Zelle 200 bis 300 T4-Phagen, von denen jeder einzelne weitere Bakterien infizieren könnte.

b) Der lysogene Lebenszyklus von λ. λ und die meisten anderen temperenten Phagen können einem lytischen Infektionszyklus folgen, kommen jedoch üblicherweise mit dem alternativen lysogenen Zyklus vor. Der Unterschied besteht darin, daß das Phagengenom während eines lysogenen Zyklus in die Wirts-DNA integriert wird. Das geschieht unmittelbar, nachdem die Phagen-DNA in die Zelle eingedrungen ist; dadurch entsteht eine ruhende Form des Bakteriophagen, der sogenannte **Prophage** (Abb. 13.3a).

Der Einbau ist ein Beispiel für eine Spielart der Rekombination (Abschnitt 12.3). Das λ-DNA-Molekül und das *E. coli*-Genom haben einen kurzen Abschnitt homologer Nucleotide; er ist nur 15 bp lang, aber das reicht für den Beginn eines Rekombinations-

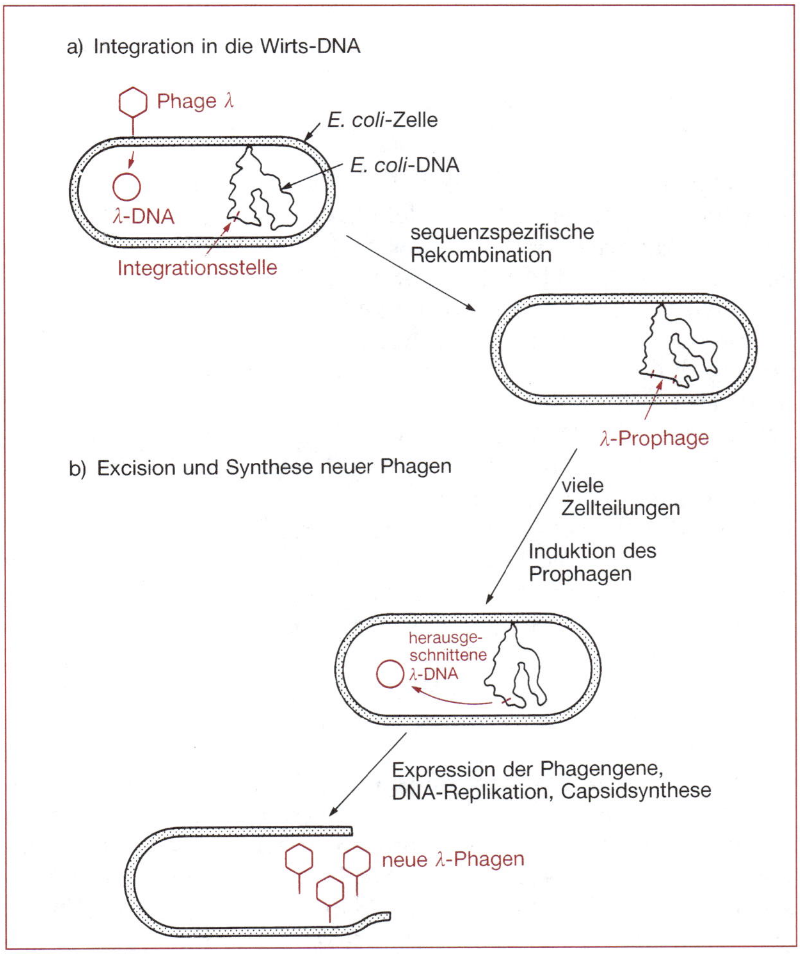

13.3 Der lysogene Infektionszyklus des Phagen λ. Nach der Induktion verläuft der Infektionszyklus ähnlich wie der lytische in Abbildung 13.2c–f.

Sequenzspezifische Rekombination führt zur Integration des λ-Genoms in die *E. coli*-DNA

Der sequenzspezifische Rekombinationsvorgang, der zur Integration des λ-Genoms in das DNA-Molekül des Wirts führt, verläuft wie unten dargestellt. Die 15 bp lange Sequenz, von der die Rekombination ausgeht, ist mit einem kleinen Kreis markiert.

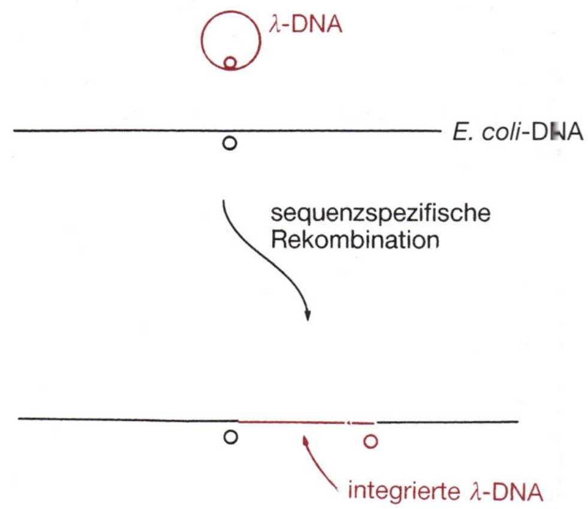

In umgekehrter Reihenfolge führen diese Vorgänge zur Excision des Genoms.

vorgangs aus. Das heißt also, daß sich das λ-Genom stets an der gleichen Stelle in das DNA-Molekül von *E. coli* integriert.

Der integrierte Prophage kann viele Zellgenerationen lang in der Wirts-DNA bleiben. Er wird mit dem Bakteriengenom repliziert und mit ihm auf die Tochterzellen weitergegeben. Die Umstellung auf die lytische Infektionsweise erfolgt, wenn der Prophage durch einen chemischen oder physikalischen Reiz **induziert** wird. Jeder dieser Reize ist anscheinend mit einer Schädigung der DNA verbunden und signalisiert deshalb möglicherweise den bevorstehenden natürlichen Tod des Wirts. Als Reaktion auf diese Reize schneidet ein zweiter Rekombinationsvorgang das Phagengenom aus der Wirts-DNA heraus, die Replikation der Phagen-DNA beginnt, und die Phagenhüllproteine werden synthetisiert (Abb. 13.3b). Schließlich platzt die Zelle und entläßt neue λ-Phagen. Lysogenie stellt einen höheren Grad an Komplexität für den Phagenlebenszyklus dar; sie ermöglicht es dem Phagen, seine jeweilige Infektionsstrategie den herrschenden Bedingungen optimal anzupassen.

c) Ungewöhnliche Phagenlebenszyklen. Lyse und Lysogenie stellen zwar die typischen Zyklen von Phagen dar, sind jedoch nicht die einzigen. Einige wenige Bakteriophagen haben ungewöhnliche Infektionszyklen, die weder wirklich lytisch noch wirklich lysogen sind. Ein Beispiel dafür ist M13, ein dritter *E. coli*-Phage, der in den letzten Jahren im Rahmen der DNA-Rekombinations-

Die Replikation des λ-Genoms

Nach der Induktion wird das λ-Genom aus dem DNA-Molekül der Wirtszelle ausgeschnitten und vermehrt sich dann durch den Mechanismus des **rollenden Ringes**. In einen Strang des Ausgangsmoleküls wird ein Einzelstrangbruch *(nick)* eingeführt, und das freie 3'-Ende wird von der DNA-Polymerase verlängert. Das Tochtermolekül wird von der Eltern-DNA gewissermaßen „abgerollt":

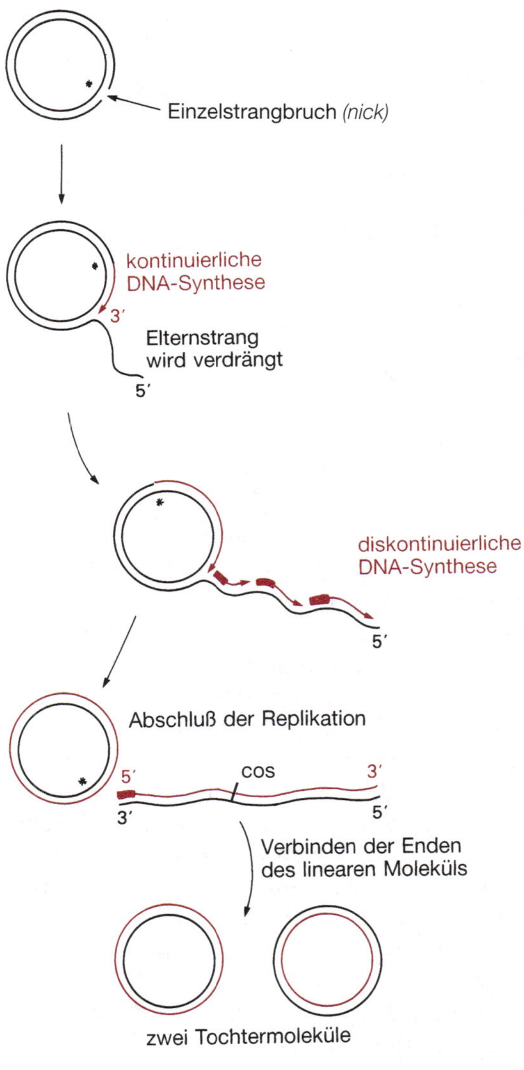

Die DNA-Synthese setzt sich oft mehrmals um den Ring herum fort, so daß eine Reihe von **Concatemeren** (hintereinander verknüpften linearen Genomen) entsteht. Diese werden anschließend von einer Endonuclease (die im Gen A von λ codiert ist) gespalten, und zwar an einer Erkennungsstelle aus 12 bp, die man als **cos-Stelle** bezeichnet. Die so entstehenden linearen Genome werden in λ-Phagenköpfe verpackt. Jedes davon bildet nach dem Eindringen in eine neue Wirtszelle sofort wieder einen Ring.

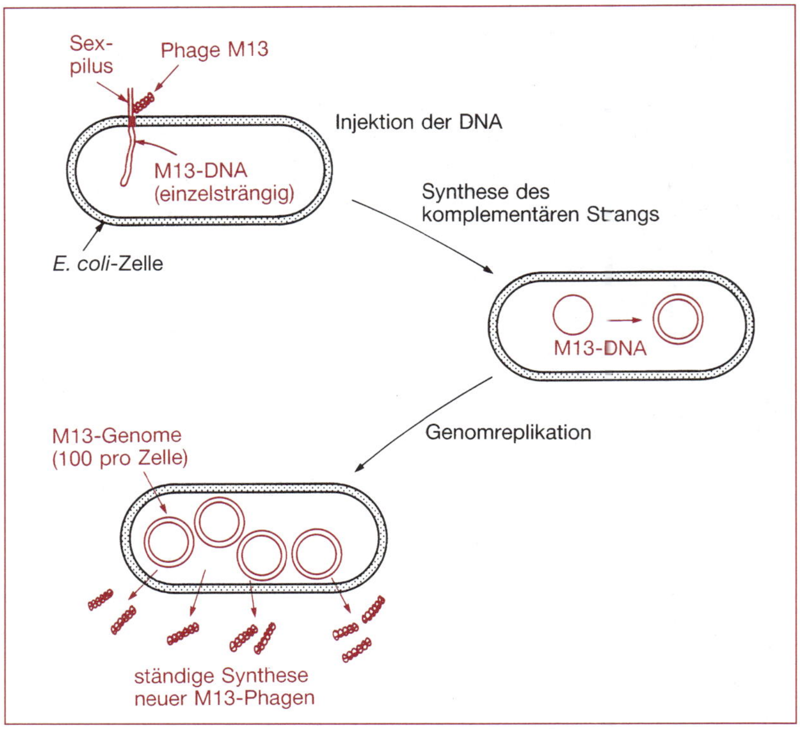

13.4 Der ungewöhnliche Lebenszyklus des Phagen M13. Dieser Bakteriophage injiziert seine DNA mit Hilfe einer besonderen Struktur, dem sogenannten Sexpilus (Abschnitt 14.3.2) in die Zelle. Die infizierte Zelle produziert ständig neue Phagen.

technik als Quelle für einzelsträngige DNA-Versionen klonierter Gene erhebliche Bedeutung gewonnen hat.

Das M13-Partikel enthält ein einzelsträngiges, ringförmiges Genom, das nach der Injektion in das Bakterium durch Synthese des komplementären Stranges repliziert wird, wobei ein doppelsträngiges, ringförmiges DNA-Molekül entsteht (Abb. 13.4). Dieses Molekül repliziert sich weiter, bis über 100 Kopien davon in der Zelle vorliegen. In diesem Stadium nimmt der Infektionszyklus Merkmale sowohl von lytischen als auch lysogenen Phagen an. Wie bei lytischen Phagen werden M13-Hüllproteine synthetisiert, neue Phagen werden zusammengebaut und aus der Zelle entlassen. Wie bei lysogenen Phagen platzt die Zelle jedoch nicht, sondern das infizierte Bakterium wächst und teilt sich weiter. Kopien des Phagengenoms werden bei jeder Zellteilung an die Tochterzellen weitergegeben, und der Zusammenbau und die Freisetzung von M13 gehen weiter. Der Infektionszyklus von M13 ist also teilweise lytisch und teilweise lysogen.

13.1.3 Organisation und Expression von Bakteriophagengenen

Es gibt also zwei verschiedene Typen von Bakteriophageninfektionszyklen: einen lytischen und einen lysogenen. Als nächstes stellt sich die Frage, wie die Expression der Phagengene so reguliert wird, daß der lytische beziehungsweise der lysogene Zyklus nach Plan ablaufen kann. Bevor wir uns diesem Problem zuwenden, müssen wir untersuchen, wie Gene in Phagengenomen angeordnet sind.

a) Organisation von Bakteriophagengenen. Die relativ kleinen Bakteriophagengenome gehörten zu den ersten, die seit Ende der siebziger Jahre mit den schnellen, effizienten Methoden zur DNA-Sequenzierung umfassend untersucht wurden. Inzwischen kennt man die vollständigen Nucleotidsequenzen mehrerer Phagengenome, so daß man genau erkennen kann, wie die Gene organisiert sind. Die kleineren Phagengenome enthalten natürlich relativ wenige Gene. Auf dem 6407 Nucleotide langen Genom von M13 ließen sich zum Beispiel zehn identifizieren. Sie codieren die Proteine der Phagenhülle und Enzyme, die an der Replikation der Phagen-DNA beteiligt sind (Abb. 13.5a). Ein kleines Genom kann jedoch sehr kompliziert organisiert sein. Der Phage *ΦX*174 (5386 Nucleotide) schafft es, in sein Genom noch „extra" biologische Information zu packen, da mehrere seiner Gene über-

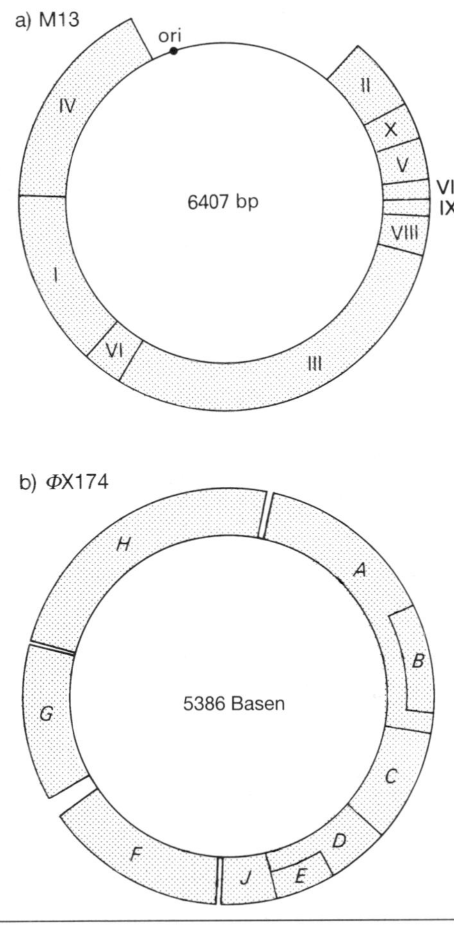

13.5 Organisation der Gene auf den Genomen von a) M13 und b) *Φ*X174. Die Gene haben folgende Funktionen: a) I, III, VI, VIII – Capsidproteine; II, V, X – Replikation. b) A – Genomreplikation; B, C, D – Aufbau des Capsids; E – Lyse des Wirts; F, G, H – Capsidproteine; J – Injektion der DNA in den Wirt. Auf der Karte von *Φ*X174 fehlen die Positionen von zwei zusätzlichen Genen (A* und K), deren Funktionen man nicht kennt.

Überlappende Gene

Bei den meisten überlappenden Genen sind die Aminosäuresequenzen der Proteine, die sie codieren, nicht identisch, da die mRNAs in verschiedenen **Leserastern** translatiert werden. Nehmen wir die Gene D und E von ΦX174 als Beispiel:

Initiator
met val ... lys glu 'stop' **Gen E**
DNA....GTTTATGGTA........GAAGGAGTGATG....
val tyr gly ... glu gly val met **Gen D**

lappen (Abb. 13.5b). Die **überlappenden Gene** teilen sich Nucleotidsequenzen (Gen *B* ist zum Beispiel vollständig in Gen *A* enthalten), codieren jedoch verschiedene Genprodukte, da die Transkripte von verschiedenen Startpositionen aus translatiert werden. Überlappende Gene sind in Viren recht verbreitet.

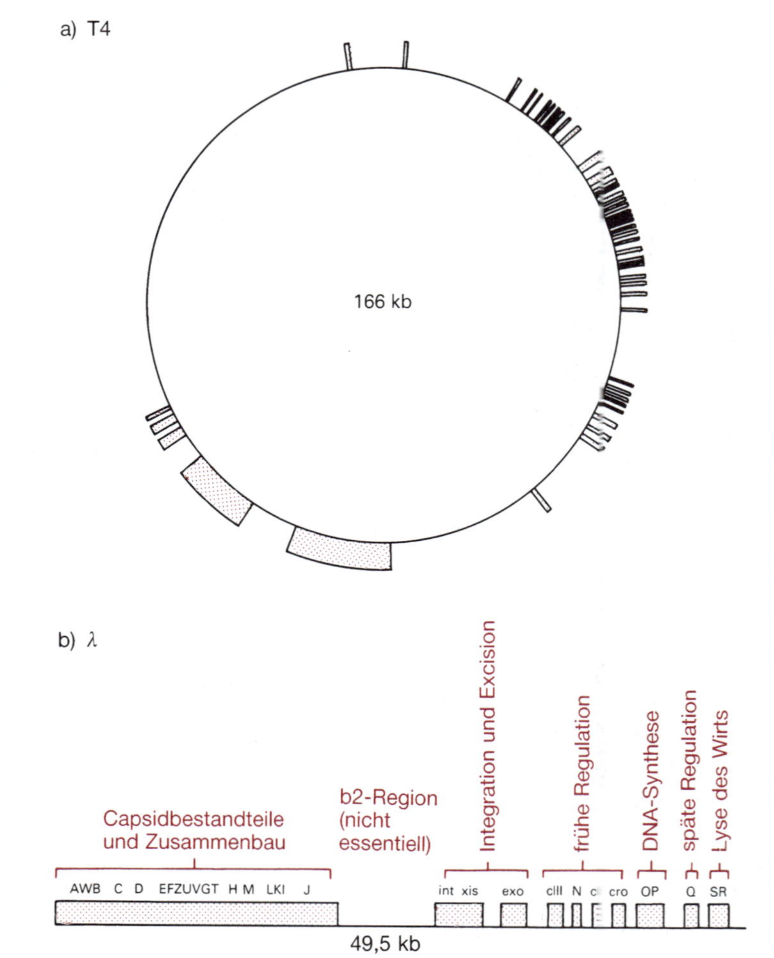

13.6 Organisation der Gene auf dem Genom von a) T4 und b) λ. Die T4-Karte zeigt nur die Gene, die Bestandteile des Phagencapsids codieren. Über 100 weitere Gene, die an anderen Vorgängen des Phagenlebenszyklus mitwirken, sind nicht eingezeichnet. Die λ-Karte zeigt nur die wichtigen Gengruppen, in denen lediglich einige wenige repräsentative Gene markiert sind.

Die größeren Phagengenome enthalten mehr Gene, was die komplizierten Capsidstrukturen dieser Phagen sowie die Beteiligung einer größeren Zahl phagencodierter Enzyme beim Infektionszyklus widerspiegelt. T4 (166 kb, ungefähr 150 Gene) hat 50 Gene allein für den Aufbau des Capsids (Abb. 13.6a), und λ (49,5 kb, 44 Gene mit bekannten Funktionen) besitzt Gene speziell für die Integration des Phagengenoms in die Wirts-DNA (Abb. 13.6b). Trotz ihrer Komplexität bedürfen auch diese großen Phagen für ihren Infektionszyklus noch zumindest einiger wirtscodierter RNAs.

b) Genexpression im lytischen Infektionszyklus. Für alle Phagen, besonders aber für diejenigen mit größeren Genomen, stellt sich die Frage, wie die Genexpression so reguliert wird, daß die richtigen Vorgänge zur richtigen Zeit während des Infektionszyklus ablaufen. Bei den meisten Phagen geht die Genomreplikation der Synthese von Capsidproteinen voraus. Ähnlich muß die Synthese des Enzyms **Lysozym**, welches das Platzen des Bakteriums verursacht, ganz ans Ende des Infektionszyklus gelegt werden.

Bei manchen Phagen ist die Genregulation recht einfach. *ΦX*174 kontrolliert die Transkription seiner Gene überhaupt nicht: Alle elf Gene werden von der RNA-Polymerase des Wirts transkribiert, sobald die Phagen-DNA in die Zelle eindringt. Genomreplikation und Capsidsynthese erfolgen mehr oder weniger zur gleichen Zeit, die Lysozymsynthese findet jedoch nachträglich statt, weil die mRNA für dieses Enzym langsam translatiert wird. Der genaue Grund dafür ist nicht bekannt.

Bei den meisten anderen Phagen gibt es bestimmte Phasen der Genexpression. Traditionell spricht man von zwei Gengruppen:

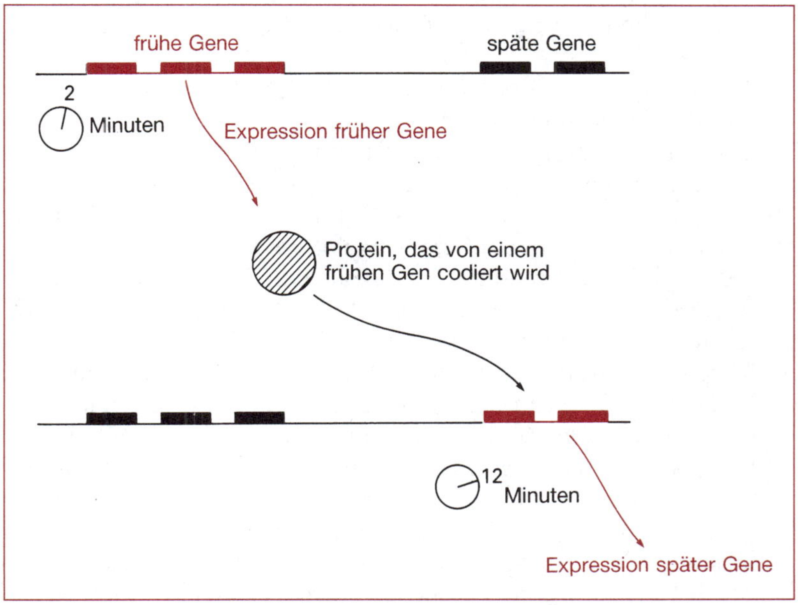

13.7 Ein Kaskadensystem, das dafür sorgt, daß frühe und späte Gene zum richtigen Zeitpunkt exprimiert werden.

Die Produkte der **frühen Gene** werden in den ersten Stadien der Infektion benötigt, während die **späten Gene** erst gegen Ende des Zyklus aktiv werden. Bakteriophagen verfügen über eine Reihe von Möglichkeiten, die frühen und späten Gene in der richtigen Reihenfolge zu exprimieren. Viele dieser Mechanismen beruhen auf einem **Kaskadensystem**, das heißt, wenn die Translationsprodukte einer Gengruppe in der Zelle auftauchen, wird die Transkription der zweiten Gengruppe angeschaltet (Abb. 13.7). Bei T4 werden zum Beispiel die allerersten Gene, die exprimiert werden sollen, durch die *E. coli*-RNA-Polymerase von ein paar Standard-*E. coli*-Promotorsequenzen aus transkribiert (Abschnitt 5.4.1), die auf dem Phagengenom liegen. Unter den frühesten Genprodukten sind Proteine, welche die Wirts-RNA-Polymerase so modifizieren, daß sie *E. coli*-Promotoren nicht mehr erkennt (damit ist die Genexpression des Wirts ausgeschaltet) und statt dessen ausschließlich eine zweite Sorte von Phagengenen transkribiert. Unter den Produkten dieser zweiten Gengruppe sind Proteine, welche die RNA-Polymerase ein zweites Mal modifizieren, so daß sie jetzt eine weitere Sorte von Phagengenen transkribiert. Die einzelnen Gengruppen werden also in der richtigen Reihenfolge exprimiert, indem die Produkte einer Gruppe die Expression der nächsten Gruppe anschalten.

c) Genexpression im lysogenen Infektionszyklus. Die Fähigkeit von Bakteriophagen wie zum Beispiel λ, einem lysogenen Infektionszyklus zu folgen, wirft drei Fragen auf: Wie „entscheidet" der Phage, ob er dem lytischen oder dem lysogenen Zyklus folgt? Wie wird die Lysogenie aufrechterhalten? Und was veranlaßt den Phagen zum Abbruch der Lysogenie? Über die Genexpression bei der λ-Infektion ist eine ganze Menge bekannt, so daß sich diese drei Fragen sehr detailliert und ausführlich beantworten lassen. Wir wollen versuchen, auf das Wesentliche einzugehen.

1. *Lysogenie wird vom cI-Repressor aufrechterhalten.* Mit der zweiten Frage müssen wir uns vor der ersten und der dritten beschäftigen. Der erste Schritt beim lytischen Infektionzyklus besteht in der Expression der frühen λ-Gene Diese werden von zwei Promotoren namens P_L und P_R aus transkribiert, die rechts und links von einem Regulationsgen namens *cI* liegen (Abb. 13.8). Während der Lysogenie sind P_L und P_R abgeschaltet, weil das Genprodukt von *cI*, ein Repressorprotein (Abschnitt 10.3.1), an die Operatoren O_L und O_R gebunden ist. Infolgedessen werden die frühen Gene nicht exprimiert, und der Phage kann nicht in den lytischen Zyklus eintreten. Die Lysogenie wird viele Zellteilungen lang beibehalten, weil das *cI*-Gen, wenn auch in geringem Maße, kontinuierlich exprimiert wird, so daß die Menge an *cI*-Repressor in der Zelle immer ausreicht, um P_L und P_R ausgeschaltet zu halten. Zu dieser kontinuierlichen Expression von *cI* kommt es, weil der *cI*-Repressor nicht nur die Transkription von P_R aus blockiert, wenn

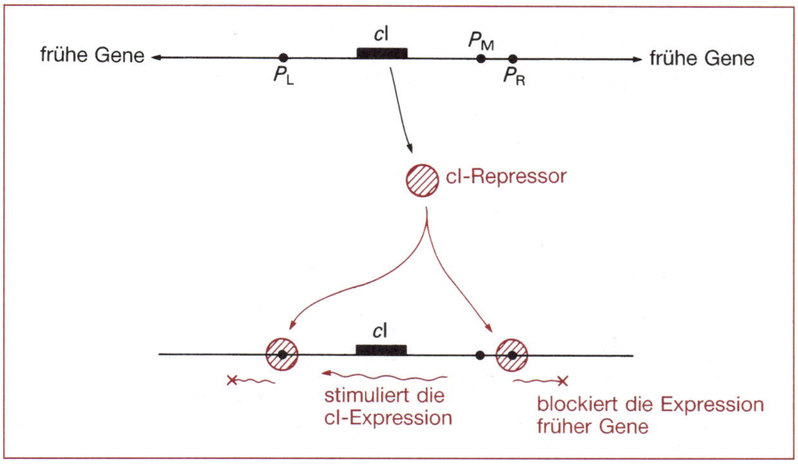

13.8 Der cI-Repressor blockiert die Transkription von P_L und P_R (Promotoren für frühe Gene) aus, stimuliert jedoch die Transkription vom P_M (Promotor für *c*I) aus.

er an O_R gebunden ist, sondern auch die Transkription ausgehend vom Promotor für das *cI*-Gen stimuliert. Die doppelte Rolle des *cI*-Repressors ist also der Schlüssel zur Lysogenie.

2. *Das Wettrennen zwischen cI und cro entscheidet zwischen Lyse und Lysogenie.* Wenn ein λ-DNA-Molekül in eine *E. coli*-Zelle eindringt, heften sich die RNA-Polymerase-Enzyme des Wirts an die verschiedenen Promotoren auf dem Molekül und beginnen mit der Transkription der λ-Gene. Sobald *cI* exprimiert wird, bindet der *cI*-Repressor an O_L und O_R, blockiert die Expression der frühen Gene und verhindert damit den Beginn des lytischen Zyklus. λ tritt jedoch nicht immer in den lysogenen Zyklus ein, denn ein zweites Gen namens *cro* codiert ebenfalls einen Repressor, aber einen, der die Transkription von *cI* verhindert (Abb. 13.9). Sowohl *cI* als auch *cro* werden unmittelbar nach Eindringen des λ-DNA-Moleküls in die Zelle exprimiert. Wenn der cI-Repressor schneller synthetisiert wird als der Cro-Repressor, wird die Expression der frühen Gene blockiert und der lysogene Zyklus folgt. Wenn jedoch *cro* das Rennen gewinnt, blockiert der Cro-Repressor die *cI*-Expression, bevor genug cI-Repressor synthetisiert ist, um die frühen Gene auszuschalten. Infolgedessen beginnt der Phage den lytischen Infektionszyklus. Die Entscheidung zwischen Lyse und Lysogenie hängt also davon ab, welches der beiden Genprodukte, cI und Cro, sich am schnellsten anhäuft. Die Entscheidung fällt anscheinend völlig ungerichtet und hängt offenbar von zufälligen Ereignissen ab, die dazu führen, daß

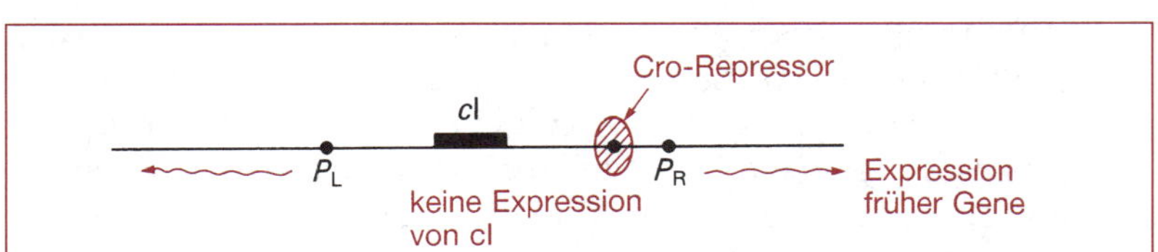

13.9 Der Cro-Repressor blockiert die Transkription von *c*I.

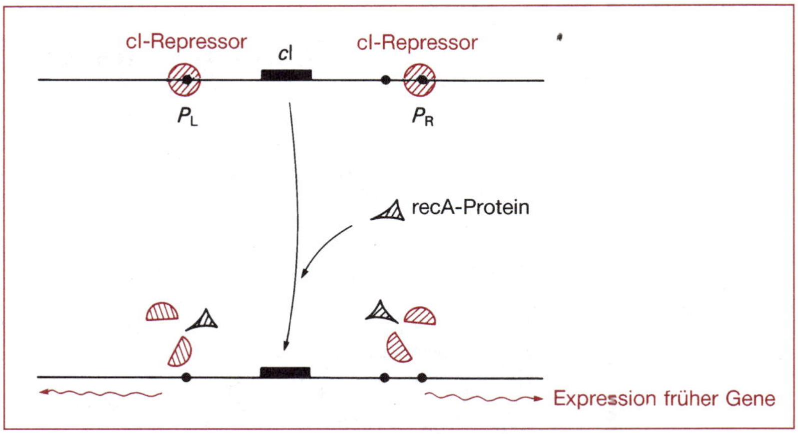

13.10 Das recA-Protein spaltet den cI-Repressor, so daß anschließend die frühen Gene exprimiert werden können.

entweder der cI- oder der Cro-Repressor in der Zelle vorherrscht.

3. *Die Lysogenie wird durch Inaktivierung des cI-Repressors abgebrochen.* Die Lysogenie wird so lange beibehalten, wie der cI-Repressor an die Operatoren O_L und O_R gebunden ist. Der Prophage wird also induziert, wenn die Konzentration des aktiven cI-Repressors unter einen bestimmten Wert fällt. Das kann zufällig geschehen und zu einer spontanen Induktion führen, oder es erfolgt, wie in Abschnitt 13.1.2 erwähnt, aufgrund physikalischer oder chemischer Reize. Diese Reize aktivieren in *E. coli* einen allgemeinen Schutzmechanismus, die **SOS-Reaktion**. Ein Teil der SOS-Reaktion besteht in der Expression eines *E. coli*-Gens mit der Bezeichnung *recA*, dessen Produkt den cI-Repressor inaktiviert, indem es ihn in zwei Hälften schneidet (Abb. 13.10). Das schaltet die Expression der frühen Gene an, und der Phage kann in den lytischen Zyklus eintreten. Inaktivierung des cI-Repressors bedeutet auch, daß die Transkription von *cI* nicht mehr stimuliert wird; damit wird verhindert, daß sich die Lysogenie durch die Synthese von mehr cI-Repressor wieder einstellen kann. Die Inaktivierung des cI-Repressors führt also zur Induktion des Prophagen.

13.2 Viren von Eukaryoten

Alle Eukaryoten sind Wirte irgendwelcher Viren. Die meisten Eukaryoten sind sogar recht anfällig für eine Infektion durch eine ganze Reihe von Virustypen: Man denke nur an die zahlreichen Viruserkrankungen, die Menschen bekommen können. Wegen ihrer medizinischen Bedeutung finden Viren, die den Menschen und Tiere befallen, in der Forschung große Beachtung, während

Pflanzenviren, die ganze Ernten vernichten können, eine etwas untergeordnetere Rolle spielen.

In vielerlei Hinsicht ähneln eukaryotische Viren den Bakteriophagen. Die Tatsache, daß ihre Wirte Eukaryoten und nicht Bakterien sind, bedingt jedoch einige Unterschiede. Ihre Gene müssen in eukaryotischen Zellen repliziert werden, und deshalb müssen sie eukaryotischen Genen ähnlich sein: Sie brauchen die komplizierten stromaufwärts gelegenen Sequenzen, die zur Aktivierung der Transkription durch die RNA-Polymerase II nötig sind (Abschnitt 10.4.1), und sie können Introns enthalten (Abschnitt 4.2.3). Ein Großteil unseres Wissens über eukaryotische Genexpression basiert eigentlich auf Forschungsergebnissen über eukaryotische Viren.

Wir wollen uns nicht zu lange mit den grundlegenden Eigenschaften eukaryotischer Viren aufhalten und uns auf die Gesichtspunkte beschränken, die im Vergleich mit Bakteriophagen neu sind. Das Hauptaugenmerk liegt dabei auf der Rolle von Viren bei menschlichen Krankheiten wie AIDS und Krebs.

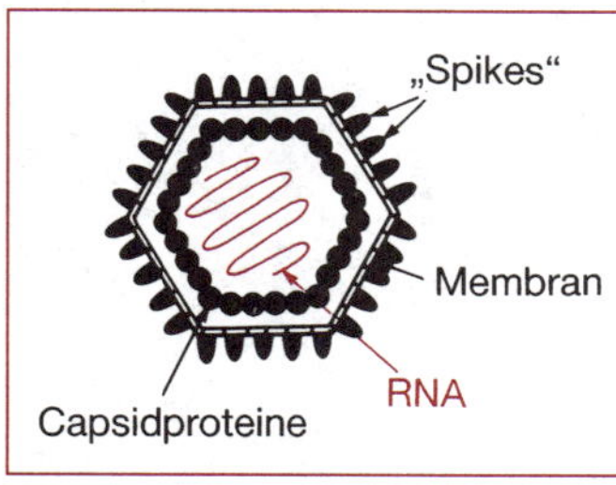

13.11 Struktur eines Retrovirus. Das Capsid ist von einer Membranhülle umgeben, an der zusätzliche Virusproteine haften.

13.2.1 Strukturen und Infektionszyklen eukaryotischer Viren

Die Capside eukaryotischer Viren sind entweder ikosaedrisch oder filamentös; die Kopf-und-Schwanz-Struktur gibt es nur bei Bakteriophagen. Dafür gibt es bei eukaryotischen Viren ein anderes besonderes Merkmal, vor allem bei solchen mit Tieren als Wirten. Das Capsid kann von einer Lipidmembran umgeben sein, die einen zusätzlichen Bestandteil der Virusstruktur bildet (Abb. 13.11). Diese Membran nimmt das neue Viruspartikel vom Wirt mit, wenn es die Zelle verläßt; später kann sie durch den Einbau virusspezifischer Proteine modifiziert werden.

Tabelle 13.2: Merkmale einiger typischer eukaryotischer Viren

Virus	Wirt	Genomtyp*	Genomgröße (kb)	Genzahl
Parvovirus	Säuger	ss lineare DNA	1,6	5
Hepatitis B	Säuger	teilweise ds ringförmige DNA	3,2	4
Tabakmosaikvirus	Pflanzen	ss lineare RNA	6,4	6
SV40	Affen	ds ringförmige DNA	5,0	5
Influenzavirus	Säuger	ss lineare segmentierte RNA	22,0	12
Retroviren	Säuger, Vögel	ds lineare RNA	6,0–9,0	3
Poliovirus	Säuger	ss lineare RNA	7,6	8
Reovirus	Säuger	ds lineare segmentierte RNA	22,5	22
Adenovirus	Säuger	ds lineare DNA	36,0	30
Vacciniavirus	Säuger	ds ringförmige DNA	240,0	240

* Angegeben ist die Form im Viruspartikel; manche Genome werden nach der Infektion im Inneren der Wirtszelle in eine andere Form umgewandelt. ss = einzelsträngig (single-stranded); ds = doppelsträngig (double-stranded).

Virusgenome zeigen vielfältige Strukturen. Sie können aus DNA oder RNA bestehen und einzel- oder doppelsträngig (oder teilweise doppelsträngig mit einzelsträngigen Abschnitten), linear oder ringförmig, segmentiert oder nicht segmentiert sein. Aus bisher nicht geklärten Gründen haben die allermeisten Pflanzenviren RNA-Genome. Die Genomgrößen liegen im gleichen Bereich wie bei den Phagen; die größten Virusgenome (zum Beispiel das Genom des Vacciniavirus mit 240 kb) sind allerdings etwas größer als die größten Phagengenome. Eukaryotische Virusstrukturen sind in Tabelle 13.2 zusammengefaßt.

Die meisten eukaryotischen Viren folgen ausschließlich dem lytischen Infektionszyklus, aber wenige übernehmen den genetischen Apparat des Wirts in der gleichen Weise wie ein Bakteriophage. Viele Viren leben mit ihren Wirtszellen lange Zeit zusammen, sogar über Jahre, wobei die Wirtszelle erst gegen Ende des Infektionszyklus ihre Funktion einstellt, wenn die Nachkommen des Virus, die in der Zelle gespeichert waren, freigesetzt werden (Abb. 13.12a). Andere Viren haben ähnliche Infektionszyklen wie M13 in *E. coli*: Sie synthetisieren kontinuierlich neue Viruspartikel, die aus der Zelle ausgeschleust werden (Abb. 12b). Diese Langzeitinfektionen können auch auftreten, wenn sich das Virusgenom nicht in die Wirts-DNA einbaut.

Das bedeutet nicht, daß es keine eukaryotischen Äquivalente für lysogene Bakteriophagen gibt. Eine Reihe von DNA- und RNA-Viren können sich in die Genome ihrer Wirte integrieren, manchmal mit drastischen Auswirkungen auf die Wirtszelle. Re-

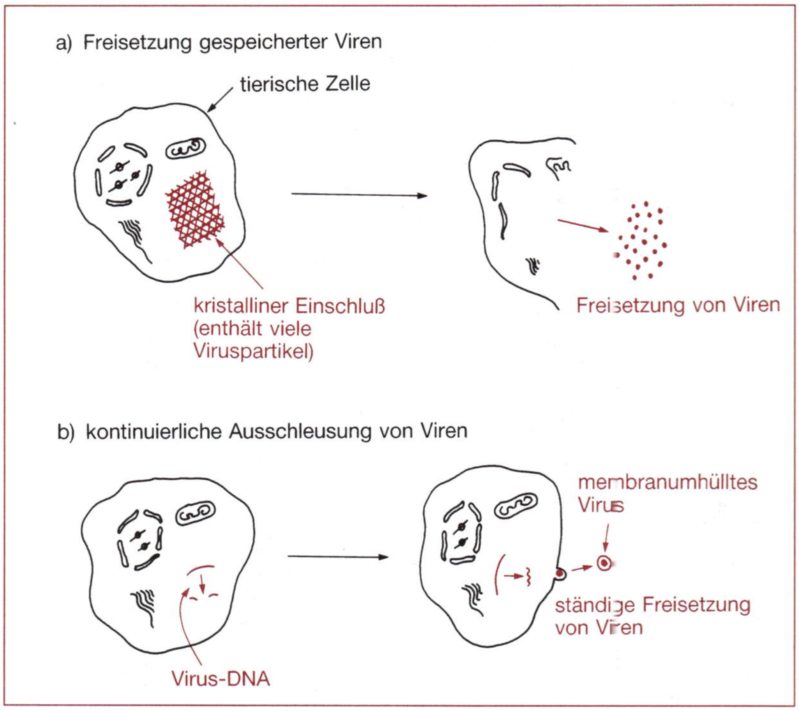

13.12 Die Nachkommen eines eukaryotischen Virus können in der Wirtszelle gespeichert werden (a) oder kontinuierlich aus der infizierten Zelle freigesetzt werden (b).

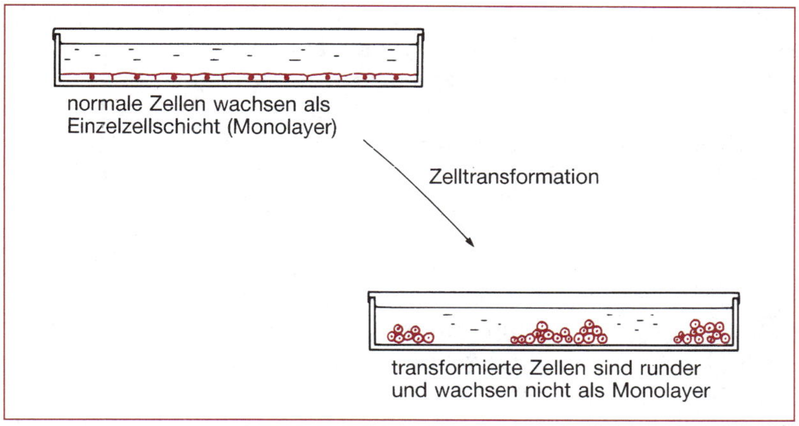

13.13 Zelltransformation.

nato Dulbecco stellte 1960 die theoretische Verbindung zwischen der Lysogenie von *E. coli* durch λ und die durch bestimmte Tierviren verursachte **Zelltransformation** her. Dieses Phänomen (nicht zu verwechseln mit genetischer Transformation, die Griffith untersucht hat, Abschnitt 2.2.1) ist mit Veränderungen in Morphologie und Physiologie der Zelle gekoppelt. In Zellkulturen hat Transformation den Verlust der Wachstumssteuerung zur Folge, so daß transformierte Zellen als ungeordnete Masse wachsen und nicht als Monolayer (Abb. 13.13). Man geht davon aus, daß Zelltransformation im Gesamtorganismus zur Entwicklung von Tumoren führt. Das deutet darauf hin, daß Krebs durch die Integration von Genomen eukaryotischer Viren in die Wirts-DNA verursacht werden könnte. Wir werden diese Möglichkeit in Abschnitt 13.2.3 weiterverfolgen.

13.2.2 Replikationsstrategien eukaryotischer Viren

Viele eukaryotische Viren, zum Beispiel das Adenovirus, haben DNA-Genome, die auf ziemlich einfache Art und Weise durch ein DNA-Polymerase-Enzym repliziert werden. Andere, wie das Poliovirus, haben RNA-Genome, die durch eine RNA-Polymerase repliziert werden. Bei diesen beiden Replikationsarten geschieht nichts Außergewöhnliches.

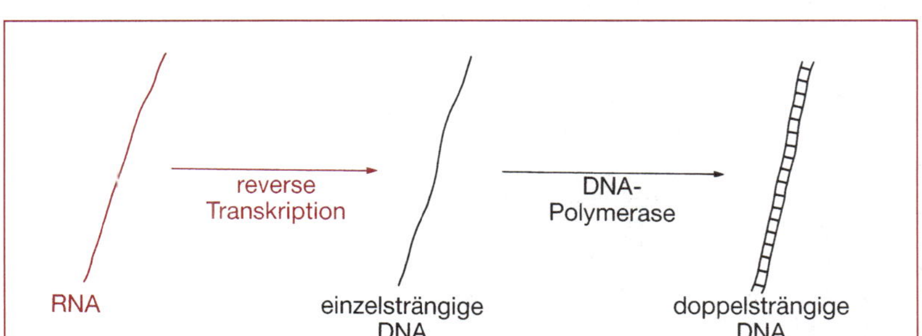

13.14 Reverse Transkription einer RNA-Matrize in DNA.

Ganz andere Replikationsstrategien verwenden die eukaryotischen Viren, die man **virale Retroelemente** nennt. Ihre Replikationswege umfassen einen neuen Schritt, in dem eine RNA-Version des Genoms in DNA umgewandelt wird. Es gibt zwei Arten viraler Retroelemente: die **Retroviren**, bei denen das Capsid die RNA-Version des Genoms enthält, und die **Pararetroviren**, deren im Capsid enthaltenes Genom aus DNA ist. Die Fähigkeit, RNA in DNA umzuwandeln, widerspricht Cricks zentralem Dogma (Abschnitt 4.3.1), demzufolge der Informationsfluß ausschließlich von DNA über RNA zum Protein verläuft. In viralen Retroelementen kann die Information von RNA zu DNA fließen (Abb. 13.14). Diese Tatsache bestätigten im Jahre 1970 unabhängig voneinander Howard Temin von der Universität Wisconsin und David Baltimore vom Massachusetts Institute of Technology. Temin und Baltimore arbeiteten mit Zellen, die mit Retroviren infiziert waren, und isolierten daraus ein Enzym, das inzwischen **Reverse Transkriptase** heißt und das an einer RNA-Matrize eine DNA-Kopie herstellen kann.

a) Der Infektionszyklus von Retroviren. Das typische Retrovirusgenom ist ein einzelsträngiges, 6000 bis 9000 Nucleotide langes

Howard Temin

David Baltimore

Howard Temin

* 10. Dezember 1934, Philadelphia

David Baltimore

* 7. März 1938, New York

»Wissenschaftliche Forschung ist etwas Faszinierendes, weil die Überraschungen nie aufhören. Hochqualifizierte Arbeit kann bei jedem beliebigen Thema urplötzlich zu grundlegendem Wissen führen.« (Temin)

»Ich begann als Biochemiker und bezog später Genetik und Zellbiologie in meine Arbeit mit ein, denn mir wurde klar, wieviel sich durch eine Kombination dieser drei Gebiete innerhalb der modernen biologischen Forschung erreichen läßt.« (Baltimore)

Howard Temin und David Baltimore, die unabhängig voneinander im Jahre 1970 die Reverse Transkriptase entdeckten, waren Schützlinge von Renato Dulbecco, einem der einflußreichsten Wissenschaftler auf dem Gebiet der Tiervirologie. Temin arbeitete Ende der fünfziger Jahre bei Dulbecco am California Institute of Technology, Baltimore einige Jahre später am Salk Institute in San Diego. In dieser Zeit sprach man zum ersten Mal über die Möglichkeit, daß Zelltransformation mit der Integration eines Virusgenoms in chromosomale DNA im Zusammenhang stehen könnte. Temin und Baltimore besuchten dasselbe College, nämlich Swarthmore in Pennsylvania. Temin machte sein Examen 1955, Baltimore 1960. Temin verbrachte die meiste Zeit seiner Laufbahn an der University of Wisconsin in Madison, Baltimore arbeitete am Massachusetts Institute of Technology. Temin, Baltimore und Dulbecco teilten sich 1975 den Nobelpreis.

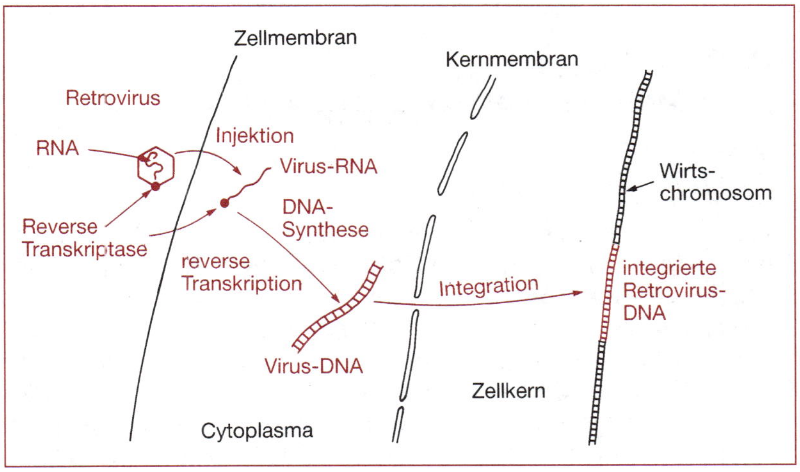

13.15 Infektionszyklus eines Retrovirus. Nach der Injektion der Virus-RNA synthetisiert die Reverse Transkriptase eine DNA-Kopie, die sich in das Wirtsgenom einbaut.

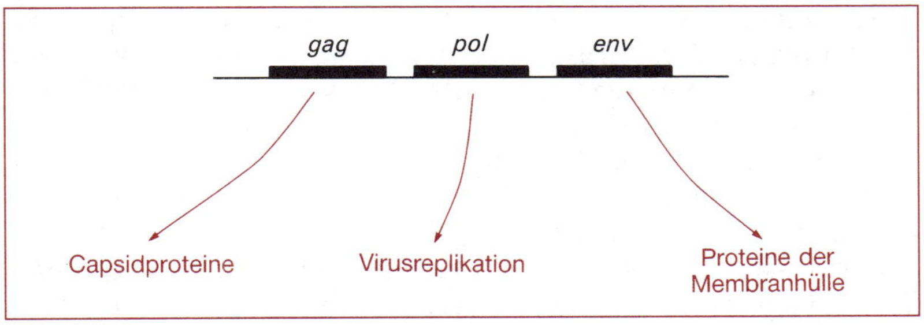

13.16 Das Retrovirusgenom.

RNA-Molekül. Wenn es in die Zelle eingedrungen ist, wird es von einigen Molekülen der Reversen Transkriptase, die das Virus in seinem Capsid enthält, in doppelsträngige DNA kopiert. Diese doppelsträngige Version des Genoms integriert sich dann in die Wirts-DNA (Abb. 13.15). Im Gegensatz zur Integration des Phagen λ scheint es sich beim Einbau des Retrovirus um illegitime Rekombination (Abschnitt 12.3) zu handeln, denn das Virusgenom hat keine Sequenzhomologie mit der Einbaustelle in der Wirts-DNA.

Der Einbau des Virusgenoms in die Wirts-DNA ist die Voraussetzung für die Expression der Retrovirusgene. Davon gibt es drei, und zwar *gag*, *pol* und *env* (Abb. 13.16). Jedes codiert ein **Polyprotein**, das nach der Translation in zwei oder mehr funktionelle Genprodukte gespalten wird. Unter diesen Genprodukten sind auch die Virushüllproteine (aus *env*) und die Reverse Transkriptase (aus *pol*). Die Proteinprodukte lagern sich mit den vollständigen RNA-Transkripten des Retrovirusgenoms zu neuen Viruspartikeln zusammen.

b) Die AIDS-Viren. 1983/84 wurden Retroviren als Auslöser für AIDS (erworbenes Immunabwehrschwäche-Syndrom, *acquired immune deficiency syndrome*) nachgewiesen. Das AIDS-Virus isolierten als erste unabhängig voneinander zwei Gruppen, eine

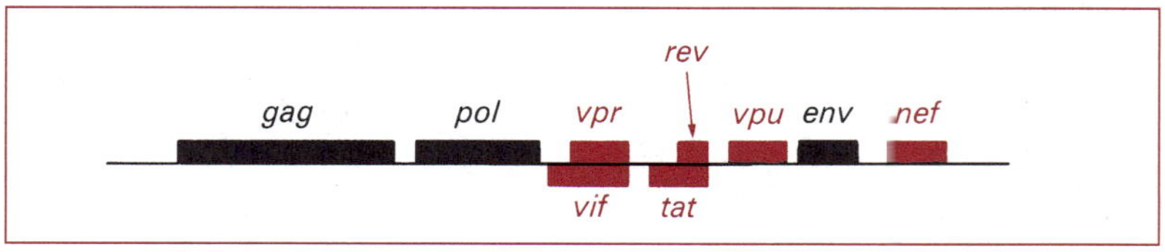

13.17 Die zusätzlichen Gene im HIV-1-Genom.

unter Luc Montagnier am Institut Pasteur in Paris und eine unter Robert Gallo vom National Cancer Institute, Maryland. Dieses Virus heißt *human immunodeficiency virus* oder HIV-1 und ist für die häufigste und am stärksten pathogene Form von AIDS verantwortlich. Ein verwandtes Virus namens HIV-2, das Montagnier 1985 entdeckte, ist weniger verbreitet und ruft eine mildere Form der Erkrankung hervor. HIV greift bestimmte Typen von Lymphocyten im Blut an und schwächt dadurch die Immunantwort des Wirts. Diese Lymphocyten tragen auf ihrer Oberfläche viele Moleküle eines Proteins namens CD4, das als Rezeptor des Virus fungiert. Ein Viruspartikel bindet an ein CD4-Protein und dringt in den Lymphocyten ein, nachdem seine Lipidhülle mit der Zellmembran verschmolzen ist.

HIV-1 und HIV-2 sind in vielerlei Hinsicht typische Retroviren, sie haben jedoch einige ungewöhnliche Eigenschaften. Das HIV-Genom enthält zum Beispiel eine Serie kurzer Gene, die man von anderen Viren dieses Typs nicht kennt (Abb. 13.17). Die genauen Funktionen dieser zusätzlichen Gene sind noch nicht ganz klar, aber man weiß, daß sie an der Regulation der Expression von *gag*, *pol* und *env* beteiligt sind. In Abwesenheit des Genprodukts von *rev* werden zum Beispiel die mRNAs, die von *gag*, *pol* und *env* transkribiert werden, nicht gespleißt, so daß die Proteine, die diese Gene codieren, nicht entstehen können. Eine wichtige Aufgabe der derzeitigen Forschung besteht darin, die Funktion dieser zusätzlichen Gene aufzuklären; damit lassen sich möglicherweise Wege finden, um den Ausbruch von AIDS bei HIV-positiven Menschen zu verhindern oder zumindest zu verzögern.

Prionen

Prionen sind infektiöse Agentien, die bei Schafen und Ziegen für die Krankheit Scrapie verantwortlich sind. Die Übertragung auf Rinder hat zu einer neuen Krankheit geführt, die BSE – *bovine spongiform encephalopathy* („Rinderwahnsinn") – genannt wird. Zuerst hielt man Prionen für Viren, aber inzwischen weiß man, daß sie ganz anders sind. Prionen sind sehr außergewöhnlich: Die infektiösen Partikel enthalten allem Anschein nach keine Nucleinsäure, sondern sind reines Protein. Aus Säugetieren hat man Gene isoliert, die Prionenproteine codieren, aber das Protein, das von diesen Genen synthetisiert wird, unterscheidet sich erheblich von infektiösen Prionpartikeln. Das zelleigene Protein wird zum Beispiel durch Proteinasen abgebaut, Prionpartikel jedoch nicht. Wie Prionen Krankheiten verursachen und wie sie sich reproduzieren – das sind Fragen, auf die wir zur Zeit noch keine schlüssigen Antworten haben.

13.2.3 Retroviren und Krebs

Die menschlichen Immunschwächeviren sind nicht die einzigen Retroviren, die Krankheiten verursachen können. Mehrere Retroviren können auch eine Zelltransformation induzieren, was möglicherweise Krebs auslöst. Das kann offensichtlich auf zwei Arten geschehen. Bei einigen Retroviren, beispielsweise den Leukämieviren, ist Zelltransformation eine natürliche Folge der Infektion, obwohl sie häufig erst nach einer langen latenten Periode induziert wird, in der das integrierte Provirus ruhend im Wirtsgenom liegt.

Andere Retroviren verusachen Zelltransformation aufgrund von Besonderheiten in der Struktur ihrer Genome. Diese **akut transformierenden** Viren tragen Zellgene, die sie sich durch einen

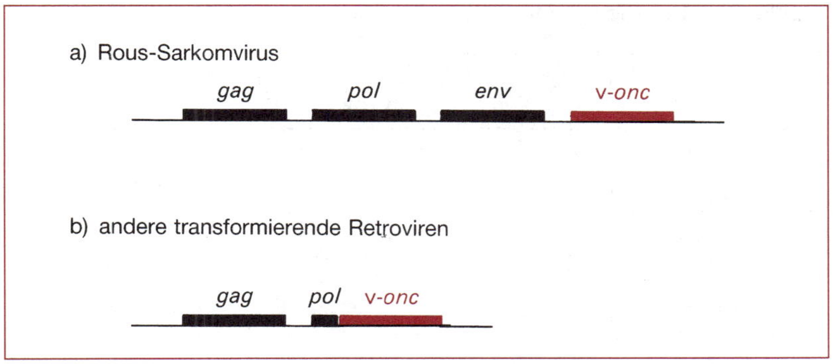

13.18 Schematische Darstellung der Genome von a) Rous-Sarkomvirus und b) anderen akut transformierenden Viren. In b) hat das *v-onc*-Gen einen Teil von *pol* und das gesamte Gen *env* ersetzt.

unbekannten Vorgang angeeignet haben. Bei mindestens einem transformierenden Virus, dem Rous-Sarkomvirus, ist dieses Zellgen zusätzlich zu den normalen Retrovirusgenen vorhanden (Abb. 13.18a); bei anderen ersetzt das Zellgen einen Teil der Virus-Genausstattung (Abb. 13.18b). Im letzteren Fall ist das Retrovirus häufig **defekt**, das heißt, es kann sich nicht mehr replizieren und keine neuen Viren produzieren, da es Gene verloren hat, die wesentliche Replikationsenzyme und/oder Capsidproteine codieren. Diese defekten Retroviren sind nicht immer inaktiv, denn sie können Proteine verwenden, die andere Retroviren in derselben Zelle liefern (Abb. 13.19).

Die Fähigkeit eines akut transformierenden Virus, eine Zelltransformation auszulösen, liegt in der Natur des Zellgens, das es sich angeeignet hat. Oft codiert dieses eingefangene Gen (ein sogenanntes v-*onc*, wobei „onc" für **Onkogen** steht) ein Protein, das an der Zellproliferation beteiligt ist (Tabelle 13.3). Die normale Version des Gens in der Zelle (das c-*onc*) wird streng kontrolliert und nur bei Bedarf in begrenzten Mengen exprimiert. Man nimmt an, daß die Expression von v-*onc* einem anderen, weniger kon-

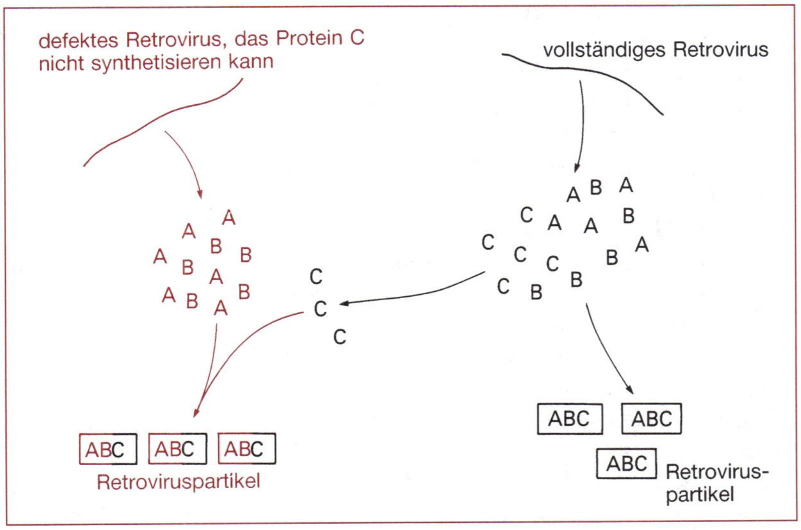

13.19 Ein defektes Retrovirus kann infektiöse Viruspartikel bilden, wenn es sich die Zelle mit einem nichtdefekten Retrovirus teilt. Letzteres hilft, indem es die Proteine zur Verfügung stellt, die das defekte Virus nicht synthetisieren kann.

Tabelle 13.3: Funktionen zellulärer Onkogene

Onkogen	Virus und Wirt	Größe des c-*onc* (Codons)	Funktion des c-*onc*
src	Rous-Sarkomvirus (Huhn)	533	Proteinkinase – ein Zelloberflächenrezeptor
sis	Affensarkomvirus (Affe)	220	Wachstumsfaktor
erbB	Vogel-Erythroblastose-virus (Huhn)	1210	Zelloberflächenrezeptor für Epidermis-Wachstumsfaktor
fms	Katzensarkomvirus (Katze)	>1200	Zelloberflächenrezeptor, beteiligt an Phagocyten-Enwicklung

trollierten Muster folgt, entweder aufgrund von Veränderungen der Genstruktur oder aufgrund des Einflusses von Promotoren im Retrovirus. Eine Folge dieses veränderten Expressionsmusters könnte ein Verlust der Kontrolle über die Zellvermehrung und Zelldifferenzierung sein, die zum transformierten Zustand führt.

Literatur

Dimmock, N.J.; Primrose, S.B. *An Introduction to Modern Virology*. 4. Aufl. Oxford (Blackwell) 1993.
[Das beste allgemeine Werk über Viren.]

Wood, W.B.; Edgar, R.S. *Building a Bacterial Virus?* In: *Scientific American* 217/1 (1967) S. 60–74.
Butler, P.J.G.; Klug, A. *Wie bildet sich ein Virus?* In: *Spektrum der Wissenschaft* 1 (1979) S. 4–11.
[Die beiden Artikel behandeln eine Reihe von Themen, darunter die grundlegenden Merkmale der Virusstruktur.]

Sanger, F.; Air, G.M.; Barrell, B.G. et al. *Nucleotide Sequence of Bacteriophage ΦX174 DNA.* In: *Nature* 265 (1977) S. 687–695.
Reddy, B.; Thimmappaya, R.; Dhar, R. et al. *The Genome of Simian Virus 40.* In: *Science* 200 (1978) S. 494–502.
Sanger, F.; Coulson, A.R.; Hong, G.F. et al. *Nucleotide Sequence of Bacteriophage λ* DNA. In: *Journal of Molecular Biology* 162 (1982) S. 729–773.
Dunn, J.J.; Studier, F.W. *Complete Nucleotide Sequence of Bacteriophage T7 DNA and the Location of T7 Genetic Elements.* In: *Journal of Molecular Biology* 166 (1983) S. 477–535.
[Die vollständigen Sequenzen und die Genorganisation von vier Virusgenomen.]

Ellis, E.L.; Delbrück, M. *The Growth of Bacteriophage.* In: *Journal of General Physiology* 22 (1939) S. 365–383.
Delbrück, M. *The Growth of Bacteriophage and Lysis of His Host.* In: *Journal of General Physiology* 23 (1940) S. 643–660.

Doermann, A.H. *The Intracellular Growth of Bacteriophage.* In: *Journal of General Physiology* 35 (1952) S. 645–656.
[Einige der ersten Veröffentlichungen über den Infektionszyklus von Phagen.]

Lwoff, A. *Lysogeny.* In: *Bacteriological Reviews* 17 (1953) S. 269–337.
[Ein hervorragender Übersichtsartikel.]

Patience, C.; Wilkinson, D.A.; Weiss, R.A. *Our Retroviral Heritage.* In: *Trends in Genetics* 13 (1997) S. 116–120.
[Über verschiedene Aspekte der Biologie von Retroviren.]

Prusiner, S.B. Molecular Biology and Pathogenesis of Prion Diseases. In: *Trends in Biochemical Sciences* 21 (1996) S. 482–487.

Aufgaben

1. Definieren Sie die folgenden Begriffe:

Capsid	Protomer
segmentiertes Genom	lytischer Phage
lysogener Phage	Latenzphase
Prophage	überlappende Gene
Lysozym	Kaskadensystem
SOS-Reaktion	Zelltransformation
virales Retroelement	Reverse Transkriptase
Polyprotein	akut transformierendes Virus
defektes Virus	Onkogen

2. Beschreiben Sie die drei unterschiedlichen Capsidstrukturen von Bakteriophagen.

3. Beschreiben Sie die verschiedenen Typen von Bakteriophagengenomen.

4. Nennen Sie die Unterschiede zwischen den Infektionszyklen lytischer und lysogener Bakteriophagen.

5. Erklären Sie, in welcher Hinsicht der Infektionszyklus von M13 lytisch beziehungsweise lysogen ist.

6. Was versteht man unter den Begriffen „frühe Gene“ und „späte Gene“? Beschreiben Sie eine typische Strategie, mit der ein Phage dafür sorgt, daß seine Gene zur richtigen Zeit exprimiert werden.

7. Erläutern Sie, wie λ entscheidet, ob er lysogen wird, und wie dieser Zustand aufrechterhalten wird.

8. Welcher Zusammenhang besteht zwischen der SOS-Reaktion von *E. coli* und der Induktion eines λ-Prophagen?

9. Erklären Sie, worin die Strukturen eukaryotischer Viren und Bakteriophagen a) sich ähneln und b) sich unterscheiden.

10. Nennen Sie die Unterschiede zwischen einem Retrovirus und einem Pararetrovirus.

11. Inwiefern verstoßen Retroviren gegen das zentrale Dogma?

12. Beschreiben Sie die ungewöhnlichen Merkmale der menschlichen Immunschwächeviren.

13. Worin besteht das wesentliche Merkmal eines akut transformierenden Virus und in welcher Beziehung steht es zu seiner Fähigkeit, Zelltransformation zu verursachen?

14. * Inwieweit kann man Viren als Lebensform betrachten?

15. * Bakteriophagen mit kleinen Genomen (zum Beispiel ΦX174) können sich sehr erfolgreich in ihren Wirten replizieren. Warum haben dann andere Phagen wie T4 solch große und komplizierte Genome?

16. * Überlegen Sie sich eine Hypothese, um die Fähigkeit von Phagen wie T4 zu erklären, die RNA-Polymerase des Wirts so zu modifizieren, daß sie *E. coli*-Promotoren nicht mehr erkennt und statt dessen Phagengene transkribiert.

14

Prokaryotische Genome

Genetische Organisation von Bakteriengenomen – Das Genom von *E. coli* – Genome anderer Bakterien – Genome der Archaea • **Physische Struktur** – Das Nucleoid – Replikation und Aufteilung • **Plasmide** – Plasmidtypen – Geschlechtsvorgänge bei Bakterien – Kopienzahl und Inkompatibilität • **Transposons bei Bakterien**

In den beiden folgenden Kapiteln geht es um die Genome der Prokaryoten und Eukaryoten. Wie wir in Abschnitt 5.1 erfahren haben, besteht der wichtigste Unterschied zwischen diesen beiden Gruppen von Lebewesen darin, daß eukaryotische Zellen eine komplizierte innere Struktur haben, mit membranumhüllten Organellen und einem abgetrennten Zellkern, der das genetische Material beherbergt. Prokaryotischen Zellen fehlt dieser innere Aufbau; sie besitzen kein deutlich abgegrenztes Kernkompartiment (Abb. 5.1).

Bis 1977 glaubte man, alle Prokaryoten seien mehr oder weniger gleich gebaut. Man wußte zwar, daß die Gruppe sehr vielfältige Organismen umfaßt, aber man hielt sie für Variationen desselben Grundthemas. Diese Annahme stellten Carl Woese und George Fox von der University of Illinois in Frage: Wie sie zeigen konnten, sind die ribosomalen RNA-Moleküle bei einer ungewöhnlichen Gruppe der Prokaryoten, die durch ihre Vorliebe für heiße Quellen und andere Extremlebensräume gekennzeichnet ist, ganz anders als die rRNAs von Bakterien wie *E. coli*. Seit 1977 fand man immer mehr Unterschiede, und heute hat sich allgemein die Ansicht durchgesetzt, daß zu den Prokaryoten zwei getrennte Gruppen von Lebewesen gehören:

1. Die **Bakterien**, zu denen die „echten" Eubakterien (zum Beispiel *E. coli*), die Cyanobakterien oder blaugrünen Algen sowie verschiedene andere Organismen wie Rickettsien und Mycoplasmen gehören.

2. Die **Archaea** mit den Methanogenen, die am Boden von Seen und anderen Gewässern leben, den extrem Thermophilen, die heiße Quellen und andere Umgebungen mit Temperaturen über 60 °C bevorzugen, und den extrem Halophilen, die am besten in 25prozentiger NaCl-Lösung gedeihen und in Salinentümpeln sowie in anderen stark salzhaltigen Gewässern wie dem Toten Meer zu Hause sind.

Für das Genom einer Art von Archaea namens *Methanococcus jannaschii* wurde zwar die vollständige Nucleotidsequenz publiziert, aber ganz allgemein weiß man immer noch sehr wenig über diese ungewöhnlichen Prokaryoten. Deshalb liegt das Schwergewicht in diesem Kapitel bei den Bakterien und insbesondere bei *E. coli*, dem Organismus, der im Hinblick auf seine Genetik und Molekularbiologie besser bekannt ist als jedes andere Lebewesen auf der Erde.

14.1 Die genetische Organisation prokaryotischer Genome

Nachdem in jüngster Zeit die ersten vollständigen DNA-Sequenzen von Prokaryoten veröffentlicht wurden, sind unsere Kenntnisse über Zahl, Art und Anordnung der Gene in den Genomen von Bakterien und Archaea ein großes Stück vorangekommen. Die dazu verwendeten wissenschaftlichen Methoden werden wir in späteren Kapiteln genauer betrachten: Genkartierungsverfahren in Kapitel 19, DNA-Rekombinationstechnik in den Kapiteln 20 und 21, und die Genomprojekte selbst im Kapitel 22. Zunächst wollen wir uns auf die Frage konzentrieren, welche neuen Aufschlüsse diese Forschungsarbeiten über prokaryotische Genome geliefert haben.

14.1.1 Das Genom von *E. coli*

Das Genom von *E. coli* ist 4693 kb lang und enthält ungefähr 2400 Gene (Tabelle 14.1). 1897 dieser Gene codieren bekannte Proteine, und weitere 379 nachgewiesene offene Leseraster haben alle Merkmale echter proteincodierender Gene, ohne daß man ihnen jedoch eine Funktion zuweisen kann. Bei vielen davon, vielleicht sogar allen, wird sich vermutlich herausstellen, daß es sich um aktive Gene handelt, deren zugehörige Proteine man in den Zellen von *E. coli* schlicht und einfach noch nicht identifiziert hat. Etwa ein Drittel der proteincodierenden Gene gehört zu 75

Tabelle 14.1: Eigenschaften der ersten vollständig sequenzierten Prokaryotengenome

Spezies	Länge des Genoms (kb)	Zahl der Gene für			
		bekannte Proteine	nicht identifizierte Proteine	rRNAs	tRNAs
Escherichia coli	4639	1897	379	21	84
Haemophilus influenzae	1830	1007	736	18	54
Mycoplasma genitalium	580	374	96	3	33
*Methanococcus jannaschii**	1739	660	1780	7	37

* Das Genom von *M. jannaschii* verteilt sich auf drei Segmente, ein großes DNA-Molekül von 1664 kb und zwei kleinere Ringe von 58,4 und 16,6 kb.

verschiedenen Operons; die übrigen sind offenbar rein zufällig über das restliche Genom verteilt. Die meisten Gene liegen nur in einem Exemplar vor – eine wichtige Ausnahme ist hier aber die Gruppe der rRNA-Gene, die in siebenfacher Ausführung vorhanden ist (Abschnitt 6.1.2). Abbildung 14.1 zeigt die Lage einiger Gene, von denen in vorangegangenen Kapiteln die Rede war, auf dem Genom von *E. coli*.

Die 2400 Gene besetzen etwa 80 Prozent des gesamten DNA-Moleküls; die restlichen 20 Prozent sind intergene Bereiche, die zwischen den Genen liegen. Statt von „intergenen Abschnitten" spricht man manchmal auch von „Spacern" oder „Abstandshaltern", aber dieser Begriff ist irreführend: Zumindest manche intergenen Bereiche trennen nämlich nicht nur die Gene, sondern erfüllen auch selbst wichtige Aufgaben. Ein solcher Abschnitt

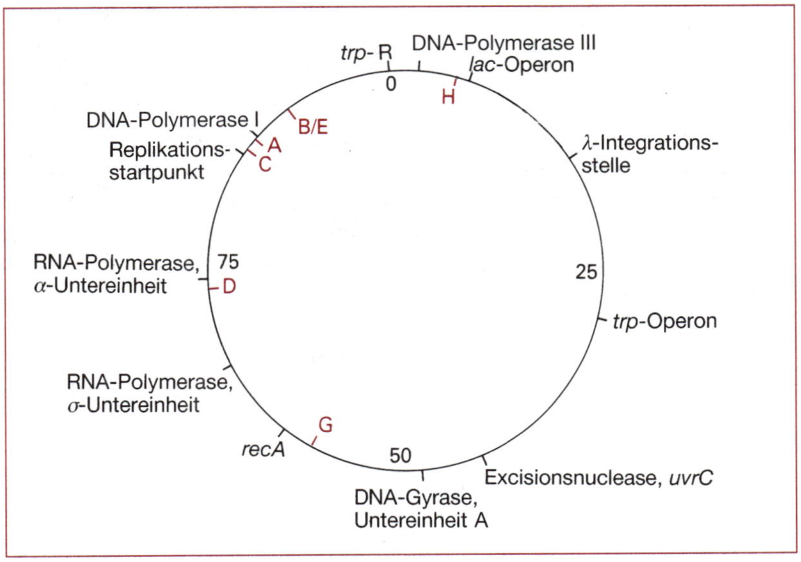

14.1 Die Lage einiger Gene auf dem DNA-Molekül von *E. coli*. Das Molekül ist in 100 Einheiten aufgeteilt, wie auf der Innenseite des Kreises angegeben. Die Positionen von sieben rRNA-Operons (A, B, C, D, E, G und H) sind farbig markiert.

enthält beispielsweise eine Nucleotidsequenz von etwa 1000 bp, die als einzige in der DNA von *E. coli* als Replikationsursprung dient. Sequenzen in anderen intergenen Bereichen treten wahrscheinlich mit DNA-bindenden Proteinen in Wechselwirkung und sorgen für die Verpackung der DNA im Kernäquivalent oder Nucleoid.

14.1.2 Genome anderer Bakterien

Wie typisch ist *E. coli* für die Bakterien insgesamt? Die grundlegenden Merkmale des Genomaufbaus mit vielen Operons und nur wenigen mehrfach vorhandenen Genen scheinen bei allen Bakterien die gleichen zu sein. Wie nicht anders zu erwarten, sind die Gene von Bakterien, die mit *E. coli* verwandt sind (zum Beispiel *Salmonella typhimurium*), auch ähnlich angeordnet, während die Genkarte von entfernter verwandten Arten (beispielsweise *Bacillus subtilis*) stärkere Abweichungen aufweist (Abb. 14.2). Genaue Vergleiche der Genreihenfolge bei Bakterien, deren vollständige Genomsequenzen man kennt, lassen in der Tat darauf schließen, daß keine absolute Notwendigkeit besteht, bestimmte Gene in unmittelbarer Nachbarschaft zueinander anzuordnen, es sei denn, die Gene gehören in Form eines Operons zusammen. Alle beobachteten Ähnlichkeiten erwachsen vermutlich aus entwicklungsgeschichtlichen Verwandtschaftsbeziehungen und nicht aus funktionellen Erfordernissen.

Eine Frage, die den Genetikern seit jeher ein Rätsel ist, betrifft die Größenschwankungen in den Genomen verschiedener Bakterienarten um einen Faktor von fast 100: Die Spannbreite reicht von rund 500 kb für die kleinsten Genome bis zu über 30 000 kb für die größten. Wie man aus dem Vergleich (Tabelle 14.1) der Genome von *E. coli*, *Haemophilus influenzae* (1830 kb) und *Mycoplasma genitalium* (8580 kb) erkennt, enthalten die kleineren Genome zumindest in diesen Beispielen auch weniger Gene. Tatsächlich ist der Anteil der codierenden DNA bei allen drei Arten bemerkenswert ähnlich: 80 Prozent für *E. coli*, 85 Prozent für *H. influenzae* und 88 Prozent für *M. genitalium*. Außerdem haben viele Bakterien mit größerem Genom auch einen komplizierteren Lebenszyklus, der vermutlich mehr Gene erfordert: Die zusätzliche Codierungskapazität im 30 000 kb großen Genom von *Bacillus megaterium* zum Beispiel wird vermutlich von Genen beansprucht, die diese Bakterien in die Lage versetzen, hitzeresistente Sporen zu bilden. Aber auf diese Weise ist nicht die gesamte zusätzliche DNA-Menge zu erklären, und die größeren Moleküle müssen auch umfangreichere intergene Abschnitte enthalten. Das gleiche Phänomen wird uns bei den Genomen der Eukaryoten wieder begegnen.

Am unteren Ende der Skala, bei den Bakterien mit den kleinsten Genomen, handelt es sich meist um obligatorische Parasiten, die ihren Nährstoffbedarf zu einem großen Teil über ihren Wirt

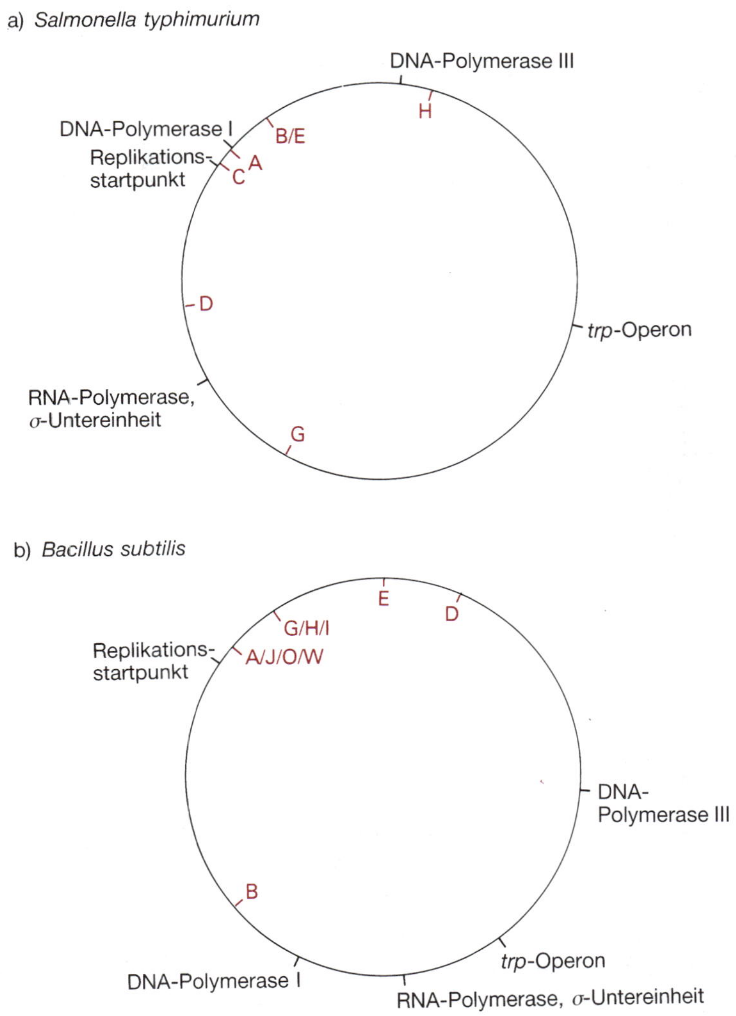

14.2 Die Genkarten von *Salmonella typhimurium* und *Bacillus subtilis* im Vergleich. Die beiden Karten sind so orientiert, daß sich die Replikationsstartpunkte der beiden Moleküle in der gleichen relativen Stellung befinden. Die Karte von *S. typhimurium* gleicht fast völlig der von *E. coli* (siehe Abb. 14.3). Die Genpositionen auf dem DNA-Molekül von *B. subtilis* dagegen sind ganz anders. Die Positionen der rRNA-Operons sind auf der Innenseite des Kreises angegeben. *B. subtilis* hat bemerkenswerterweise zehn rRNA-Operons, drei mehr als *S. typhimurium* und *E. coli*.

befriedigen. Unter den 374 nachgewiesenen Genen von *M. genitalium* ist nur ein einziges, das an der Biosynthese einer Aminosäure mitwirkt; demnach liegt die Vermutung nahe, daß diese Bakterien ihre Aminosäuren zum größten Teil oder sogar vollständig aus den menschlichen Geschlechts- oder Atmungsorganen beziehen, in denen sie ständig zu Hause sind. *H. influenzae* dagegen, das auch außerhalb eines Wirtsorganismus überleben kann, hat 68 nachgewiesene Gene für die Aminosäuresynthese. Weitere Einsparungen erzielt *M. genitalium*, weil es keine Gene für den Citratzyklus besitzt (es ist ein fakultativer Anaerobier) und weil die Transkriptionseinheit für rRNA nur mit einem Exemplar vertreten ist. Auf der Grundlage solcher Beobachtungen kann man darüber spekulieren, welche Mindestzahl von Genen ein Bakterium braucht. Nach dem Bild, das sich daraus ergibt, benötigt ein Lebewesen mit der einfachsten vorstellbaren

Die Genome von *Haemophilus influenzae* und *Mycoplasma genitalium*

Die nachgewiesenen proteincodierenden Gene dieser beiden Bakterienarten lassen sich folgendermaßen einteilen:

biologische Funktion	Zahl der Gene für	
	H. influenzae	*M. genitalium*
Aminosäure-Biosynthese	68	1
Biosynthese von Cofaktoren	54	5
Zellteilung	16	4
Proteine der Zellhülle	84	17
Tötung der Zelle	5	2
Entgiftung	3	1
Energiestoffwechsel	112	31
Intermediärstoffwechsel	30	6
Lipidstoffwechsel	25	6
Nucleotid-Biosynthese	53	19
DNA-Replikation	87	32
Proteinfaltung	6	7
Proteinausscheidung	15	6
Regulationsproteine	64	7
Transkription	27	12
Transformation	8	1
Translation	141	101
Aufnahme von Molekülen aus der Umgebung	123	34
andere	93	27

Nach Fraser, C. M. et al. *Science* 270 (1995) S. 397–403.

Biochemie, das Aminosäuren und andere Moleküle in größtmöglichem Umfang aus der Umwelt bezieht, etwa 250 Gene, vorwiegend solche für die Synthese von DNA, RNA und Proteinen sowie einige weitere für die Aufnahme und Nutzung der Substanzen aus der Zellumgebung. Ob es Bakterien mit einer derart kleinen Genausstattung tatsächlich gibt, bleibt zweifelhaft.

14.1.3 Genome der Archaea

Erste Indizien, daß die Archaea sich stark von anderen Prokaryoten unterscheiden, ergaben sich aus dem Vergleich ihrer rRNA-Gene mit denen der Eubakterien. Man konnte nachweisen, daß die rRNA der Archaea eine deutlich andere basengepaarte Sekundärstruktur ausbildet als *E. coli* (Abschnitt 6.1.1). Nach und nach entdeckte man an den Genen der Archaea weitere ungewöhnliche Merkmale; die interessantesten Erkenntnisse lieferte jedoch die vollständige Sequenz des Genoms von *Methanococcus jannaschii* (Tabelle 14.1). Wie man daraus erkennt, hat das Genom als Ganzes zwar große Ähnlichkeit mit einer typischen Bakterien-DNA – es ist ringförmig, und die Gene sind gruppenweise in Operons angeordnet –, aber die Moleküle, die bei der Genexpression mitwirken, sind viel enger mit ihrem Gegenstück bei Eukaryoten verwandt. Die RNA-Polymerase von *M. jannaschii* zum Beispiel besteht aus elf Untereinheiten und nicht aus vier wie das entsprechende Enzym der Bakterien (Abschnitt 5.3.1), und die Gene für diese Untereinheiten ähneln auch nicht denen für die *E. coli*-Proteine, sondern denen für die Untereinheiten der eukaryotischen RNA-Polymerase II. Ganz ähnlich verhält es sich mit den Genen für die Aminoacyl-tRNA-Synthetasen: Sie ähneln denen der Eukaryoten stärker als den entsprechenden Bakteriengenen, und die Ribosomenproteine haben ebenfalls eher eukaryotische denn bakterielle Eigenschaften. Die Ähnlichkeit mit den Eukaryoten ist aber nicht allumfassend: Die Faktoren für die Initiation der Translation (Abschnitt 9.2.1) von *M. jannaschii* sind anscheinend eine Mischung aus bakteriellen und eukaryotischen Proteinen.

Diese genetischen Unterschiede zwischen Bakterien und Archaea gehen mit einer Reihe biochemischer Unterschiede einher, insbesondere was den Aufbau und die chemische Zusammensetzung der Zellwand angeht. Insgesamt zeigt sich immer deutlicher, daß die Archaea eine eigenständige biologische Gruppe darstellen, die sowohl von den Bakterien als auch von den Eukaryoten zu trennen ist. Von weiteren Vergleichen zwischen den drei Gruppen kann man wichtige neue Aufschlüsse über die ältesten entwicklungsgeschichtlichen Ursprünge lebender Zellen erwarten.

14.2 Die physische Organisation des Bakteriengenoms

Obwohl prokaryotische Zellen nicht in membranumhüllte Kompartimente unterteilt sind, ist ihre innere Struktur keineswegs gesichtslos. Das Elektronenmikroskop läßt in einer *E. coli*-Zelle zwei abgegrenzte Bereiche erkennen: einen zentralen Bereich, den man **Nucleoid** nennt und der etwa ein Drittel des Zellvolumens ausmacht, und eine umgebende Region, die in der Regel als Cytoplasma bezeichnet wird (Abb. 14.3a).

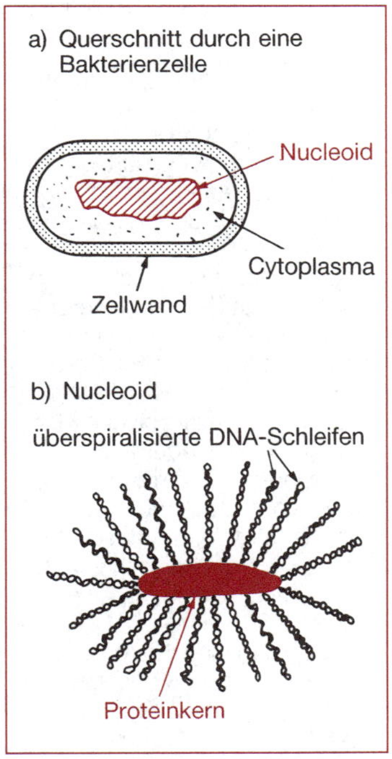

14.3 Das Bakteriennucleoid.

14.2.1 Die Struktur des bakteriellen Nucleoids

Das Nucleoid besteht aus DNA und Protein. Die DNA ist ein einziges, ringförmiges Molekül und enthält 99 bis 100 Prozent der Gene des Bakteriums. Das DNA-Molekül von *E. coli* hat eine Konturlänge (das heißt einen Umfang) von etwa 1,5 Millimetern und muß in einer ungefähr ein bis zwei Mikrometer großen Zelle zusammengedrängt werden. Unmöglich ist das nicht, denn das

Überspiralisierung

Überspiralisierung *(Supercoiling)* ist ein übliches Mittel, um den Raum, den ein großes Doppelhelixmolekül einnimmt, soweit wie möglich zu verkleinern. Damit ein DNA-Molekül überspiralisiert werden kann, muß es ringförmig sein, oder, wenn es linear ist, an Proteinen oder anderen Strukturen hängen, die eine freie Drehung der Molekülenden verhindern. Enzyme wie die DNA-Topoisomerasen (Abschnitt 11.2.3) können dann zusätzliche Drehungen in die Doppelhelix einführen (positive Überspiralisierung) oder bestehende Drehungen entfernen (negative Überspiralisierung). In jedem Fall bewirkt die dadurch entstehende Torsionsspannung, daß das Molekül sich um sich selbst windet.

Enthält eines der beiden Polynucleotide einen Bruch, so können sich die beiden Stränge frei drehen, so daß die Torsionsspannung aufgehoben ist und das Molekül wieder seine normale Konfiguration einnimmt.

Überspiralisierung ist von Bedeutung bei der Verpackung von bakteriellen DNA-Molekülen in Nucleoide sowie bei der Packung der DNA in eukaryotische Chromosomen (Kapitel 15). Viele Plasmide (Abschnitt 14.3) liegen in der Zelle überspiralisiert vor.

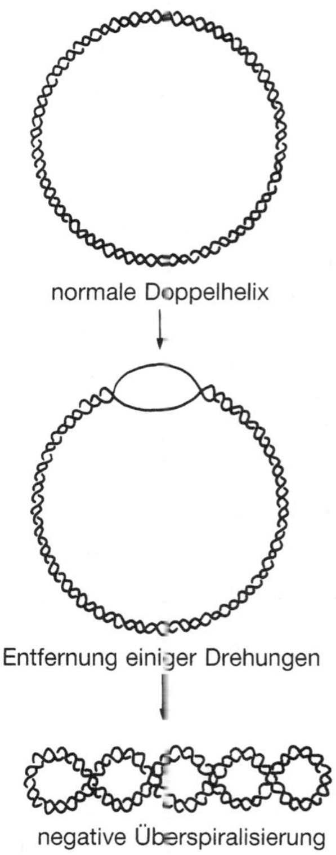

DNA-Molekül ist sehr dünn, und wenn es durch **Überspiralisierung (Supercoiling)** eng aufgewunden ist, nimmt es nicht viel Raum ein. Das Problem besteht vielmehr darin, daß die DNA auch zugänglich sein muß, damit die Gene transkribiert werden können; außerdem muß es möglich sein, die DNA zu replizieren und die Tochtermoleküle zu trennen, ohne daß sich alles untrennbar verwirrt. Das DNA-Molekül muß also sehr exakt zusammengefaltet sein, und am Aufbau und der Aufrechterhaltung dieser geordneten Struktur sind die Proteine des Nucleoids vermutlich beteiligt.

Wie das Nucleoid im einzelnen organisiert ist, weiß man nicht. Bekannt ist aber, daß es einen zentralen Proteinkern gibt, von dem über 100 überspiralisierte DNA-Schleifen *(loops)* ausgehen (Abb. 14.3b). Man hat aus dem Nucleoid von *E. coli* mehrere DNA-bindende Proteine isoliert, die vermutlich bei der Verpackung des DNA-Moleküls mitwirken (Tabelle 14.2), aber ihre genaue Funktion konnte man bisher nicht ermitteln. Am besten untersucht ist bei *E. coli* das Protein HU: Es bildet ein Tetramer, um das ein DNA-Abschnitt von 58 bp herumgewickelt wird. Eine Zelle enthält etwa 60 000 Moleküle von HU, genug, um ein Fünftel der DNA abzudecken, aber ob die Tetramere sich gleichmäßig

Bakterielle „Chromosomen"

Das große, ringförmige DNA-Molekül, das im allgemeinen 99 bis 100 Prozent der Gene eines Bakteriums trägt, bezeichnet man als bakterielles „Chromosom".

Als Kurzbezeichnung ist das akzeptabel, wenn es auch nicht ganz korrekt ist. Den Begriff „Chromosom" (was „farbiger Körper" bedeutet) benutzte erstmals der deutsche Anatom Wilhelm Waldeyer im Jahre 1888, um die stark angefärbten Strukturen in den Kernen eukaryotischer Zellen zu beschreiben. Ein eukaryotisches Chromosom besteht aus DNA und Protein in nahezu gleichen Mengen und ist das Äquivalent zum bakteriellen Nucleoid, obwohl es eine ganz andere Struktur hat. Das Wort „Chromosom" ist also sowohl als Bezeichnung für das bakterielle Nucleoid als auch für das bakterielle DNA-Molekül ungenau. Es macht zwar etwas mehr Mühe, die richtigen Worte zu verwenden, erleichtert letzten Endes jedoch das Verständnis.

Tabelle 14.2: DNA-bindende Proteine im Nucleoid von *E. coli*

Protein	Molmasse (Dalton)	Kopien pro Zelle
HU	9000	6000
HLP1	17000	20000–100000
H	28000	30000
H1	16000	20000

über das DNA-Molekül verteilen oder gehäuft im Kernbereich liegen, ist nicht bekannt.

14.2.2 Replikation und Aufteilung des Bakteriengenoms

Das Genom von *E. coli* enthält wie die meisten bakteriellen DNA-Moleküle einen einzigen Replikationsursprung. Von dort aus laufen die beiden Replikationsgabeln in entgegengesetzten Richtungen um das Molekül herum (Abb. 14.4). Bevor die DNA-Replikation beginnen kann, muß sich an dem Ursprung ein „Präpriming-Komplex“ bilden; er besteht aus sechs Proteinen, die jeweils mit mehreren Molekülen vertreten sind, darunter eine DNA-Gyrase und die einzelstrangbindenden Proteine (Abschnitt 11.2.2). An der Termination der Replikation sind mehrere Stellen auf der DNA beteiligt, die gegenüber vom Replikationsursprung auf der anderen Seite des Ringmoleküls liegen; an ihnen binden besondere Terminatorproteine, welche die in diesem Bereich durchlaufenden Replikationsgabeln „festhalten“. Das alles ist nicht sonderlich schwer zu begreifen.

Als viel schwieriger erwies sich die Beantwortung der Frage, wie die beiden DNA-Tochtermoleküle bei der Zellteilung aufgeteilt werden, so daß jede Tochterzelle eines davon mitbekommt. Wenn eine derart lange DNA in einem so kleinen Volumen zusammengedrängt ist, wird die Trennung der Moleküle eindeutig zu einer schwierigen Angelegenheit. François Jacob und Sidney Brenner äußerten schon 1963 die Vermutung, es könne für jedes Tochtermolekül eine Anheftungsstelle an der Zellmembran geben, so daß es durch die Synthese einer Membran zwischen diesen Punkten bei der Zellteilung zur Trennung der DNA-Ringe kommt (Abb. 14.5). Diese reizvolle Hypothese erfreute sich jahrelang großer Beliebtheit, aber es gibt erstaunlich wenige Befunde, die sie belegen. Elektronenmikroskopische Beobachtungen weisen zwar bei *E. coli* auf eine Verbindung von Genom und Zellmembran hin, aber beim derzeitigen Kenntnisstand kann man sich nur schwer vorstellen, wie die Tochterchromosomen durch das Membranwachstum getrennt werden sollten. Eine andere Theorie erwuchs aus der Untersuchung von *E. coli*-Mutanten, bei denen die Aufteilung der DNA teilweise defekt ist, so daß sie einen größeren Anteil von Tochterzellen ohne Genom hervorbringen. In diesen Experimenten konnte man ein Protein

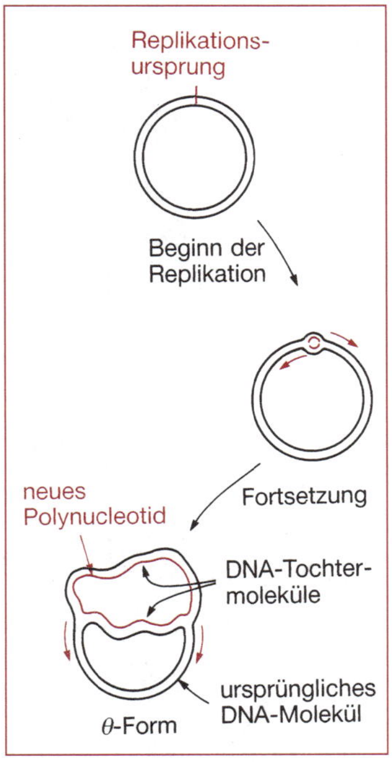

14.4 Die Replikation eines ringförmigen DNA-Moleküls von einem einzigen Startpunkt aus.

14.5 Die Membrananheftungspunkte könnten bei der Zellteilung des Bakteriums die Aufteilung des Nucleoids ermöglichen.

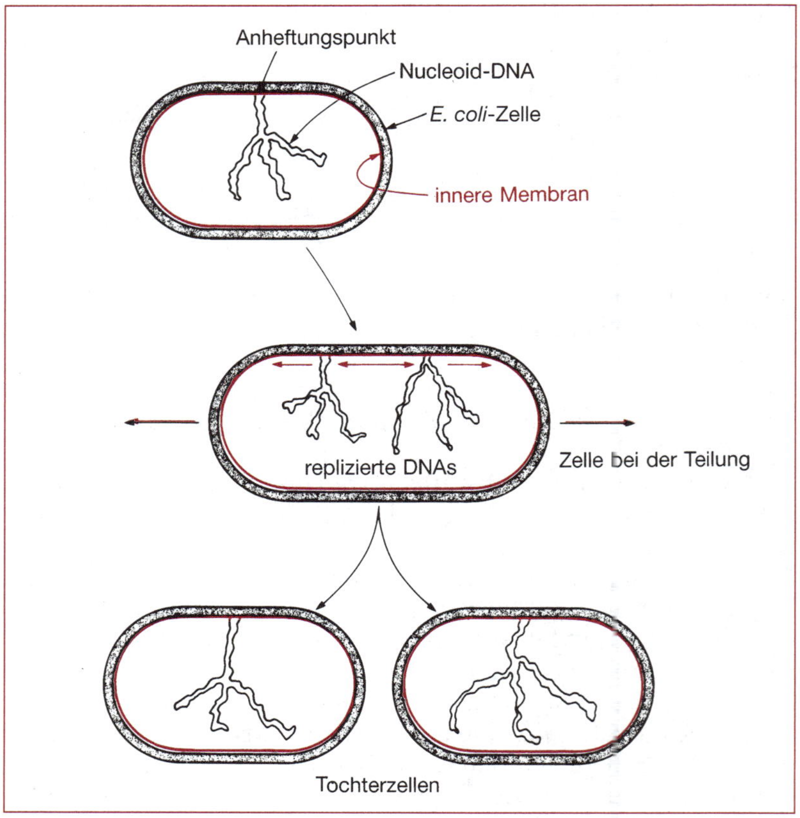

namens MukB nachweisen, das in seiner Struktur eine entfernte Ähnlichkeit mit krafterzeugenden eukaryotischen Proteinen aufweist, beispielsweise mit Myosin (einem Bestandteil der Muskeln) und Kinesin (das in Verbindung mit den Mikrotubuli vorkommt). Deshalb vermutete man, in den Bakterien könne sich während der Zellteilung vielleicht in begrenztem Umfang ein Fasersystem ausbilden, und entlang dieser Fasern könnten sich die DNA-Moleküle mit den von MukB erzeugten Kräften zu entgegengesetzten Enden der Zelle bewegen. Auch für einen solchen Mechanismus existieren aber keine stichhaltigen Indizien: Zwar hat man aus *E. coli* tatsächlich Faserproteine isoliert, aber bisher gibt es keine Anhaltspunkte dafür, daß sie etwas mit MukB oder der Replikation des Genoms zu tun haben.

14.3 Plasmide

Das DNA-Molekül im Nucleoid ist nicht das einzige, das in einer Bakterienzelle Gene enthält. Oft beherbergen Bakterien auch

Plasmide, kleine, eigenständige DNA-Moleküle mit Genen, die in dem Haupt-DNA-Molekül nicht vorkommen. Ihnen müssen wir jetzt unsere Aufmerksamkeit zuwenden.

Plasmide sind ringförmige DNA-Moleküle, die in der Bakterienzelle ein selbständiges Dasein führen (Abb. 14.6). Fast alle Plasmide tragen ein oder mehrere Gene, und zwar häufig solche, die der Zelle nützliche Eigenschaften verleihen. So ist die Fähigkeit, bei normalerweise toxischen Konzentrationen von Antibiotika wie Chloramphenicol oder Ampicillin zu überleben, häufig auf ein Plasmid zurückzuführen, das in den Bakterienzellen vorhanden ist und die entsprechenden Resistenzgene trägt.

Jedes Plasmid enthält mindestens eine DNA-Sequenz, die als Replikationsursprung dienen kann, so daß sie in der Zelle unabhängig vom Haupt-DNA-Molekül zur Verdoppelung in der Lage sind (Abb. 14.7a). Kleinere Plasmide bedienen sich häufig der Replikationsenzyme, die in der Haupt-DNA codiert sind, um Kopien von sich selbst herzustellen, einige größere besitzen jedoch auch Gene für besondere, für die Plasmidreplikation spezifische Enzyme. Ein paar Plasmide sind auch in der Lage, sich durch Einbau in das Haupt-DNA-Molekül zu verdoppeln (Abb. 14.7b). Solche integrationsfähigen Plasmide, die man auch **Episomen** nennt, können in dieser Form über viele Zellgenerationen hinweg stabil bleiben, aber in irgendeinem Stadium liegen alle als unabhängige Elemente vor.

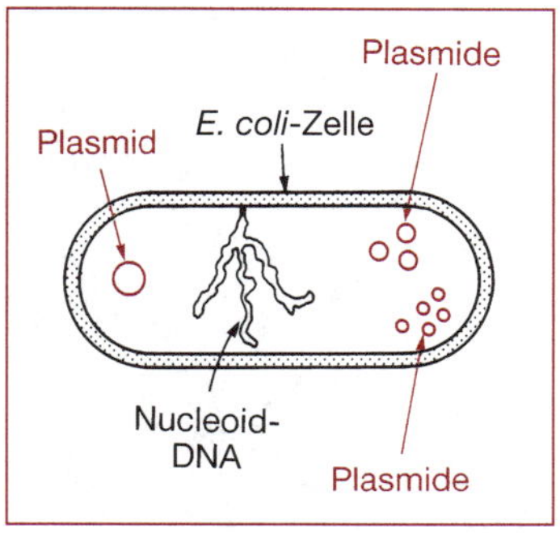

14.6 Plasmide.

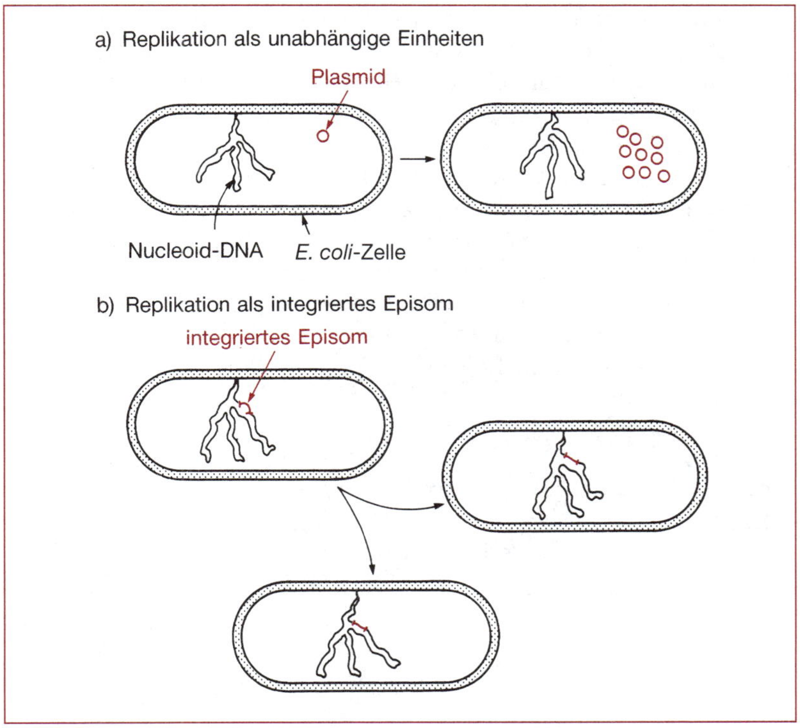

14.7 Zwei Wege der Plasmidreplikation.

14.3.1 Plasmidtypen

Nahezu alle Bakterienarten beherbergen Plasmide, und man kennt eine große Zahl verschiedener Typen. Man teilt sie sinnvollerweise anhand der Gene ein, die sie tragen, und nach den Merkmalen, die diese Gene dem Wirtsbakterium verleihen. Entsprechend dieser Klassifikation gibt es fünf Haupttypen von Plasmiden.

1. *Fertilitätsplasmide* (*F*) sind für die direkte **Konjugation** zwischen verschiedenen Bakterien verantwortlich (Abschnitt 14.3.2). Ein Beispiel ist das F-Plasmid von *E. coli*.
2. *Resistenzplasmide* (*R*) tragen Gene, die dem Wirtsbakterium Resistenz gegen eine oder mehrere antibakterielle Substanzen wie Chloramphenicol, Ampicillin oder Quecksilber verleihen. R-Plasmide sind in der klinischen Mikrobiologie von großer Bedeutung, denn wenn sie sich in natürlichen Populationen ausbreiten, kann das für die Behandlung bakterieller Infektionen schwerwiegende Folgen haben. Ein Beispiel dafür ist RP4, das üblicherweise in *Pseudomonas*, aber auch in anderen Bakterien vorkommt.
3. *Col-Plasmide* tragen Gene, die Colicine codieren, Proteine, die andere Bakterien töten. Ein Beispiel ist ColE1 von *E. coli*.
4. *Degradative Plasmide* erlauben es dem Wirtsbakterium, ungewöhnliche Moleküle wie Toluol und Salicylsäure abzubauen. Bei der Bakteriengattung *Pseudomonas* gibt es dafür mehrere Bespiele, zum Beispiel TOL von *Pseudomonas putida*.
5. *Virulenzplasmide* machen das Wirtsbakterium pathogen. Das bekannteste Beispiel ist das Ti-Plasmid von *Agrobacterium tumefaciens*, das Wurzelhalsgallen in zweikeimblättrigen Pflanzen auslöst.

Die Größe von Plasmiden variiert von ungefähr 1 kb bei den kleinsten bis zu über 250 kb (6,25 % der Größe des Haupt-DNA-Moleküls in *E. coli*) bei den größeren (Tabelle 14.3). Einige Plasmide sind auf einige wenige verwandte Arten beschränkt und kommen bei keinen anderen Bakterien vor. Andere wie RP4 sind weit verbreitet und können in zahlreichen Arten existieren, bevorzugen jedoch einige Bakterientypen, in denen sie etwas häufiger vorkommen.

Tabelle 14.3: Eigenschaften verschiedener Plasmide

Plasmid	Typ	Größe (kb)	Kopienzahl	Bakterium
F	Fertilität	95	1– 2	*E. coli*
Rbk	Resistenz	37	12	*E. coli* und andere
ColE1	Colicin	6,36	10–15	*E. coli*
TOL	degradativ	117	1– 2	*Pseudomonas putida*
Ti	Virulenz	213	1– 2	*Agrobacterium tumefaciens*

14.3.2 Plasmide und Geschlechtsvorgänge von Bakterien

Sexualität ist für Genetiker immer besonders wichtig, denn sie liefert die Grundlage für die analytischen Methoden, mit denen sich die relativen Positionen von Genen auf DNA-Molekülen ermitteln lassen (siehe Kapitel 18 und 19). Die Entdeckung, daß Bakterien verschiedene Geschlechter haben, war deshalb ein großer Fortschritt, denn sie eröffnete einen neuen Weg für genetische Untersuchungen an Prokaryoten. Wir werden uns mit diesem Thema in Kapitel 19 eingehender beschäftigen; hier müssen wir zunächst die Rolle von Plasmiden bei der sexuellen Differenzierung von Bakterien untersuchen.

a) Die Entdeckung der Konjugation bei Bakterien. Den entscheidenden Durchbruch verkündete Joshua Lederberg, ein 21jähriger Doktorand, den Edward Tatum an der Universität von Yale betreute, beim Cold Spring Harbor Symposium im Jahre 1946. Die beiden hatten entdeckt, daß einzelne Zellen von *E. coli* durch ei-

Joshua Lederberg

* 23. Mai 1925, Montclair, New Jersey

»Unsere neuen Studenten an der Rockefeller University werden in ihrer Laufbahn den Kampf um neues Wissen und gegen Krankheit fortsetzen. Außerdem sind sie in einem Alter, in dem sie noch unbelastet durch die Weisheiten einer früheren Generation sind. Sie stellen viele neuartige Fragen, und deshalb machen ganz junge Leute oft die kreativsten und revolutionärsten Entdeckungen.«

Seit Joshua Lederberg im Jahr 1946 in die Bakteriengenetik einstieg, übt seine Persönlichkeit einen immensen Einfluß auf dieses Gebiet aus. In seinem eigenen Bericht über seine jungen Jahre als Wissenschaftler und die Entdekkung der Geschlechtsvorgänge von Bakterien (*Annual Review of Genetics* 21 [1987] S. 23–46) beschreibt er fesselnd seinen Enthusiasmus für die Forschung und die positive Atmosphäre der Nachkriegs-USA, die den wissenschaftlichen Erfindungsreichtum förderte. 1944 studierte Lederberg gerade Medizin an der Columbia-Universität in New York, als er aus dem nahegelegenen Rockefeller Institut von Avery hörte, der gerade bewiesen hatte, daß DNA das transformierende Prinzip ist. Lederberg erkannte, daß Averys Arbeit umsonst war, wenn man nicht nachweisen könnte, daß Bakterien Gene haben. Also stellte er 1945 Experimente zum Nachweis der Bakteriengene an. Im folgenden Jahr ging er nach Yale, um enger mit Edward Tatum zusammenzuarbeiten, der gerade zusammen mit George Beadle eine ähnliche, erfolgreiche Analyse von Pilzgenen beendet hatte. Er berichtete bei der Tagung von Cold Spring Harbor im Juli 1946 über die Entdekkung der Genübertragung in *E. coli*; damit regte er eine Diskussion an, die Lederberg als „lebhaft" bezeichnet. Die nächsten Jahre verbrachte er mit der Charakterisierung des Konjugationssystems, und 1952 entdeckte Lederberg mit Norton Zinder einen zweiten Typ der Genübertragung, die sogenannte Transduktion durch Bakteriophagen (Abschnitt 19.3.1). Sechs Jahre später teilte sich Lederberg den Nobelpreis mit Beadle und Tatum. Wie Crick, so war auch Lederbeg maßgeblich an der stimulierenden, richtungweisenden und erfolgreichen molekulargenetischen Forschung der letzten 45 Jahre beteiligt.

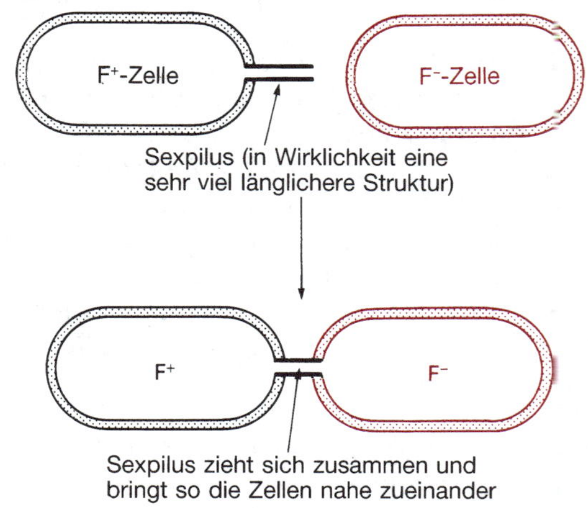

14.8 Bakterienkonjugation. Der Sexpilus bildet eine cytoplasmatische Verbindung zwischen den beiden Zellen. Das wurde zwar noch nicht bewiesen, aber wir gehen in den folgenden Abbildungen davon aus, daß die Verbindung existiert und daß der DNA-Transfer durch den Sexpilus hindurch erfolgt.

nen Vorgang, den man inzwischen Konjugation nennt und der zur Grundlage der genetischen Analyse von Bakterien wurde (Abschnitt 19.2), genetisches Material austauschen können.
Diese ganz unerwartete Entdeckung regte mehrere Genetiker und Mikrobiologen in der ganzen Welt an, sich mit Konjugation zu beschäftigen. Innerhalb der nächsten zehn Jahre zeigten Joshua Lederberg und seine Frau Esther zusammen mit William Hayes vom Hammersmith Hospital in London, dem Italiener Luca Cavalli-Sforza sowie Elie Wollman und Francois Jacob vom Institut Pasteur in Paris und anderen, daß der Gentransfer in eine Richtung läuft, und zwar von Donorzellen, die man mit F^+ bezeichnet (F für Fertilität), zu Empfängerzellen (F^-); wie sich außerdem herausstellte, ist am Transfer eine röhrenförmige Struktur beteiligt, der sogenannte **Sexpilus**, den F^+-Zellen ausbilden können (Abb. 14.8). Die genaue Rolle des Sexpilus ist umstritten. Eine F^+-Zelle stellt mit seiner Hilfe eine Verbindung mit einer F^--Zelle her, und da der Sexpilus hohl ist, ging man davon aus, daß der Transfer durch ihn hindurch verläuft. Das wurde jedoch nie bewiesen, und es besteht die Möglichkeit, daß der Pilus lediglich dazu dient, die F^+- und die F^--Zelle nahe zusammenzubringen.

b) Das F-Plasmid ist für das Geschlecht von Bakterien verantwortlich. Auf den ersten Hinweis, daß ein Plasmid an Geschlechtsvorgängen von Bakterien beteiligt ist, stießen einige Biologen Ende der fünfziger Jahre: Sie zeigten, daß F^+-Zellen unter bestimmten Umständen ihre Fähigkeit zur Konjugation verlieren können und dann nicht mehr von F^--Zellen zu unterscheiden sind. Das führte zu der Idee, die Fertilität könne durch einen Faktor bestimmt werden, der unabhängig vom Haupt-DNA-Molekül ist. Schließlich stellte sich heraus, daß es sich beim F-Faktor um das **F-Plasmid** handelt, das bei *E. coli* 95 kb groß ist (Abb. 14.9). Dieses Plasmid trägt ungefähr 30 Gene (vielleicht werden noch mehr

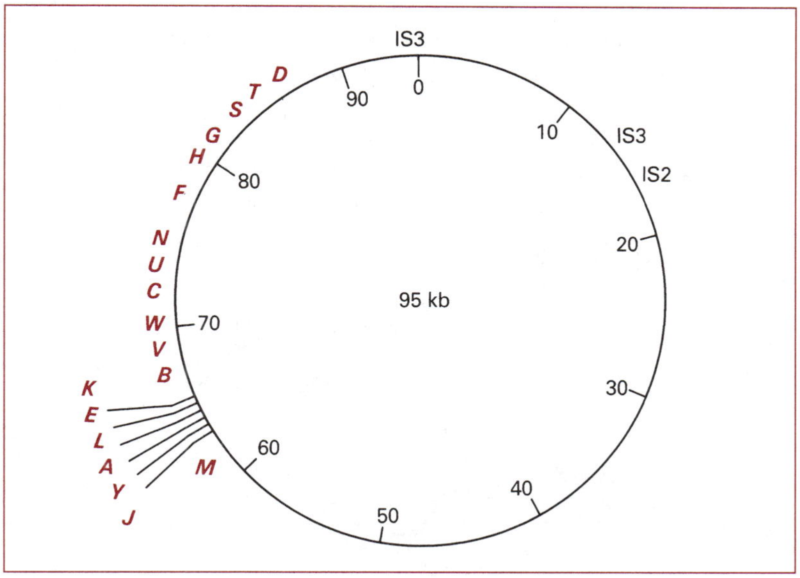

14.9 Das F-Plasmid. Die Zahlen innerhalb des Kreises geben im Uhrzeigersinn den Abstand (kb) vom ganz oben gelegenen Replikationsursprung an. Die Position der *tra*-Gene, deren Produkte am DNA-Transfer beteiligt sind, ist markiert. Das F-Plasmid enthält auch drei Insertionssequenzen (IS1, IS2 und IS3), deren Lage ebenfalls angegeben ist. Insertionssequenzen werden später in diesem Kapitel beschrieben.

entdeckt), darunter ein großes Operon, das die *tra*-Gene (*tra* = Transfer) enthält. Sie codieren Proteine, die an der Synthese und am Zusammenbau des Pilus sowie am DNA-Transfer selbst beteiligt sind. Die Bezeichnungen F^+- und F^--Zelle bedeuten also, daß F^+-Zellen das F-Plasmid enthalten und F^--Zellen nicht.

c) Mechanismus des Gentransfers bei der Konjugation. Bei der Konjugation wandert eine Kopie des F-Plasmids in die F^--Zelle, wahrscheinlich durch den Sexpilus, und wandelt die F^--Zelle in eine F^+-Zelle um (Abb. 14.10). Eine Kopie des Plasmids verbleibt im Donorbakterium, so daß diese Zelle ebenfalls F^+ bleibt. Die Konjugation von Bakterien ist für Genetiker jedoch nicht wegen der Übertragung des F-Plasmids von Bedeutung, sondern weil auch bakterielle Gene von der Donorzelle zum Empfänger übergehen können. Wie geht das vonstatten? Es gibt mehrere mögliche Wege; der erste besteht darin, daß einfach ein kleines zufälliges DNA-Stück der Donorzelle zusammen mit dem Plasmid übertragen wird (Abb. 14.11a). Dabei handelt es sich wohl um den Gentransfer, den Lederberg und Tatum als erste beobachtet haben, der jedoch wahrscheinlich recht selten vorkommt. Von größerer Bedeutung sind in der Genetik die Gentransfereigen-

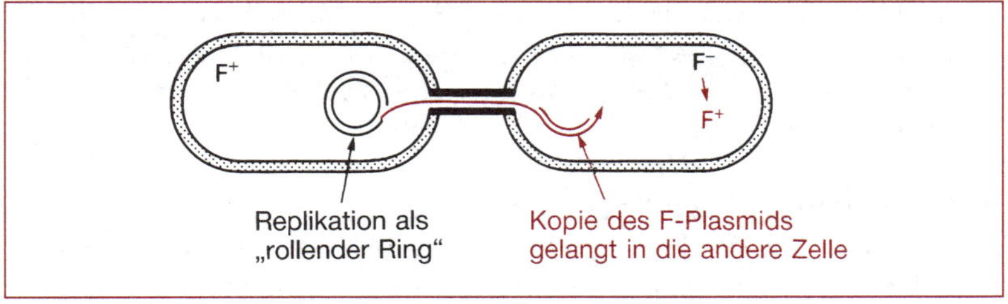

14.10 Transfer des F-Plasmids während der Konjugation zwischen einer F^+- und einer F^--Zelle.

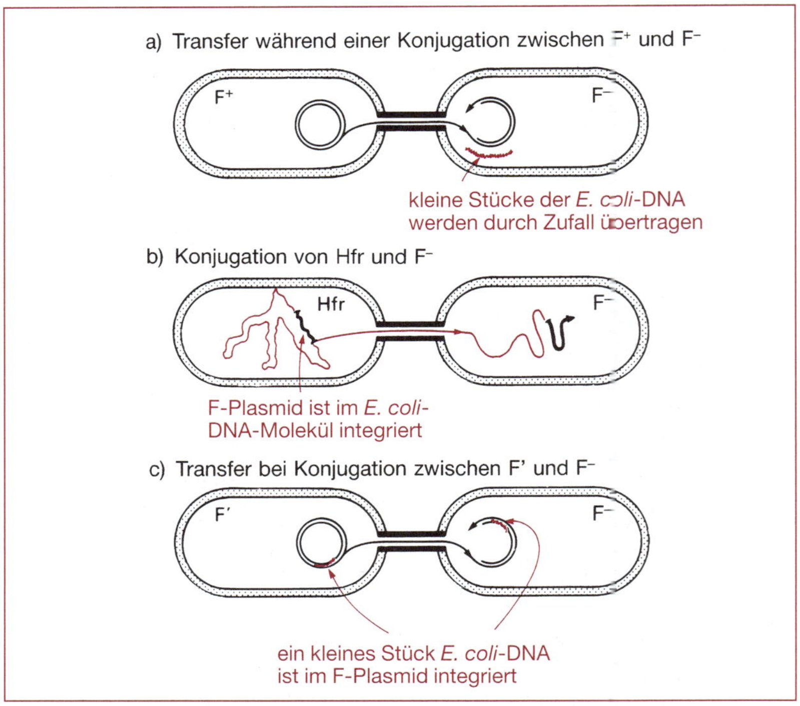

14.11 Drei Arten, wie *E. coli*-DNA während der Konjugation vom Donor zum Empfänger übertragen werden kann.

schaften zweier weiterer Typen von Donorzellen, die man als **Hfr** und **F′** (F Strich) bezeichnet. In Hfr-Zellen ist das F-Plasmid in das *E. coli*-DNA-Molekül integriert. Die integrierte Form des F-Plasmids kann immer noch eine Konjugation bewirken, in diesem Fall überträgt es jedoch nicht nur sich selbst in die F^--Zelle, sondern auch zumindest einen Teil des DNA-Moleküls von *E. coli*, in dem es sich befindet (Abb. 14.11b). Eine Paarung unter Mitwirkung einer Hfr-Zelle bringt praktisch immer den Transfer von *E. coli*-Genen mit sich. Wie wir in Kapitel 19 sehen werden, ist der Gentransfer mit Hfr-Zellen die Grundlage einer Methode zur Genkartierung von *E. coli.*

F′-Zellen, der zweite Typ von Donorzellen, die regelmäßig am Transfer bakterieller Gene beteiligt sind, entstehen gelegentlich aus Hfr-Zellen, wenn das integrierte F-Plasmid das Haupt-DNA-Molekül verläßt. Normalerweise entsteht dabei eine F^+-Zelle, manchmal jedoch erfolgt das Herausschneiden nicht ganz exakt und ein kleines Stück der benachbarten DNA des Bakteriums gelangt mit in das Plasmid. Das führt zu einem F′-Plasmid, das ein kleines Stück bakterieller DNA trägt, möglicherweise mit ein paar Genen (Abb. 14.11c). Eine Konjugation mit der F′-Zelle hat immer den Transfer dieser bakteriellen Gene auf dem Plasmid zur Folge.

d) Konjugation bei anderen Arten. Eine große Zahl von Bakterienarten kann in der gleichen Weise konjugieren wie *E. coli*, und bei allen wird der Vorgang durch ein dem F-Plasmid analoges

Plasmid kontrolliert. Derartige Fertilitätsplasmide nennt man selbstübertragbar, was bedeutet, daß sie zur Konjugation fähig sind und selbst in die Empfängerzelle wandern können. Konjugation, das heißt die Herstellung des ersten Kontakts, und Mobilisierung, das heißt Übertragung der Plasmid-DNA vom Donor zum Empfänger, sind aber zwei unterschiedliche Vorgänge, und nicht alle Plasmide können beides. Einige können nur den Konjugationskontakt zwischen den Zellen herstellen und sich nicht selbst bewegen. Andere können wandern, aber nur, wenn sich in ihrer Zelle ein zweites Plasmid befindet, das den ersten Kontakt herstellen kann (Abb. 14.12). Andere Plasmide sind überhaupt nicht fertil und können weder konjugieren noch wandern.

14.3.3 Kopienzahl und Inkompatibilität

Zwei weitere Merkmale der Plasmidbiologie wollen wir hier erwähnen. Zunächst die **Kopienzahl**, die Zahl von Molekülen eines Plasmids in einer Zelle, die für jeden Plasmidtyp charakteristisch ist. Manche Plasmide, die sogenannten **stringenten** Plasmide, haben eine niedrige Kopienzahl und liegen nur allein oder zu zweit in der Zelle vor. Andere, die **relaxierten** Plasmide, sind in vielen Kopien (zehn oder mehr) in der Zelle vorhanden (siehe Tabelle 14.3). Das zweite Merkmal ist die **Inkompatibilität**, das heißt, daß bestimmte Plasmidtypen nicht zusammen in derselben Zelle existieren können. Eine *E. coli*-Zelle kann sieben oder mehr verschiedene Plasmide zur gleichen Zeit enthalten, aber diese müssen zu unterschiedlichen **Inkompatibilitätsgruppen** gehören. Zwei verschiedene Plasmide der gleichen Gruppe können nicht nebeneinander in einer einzelnen Zelle vorkommen.

Kopienzahl und Inkompatibilität erscheinen bei oberflächlicher Betrachtung als ganz einfache Merkmale; bis jetzt gibt es jedoch noch keine überzeugende Erkärung für die Mechanismen, die ihnen zugrunde liegen. Eine Theorie geht davon aus, daß die Kopienzahl von einem Inhibitormolekül bestimmt wird, das die wei-

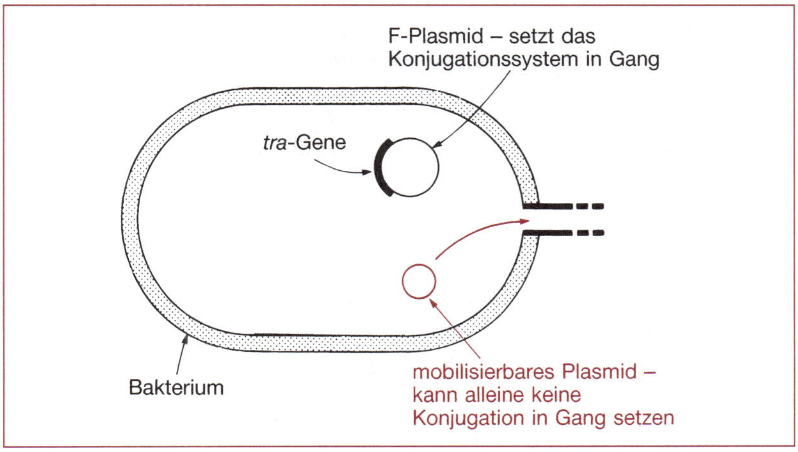

14.12 Manche Plasmide sind nicht zur Konjugation fähig; sie können jedoch mobilisiert werden, wenn sie sich mit einem konjugativen Plasmid in derselben Zelle befinden.

tere Replikation des Plasmids verhindert, wenn ein bestimmter charakteristischer Wert erreicht ist. Auch die Replikation inkompatibler Plasmide soll von demselben Inhibitormolekül kontrolliert werden. Nach einer zweiten Theorie muß das Plasmid zur Replikation an einer bestimmten Bindungsstelle an der Zellmembran angeheftet sein (wie bereits erwähnt, ist die Replikation des Nucleoids vermutlich mit der Anheftung an die Membran verbunden), und inkompatible Plasmide konkurrieren nach dieser Vermutung um dieselben Anheftungsstellen.

14.4 Bakterielle Transposons

Als nächsten Gesichtspunkt der bakteriellen Gene betrachten wir die genetischen Elemente, die man **Transposons** nennt. In den sechziger Jahren stiftete eine Reihe ungewöhnlicher Mutationen, die gelegentlich in Operons von *E. coli* und anderen Bakterien vorkommen, Verwirrung unter den Genetikern. Diese sogenannten **polaren Mutationen** betreffen nicht nur das Gen, in dem die Mutation erfolgt, sondern auch andere Gene, die stromabwärts davon liegen (Abb. 14.13). Man kennt mehrere Typen polarer Mutationen; oft führen sie ein Terminationssignal für die Transkription in das Operon ein. Die Mutationen jedoch, die in den sechziger Jahren Probleme aufwarfen, sind insofern ungewöhnlich, als sie im Gegensatz zu den meisten anderen Mutationen fast immer irreversibel sind. Ein zweites, ganz unerwartetes Merkmal zeigt sich, wenn man in ein Bakterium, das eine polare Mutation dieses Typs trägt, ein Plasmid einführt. Dann treten ähnliche irreversible polare Mutationen plötzlich auch in Genen des Plasmids auf (Abb. 14.14) – als ob die Mutation fähig ist, von einem DNA-Molekül zum anderen zu springen!

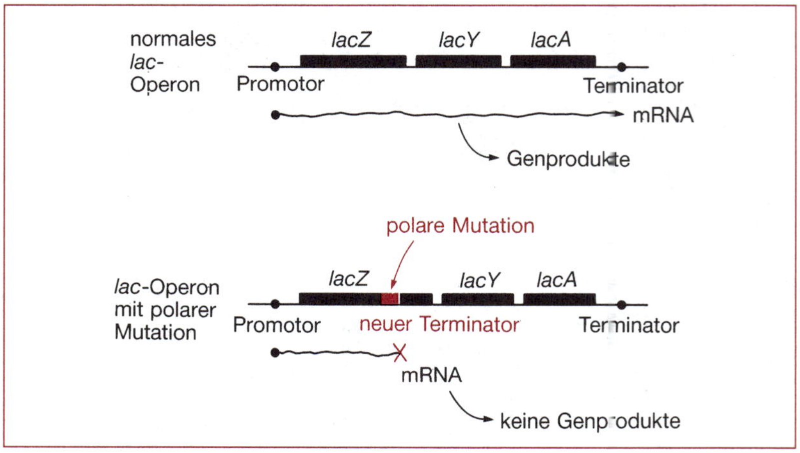

14.13 Die Wirkung einer polaren Mutation im *lac*-Operon. Die polare Mutation in *lacZ* verhindert die Expression von *lacY* und *lacA*, obwohl die beiden letzteren selbst nicht verändert sind.

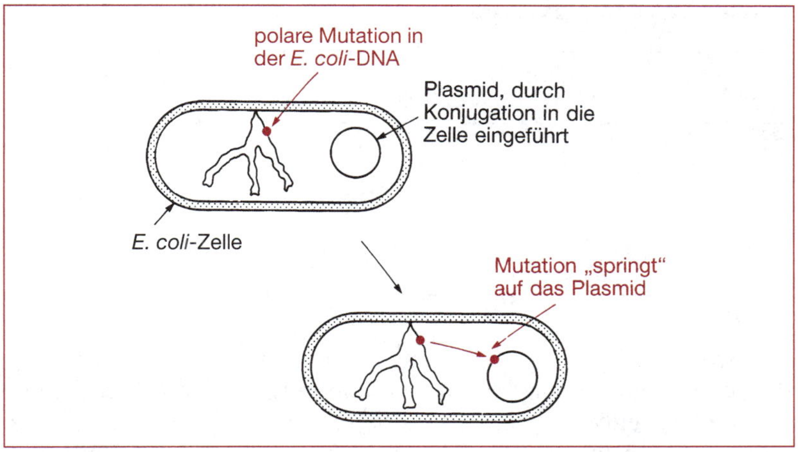

14.14 Der ungewöhnliche Typ einer polaren Mutation, die auf den DNA-Molekülen von *E. coli* von einer Stelle zur anderen springen kann.

a) Insertionssequenzen können sich auf dem Genom bewegen. Die erste Andeutung einer Erklärung für dieses seltsame Phänomen lieferte die Untersuchung der derartig mutierten Plasmide. Wie sich herausstellte, waren diese Plasmide im allgemeinen um eine Kilobase oder mehr größer geworden. Als man die DNA-Sequenzen der mutierten Plasmide untersuchte, entdeckte man, daß die Mutationen durch die Insertion neuer DNA-Stücke in die Zielgene erfolgt waren (Abb. 14.15a). Diese Sequenzen, **Insertionssequenzen** oder IS-Elemente genannt, besitzen die bemer-

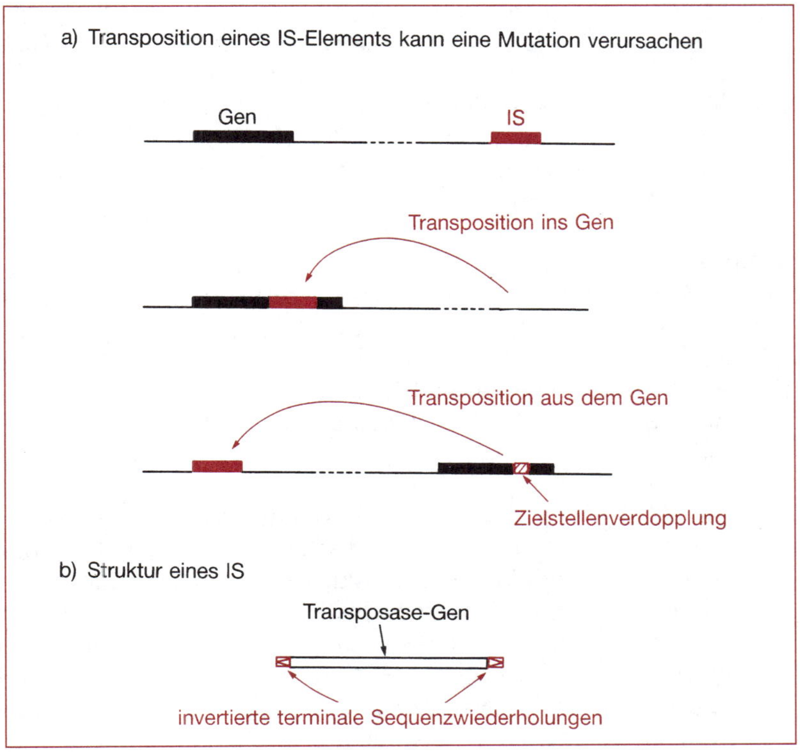

14.15 Insertionssequenzen.

Tabelle 14.4: Insertionssequenzen von *E. coli*

Insertions-sequenz	Länge (kb)	flankierende Sequenz-wiederholungen (bp)	Zielstellen-verdopplung
IS1	769	23	9
IS2	1327	41	5
IS4	1428	18	11
IS5	1195	16	4
IS10	1329	22	9
IS50	1531	9	9

kenswerte Fähigkeit, sich durch einen Rekombinationsvorgang, die sogenannte Transposition (Abschnitt 12.3.2), auf dem Genom von einer Stelle zur anderen zu bewegen. Wenn sich ein IS-Element zu einer anderen Stelle bewegt oder transponiert, hinterläßt es eine kurze Zielstellenverdopplung, die normalerweise zwischen 5 und 15 bp lang ist. Demnach bleibt das Gen, das die IS-Sequenz trug, wahrscheinlich auch nach Entfernen des Elements mutiert.

Man kennt bei *E. coli* mehrere verschiedene IS-Typen (Tabelle 14.4). Ein einzelnes isoliertes Bakterium kann eine Reihe verschiedener IS-Elemente enthalten, jedes mit einer Kopienzahl von bis zu 20. Die Transposition erfolgt nicht sehr häufig, und eine einzelne Zelle kann tausend Zellteilungen durchlaufen, bevor eine ihrer Insertionssequenzen transponiert. Insertionssequenzen können durch Konjugation zwischen Bakterien ausgetauscht werden, sogar zwischen verwandten Arten. Einen Großteil jedes IS-Elements nimmt ein einzelnes Gen ein (mit Ausnahme von IS1, das zwei Gene enthält); dieses Gen codiert ein **Transposaseenzym**, das den Transpositionsvorgang katalysiert. Das Element hat an seinen Enden ein Paar **invertierter Sequenzwiederholungen**, die je nach IS-Typ zwischen 9 und 41 bp lang sind (Abb. 14.15b).

Invertierte Sequenzwiederholungen

Betrachten wir einmal diese Sequenz:

5′-AGGCAT-3′
3′-TCCGTA-5′

Eine invertierte Sequenzwiederholung wäre:

5′-AGGCATATGCCT 3′
3′-TCCGTATACGGA-5′

Sequenzwiederholungen können direkt aufeinander folgen wie in diesem Beispiel oder eine andere DNA-Sequenz flankieren wie die Sequenzwiederholungen an den Enden der Insertionssequenzen und der Transposons vom Typ Tn3.

b) Insertionssequenzen sind nur ein Typ von Transposons. Bei ihrer Entdeckung im Jahre 1961 waren Insertionssequenzen etwas Einzigartiges. Man kannte zu dieser Zeit keine ähnlichen genetischen Elemente. Heute wissen wir, daß IS-Elemente nur eine Klasse von transponierbaren Elementen darstellen und daß es auch andere gibt, die den IS-Elementen in mancher Hinsicht ähnlich sind:

1. *Zusammengesetzte Transposons* bestehen aus zwei Insertionssequenzen, die einen zentralen Abschnitt flankieren; dort liegt üblicherweise mindestens ein Gen, das in vielen Fällen eine Antibiotikaresistenz codiert (Abb. 14.16a). Die Transposition erfolgt mit Hilfe der Transposasen, die in den IS-Elementen codiert sind. Es gibt verschiedene zusammengesetzte Transposons (Tabelle 14.5a), manche über 10 kb lang. Oft befinden sich solche Elemente in Plasmiden.

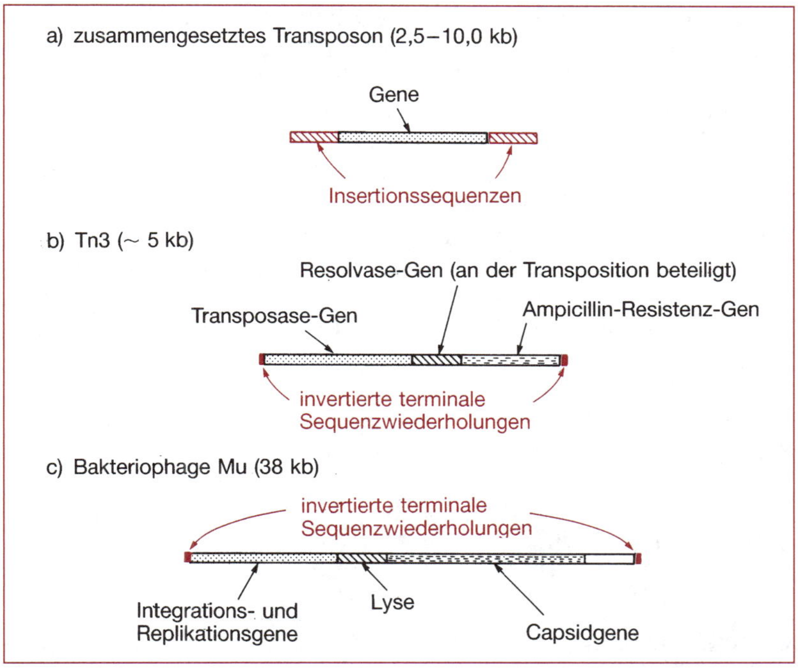

14.16 Drei Typen transponierbarer Elemente bei Bakterien.

2. *Transposons vom Typ Tn3* (Tabelle 14.5b), sind nicht von IS-Elementen flankiert; sie können aber dennoch transponieren, weil sie eine andere Transposase tragen (Abb. 14.16b).
3. *Transponierbare Phagen* wie Mu und D108, die im Rahmen ihres normalen Infektionszyklus transponieren (Abb. 14.16c). Das bedeutet, daß die Genome dieser Phagen sich sowohl in die Wirts-DNA einbauen (wie λ), als auch (im Gegensatz zu λ) in der Wirts-DNA herumwandern können. Transponierbare Phagen sind möglicherweise Transposons, die Gene für schützende Proteine entwickelt haben, so daß sie außerhalb der Zelle existieren können; vielleicht sind sie aber auch gewöhnliche Phagen, die gelernt haben zu transponieren.

Tabelle 14.5: Zusammengesetzte Transposons und Transposons des Typs Tn3

Transposon	Größe (bp)	flankierende Elemente	mitgeführtes Gen
a) zusammengesetzte Transposons			
Tn5	5 700	IS50	Kanamycinresistenz
Tn9	2 500	IS1	Chloramphenicolresistenz
Tn10	9 300	IS10	Tetracyclinresistenz
b) Transposons des Typs Tn3			
Tn3	~ 5 000	invertierte Sequenzwiederholungen (38 bp)	Ampicillinresistenz
Tn501	~ 5 000	invertierte Sequenzwiederholungen (38 bp)	Quecksilberresistenz

c) Warum gibt es transponierbare Elemente? Die Funktion von Transposons ist noch nicht völlig geklärt. Mehrere Molekularbiologen sind sogar der Ansicht, daß Transposons überhaupt keine Funktion haben und ein Beispiel für **egoistische DNA** sind, das heißt, daß sie nur ihre eigene Existenz fördern und der Zelle als Ganzes nichts nützen. Man hat jedoch herausgefunden, daß Bakterien mit vielen Transposons einen Selektionsvorteil gegenüber solchen mit wenigen Transposons haben. Das kann daran liegen, daß Transposons die Mutationsrate der Zelle erhöhen und dadurch vielleicht die Fähigkeit des Bakteriums verbessern, sich veränderten Umweltbedingungen anzupassen. Das sind natürlich reine Spekulationen.

Literatur

Goodsell, D.S. *Inside a Living Cell.* In: *Trends in Biochemical Sciences* 16 (1991) S. 203–206.
[Faszinierende Zeichnungen, an denen die relativen Größen von Molekülen und Strukturen innerhalb einer *E. coli*-Zelle deutlich werden.]

Nowak, R. *Bacterial Genome Sequence Bagged.* In: *Science* 269 (1995) S. 468–470.
Goffeau, A. *Life With 482 Genes.* In: *Science* 270 (1995) S. 445–446.
[Berichte über die vollständigen Sequenzen der Genome von *H. influenzae* und *M. genitalium*; die Originalarbeiten befinden sich in den gleichen Ausgaben von *Science.*]

Mushegian, A.R.; Koonin, E.V. *Gene Order Is not Conserved in Bacterial Evolution.* In: *Trends in Genetics* 12 (1996) S. 289–290.
Pennisi, E. *Seeking Life's Bare (Genetic) Necessities.* In: *Science* 272 (1996) S. 1098–1099.
[Zwei Artikel über Fragen, die durch die ersten vollständigen Genomsequenzen von Bakterien aufgeworfen wurden; der zweite handelt von der Mindestgenzahl für Bakterien.]

Morell, V.V. *Life's Last Domain.* In: *Science* 273 (1996) S. 1043–1045.
Gray, M.W. *The Third Form of Life.* In: *Nature* 383 (1996) S. 299–300.
Olsen, G.J.; Woese, C.R. *Lessons from an Archaeal Genome: What are We Learning from Methanococcus jannaschii?* In: *Trends in Genetics* 12 (1996) S. 377–379.
[Die Genomsequenz einer Art von Archaea.]

Schmid, M.B. *Structure and Function of the Bacterial Chromosome.* In: *Trends in Biochemical Sciences* 13 (1988) S. 131–135.

[Einzelheiten über das DNA-Molekül von *E. coli* und seine mutmaßliche Verpackung im Nucleoid.]

Wake, R.G. *Tussle With a Terminator.* In: *Nature* 382 (1996) S. 582–583.
[Über die Termination der Replikation bei *E. coli.*]

Novick, R.P. *Plasmide.* In: *Spektrum der Wissenschaft* 2 (1981) S. 34–51.
[Allgemeiner Übersichtsartikel.]

Lederberg, J. *Forty Years of Genetic Recombination in Bacteria.* In: *Nature* 324 (1986) S. 627f.
Lederberg, J. *Genetic Recombination in Bacteria: A Discovery Account.* In: *Annual Review of Genetics* 21 (1987) S. 23–46.
[Persönliche Erinnerungen.]

Cohen, S.N.; Shapiro, J.A. *Transponierbare genetische Elemente.* In: *Spektrum der Wissenschaft* 4 (1980) S. 64–74.

Aufgaben

1. Definieren Sie die folgenden Begriffe:

offenes Leseraster
Nucleoid
Überspiralisierung
Episom
Sexpilus
tra-Gene
stringente Plasmide
Inkompatibilitätsgruppen
polare Mutation
Transposase
egoistische DNA
Präpriming-Komplex
Archaea
Cytoplasma
Plasmid
Konjugation
F-Plasmid
Kopienzahl
relaxierte Plasmide
Transposon
Insertionssequenz
invertierte Sequenzwiederholungen

2. In welchem Umfang kann man die Prokaryoten als geschlossene Gruppe von Organismen betrachten?

3. Skizzieren Sie, wie die Gene auf dem Genom von *E. coli* angeordnet sind.

4. Inwieweit ist die genetische Organisation des Genoms von *E. coli* auch für andere Bakteriengenome typisch?

5. Warum trennt man die Archaea heute allgemein von den Bakterien?

6. Beschreiben Sie die Struktur des Nucleoids von *E. coli*.

7. Erklären Sie, wie das Genom von *E. coli* repliziert und zwischen den Tochterzellen aufgeteilt wird.

8. Erklären Sie, was ein Plasmid ist, und zählen Sie Beispiele für die verschiedenen bekannten Plasmidtypen auf.

9. Worin besteht der Zusammenhang zwischen Plasmiden und Geschlechtsvorgängen von Bakterien?

10. Unterscheiden Sie zwischen F^{+}-, F^{-}-, Hfr- und F′-Zellen.

11. Beschreiben Sie drei Möglichkeiten des Transfers bakterieller Gene während der Konjugation.

12. Nennen Sie die Unterschiede zwischen Insertionssequenzen und anderen transponierbaren Elementen in Bakterien.

13. Beschreiben Sie, wie Insertionssequenzen entdeckt wurden.

14. * Diskutieren Sie Möglichkeiten, die Kopienzahl von Plasmiden zu steuern. Gelten Ihre Vorschläge auch für die Beeinflussung der Kopienzahl von Insertionssequenzen und anderen Transposons?

15. * Genetische Elemente, die sich innerhalb eines Wirtsgenoms oder zusammen mit ihm vermehren, ohne dem Wirt zu nützen, nennt man „egoistisch". Diskutieren Sie diese Auffassung, besonders im Hinblick darauf, inwieweit sie für Transposons zutrifft.

16. Das Plasmid R100 trägt ein Gen für die Resistenz gegen Streptomycin. Sie haben einen F^{+}-Stamm von *E. coli*, der R100 enthält. Entwerfen Sie ein Experiment um zu testen, ob R100 mobilisierbar ist.

15

Eukaryotische Genome

Genetische Organisation des Genoms im Zellkern – Genzahlen – Gengrößen – Einzelkopie-DNA und repetitive DNA • **Physische Organisation** – Verpackung der DNA in Chromosomen – Chromosomenmorphologie • **DNA-Replikation und Zellteilung** – Der Zellzyklus • **Extrachromosomale Gene** – Genetische Systeme der Organellen – **Genome der Organellen**

Die nächsten beiden Kapitel beschäftigen sich mit eukaryotischen Genomen. Dieses Kapitel gibt einen umfassenden Überblick über die Gene und Genome aller Eukaryoten, wobei das Schwergewicht auf Themen von allgemeiner Bedeutung liegt. Wir betrachten die genetische Organisation der Eukaryotengenome, ihre Verpackung in den Chromosomen, die Replikation der Chromosomen und die besonderen Eigenschaften der DNA-Moleküle in den Mitochondrien und Chloroplasten. Im Kapitel 16 werden wir dann das Genom des Menschen eingehender behandeln.

Bevor wir damit beginnen, müssen wir uns klarmachen, daß eine eukaryotische Zelle bis zu drei getrennte genetische Systeme beinhalten kann. Als Sutton 1903 die Ansicht äußerte, die Gene der höheren Organismen lägen auf den Strukturen, die man als Chromosomen bezeichnet, hatte er natürlich recht – allerdings nicht ganz, denn alle Eukaryoten verfügen außerdem über eine Ausstattung mit **extrachromosomalen Genen**. Diese befinden sich in den energieproduzierenden Organellen, die man Mitochondrien nennt, und – bei Pflanzen und Algen – auch in den Chloroplasten (Abb. 15.1). Deshalb spricht man vom Genom im Zellkern sowie vom Mitochondrien- und Chloroplastengenom. Die drei Genome haben kaum etwas gemeinsam, weder in der Organisation der Gene noch in ihrer Expression. Man kann in ihnen tatsächlich getrennte, eigenständige genetische Systeme sehen. Wir werden uns zunächst mit dem Genom im Zellkern befassen und uns dann später in diesem Kapitel den Systemen der Organellen zuwenden.

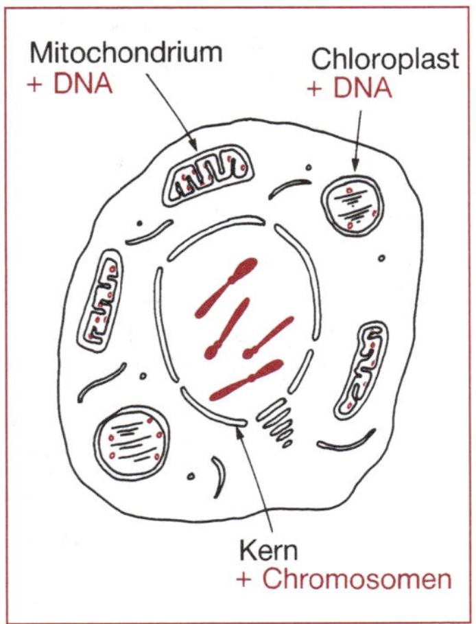

15.1 Eine eukaryotische Zelle mit den drei verschiedenen genetischen Systemen (vereinfachte Darstellung).

15.1 Die genetische Organisation des Genoms im Zellkern

Bis hierher sollte bereits deutlich geworden sein, daß Eukaryoten in praktisch jeder Beziehung kompliziertere Lebewesen sind als Prokaryoten. Wie wir gesehen haben, besitzen eukaryotische Zellen eine stärker organisierte Struktur (Abb. 5.1), ihre Genexpression erfolgt durch Enzyme mit einer größeren Zahl von Untereinheiten und erfordert ein breiteres Spektrum an Transkriptions- und Translationsfaktoren, und auch die Genregulationsmechanismen sind bei Eukaryoten verwickelter, was wiederum neue, bei Prokaryoten nicht vorkommende Proteine notwendig macht. Ganz ähnlich verhält es sich, wenn wir die allgemeinen biochemischen Eigenschaften der Eukaryotenzellen untersuchen: Wieder stoßen wir auf eine höhere Komplexität, mit mehr biochemischen Reaktionswegen und Steuerungsmechanismen als bei Prokaryoten. Das alles gibt Anlaß zu der Prophezeiung, daß eukaryotische Genome eine größere Zahl von Genen enthalten müssen als die prokaryotischen Formen. Ist diese Vermutung richtig?

15.1.1 Die Genzahl im Genom des Zellkerns

Natürlich ist die Vermutung richtig. Wie wir in Abschnitt 14.1.1 erfahren haben, verfügt *E. coli*, in dem wir ein recht typisches Bakterium sehen können, über etwa 2400 Gene, von denen ungefähr 2300 Proteine codieren. Möglicherweise gibt es irgendwo in der Biosphäre auch einen sehr unkomplizierten Eukaryoten, der ebenfalls mit einer ähnlichen Genzahl zurechtkommt, aber ein solches Lebewesen wurde bisher nicht nachgewiesen. Als Musterbeispiel eines „einfachen", einzelligen Eukaryoten mit recht grundlegenden biochemischen Eigenschaften gilt vielmehr die Bier- oder Bäckerhefe *Saccharomyces cerevisiae.* Ihr Genom, das zwischen 1989 und 1996 sequenziert wurde (Kapitel 22), umfaßt etwa 6600 Gene, von denen offenbar rund 5800 funktionsfähige

Der Inhalt des Genoms im Zellkern von *Saccharomyces cerevisiae*

Das Hefegenom enhält folgende genetischen Elemente:

genetisches Element	Anzahl
proteincodierende Gene	5800
Introns	233
rRNA-Transkriptionseinheiten	120–130
tRNA-Gene	262
andere RNA-Gene	37

Nach Dujon, B. *Trends in Genetics* 12 (1996) S. 263–270.

Proteine codieren. Man kann also den Schluß ziehen, daß selbst die einfachsten Eukaryoten mehr als doppelt so viele Gene benötigen wie ein durchschnittliches Bakterium.

Die Zahl der Gene bei einem Lebewesen abzuschätzen ist ziemlich schwierig, solange das Genom nicht vollständig sequenziert ist, und selbst wenn die Sequenz zur Verfügung steht, kann die Unterscheidung zwischen kleinen Genen und funktionslosen offenen Leserastern Probleme bereiten. Dennoch gibt es keinen Zweifel: Wenn wir die Evolutionsleiter zu immer komplexeren Eukaryoten hinaufsteigen, begegnen uns Genome mit einer immer größeren Zahl von Genen. Ihre Obergrenze für den Menschen liegt nach derzeitigen Schätzungen bei 100 000; als tatsächliche Zahl dürfte sich letztlich ein Wert zwischen 65 000 und 80 000 herausstellen.

15.1.2 Die Größe des Genoms im Zellkern

Je mehr Gene ein Organismus besitzt, desto mehr DNA braucht er auch. Das Genom von *S. cerevisiae* ist 12 520 kb lang; damit ist es 2,7mal so groß wie das Genom von *E. coli* (4639 kb), das heißt, zwischen Genzahl und Genomgröße besteht hier ein recht enger Zusammenhang. Eine entsprechende Berechnung zeigt, daß das Hefegenom ein Gen je 1,83 kb enthält, während es beim *E. coli*-Genom ein Gen je 1,93 kb ist. Bei genauerer Betrachtung der DNA-Sequenzen stellt sich heraus, daß die Durchschnittsgröße der Gene bei Hefe und *E. coli* ähnlich ist und daß auch der Anteil der intergenen DNA zwischen den Genen sich in vergleichbarer Größenordnung bewegt.

Überraschenderweise stimmt dieser Zusammenhang zwischen Genzahl und Genomgröße aber nicht mehr, wenn wir uns in der Evolution weiter nach oben bewegen. Die 65 000 bis 80 000 Gene des Menschen sind in einem Genom von 3 000 000 kb enthalten, das entspricht einem Gen je 37,5 bis 46,2 kb. Daß die DNA-Menge je Gen im menschlichen Genom größer ist, liegt unter anderem daran, daß die Gene selbst im Durchschnitt größer sind – aber nicht weil sie längere Proteine codieren (für einige Gene trifft das allerdings zu), sondern weil sie mehr Introns enthalten. In den meisten menschlichen Genen befindet sich mindestens ein Intron, und bei vielen sind es über 20 (Tabelle 4.1). Im gesamten Hefegenom dagegen findet man nur 233 Introns.

Vollständig läßt sich aber die beim Menschen im Vergleich zur Hefe wesentlich größere DNA-Menge je Gen nicht mit den Introns erklären. Ein ebenso wichtiger Faktor ist die Länge der intergenen Bereiche. Sie machen bei der Hefe 22 Prozent des Genoms aus und umfassen sowohl funktionstragende Abschnitte wie Promotoren, stromaufwärts gelegene Regulationssequenzen und DNA-Replikationsursprünge als auch einige Bereiche ohne erkennbare Aufgabe. Der entsprechende Wert für den Menschen beträgt 70 Prozent, und bei manchen anderen biologischen Arten ist der Anteil der intergenen DNA mit ziemlicher Sicherheit noch größer. Die Genome verschiedener Amphibien und Blütenpflanzen sind zehnmal so groß wie des Menschen, aber die Genzahl ist vermutlich ähnlich, und das bedeutet, daß die intergenen Abschnitte wohl viel länger sein müssen.

15.1.3 Einzelkopie-DNA und repetitive DNA

Die extreme Schwankungsbreite in der Genomgröße biologischer Arten, bei denen man eine ähnliche Genzahl erwartet, wurde in den sechziger Jahren entdeckt, und die Biochemiker gingen sofort daran, die „zusätzliche" DNA in den größeren Genomen genauer zu untersuchen. Eine Teilantwort ergab sich aus der biochemischen Analyse gereinigter Eukaryoten-DNA: Wie sich dabei herausstellte, besteht ein erheblicher Teil der Genome im Zellkern der meisten Eukaryoten aus **repetitiver DNA**: Bestimmte Sequenzelemente wiederholen sich vielfach, entweder hintereinander in der sogenannten Tandemanordnung oder über das ganze Genom verteilt (Abb. 15.2). Manche derartigen Sequenzen wiederholen sich im Genom mehrere tausend- oder sogar millionenfach, andere liegen nur in zehn bis 100 Exemplaren vor. Im Gegensatz dazu steht die **Einzelkopie-DNA**, zu der die meisten Gene gehören; ihre Sequenzen kommen an anderer Stelle nicht noch einmal vor.

Wichtige Beispiele für repetitive DNA im menschlichen Genom werden wir in Kapitel 16 genauer betrachten. Hier ist zunächst einmal von Bedeutung, daß die repetitive DNA wahrscheinlich den wichtigsten bestimmenden Faktor für die Genomgröße eines Organismus darstellt. Sie macht beim Menschen etwa 15 Prozent des Genoms aus, in Amphibien und Pflanzen ist ihr Anteil jedoch in der Regel viel größer: Das Genom der Kröte *Bufo bufo* zum Beispiel umfaßt 6 600 000 kb und besteht zu über 80 Prozent aus repetitiven Sequenzen. Einigen Typen der repetitiven DNA konnte man Funktionen zuordnen (zwei davon werden wir später in diesem Kapitel kennenlernen), aber der größte Teil der repetitiven Abschnitte hat im Genom offenbar keine Aufgabe und kann deshalb als „egoistische DNA" gelten (Abschnitt 14.4).

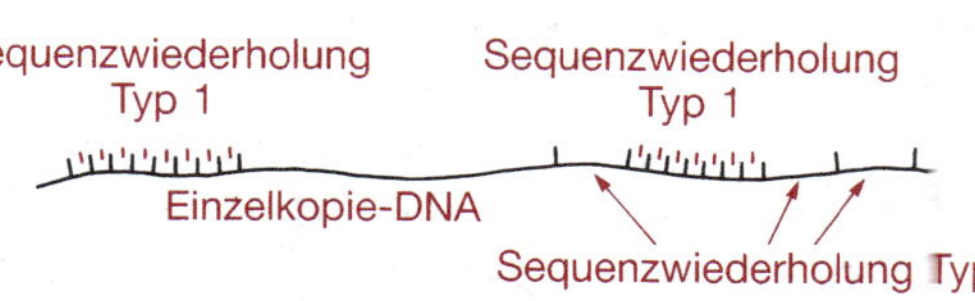

15.2 Repetitive DNA in einem eukaryotischen Genom.

15.2 Der physische Aufbau des Genoms im Zellkern

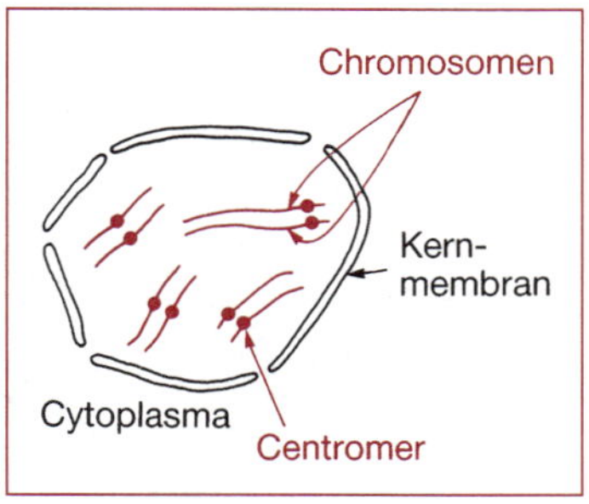

15.3 Das genetische System des Zellkerns.

Im vorangegangenen Kapitel haben wir erfahren, daß die Gene der Prokaryotenzellen – abgesehen von den wenigen, die in Plasmiden liegen – in einem einzigen ringförmigen DNA-Molekül aufgereiht sind. Im Zellkern der Eukaryoten sind die Verhältnisse komplizierter (Abb. 15.3):

1. Das Genom im Zellkern verteilt sich auf eine Reihe getrennter DNA-Moleküle, die jeweils in einem eigenen Chromosom liegen (Tabelle 15.1).
2. Die DNA-Moleküle sind nicht ringförmig, sondern linear.
3. In den meisten Zellen der meisten Eukaryoten liegt jedes Chromosom in zwei Exemplaren vor, und damit ist auch jedes Gen zweimal vorhanden. Eine solche Genausstattung bezeichnet man als **diploid**; **haploide** Verhältnisse liegen dagegen in den Fortpflanzungszellen vor, deren Zellkern nur ein Exemplar jedes Chromosoms enthält.

15.2.1 Verpackung der DNA in Chromosomen

Als erstes müssen wir uns die Frage stellen, wie das Genom in den Chromosomen verpackt ist. Wichtig ist dabei, daß die DNA wie das Nucleoid der Bakterien (Abschnitt 14.2.1) in hochorganisierter Form untergebracht wird, so daß die Gene zugänglich bleiben und die Moleküle bei der Replikation nicht durcheinandergeraten. Das ist ein gewaltiges Problem, denn insgesamt hat das menschliche Genom eine Länge von etwa einem Meter. Da sich dieses Molekül auf 23 Chromosomen aufteilt, beträgt die Durchschnittslänge der DNA in einem einzelnen Chromosom etwas weniger als 5 cm. Die Größe der Chromosomen liegt jedoch im Mikrometerbereich – Tausendstel von Millimetern. Damit ein derartig langes DNA-Molekül in eine solch kleine Struktur paßt, muß ein hochorganisiertes Verpackungssystem vorliegen. Dank einer geschickten Kombination von Molekularbiologie, Bioche-

Tabelle 15.1: Größe pro- und eukaryotischer Genome

Organismus	ungefähre Genomgröße (kb)	Zahl der Chromosomen
E. coli	4 639	1
S. cerevisiae	12 520	16
Taufliege	165 000	4
Mensch	3 000 000	23
Mais	5 000 000	10
Salamander	90 000 000	12

Tabelle 15.2: Histone

Histon	Molmasse (Dalton)	Gehalt an basischen Aminosäuren (% der gesamten Aminosäuren)*
H1+	23 000	30
H2A	14 000	20
H2B	13 750	22
H3	15 350	23
H4	11 300	25

* Das heißt, die Menge an Lysin, Histidin und Arginin in jedem Protein.

\+ H1 ist eigentlich eine ganze Familie eng verwandter Proteine. Die angegebene Molmasse ist der Durchschnittswert aller Familienmitglieder.

mie und Elektronenmikroskopie fängt man gerade an, dieses Verpackungssystem kennenzulernen.

a) Proteine, DNA und Chromatin. Gegen Ende des 19. Jahrhunderts prägten Cytologen den Begriff **Chromatin** für den Bestandteil der Chromosomen, der sich mit chromosomenspezifischen Farbstoffen stark anfärben läßt. Heute betrachtet man Chromatin als den komplizierten Zusammenschluß zwischen der DNA der Chromosomen und den daran gebundenen Proteinen, die für die ordnungsgemäße Verpackung der DNA in den Chromosomen verantwortlich sind.

Chromosomen bestehen etwa zur Hälfte aus Protein und zur Hälfte aus DNA. Ein Teil des Proteinbestandteils enthält eine heterogene Mischung aus DNA- und RNA-Polymerasen sowie Regulationsproteine. Der Rest, der sehr eng mit dem DNA-Bestandteil der Chromosomen assoziiert ist, besteht aus einer Gruppe von Proteinen, den sogenannten **Histonen** (Tabelle 15.2). Histone sind sehr basische Proteine (sie enthalten einen hohen Anteil an basischen Aminosäuren) und sind insofern bemerkenswert, als sie bei verschiedenen Arten ausgesprochen gut erhalten geblieben sind. Wenn man zum Beispiel die H2A-Proteine in der Erbse und Kuh miteinander vergleicht, stellt man fest, daß nur zwei der 102 Aminosäuren in der Polypeptidkette unterschiedlich sind. Die Ähnlichkeit ist viel größer, als man sie für Proteine, auch solche mit gleichen Funktionen, in derart verschiedenen Lebewesen erwartet. Der stark konservierte Charakter der Histone läßt vermuten, daß sie zu den ersten Proteinen gehörten, die sich entwickelten (bevor der gemeinsame Vorfahre von Erbsen und Kühen lebte), und daß sich ihre Struktur Millionen Jahre lang nicht verändert hat.

b) Histone sind die Bestandteile von Nucleosomen. 1973 behandelten mehrere Wissenschaftler gereinigtes Chromatin mit Endonuclease, einem Enzym, das DNA-Moleküle an Phosphodiesterbindungen schneidet; anschließend extrahierten sie die DNA und zeigten, daß die Größen der entstehenden Fragmente nicht wie

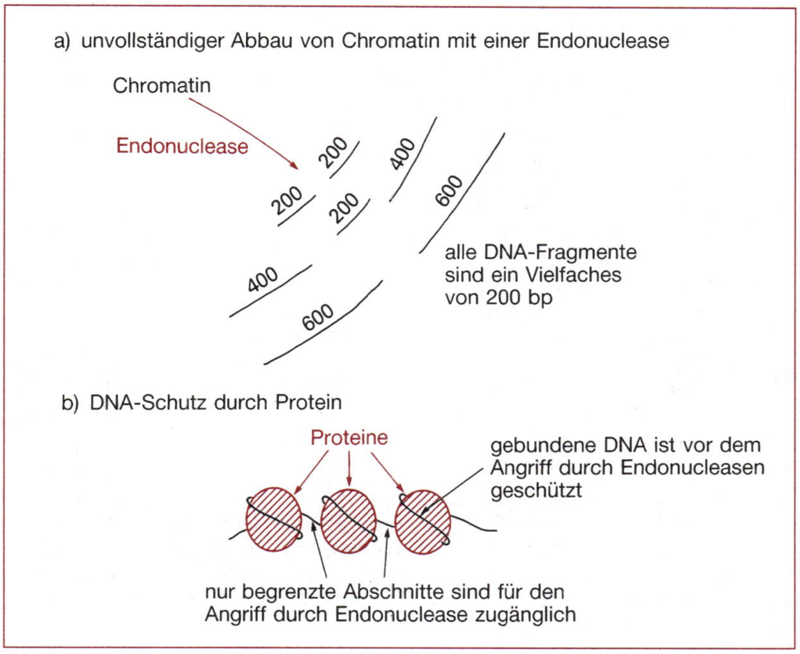

15.4 Durch Behandlung mit einer Endonuclease zeigt sich, daß Chromatin eine regelmäßig geordnete Struktur hat.

erwartet zufällig waren, sondern alle ein Vielfaches einer Länge von ungefähr 200 bp betrugen (Abb. 15.4a). Das ist ein Beispiel für DNase-Schutzexperimente (Seite 70), die eine Standardmethode zur Untersuchung von DNA-Protein-Wechselwirkungen darstellen. Es zeigt, daß das Protein im Chromatin in regelmäßiger Anordnung mit der DNA assoziiert ist und daß die Proteinkomplexe Abschnitte des DNA-Moleküls vor dem Angriff durch die Endonuclease schützen (Abb. 15.4b).

Ergänzt wurden diese biochemischen Ergebnisse im folgenden Jahr durch die ersten elektronenmikroskopischen Aufnahmen von Chromatin, das nach einer neuen Methode präpariert worden war. Diese Präparationen zeigten lineare Anordnungen von kugeligen Strukturen wie in einer **Perlenkette** (Abb. 15.5a); nach allgemeiner Annahme zeigen sie unmittelbar die Proteinkomplexe an einem DNA-Molekül. Die kugeligen Partikel heißen **Nucleosomen**; wie Robert Kornberg 1975 nachwies, bestehen sie aus gleichen Mengen aller Histone außer H1. Später stellte sich heraus, daß die Histone ein tonnenförmiges **Core-Oktamer** *(core octamer)* bilden, das aus je zwei Molekülen H2A, H2B, H3 und H4 besteht, und daß das DNA-Molekül zweimal um jedes Nucleosom gewunden ist (Abb. 15.5b). Das Histon H1 bindet vermutlich an die äußere Oberfläche des Nucleosoms und hält möglicherweise die DNA immer an der gleichen Stelle, als wenn man mit dem Finger eine Schleife vor dem Schlingen des Knotens am Aufgehen hindert. Genau 146 bp der DNA sind mit dem Nucleosom assoziiert und damit vor einer Endonucleasespaltung geschützt. Nur die 50 bis 70 bp langen Stücke der **Linker-DNA**, welche die einzelnen Nucleosomen miteinander verbinden, sind für die Endonuclease

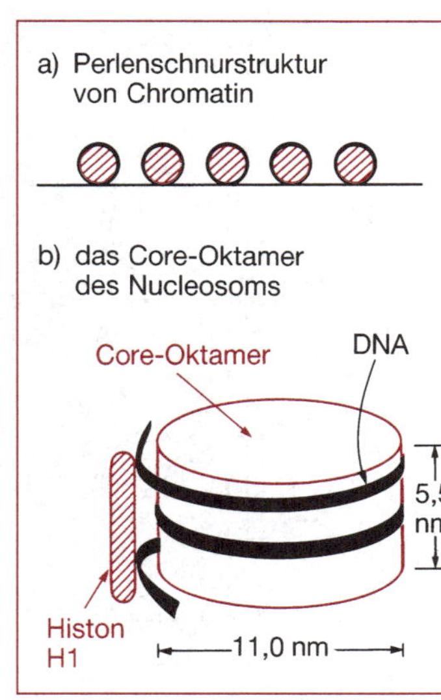

15.5 Nucleosomen.

Nucleosomen und Genexpression

Wenn die DNA im Kern in die 30-nm-Chromatinfaser verpackt ist, wobei ungefähr alle 200 bp ein Nucleosom sitzt, wie kann dann die RNA-Polymerase an die Gene herankommen, um sie abzulesen? Das ist unter anderem deshalb möglich, weil die RNA-Polymerase die Nucleosomen abstreifen kann, wenn sie an der DNA entlangläuft. Wenn das Enzym seine Aufgabe erfüllt hat, heften sich die Nucleosomen wieder an. Das erklärt zwar den Ablauf, wenn die Transkription in vollem Gange ist, die Frage ist damit jedoch nicht vollständig beantwortet. Die RNA-Polymerase kann sich nämlich offensichtlich nicht an die vollständig kondensierte 30-nm-Chromatinfaser anheften. Man muß also vermuten, daß die DNA im Bereich eines aktiven Gens etwas anders gepackt ist, und nach neueren Erkenntnissen ist das auch der Fall. Die Nucleosomen sind zwar assoziiert, aber die 30-nm-Faser ist nicht vollständig kondensiert, so daß die RNA-Polymerase an der richtigen Stelle an die DNA herantreten kann. Für die Entscheidung, welche Struktur die Chromatinfaser einnimmt, spielt das Histon H1 möglicherweise eine zentrale Rolle.

Interessant ist auch die Beobachtung, daß nicht alle Gene in jeder Zelle in der aktiven Konformation vorliegen. Diejenigen Gene, die in der jeweiligen Zelle exprimiert werden, sind für die RNA-Polymerase zugänglich; andere Gene jedoch (zum Beispiel solche, die nur in anderen Geweben oder Zelltypen exprimiert werden) sind in der 30-nm-Faser „eingeschlossen". Die Chromatinstruktur ist also möglicherweise mitverantwortlich für die gewebespezifische Regulation der Genexpression.

zugänglich. Ein einzelner Schnitt in jeder Linker-Region ergibt also DNA-Fragmente von 200 bp.

Die Verpackung der DNA in den Nucleosomen reduziert ihre Länge ungefähr um den Faktor sechs – eine 6 cm lange DNA, etwas mehr als die Durchschnittslänge eines einzelnen Chromosoms, wäre dann 1 cm lang. Das ist immer noch viel mehr als die wenigen Mikrometer, die DNA in Chromosomen mißt; wir müssen also nach zusätzlichen, höheren Niveaus der Chromatinstruktur suchen.

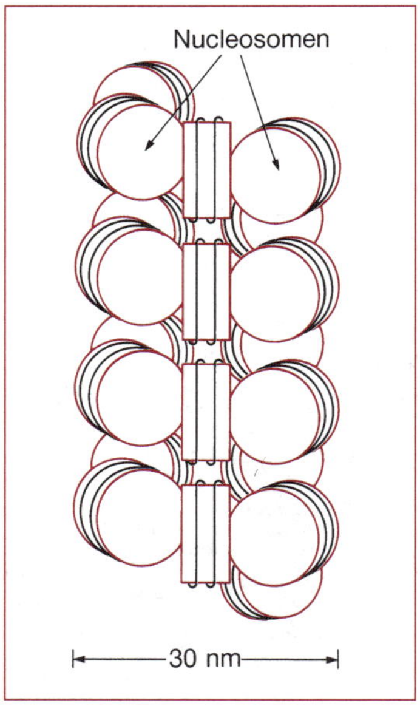

15.6 Das Solenoidmodell für die 30-nm-Chromatinfaser.

c) Nucleosomen assoziieren sich zur 30 Nanometer starken Chromatinfaser. Zwischen 1977 und 1980 charakterisierte Aaron Klug aufgrund seiner elektronenmikroskopischen Beobachtungen einer Chromatinfaser, die weniger ausgebreitet war als die Perlenstruktur und einen Durchmesser von 30 nm hatte, das zweite Niveau der Chromatinstruktur. Diese Faser entsteht durch die Zusammenlagerung einzelner Nucleosomen; die genaue Anordnung ist jedoch nicht bekannt.Am plausibelsten erscheint immer noch Klugs ursprüngliches „Solenoidmodell" (Abb. 15.6).

Die 30-nm-Chromatinfaser reduziert die Länge der Perlenschnurform ungefähr auf ein Siebtel; unser ursprüngliches, 6 cm langes DNA-Stück ist jetzt also 1,4 mm lang. In Zellen, die sich nicht aktiv teilen, stellt die 30-nm-Faser wahrscheinlich die höchste Organisationsebene des Chromatins im Kern dar. In diesen Zellen sind keine einzelnen Chromosomen zu erkennen. Man weiß schon lange, daß die höheren Packungsgrade erst während der Zellteilung eine Rolle spielen, wenn **Metaphasechromosomen**, die am höchsten organisierten Strukturen, sichtbar werden.

Um die zusätzliche Größenreduktion zu erreichen, die zur Bildung eines Metaphasechromosoms nötig ist, nimmt die 30-nm-Faser eine Struktur ein, die an das bakterielle Nucleoid erinnert (Abschnitt 14.1): Überspiralisierte Schleifen stehen radial von einem Kern aus Nichthistonproteinen ab (Abb. 15.7). Jede Schleife enthält ungefähr 85 kb der DNA (in Form einer 30-nm-Faser), etwas weniger als eine Schleife in der Nucleoid-DNA von *E. coli*. Die Struktur ist ungefähr 0,75 μm dick, das entspricht in etwa der Breite eines Metaphasechromosoms. Man kann also davon ausgehen, daß dies die höchste Stufe struktureller Organisation von chromosomaler DNA darstellt.

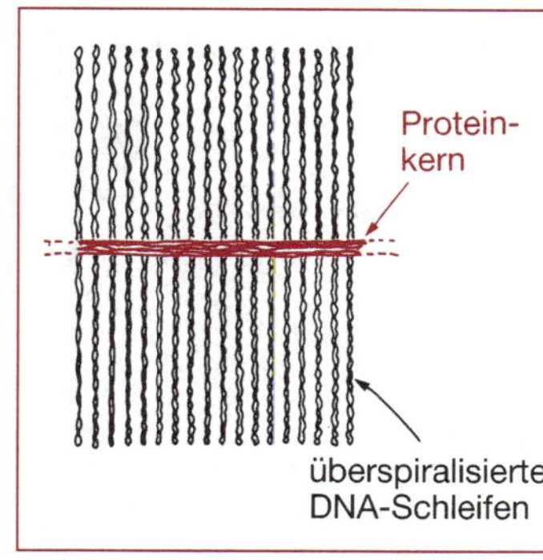

15.7 Die Struktur innerhalb der Metaphasechromosomen mit überspiralisierten Schleifen.

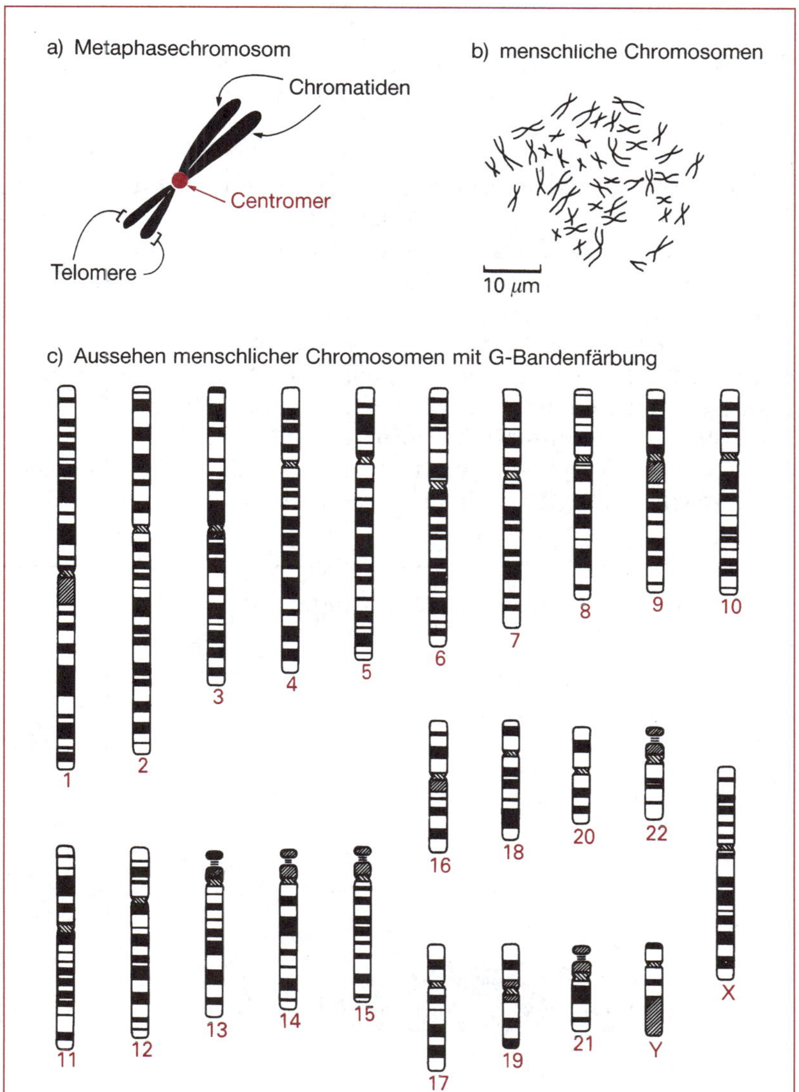

15.8 Chromosomenmorphologie.

Die Lage von Centromeren

Die genaue Lage des Centromers ist charakteristisch für ein bestimmtes Chromosom.

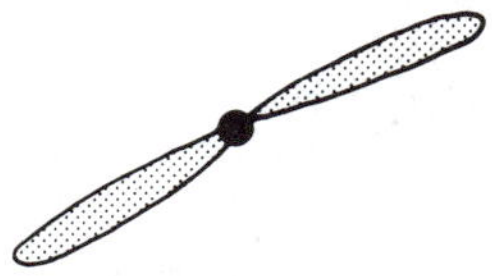

Metazentrisch: Das Centromer liegt in der Mitte des Chromosoms.

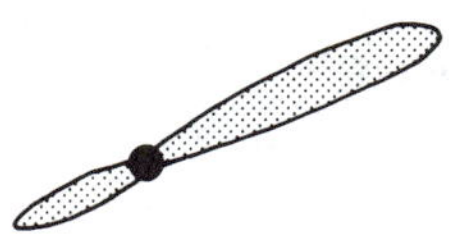

Submetazentrisch: Das Centromer liegt etwas von der Mitte entfernt.

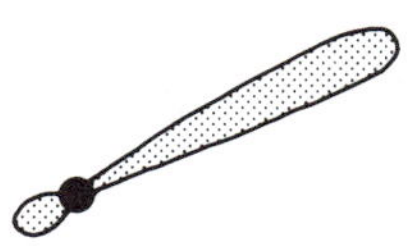

Akrozentrisch: Das Centromer liegt nahe an einem Ende.

Telozentrisch: Das Centromer liegt sehr nahe an einem Ende.

15.2.2 Chromosomenmorphologie

Abb. 15.8a zeigt das typische Aussehen eines Metaphasechromosoms. Es sind in Wirklichkeit zwei verbundene Chromosomen, denn in dem Stadium des Zellzyklus, in dem Chromosomen kondensieren und sichtbar werden, hat die DNA-Replikation bereits stattgefunden. Metaphasechromosomen enthalten also die beiden DNA-Tochtermoleküle, die durch eine Struktur namens **Centromer** miteinander verbunden sind. Die Lage des Centromers ist für jedes einzelne Chromosom charakteristisch; sie ist eines der Merkmale, anhand derer man einzelne Mitglieder des **Karyotyps**, des gesamten Chromomensatzes im Kern, unterscheidet (Abb. 15.8b). Die Arme der Chromosomen heißen **Chromatiden**; ihr Aussehen liefert das zweite Unterscheidungsmerkmal verschiedener Chromosomen. Das liegt daran, daß Chromatiden von chromosomenspezifischen Farbstoffen nicht gleichmäßig angefärbt werden, sondern mit einem Muster aus hellen und dunklen Banden. Das Bandenmuster ist für ein einzelnes Chromosom charakteristisch (Abb. 15.8c).

a) Centromere sind wichtig für die Teilung der Chromosomen. Das Centromer ist die Stelle auf dem Chromosom, an der die beiden Tochterchromatiden verbunden sind. Am Centromer tritt das Chromosom auch mit den Mikrotubuli in Kontakt, welche die Tochtermoleküle während der Zellteilung in ihre jeweiligen Kerne ziehen (Abb. 15.15 und 15.16). Wegen dieser beiden Funktionen enthält die Centromerregion des Chromosoms spezielle Proteine und charakteristische, centromerspezifische DNA-Sequenzen. Am besten sind die Verhältnisse bei der Hefe *Saccharomyces cerevisiae* bekannt, da deren relativ kleine Chromosomen der Forschung zugänglicher sind als die viel größeren Chromoso-

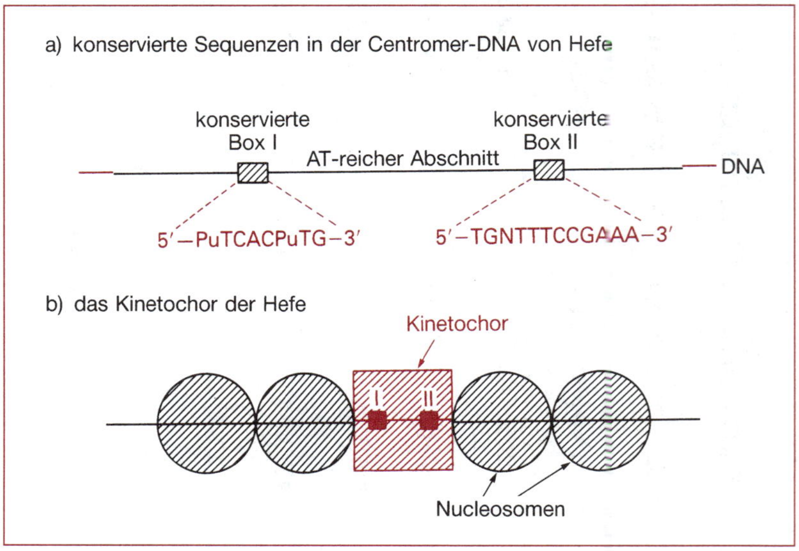

15.9 Centromere der Hefe. Das Kinetochor umfaßt 220 bp der DNA, wovon die zentralen 125 bp aus den beiden konservierten Boxen, der AT-reichen Region und einigen Nucleotiden auf jeder Seite in verschiedenen Centromeren sehr ähnlich sind. Abkürzungen: Pu = Purinnucleotid; N = beliebiges Nucleotid.

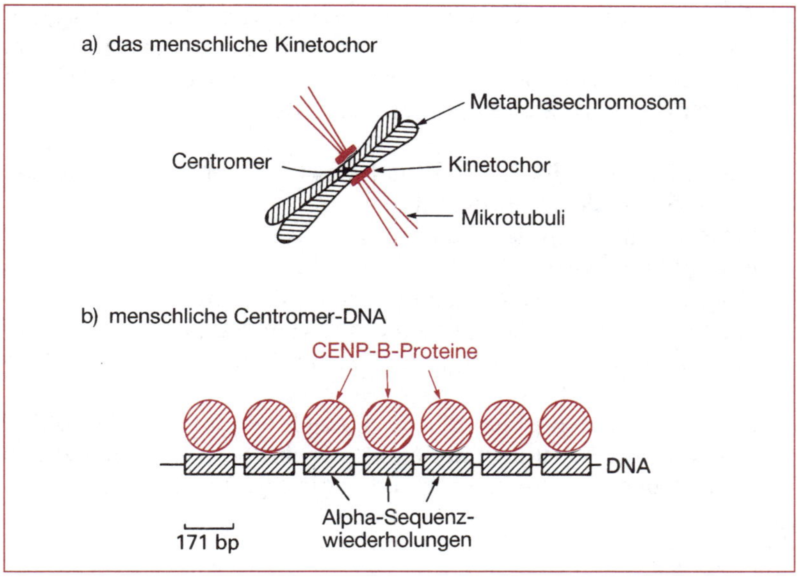

15.10 Menschliche Centromere.

men anderer Eukaryoten. Der entscheidende Bestandteil eines Hefecentromers ist ein DNA-Segment von 125 bp, das in allen elf Hefechromosomen, die bis jetzt untersucht wurden, eine ähnliche Sequenz hat (Abb. 15.9a). An dieser Sequenz von 125 bp lagert sich eine Reihe von Proteinen zum **Kinetochor** zusammen, einer besonderen Struktur, an der sich ein einzelner Mikrotubulus anheftet (Abb. 15.9b).

Leider haben die Chromosomen von *S. cerevisiae* einige ungewöhnliche Eigenschaften, so daß sie keine guten Modelle für die Chromosomenstruktur anderer Eukaryoten sind. Insbesondere sind die Hefekinetochore allem Anschein nach permanente Strukturen, an denen die Mikrotubuli immer haften. Das ist bei den meisten anderen Organismen nicht der Fall; deren Kinetochore entwickeln sich erst, wenn die Chromosomen zur Metaphaseform kondensieren. Bei höheren Eukaryoten wie dem Menschen ist ein Kinetochor eine relativ komplizierte Struktur, die anscheinend auf der Oberfläche der Metaphasechromosomen gebildet wird (Abb. 15.10a). Ob das Kinetochor nur aus Protein besteht oder auch DNA aus dem Chromosom selbst enthält, ist nicht bekannt. Von dieser niedrigeren Strukturebene weiß man bisher nur, daß die DNA in der Centromerregion hochrepetitive Sequenzen hat und irgendwie mit bestimmten Proteinen interagiert. Beim Menschen besteht die Centromerregion zum Beispiel aus vielen Kopien einer 171 bp langen Sequenz, der sogenannten **Alpha-DNA**, wobei jede Sequenzwiederholung als Bindungsstelle eines einzigen Moleküls des centromer-spezifischen Proteins CENP-B (Abb. 15.10b) dient. Mindestens fünf weitere Proteine sind mit dem Centromer-Kinetochor assoziiert, aber wie sie untereinander, mit der DNA oder mit Nucleosomen (falls vorhanden) in Wechselwirkung treten, ist noch ein Rätsel.

b) Telomere schützen die Chromosomenenden. Die Enden eines Chromosoms heißen **Telomere**. Sie mögen zwar recht unscheinbar aussehen, doch sie stellen spezialisierte Strukturen dar, die drei wichtige Funktionen übernehmen müssen:

1. Die Telomere müssen die Enden des Chromosoms vor Angriffen durch Endonucleasen schützen.
2. Sie müssen verhindern, daß sich verschiedene Chromosomen miteinander verbinden. Gebrochene Chromosomen heften sich sehr gut wieder aneinander, und zwar direkt an den internen Bruchstellen; also müssen die Enden normaler Chromosomen über spezielle Strukturen verfügen, die eine solche Verbindung verhindern.
3. Sie müssen das Problem lösen, das sich bei der DNA-Replikation stellt; diese führt nämlich offensichtlich zur zunehmenden Verkürzung der linearen DNA-Moleküle in den Chromoso-

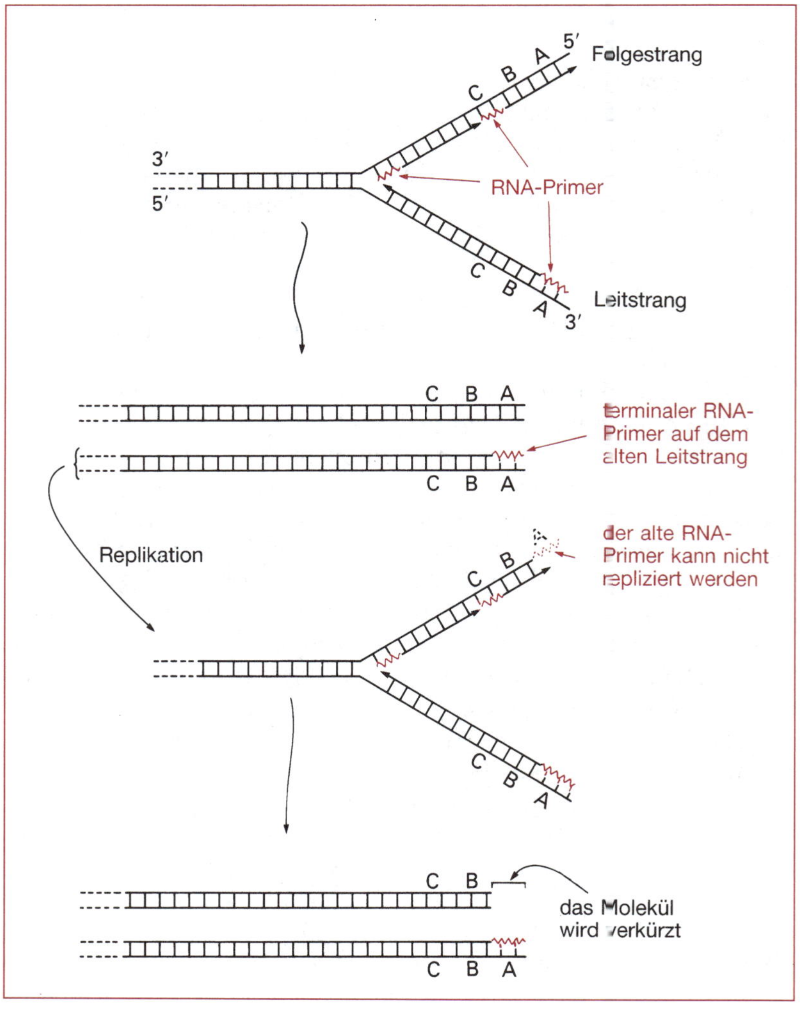

15.11 Das Problem, das an den Enden eines linearen DNA-Moleküls auftaucht. Zur DNA-Synthese ist ein RNA-Primer nötig (Abschnitt 11.2.2), das heißt, das äußerste 5′-Ende des Leitstranges wird nicht in DNA umgewandelt: Es bleibt als RNA-Primer erhalten. In einer zweiten Replikationsrunde könnte dieser Primer nicht als Matrize für die DNA-Replikation dienen, so daß das entstehende Molekül kürzer wäre. Wenn das oft genug geschieht, verschwindet das Molekül schließlich.

men. Wie bereits erwähnt, läuft die DNA-Synthese ausschließlich in 5'→3'-Richtung, und zum Start ist ein kurzer RNA-Primer nötig (siehe Kapitel 11). Das bedeutet, daß das äußerste 5'-Ende eines linearen DNA-Moleküls aus einem RNA-Primer besteht, der unter normalen Umständen nicht durch DNA ersetzt wird (Abb. 15.11). Deshalb sollten die Chromosomen immer kürzer werden – was aber nicht der Fall ist.

Telomere enthalten wie Centromere ganz bestimmte DNA-Sequenzen, auf denen ihre Funktion zu beruhen scheint. Telomer-DNA besteht aus vielen Kopien einer kurzen Sequenz – beim Menschen lautet sie 5'-AGGGTT-3' – die sich an den äußersten Enden jedes chromosomalen DNA-Moleküls etwa tausendmal wiederholt. Die Struktur ist für jedes Telomer verschieden, sie ähnelt aber der folgenden:

5'... AGGGTTAGGGTTAGGGTTAGGGTTAGGGTTAGGGTT-3'
3'... TCCCAATCCCAATCCCAATCCCAATCCC-5'

Der eine Strang ist reich an G-Nucleotiden, entsprechend enthält der andere viele C-Nucleotide. Und der G-reiche Strang ist immer der am 3'-Ende des DNA-Moleküls und ragt dort zwölf bis 16 Nucleotide über den C-reichen hinaus.

An den Telomeren der Chromosomen gibt es keine Nucleosomen; statt dessen dienen die Wiederholungssequenzen als Bindungsstellen für telomerspezifische Proteine wie TRF1 beim Menschen. Die gebundenen Proteine dienen, so nimmt man allgemein an, als Kappe zum Schutz der Chromosomen vor Abbau oder Fusion mit anderen Chromosomen.

Wie verhindern die Telomere, daß die Chromosomen während der DNA-Replikation allmählich immer kürzer werden? Entscheidend dafür ist die **Telomerase**, ein Enzym aus einer Proteinkomponente und einem 159 Nucleotide langen RNA-Molekül. Die Telomerase-RNA enthält an einer Stelle eine kurze Sequenz, die mit einer oder mehreren Wiederholungseinheiten im C-rei-

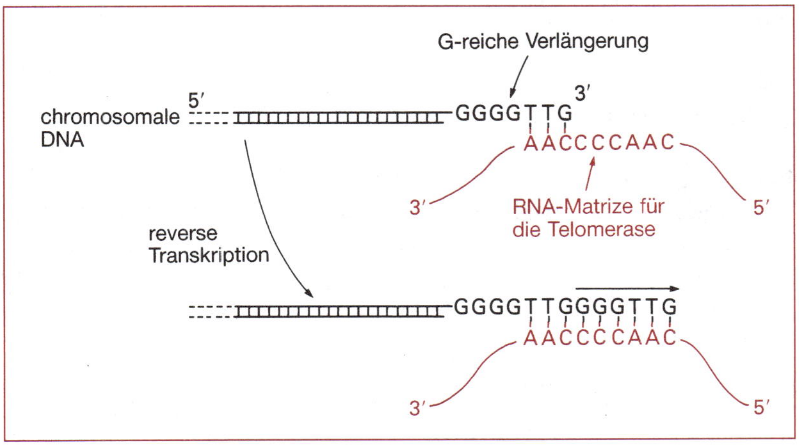

15.12 Verlängerung des G-reichen Stranges an einem Telomer durch reverse Transkription, katalysiert durch das Enzym Telomerase.

chen Strang des Telomers übereinstimmt. Deshalb kann sie als Matrize für die Synthese der Wiederholungssequenz im G-reichen Strang dienen (Abb. 15.12). Da es sich bei der Matrize um RNA und bei dem Produkt um DNA handelt, ist diese Reaktion ebenfalls ein Beispiel für reverse Transkription (Abschnitt 13.2.2). Durch mehrfache Verlängerung des G-reichen Stranges kann ein Gegengewicht zu dem Verkürzungseffekt bei der DNA-Replikation geschaffen werden.

15.3 DNA-Replikation und Zellteilung

Die DNA-Replikation läuft bei Eukaryoten in der Regel mit einer Geschwindigkeit von 2000 bis 4000 bp in der Minute ab, also viel langsamer als in *E. coli*. Demnach würde es etwa neun Tage dauern, bis ein durchschnittliches menschliches DNA-Molekül sich von einem einzigen Replikationsursprung aus verdoppelt hätte. Aus diesem Grund gibt es in eukaryotischer DNA viele Startpunkte für die Replikation – ihr Abstand beträgt durchschnittlich 40 kb bei der Hefe und 150 kb bei Säugetieren (die insgesamt also 20 000 solche Stellen besitzen). Jeder Replikationsursprung ist eine Bindungsstelle für eine Gruppe von Proteinen, die man als **Start-Erkennungskomplex** bezeichnet. Früher glaubte man, dieser Komplex sei selbst unmittelbar für die DNA-Replikation verantwortlich, aber wie man mittlerweile weiß, sind mindestens sechs Bausteine des Komplexes an jedem Startpunkt ständig an die DNA gebunden, das heißt, die Replikation muß durch Wechselwirkungen mit einem oder mehreren anderen Proteinen in Gang gesetzt werden. Wie die Einzelheiten auch aussehen mögen, in jedem Fall läuft die DNA-Replikation in beide Richtungen: Zwei Replikationsgabeln entfernen sich voneinander, so daß sich auf der Länge des Moleküls eine Reihe von Replikationsblasen bildet (Abb. 15.13).

15.3.1 Der Zellzyklus

In der Gewebekultur teilen sich menschliche Zellen ungefähr alle 24 Stunden. Im Körper dauert ein **Zellzyklus** gewöhnlich länger,

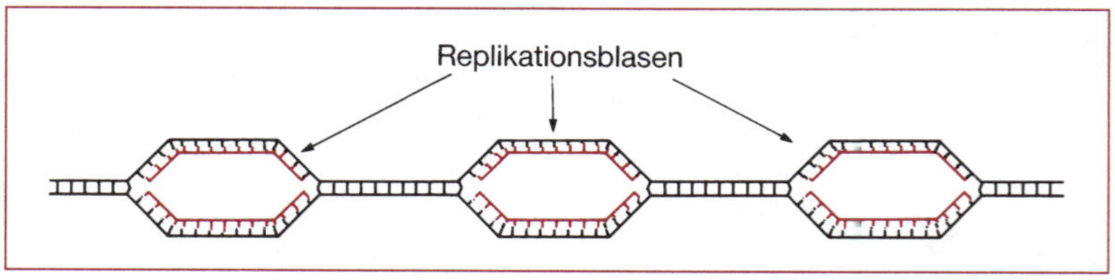

15.13 Eukaryotische DNA-Moleküle enthalten zahlreiche Replikationsursprünge, so daß während der Replikation am Molekül entlang eine Reihe von „Replikationsblasen“ entsteht.

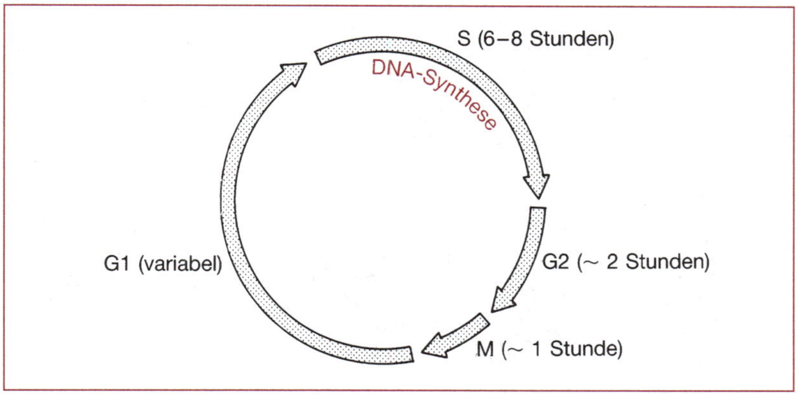

15.14 Der Zellzyklus.

aber die Vorgänge sind die gleichen. Diese Vorgänge laufen koordiniert und kontrolliert ab, damit die chromosomalen DNA-Moleküle sich zur richtigen Zeit verdoppeln und damit die replizierten Chromosomen bei der Zellteilung richtig auf die Tochterzellen verteilt werden.

Man gliedert den Zellzyklus üblicherweise in vier Phasen (Abb. 15.14):

1. Die *G1-Phase* ist im allgemeinen die längste Phase des Zellzyklus; sie kann bei manchen Zellen Wochen oder sogar Monate dauern. „G" steht für das englische Wort *gap*, das heißt Zwischenraum, was andeutet, daß es sich um einen unwichtigen Zeitraum handelt. Das ist jedoch irreführend, denn es handelt sich um die Zeit, in der die Zelle wächst, Stoffwechsel betreibt und in einem vielzelligen Organismus ihre spezielle Funktion ausübt. In der G1-Phase hat die Zelle ihren „normalen" Chromosomensatz, 46 (23 Paare) im Falle einer menschlichen Zelle.
2. In der *S-Phase* werden die chromosomalen DNA-Moleküle repliziert. Zu Beginn der S-Phase werden die Replikationsstartpunkte aktiviert, und die DNA-Synthese verläuft in beide Richtungen an linearen Molekülen entlang, bis die Replikation abgeschlossen ist. Trotz der vielen Startpunkte kann die S-Phase sechs bis acht Stunden dauern.
3. Die *G2-Phase* ist eine zweite *gap*-Phase, in der die Zelle allerdings bereits auf die Zellteilung ausgerichtet ist; G2 dauert selten länger als drei bis vier Stunden. Während der G2-Phase ist die Zelle eigentlich tetraploid, denn jedes Chromosom (von dem zwei Kopien vorliegen) hat sich repliziert und enthält somit zwei DNA-Moleküle. Am Ende von G2 kondensieren die Chromosomen zu den Metaphasestrukturen (Abb. 15.8).
4. Die *M-Phase* umfaßt den Zeitraum, in dem Kern- und Zellteilung stattfinden. Man unterscheidet zwei verschiedene Typen von Kernteilung, **Mitose** und **Meiose**, die jeweils gewöhnlich weniger als eine Stunde dauern. Bei der Mitose (Abb. 15.15), dem Standardtyp der Zellteilung für **vegetative** (das heißt nicht reproduktive) Zellen, entstehen zwei Tochterkerne, von

15.15 Mitose eines diploiden Zellkerns. Zu Beginn einer Mitose sind die Chromosomen bereits repliziert; sie bestehen jeweils aus zwei Tochterchromatiden, die an ihrem Cetromer verbunden sind (wie auf Seite 292 beschrieben). Während der Mitose trennen sich die Tochterchromatiden und verteilen sich so auf die beiden Tochterkerne, daß jeder einen vollen Chromosomensatz hat. Jeder durch eine Mitose entstandene Zellkern hat also die gleiche Zahl von Chromosomen wie der Elternkern.

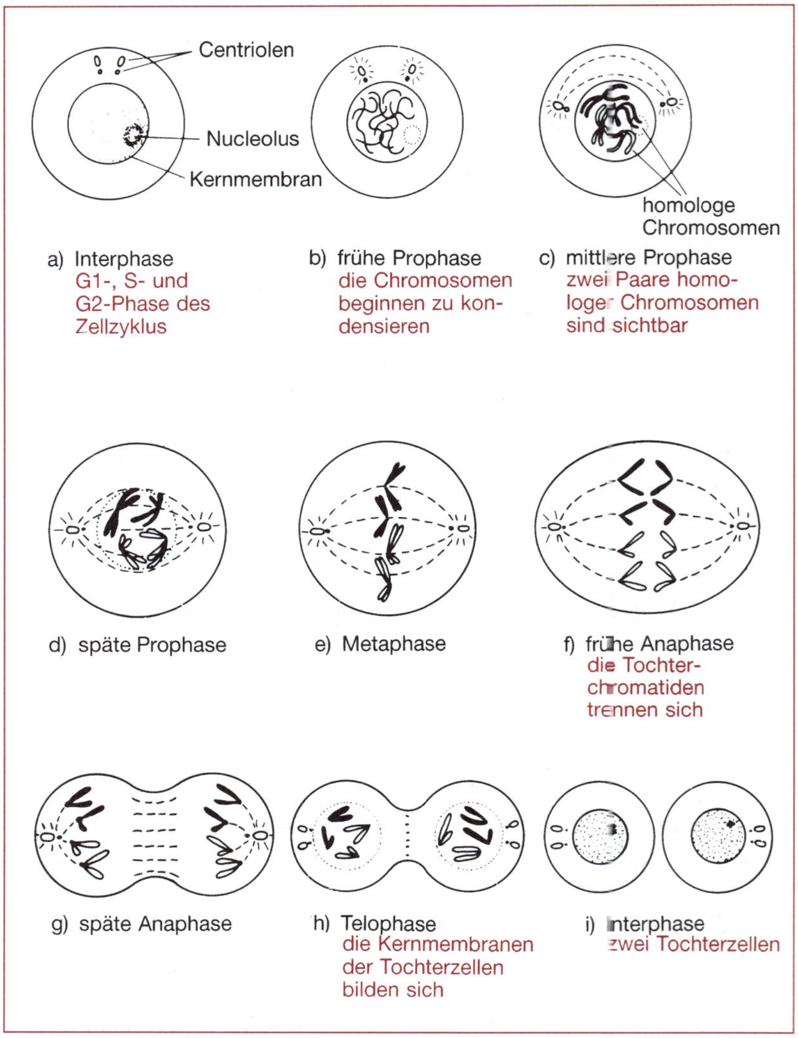

denen jeder den gleichen Chromosomensatz enthält wie der elterliche Kern. Die Meiose (Abb. 15.16) führt zu einer Reduktion der Chromosomenzahl um die Hälfte; die Meiose einer Zelle, die in G1 diploid und in G2 tetraploid war, ergibt also vier haploide Tochterzellen. Diese haploiden Tochterzellen sind normalerweise die männlichen oder weiblichen Keimzellen (Spermien beziehungsweise Eizellen). Durch die Fusion mit dem komplementären Partner von einem anderen oder demselben Individuum ensteht eine befruchtete, diploide Eizelle. Während der Meiose können sich **homologe Chromosomen** (die beiden identischen Chromosomen jedes Paares in einem diploiden Kern) nebeneinanderlegen und durch Rekombination DNA austauschen (*Crossing-over*, Abschnitt 12.3.2). Derartige Vorgänge liefern eine Grundlage zur Untersuchung der Genorganisation in eukaryotischen Chromosomen; in Kapitel 18 wird noch genauer davon die Rede sein.

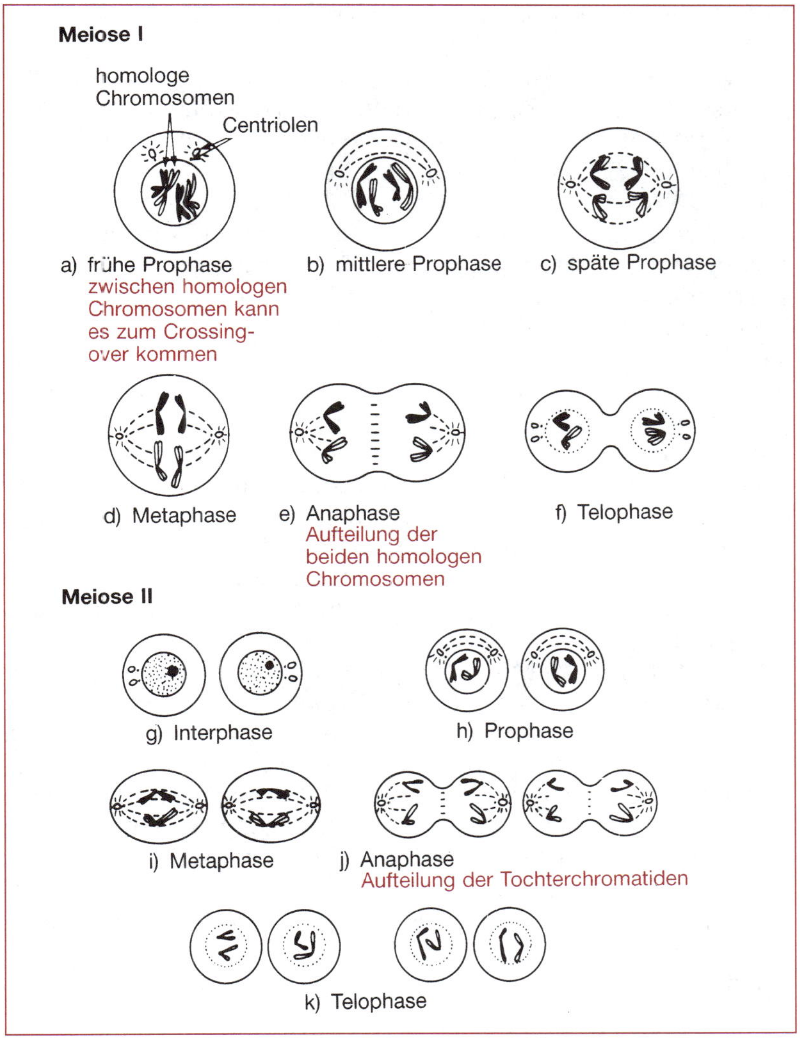

15.16 Meiose eines diploiden Kerns mit zwei Paaren homologer Chromosomen. Die Meiose läßt vier Tochterkerne entstehen, von denen jeder den haploiden Chromosomensatz enthält. Jeder Tochterkern besitzt also halb so viele Chromosomen wie der ursprüngliche Zellkern. Die Meiose umfaßt zwei Kernteilungszyklen. Zu Beginn sind die Chromosomen bereits repliziert, und die beiden Tochterchromatiden hängen jeweils an ihren Centromeren aneinander. Während des ersten Meiosezyklus orientieren sich die homologen Chromosomen parallel zueinander, und es kann zum Crossing-over kommen (Abschnitt 12.3.2). Anschließend verteilen sich die Chromosomen auf die beiden ersten Tochterkerne. Während des zweiten Meiosezyklus teilt sich jedes Chromosom in seine Tochterchromatiden, die sich dann auf die beiden nächsten Tochterkerne verteilen.

15.4 Extrachromosomale Gene

Genetische und biochemische Untersuchungen führten in den fünfziger Jahren zu der Vermutung, daß Eukaryoten extrachromosomale Gene besitzen. Man entdeckte ein oder zwei Gene mit so ungewöhnlichen Vererbungsmustern, daß es so aussah, als könnten die betreffenden Gene unmöglich auf Chromosomen im Zellkern liegen. Zur gleichen Zeit stellte sich heraus, daß es in den Chloroplasten von Algen wie *Chlamydomonas reinhardtii* und in den Mitochondrien von Pilzen wie *Neurospora crassa* DNA gibt. Daraufhin erkannte man, daß die DNA-Moleküle in diesen Organellen die ungewöhnlichen Gene tragen müssen.

15.4.1 Genetische Systeme der Organellen

Die Mitochondrien aller Lebewesen sowie die Chloroplasten aller photosynthetischen Zellen enthalten DNA-Moleküle, die eine begrenzte Zahl von Genen tragen. Diese Gene codieren RNAs und Proteine, die das Organell braucht.

Die DNA von Mitochondrien und Chloroplasten ist im allgemeinen ringförmig und doppelsträngig; es gibt jedoch auch einige lineare Mitochondriengenome. Die Kopienzahlen sind noch nicht genau bekannt: Jedes menschliche Mitochondrium enthält allem Anschein nach zehn identische Moleküle; das bedeutet, daß es in der Zelle ungefähr 8000 solcher Genome gibt. Bei Hefe ist die Anzahl wahrscheinlich viel geringer. Die Größe der Organellengenome hängt von der jeweiligen Art ab; die Länge der DNA-Moleküle in den Mitochondrien variiert um den Faktor 200 – von 16 569 beim Menschen bis zu 2000 kb bei einigen höheren Pflanzen (Tabelle 15.3). Chloroplastengenome weisen keine derartige Variationsbreite auf: Ihre Größe liegt bei allen höheren Pflanzen zwischen 120 und 180 kb, und bei allen anderen photosynthetisch aktiven Eukaryoten mit Ausnahme von ein oder zwei Algen sind die Größen nicht wesentlich anders (Tabelle 15.3).

Die meisten RNA-Moleküle, Enzyme und Proteine, die an der Transkription und Translation der Organellengene beteiligt sind, unterscheiden sich von den entsprechenden Molekülen im Kern und im Cytoplasma der Zelle. Im eukaryotischen Kern gibt es beispielsweise drei verschiedene RNA-Polymerasen, von denen jede für die Transkription eines bestimmten Satzes von Genen verantwortlich ist (Abschnitt 5.3.1). Sie alle unterscheiden sich von der RNA-Polymerase der Mitochondrien, einem einzelnen Polypeptid mit einer molaren Masse von ungefähr 65 000 Dalton, sowie von dem entsprechenden Enzym der Chloroplasten, das in seiner Komplexität dem *E. coli*-Enzym ähnelt.

Tabelle 15.3: Größe von Organellengenomen

Art	biologische Gruppe	Genomgröße (kb)
Mitochondriengenome		
Homo sapiens	Metazoon	17
Aspergillus nidulans	Pilz	33
Saccharomyces cerevisiae	Hefe	70
Brassica campestris	Blügenpflanze	218
Mais	Blütenpflanze	570
Melone	Blütenpflanze	2 500
Chloroplastengenome		
Erbse	Blütenpflanze	120
Marchantia polymorpha	Lebermoos	121
Tabak	Blütenpflanze	156
Chlamydomonas reinhardtii	Alge	195

15.4.2 Genome der Organellen

Organellengenome gehörten zu den ersten DNA-Molekülen, die Ende der siebziger Jahre im Laufe der Entwicklung der schnellen Methoden zur Nucleotidsequenzierung untersucht wurden. Insbesondere die Gruppe um Frederick Sanger in Cambridge, der wesentlich am Durchbruch der DNA-Sequenzierungstechnologie beteiligt war, machte sich daran, das gesamte menschliche Mitochondriengenom zu sequenzieren. Im April 1980 veröffentlichte er das Ergebnis.

a) Das menschliche Mitochondriengenom ist mit Genen vollgepackt. Das menschliche Mitochondriengenom (Abb. 15.17) ist 16 569 bp lang und trägt Gene für 13 Proteine, zwei rRNAs und 22 tRNAs. Diese Gene machen 15 368 bp des Moleküls aus; den größten Teil des Restes nimmt der Replikationsstartpunkt ein. Nur ein sehr geringer Teil des DNA-Moleküls, nämlich etwa 87 bp, ist genetisch unbedeutend. Das menschliche Mitochondriengenom scheint also alle Anstrengungen unternommen zu haben, um so kompakt wie möglich zu werden. Folgende Eigenschaften verdeutlichen das:

1. Die rRNA-Gene gehören zu den kleinsten bekannten Genen ihrer Art. Sie codieren eine rRNA für die große Untereinheit mit einem Sedimentationskoeffizienten von nur 16S und eine RNA für eine kleine Untereinheit von 12S (man vergleiche diese Zahlen mit den typischen Werten in Tabelle 6.1).
2. Es gibt keine intergenen Regionen; die mRNAs haben keine Leader- oder Trailer-Sequenzen. Mehrere mRNAs sind so gestutzt, daß die Terminationscodons unvollständig sind: Fünf mRNAs enden nur mit U oder UA. Den Rest des Terminationscodons liefert eine Polyadenylierung nach der Transkription (siehe Abb. 15.18).
3. Es gibt nur Gene für nur 22 tRNAs, weniger als das normale Minimum zur Entzifferung des genetischen Codes. Die Stan-

Produkte von Mitochondriengenen

Das menschliche Mitochondriengenom enthält Gene für die beiden rRNAs der Mitochondrienribosomen und alle tRNAs, die zum Ablesen der Transkripte der proteincodierenden Gene nötig sind. Das bedeutet, daß keine rRNAs oder tRNAs aus dem Cytoplasma benötigt werden. Das Mitochondrium kann diese Moleküle vollständig selbst herstellen. Dagegen gibt es nur 13 proteincodierende Gene für je einen Bestandteil der Elektronentransportkette. In einem Mitochondrium gibt es aber viel mehr als 13 verschiedene Proteine; die meisten sind in Genen des Zellkerns codiert; sie werden an cytoplasmatischen Ribosomen synthetisiert und dann ins Mitochondrium transportiert. Bei Mitochondrien anderer Organismen und bei Chloroplasten sind die Verhältnisse ähnlich. Alle diese Organellengenome codieren nur eine geringe Zahl der Proteine, die das Organell für seine Funktion braucht.

Warum sind nicht alle notwendigen Gene im Organell? Oder umgekehrt: Warum haben die Organellen überhaupt ein Genom?

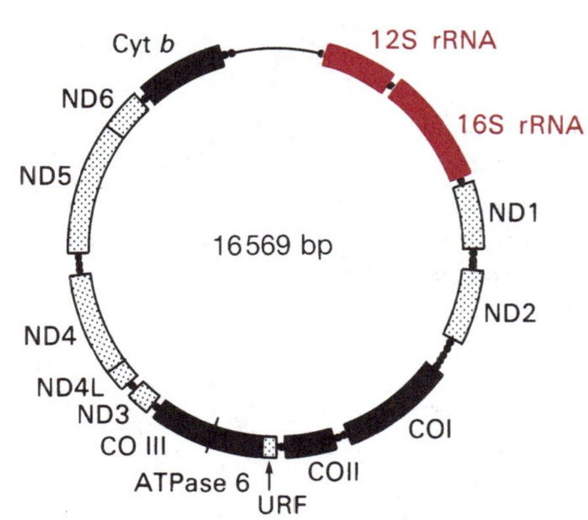

15.17 Die genetische Karte des menschlichen Mitochondriengenoms. Abkürzungen: *Cytb* = Apocytochrom b; ND = NADH-Dehydrogenaseuntereinheit; CO = Cytochrom *c*-Oxidase-Untereinheit; ATPase = ATPase-Untereinheit; URF = nicht identifiziertes Leseraster *(unidentified reading frame)*. Die Positionen von tRNA-Genen sind mit Punkten markiert.

15.18 In manchen menschlichen Mitochondrien-mRNAs entsteht durch Polyadenylierung ein Terminationssignal.

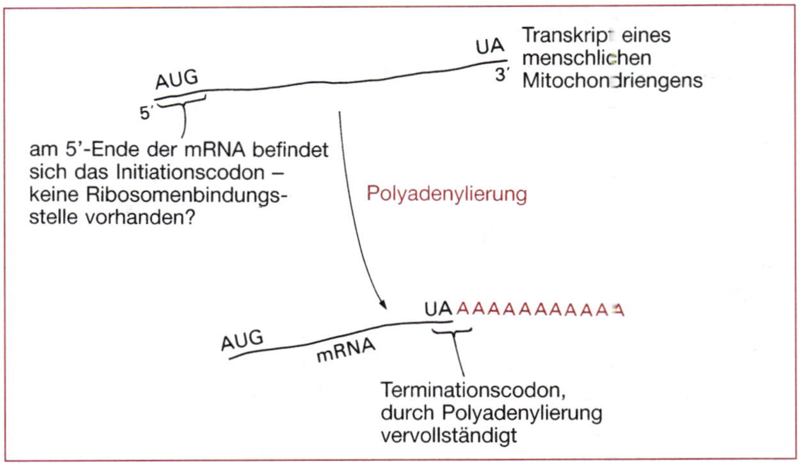

dardregeln für die Paarung von Codon und Anticodon (Abschnitt 9.1.2) müssen durch einen „Superwobble" modifiziert sein, wodurch manche tRNAs alle vier Codons einer einzelnen Familie erkennen können (Abb. 15.19).

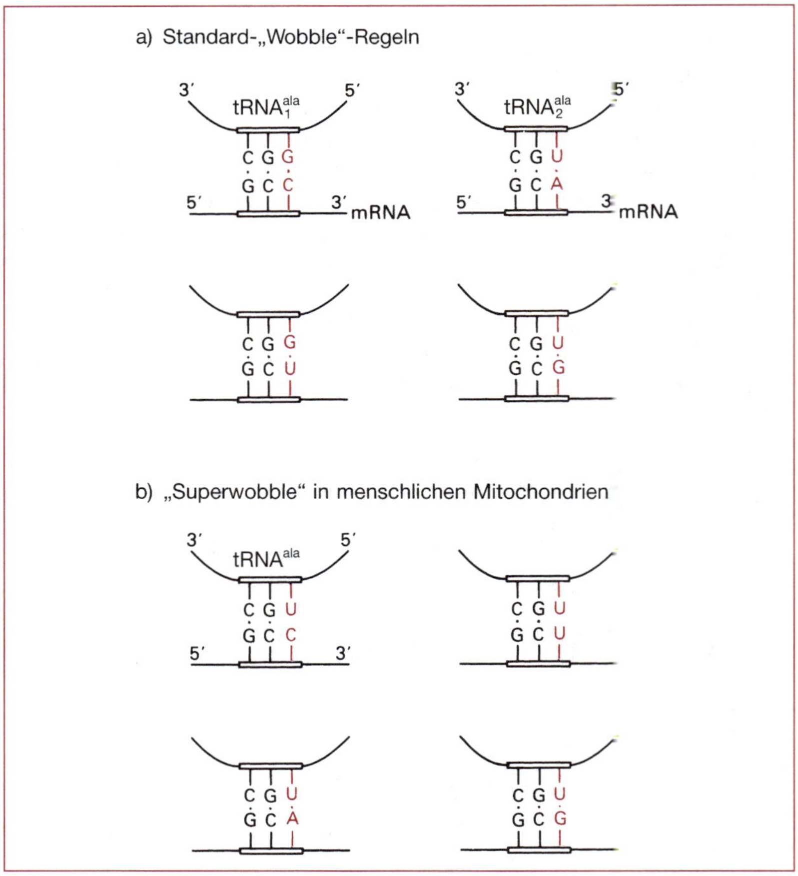

15.19 Unter dem „Superwobble" in menschlichen Mitochondrien versteht man die Tatsache, daß eine einzelne tRNA alle vier Alanincodons lesen kann. Eigentlich wird das dritte Nucleotid gar nicht berücksichtigt. Im Cytoplasma verlangen die strengeren Wobble-Regeln zwei tRNA^{ala}-Moleküle mit zwei verschiedenen Anticodons. Mitochondrien-tRNAs anderer Aminosäuren „superwobbeln" ebenfalls.

Dieser letzte Punkt hat wichtige Konsequenzen. Um die Zahl der benötigten tRNAs so gering wie möglich zu halten, hat das menschliche Mitochondriengenom als äußerste Maßnahme eine Veränderung der Zuordnungen des genetischen Codes vorgenommen. Es gibt insgesamt vier Veränderungen der Codonzuordnungen und zwei zusätzliche Tripletts, die als Initiationscodons fungieren können. Wir wissen jetzt, daß Codons, die nicht den Standardregeln entsprechen, ein generelles Merkmal von Mitochondriengenomen sind, daß aber die Unterschiede nicht in allen Lebewesen gleich sind (Abschnitt 8.2.3).

b) Organellengenome von Pilzen und Pflanzen. Die DNA-Sequenzierung lieferte Informationen über die Mitochondriengenome einer ganzen Reihe von Organismen. Die Mitochondrien-DNAs aller Metazoen sind im Prinzip so organisiert wie die des Menschen. Die Mitochondriengenome in Pilzen und Hefe sind bis zu zehnmal größer als das des Menschen (Tabelle 15.3), sie enthalten jedoch nur ein oder zwei zusätzliche Gene. Die zusätzliche Menge an DNA bedeutet, daß die Genome weniger kompakt sind und längere intergene Abschnitte sowie einige Introns der Gruppe I oder II haben (Abschnitt 7.4).

Über pflanzliche Mitochondrien-DNA liegt weniger Information aus DNA-Sequenzierungen vor. Diese Genome sind größer als bei Pilzen, man geht jedoch nicht davon aus, daß es viele zusätzliche Gene gibt. Den einzigen Anhaltspunkt für zusätzliche Sequenzen lieferte die Entdeckung, daß die Mitochondrien-

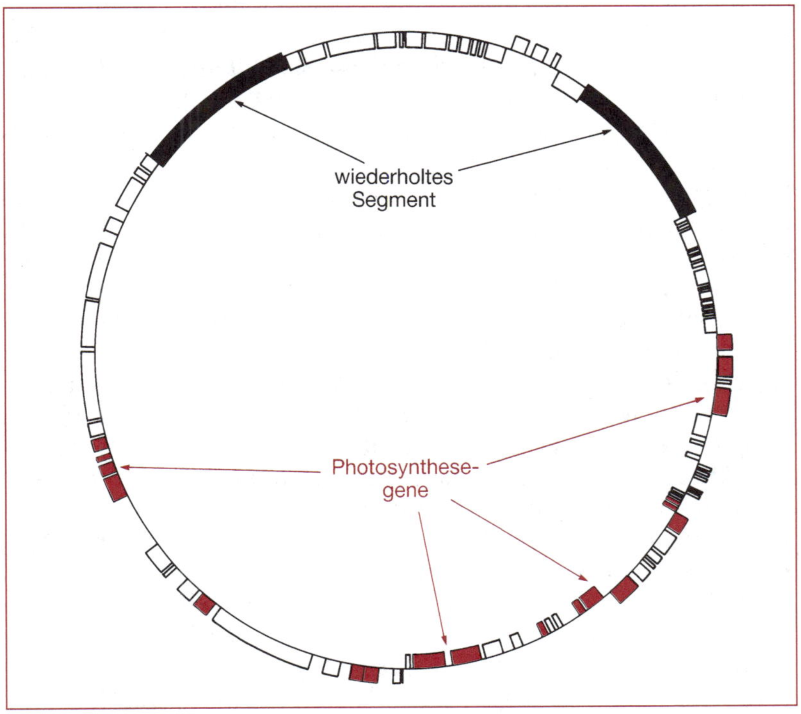

15.20 Karte des Chloroplastengenoms aus dem Lebermoos *Marchantia polymorpha.* Eingezeichnet sind die wiederholten Segmente, die rRNA-Gene und einige tRNA-Gene enthalten, sowie die proteincodierenden Gene, die an der Photosynthese beteiligt sind. Die Funktionen vieler anderer Gene sind nicht bekannt. (Übernommen aus K. Ohyama et al. *Nature* 322 [1986] S. 572–574.)

genome zumindest einiger Pflanzenarten DNA-Segmente enthalten, die sie vom Chloroplasten erhalten haben. Diese Sequenzen, die sogenannte **promiskuitive DNA**, können mehrere kb lang sein und vollständige Kopien einiger Chloroplastengene enthalten. Bis jetzt haben wir noch keine Ahnung, ob diese Gene in Mitochondrien wirksam sind und wie die promiskuitive DNA von einem Organell ins andere übertragen wird.

Die Chloroplastengenome enthalten eine wesentlich größere Zahl von Genen als die Mitochondriengenome (Abb. 15.20). Die Genome sind recht kompakt, aber in einigen Genen gibt es Introns (hauptsächlich aus Gruppe II). Ein charakteristisches Merkmal vieler, wenn auch nicht aller Chloroplastengenome ist ein langer Abschnitt mit wiederholten Sequenzen, der die Gene der Chloroplasten-rRNAs sowie einiger tRNAs enthält.

15.4.3 Die Herkunft der extrachromosomalen Genome

Seit die Organellengenome entdeckt wurden, diskutiert man über die Gründe, warum es sie gibt, und über ihre Bedeutung für die Theorien über die Evolution der Zellen. Viele dieser Vorstellungen kreisen um die Tatsache, daß die Transkriptions- und Translationsvorgänge in den Organellen in mancher Hinsicht den entsprechenden Prozessen bei Bakterien stärker ähneln als denen im Zellkern und Cytoplasma der Eukaryotenzelle. Das führte unmittelbar zu der Idee, Mitochondrien und Chloroplasten seien früher freilebende Bakterien gewesen, die in einem sehr frühen Stadium der Zellevolution eine symbiontische Beziehung mit einer Ur-Eukaryotenzelle eingegangen sind. Nach dieser Hypothese sind die DNA-Moleküle, die wir heute in den Organellen beobachten, die Überbleibsel der Genome dieser endosymbiontischen Bakterien.

Gestützt wurde die Hypothese durch die Entdeckung, daß es auch heute Endosymbiosen gibt, die zu den Ereignissen bei der Entstehung der ersten Eukaryotenzellen analog sein dürften. Ein Protozoon namens *Cyanophora paradoxa* ist zum Beispiel zur Photosynthese in der Lage, besitzt aber keine Chloroplasten, sondern Strukturen, die eindeutig mit den photosynthetisch aktiven Cyanobakterien verwandt sind. Diese Strukturen, Cyanellen genannt, sehen ganz ähnlich aus wie Cyanobakterien und besitzen auch noch Bruchstücke der Zellwand an den richtigen Stellen. Eine moderne Entsprechung für die Endosymbiose, die zu den Mitochondrien geführt hat, ist nicht so leicht zu finden; als möglicher Kandidat wurde der Ciliat *Strombidium purpureum* genannt – er enthält Symbionten, die vermutlich von dem Bakterium *Rhodopseudomonas* abstammen und ebenfalls noch Zellwände besitzen. Diese Symbiose hat es dem Ciliaten nach heutiger Kenntnis ermöglicht, von einer anaeroben zu einer teilweise aeroben Lebensweise zu wechseln; das wäre vermutlich auch eine Erklärung dafür, wie die ersten Eukaryoten sich den Anpassungsvorteil verschafften, der für ihr langfristiges Überleben notwendig war.

Literatur

Dujon, B. *The Yeast Genome Project: What Did We Learn?* In: *Trends in Genetics* 12 (1996) S. 263–270.
[Eine Zusammenfassung über den Ablauf des Projekts und die wichtigsten Merkmale des Genoms von *S. cerevisiae.*]

Kornberg, R.D.; Klug, A. *Das Nucleosom.* In: *Spektrum der Wissenschaft* 4 (1981), S. 28–44.
Dilworth, S.M.; Dingwall, C. *Chromatin Assembly* in vitro *and* in vivo. In: *BioEssays* 9 (1988) S. 44–49.
[Zwei nützliche Übersichtsartikel.]

Pluta, A.F.; Mackay, A.M.; Ainsztein, A.M. et al. *The Centromere: Hub of Chromosomal Activities.* In: *Science* 270 (1995) S. 1591–1601.
Kipling, D.; Warburton, P.F. *Centromeres, CENP-B and Tigger Too.* In: *Trends in Genetics* 13 (1997) S. 141–145.
[Ein allgemeiner und ein speziellerer Übersichtsartikel über die Funktion der Centromere.]

Zakian, V.A. *Telomeres: Beginning to Understand the End.* In: *Science* 270 (1995) S. 1601–1607.
[Ein allgemeiner Übersichtsartikel über Telomere.]

Smith, S.; de Lange, T. *TRF1, a Mammalian Telomeric Protein.* In: *Trends in Genetics* 13 (1997) S. 21–26.
Barinaga, M. *Cells Count Proteins to Keep Their Telomeres in Line.* In: *Science* 275 (1997) S. 928.
[Neue Forschungsergebnisse über die Proteine in den Telomeren.]

Lingner, J.L.; Cooper, J.P.; Cech, T.R. *Telomerase and DNA End Replication: No Longer a Lagging Strand Problem?* In: *Science* 269 (1995) S. 1533–1534.
[Beschreibt, wie Telomere die Verkürzung des Chromosoms während der DNA-Replikation verhindern.]

Marx, J. *How DNA Replication Originates.* In: *Science* 270 (1995) S. 1585–1587.
Mazia, D. *How Cells Divide.* In: *Scientific American* 205/3 (1961) S. 100–120.
Mazia, D. *The Cell Cycle.* In: *Scientific American* 230/1 (1974) S. 54–64.
[Übersichtsartikel über Mitose und Meiose.]

Nasmith, K. *Viewpoint: Putting the Cell Cycle in Order.* In: *Science* 274 (1996) S. 1643–1645
[Die derzeitigen Kenntnisse über die Regulation des Zellzyklus.]

Grivell, L.A. *Die DNA der Mitochondrien.* In: *Spektrum der Wissenschaft* 5 (1983) S. 72–87.

Umesono, K.; Ozeki, H. *Chloroplast Gene Organisation in Plants.* In: *Trends in Genetics* 3 (1987) S. 281–287.
[Ein Übersichtsartikel über die Information, die die Chloroplastengenomsequenzen von Tabak und Lebermoos liefern.]

Aufgaben

1. Definieren Sie die folgenden Begriffe:

extrachromosomales Gen	diploid
haploid	repetitive DNA
Chromatin	Histon
Nucleosom	Core-Oktamer
Linker-DNA	30-nm-Chromatinfaser
Metaphasechromosom	Centromer
Karyotyp	Chromatid
Kinetochor	Alpha-DNA
Telomer	Telomerase
Zellzyklus	Mitose
Meiose	vegetative Zelle
homologe Chromosomen	Einzelkopie-DNA
promiskuitive DNA	Perlenschnur
Start-Erkennungskomplex	

2. Inwieweit hängt die Genzahl mit der Genomgröße zusammen?

3. Was versteht man unter repetitiver DNA?

4. Beschreiben Sie die Rolle der Histone bei der Verpackung der DNA in eukaryotische Chromosomen.

5. Nennen Sie die Unterschiede zwischen den verschiedenen Ebenen der Chromosomenstruktur von der nackten DNA bis zum Metaphasechromosom.

6. Beschreiben Sie die wesentlichen morphologischen Merkmale eines menschlichen Metaphasechromosoms.

7. Vergleichen Sie die Strukturen der Centromere von *Saccharomyces cerevisiae* und Mensch.

8. Beschreiben Sie, welche Probleme bei der Replikation der Enden eines linearen DNA-Moleküls entstehen. Wie lassen sich diese Probleme lösen?

9. Wie wird die Replikation eines DNA-Moleküls im Chromosom in Gang gesetzt?

10. Was versteht man unter dem „Zellzyklus"? Unterscheiden Sie die verschiedenen Phasen des Zellzyklus.

11. Skizzieren Sie die Vorgänge bei Mitose und Meiose und zeigen Sie die jeweils charakteristischen Merkmale.

12. Erklären Sie, warum die Meiose die Chromosomenzahl um die Hälfte reduziert und die Mitose nicht.

13. Beschreiben Sie die wesentlichen Merkmale des menschlichen Mitochondriengenoms, insbesondere diejenigen, die zu seinem kompakten Charakter beitragen.

14. Inwieweit spiegeln sich in der unterschiedlichen Größe der Mitochondriengenome verschiedener Organismen verschiedene Genzusammensetzungen wider?

15. * Mehrere große Forschungsprojekte haben sich zum Ziel gesetzt, die vollständigen Nucleotidsequenzenen aller DNA-Moleküle in einem bestimmten Organismus zu erarbeiten. Lohnt sich das?

16. * Worauf könnte das Bandenmuster beruhen, das sich beim Anfärben von Chromosomen zeigt?

17. * Alle Proteine, die in Mitochondriengenen codiert sind, sind wichtige Bestandteile beim Prozeß der oxidativen Phosphorylierung. Außer für Hefe sind die meisten Mutationen in Mitochondriengenen für den Organismus letal. Beschreiben Sie Typen nichtletaler Mutationen, mit deren Hilfe man Mitochondriengene in diesen Organismen untersuchen könnte.

18. * Aus welchen Gründen mögen manche Proteine in Mitochondrien und andere im Kern codiert sein?

16 Das menschliche Genom

Struktur des menschlichen Genoms – Gene und Genfamilien – Extragene DNA – Ähnlichkeiten zwischen den Genomen von Menschen und Menschenaffen • **Der genetische Ursprung der heutigen Menschen** – Polymorphismen im menschlichen Genom • **Das Projekt des menschlichen Genoms**

Über das Genom des Menschen sind ganze Bücher geschrieben worden. Da wir uns hier auf ein einziges Kapitel beschränken, müssen wir bei den Themen zwangsläufig auswählen, aber es kann dennoch ein nützliches Kapitel sein, und zwar aus zwei Gründen. Erstens können wir auf diese Weise genauer die wichtigsten Bestandteile eines typischen Eukaryotengenoms behandeln, insbesondere den beträchtlichen Anteil davon, der keine Codierungsfunktion hat. Und zweitens soll es als Einführung in die anwendungsorientierte Seite der Genomuntersuchung dienen, indem es zeigt, wie die wachsenden Kenntnisse über das menschliche Genom auch in anderen Bereichen der Humanbiologie genutzt werden.

Tabelle 16.1: Größe der DNA-Moleküle in menschlichen Chromosomen

Chromosomen-nummer	DNA-Gehalt (kb)
1	250 000
2	240 000
3	190 000
4	180 000
5	175 000
6	165 000
7	155 000
8	135 000
9	130 000
10	130 000
11	130 000
12	120 000
13	110 000
14	105 000
15	100 000
16	85 000
17	80 000
18	75 000
19	70 000
20	65 000
21	55 000
22	60 000
X	140 000
Y	60 000

Daten aus Strachan, T.; Read, A. P. *Human Molecular Genetics*. Oxford (BIOS) 1996.

16.1 Die Struktur des menschlichen Genoms

Wir kennen jetzt die Zahlen: 65 000 bis 80 000 Gene in einem Genom von ungefähr 3 000 000 kb, verteilt auf 23 Chromosomen, die je ein einzelnes, lineares, doppelsträngiges, 55 000 bis 250 000 kb langes DNA-Molekül enthalten (Tabelle 16.1). Ungefähr 30 Prozent des Genoms bestehen aus Genen und genähnlichen Sequen-

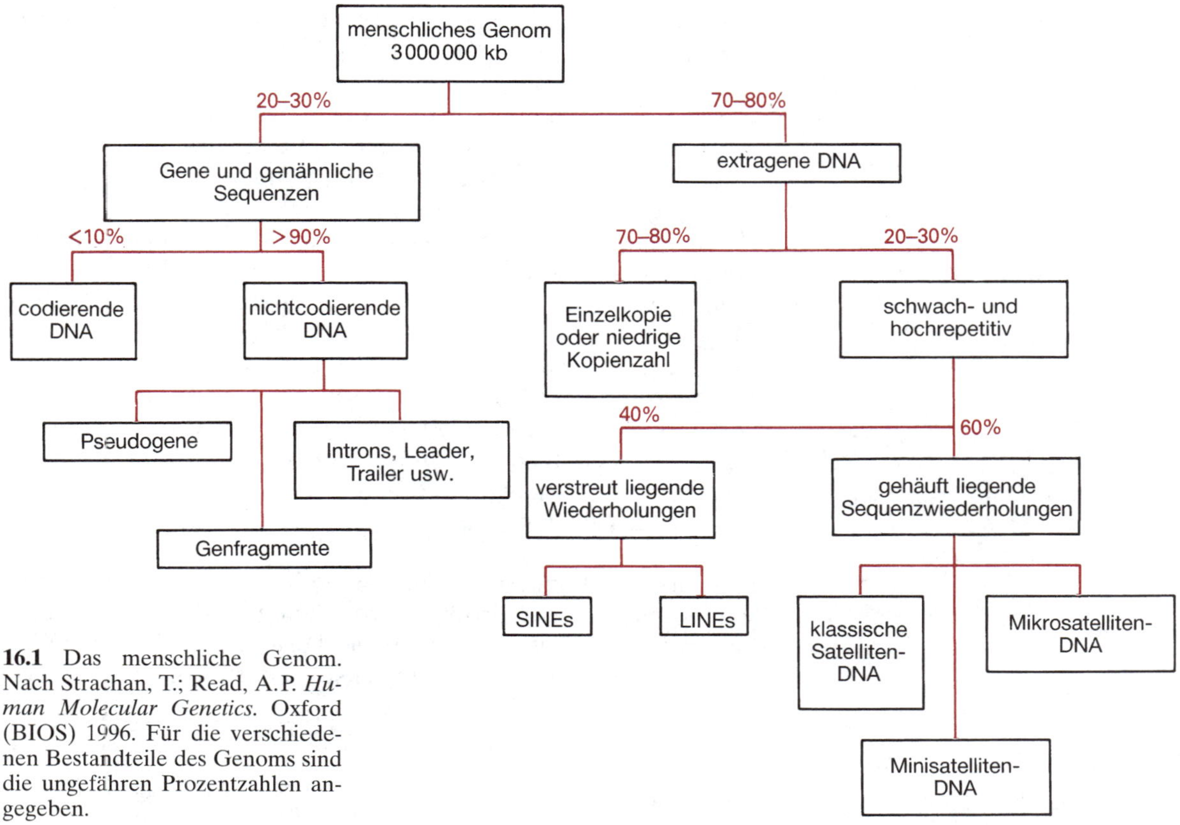

16.1 Das menschliche Genom. Nach Strachan, T.; Read, A.P. *Human Molecular Genetics.* Oxford (BIOS) 1996. Für die verschiedenen Bestandteile des Genoms sind die ungefähren Prozentzahlen angegeben.

zen; der Rest ist extragene DNA, deren Funktion man nicht kennt (Abb. 16.1). Zuerst sollen die Gene und die genähnlichen Sequenzen erörtert werden.

16.1.1 Gene und Genfamilien

Menschliche Gene umfassen ein Größenspektrum von weniger als 100 bp bis über 2000 kb. tRNA-, snRNA- und snoRNA-Gene sind die kleinsten, in manchen Fällen sind sie nur 65 bis 75 bp lang. Die kürzesten proteincodierenden Gene sind etwas länger; das Gen für das Histon H4 umfaßt zum Beispiel 406 bp. Am anderen Ende des Größenspektrums befinden sich Gene, die zu einem Großteil aus Introns und nicht aus der codierenden Sequenz bestehen. Das bisher längste bekannte menschliche Gen ist das Dystrophin-Gen, das in seinen 2400 kb 78 Introns enthält. Obwohl das Protein Dystrophin mit einer Molmasse von über 400000 Dalton relativ groß ist, macht seine codierende Sequenz (das heißt alle Exons zusammen) nur 0,6 Prozent der Länge des Gens aus. Damit, das soll nicht unerwähnt bleiben, hat dieses eine Gen mehr als die Hälfte der Länge des gesamten *E. coli*-Genoms. Die Sequenzierung des vollständigen menschlichen Genoms ist wahrhaftig keine einfache Angelegenheit!

a) Multigenfamilien. Im menschlichen Genom finden sich alle Organisationsprinzipien von Multigenfamilien (Abb. 16.2):

1. Bei manchen Familien liegen die einzelnen Gene in einer Gruppe an einer bestimmten Stelle im Genom. Beispiele dafür sind die Familie der Wachstumshormongene, deren fünf Mitglieder gehäuft auf dem Chromosom 17 liegen, und die 5S-rRNA-Genfamilie, die 2000 Gene in Tandemanordnung auf dem langen Arm des Chromosoms 1 umfaßt.
2. Andere Genfamilien sind über das Genom verstreut. Die fünf Mitglieder der Aldolase-Genfamilie zum Beispiel befinden sich auf den Chromosomen 3, 9, 10, 16 und 17.
3. Einige große Genfamilien sind teilweise gehäuft und teilweise verstreut. Die ungefähr 280 Kopien der rRNA-Transkriptionseinheit (Abschnitt 6.1.2) sind in fünf Cluster von je 50 bis 70 Einheiten zusammengefaßt; die Cluster liegen auf den kurzen Armen der Chromosomen 13, 14, 15, 21 und 22

In manchen Genfamilien sind alle Gene identisch. Diese Familien codieren üblicherweise Produkte, von denen große Mengen benötigt werden, zum Beispiel rRNAs und Histone. Da die Zelle über eine Vielzahl von Kopien verfügt, ist sie in der Lage, die Produkte

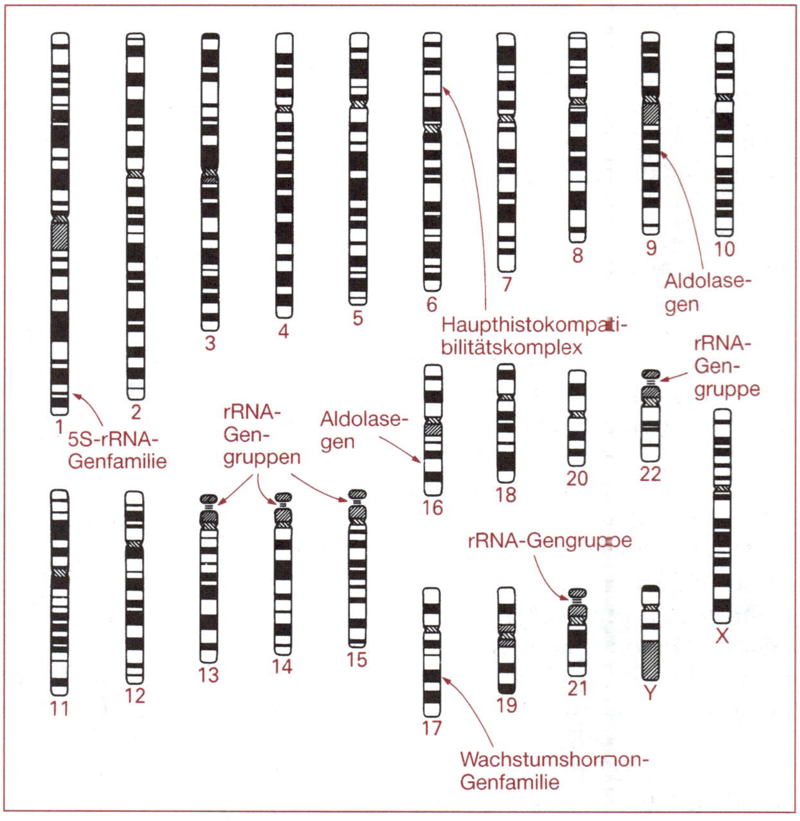

16.2 Die Lage einiger menschlicher Gene und Multigenfamilien auf den Chromosomen. Die menschlichen Chromosomen sind so dargestellt, wie sie mit G-Bandenfärbung aussehen. Die Aldolasegene auf den Chromosomen 3, 10 und 17 sind nicht eingezeichnet, weil ihre genaue Lage nicht bekannt ist.

schneller zu synthetisieren, als wenn sie auf ein einziges Gen angewiesen wäre. Andererseits zeigen die Mitglieder einiger Familien abweichende Nucleotidsequenzen, das heißt, die einzelnen Gene sind nicht alle gleich. Die Sequenzunterschiede können so groß sein, daß die Genprodukte zwar verwandt sind, jedoch ihre eigenen charakteristischen Merkmale haben. Die klassischen Beispiele dafür sind die Familien der α- und β-Globingene (Abschnitt 4.2.1), deren Mitglieder in verschiedenen Entwicklungsstadien vom Embryo bis zum Erwachsenen exprimiert werden.

b) Genreste. Bei der Untersuchung einer Genfamilie findet man oft ein oder mehrere Mitglieder, die so verändert sind, daß sie ihre Funktion völlig verloren haben. Normalerweise enthalten diese zugrundegegangenen Gene eine oder mehrere inaktivierende Mutationen, beispielsweise wie eine Nonsense-Mutation, die ein frühzeitiges Terminationscodon einführt (Abschnitt 12.1.1). Ein Gen, das seine Funktion auf diese Weise verloren hat, nennt man **konventionelles Pseudogen** (Abb. 16.3a).

Etwas anderes als die konventionellen Pseudogene sind Genreste eines zweiten Typs, die man als **weiterverarbeitete Pseudogene** bezeichnet. Ein weiterverarbeitetes („prozessiertes") Pseudogen ist nicht einfach eine mutierte Version des ursprünglichen Gens, sondern eine DNA-Kopie der mRNA, die von diesem Gen stammt. Es hat deshalb keine Introns, da diese ja aus der mRNA entfernt werden, und auch keinen Promotor, denn dieser liegt

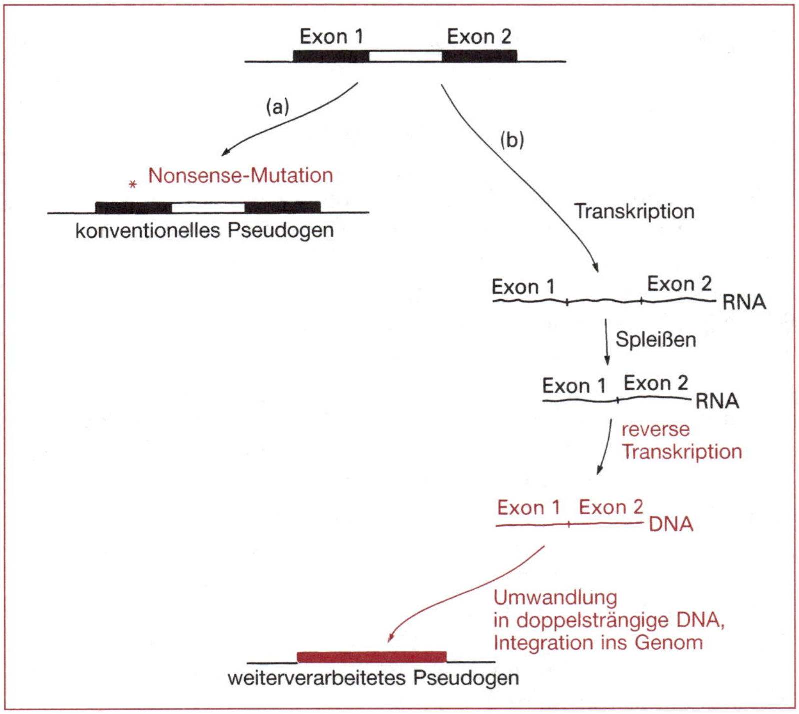

16.3 Konventionelle und weiterverarbeitete Pseudogene.

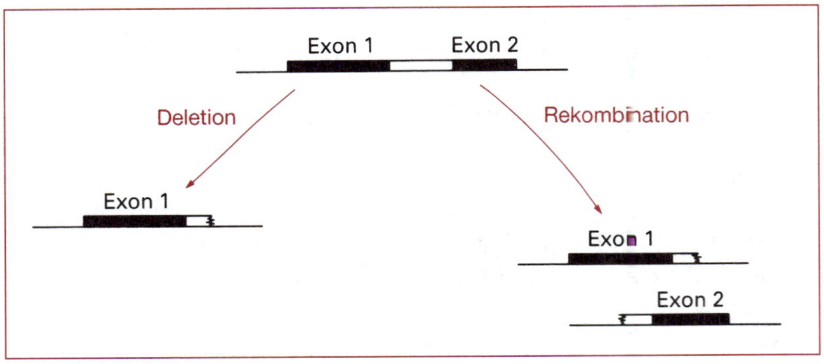

16.4 Zwei Arten, wie ein verstümmeltes Genfragment entstehen kann.

stromaufwärts von der Sequenz, die in mRNA transkribiert wird. Da ein weiterverarbeitetes Pseudogen keinen Promotor besitzt, wird es auch nicht transkribiert. Niemand weiß genau, wie ein weiterverarbeitetes Pseudogen entsteht, aber vermutlich kam es dabei unter anderem zu einer reversen Transkription eines mRNA-Moleküls in doppelsträngige DNA und danach zur Insertion der doppelsträngigen DNA in das Genom (Abb. 16.3b).

Außer Pseudogenen enthält das menschliche Genom noch verstümmelte Genfragmente, denen entweder die 5′- oder die 3′-Regionen des vollständigen Gens fehlen. Ein Genfragment entsteht vermutlich entweder durch eine Deletion, die ein DNA-Segment des ursprünglichen Gens entfernt, oder durch Rekombination, die das elterliche Gen in zwei Segmente teilt (Abb 16.4).

Retroelemente

Ein Retroelement ist eine Sequenz, die sich selbst durch einen Vorgang fortpflanzen kann, an dem unter anderem eine reverse Transkription beteiligt ist. Es gibt mehrere verschiedene Typen von Retroelementen; die bekanntesten sind die Retroviren (Abschnitt 13.2.2). Die nichtviralen Retroelemente wie LINE-1 ähneln Retroviren insofern, als sie Gene für eine Reverse Transkriptase und für Enzyme tragen, die zur Integration des doppelsträngigen DNA-Produkts in das Wirtsgenom nötig sind. Der Unterschied besteht darin, daß die nichtviralen Retroelemente keine Capsidproteine synthetisieren und deshalb die Zelle nicht verlassen können. Nichtvirale Retroelemente sind offenbar in eukaryotischen Genomen weit verbreitet.

16.1.2 Extragene DNA

Etwa 30 Prozent des menschlichen Genoms bestehen aus Genen und genähnlichen Sequenzen. Dazu gehören:

1. Die Exons und Introns der eigentlichen Gene sowie die transkribierten Leader- und Trailer-Sequenzen (Abb. 5.9).
2. Die Bereiche stromaufwärts von den Genen mit Promotoren und anderen Regulationssequenzen.
3. Vielfältige Pseudogene und andere Genreste.

Die restlichen 70 Prozent des Genoms, insgesamt über 2 000 000 kb, sind **extragene DNA** (Abb. 16.1). Bei etwa 80 Prozent dieser Menge handelt es sich um Sequenzen, die nur einmal oder in geringer Kopienzahl vorliegen; über sie läßt sich nicht viel sagen. Alle übrigen, im gesamten Genom etwa 400 000 kb, sind mittel- und hochrepetitive DNA, deren Wiederholungseinheiten entweder über das ganze Genom verstreut sind oder in langen Tandemanordnungen hintereinander liegen.

a) Verstreut liegende repetitive DNA. Die derzeitige Klassifikation unterteilt die verstreuten repetitiven DNA-Sequenzen im menschlichen Genom in zwei Kategorien: **SINEs** *(short interspersed nuclear elements)* und **LINEs** *(long interspersed nuclear elements)*, also kurze und lange verstreut liegende Elemente im Zellkern.

Das bekannteste Beispiel eines menschlichen SINE ist die **Alu-Familie**. Nicht alle Alu-Elemente sind identisch, aber sie sind so ähnlich, daß man sie oft als Mitglieder einer Familie ansehen kann. Ihre Durchschnittslänge beträgt ungefähr 280 bp. Sie sind etwa 700 000- bis 1 000 000mal im Genom wiederholt und kommen überall verstreut vor, sogar in Introns. Die Alu-Familie stammt vermutlich von einem oder mehreren weiterverarbeiteten Pseudogenen der 7SL-RNA ab, einer RNA, die an der Sekretion von Proteinen aus der Zelle beteiligt ist. Eine Theorie geht davon

Satelliten-DNA

Der Ausdruck „Satelliten-DNA" leitet sich von der Methode ab, mit der man repetitive DNA als reine Fraktion ohne die übrige DNA einer menschlichen Zelle gewinnt.

Wie bereits erwähnt, wandert ein DNA-Molekül in einem Dichtegradienten (Seite 20) zu der Stelle, an der die Dichte der Lösung (zum Beispiel einer Lösung von Cäsiumsulfat) seiner eigenen Schwebedichte entspricht. Die Schwebedichte eines DNA-Moleküls hängt von seinem GC-Gehalt ab (Abschnitt 3.2). Menschliche DNA mit einem GC-Gehalt von 40,3 Prozent hat eine Schwebedichte von 1,701 g cm^{-3} und bildet deshalb in einem Dichtegradienten bei dieser Dichte eine Bande. Das ist aber nicht die einzige Bande: Menschliche DNA bildet drei „Satellitenbanden" bei 1,687, 1,693 und 1,697 g cm^{-3}.

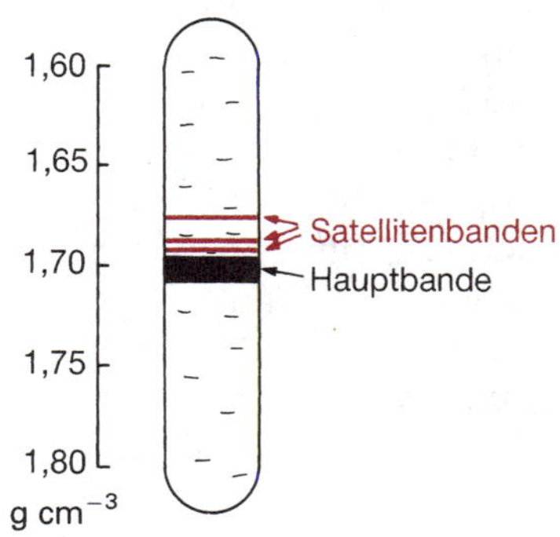

Diese zusätzlichen Banden enthalten repetitive DNA. Sie kommen zustande, weil die langen Moleküle der Chromosomen in etwa 50 kb lange Stücke zerbrechen, wenn die Zelle aufgeschlossen wird. Fragmente, die hauptsächlich Einzelkopie-DNA enthalten, haben einen GC-Gehalt, der nahe bei 40,3 Prozent, dem „Standardwert" für den Menschen, liegt. Sie wandern im Dichtegradienten zur Position 1,701 g cm^{-3}. Fragmente, die große Mengen an repetitiver DNA enthalten, verhalten sich jedoch anders. Ein Fragment, das zum Beispiel ausschließlich aus Wiederholungen der Sequenz ATTAC besteht, hat einen GC-Gehalt von nur 20 Prozent, also niedriger als der Standardwert, und seine Schwebedichte liegt etwas unter 1,701 g cm^{-3}. Diese repetitiven DNA-Fragmente wandern also im Dichtegradienten in eine Satellitenposition über der Hauptbande.

Warum enthält das menschliche Genom extragene DNA?

Die große Menge an extragener, scheinbar nutzloser DNA im menschlichen Genom ist rätselhaft. Das Hefegenom ist klein und kompakt und leistet sich keine Platzverschwendung; warum also ist das menschliche Genom so groß? Es gibt keine ganz befriedigende Antwort, aber einige Möglichkeiten. Eine ist die, daß die extragene DNA erhalten bleibt, weil kein Selektionsdruck besteht, sie loszuwerden. Das Hefegenom ist kompakt, weil sich diese Organismen schnell teilen müssen, um zu überleben. Ihre Genome müssen so schnell wie möglich repliziert werden, und da wäre extragene DNA ein Nachteil. Menschliche Zellen müssen sich nicht so schnell teilen, und deshalb unterliegt die Größe des Genoms keinem Selektionsdruck: Die extragene DNA wird toleriert. Dabei geht man davon aus, daß die extragene DNA überhaupt keine Wirkung hat und weder einen Vorteil noch einen Nachteil für den Organismus darstellt.

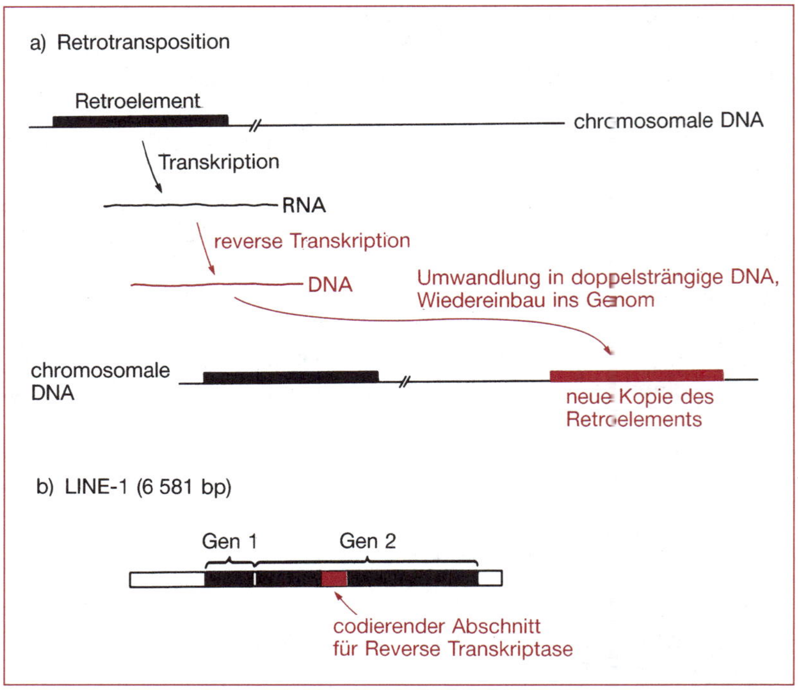

16.5 Retrotransposition und die Struktur von LINE-1.

aus, daß diese Pseudogene früher über eine Transpositionsaktivität verfügten oder diese in einem späteren Stadium erwarben, wodurch sie fähig waren, sich zu replizieren und sich innerhalb des Genoms zu bewegen. Neuere Ergebnisse lassen vermuten, daß diese Ausbreitung noch im Gange ist.

LINEs haben sich vermutlich ebenfalls durch Transposition verbreitet. **LINE-1** (Kopienzahl 60 000 bis 1 000 000) ist eine Art **nichtvirales Retroelement**, ein Transposon, das sich durch reverse Transkription und weitere Vorgänge replizieren und im Genom bewegen kann (Abb. 16.5a). Die LINE-1-Elemente haben eine durchschnittliche Länge von 1,4 kb, aber die meisten von ihnen sind verstümmelt und haben ihre 5′-Enden verloren; es gibt aber auch mehrere tausend Kopien mit der vollen Länge. Diese vollständigen Elemente sind 6,1 kb lang und haben alle Voraussetzungen für eine aktive Transposition; unter anderem beinhalten sie ein Gen, das eine Reverse Transkriptase codieren könnte (Abb. 16.5b).

Neben den Sequenzen, die man als SINEs oder LINEs einordnet, enthält das menschliche Genom mehrere Gruppen von weniger häufigen Wiederholungselementen. Dazu gehören unter anderem einige tausend Kopien **menschlicher endogener Retroviren** (HERV), auch retrovirusähnliche Elemente genannt; dabei handelt es sich offenbar um gutartige Viren, die das Genom besiedelt haben und im Gegensatz zu aktiven Retroviren wie HIV-1 keine Krankheiten auslösen.

b) Gehäuft liegende repetitive DNA. Das menschliche Genom enthält ausgedehnte Bereiche mit lauter Sequenzwiederholungen in Tandemanordnung. Diese Art von repetitiver DNA nennt man **Satelliten-DNA.** Man unterteilt sie im allgemeinen je nach der Länge der Gruppen in drei Kategorien:

1. Die *klassische Satelliten-DNA* war der erste Typ von Satelliten-DNA, der im menschlichen Genom identifiziert wurde; sie enthält Gruppen von Sequenzwiederholungen mit Längen zwischen 100 und 5000 kb. Typische Beispiele sind die Gruppen der Alpha-Wiederholungen am Centromer (Abschnitt 15.2.2).
2. *Minisatelliten-DNA* bildet kürzere Gruppen mit einer Länge zwischen 100 bp und 20 kb. Die Gruppen von Sequenzwiederholungen am Telomer (10 bis 15 kb; Abschnitt 15.2.2) werden als Minisatelliten-DNA eingestuft.
3. *Mikrosatelliten-DNA.* Die Längen von Minisatellitengruppen und Mikrosatellitengruppen sind ähnlich. Mikrosatelliten sind in der Regel kürzer als 150 bp und unterscheiden sich durch die kurze Länge der Wiederholungseinheiten, die selten mehr als 4 bp beträgt. Dinucleotidwiederholungen wie die folgende aus CA/GT

   5′-CACACACACACACACACACACA-3′
   3′-GTGTGTGTGTGTGTGTGTGTGT-5′

   sind im menschlichen Genom sehr verbreitet und machen etwa 0,5 Prozent des gesamten Genoms aus. Mononucleotidwiederholungen aus A/T

   5′-AAAAAAAAAAAAAAAAAAAAAA-3′
   3′-TTTTTTTTTTTTTTTTTTTTTT-5′

   nehmen weitere 0,3 Prozent ein.

16.1.3 Das Genom des Menschen hat große Ähnlichkeit mit dem der Menschenaffen

Mittlerweile haben sich so viele genaue Kenntnisse über die Genome des Menschen und anderer Lebewesen angesammelt, daß wir die Frage stellen können, warum ein Mensch zum Menschen und nicht beispielsweise zu einem Menschenaffen wird. Wie sich jedoch herausstellt, ist die Antwort schwer greifbar.

Vergleicht man das Genom des Menschen mit dem der Schimpansen oder Gorillas (unserer nächsten Verwandten unter den Primaten), so stellt man erstaunlich wenig Unterschiede fest. Alle drei Arten besitzen ein Genom von etwa 3 000 000 kb, das nach den besten Schätzungen 65 000 bis 80 000 Gene enthält. Auch die Bandenmuster (Abschnitt 15.2.2) in den Chromosomen von Menschen, Schimpansen und Gorillas sind ähnlich; der einzige wichti-

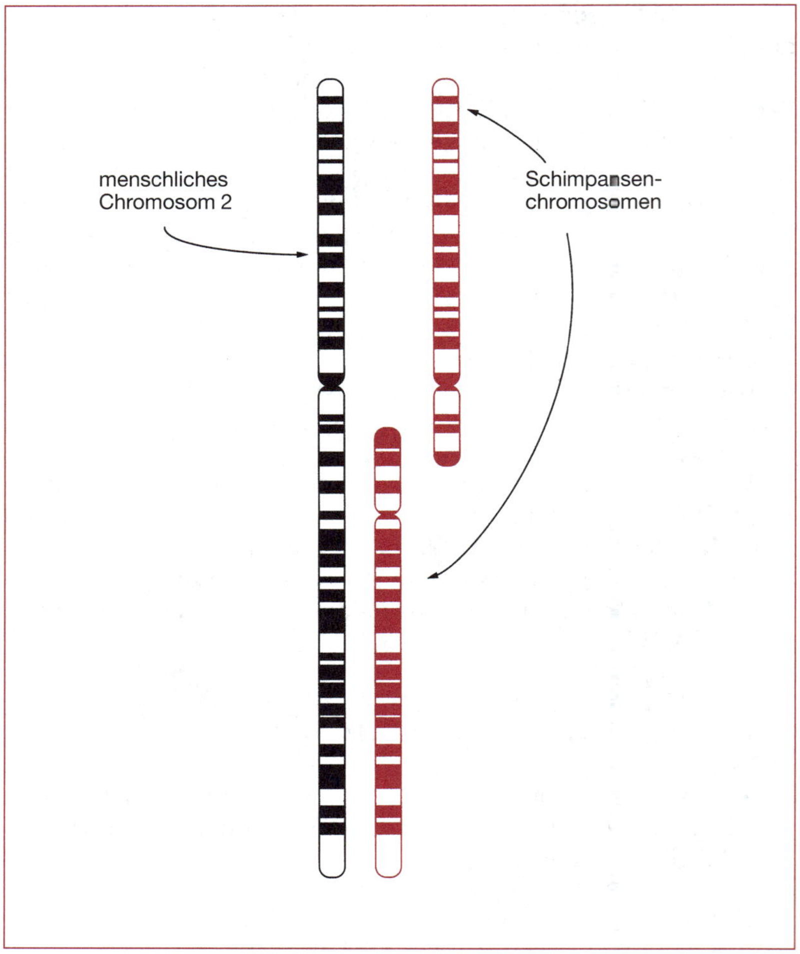

16.6 Das menschliche Chromosom 2 ist offenbar durch Verschmelzung von zwei Chromosomen entstanden, die bei Schimpansen und anderen Menschenaffen noch getrennt sind. Nach Strachan, T.; Read, A. P. *Human Molecular Genetics*. Oxford (BIOS) 1996.

ge Unterschied in dieser Hinsicht betrifft das menschliche Chromosom Nummer 2, dem im Karyotyp der Menschenaffen offenbar zwei getrennte Chromosomen entsprechen (Abb. 16.6). Art und Anordnung der Gene innerhalb der Chromosomen sind anscheinend im wesentlichen gleich, und die Nucleotidsequenzen der meisten Gene stimmen zu mindestens 98 Prozent überein; in manchen Genen findet man sogar überhaupt keine Unterschiede. Selbst in den nichtcodierenden Sequenzen beobachtet man in einander entsprechenden Sequenzen aus den drei Arten eine Ähnlichkeit von 98 Prozent. Wirkliche Unterschiede findet man nur, wenn man die repetitive DNA untersucht. Die Alpha-DNA des Menschen zeigt zum Beispiel wichtige Abweichungen von den „alphoiden" Sequenzen an den Centromeren der Affenchromosomen, und auch die Alu-Familie von SINEs ist in den drei Genomen jeweils anders.

Daß die Besonderheiten des Menschseins auf die Einzelheiten in der Anordnung repetitiver DNA zurückzuführen sein sollen, kann man sich kaum vorstellen. Dies zwingt uns zu der Schlußfolgerung, daß wir die entscheidenden Unterschiede zwischen den Genomen von Menschen, Schimpansen und Gorillas noch nicht kennen. Die Antwort liegt möglicherweise in Art und Aktivität ganz weniger „Oberregulationsgene", die vielleicht zur HOX-Genfamilie gehören und für die Entstehung des menschlichen Körperbauplanes sowie vor allem für die Entwicklung des Gehirns verantwortlich sind.

16.2 Der genetische Ursprung der heutigen Menschen

Das menschliche Genom kann über viele Fragen Aufschluß geben. Es enthält nicht nur die Information, die zum Aufbau eines intakten menschlichen Wesens nötig ist, sondern auch einen Bericht über die Abstammung und Ursprünge der jeweiligen Person. Um zu verstehen, wie sich die Abstammung aus den Genen einer Person ablesen läßt, müssen wir uns mit ein paar Begriffen auseinandersetzen, die eigentlich vom logischen Ablauf her erst in den Teil III des Buches gehören. Das heißt nicht, daß die nächsten Abschnitte schwer verständlich wären, aber möglicherweise ist es günstiger, sie erst nach den Kapiteln 17 und 18 zu lesen.

16.2.1 Polymorphismen im menschlichen Genom

Ein wichtiges Merkmal des menschlichen Genoms ist seine Variabilität: Keine zwei Personen haben identische Genome, denn viele Teile des Genoms sind **polymorph**, das heißt, sie können in zwei oder mehr Formen auftreten. Vor allem extragene Abschnitte neigen zu Polymorphismen: Die Zahl der Wiederholungseinheiten in einem Mikrosatelliten-DNA-Cluster variiert zum Beispiel von Individuum zu Individuum (Abb. 16.7a). Gene können ebenfalls polymorph sein; die verschiedenen Versionen nennt man **Allele** (Abb. 16.7b). Allele eines Gens haben sehr ähnliche Nucleotidsequenzen, aber jedes codiert ein etwas anderes Proteinprodukt. Das ist nicht das gleiche wie eine Multigenfamilie, bei der sich viele Kopien eines Gens in demselben Genom befinden. Allele gehören zu einem einzelnen Gen, das in mehreren Formen auftreten kann.

Polymorphe Gene haben meist nur eine begrenzte Zahl an Allelen, häufig nur vier oder fünf, aber es gibt einige Ausnahmen. Ein Beispiel ist der **Haupthistokompatibilitätskomplex**: Er liegt auf dem Chromosom 6 (siehe Abb. 16.2) und besteht aus einer Reihe von Genen für Proteine, die an der Immunantwort beteiligt

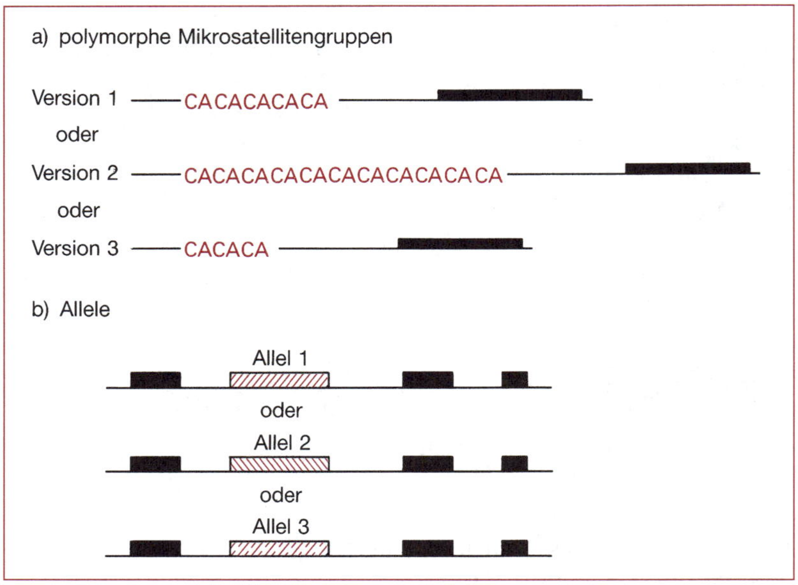

16.7 Polymorphismen.

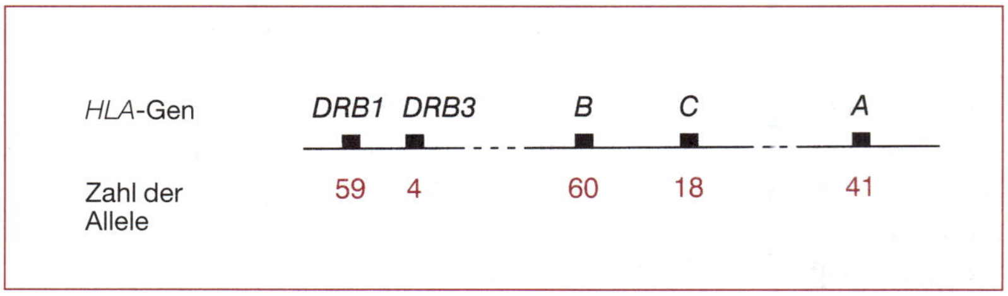

16.8 Ein Teil des Haupthistokompatibilitätslocus auf dem Chromosom 6 des Menschen. Die Zahl der Allele für die einzelnen Gene ist wahrscheinlich größer als hier dargestellt, denn es werden immer noch neue Allele entdeckt.

sind. Manche dieser Gene sind ausgesprochen polymorph; so hat *HLA-DRB1* mindestens 59 und *HLA-B* mindestens 60 verschiedene Allele (Abb. 16.8). Ein Individuum trägt nur zwei dieser Allele, eines auf jedem seiner zwei Exemplare des Chromosoms 6. Ein Allel stammt vom Vater, das andere von der Mutter.

a) Populationsgruppen lassen sich durch Bestimmung der Allelverteilung unterscheiden. Ein Individuum erbt Allele von seinen Eltern, und deshalb haben Geschwister verwandte Allele. Auch bei einem Dutzend Geschwister stehen aber nur vier HLA-B-Allele zur Auswahl (Abb. 16.9). Weitet man die Gruppe auf ihre Cousins und Cousinen, Tanten, Onkel und Großeltern aus, findet man ebenfalls immer nur eine begrenzte Zahl an *HLA-B*-Allelen.

Betrachten wir das Ganze einmal von der anderen Seite: Wie steht es mit den Allelen von Individuen, die nicht eng verwandt sind? Man kann Personen aufgrund der Allele, die sie tragen, einer Reihe von Populationsgruppen zuordnen. Dazu muß man die Allele mehrerer verschiedener Gene untersuchen und dann Individuen identifizieren, die ähnliche Allelzusammensetzungen haben und die deshalb möglicherweise von demselben Vorfahren abstammen. Die Methode ist in Abbildung 16.10 dargestellt, aber

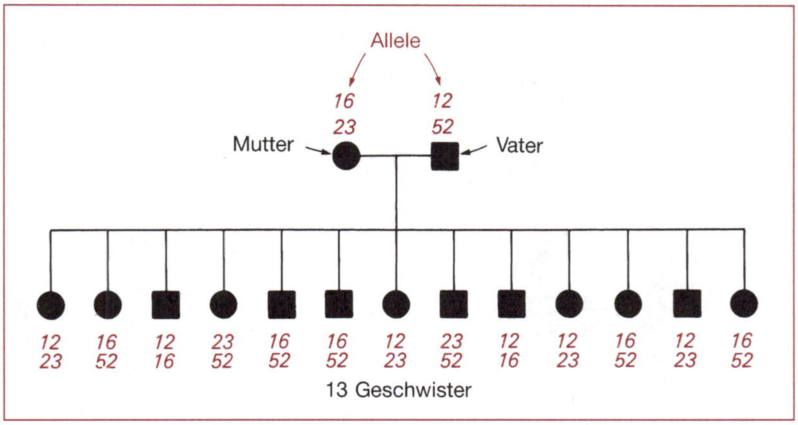

16.9 Eine Familie besitzt höchstens vier verschiedene *HLA-B*-Allele. In diesem Beispiel hat die Mutter die Allele 16 und 23, der Vater die Allele 12 und 52. Die Kinder besitzen verschiedene Kombinationen dieser Allele.

das hier gezeigte Beispiel ist sehr einfach. Wenn man in der Praxis aussagekräftige Ergebnisse erzielen will, muß man eine Riesenmenge an Daten sammeln, und in der Frage, wie man solche Daten am besten interpretiert, sind sich die Populationsgenetiker durchaus nicht einig.

b) Der Ursprung der heutigen Europäer. Trotz aller Probleme haben aber derartige Forschungsarbeiten zu interessanten Erkenntnissen geführt. Das gilt zum Beispiel für eine Studie, die Luca Cavalli-Sforza von der Stanford University an 95 Genen in der Bevölkerung Europas und Westasiens durchführte. Seine Befunde lassen darauf schließen, daß ein bedeutender Anteil aller Allele, die bei heutigen Europäern vorkommen, aus einer ursprünglich im Nahen Osten beheimateten Bevölkerungsgruppe stammt. Am überzeugendsten lassen sich die Daten in einer Landkarte

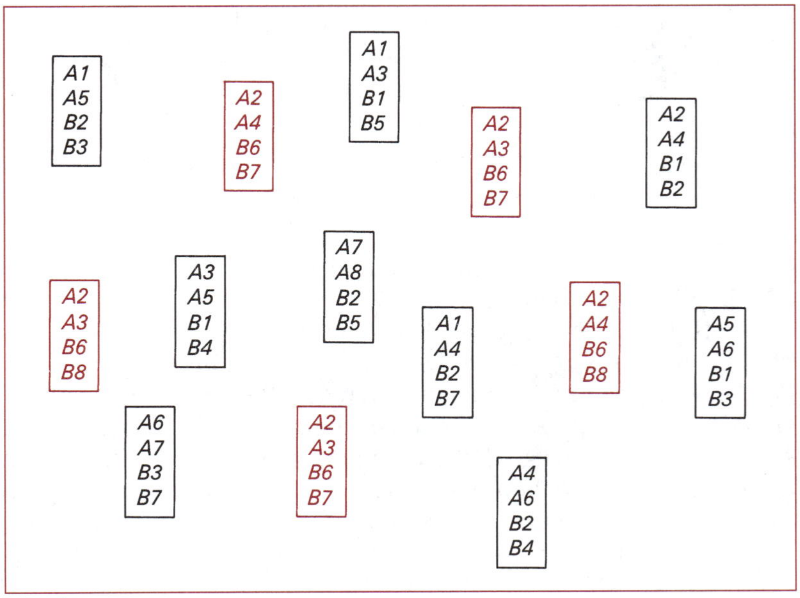

16.10 Wenn man mehrere Personen untersucht, findet man möglicherweise einige mit verwandten Allelen. Diese Individuen haben eventuell einen gemeinsamen Urahn. Jedes Kästchen stellt eine einzelne Person dar und zeigt ihre Allelpaare für die Gene *A* und *B*. Die fünf Individuen, die hervorgehoben sind, haben sehr ähnliche Allele und stammen möglicherweise von einem gemeinsamen Vorfahren ab.

16.11 Relative Häufigkeit „nahöstlicher“ Allele in den heutigen Bevölkerungsgruppen Europas. Nach Cavalli-Sforza, L. L.; Menozzi, P.; Piazza, A. *Demic Expansions and Human Evolution.* In: *Science* 259 (1993) S. 639–646.

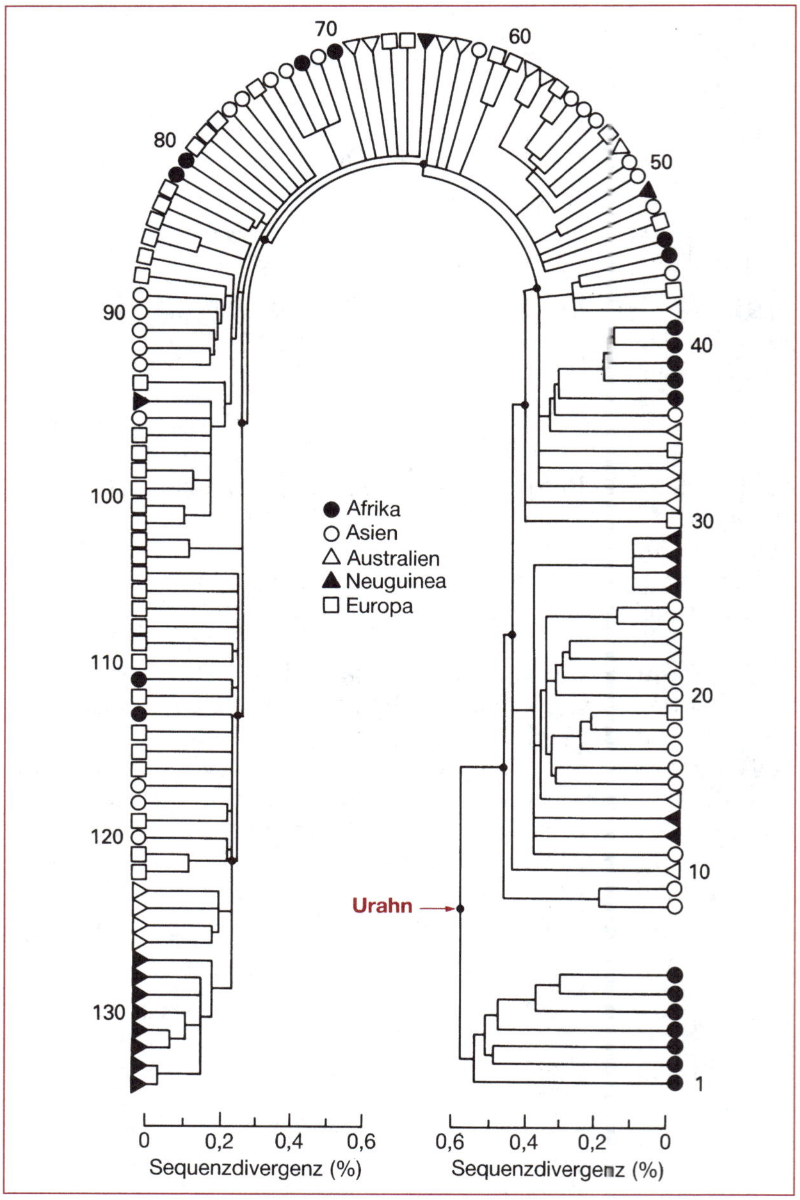

darstellen, welche die relative Häufigkeit der „nahöstlichen“ Allele in verschiedenen geographischen Gebieten Europas zeigt (Abb. 16.11). Was sagt diese Karte aus? Die Antwort: Sie weist darauf hin, daß sich eine menschliche Population irgendwann in der Vergangenheit vom Nahen Osten aus über Europa verbreitete. Als diese Gruppe immer neue Gebiete besiedelte, kreuzten sich manche ihrer Angehörigen mit den eingeborenen Europäern, auf die sie dabei stießen. Die Folge war eine allmähliche Vermischung und Verdünnung der genetischen Merkmale aus dem Nahen Osten: Die Häufigkeit der nahöstlichen Allele nimmt nach Norden und Westen hin immer weiter ab.

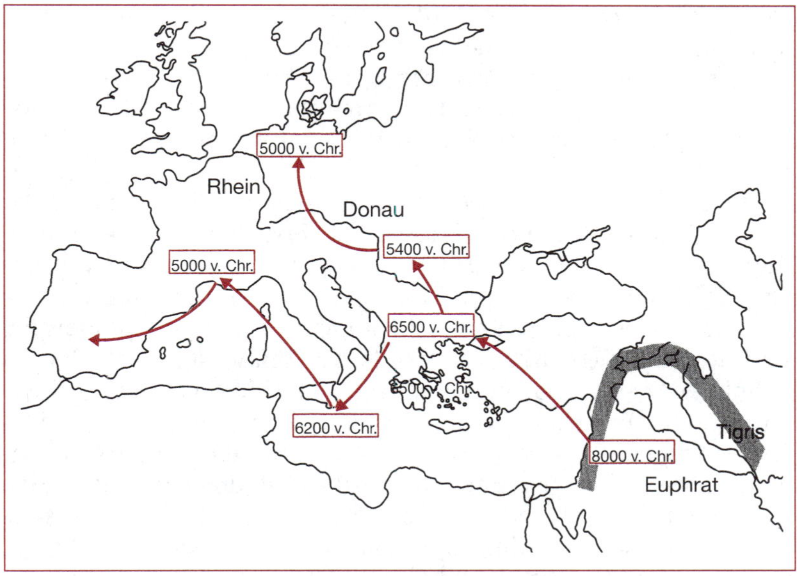

16.12 Die Ausbreitung der Landwirtschaft in der Alten Welt. Ackerbau und Viehzucht nahmen ihren Anfang wahrscheinlich während des achten Jahrtausends v. Chr. im Fruchtbaren Halbmond (grau). Nachdem sie um 6500 v. Chr. den Balkan erreicht hatte, verbreitete sie sich über Ungarn sowie über das Donau- und Rheintal nach Nordeuropa sowie entlang der Mittelmeerküste nach Süditalien, Südfrankreich und auf die Iberische Halbinsel. Nach Brown, T.A.; Brown, K.A. *Ancient DNA: Using Molecular Biology to Explore the Past.* In: *BioEssays* 16 (1994) S. 719–726.

Kann man etwas über den Zeitpunkt dieser Wanderungsbewegung sagen? Die genetischen Befunde erlauben keine Datierung, aber mit Hilfe der Archäologie kann man entsprechende Schätzungen anstellen. Es wäre zum Beispiel durchaus denkbar, daß die Ausbreitung der Bevölkerung mit dem Aufkommen der Landwirtschaft in Europa verknüpft war. Wie wir aus archäologischen Untersuchungen wissen, begannen Menschen im Nahen Osten ungefähr vor 10 000 Jahren, Haustiere zu halten, und im Laufe der folgenden 3000 Jahre verbreitete sich diese Entwicklung über Europa (Abb. 16.12). Über die Frage, wie diese Verbreitung abgelaufen ist, gab es unter Prähistorikern hitzige Debatten. Wanderten wenige Menschen aus den landwirtschaftlich geprägten Gemeinschaften des Nahen Ostens nach Europa, wobei sie die neue Technologie mitnahmen? Oder gab es eine umfangreichere Wanderungsbewegung, in deren Verlauf eine große Zahl von Bauern über den Kontinent zog und die dort lebenden Jäger und Sammler verdrängte? Cavalli-Sforzas Befunde sprechen eher für die zweite Möglichkeit.

16.3 Das Projekt des menschlichen Genoms (Human Genome Project)

Unser derzeitiges Wissen über das menschliche Genom kam durch das Zusammenwirken biochemischer, genetischer und molekularbiologischer Forschung zustande. Schrittweise beginnen wir zu verstehen, wie die DNA im Genom innerhalb und außerhalb von Genen angeordnet ist, wo einzelne Gene liegen und wie die Expression dieser Gene reguliert wird. In den letzten zehn Jahren gab es bemerkenswerte Fortschritte, aber das Bild, das wir uns über das Genom machen, ist noch bei weitem nicht vollständig.

Mitte der achtziger Jahre schlugen mehrere Biologen vor, das menschliche Genom koordiniert zu untersuchen. Man argumentierte vor allem, die Forschung werde auf vielen Gebieten der Humanbiologie von einem Programm zur Bestimmung der gesamten Nucleotidsequenz des Genoms profitieren. Ein Beispiel sind erbliche Erkrankungen. Viele der schwersten unheilbaren Krankheiten, die heutzutage auftreten, werden nicht durch Bakterien- oder Virusinfektionen hervorgerufen, sondern durch Defekte in menschlichen Genen. Um diese Krankheiten ursächlich behandeln zu können, muß man zunächst die entsprechenden Gene identifizieren und ihre Regulation aufklären. Derzeit ist es theoretisch möglich, einzelne Gene des Menschen zu isolieren, und dies ist auch geschehen, beispielsweise mit den Genen für cystische Fibrose (auch Mukoviszidose genannt) und Brustkrebs. Aber es ist ein sehr aufwendiges Unterfangen, und in manchen Fällen findet man das gesuchte Gen einfach nicht. Stünde die vollständige Sequenz des Genoms zur Verfügung, wäre das Aufspüren krankheitserzeugender Gene zwar immer noch keine einfache Aufgabe, aber es wäre doch erheblich leichter.

Das Projekt des menschlichen Genoms (Human Genome Project) ist ein koordiniertes Forschungsprogramm, dessen Umfang in der Biologie ohne Beispiel ist – beteiligt sind Institute in den USA, Japan, Europa und anderswo. Wie wir in Kapitel 22 noch genauer erfahren werden, besteht das Nahziel darin, eine umfassende Karte des Genoms zu erstellen, in der die Lage möglichst vieler Gene eingetragen ist und die auch andere charakteristische Bereiche zeigt, beispielsweise die Mikrosatellitensequenzen. Eine solche Karte ist notwendig, damit man die aufgeklärten Nucleotidsequenzen auf dem richtigen Chromosom an ihrem tatsächlichen Platz einordnen kann. Bis zum eigentlichen Ziel, der vollständigen Sequenz, ist es noch ein weiter Weg, vor allem weil die derzeitige Technik der DNA-Sequenzierung für eine Aufgabe wie die Entschlüsselung des gesamten menschlichen Genoms noch zu beschränkt zu sein scheint. Eine Person kann heute nicht mehr als 5 kb Sequenzen pro Tag analysieren. Das ist viel zu langsam, als daß man im Gesamtgenom nennenswert vorankommen könnte, selbst wenn Hunderte von Fachleuten parallel verschiedene Genombereiche sequenzieren. Deshalb entwickelt man mittlerweile Maschinen zur DNA-Sequenzierung, und die besten Modelle schaffen bereits über 100 kb am Tag. Voraussagen über die zukünftige Entwicklung lassen vermuten, daß man das Ziel, die Sequenz bis zum Jahr 2005 vollständig zu ermitteln, erreichen wird.

Literatur

Strachan, T.; Read, A.P.; *Molekulare Humangenetik*. Heidelberg/Berlin (Spektrum Akademischer Verlag) 1996.
[Ein ausgezeichnetes Buch über alle Aspekte des menschlichen Genoms.]

Gardiner, K. *Human Genome Organization*. In: *Current Opinion in Genetics and Development* 5 (1995) S. 315–322.

Ullu, E.; Tschudi, C. *Alu Sequences Are Processed 7SL RNA Genes*. In: *Nature* 312 (1984) S. 171–172.
Fanning, T.G.; Singer, M. F. *LINE-1: A Mammalian Transposable Element*. In: *Biochimica et Biophysica Acta* 910 (1988) S. 203–212.
[Zwei wichtige Originalartikel über SINEs und LINEs.]

Yunis, J.J.; Prakash, O. *The Origin of Man: A Chromosomal Legacy.* In: *Science* 215 (1982) S. 1525–1530.
[Vergleiche zwischen den Chromosomen von Menschen und Menschenaffen.]

Cavalli-Sforza, L.L.; Menozzi, P.; Piazza, A. *Demic Expansions and Human Evolution*. In: *Science* 259 (1993) S. 639–646.
[Allelhäufigkeiten und die Verbreitung der Landwirtschaft in Europa.]

McKusick, V.A. *The Human Genome Organization: History, Purposes and Membership*. In: *Genomics* 5 (1989) S. 385–387.
[Die Ziele des Projekts des menschlichen Genoms.]

Aufgaben

1. Definieren Sie die folgenden Begriffe:

Pseudogen	extragene DNA
SINE	LINE
Alu-Familie	LINE-1
nichtvirales Retroelement	Satelliten-DNA
Polymorphismus	Allel
Haupthistokompatibilitäts-komplex	menschliches endogenes Retrovirus

2. Nennen Sie Beispiele für die verschiedenen Organisationsformen menschlicher Multigenfamilien.

3. Nennen Sie die Unterschiede zwischen einem konventionellen und einem weiterverarbeiteten Pseudogen.

4. Was versteht man unter „extragener DNA“?

5. Beschreiben Sie ein Beispiel eines SINE und eines LINE. Worin unterscheiden sich diese beiden Elementarten und worin sind sie sich ähnlich?

6. Was ist „Satelliten-DNA“? Nennen Sie die Unterschiede zwischen den drei Typen der Satelliten-DNA im menschlichen Genom.

7. Nennen Sie Ähnlichkeiten und Unterschiede der Genome von Mensch, Schimpanse und Gorilla.

8. Erklären Sie, warum eine Reihe von Allelen nicht dasselbe ist wie eine Multigenfamilie.

9. Wie läßt sich die Allelverteilung zur Untersuchung heutiger Populationen verwenden?

10. Stellen Sie in groben Zügen die Kurzzeit- und die Langzeitziele des menschlichen Genomprojekts dar.

11. * Diskutieren Sie die möglichen Funktionen der extragenen Bestandteile des menschlichen Genoms.

12. * Das Projekt des menschlichen Genoms ist auf drei Milliarden Dollar veranschlagt. Ist das Geld gut angelegt?

Die Erforschung der Gene

III

Der dritte Teil behandelt die wichtigsten experimentellen Methoden der Genetik etwas genauer. Sie ermöglichten die Entdeckungen der Vergangenheit und werden in Zukunft weitere Fortschritte erlauben. Wir beginnen mit Mendel, dessen Versuche den Grundstein der modernen Genetik legten. In den Kapiteln 18 und 19 wird davon die Rede sein, wie man die Mendelsche Vorgehensweise für die Erforschung eukaryotischer und prokaryotischer Gene einsetzen kann. Schließlich werden in den Kapiteln 20, 21 und 22 jene neuen Verfahren erörtert, die mit der Klonierung von Genen zu tun haben und für die bemerkenswerten Fortschritte der Molekulargenetik in den letzten 25 Jahren verantwortlich sind.

17

Was Mendel entdeckte

Die wissenschaftliche Erforschung der Vererbung – Monohybridkreuzungen – Kreuzungen mit zwei Paaren von Eigenschaften • **Der Zusammenhang zwischen Molekulargenetik und Mendel** – Allelpaare – Dominanz und Rezessivität – Molekulare Erklärungen für die Mendelschen Gesetze

Mendels Beitrag zur Biologie kann nicht zu hoch eingeschätzt werden. Nicht aus Romantik oder Nostalgie verehren Molekulargenetiker noch immer seinen Namen. Aus den Ergebnissen einer Reihe einfacher, jedoch mühevoller Experimente konnte Mendel zwei fundamentale Gesetze der Genetik ableiten, Gesetze, die auch heute noch die grundlegenden Prinzipien der Vererbung und Genaktivität beschreiben. Die Wiederentdeckung von Mendels Arbeit und die Anerkennung seiner Befunde führten dazu, daß die Genetik zum zentralen Bestandteil der Biologie des 20. Jahrhunderts wurde. Außerdem diente das experimentelle Vorgehen Mendels als Grundlage für anspruchsvollere Methoden, die Thomas Hunt Morgan und seine Kollegen entwickelten. Mit ihnen kann man die Lage von Genen auf eukaryotischen Chromosomen bestimmen. Unsere Beschreibung der Methodik der Genforschung muß deshalb mit Gregor Mendel und seiner Arbeit beginnen, den ersten echten genetischen Versuchen.

17.1 Die wissenschaftliche Erforschung der Vererbung

Mendel wählte die Gartenerbse *Pisum sativum* als Versuchsobjekt. Er wollte klären, nach welcher Gesetzmäßigkeit erbliche Eigenschaften von den Eltern an die Nachkommen weitergegeben werden. Mitte des 19. Jahrhunderts schrieb man die Tatsache, daß ein Kind Eigenschaften von Vater und Mutter besitzt, vagen Vorgängen wie „cytoplasmatischer Mischung" zu. Man war allgemein der Ansicht, daß man die Vererbung nicht wissenschaftlich oder statistisch untersuchen könnte. Mendel war sich da nicht so sicher.

Paare gegensätzlicher Eigenschaften. Als Mendel die Eigenschaften auswählte, die er bei seinen Gartenerbsen untersuchen wollte, berücksichtigte er zwei Überlegungen. Die erste und wichtigste war, daß jedes Charakteristikum unterschiedliche Formen aufweisen sollte, das heißt, die Pflanze sollte eine Ausprägung der Eigenschaft besitzen oder eine andere, aber nicht beide gleichzeitig. Das bekannteste Beispiel für ein solches Paar gegensätzlicher Eigenschaften, das Mendel auswählte, ist die Stiellänge, die er in lang oder kurz einteilte.

Die zweite Überlegung bei der Auswahl der zu untersuchenden Charakteristika war eine rein experimentelle. Mendel rechnete damit, daß er bei Hunderten von Pflanzennachkommen bestimmen müßte, welche von zwei Eigenschaften sie aufwiesen, um ein Vererbungsmuster erkennen zu können, falls es eines gab. Folglich mußte man die Eigenschaften leicht auswerten können. Es wäre mühsam und schwierig, Merkmale zu erforschen, die nicht leicht erkennbar wären und vor ihrer Zuordnung eine Präparation oder chemische Analyse benötigten.

Schließlich wählte Mendel sieben Paare von Eigenschaften aus, von denen jede zwei unterschiedliche Formen besaß (Tabelle 17.1). Er beschloß, außer der Stiellänge die Vererbung von drei Eigenschaften zu untersuchen, welche die Morphologie der Schoten betrafen, sowie zwei, die mit der Morphologie der Erbsen zu tun hatten, und schließlich die Vererbung der Blütenfarbe. Jedes dieser Charakteristika war stabil. Wenn also bei den Pflanzen eine **Selbstbefruchtung** durchgeführt würde, sähen alle Nachkommen genau wie ihre Eltern aus (Abb. 17.1).

17.1.1 Monohybridkreuzungen

Zuerst erforschte Mendel die Vererbung eines jeden Eigenschaftenpaares mit Hilfe einer **Kreuzbefruchtung** der Pflanzen mit der anderen Form derselben Eigenschaft (**Monohybridkreuzung**: zum Beispiel langstielig × kurzstielig). Die sieben monohybriden

Tabelle 17.1: Die Paare gegensätzlicher Eigenschaften, die Mendel untersuchte

Merkmal	gegensätzliche Eigenschaften
Stiellänge	lang : kurz
Schotenlage	axial : terminal
Schotenmorphologie	voll : eingeschnürt
Schotenfarbe	grün : gelb
Erbsenmorphologie	rund : verschrumpelt
Erbsenfarbe	gelb : grün
Blütenfarbe	violett : weiß

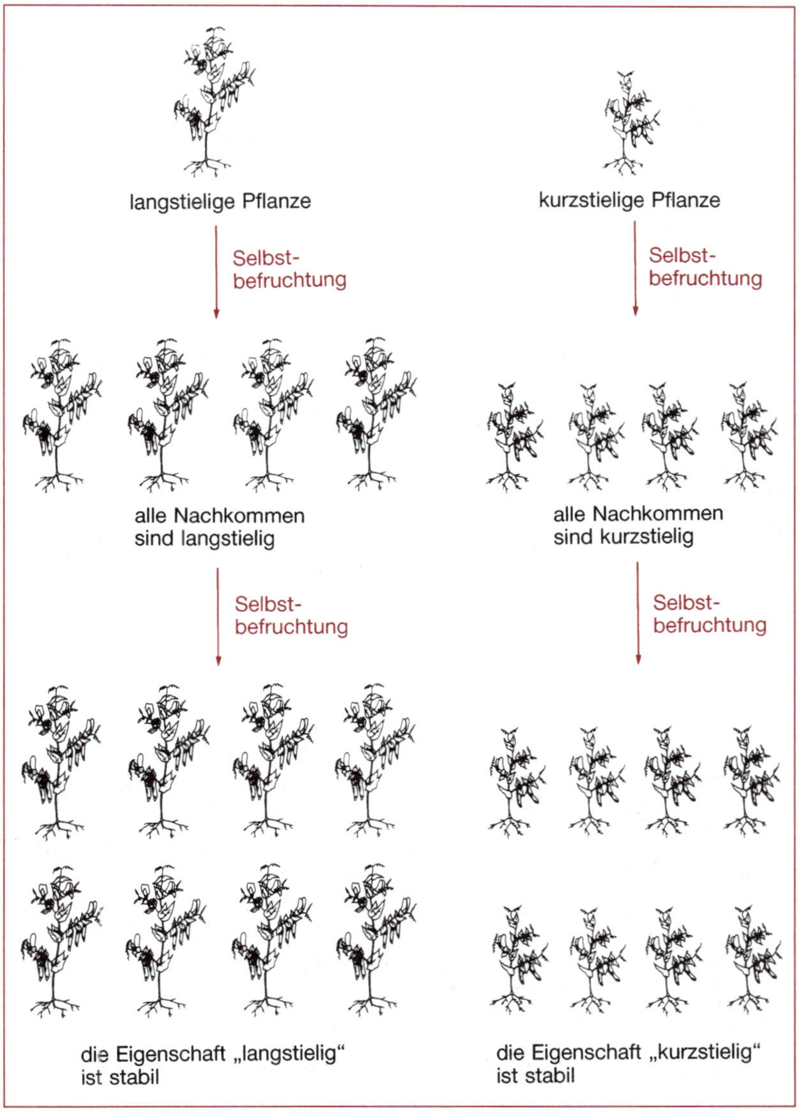

17.1 Die von Mendel ausgewählten Eigenschaften waren stabil. Die Nachkommen mehrerer aufeinanderfolgender Selbstbefruchtungen zeigten nur die elterlichen Eigenschaften.

Kreuzungen ergaben ein klares und übereinstimmendes Muster. In jedem Fall wies die erste Pflanzengeneration (F_1) nach der Kreuzung nur eine der elterlichen Eigenschaften auf. Bei der Kreuzung lang- und kurzstieliger Pflanzen (Abb. 17.2a) besaßen zum Beispiel alle Pflanzen lange Stiele und keine kurzen. Wenn man jedoch die Mitglieder der F_1-Generation selbstbefruchtete, so daß eine zweite Pflanzengeneration (F_2) entstand, tauchten die Eigenschaften, die in der F_1-Generation fehlten, wieder auf. Bei der Kreuzung langstielig × kurzstielig enthielt die F_2-Generation 787 Pflanzen mit langem Stiel und 277 mit kurzem. Wie Mendel bemerkte, betrug das Verhältnis 2,84:1.

Jede der sieben Monohybridkreuzungen ergab ein ähnliches Muster. Nehmen wir als zweites Beispiel die Kreuzung hinsichtlich der Blütenfarbe (violette Blütenblätter × weiße Blütenblät-

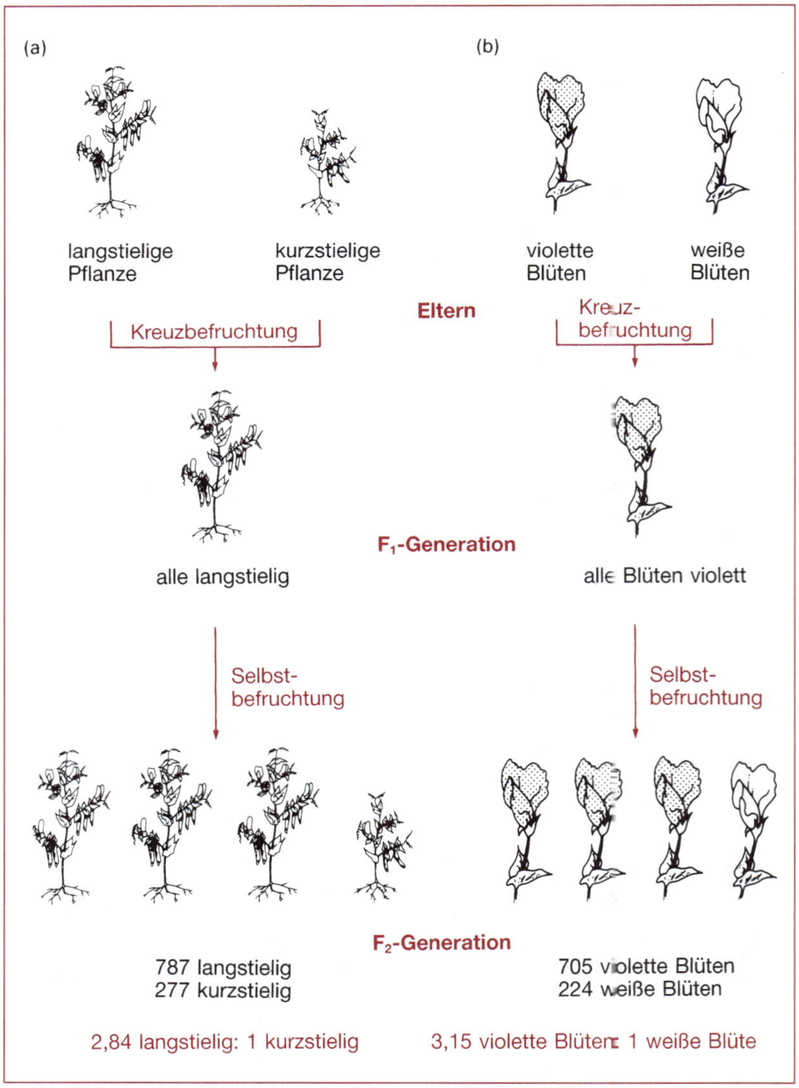

17.2 Zwei Beispiele für Monohybridkreuzungen, wie Mendel sie durchführte.

Tabelle 17.2: Die Ergebnisse von Mendels Monohybridkreuzungen

Kreuzung	F_1	F_2 Anzahl	F_2 Verhältnis
lange Stiele × kurze Stiele	alle lang	787 lang : 277 kurz	2,84 : 1
axiale Schoten × terminale Schoten	alle axial	651 axial : 207 terminal	3,15 : 1
volle Schoten × eingeschnürte Schoten	alle voll	882 voll : 299 eingeschnürt	2,95 : 1
grüne Schoten × gelbe Schoten	alle grün	428 grün : 152 gelb	2,82 : 1
runde Erbsen × verschrumpelte Erbsen	alle rund	5 474 rund : 1 850 verschrumpelt	2,96 : 1
gelbe Erbsen × grüne Erbsen	alle gelb	6 022 gelb : 2 001 grün	3,01 : 1
violette Blüten × weiße Blüten	alle violett	705 violett : 224 weiß	3,15 : 1
	gesamt:	14 949 : 5 010	2,98 : 1

ter; Abb. 17.2b). In diesem Fall besaßen alle F_1-Pflanzen violette Blütenblätter. In der F_2-Generation hatten 705 Pflanzen violette und 224 weiße Blütenblätter, ein Verhältnis also von 3,15:1. Die Ergebnisse aller monohybriden Kreuzungen sind in Tabelle 17.2 zusammengestellt. Bei jeder Kreuzung erscheint in der F_1-Generation nur eines der beiden Charakteristika, in der F_2-Generation tauchen jedoch beide auf. Wenn man alle monohybriden Kreuzungen addiert, so beträgt das Verhältnis der Pflanzen mit dem F_1-Charakteristikum zu einer einzelnen Pflanze mit der anderen Eigenschaft in der F_2-Generation 2,98:1. Mendel entschied, daß in den Grenzen des Meßfehlers das wirkliche Verhältnis 3:1 war.

a) Mendels Deutung der Ergebnisse der Monohybridkreuzungsversuche. Als Erklärung für das übereinstimmende Vererbungsmuster, das er entdeckt hatte, äußerte Mendel die Vermutung, daß jedes Merkmal (zum Beispiel die Pflanzengröße) von einem **unteilbaren Faktor** kontrolliert wird und daß jeder unteilbare

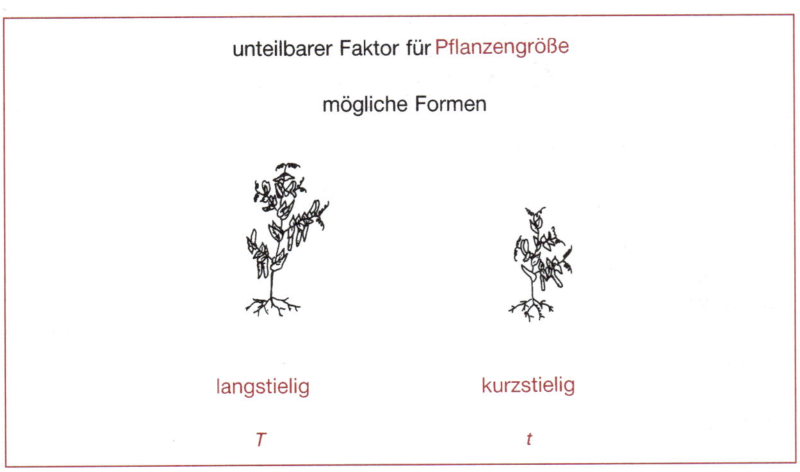

17.3 Mendel nahm an, daß jedes Merkmal durch einen unteilbaren Faktor bestimmt wird, der in zwei verschiedenen Formen vorliegen kann.

Faktor in mehreren Formen vorliegen kann, die jeweils für verschiedene Eigenschaften verantwortlich sind. Nach dieser Interpretation kann der unteilbare Faktor für die Pflanzengröße in zwei unterschiedlichen Formen vorkommen (Abb. 17.3), von denen eine für lange Stiele (Mendel bezeichnete diese Version des unteilbaren Faktors als *T*) und eine für kurze Stiele (*t*) sorgt. Mendel stellte sich diese Faktoren als greifbare Strukturen in der Zelle vor. Tatsächlich sind sie genau das, was wir heute als Gene bezeichnen: Mendel postulierte also die Existenz von Genen. Wie in Kapitel 16 erläutert wurde, nennt man die unterschiedlichen Formen eines Gens heute **Allele**.

Wie Mendel bemerkte, bestand der wichtigste Aspekt der Monohybridkreuzungen darin, daß bei jeder Kreuzung eine der elterlichen Eigenschaften in der F_1-Generation verschwand, um dann in der F_2-Generation wieder aufzutauchen. Bei Kreuzungen von lang- und kurzstieligen Pflanzen fehlte das Merkmal der Kurzstieligkeit zum Beispiel in der F_1-Generation, es erschien jedoch wieder in den F_2-Pflanzen. Das bedeutet, daß die F_1-Pflanzen zwei Allele enthalten müssen, eines für lange Stiele und eines für kurze. Wäre das nicht der Fall, wie könnten dann beide Allele auf die F_2-Pflanzen übertragen werden? Das war Mendels erste wichtige Schlußfolgerung:

Jedes Gen existiert als Paar von Allelen.

Tatsächlich würde man den Genotyp (das heißt den genetischen Aufbau – Abschnitt 12.1) der F_2-Pflanzen heute mit *Tt* beschreiben. Man würde diese Pflanzen als **heterozygot** bezeichnen, um anzuzeigen, daß sie zwei verschiedene Allele dieses Gens besitzen; **homozygote** Organismen besitzen zweimal das gleiche Allel (das heißt *TT* oder *tt*). Sofort wird damit auch Mendels zweite Schlußfolgerung verständlich:

Allele können dominant oder rezessiv sein.

Obwohl die F_1-Pflanzen den Genotyp *Tt* besitzen, ist ihr Phänotyp (die sichtbare Eigenschaft) langstielig. Also muß das *T*-Allel über das *t*-Allel dominieren können, so daß nur das Merkmal, das es kontrolliert – lange Stiele –, in den Pflanzen ausgeprägt ist. Wir sagen, daß das *T*-Allel **dominant** und das *t*-Allel **rezessiv** ist.

b) Das Verhältnis 3:1. Nachdem Mendel festgestellt hatte, wie eine der elterlichen Eigenschaften in der F_1-Generation verschwinden und bei den F_2-Pflanzen wiederauftauchen konnte, suchte er eine Erklärung dafür, wie das Verhältnis von 3:1 in der F_2-Generation zustande kommt. Da die F_1-Pflanzen den Genotyp *Tt* besitzen, kann man die F_1-Kreuzung wie folgt schreiben:

$Tt \times Tt$

Letale Genotypen

Eine wichtige Ausnahme vom Verhältnis 3:1 tritt auf, wenn sich einer der drei Genotypen als letal erweist. Als erster zeigte das Lucien Cuenot 1904, kurz nach der Wiederentdeckung von Mendels Arbeiten. Cuenot war einer der ersten Genetiker, welche die Fellfarbe von Mäusen untersuchten. Dieses System erfreut sich als Mittel zur Demonstration der Mendelschen Prinzipien großer Beliebtheit. Als Cuenot Mäuse mit gelblichem Fell kreuzte, erhielt er folgende Ergebnisse:

Eltern:	gelblich × gelblich
F_1-Generation:	2 gelblich : 1 agouti

Daraus kann man zunächst einmal ablesen, daß gelblich dominant über agouti ist. (Agouti ist die Wildfarbe vieler Säugetiere: Haare mit schwarzer Spitze, helle und schwarze Querbinden im Wechsel, grauer Haargrund.) Dieser Schluß beruht auf der Beobachtung, daß gelbliche Eltern in der F_1-Generation agouti-Mäuse hervorbringen können. Außerdem kann man daraus ableiten, daß beide Eltern heterozygot (Yy) sein müssen, denn sonst könnte in der F_1-Generation nicht der homozygote rezessive Genotyp (yy = agouti) entstehen. Man kann die Kreuzung also auch schreiben als

Yy × Yy

In der F_1-Generation erwartet man somit ein Verhältnis von 1 YY : 2 Yy : 1 yy, und daraus ergibt sich das Mendelsche Verhältnis von 3 gelblich :1 agouti. Das beobachtete Verhältnis von 2 gelblich : 1 agouti läßt sich am einfachsten erklären, wenn man annimmt, daß die homozygot-dominanten Mäuse (YY) aus irgendeinem Grund nicht überleben:

Eltern:	Yy × Yy
F_1-Genotypen	1 YY (stirbt) : 2 Yy : 1 yy
F_1-Phänotypen	2 gelblich : 1 agouti

Die gelbe Fellfarbe der Mäuse ist nur eines von vielen Merkmalen, die bekanntermaßen im homozygoten Zustand letal sind.

Diese Schreibweise ist möglich, obwohl die F_1-Kreuzung eine Selbstbefruchtung darstellt. Das bedeutet, daß in Wirklichkeit nicht zwei verschiedene Pflanzen, sondern unterschiedliche Teile derselben Pflanze beteiligt sind.

Wir wissen, daß aus der F_1-Kreuzung einige kurzstielige Pflanzen entstehen, deren Genotyp *tt* sein muß. Diese F_2-Pflanzen müssen ein *t*-Allel von jedem F_1-„Elternteil“ erhalten haben: Es gibt keine andere Möglichkeit, wie sie entstehen könnten. Das läßt vermuten, daß sich die Allele der Eltern während der sexuellen Vermehrung trennen (man benutzt dafür die Bezeichnung **segregieren**), so daß vorübergehend Strukturen entstehen, die nur ein Allel enthalten. Diese nennt man **Gameten** (Abb. 17.4). Zwei Gameten, je einer von einem Elternteil, verschmelzen, um das Allelpaar zusammenzubringen, das ein Mitglied der nächsten Generation trägt.

Wie ergeben die Vorgänge, die in Abb. 17.4 dargestellt sind, das Verhältnis von 3:1? Ein nützliches Konstrukt, das man als **Punnett-Schema** (Abb. 17.5) bezeichnet, zeigt an, daß der Quotient von 3:1 ganz von selbst entsteht, wenn die F_1-Gameten beliebig

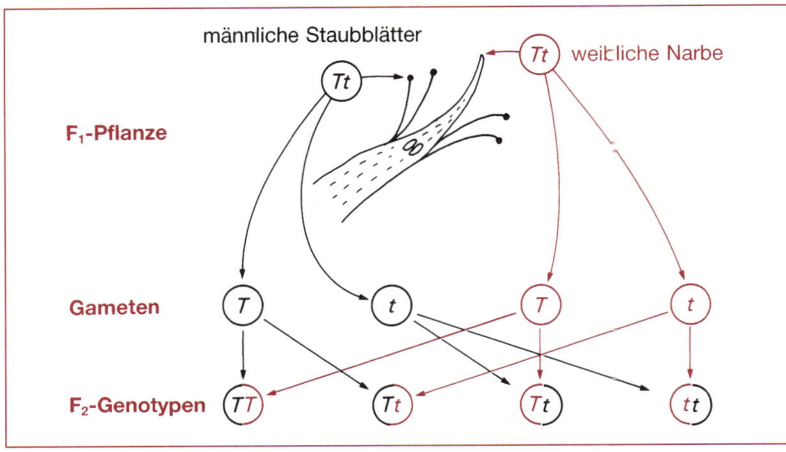

17.4 Die Segregation von Allelen in der F_1-Kreuzung (Untersuchung von lang- und kurzstieligen Pflanzen). Der Genotyp der F_1-Pflanze ist *Tt*. Die männlichen und weiblichen Fortpflanzungsorgane produzieren Gameten, von denen jede nur ein Allel enthält, in diesem Fall *T* oder *t*. Zwei Allele, je eins von jedem „Elternteil" kommen zusammen, so daß sich das Allelpaar einer F_2-Pflanze bildet.

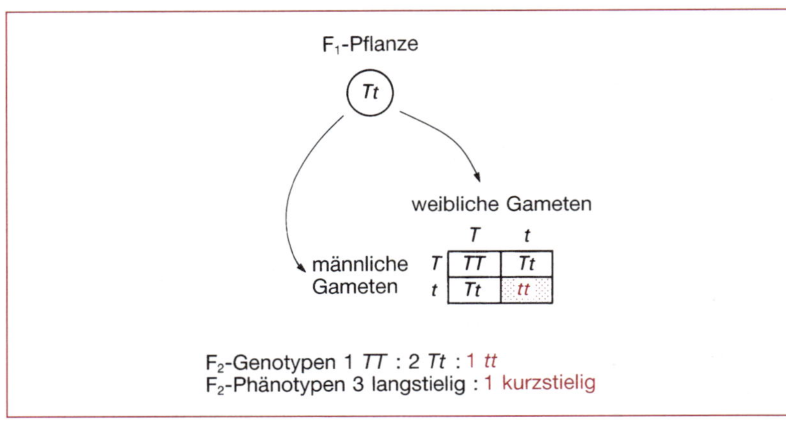

17.5 Die Anwendung des Punnett-Schemas auf eine F_1-Kreuzung mit *T*- und *t*-Allelen. An dem Quadrat kann man die möglichen Allelkombinationen ablesen, und es zeigt an, in welcher Anzahl die einzelnen Genotypen entstehen. Dabei gilt es zu beachten, daß sich das Verhältnis von 3:1 nur ergibt, wenn die Gameten jedes „Elternteils" beliebig segregieren.

segregieren können. Dann weisen die F_2-Pflanzen die Genotypen 1*TT*:2*Tt*:1*tt* auf. Da sowohl *TT*- als auch *Tt*-Pflanzen langstielig sind, ist das Verhältnis der Phänotypen dreimal langstielig zu einmal kurzstielig, also genau das, was Mendel beobachtete. Daraus entstand das erste Mendelsche Gesetz:

Allele segregieren zufällig.

17.1.2 Kreuzungen mit zwei Merkmalspaaren

Als nächstes erforschte Mendel, ob unterschiedliche Eigenschaftspaare gemeinsam oder unabhängig voneinander vererbt werden. Er führte dazu eine Reihe von **Dihybridkreuzungen** durch. Als Beispiel wollen wir die Kreuzung von Pflanzen mit runden, gelben Erbsen (homozygot dominant *RRYY*) mit Pflanzen mit verschrumpelten, grünen Erbsen (homozygot rezessiv *rryy*) betrachten. Diese Kreuzung und ihr Ergebnis sind in

Abb. 17.6 dargestellt. Die Pflanzen der F_1-Generation besitzen alle denselben Genotyp (*RrYy*). Sie sind alle doppelt heterozygot und haben runde, gelbe Erbsen. In der F_2-Generation sind alle möglichen Kombinationen von Eigenschaften vertreten, allerdings in einem bestimmten Verhältnis:

9 Pflanzen mit runden, gelben Erbsen	–	eine elterliche Kombination
3 Pflanzen mit runden, grünen Erbsen 3 Pflanzen mit verschrumpelten, gelben Erbsen	}	zwei nichtelterliche Kombinationen
1 Pflanze mit verschrumpelten, grünen Erbsen	–	eine elterliche Kombination

Dabei macht man als erstes die Beobachtung, daß sich die elterlichen Eigenschaften (runde, gelbe beziehungsweise verschrum-

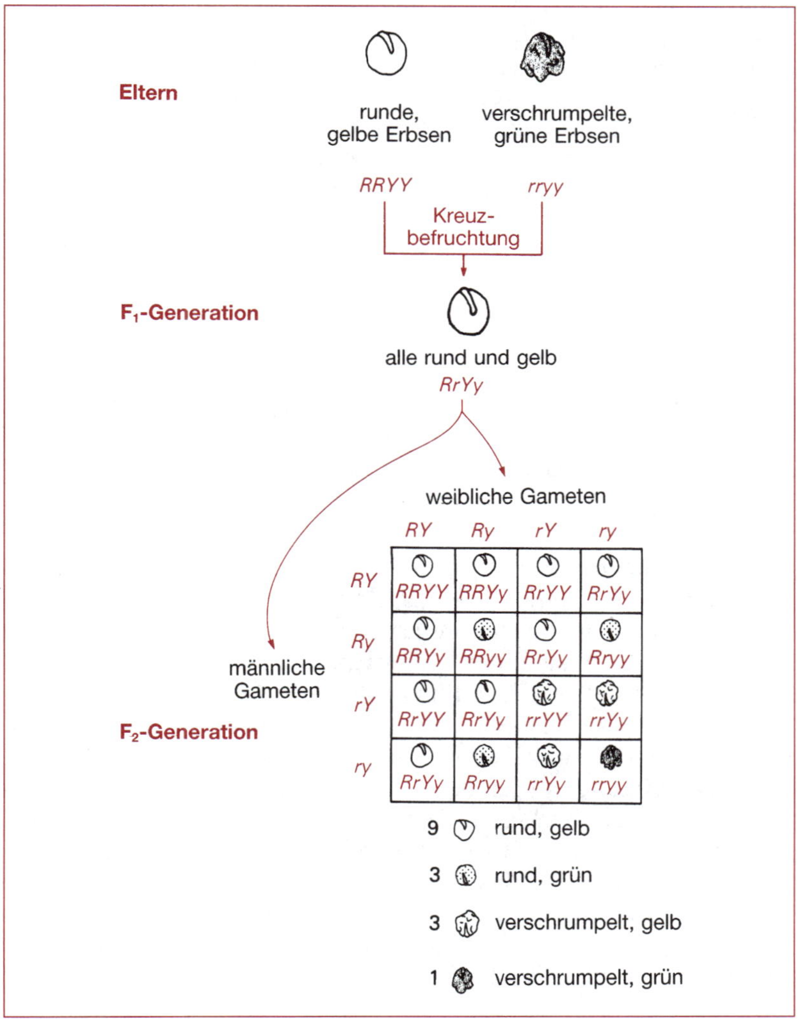

17.6 Dihybridkreuzung zwischen einer Pflanze mit runden, gelben Erbsen und einer mit verschrumpelten, grünen Erbsen.

pelte, grüne Erbsen) aufspalten können, so daß man in der F_2-Generation Kombinationen erhalten kann, die bei den Eltern nicht vorkommen: runde, grüne und verschrumpelte, gelbe Erbsen. Verschiedene Eigenschaftspaare werden also nicht gemeinsam vererbt. Werden sie jedoch völlig unabhängig voneinander weitergegeben? Die Anwendung des Punnett-Schemas auf eine Dihybridkreuzung zeigt uns, daß die Antwort ja heißt: Das Verhältnis von 9:3:3:1 entsteht nur, wenn die beiden Eigenschaftspaare voneinander unabhängig segregieren. Das ist das zweite Mendelsche Gesetz:

Verschiedene Allelpaare segregieren unabhängig voneinander.

Man kann die Dihybridkreuzung leicht interpretieren, wenn man sie einfach als zwei gleichzeitig ablaufende Monohybridkreuzungen betrachtet. Nimmt man nur den Teil rund/verschrumpelt der Kreuzung, so stellt sich das erwartete Verhältnis von 3:1 ein, auch wenn es oben als 12:4 verzeichnet ist. Wenn man nun nur die F_2-Pflanzen mit runden Erbsen betrachtet und das zweite Mendelsche Gesetz ins Spiel bringt, würde man erwarten, daß drei Viertel der runden Erbsen gelb und ein Viertel grün sind. Das ist tatsächlich der Fall – 9 von 12 gelb, 3 von 12 grün. Bei den Pflanzen mit verschrumpelten Erbsen sollten drei Viertel gelb und ein Viertel grün sein. Auch das trifft zu – 3 von 4 gelb und 1 von 4 grün.

17.2 Der Zusammenhang zwischen der Molekulargenetik und Mendel

Man mag den Eindruck haben, als würden ein paar Züchtungsversuche mit Erbsenpflanzen in einem abgelegenen Teil Mitteleuropas vor mehr als einhundert Jahren wenig Relevanz für die heute zentralen Fragen der Molekulargenetik besitzen. Doch das ist eine kurzsichtige Einstellung. Mendels Arbeit nahm mehrere Aspekte der molekularen Genetik vorweg und ist ein überzeugendes Beispiel dafür, welche Beiträge die genetische Analyse zum Verständnis molekularer, biologischer Vorgänge leisten kann. Studenten der Molekulargenetik sollten einschätzen lernen, was die genetischen Züchtungsexperimente für die Entstehung von Hypothesen über das Verhalten von Genen auf molekularer Ebene geleistet haben und noch leisten können. Wir wollen uns deshalb genau ansehen, wie Mendels Ergebnisse zu dem passen, was man heute über das Gen weiß.

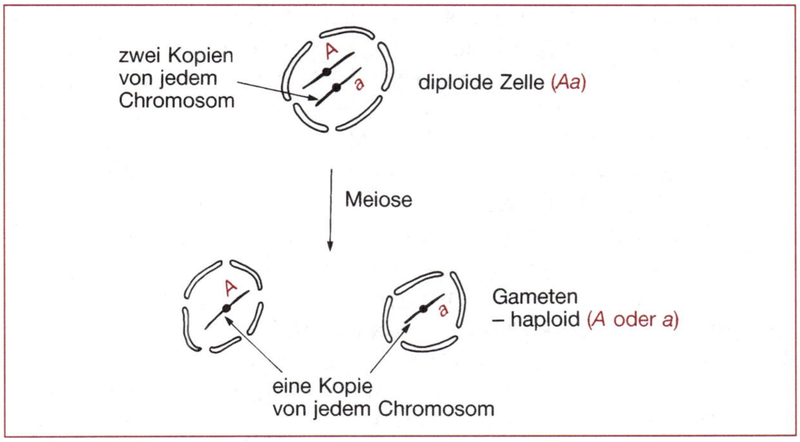

17.7 Mendel vermutete, daß jede Zelle zwei Allele enthält (in diesem Beispiel *Aa*), die jedoch während der sexuellen Vermehrung segregieren, so daß jeder Gamet nur ein Allel enthält (*A* oder *a*). Heute kennen wir den Grund: Bei höheren Lebewesen wie der Erbse sind die meisten Zellen diploid, die durch Meiose entstehenden Gameten sind jedoch haploid.

17.2.1 Jedes Gen existiert als Paar von Allelen

Mendels erste wichtige Schlußfolgerung kann man leicht zu dem in Beziehung setzen, was man in der Folge über Gene und Chromosomen entdeckt hat. Die Chromosomentheorie, die Sutton 1903 aufstellte, verband die Mendelschen unteilbaren Faktoren mit den Chromosomen in den Zellkernen. Die Tatsache, daß Gene in Paaren vorliegen, erklärt sich also dadurch, daß die meisten Zellen höherer Organismen diploid sind (Abschnitt 15.2). Das bedeutet, daß jede Zelle zwei Kopien eines jeden Chromosoms und damit zwei Kopien jedes Gens enthält. Bei der sexuellen Fortpflanzung reduziert die Meiose (Abb. 15.16) diesen doppelten Chromosomensatz auf die Hälfte. Dabei entstehen Zellen (die

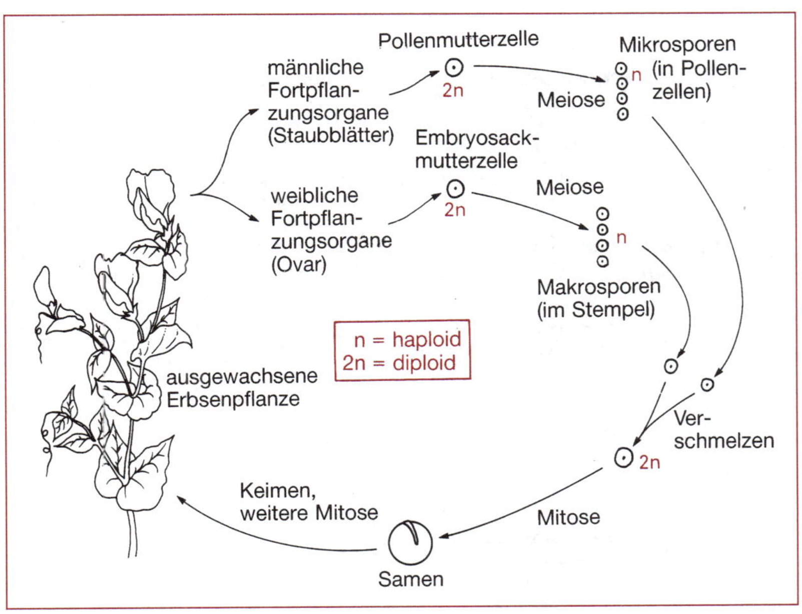

17.8 Der Entwicklungszyklus einer Erbsenpflanze. Wie bei den meisten höheren Organismen sind bei der Erbse die vegetativen Zellen diploid und die Fortpflanzungszellen haploid.

Gameten), die nur eine Kopie eines jeden Chromosoms und deshalb auch nur eine Kopie jedes Gens enthalten (Abb. 17.7). Genauso hatte Mendel argumentiert: Allele segregieren während der sexuellen Fortpflanzung.

Mendels Schlußfolgerung, daß Allele in Paaren auftreten, gilt für die **vegetativen** (das heißt nichtreproduktiven) Zellen der meisten höheren Lebewesen. Bei der Erbse sind zum Beispiel nur die Fortpflanzungszellen (die männlichen Pollen und die weiblichen Eizellen) haploid (Abb. 17.8). Bei vielen niederen Organismen liegen die Dinge jedoch anders, so bei allen Bakterien und einigen niederen Eukaryoten, vor allem bei bestimmten Stämmen der Hefe *Saccharomyces cerevisiae.* Bei diesen Organismen können die vegetativen Zellen selbst haploid sein und nur ein einziges Allel eines jeden Gens enthalten. Diese Tatsache ist von erheblicher Bedeutung für die Methoden, die man für die genetische Analyse von Bakterien und Hefe einsetzt. Wir werden in Kapitel 18 darauf zurückkommen.

17.2.2 Dominanz und Rezessivität

Bei einem heterozygoten Organismus prägt nur ein Allel, das dominante, den Phänotyp. Das rezessive Allel ist stumm. Das ist leicht verständlich, wenn man bedenkt, daß Gene RNA oder Proteine codieren, die in der Zelle bestimmte Funktionen haben. Stellen wir uns ein einfaches System vor, bei dem ein Gen in zwei Formen (das heißt Allelen) vorkommt: funktionsfähig und nicht funktionsfähig (Abb. 17.9a). Die funktionsfähige Version des

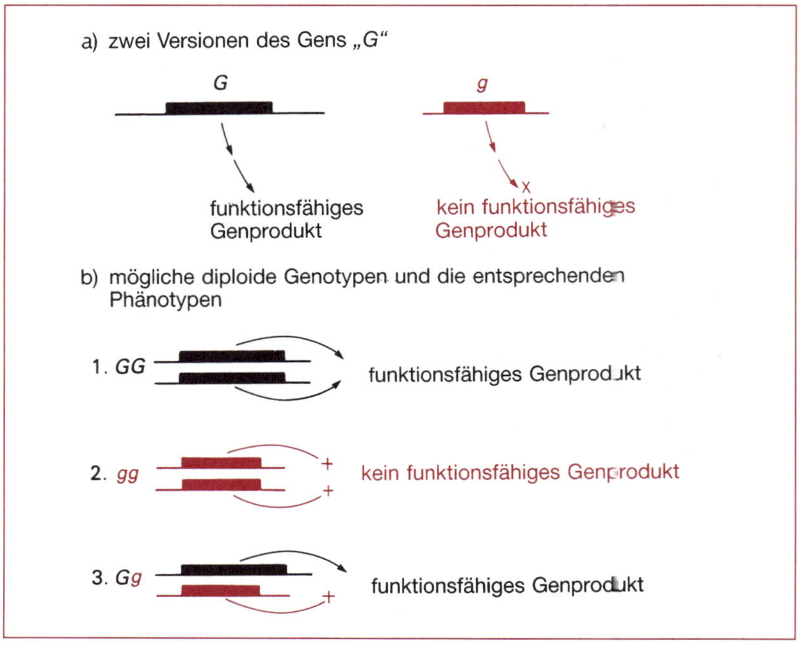

17.9 Eine molekulare Erklärung für Dominanz und Rezessivität. In diesem Beispiel ist *G* dominant und *g* rezessiv.

Gens nennen wir „*G*“: Sie ist die korrekte Form, die durch Transkription und Translation so exprimiert werden kann, daß ein funktionierendes Genprodukt entsteht. Die funktionsunfähige Form nennen wir „*g*“: Sie enthält eine Mutation, welche die biologische Information des Gens zerstört, so daß es kein funktionierendes Genprodukt mehr codiert.

Nun wollen wir uns die verschiedenen möglichen Genotypen ansehen und ableiten, welcher Phänotyp sich daraus ergibt (Abb. 17.9b). Zunächst ist da die Homozygote *GG*. Ein Organismus mit diesem Genotyp enthält zwei funktionstüchtige Kopien des Gens und kann das Genprodukt synthetisieren. Der Organismus nimmt deshalb die Eigenschaft an, für die das Genprodukt zuständig ist. Zweitens gibt es *gg*, die andere Homozygote. Dort liegen zwei funktionsunfähige Versionen des Gens vor: Der Organismus kann das Genprodukt nicht synthetisieren, und die entsprechende Eigenschaft fehlt. Und schließlich gibt es die Heterozygote *Gg*, mit einer funktionierenden und einer nicht funktionierenden Kopie des Gens. Dieser Organismus kann also das Genprodukt synthetisieren: Die Eigenschaft ist ausgeprägt. *G* ist dominant und *g* rezessiv, genau wie Mendel es postuliert hatte.

a) Molekulare Erklärungen für die von Mendel studierten Merkmale. Welcher Zusammenhang besteht zwischen der molekularen

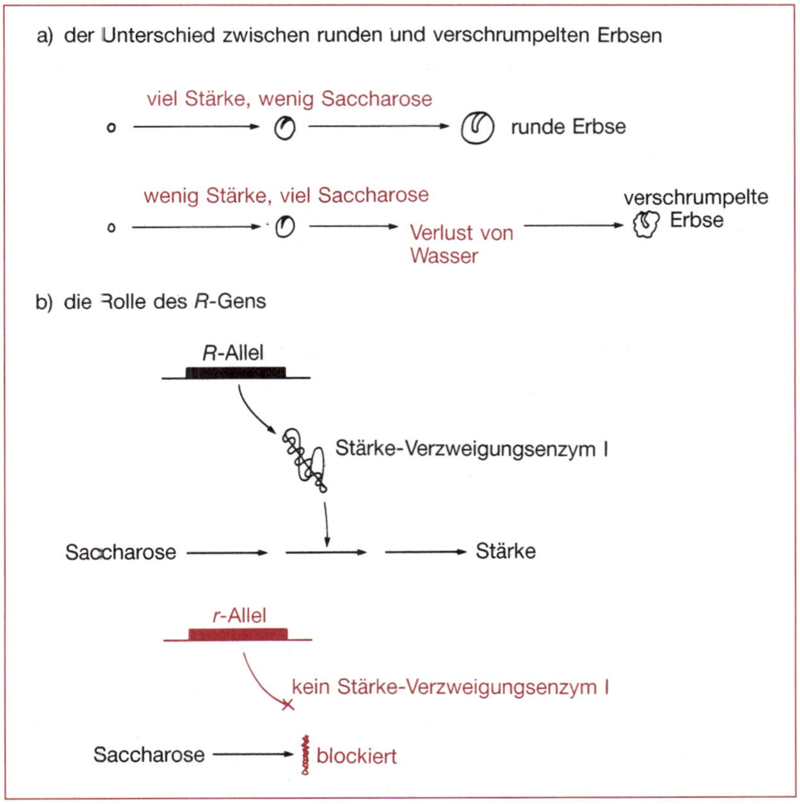

17.10 Die molekulare Grundlage für den Phänotyp „rund/verschrumpelt“ der Erbse, den die Allele *R* und *r* kontrollieren.

Erklärung von Dominanz und Rezessivität und den tatsächlich von Mendel untersuchten Eigenschaften? Bei einigen kennen wir inzwischen das Allelpaar recht genau. Ein gutes Beispiel sind runde und verschrumpelte Erbsen.

Eine verschrumpelte Erbse hat einen höheren Saccharosegehalt als eine runde Erbse. Folglich absorbiert sie mehr Wasser, während sie sich in der Schote entwickelt. Wenn sie reif ist, geht ein Teil des Wassers verloren: Die Erbse kollabiert und schrumpft ein. Runde Erbsen, die weniger Saccharose, aber mehr Stärke enthalten, nehmen während ihrer Entwicklung nicht so viel Wasser auf, und deshalb werden sie während der Reifung nicht so stark dehydriert: Folglich bleiben sie rund (Abb. 17.10a). Der wichtige Unterschied zwischen verschrumpelten und runden Erbsen besteht also in den Mengenanteilen von Saccharose und Stärke, die sie enthalten, und die wiederum hängen von der Aktivität einer Reihe von Enzymen ab, die in der „normalen" (runden) Erbse die Saccharose zu einem großen Teil in Stärke umwandeln (Abb. 17.10b). Jedes dieser Enzyme wird natürlich von einem Gen codiert. Das *r*-Allel ist eine mutierte Version eines solchen Gens. Eine Pflanze mit dem Genotyp *rr* produziert also nicht das Enzym, das dieses Gen codiert. Das bedeutet, daß *rr*-Erbsen weniger Saccharose in Stärke umwandeln, und deshalb verschrumpeln sie. Im heterozygoten Zustand (*Rr*) sorgt das *R*-Allel für die Synthese des Enzyms in ausreichender Menge, um den Saccharosespiegel zu senken. Deshalb haben *Rr*-Pflanzen runde Samen: *R* ist dominant über *r*.

Mendel untersuchte aber auch kompliziertere Merkmale. Warum lange Stiele über kurze dominieren, läßt sich mit der Wirkung eines einzelnen Gens nur schwer erklären. Wichtig ist hier jedoch, daß der Nachweis eines einzelnen Allelpaars für ein Merkmal und die Feststellung, welches Allel dominant und welches rezessiv ist, bedeutende Aufschlüsse liefert. Auf ihnen kann man weitere Experimente aufbauen, um die molekulare Erklärung für das Phänomen zu finden.

b) Komplikationen, die Mendel nicht beobachtete. Mendel hatte insofern Glück, als jedes der sieben Paare gegensätzlicher Eigenschaften, die er untersuchte, eine einfache Beziehung von dominant und rezessiv aufweist. Das ist nicht immer der Fall. Man kennt auch Variationen des grundlegenden Themas; hier drei Beispiele:

1. *Unvollständige Dominanz*, bei der die heterozygote Form einen Phänotyp annimmt, der zwischen den beiden homozygoten Formen liegt. Ein Beispiel ist die Blütenfarbe von Pflanzen wie der Nelke (aber nicht der Erbse): *RR* ist rot, *rr* ist weiß, die Heterozygote *Rr* ist jedoch rosa. Erklären läßt sich das damit, daß die heterozygote Form zwar ein funktionsfähiges Gen für die Pigmentsynthese besitzt, aber dennoch keine ausreichenden Mengen des entsprechenden Enzyms herstellen kann

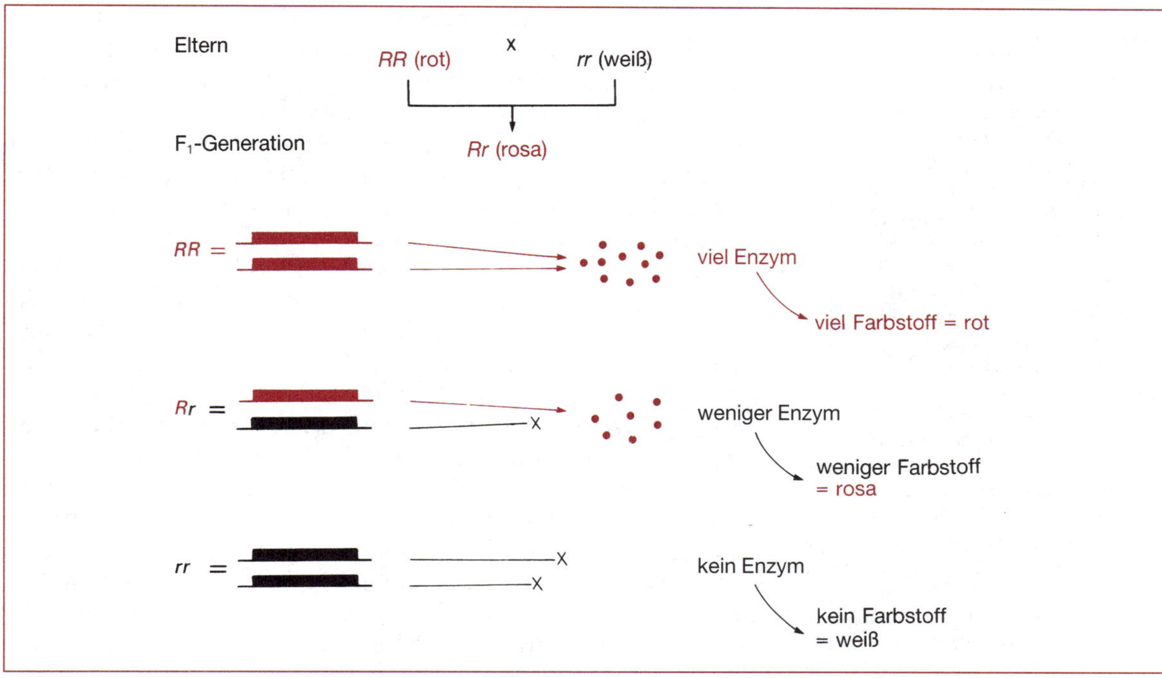

17.11 Unvollständige Dominanz der Allele für rote und weiße Blütenfarbe bei Pflanzen wie zum Beispiel der Nelke.

und deshalb nur begrenzte Mengen des Farbstoffes produziert (Abb. 17.11).

2. *Codominanz*, bei der beide Allele im heterozygoten Zustand aktiv sind. Normalerweise muß man die Biochemie des Organismus untersuchen, um Codominanz zu entdecken. So ist es auch bei dem am besten erforschten Beispiel, der MN-Blutgruppenreihe des Menschen. Sie basiert auf Glykoproteinen im Blut, die in zwei Formen (M und N) vorkommen. Codiert

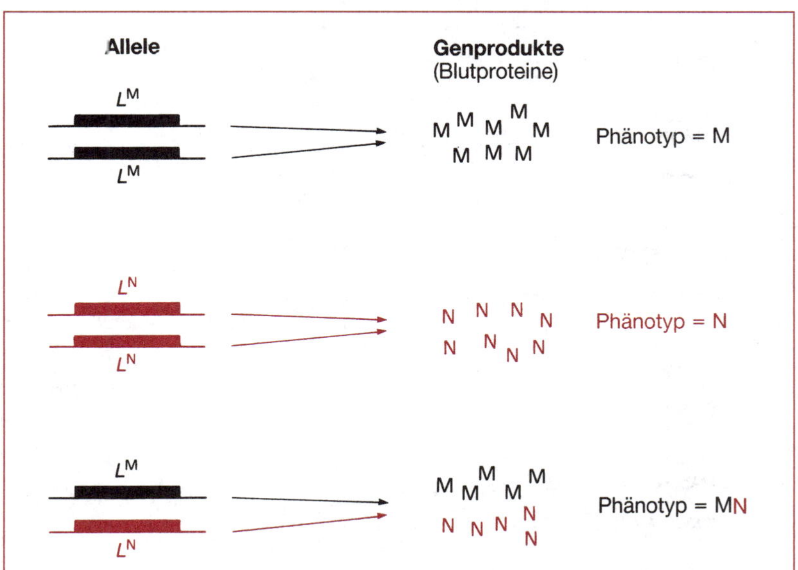

17.12 Codominanz: Die MN-Blutgruppen des Menschen.

Blutgruppen

Die Eigenschaften der verschiedenen Proteine auf der Oberfläche der roten Blutkörperchen bestimmen die Blutgruppe. Diese Proteine sind, wie im Text beschrieben, genetisch vorgegeben. Das erste Blutgruppensystem, das man kannte, war das AB0-System, das Landsteiner 1900 entdeckte. Andere wichtige Systeme tragen die Bezeichnungen Rhesus, Hh, Lewis und Sese. Das MN-System ist zwar für den Genetiker interessant, es hat aber in physiologischer und medizinischer Hinsicht einen geringeren Stellenwert. Zum Forschungsobjekt wurden Blutgruppen wegen der Bedeutung der Bluttransfusionen in der Chirurgie und wegen der schrecklichen Folgen, die es hat, wenn man Blut der falschen Gruppe überträgt.

sind sie in dem Allelpaar L^M und L^N (Abb. 17.12). Homozygote L^ML^M produzieren nur M-Glykoproteine. Die Blutgruppe ist daher M. Genauso bilden Homozygote L^NL^N ausschließlich N-Glykoproteine, so daß die Blutgruppe N entsteht. Heterozygote tragen jedoch beide Allele (L^ML^N), und beide steuern auch die Synthese von Glykoproteinen. Die Blutgruppe ist MN: Keines der Allele ist dominant. Für solche Formen der Codominanz kennt man noch mehrere andere Beispiele.

3. *Multiple Allele* hätten vermutlich Mendels Befunde nicht komplizierter gemacht, sie bilden jedoch eine weitere Variation des einfachen Musters von dominant und rezessiv. Manche Gene können in mehr als nur zwei Allelen vorkommen, also in multiplen Allelformen. Ein einzelnes Lebewesen besitzt nur zwei Allele, verschiedene Individuen weisen jedoch sehr unterschiedliche Allelkombinationen auf. Ein Beispiel ist ein weiteres Blutgruppensystem des Menschen, das AB0-System. Drei verschiedene Allele, nämlich I^A, I^B und I^0, tragen zu diesen Blutgruppen bei. Der Zusammenhang zwischen den Allelen und den aus den möglichen Genotypen entstehenden Phänotypen ist in Abbildung 17.13 dargestellt. Bemerkenswerterweise gehören dazu Paare von Allelen, die das übliche Muster von Dominanz-Rezessivität zeigen, und solche, die Codominanz aufweisen.

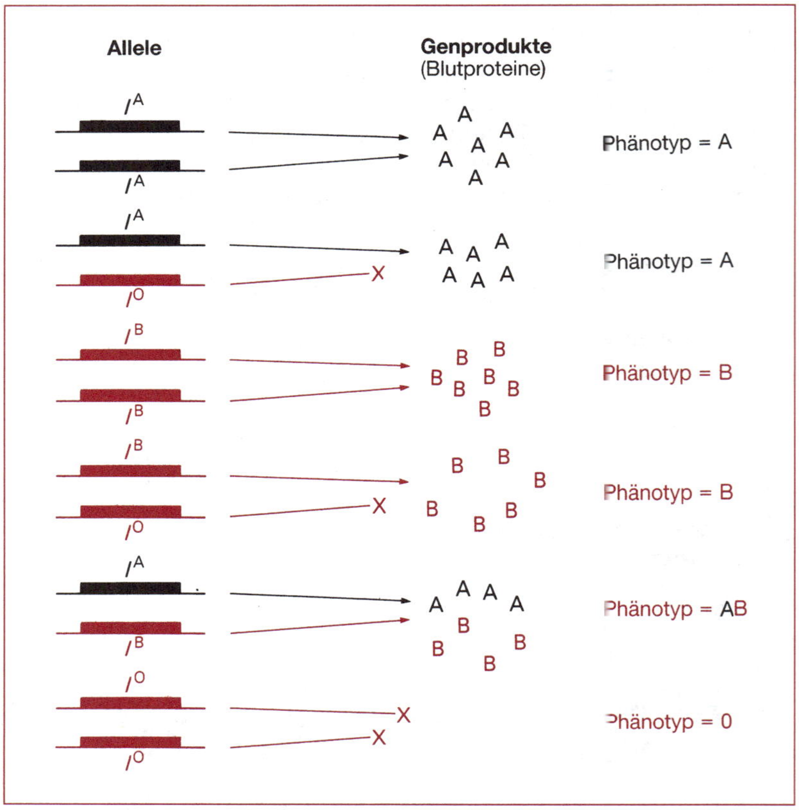

17.13 Multiple Allele: die AB0-Blutgruppen des Menschen. I^A ist dominant über I^0; I^B ist dominant über I^0; I^A und I^B sind codominant.

17.2.3 Die Mendelschen Gesetze – molekulare Erklärungen

In welcher Beziehung Mendels Schlußfolgerungen über Allelpaare und Dominanz-Rezessivität zu dem molekularen Genbegriff stehen, läßt sich also ohne große Schwierigkeiten erklären. Gibt es ähnliche Erklärungen auch für die beiden Mendelschen Gesetze?

a) Das erste Mendelsche Gesetz – Allele segregieren nach dem Zufallsprinzip. Das erste Gesetz verursacht keine Probleme. Während der Meiose (Abb. 15.17) verdoppelt sich jedes Chromosomenpaar, und die Tochterchromosomen segregieren in die Gameten. Jeder Gamet hat dann die gleiche Chance, mit einem Gameten des anderen Elternteils zu verschmelzen: Es gibt keine Gesetzmäßigkeiten, die bestimmen, aus welchem der vier Gameten ein Mitglied der nächsten Generation entstehen kann (Abb. 17.4). Der gesamte Vorgang läuft zufällig ab, genau wie Mendel es postuliert hatte.

b) Das zweite Mendelsche Gesetz – verschiedene Allelpaare segregieren nach dem Zufallsprinzip. Von allen Ableitungen Mendels hat das zweite Gesetz den Genetikern das meiste Kopfzerbrechen bereitet, weil es keineswegs immer zutrifft. Tatsächlich sind Ausnahmen eher die Regel, besonders wenn man mehrere verschiedene Allelpaare betrachtet.

Damit zwei Allelpaare unabhängig voneinander segregieren, müssen sie auf verschiedenen Chromosomen liegen: Wenn sie sich auf demselben Chromosom befinden, würde man erwarten, daß sie zusammen weitergegeben werden. Als man die Chromosomentheorie aufstellte, bemerkte man, daß es in der Zelle weit mehr Gene als Chromosomen geben muß. Manche Gene müssen also eine **Kopplung** aufweisen. Das bedeutet, daß sie auf demselben Chromosom liegen und folglich nicht nach dem zweiten Mendelschen Gesetz segregieren. Mendel, so die Annahme, hatte viel Glück, daß alle Allelpaare, die er untersuchte, auf unterschiedlichen Erbsenchromsomen lagen und deshalb keine Kopplung zeigten. Da Mendel sieben Allelpaare betrachtete und Erbsen sieben Chromosomenpaare besitzen, war die Wahrscheinlichkeit, daß jedes Allelpaar auf einem anderen Chromosom lag, sehr gering. Es gibt in der Tat andere Erklärungen dafür, warum Mendel keine Kopplung sah.

Forscher, die Mendels Arbeit wiederentdeckt hatten, fanden jedoch eine Kopplung bei einigen Kreuzungen, die sie durchgeführt hatten. Diesen Versuchen werden wir uns nun zuwenden.

Mendel und Kopplung

Mendels sieben Gene lagen in Wirklichkeit nicht alle auf unterschiedlichen Chromosomen. Blixt (siehe Literaturhinweis) hat gezeigt, daß zwei Gene wahrscheinlich auf dem Chromosom 1 liegen und drei auf dem Chromosom 4. Die meisten der gekoppelten Gene sind jedoch auf ihrem Chromosom so weit voneinander entfernt, daß sie mehr oder weniger unabhängig segregieren. Die dafür verantwortlichen Vorgänge sind in Kapitel 18 beschrieben.
Die einzige Dihybridkreuzung, bei der sich wahrscheinlich eine Kopplung gezeigt hätte (Stiellänge und volle/eingeschnürte Schoten), hat Mendel anscheinend nicht durchgeführt.

Literatur

Mendel, G. *Versuche über Pflanzenhybriden.* Thun, Frankfurt/M. (Harri Deutsch) 1995.
[Nachdruck von Mendels Veröffentlichung.]

Stern, C.; Sherwood, E. *The Origins of Genetics: A Mendel Source Book.* San Francisco (Freeman) 1966.
Olby, R. *Origins of Mendelism.* London (University of Chicago Press) 1985.
Orel, V. *Gregor Mendel: The First Geneticist.* Oxford (Oxford University Press) 1995.
[Hintergrundinformationen zu Mendels Experimenten.]

Peters, J.A. *Classic Papers in Genetics.* New Jersey, USA (Prentice Hall) 1959.
[Enthält Mendels Veröffentlichung.]

Fincham, J.R.S. *Mendel – Now Down to the Molecular Level.* In: *Nature* 343 (1990) S. 208f.
[Beschreibt die molekulare Grundlage des Phänotyps rund/verschrumpelt.]

Watkins, W.M. *Blood-Group Substances.* In: *Science* 152 (1966) S. 172–181.
[Enthält einige Informationen über Blutgruppen.]

Blixt, S. *Why Didn't Gregor Mendel Find Linkage? Nature* 256 (1975) S. 206.

Aufgaben

1. Definieren Sie die folgenden Begriffe:

Monohybridkreuzung	Allel
Kreuzbefruchtung	rezessiv
dominant	Gamet
Segregation	heterozygot
homozygot	Dihybridkreuzung
Punnett-Schema	Kopplung
Selbstbefruchtung	

2. Erklären Sie, was mit Paaren gegensätzlicher Eigenschaften gemeint ist. Warum waren sie für Mendels Versuche wichtig?

3. Beschreiben Sie das Ergebnis von Mendels Kreuzung zwischen lang- und kurzstieligen Erbsenpflanzen.

4. Erklären Sie genau, woraus Mendel schließen konnte, daß Allele in Paaren auftreten und daß sie dominant oder rezessiv sein können.

5. Erklären Sie, wie Mendel sein erstes und sein zweites Gesetz ableitete.

6. Was ist die molekulare Erklärung für Dominanz und Rezessivität?

7. Erklären Sie, was unvollständige Dominanz und Codominanz ist.

8. Was sind multiple Allele?

9. Warum besitzt das zweite Mendelsche Gesetz keine Allgemeingültigkeit?

10. Grüne Schoten dominieren bei Erbsenpflanzen über gelbe. Wie sehen die Phänotypen und Genotypen der F_1- und F_2-Pflanzen einer Kreuzung von Pflanzen mit grünen Schoten (*GG*) mit solchen mit gelben Schoten (*gg*) aus?

11. Welche Phänotypen und Verhältnisse erhält man in der F_2-Generation einer Dihybridkreuzung zwischen Erbsen mit vollen, grünen Schoten (*FFGG*) und solchen mit eingeschnürten, gelben Schoten (*ffgg*)?

12. Leiten Sie die F_2-Verhältnisse einer Trihybridkreuzung $AABBCC \times aabbcc$ ab.

13. Was wäre das Ergebnis einer Kreuzung einer F_1-Pflanze aus Mendels Kreuzung von langstieligen mit kurzstieligen Erbsen mit der kurzstieligen Elternpflanze? (Man nennt das eine **Rückkreuzung**.)

14. Abbildung 17.11 zeigt eine Kreuzung zwischen Nelken mit roten und weißen Blüten. Was wäre das Ergebnis einer Selbstbefruchtung der F_1-Pflanzen?

18 Mendelsche Genetik und die Erforschung eukaryotischer Gene

Kopplung – Die Entwicklung der Genkartierung • **Genkartierung mit mikrobiellen Eukaryoten** – Der Lebenszyklus der Hefe – Kreuzungen mit *S. cerevisiae* – Genkartierung mit *S. cerevisiae* • **Jenseits der Genkartierung** – Die Aufklärung komplexer Phänotypen

Die Wiederentdeckung der Mendelschen Versuche im Jahr 1900 lieferte den Genetikern der neuen Generation den schlüssigen Beweis, daß man die Vererbung wissenschaftlich untersuchen konnte. Die Folge war eine gewaltige Zunahme der Forschungstätigkeit. In den folgenden zehn Jahren kam es zu einer Anzahl wichtiger Entwicklungen, die auf Mendels Arbeit aufbauten und sie im Hinblick auf andere neue Ideen in der Biologie neu interpretierten. Das große Potential genetischer Kreuzungen wurde immer offensichtlicher.

Die wichtigste Entwicklung war 1903 die Hypothese von Sutton, nach der die Gene auf Chromosomen liegen. Das stellte sofort das zweite Mendelsche Gesetz über die Unabhängigkeit der Segregation in Frage, denn man erkannte, daß die Anzahl der Chromosomen, die ein Lebewesen besitzt, erheblich kleiner sein muß als die Gesamtzahl seiner erblichen Merkmale. Ein einzelnes Chromosom muß folglich sehr viele Gene tragen. Verschiedene Gene auf demselben Chromosom würden nicht unabhängig, sondern gemeinsam vererbt. Mit anderen Worten: Sie wären gekoppelt. Diese klare Erkenntnis, daß es Kopplung geben muß, führte auf geradem Weg zu Methoden zur Genkartierung auf eukaryotischen Chromosomen, die auch heute noch einen Pfeiler der Molekulargenetik bilden.

18.1 Kopplung

Zu den ersten, die Kopplung experimentell nachweisen konnten, gehörten 1905 W. Bateson, E. Saunders und R. Punnett. Sie führten ähnlich wie Mendel eine Reihe von Dihybridkreuzungen durch, allerdings mit einer anderen Pflanze, der Gartenwicke. Bei ihren Versuchen kreuzten sie Pflanzen mit purpurnen Blüten und länglichen Pollenkörnern mit solchen, die rote Blüten und runde Pollenkörner besaßen (Abb. 18.1a). In der F_1-Generation zeigten alle Pflanzen erwartungsgemäß denselben Phänotyp, nämlich purpurne Blüten und längliche Pollenkörner. Diese beiden Merkmale sind also dominant. Nach einer Selbstbefruchtung der F_1-Pflanzen entstanden 6950 F_2-Pflanzen. Da wir Mendels Gesetze kennen, können wir versuchen, das Verhältnis der verschiedenen Phänotypen bei diesen 6950 Pflanzen vorherzusagen. Wenn einerseits die Gene für die Blütenfarbe und die Form der Pollenkörner auf verschiedenen Chromosomen liegen, würde man das Verhältnis von 9:3:3:1 für eine typische Dihybridkreuzung erwarten (Abb. 18.1b). Das ergäbe:

3909 purpurn, länglich
1303 purpurn, rund
1303 rot, länglich
434 rot, rund

Wenn andererseits die beiden Gene auf demselben Chromosom gekoppelt sind, segregieren sie gemeinsam, und es handelt sich eigentlich um eine Monohybridkreuzung zwischen den Allelen

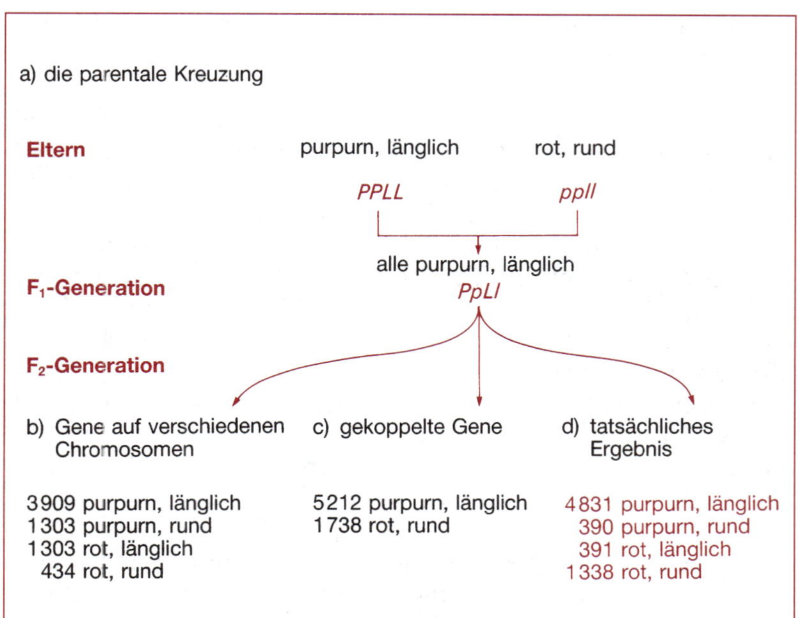

18.1 Die Kreuzung, die Bateson, Saunders und Punnett durchführten. Es handelt sich um die Gene für Blütenfarbe (Allele P = purpur, p = rot) und Pollenkornform (L = länglich, l = rund). Die voraussichtlichen Phänotypen der 6950 F_2-Pflanzen sind angegeben für: b) eine typische Dihybridkreuzung zwischen ungekoppelten Genen und c) vollständig gekoppelte Gene. Die tatsächlichen Kreuzungsergebnisse sind in d) dargestellt.

„purpurne-Blüten-und-längliche-Pollenkörner“ und „rote-Blüten-und-runde-Pollenkörner“ (Abb. 18.1c). Dann würde man ein Verhältnis von 3:1 erwarten:

5212 purpurn, länglich
1738 rot, rund

Entscheidend ist, daß man in der F_2-Generation nicht mit irgendeiner nichtelterlichen Kombination (purpurn/rund und rot/länglich) rechnen würde, denn das würde die unabhängige Segregation zweier Gene voraussetzen, die auf demselben Chromosom gekoppelt sind.

Welche Vorhersage ist korrekt? Erstaunlicherweise keine. Bateson, Saunders und Punnett erhielten ein anderes Ergebnis (Abb. 18.1d):

4831 purpurn, länglich
390 purpurn, rund
391 rot, länglich
1338 rot, rund

Das ist weder ein Verhältnis von 9:3:3:1 noch von 3:1. Zwar weisen die F_2-Pflanzen in ihrer Mehrheit die elterlichen Merkmalskombinationen auf, aber es gibt auch einige mit den nichtelterlichen Eigenschaften, allerdings nicht so viele, wie man erwarten würde, wenn die Gene nicht gekoppelt wären. Es handelt sich um eine Zwischenform: Die Gene zeigen nur eine **partielle Kopplung**.

18.1.1 Thomas Hunt Morgan und die Entwicklung der Genkartierung

Die partielle Kopplung verwirrte die frühen Genetiker. Sie stellten verschiedene Hypothesen auf, um sie zu erklären (einschließlich der korrekten von Hugo de Vries, einem der Wiederentdekker Mendels). Den Durchbruch zum Verständnis des Verhaltens gekoppelter Gene während der Kreuzungen verdanken wir jedoch fast ausschließlich Thomas Hunt Morgan (Abschnitt 1.3) und seinen Kollegen von der Columbia University in New York. Ursprünglich suchte Morgan nach Möglichkeiten, bei Taufliegen Mutationen zu erzeugen. Die zufällige Entdeckung einer einzelnen männlichen Fliege mit weißen Augen in einer Population rotäugiger Wildtypfliegen veranlaßte ihn jedoch in den Jahren 1910 und 1911 zu ersten Kreuzungsversuchen, die denen Mendels ähnelten. Die Ergebnisse waren sehr aufschlußreich.

a) Kreuzungen mit dem Gen für weiße Augen. Morgans erste weißäugige Fliege war männlich. Also kreuzte er sie mit einem weiblichen Wildtyp. Auf den ersten Blick schienen die Ergebnisse

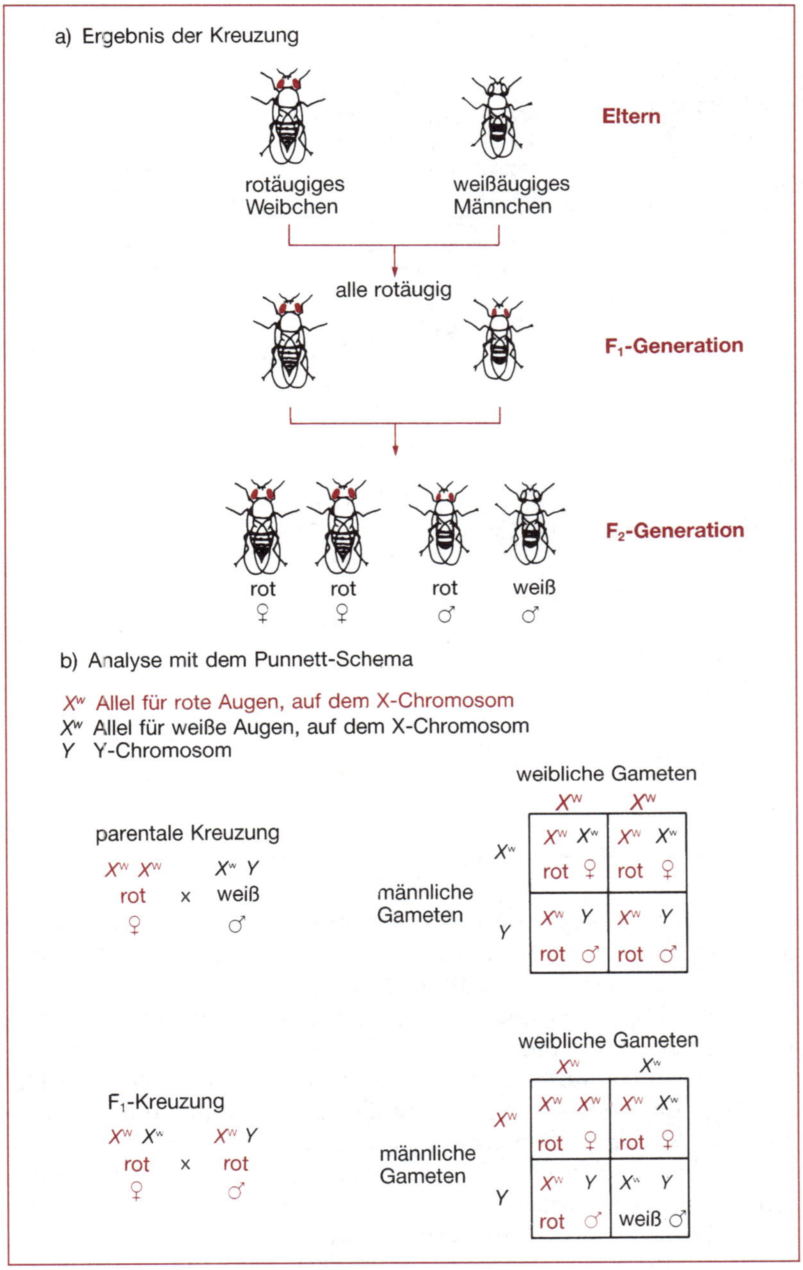

18.2 Morgans Kreuzung einer weißäugigen, männlichen Taufliege mit einem Wildtypweibchen. a) Die Kreuzung und ihr Ergebnis. Ungewöhnlich ist, daß alle weißäugigen Fliegen in der F_2-Generation männlich sind. b) Die Analyse mit Hilfe des Punnett-Schemas zeigt, daß sich die Ergebnisse erklären lassen, wenn das Gen für weiße Augen auf dem X-Chromosom liegt.

mit dem erwarteten Ausgang einer Monohybridkreuzung übereinzustimmen (Abb. 18.2a). Alle F_1-Fliegen besaßen rote Augen (diese dominieren über weiße Augen). In der F_2-Generation ergab sich ein Verhältnis roter zu weißen Augen von 3:1. Morgan bemerkte jedoch eine Eigentümlichkeit: In der F_2-Generation waren alle weißäugigen Fliegen männlich. Das kam unerwartet, da das Verhältnis von 3:1 auf beide Geschlechter zutreffen sollte. Dieses Ergebnis ist scheinbar verwirrend. Man kann es jedoch er-

Die Testkreuzung

Die Kreuzung von weißäugigen, männlichen Taufliegen mit Wildtypweibchen ist ein Beispiel für eine **Testkreuzung**. Die Standardtestkreuzung ist die zwischen einem homozygot rezessiven Organismus und einem, der den dominanten Phänotyp entfaltet. Die Testkreuzung soll klären, ob der Organismus mit dem dominanten Phänotyp in bezug auf dieses Allel homozygot oder heterozygot ist. Wenn er homozygot ist (Beispiel 1 unten), haben alle Nachkommen den dominanten Phänotyp. Ist er heterozygot (Beispiel 2), dann besitzt die Hälfte der Nachkommen den dominanten und die andere Hälfte den rezessiven Phänotyp.

1.
AA x *aa*
↓
alle *Aa*
vollständig dominanter Phänotyp

2.
Aa x *aa*
↓
halb *Aa*, halb *aa*
halb dominanter,
halb rezessiver Phänotyp

Da das Allel für weiße Augen auf dem X-Chromosom liegt, stellen die Kreuzungen in den Abbildungen 18.2 und 18.3 Spezialfälle einer Testkreuzung dar; das Prinzip ist dabei geringfügig anders als bei der Standardversion.

Männliche Taufliegen sind **hemizygot** für Allele auf dem X-Chromosom. Sie besitzen nämlich nur ein einziges Allel, denn das Y-Chromosom ist genetisch anders und trägt keine Allele, die denen des X-Chromosoms entsprechen. Ein Allel des X-Chromosoms wird deshalb vom Männchen immer als Phänotyp exprimiert, selbst wenn es rezessiv ist. Die Ergebnisse von Testkreuzungen mit Allelen des X-Chromosoms sehen so aus:

1.
Y-Chromosom
AA x *a*↾
♀ ♂
↓
halb *Aa*, halb *A*↾
♀ ♂
vollständig dominanter Phänotyp

2.
Aa x *a*↾
♀ ♂
↓
Aa *A*↾ *aa* *a*↾
♀ ♂ ♀ ♂
1 : 1 : 1 : 1
halb dominanter,
halb rezessiver Phänotyp

klären, wenn man davon ausgeht, daß das Gen für weiße Augen auf dem X-Chromosom liegt. Die Analyse anhand des Punnett-Schemas der Kreuzung verdeutlicht das (Abb. 18.2b).

Um die Hypothese zu überprüfen, daß das Gen für weiße Augen auf dem X-Chromosom liegt, führte Morgan eine Reihe weiterer Kreuzungen durch. Wir wollen uns nur eine davon ansehen: zwischen einer weißäugigen, männlichen Fliege und einem Weibchen der F_1-Generation aus der vorherigen Kreuzung. Das Ergebnis war ein Verhältnis der Phänotypen von 1:1:1:1 – eine gleiche Anzahl rot- und weißäugiger Fliegen, von denen je eine Hälfte männlich und eine Hälfte weiblich war (Abb. 18.3a). Wieder ist das Punnett-Schema die beste Methode, um die Kreuzungsergebnisse zu analysieren (Abb. 18.3b). Mit diesen zusätzlichen Kreuzungen konnte Morgan seine Hypothese bestätigen: Das Gen für rote und weiße Augen ist **geschlechtsgekoppelt**.

b) Crossing-over. Bald nach Beendigung dieser Kreuzungsversuche entdeckte Morgan eine andere Taufliegenvariante mit kleineren Flügeln. Eine Reihe von Kreuzungen ergab, daß die kleinen Flügel genauso vererbt werden wie weiße Augen und daß das entsprechende Gen ebenfalls auf dem X-Chromosom liegt. Was wür-

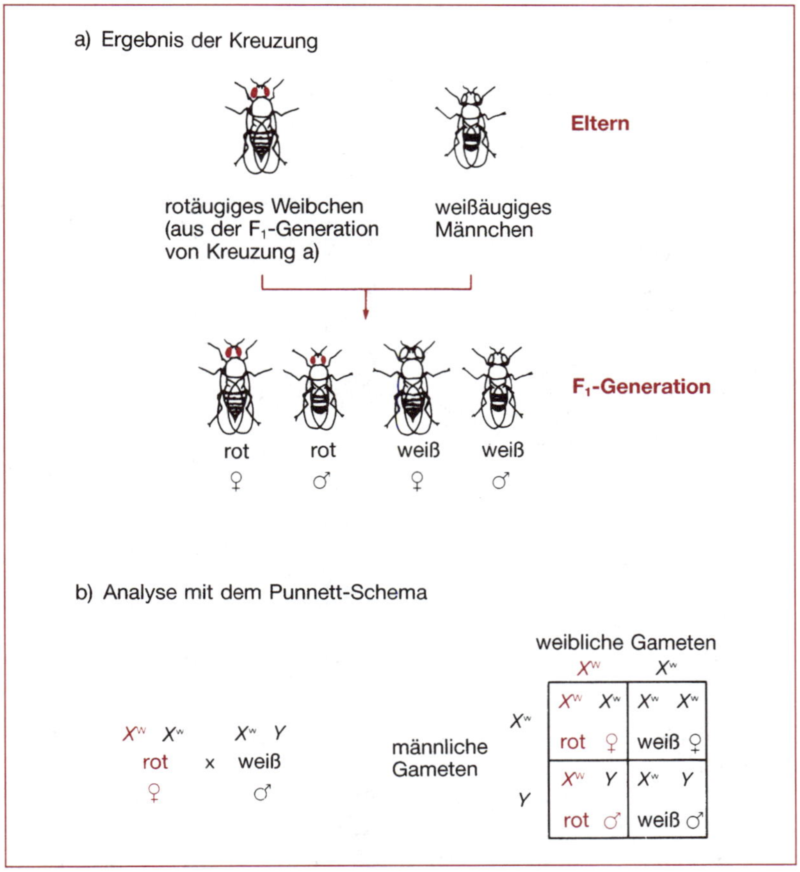

18.3 Morgans Kreuzung einer rotäugigen, weiblichen Taufliege aus der F_1-Generation der in Abbildung 18.2 dargestellten Kreuzung mit einem weißäugigen Männchen. Die Bezeichnungen in b) sind die gleichen wie in Abbildung 18.2.

de also bei einer Kreuzung unter Beteiligung dieser beiden Gene passieren: Wäre die Kopplung vollständig oder partiell?

Um das herauszufinden, kreuzte Morgan eine weibliche Fliege mit weißen Augen und Miniaturflügeln (Genotyp X^{wm} X^{wm}) mit einem Wildtypmännchen (Genotyp X^{WM} Y). Die F_1-Generation bestand erwartungsgemäß aus Wildtypweibchen (Genotyp X^{wm} X^{WM}, also heterozygot) und Männchen mit weißen Augen und kleinen Flügeln (Genotyp X^{wm} Y). In Abbildung 18.4a läßt sich der Ablauf bis hierher verfolgen.

Jetzt kommt der wichtigste Abschnitt des Versuchs. Wenn die beiden Gene vollständig gekoppelt sind, sollte die F_2-Generation zu 50 Prozent aus weißäugigen Fliegen mit kleinen Flügeln (je zur Hälfte männlich und weiblich) und zu 50 Prozent aus Wildtypfliegen (wieder zur Hälfte männlich und zur Hälfte weiblich) bestehen. Das Schema ist in Abbildung 18.4b dargestellt. Entscheidend ist, daß man in der F_2-Generation nur die elterlichen Merkmalskombinationen erwartet. Wie sehen im Vergleich dazu Morgans tatsächliche Ergebnisse aus? Wieder fand er nur eine partielle Kopplung: Von den 2441 Fliegen der F_2-Generation besaßen 900 (das sind 36,9 Prozent) eine Merkmalskombination, die bei keinem der Eltern vorkam: Sie waren entweder rotäugige

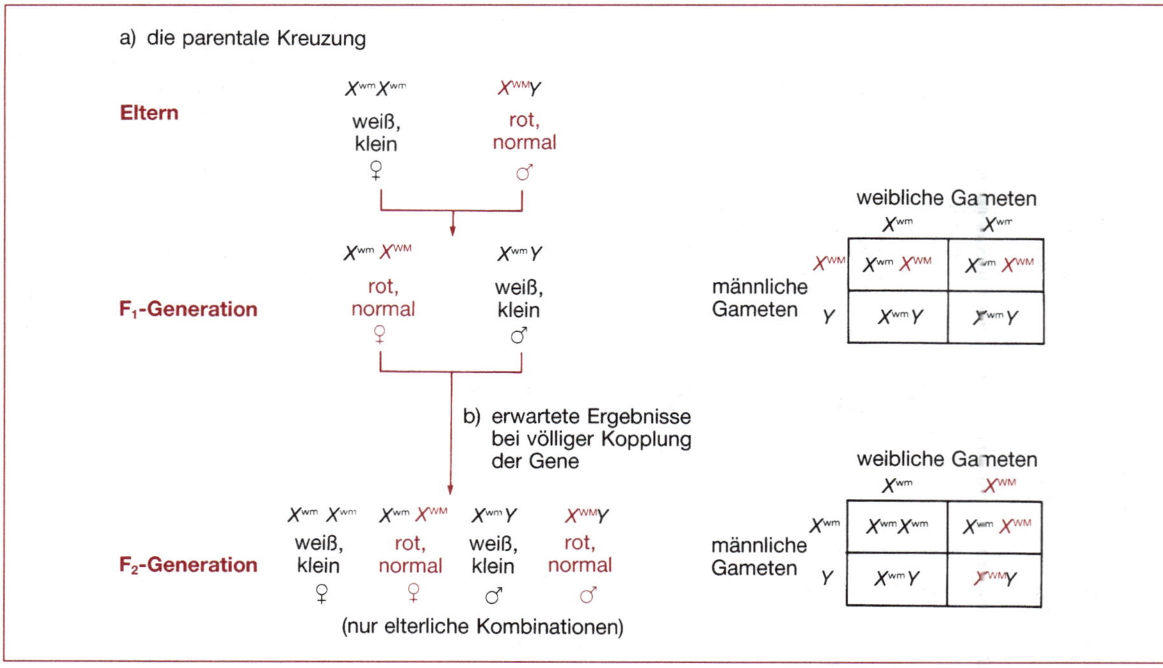

18.4 Eine Kreuzung bei *Drosophila* unter Berücksichtigung von Augenfarbe und kleinen Flügeln. In b) ist das erwartete Ergebnis dargestellt, wenn die beiden Gene völlig gekoppelt sind. Tatsächlich besaßen von den 2441 Fliegen der F_2-Generation 900 nichtelterliche Allelkombinationen. Bedeutung der Symbole: X^{WM}, Allele für rote Augen und normale Flügel (Wildtyp) auf dem X-Chromosom; X^{wm}, Allele für weiße Augen und kleine Flügel auf dem X-Chromosom; *Y*, Y-Chromosom.

Fliegen mit kleinen Flügeln oder weißäugige Fliegen mit normalen Flügeln.

Morgans Ergebnisse spiegelten die früheren Experimente von Bateson, Saunders und Punnett wider. Morgan war sich jedoch bereits sicher, daß die beiden Gene auf demselben Chromosom lagen, und deshalb war er gezwungen, eine Erklärung für seine Ergebnisse zu finden. Das gelang ihm, indem er auf Beobachtungen verwies, die der belgische Zellforscher F. A. Janssens 1909 bei der Meiose von Salamandern gemacht hatte. Janssens hatte sehr genau untersucht, wie die Chromosomenpaare sich während der Kernteilung anordnen. Er hatte die Vermutung geäußert, die Chromatiden der beiden Chromosomen eines Paares, die in enge Nachbarschaft kommen, könnten aufbrechen, so daß es zu einer Übertragung von Abschnitten zwischen den Chromosomen käme (Abb. 18.5a). Wie wir heute wissen, kommt **Crossing-over** wirklich vor, und zwar als Folge der Rekombination zwischen DNA-Molekülen (Abschnitt 12.3.2). Morgan baute auf Janssens' Hypothese auf und postulierte, ein Crossing-over könne zum Entkoppeln verbundener Gene führen (Abb. 18.5b); damit war erklärt, wie nichtelterliche Formen (besser als **Rekombinanten** bezeichnet, da sie aus einer Rekombination hervorgehen) bei einer Dihybridkreuzung entstehen, selbst wenn die beteiligten Gene an verschiedenen Stellen desselben Chromosoms lokalisiert sind.

c) Die Kartierungsmethode. Kurz nachdem Morgan die Kreuzung mit weißen Augen und kleinen Flügeln durchgeführt hatte, fand er ein drittes geschlechtsgekoppeltes Gen, diesmal für die Gelb-

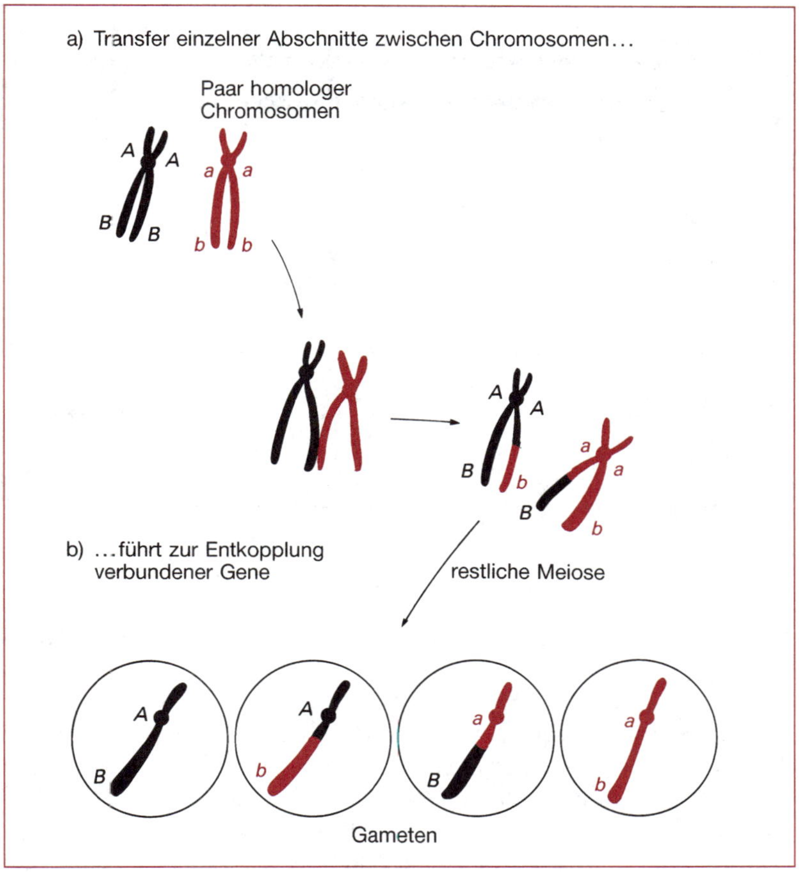

18.5 Morgans Vorstellung, wie ein Crossing-over gekoppelte Gene trennen könnte.

färbung des Körpers. Er führte eine neue Kreuzung durch, bei der er die Merkmale „weiße Augen" und „gelber Körper" verfolgte. Wieder fand er nur eine partielle Kopplung, die in diesem Fall allerdings stärker zu sein schien: Nur 1,3 Prozent der F_2-Fliegen waren Rekombinanten. Als Erklärung äußerte Morgan die Vermutung, das Gen für weiße Augen liege auf dem X-Chromosom näher bei dem Gen für einen gelben Körper als bei dem Gen für kleine Flügel, und deshalb sei es weniger wahrscheinlich, daß die beiden ersten (weiße Augen und gelber Körper) durch ein Crossing-over entkoppelt werden. Es bestehe, so seine Vermutung weiter, einfach eine geringere Chance, daß ein Crossing-over in dem begrenzten Bereich stattfindet, der diese beiden Gene auf dem X-Chromosom trennt (Abb. 18.6).

Den nächsten Arbeitsabschnitt übernahm Arthur Sturtevant, einer von Morgans Schülern. Er entdeckte zwei weitere geschlechtsgekoppelte Gene für zinnoberrote Augen und rudimentäre Flügel. Als man alle fünf Gene in verschiedenen Kreuzungsversuchen kombinierte, erhielt man übereinstimmende Ergebnisse. Die **Rekombinationshäufigkeit** war nicht nur bei jeder Kreuzung anders, sondern man konnte die Unterschiede auch in Beziehung zu den relativen Entfernungen zwischen den Genen

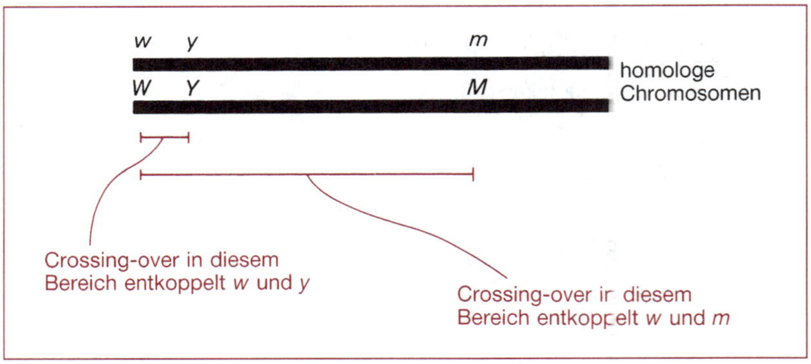

18.6 Zwei Gene, die relativ eng benachbart auf einem Chromosom liegen, werden durch ein Crossing-over mit geringerer Wahrscheinlichkeit entkoppelt als solche, die weiter voneinander entfernt sind. Weiße Augen (*w*) und gelber Körper (*y*) rekombinieren deshalb seltener als weiße Augen und kleine Flügel (*m*).

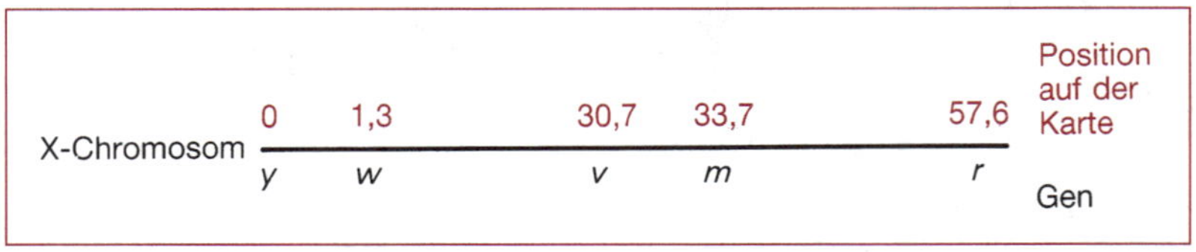

18.7 Sturtevants Karte für fünf Gene des X-Chromosoms von *Drosophila*. Abkürzungen: *y*, gelber Körper; *w*, weiße Augen; *v*, zinnoberrote Augen; *m*, kleine Flügel; *r*, rudimentäre Flügel.

auf dem X-Chromosom setzen und eine Karte dieser fünf Gene zeichnen (Abb. 18.7).

d) Kopplungsgruppen. Nachdem Morgan und seine Mitarbeiter die Methode zur Kartierung von Genen entdeckt hatten, gingen sie daran, so viele Taufliegengene wie möglich zu kartieren. 1915 hatten sie bereits 85 Genen eine Position zugeordnet. Diese Gene lassen sich in vier **Kopplungsgruppen** unterteilen: eine geschlechtsgebundene und drei andere. Das entspricht den vier Chromosomenpaaren, die man im Zellkern der Taufliege findet. Die Entfernungen zwischen Genen mißt man in **Karteneinheiten**. Eine Einheit entspricht der Distanz zwischen zwei Genen, die mit einer Häufigkeit von einem Prozent rekombinieren (also beträgt die Entfernung zwischen den Genen für weiße Augen und gelbe Körper, die mit einer Frequenz von 1,3 Prozent rekombinieren, 1,3 Karteneinheiten, siehe Abb. 18.7). Später erhielt die Karteneinheit den Namen **centiMorgan** (cM).

18.2 Genkartierung bei eukaryotischen Mikroorganismen

Die Methoden der Genkartierung sind prinzipiell bei den meisten Eukaryoten ähnlich. Allerdings führt man bei vielen höheren Wirbeltieren wegen der langen Generationszeiten oder ethischer

Tabelle 18.1: Einige typische Genmarker von *S. cerevisiae.* Sie bestimmen jeweils ein Merkmal, das sich durch Plattieren der Zellen auf einem geeigneten Agar leicht nachweisen läßt. Die Marker sind gewöhnlich mutierte Formen normaler Gene

Marker	Phänotyp	Nachweismethode für Zellen, die den Marker enthalten
ade2	benötigt Adenin	wächst nur, wenn im Medium Adenin vorhanden ist
can1	resistent gegen Canavanin	wächst in Gegenwart von Canavanin
cup1	resistent gegen Kupfer	wächst in Gegenwart von Kupfer
cyh1	resistent gegen Cycloheximid	wächst in Gegenwart von Cycloheximid
leu2	benötigt Leucin	wächst nur, wenn Leucin im Medium vorhanden ist
suc2	kann Saccharose vergären	wächst, wenn Saccharose das einzige vorhandene Kohlenhydrat ist
ura3	benötigt Uracil	wächst nur, wenn Uracil im Medium vorhanden ist.

Erwägungen keine Experimente durch. Bei einzelligen Eukaryoten muß man jedoch ein ganz anderes Vorgehen wählen. Die Absicht hinter den Versuchen bleibt dieselbe – man will herausfinden, wie häufig Rekombination zwischen zwei gekoppelten Genen auftritt. Bei eukaryotischen Mikroorganismen plant und analysiert man die Kreuzungen jedoch anders. Zu diesen Lebewesen gehören die Hefe *Saccharomyces cerevisiae*, der Pilz *Neurospora crassa* und die photosynthetische Alge *Chlamydomonas reinhardtii*. Mit diesen Eukaryoten läßt sich im Labor am einfachsten arbeiten (S. 64). Ein großer Teil der molekularbiologischen Grundlagenforschung an Eukaryoten wird mit ihnen durchgeführt. Deshalb soll jetzt davon die Rede sein, wie man sie erforscht.

Am Beispiel der Hefe *S. cerevisiae* wollen wir die Prinzipien der Genkartierung bei einem eukaryotischen Mikroorganismus veranschaulichen. Zuerst muß man sich bewußt machen, daß die vererbten Eigenschaften, die man untersucht, bei einem Mikroorganismus anders sind als die, welche man bei *Drosophila* und anderen vielzelligen Organismen erforscht. Eine Flügelform gibt es bei Hefe natürlich nicht! Anstelle morphologischer Merkmale verwendet man im allgemeinen biochemische. Eine Liste typischer Eigenschaften von Hefe, die man als **genetische Marker** bezeichnet, ist in Tabelle 18.1 aufgeführt.

18.2.1 Der Lebenszyklus von Hefe

Ein typischer Entwicklungszyklus von Hefe ist in Abb. 18.8 dargestellt. Dabei gilt es zu beachten, daß die vegetativen Zellen in dem abgebildeten Beispiel haploid und nicht diploid sind (anders als beispielsweise bei der Erbse, siehe Abb. 17.8). Nicht alle Hefestämme besitzen haploide vegetative Zellen; bei vielen sind sie diploid. Im allgemeinen benutzt man für Genkartierungsexperimente jedoch haploide Stämme, denn bei diploiden Organismen wird die genetische Analyse immer dadurch erschwert, daß eine Zelle mit dem dominanten Phänotyp homo- oder heterozygot sein kann. Dieses Problem entsteht bei haploiden Zellen nicht (jede Zelle besitzt nur eine Kopie von jedem Chromosom, so daß alle Zellen für alle Gene „homozygot" sind). Das vereinfacht die genetische Analyse.

Wenn man zwei Hefestämme mit entgegengesetztem Paarungstyp mischt, kommt es zur sexuellen Fortpflanzung (siehe Abb. 18.8). Die haploiden vegetativen Zellen machen geringfügige morphologische und physiologische Veränderungen durch und werden zu Gameten, die sich zur diploiden **Zygote** vereinigen. In der Zygote findet die Meiose statt, und dabei entsteht eine **Tetrade** aus vier haploiden **Ascosporen**, die in einer besonderen Struktur, dem **Ascus**, eingeschlossen sind. Der Ascus platzt und setzt die Ascosporen frei, die sich dann durch Mitose teilen und neue haploide vegetative Zellen hervorbringen.

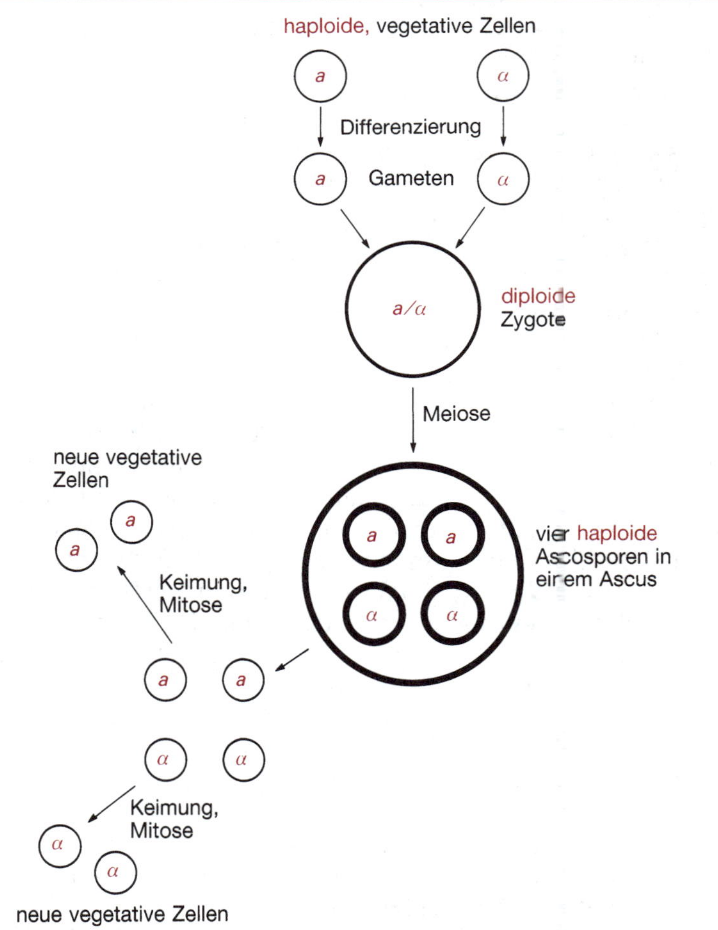

18.8 Sexuelle Fortpflanzung bei einem haploiden Hefestamm. Vegetative Zellen entgegengesetzter Paarungstypen (*a* und *α*) differenzieren sich zu Gameten, die dann zu einer diploiden Zygote verschmelzen. Die Meiose ergibt vier Ascosporen in einer Struktur, die man als Ascus bezeichnet. Der Ascus platzt und setzt die Ascosporen frei, die dann keimen und sich durch Mitose teilen, so daß neue vegetative Zellen entstehen.

18.2.2 Der Ablauf einer Kreuzung mit *S. cerevisiae*

Bevor wir uns ansehen, wie man Gene von *S. cerevisiae* kartiert, müssen wir die Methode zur genetischen Analyse von Hefe in ihren Grundzügen kennenlernen. Als Beispiel soll eine Kreuzung zwischen den beiden folgenden Hefestämmen dienen:

Paarungstyp α, Wildtyp
Paarungstyp *a*, *leu2⁻*

Eine Mutation im *leu2⁻*-Stamm inaktiviert das *leu2*-Gen, das die β-Isopropylmalatdehydrogenase codiert, eines der Enzyme, die an der Biosynthese von Leucin beteiligt sind. Der Stamm ist daher leucinauxotroph (Abschnitt 12.1.1) und kann nur überleben, wenn Leucin dem Wachstumsmedium zugefügt wird. Der Wildtypstamm ist natürlich prototroph. Man kann die Kreuzung wie folgt schreiben:

leu2⁻a × α leu2

Wenn man eine solche genetische Analyse unternimmt, geht man eigentlich davon aus, daß die Stämme von unterschiedlichem Paarungstyp sind, und interessiert sich nicht dafür, welcher was ist. Außerdem bezeichnet man den Wildtyp mit „+“. Wir können die Kreuzung also einfach so schreiben:

leu2⁻ × +

Durch die Vereinigung der *leu2⁻*- und der Wildtypgameten entstehen diploide Zygoten, die anschließend eine Meiose durchlaufen. Dabei bilden sich vier haploide Ascosporen pro Zygote. Nach den Mendelschen Gesetzen sollte das Ergebnis der Kreuzung eine gleiche Anzahl von *leu2⁻*- und Wildtypascosporen sein (Abb. 18.9). Um das Ergebnis zu überprüfen, muß man den Phänotyp einzelner Ascosporen bestimmen. Dazu kann man zwei Methoden verwenden:

1. *Eine zufällige Sporenanalyse* (Abb. 18.10). Man streicht eine Probe der Ascosporen auf einem Agarmedium aus und testet die Fähigkeit jeder einzelnen, ohne Leucin zu überleben. Zu diesem Zweck bringt man sie zuerst auf Vollmedium (mit Leucin), auf dem alle Ascosporen, seien sie nun *leu2⁻* oder der Wildtyp, sich teilen und Kolonien bilden können. Die Anzahl der Kolonien entspricht der Zahl der in der Probe vorhandenen Ascosporen. Alle Kolonien überträgt man dann durch **Replikaplattierung** auf Minimalmedium (ohne Leucin), auf dem die *leu2⁻*-Zellen nicht wachsen können. Danach kann man die Anzahl der leucinauxotrophen Ascosporen in der Ausgangsprobe berechnen.

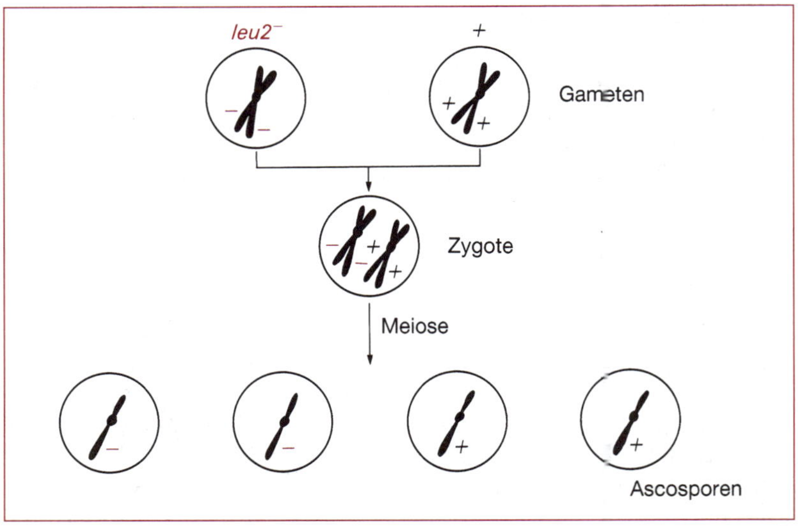

18.9 Kreuzung zwischen einem *leu2⁻*- und einem Wildtypstamm von Hefe. Die Gameten befinden sich in der G2-Phase des Zellzyklus (Abschnitt 15.4.1). Durch Verschmelzung zweier Gameten mit entgegengesetztem Paarungstyp entsteht eine diploide Zygote, die dann eine Meiose durchläuft (vergleiche Abb. 15.16), so daß vier haploide Ascosporen entstehen.

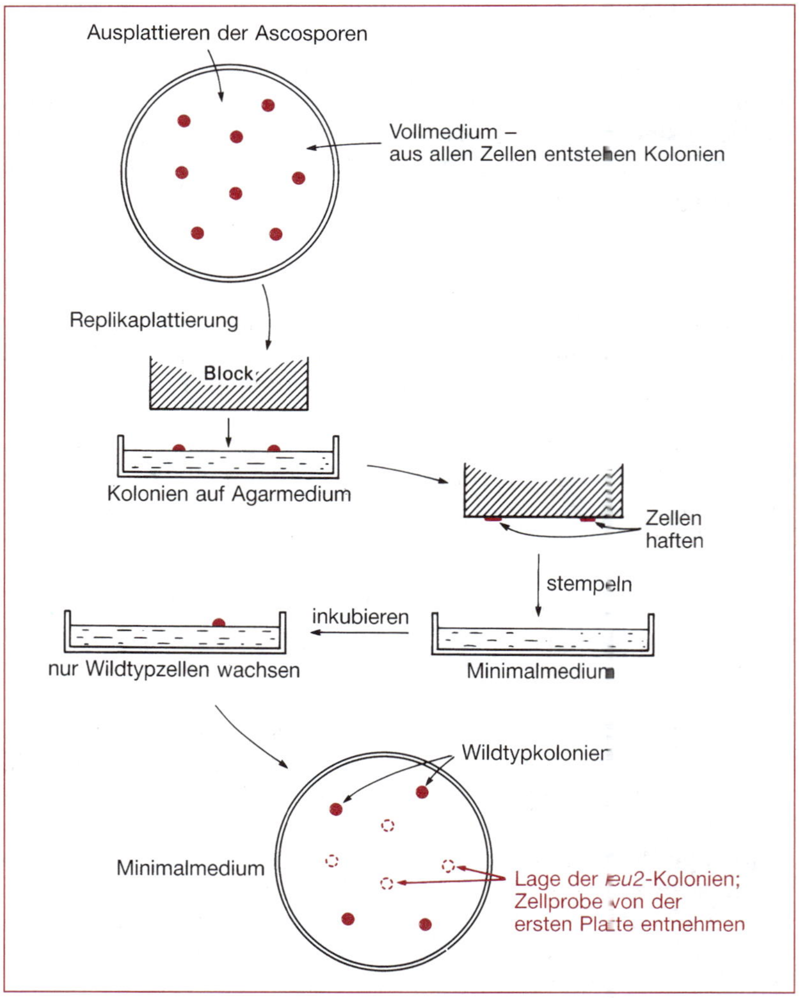

18.10 Zufällige Sporenanalyse und Replikaplattierung.

2. **Tetradenanalyse** (Abb. 18.11). Diese Methode macht sich die Tatsache zunutze, daß die vier Ascosporen, die bei der Meiose einer einzelnen Zygote entstehen, zunächst im Ascus verbleiben (siehe Abb. 18.8). Man kann die einzelnen Asci voneinander trennen, aufbrechen und die vier Ascosporen auf Agar wachsen lassen. Daher kann man die Anzahl leucinauxotropher Ascosporen, die aus einer einzelnen Gametenverschmelzung entstehen, bestimmen und so die Ergebnisse der Kreuzung im Detail studieren.

18.2.3 Genkartierung bei *S. cerevisiae*

Wie setzt man diese Verfahren bei *S. cerevisiae* zur Kartierung von Genen ein? Um die Strategie zu verdeutlichen, wollen wir einen zweiten Kreuzungsversuch ansehen, der genau wie der zuvor beschriebene abläuft, jedoch mit Elternstämmen, die Marker für zwei Gene tragen und nicht nur für eines. Angenommen, die beiden hypothetischen Marker heißen a^- und b^-. Die Kreuzung läßt sich dann so beschreiben:

$a^-b^- \times ++$

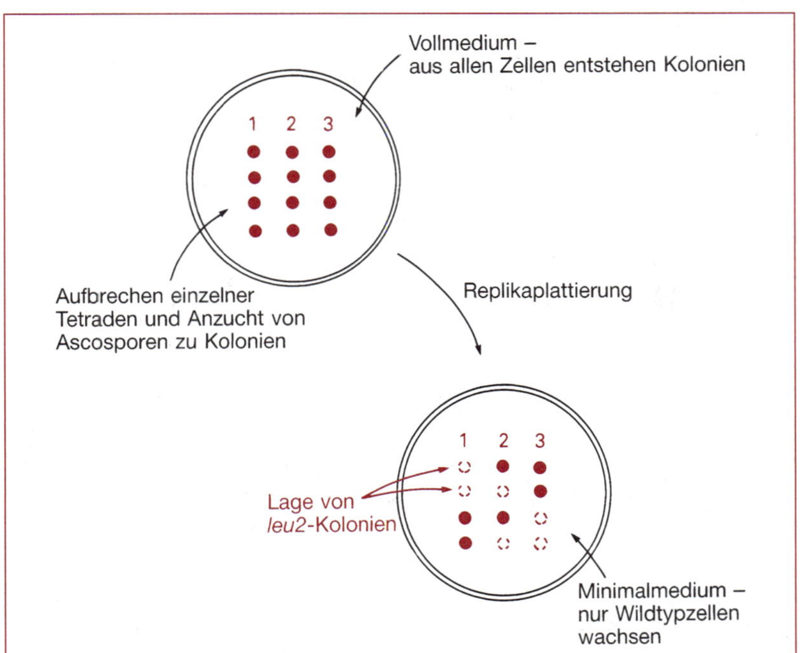

18.11 Tetradenanalyse.

Ascosporen, die durch diese Kreuzung entstehen, könnten einen von vier Genotypen besitzen:

a^-b^-, $++$ } elterliche Kombinationen

a^-+, $+b^-$ } nichtelterliche (rekombinierte) Kombinationen

a) Liegen die Gene auf demselben Chromosom? Wenn die Gene nicht gekoppelt sind, würde man alle Ascosporen in gleicher Anzahl erwarten (Abb. 18.12a). Eine zufällige Sporenanalyse ergibt deshalb ein Verhältnis von 1:1:1:1 für die vier möglichen Genotypen. Wenn andererseits a^- und b^- auf demselben Chromosom liegen, kommen Ascosporen mit den elterlichen Kombinationen (a^-b^- und $++$) häufiger vor (Abb. 18.12b). Der Grund sollte nach dem bisher Gesagten klar sein: Wenn die Gene sich auf demselben Chromosom befinden, entstehen rekombinierte Ascosporen nur bei einem Crossing-over zwischen a^- und b^-.

b) Wie groß ist der Kartenabstand zwischen den Genen? Man kann die Entfernung zwischen a^- und b^- in erster Näherung anhand der Anzahl der rekombinierten Ascosporen abschätzen, die man bei der zufälligen Sporenanalyse entdeckt hat. Analog zur

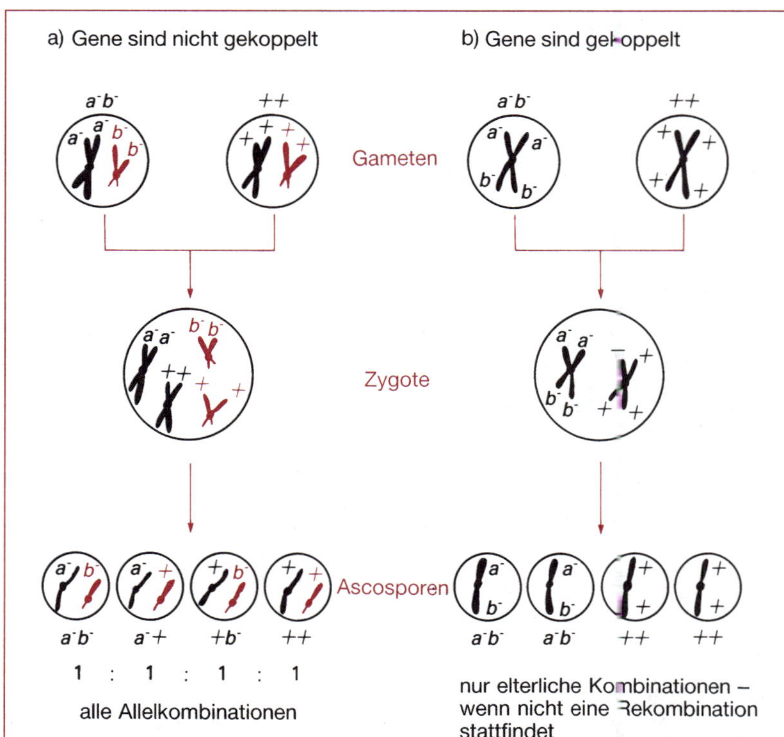

18.12 Der Unterschied zwischen a) ungekoppelten und b) gekoppelten Genen bei einer Hefekreuzung.

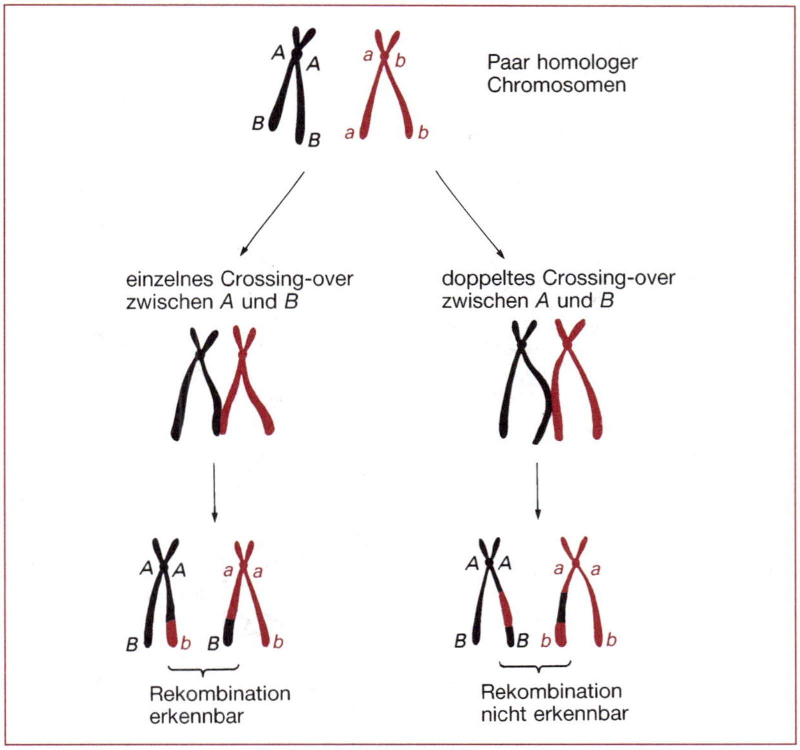

18.13 Mit zufälliger Sporenanalyse lassen sich doppelte Crossing-over nicht nachweisen, weil die untersuchten Gene keine Rekombination zeigen.

Vorgehensweise bei der Genkartierung bei Taufliegen entspricht die Rekombinationshäufigkeit (das heißt die Anzahl der rekombinierten Ascosporen, geteilt durch die Gesamtzahl an Ascosporen) der Entfernung zwischen den Genen in centiMorgan.

Leider läßt sich der Kartenabstand aufgrund einer zufälligen Sporenanalyse nur ungenau angeben. Die Methode berücksichtigt nicht das Auftreten von doppelten Crossing-over, die nicht zu rekombinierten Ascosporen führen (Abb. 18.13). Weil diese nicht entdeckt werden, liegt die scheinbare Rekombinationsfrequenz zwischen a^- und b^- niedriger als der tatsächliche Wert. Die Entfernung, die sich aus einer Sporenanalyse nach dem Zufallsprinzip berechnet, ist also geringer als der wirkliche Abstand zwischen den Genen.

Hier kommt die Tetradenanalyse ins Spiel. Sie ist von großer Bedeutung, weil man damit die Anzahl der erfolgten Crossing-over bestimmen kann und so einen genaueren Wert für die Entfernung erhält. Bevor wir uns damit beschäftigen, wie es dazu kommt, müssen wir einen Blick auf die drei verschiedenen Ascosporenkombinationen werfen, die in einer Tetrade möglich sind (Abb. 18.14):

1. Ein **parentaler** (elterlicher) **Dityp** (PD) ist eine Tetrade, die je zwei Ascosporen mit dem Genotyp jedes Elternteils enthält (a^-b^-, a^-b^-, $++$, $++$).

18.14 Die drei Tetradentypen, die bei einer Hefekreuzung mit zwei Genen entstehen.

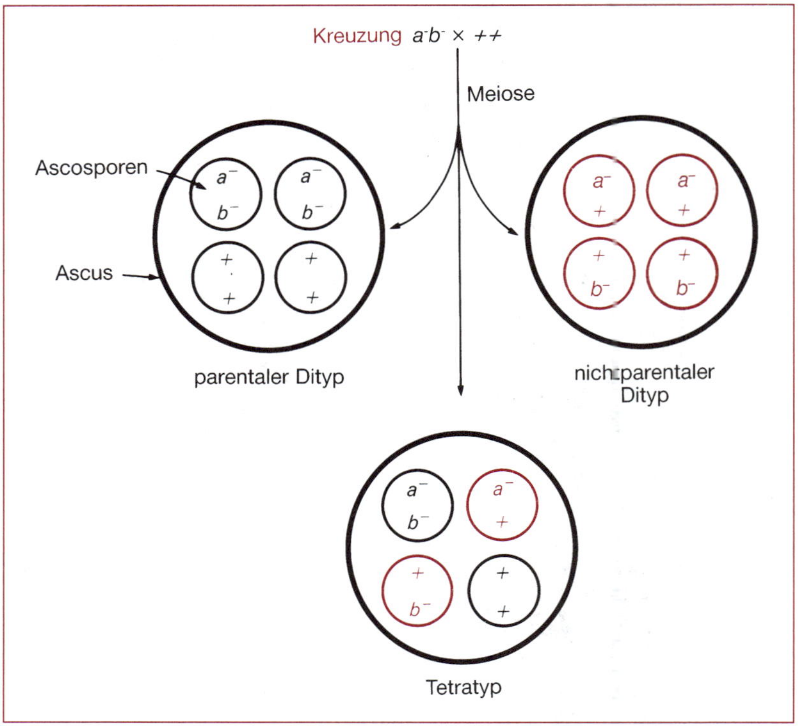

2. Ein **nichtparentaler Dityp** (NPD) enthält je zwei Kombinationen, die bei den Eltern nicht vorkommen (*a⁻+*, *a⁻+*, *+b⁻*, *+b⁻*).
3. Ein **Tetratyp** (T) enthält vier verschiedene Ascosporen, je eine von jedem möglichen Genotyp (*a⁻b⁻*, *a⁻+*, *+b⁻*, *++*).

Um zu verstehen, wie man die Entfernungen auf einer Karte ermittelt, muß man folgende Punkte beachten:

1. Wenn in einer bestimmten Zygote kein Crossing-over zwischen *a⁻* und *b⁻* stattfindet, ist die Tetrade ein parentaler Dityp (PD) (Abb. 18.15a).
2. Wenn ein einziges Crossing-over zwischen *a⁻* und *b⁻* stattfindet, entsteht ein Tetratyp (T) (Abb. 18.15b). Dabei gilt es zu beachten, daß das Crossing-over zwischen zwei beliebigen Chromatiden eines Paares homologer Chromosomen stattfinden kann.
3. Wenn sich zwischen *a⁻* und *b⁻* zwei Crossing-over ereignen, entsteht ein PD, T oder NPD (Abb. 18.15c):
   Wenn zwei Chromatiden an dem doppelten Crossing-over beteiligt sind, ist die Tetrade ein PD.
   Wenn drei Chromatiden beteiligt sind, ist die Tetrade ein T.
   Wenn vier Chromatiden beteiligt sind, ist die Tetrade ein NPD.
   Wie man in Abb. 18.15c erkennt, treten doppelte Crossing-over in einem Verhältnis von 1 (zwei Chromatiden beteiligt):2 (drei Chromatiden beteiligt):1 (vier Chromatiden beteiligt) auf.

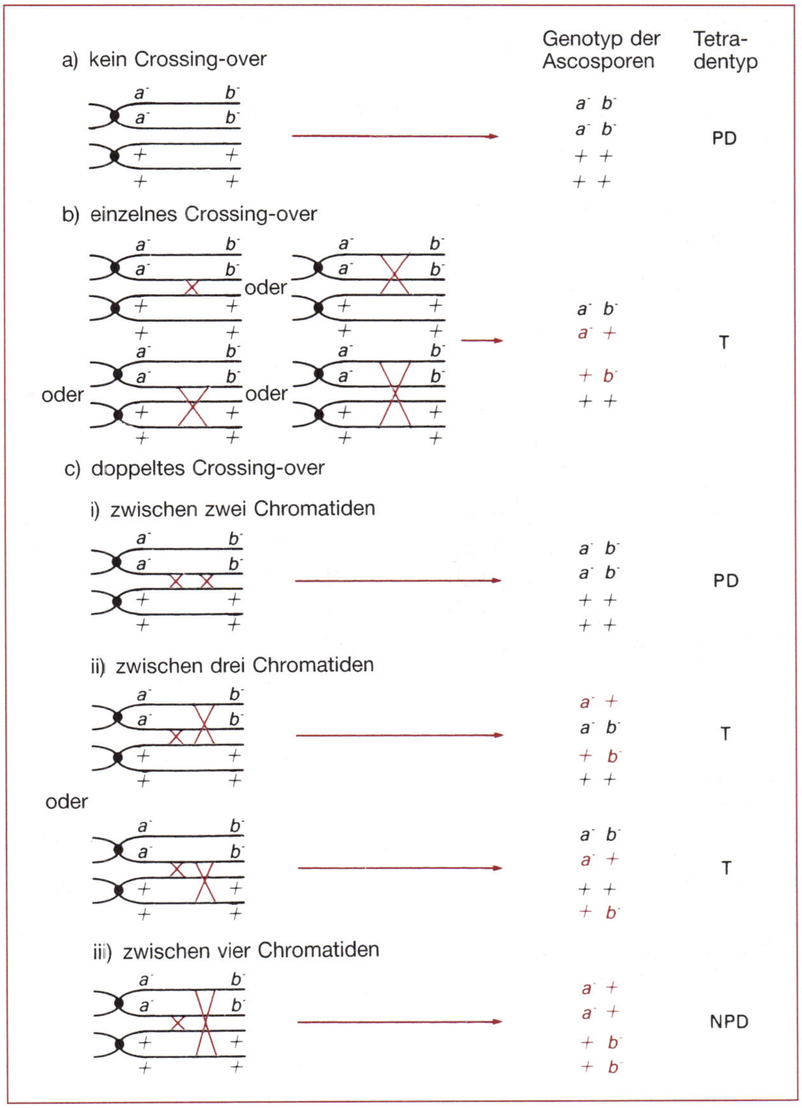

18.15 Die Vorgänge, durch die bei Hefe während einer Kreuzung mit zwei gekoppelten Genen die verschiedenen Tetradentypen entstehen.

Insgesamt ging es um die Anzahl der Crossing-over, die zwischen a^- und b^- stattgefunden haben. Die Anzahl der einzelnen Crossing-over bestimmt man folgendermaßen:

Alle einzelnen Crossing-over ergeben einen T (siehe Punkt 2). Einige Ts (doppelt so viele wie NPDs) stammen jedoch aus doppelten Crossing-over (siehe Punkt 3).

Daher ist die Anzahl der einzelnen Crossing-over = T – 2NPD.

Die Anzahl der doppelten Crossing-over läßt sich ebenfalls berechnen:

Genkartierung bei Hefe – ein konstruiertes Beispiel

Betrachten wir einmal die Kreuzung:

$a^-b^- \times ++$

Bei einer Tetradenanalyse erhält man folgendes Ergebnis:

PD-Tetraden	142
NPD-Tetraden	3
T-Tetraden	61
gesamt:	206

Daraus ergibt sich als erstes die Schlußfolgerung, daß diese Gene gekoppelt sind. Darauf weist die sehr niedrige Anzahl von NPD-Tetraden hin. Bei ungekoppelten Genen sollte das Verhältnis PD:NPD etwa 1:1 betragen.

Die Crossing-over-Frequenz läßt sich nach der folgenden Formel berechnen:

$$CF = \frac{T + 6NPD}{2(T + NPD + PD)}$$

$$= \frac{61 + 18}{2 \times 206} = 0{,}192 = 19{,}2\%$$

Die beiden Gene, die durch die Marker a^- und b^- repräsentiert werden, liegen also 19,2 centiMorgan auseinander.

Die Anzahl der Tetraden, die doppelte Crossing-over repräsentieren = 4NPD (siehe Punkt 3).

Daher ist die Anzahl der tatsächlichen Crossing-over (je zwei pro doppeltem Crossing-over) = 8NPD.

Die Gesamtzahl der Crossing-over, die in den analysierten Tetraden stattgefunden haben, ist also:

$$T - 2NPD + 8NPD = T + 6NPD$$

Die Crossing-over-Frequenz beträgt demnach:

$$\frac{T + 6NPD}{2 \times \text{Gesamtzahl der Tetraden}} = \frac{T + 6NPD}{2(T + NPD + PD)}$$

Wichtig dabei ist, daß man die Anzahl der Crossing-over durch das Doppelte der Tetradengesamtzahl teilen muß, um die Crossing-over-Frequenz zu erhalten. Das liegt daran, daß jede Ascospore vier Chromatiden enthält, von denen jedoch nur zwei an einem bestimmten Crossing-over teilnehmen.

Geordnete Tetraden

Viele einzellige Eukaryoten bewahren ihre Meioseprodukte (zum Beispiel die Ascosporen von *S. cerevisiae*) in Strukturen auf, die dem Ascus entsprechen. Man kann deshalb bei ihnen die Tetradenanalyse anwenden. In einigen Fällen kann man die Analyse noch weiter treiben, weil der Ascus so konstruiert ist, daß man Ascosporen, die sich von einzelnen Chromatiden der Gameten ableiten, identifizieren kann.

Ein Beispiel ist *Neurospora crassa*. Bei diesem Pilz sind die Ascosporen in einem länglichen Ascus enthalten, der sich wie folgt entwickelt:

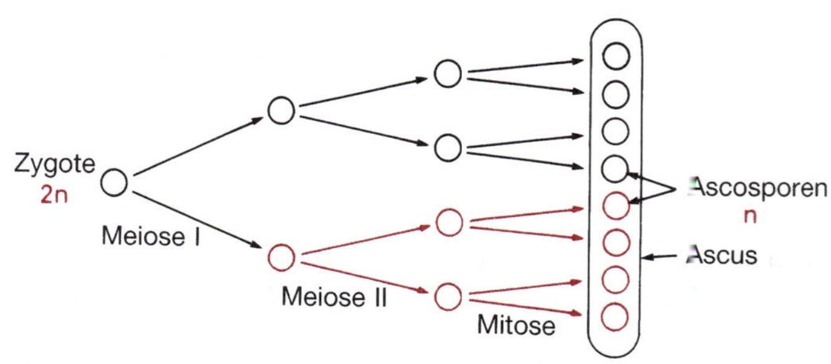

Man bezeichnet auch diese Struktur als Tetrade, obwohl die Mitoseteilung dazu führt, daß der Ascus acht Ascosporen enthält.

Der geordnete Aufbau des Ascus von *N. crassa* ändert nichts an dem Verfahren, mit dem man die Crossing-over-Frequenz aufgrund der Tetradenanalyse berechnet. Eine geordnete Tetrade hat den Vorteil, daß man unmittelbar die Rekombinationsereignisse untersuchen kann, aus denen die Genotypen der einzelnen Ascosporen entstehen. Damit läßt sich zum Beispiel bestätigen, daß an einem doppelten Crossing-over während der Meiose jedes beliebige Chromatidenpaar beteiligt sein kann:

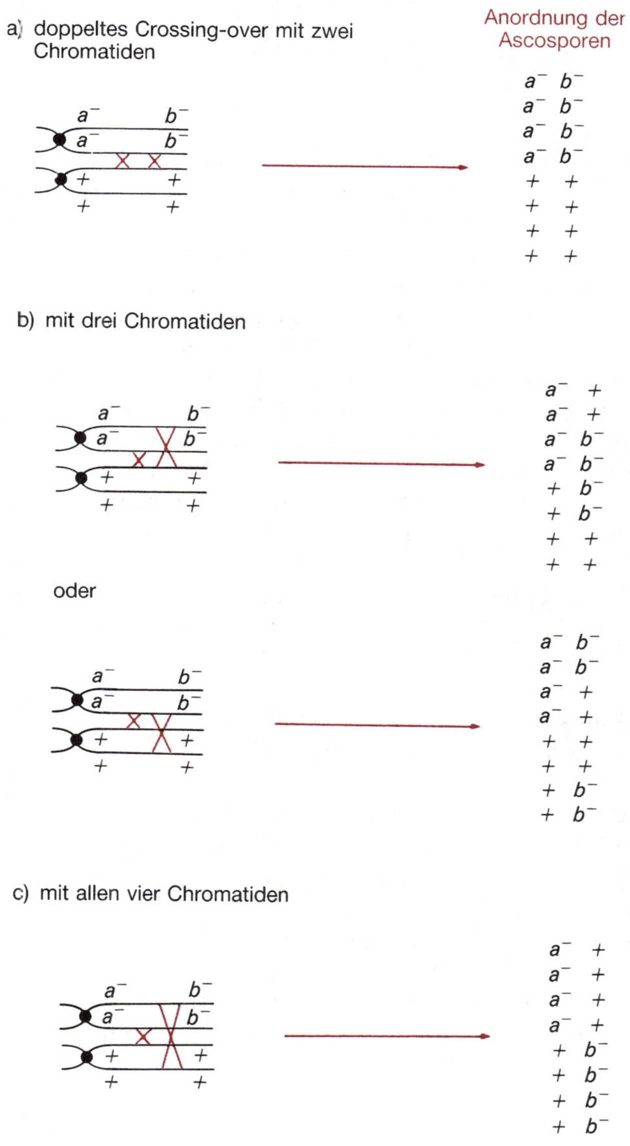

Die Erforschung geordneter Tetraden hat zu einer Reihe von Fortschritten geführt, was unser Wissen über zeitlichen Ablauf und Muster der Rekombination während der Meiose angeht.

Die Crossing-over-Frequenz, wie man sie mit der Tetradenanalyse bestimmt, ermöglicht eine unmittelbare Abschätzung des Kartenabstandes und ist für Gene genau, die bis zu 40 centiMorgan auseinanderliegen. Bei größeren Abständen verursacht die Möglichkeit eines dreifachen Crossing-over weitere Komplikationen, die zu einer zu niedrigen Schätzung der wirklichen Distanz zwischen Genen führen.

18.3 Weitere Anwendungsmöglichkeiten der Mendelschen Genetik

Der Mendelsche Ansatz der genetischen Analyse vermag viel mehr, als nur die relative Lage von Genen auf Chromosomen anzugeben. Wenn man die Beziehungen zwischen Genotypen und Phänotypen untersucht, kann man eine Menge über die Funktion einzelner Gene ableiten und auch darüber, wie verschiedene Gene interagieren. Das ist wichtig, denn mit molekulargenetischen Methoden, zu denen im typischen Fall die Genisolierung und DNA-Sequenzierung als erste Schritte gehören, läßt sich die Funktion eines Gens häufig nicht aufklären, und man kann auch nicht feststellen, welche Gene in einer Zelle oder einem Organismus zusammenwirken. Das molekulare Vorgehen ist deshalb nur erfolgreich, wenn es durch Informationen aus Mendelschen Experimenten ergänzt wird. Der verbleibende Teil des Kapitels beschäftigt sich deshalb mit einigen Möglichkeiten, wie man die Mendelsche Genetik verwenden kann, um Genaktivitäten zu erforschen.

18.3.1 Ein einzelnes Gen kann Grundlage eines komplexen Phänotyps sein

Studenten, die der Mendelschen Genetik das erste Mal begegnen, glauben häufig zu unrecht, daß die Beziehung zwischen Genotyp und Phänotyp stets klar und eindeutig ist. Bei vielzelligen Organismen ist das nicht immer der Fall. Ein einzelnes Gen kann einem komplexen oder variablen Phänotyp zugrundeliegen. Eine Analyse dieses Phänotyps kann oft wichtige Aufschlüsse über die Genfunktion liefern. Um diesen Punkt zu verdeutlichen, wollen wir zwei Phänomene betrachten, die man als **Pleiotropie** und **Penetranz** bezeichnet.

a) Aus pleiotropen Genen entstehen komplexe Phänotypen. Der Begriff Pleiotropie bezeichnet die Tatsache, daß ein einzelnes Gen mehrere Merkmale beeinflussen kann. Ein Beispiel dafür ist Mendels Gen für Blütenfarbe (siehe Tabelle 17.1), das außerdem das Farbmuster der Pflanzenblätter beeinflußt. Das deutet darauf hin, daß es sich bei dem Merkmal, das Mendel als „Blütenfarbe" interpretierte, genauer besehen um „Pigmentsynthese" handelt. Das Gen beeinflußt nämlich alle pigmentierten Bereiche der Erbsenpflanze, nicht nur die Blütenblätter.

Pleiotropie ist bei höheren Organismen häufig, denn wegen der komplexen biochemischen Verhältnisse bei Eukaryoten hat ein genetischer Defekt, der den Verlust einer Enzymaktivität zur Folge hat, selten klar umgrenzte Auswirkungen auf den Phänotyp. Die cystische Fibrose (Mukoviszidose) entsteht beim Menschen zum Beispiel durch die Mutation eines einzelnen Gens. Dieses Gen codiert ein Protein, das an der Sekretion von Chloridionen durch Epithelzellen beteiligt ist. Die Störung führt zu einem komplexen Phänotyp, den man als „cystische Fibrose" bezeichnet. Das Leiden äußert sich in einer Vielzahl von Symptomen, zu denen eine Erkrankung der Lunge, ein Mangel an Bauchspeicheldrüsenenzymen und ein erhöhter Salzgehalt des Schweißes gehören (Abb. 18.16). In extremen Fällen kann die Komplexität eines pleiotrophen Phänotyps das Wesen des primären biochemischen Defekts verschleiern. Wenn man ihn jedoch einmal identifiziert hat, liefern die pleiotrophen Auswirkungen weitere Aufschlüsse, weil man durch sie die Funktion des Gens in verschiedenen Geweben beurteilen kann.

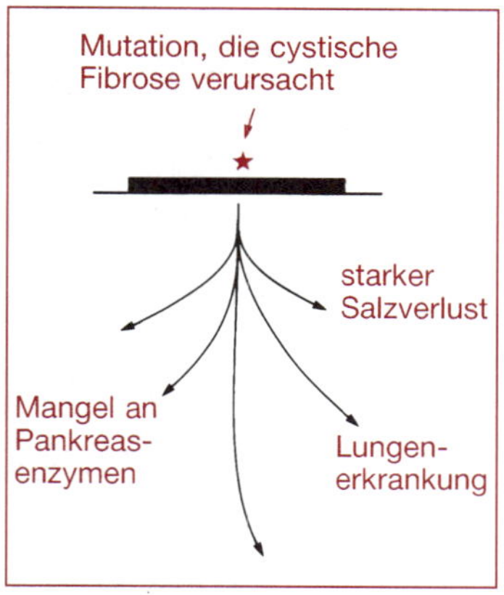

18.16 Ein einziges Gen kann einen komplexen, multifaktoriellen Phänotyp hervorbringen.

b) Unvollständige Penetranz bedingt einen variablen Phänotyp. Manche Gene sind nur unvollständig ausgeprägt, das heißt sie rufen nicht immer den entsprechenden Phänotyp hervor. Ein Beispiel ist das Retinoblastom, eine Erkrankung des Menschen. Es handelt sich um eine Krebsform des Auges. Das Retinoblastom ist erblich; es ist also vermutlich eine genetische Krankheit, die von einem Gen oder einer Genkombination kontrolliert wird. Die Erkrankung ist jedoch nicht immer ausgeprägt. Von zehn Personen, die gemäß ihres Genotyps darunter leiden sollten, bekommen im Durchschnitt nur neun die Krankheit (eine Penetranz von 90 Prozent). Diese Beobachtung liefert einen wichtigen Hinweis auf die genetische Grundlage des Retinoblastoms. Sie läßt vermuten, daß das entsprechende Gen oder die entsprechenden Gene nicht unmittelbar die Krankheit auslösen, sondern nur eine Anfälligkeit hervorrufen.

Wir wissen inzwischen, daß das Retinoblastom mit einem einzelnen Gen (*Rb*) in Verbindung steht, das die Zellteilumg in der Netzhaut (Retina) steuert. Eine Inaktivierung des Gens, beispielsweise durch Umweltstrahlung oder andere mutagene Agentien, führt zu einer zu starken Vermehrung von Netzhautzellen und damit zu einem Retinoblastom (Abb. 18.17). Gesunde Personen sind homozygot für *Rb*, so daß jede Zelle zwei Kopien des Gens besitzt. Es ist sehr unwahrscheinlich, daß inaktivierende Mutationen beide Gene einer bestimmten Zelle treffen, so daß homozygote Menschen die Krankheit praktisch nie bekommen. Heterozygote sind dagegen anfälliger für ein Retinoblastom. Sie besitzen nur eine aktive Kopie von *Rb* pro Zelle. Folglich kann eine einzige inaktivierende Mutation in einer Netzhautzelle das Retinoblastom verursachen. Die unvollständige Penetranz dieser Erkrankung besagt uns, daß während der Lebenszeit einer Person mit einer Wahrscheinlichkeit von 90 Prozent eine solche Mutation auftritt.

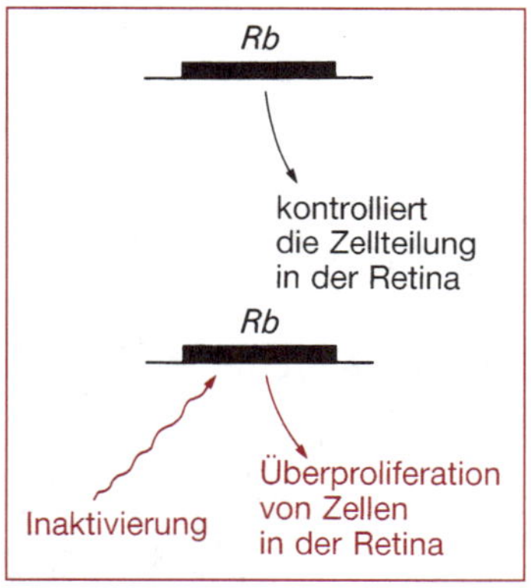

18.17 Ein Retinoblastom entsteht durch die Inaktivierung des *Rb*-Gens, das die Zellteilung in der Retina reguliert.

18.3.2 Komplexe Phänotypen, die durch die Wechselwirkung zwischen Genen entstehen

Viele Phänotypen lassen sich durch die Aktivität eines einzigen Gens erklären, aber es gibt auch viele andere, die durch die Wechselwirkung zwischen zwei oder mehr unterschiedlichen Genen entstehen. Die Aufklärung dieses Zusammenspiels ist von entscheidender Bedeutung, wenn man verstehen will, wie das Genom als Ganzes in lebenden Zellen funktioniert.

In gewissem Umfang hängt die Anzahl der Gene, die an einem Phänotyp beteiligt sind, nur davon ab, wie man den Phänotyp definiert. Als Beispiel kann das *lac*-Operon dienen (Abschnitt 10.3.1). Man könnte den Phänotyp als „Verwertung von Lactose" definieren. In diesem Fall wäre er multigen, da das gesamte Operon benötigt wird. Andererseits ist der speziellere Phänotyp „Synthese von β-Galactosidase" monogen, da er nur von *lacZ* abhängt. Viele Phänotypen kann man auf ein einziges Gen zurückführen, wenn man sie weit genug reduziert. Was dabei entscheidend ist: Wenn man zuerst einen multigenen Phänotyp festlegt und ihn dann in einen Satz monogener Phänotypen unterteilt, hat man damit den ersten Schritt zu einem Verständnis der entsprechenden Genwechselwirkungen getan.

a) Genwechselwirkungen bei der Blütenfarbe. Die Pigmentierung von Blüten veranschaulicht verschiedene Möglichkeiten, wie unterschiedliche Gene innerhalb eines einzigen Phänotyps interagieren können. Bei manchen Pflanzenarten bestimmen mehrere Gene die Pigmentsynthese derselben oder ähnlicher Farben (Abb. 18.18a). In unserem Beispiel gibt es zwei Gene namens *X* und *Y*, die beide für die Synthese desselben Farbstoffs zuständig sind. Die beiden rezessiven Allele *x* und *y* sind inaktiv und tragen nicht zur Pigmentsynthese bei. Die möglichen Genotypen sind (Abb. 18.18b):

keine dominanten Allele	*xxyy*
1 dominantes Allel	*Xxyy* oder *xxYy*
2 dominante Allele	*XXyy*, *XxYy* oder *xxYY*
3 dominante Allele	*XXYy* oder *XxYY*
4 dominante Allele	*XXYY*

X und *Y* sind unvollständig dominant und wirken additiv, wobei jedes *X*- oder *Y*-Allel eine Farbeinheit zur Verfügung stellt. Das führt zu einem komplexen Phänotyp, bei dem die Blüten fünf verschiedene Farbschattierungen annehmen können, je nach der Anzahl der vorhandenen dominanten Allele.

Eine noch verwirrendere Wechselwirkung zwischen Genen für die Blütenfarbe entdeckten Bateson und Punnett 1905. Sie kreuzten zwei Gartenwicken mit weißen Blüten und erhielten eine F_1-Generation, die nur aus Pflanzen mit purpurnen Blüten bestand. Wenn man diese Pflanzen einer Selbstbefruchtung unterzog, ent-

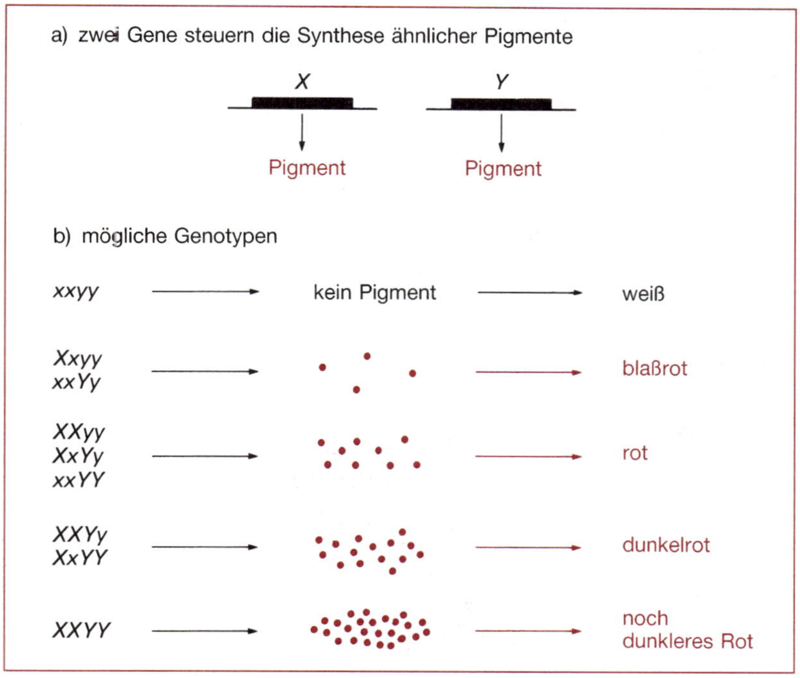

18.18 Der additive Effekt zweier Gene (*X* und *Y*), deren dominante Allele die Synthese eines Farbstoffs steuern.

stand eine F_2-Generation von 9 purpurnen und 7 weißen Pflanzen (Abb. 18.19a). Auf den ersten Blick ist diese Kreuzung vielleicht schwer zu verstehen. Es ist jedoch ganz einfach, wenn man sie Schritt für Schritt durchgeht. Erstens: Das Verhältnis von 9:7 ist offensichtlich eine Abwandlung von 9:3:3:1. Wir haben es also vermutlich mit zwei Genen zu tun. Wie bereits erläutert wurde, ergibt sich ein normales Verhältnis von 9:3:3:1 aus den folgenden Genotypen (vgl. Abb. 17.6):

9 *A – B –*
3 *A – bb*
3 *aaB –*
1 *aabb*

Das Verhältnis von 9:7 ließe sich erklären, wenn man annimmt, daß der Phänotyp nur dann purpurn ist, wenn beide dominanten Allele vorhanden sind. Die Pigmentsynthese findet nicht statt, wenn eines der beiden Allele homozygot rezessiv ist. Deshalb ergeben sieben Genotypen weiße Blüten (Abb. 18.19b). Das ist ein Beispiel für die **ergänzende Genwirkung**, eine Wechselwirkung, die eine bestimmte Allelkombination zweier getrennter Gene erfordert, damit ein Phänotyp entsteht. Häufig ist es ein Hinweis darauf, daß zwei Gene an einem einzigen biochemischen Stoffwechselweg beteiligt sind, in diesem Fall an der Pigmentsynthese (Abb. 18.19c). Wenn eines der Gene nur mit seinen rezessiven Allelen vorkommt, wird das Enzym, das es codiert, nicht synthetisiert, und die Pigmentherstellung ist blockiert.

Epistase

Ein weiterer Typ der Wechselwirkungen zwischen Genen ist die Epistase, bei der ein Gen die Aktivität eines zweiten überdeckt oder zunichte macht. Ein Beispiel ist die Morphologie der Flügel von *Drosophila*. Mutationen der Flügel, darunter die mit der Bezeichnung „miniature", sind uns bereits begegnet. Es gibt aber auch eine Mutation namens „apterous", die völlig flügellose Fliegen entstehen läßt. *Apterous* ist also im Verhältnis zu *miniature* epistatisch: eine *apterous*-Mutante kann zusätzlich *mm* sein und hätte demnach theoretisch kleinere Flügel, aber dieser Genotyp prägt sich nicht aus, weil die Flügel sich überhaupt nicht entwickeln.

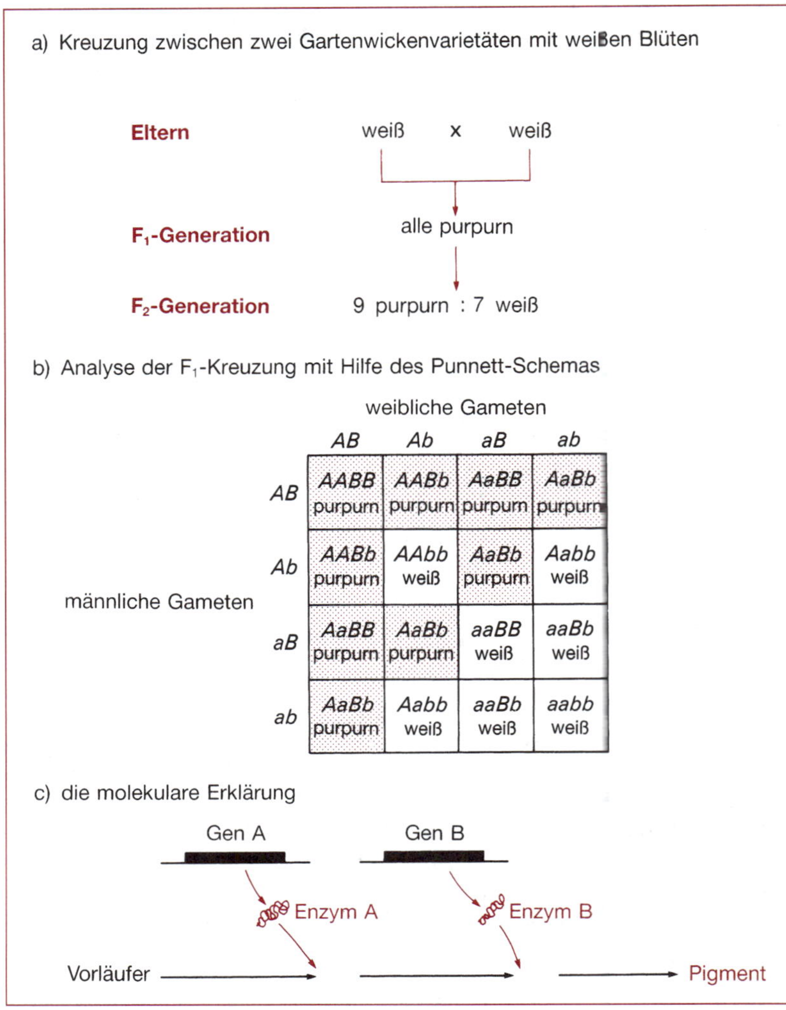

18.19 Batesons und Punnetts Kreuzung der Gartenwicke, die eine ergänzende Wirkung zwischen Genen für Blütenfarbe nachweist. a) Das Ergebnis der Kreuzung. b) Die Erklärung durch das Punnett-Schema der F_1-Kreuzung. Man nimmt an, daß die F_1-Pflanzen doppelt heterozygot sind (*AaBb*). c) Die Gene *A* und *B* codieren zwei Enzyme, die verschiedene Schritte des biochemischen Stoffwechselwegs zur Pigmentsynthese katalysieren.

b) Wechselwirkungen zwischen mehreren Genen. In den Beispielen, mit denen gezeigt werden sollte, wie komplex der Phänotyp der Blütenpigmentierung ist, waren nur je zwei Gene beteiligt. Was ist, wenn mehr als zwei Gene zu einem bestimmten Phänotyp beitragen?

Einen Hinweis darauf, wie sich mehrere Gene auswirken können, gab das Beispiel von den additiven Farbstoffgenen (siehe Abb. 18.18). Die fünf verschiedenen Pigmentierungsstufen, die durch die Wechselwirkung zwischen *X* und *Y* entstehen, treten in einer beliebigen Pflanzenpopulation nicht gleich häufig auf. Vielmehr herrscht der intermediäre Phänotyp vor, da er aus drei verschiedenen Genotypen (*XXyy*, *XxYy* und *xxYY*) entstehen kann. Die Verteilung der Phänotypen kann man am klarsten in Form eines Histogramms darstellen (Abb. 18.20a). Dabei gilt es zu beachten, daß das Verteilungsmuster (die Glockenkurve) dasselbe ist, wenn an der Wechselwirkung nicht zwei, sondern drei Gene beteiligt sind. Die Kurve wäre allerdings gleichmäßiger (Abb. 18.20b). Wenn genügend Gene beteiligt sind, bilden die verschiedenen Phänotypen eine kontinuierliche Abstufung, und man kann die Zwischenformen nicht mehr unterscheiden.

Ein kontinuierliches Verteilungsmuster ist genau das, was man findet, wenn man einen *quantitativen Phänotyp* wie Größe oder Hautfarbe in einer Gesamtpopulation untersucht. Diese Phänotypen entstehen durch die Wechselwirkung vieler Gene und werden häufig durch Umwelteinflüsse noch komplizierter. Die Ernährung kann zum Beispiel die Größe beeinflussen. Man kann quantitative Phänotypen mit der Mendelschen Genetik bis zu einem gewissen Grad analysieren. Es ist jedoch schwierig, einzelne Gene zu identifizieren, die an vielen dieser Merkmale beteiligt sind. Deshalb hat man bei ihrer Erforschung auf molekularem Niveau noch keine großen Fortschritte gemacht.

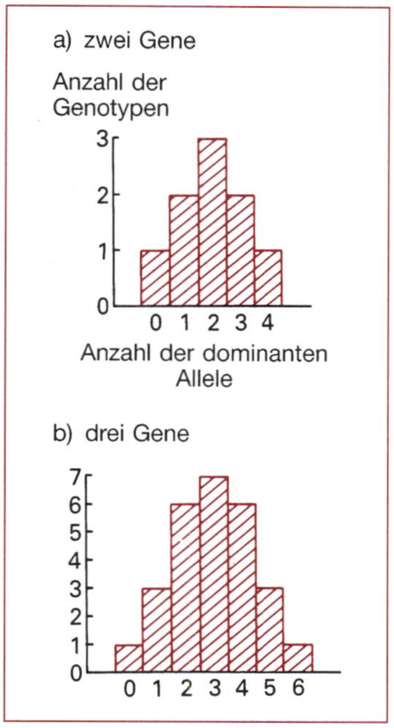

18.20 Die Phänotypverteilung bei zwei (a) und drei (b) Genen, die additiv wirken und unvollständige Dominanz aufweisen.

Literatur

Griffiths, A.J.F.; Miller, J. H.; Suzuki, D.T. et al. *An Introduction to Genetic Analysis.* 6. Aufl. New York (Freeman) 1996.
[Derzeit das beste Lehrbuch über Genkartierung.]

Fincham, J.R.S.; Day, P.R.; Radford, A. *Fungal Genetics.* 4. Aufl. Oxford (Blackwell) 1979.
[Das klassische Werk über die genetische Analyse eukaryotischer Mikroorganismen.]

Sturtevant, A.H. *A History of Genetics.* New York, USA (Harper & Row) 1965.
Peters, J.A. *Classic Papers in Genetics.* New Jersey, USA (Prentice Hall) 1959.
[Gute Quellen über die frühen Entwicklungen in der genetischen Analyse.]

Morgan, T.H. *Sex Limited Inheritance in* Drosophila. In: *Science* 32 (1910) S. 120–122.
Sturtevant, A.H. *The Linear Arrangement of Six Sex-Linked Factors in Drosophila as Shown by Mode of Association.* In: *Journal of Experimental Zoology* 14 (1913) S. 39–45.
[Zwei Originalarbeiten.]

Nasmyth, K. *Another Role Rolls In.* In: *Nature* 382 (1996) S. 28–29.
White, R.J. *Regulation of RNA Polymerase I and III by the Retinoblastoma Protein: A Mechanism for Growth Control?* In: *Trend in Biochemical Sciences* 22 (1996) S. 77–80.
[Neuere Vorstellungen über die Wirkungsweise des Retinoblastomgens.]

Stuber, C.W. *Mapping and Manipulating Quantitative Traits in Maize.* In: *Trends in Genetics* 11 (1995) S. 477–481.
Couch, S.R.; Doerge, R.W. *QTL Mapping in Rice.* In: *Trends in Genetics* 11 (1995) S. 483–487.
[Zwei gute Beispiele für die praktische Bedeutung der quantitativen Genetik.]

Aufgaben

1. Definieren Sie die folgenden Begriffe:

partielle Kopplung	Zygote
Autosom	Ascospore
Geschlechtschromosom	Replikaplattierung
Crossing-over	Ascus
Kopplungsgruppe	Tetrade
Kartierungseinheit	Pleiotropie
centiMorgan	Penetranz
genetischer Marker	ergänzende Genwirkung
Paarungstyp	quantitativer Phänotyp

2. Erklären Sie, woraus Morgan schließen konnte, daß das Gen für weiße Augen auf dem X-Chromosom von *Drosophila* liegt.

3. Was ist ein Crossing-over und wie erklärt sich daraus die Rekombination zwischen gekoppelten Genen?

4. Wie kartierte man die ersten Gene auf dem X-Chromosom von *Drosophila*?

5. Erklären Sie, was der Begriff „genetischer Marker“ bedeutet, und nennen Sie einige Beispiele für genetische Marker bei *S. cerevisiae*.

6. Erklären Sie, wie man ein Kreuzungsexperiment bei *S. cerevisiae* anlegt.

7. Beschreiben Sie den Unterschied zwischen einer zufälligen Sporenanalyse und einer Tetradenanalyse.

8. Wo liegen die Grenzen einer Sporenanalyse nach dem Zufallsprinzip, wenn man sie zur Genkartierung einsetzen möchte?

9. Nennen Sie die Unterschiede zwischen den verschiedenen Arten von Tetraden, die bei Kreuzungen von *S. cerevisiae* entstehen.

10. Erklären Sie, wie man bei *S. cerevisiae* mit Hilfe der Ergebnisse einer Tetradenanalyse die Rekombinationsfrequenz zweier gekoppelter Gene bestimmt.

11. Erläutern Sie den Begriff „Pleiotropie“

12. Wie kann man aus der Blütenfärbung über die Wechselwirkung zwischen Genen lernen?

13. * Erklären Sie, warum Heterozygotie die Experimente zur Genkartierung bei Eukaryoten kompliziert macht.

14. Zinnoberrote Augen (*v*) und rudimentäre Flügel (*r*) sind zwei Gene auf dem X-Chromosom von *Drosophila*. Die Kreuzung *VVRR* (rote Augen und normale Flügel) x *vvrr* (zinnoberrote Augen und rudimentäre Flügel) ergab die folgende F_2-Generation:

    359 Fliegen mit roten Augen und normalen Flügeln
    381 Fliegen mit zinnoberroten Augen und rudimentären Flügeln
    131 Fliegen mit roten Augen und rudimentären Flügeln
    139 Fliegen mit zinnoberroten Augen und normalen Flügeln

    Wie groß ist die Entfernung zwischen den Genen für zinnoberrote Augen und normale Flügel auf der genetischen Karte?

15. Die Gene *a*, *b*, *c* und *d* liegen auf demselben Chromosom von *Drosophila*. Bei einer Reihe von Kreuzungsversuchen beobachtete man folgende Rekombinationshäufigkeiten:

Gene	Rekombinationsfrequenz (%)
a, c	40
a, d	25
b, d	5
b, c	10

Zeichnen Sie eine Karte des Chromosoms, welche die Position dieser Gene angibt.

16. Bei *S. cerevisiae* wird eine Kreuzung mit den Markern a^- und b^- durchgeführt:

$a^-b^- \times ++$

Eine zufällige Sporenanalyse ergibt die folgenden Ergebnisse:

Genotyp	Sporenzahl
a^-b^-	566
a^-+	548
$+b^-$	533
$++$	578

Was besagen diese Ergebnisse?

17. Man führt eine weitere Kreuzung bei *S. cerevisiae* mit den Markern x^- und y^- durch. Die Tetradenanalyse ergibt die folgenden Resultate:

Tetradentyp	Anzahl
PD	101
NPD	1
T	56

Was kann man aus diesen Ergebnissen schließen?

19

Genetische Analyse von Bakterien

Allgemeine Eigenschaften • **Kartierung mittels Konjugation** – Der Versuch der unterbrochenen Paarung • **Kartierung mittels Transduktion** • Kartierung mittels Transformation • **Die unterschiedlichen Vorteile der drei Methoden**

Eigentlich ist es ziemlich erstaunlich, daß Morgan und seine Kollegen einerseits die Anwendung genetischer Analysemethoden bei eukaryotischen Organismen so klar durchsetzten, während andererseits nur sehr wenige Biologen in den ersten Jahrzehnten dieses Jahrhunderts versuchten, analoge Verfahren für die Erforschung von Bakteriengenen zu entwickeln. Noch 1940 mochten zahlreiche Biologen nicht einmal glauben, daß Bakterien wirklich Gene besitzen. Statt dessen zeigten sie noch Spuren der Ehrfurcht des neunzehnten Jahrhunderts für biologische Vorgänge und dachten, man könne bestimmte Phänomene mit Hilfe wissenschaftlicher Vorgehensweisen einfach nicht erklären.

Der Wissenschaftler, der in erster Linie dafür verantwortlich war, daß die genetische Analyse von Bakterien das gleiche Niveau erreichte wie die der Eukaryoten, war Joshua Lederberg (S. 271). Sein erster Beitrag war 1946 der Nachweis, daß Bakterien während der Konjugation Gene weitergeben können. In den nächsten 20 Jahren war er an den wichtigsten Fortschritten der Bakteriengenetik beteiligt.

In den fünfziger Jahren wurden drei wichtige Methoden für die genetische Analyse von Bakterien entwickelt: die **Konjugationsanalyse**, die **Transduktionsanalyse** und die **Transformationsanalyse**. Alle können wertvolle Aufschlüsse über bakterielle Gene liefern. Allerdings kann man bei vielen Bakterienarten nur eine oder zwei der drei Methoden anwenden. Von großer Bedeutung ist, daß jede dieser drei Methoden die Grundlage für ein Genkartierungsverfahren bei Bakterien bildet. In diesem Kapitel wollen wir die Methoden nacheinander betrachten. Dabei liegt der

Die Bedeutung der Genkartierung bei Bakterien

Genkarten sind sehr interessant. Aber wie tragen sie dazu bei, die Genaktivität zu verstehen? Bei Eukaryoten kann es wegen der riesigen Größe ihres Genoms sehr schwierig sein, ein Gen zu isolieren, wenn man seine Position nicht kennt. Die Genkartierung ist deshalb eine wichtige Voraussetzung für eine genaue Analyse der eukaryotischen Genstruktur und -funktion mit Hilfe gentechnischer Methoden (Kapitel 20, 21 und 22).

Auf Bakterien trifft dieses Argument nicht zu. Ihre Genome sind viel kleiner als die der Eukaryoten, so daß die Isolierung eines bestimmten Gens weniger mühsam ist. Man kann Bakterien außerdem in einer Art und Weise handhaben, die bei den meisten Eukaryoten nicht möglich ist. Auch das erleichtert die Isolierung eines Gens. Die Kenntnis der Position eines bakteriellen Gens ist deshalb keine Voraussetzung für seine erfolgreiche Reinigung. Das bedeutet jedoch keineswegs, daß eine Kartierung „altmodisch“ oder Zeitverschwendung wäre.

Ein Beispiel kann dazu beitragen, den Nutzen der Genkartierung zu erkennen. Angenommen, man interessiert sich für die Streptomycinresistenz bei *E. coli*. Wildtypstämme sind streptomycinempfindlich. Man kann jedoch resistente Mutanten erhalten, wenn man die Bakterien mit einem Mutagen behandelt und auf streptomycinhaltigem Agar ausplattiert:

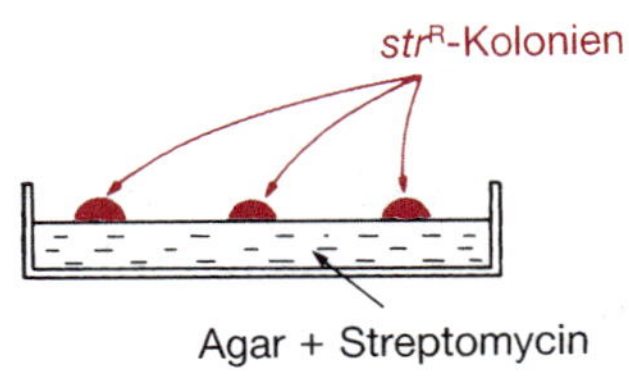

Als erstes will man wissen, ob alle drei *str*^R-Kolonien eine Mutation in demselben Gen besitzen. Deshalb setzt man Zellen aus den einzelnen Kolonien bei einer Reihe von Genkartierungsversuchen ein.

Dadurch kann man die Kartenposition der mutierten Gene bestimmen:

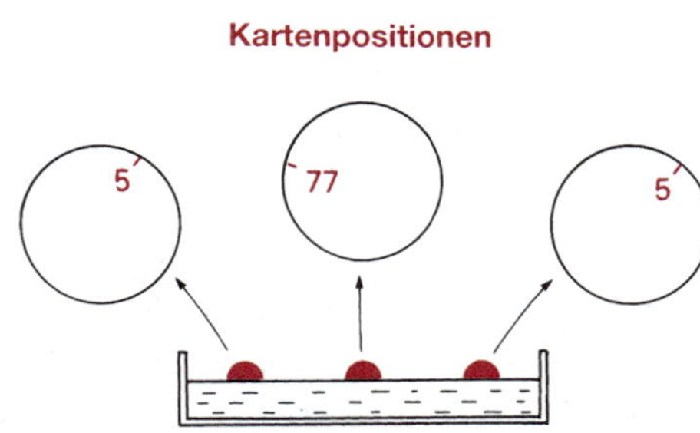

Die *str*^R-Marker befinden sich an zwei Stellen des DNA-Moleküls von *E. coli*. Das beweist, daß Mutationen in zwei verschiedenen Genen eine Streptomycinresistenz erzeugen können.

Daß man die Anzahl der Gene, die an einem Phänotyp beteiligt sind, herausfinden kann, ist nur einer der Vorzüge der Genkartierung. Außerdem kann man mit dieser Methode:

1. feststellen, ob mehrere verwandte Gene in einem Operon als Gruppe vorliegen oder über das Genom verteilt sind;
2. die Insertionsstellen von Plasmiden, lysogenen Bakteriophagen und transponierbaren Elementen identifizieren;
3. DNA-Umordnungen wie Inversionen und Deletionen erkennen.

Schwerpunkt auf ihrer alleinigen oder kombinierten Anwendung bei der Erstellung umfassender Genkarten. Zuvor sei noch einmal an die Abschnitte 13.1 und 14.3 erinnert. Bakteriophagen und Plasmide spielen nämlich eine entscheidende Rolle.

19.1 Die Grundzüge der Genkartierung bei Bakterien

Die Genkartierungsmethoden für Eukaryoten, die im vorhergehenden Kapitel beschrieben sind, basieren auf der Rekombination zwischen homologen Chromosomen (als eine Folge des

Crossing-over) bei Organismen mit etwas unterschiedlicher genetischer Zusammensetzung. Die Rekombinationsfrequenz gekoppelter Gene ist ein Maß für ihre Entfernung auf dem eukaryotischen Chromosom.

Die Genkartierungsverfahren für Bakterien sind sich insofern ähnlich, als eine Rekombination zwischen homologen DNA-Bereichen von zwei Zellen unterschiedlichen genetischen Aufbaus stattfinden muß. Wie bei eukaryotischen Mikroorganismen verfolgt man die Gene mit Hilfe genetischer Marker. Das sind biochemische Merkmale, die man im allgemeinen durch Mutagenese erzeugt und die man leicht anhand des Wachstums auf Agarmedien erkennen kann. Der grundsätzliche Ablauf, der allen drei Kartierungsmethoden gemeinsam ist, sieht so aus (Abb. 19.1):

1. Man benötigt zwei Stämme des Bakteriums, einen als **Donor** und einen als **Empfänger**. Das Empfängerbakterium muß die zu untersuchenden Gene in mutierter Form besitzen, das Donorbakterium unmutierte Wildtypkopien.
2. Während des **Gentransfers** wird das DNA-Molekül des Donorbakteriums (oder meist nur ein kleiner Teil davon) in das Empfängerbakterium übertragen. Wie das genau geschieht, darin unterscheiden sich die drei Kartierungsmethoden.

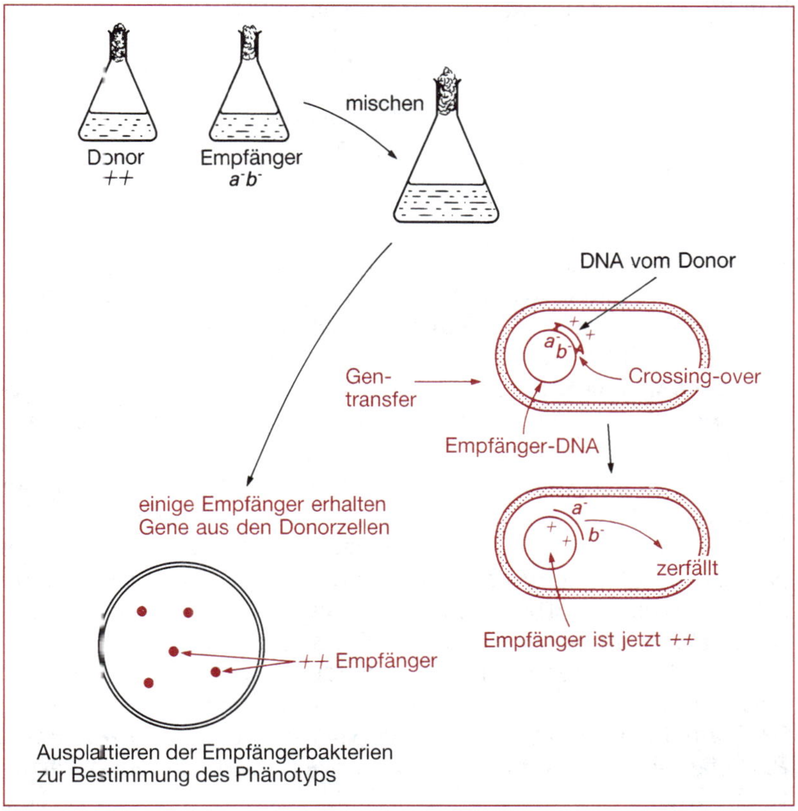

19.1 Der grundsätzliche Ablauf eines Genkartierungsexperiments bei einem Bakterium.

3. Zwischen der DNA des Donorbakteriums und dem intakten, funktionsfähigen DNA-Molekül der Empfängerzelle kommt es zur Rekombination. Damit zwei Rekombinationsereignisse für die Genkartierung nützlich sind, müssen sie gewöhnlich so ablaufen, daß sich ein Stück der Donor-DNA mit einem oder mehreren zu erforschenden Genen in das DNA-Molekül der Empfängerzelle einfügt. Diese **doppelte Rekombination** führt dazu, daß die ursprünglichen Kopien der entsprechenden Gene in der Empfängerzelle durch die Versionen aus der Donorzelle ersetzt werden.
4. Die so erfolgte Änderung im Genotyp der Empfängerzelle überprüft man, indem man Proben auf einem **selektiven Medium** ausstreicht, auf dem nur diejenigen Empfängerzellen überleben können, welche die unmutierte Wildtypversion(en) des Gens (der Gene) aus dem Donor enthalten.

Die drei Genkartierungsmethoden haben die oben aufgeführten Charakteristika gemeinsam, aber sie unterscheiden sich in den Details. Der Hauptunterschied betrifft den Weg der DNA-Übertragung zwischen Donor- und Empfängerzellen. Die Art des Gentransfers ist die wichtigste Einschränkung der Erkenntnisse, die man mit den einzelnen Verfahren erhalten kann, und sie bestimmt auch, wie man die Versuchsergebnisse interpretiert. Wir wollen uns die Methoden nacheinander ansehen und dann kurz ihre Stärken und Schwächen untersuchen.

19.2 Kartierung mittels Konjugation

Die Entdeckung der Bakterienkonjugation durch Lederberg und Tatum 1946 (siehe Kapitel 14) war der entscheidende Durchbruch, der die ersten Genkartierungsexperimente mit *E. coli* ermöglichte. Entscheidend war dabei die Beobachtung, daß bei bestimmten Paarungsereignissen einige bakterielle Gene gemeinsam mit dem F-Plasmid übertragen werden können (Abb. 14.11). Besonders eine Paarung mit einem Hfr-Stamm, die Hayes, Cavalli-Sforza und andere untersuchten, führt fast immer zu einem Transfer bakterieller Gene von der Hfr-Zelle zum F^--Empfänger (Abb. 14.11b). Die übertragenen Gene können sich dann in die DNA der Empfängerzelle integrieren und Rekombinanten erzeugen. Hfr bedeutet *high frequency of recombination* (hohe Rekombinationsfrequenz). Kann man eine solche Rekombination für die Genkartierung nutzen? Die Antwort lautet ja. Das zeigten zuerst Elie Wollman und François Jacob Anfang 1955 am Institut Pasteur mit der Methode der **unterbrochenen Paarung**, die noch immer die Grundlage der Konjugationskartierung bildet.

Tabelle 19.1: Die genetischen Marker von *E. coli*, die Wollman und Jacob in ihrem ersten unterbrochenen Paarungsexperiment benutzten

Marker	Phänotyp
thr^-	benötigt Threonin
leu^-	benötigt Leucin
azi^R	resistent gegen Azid
ton^A	resistent gegen Colicin und T1-Phagen
lac^-	kann keine Lactose verwerten
gal^-	kann keine Galactose verwerten

19.2.1 Das Experiment der unterbrochenen Paarung

Wollmans und Jacobs Ziel war es, den Transfer bakterieller Gene von einer Hfr-Zelle in eine F^--Zelle graphisch darzustellen. Dazu benötigten sie einen F^--Stamm, der mehrere mutierte Gene enthielt, und einen Hfr-Stamm, der korrekte Kopien dieser Gene besaß. Der Transfer eines jeden Wildtypgens von der Hfr-Zelle in die F^--Zelle würde durch eine Änderung im Genotyp der Empfängerzelle angezeigt.

Die Marker, die Wollman und Jacob untersuchten, sind in Tabelle 19.1 aufgelistet. Die Kreuzung kann man so beschreiben:

Hfr str^S x F^- thr^- leu^- azi^R ton^A lac^- gal^- str^R

In dem Experiment vermischten sie die Hfr- und F^--Zellen, und dann entnahmen sie in unterschiedlichen Zeitabständen Proben aus der Kultur (Abb. 19.2). Jede Probe wurde sofort in einem Mixer geschüttelt, so daß die Konjugationsbrücken zwischen Hfr- und F^--Zellen zerbrachen und die Paarung unterbrochen wurde. Man plattierte die Zellen auf einem selektiven Medium mit Streptomycin aus, auf dem nur Empfängerzellen wachsen konnten (man beachte die Unterschiede in den Genotypen der Hfr- und F^--Zellen bezüglich der Streptomycinresistenz). Die Genotypen der Kolonien, die nur aus Empfängerzellen entstehen, werden dann durch Replikaplattierung (Abschnitt 18.2.2) auf entsprechenden Medien ermittelt.

a) Der Gentransfer erfolgt nach und nach. Wollman und Jacob waren sich nicht ganz sicher, was sie bei diesem Versuch erwarten sollten, denn zu jener Zeit waren die genauen Einzelheiten einer Hfr-Konjugation noch nicht bekannt. Sie hatten zwar ihre eigenen Vorstellungen davon, was passieren könnte, aber die tatsächlichen Ergebnisse waren eine völlige Überraschung. Es wurden nicht alle Gene gleichzeitig übertragen, sondern sie gelangten zu unterschiedlichen Zeitpunkten von den Hfr- in die F^--Zellen. Zuerst, etwa acht Minuten nach Beginn der Paarung, tauchten langsam Empfängerzellen auf, die ihr auxotrophes Bedürfnis nach

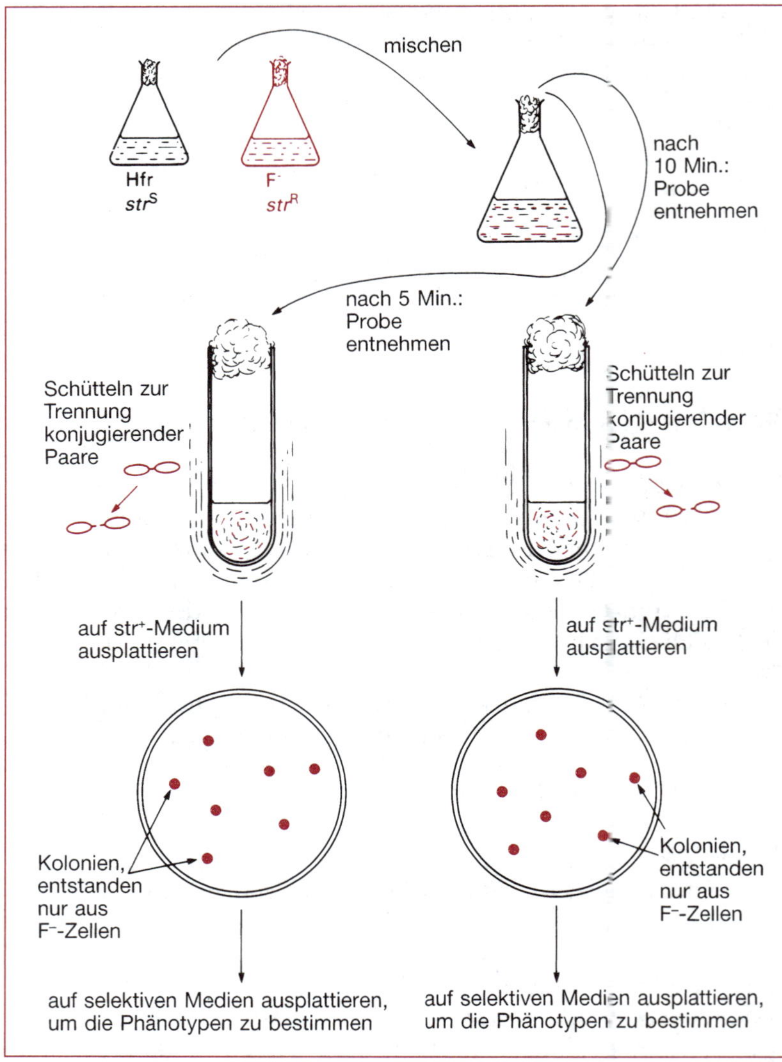

19.2 Experiment einer unterbrochenen Paarung. Einzelheiten im Text.

Die Kinetik der Genübertragung während der Konjugation

Die Kinetik der Genübertragung während einer Konjugation wird durch das Diagramm in Abbildung 19.3b veranschaulicht. Zwei zusätzliche Aspekte sind erwähnenswert.

Erstens fällt auf, daß alle Kurven eine Steigung besitzen. Das deutet darauf hin, daß die Konjugation in einer Zellpopulation nicht absolut synchron verläuft und daß ein bestimmtes Gen bei manchen Paarungen früher übertragen wird als bei anderen. Deshalb ist die Konjugationskartierung nicht ganz genau; die relative Lage zweier Gene, die weniger als zwei Minuten auseinanderliegen, läßt sich nicht unterscheiden.

Der zweite bemerkenswerte Aspekt besteht darin, daß jedes Gen einen Plateauwert besitzt, der den maximalen Anteil der Population angibt, der das bestimmte Gen aufnehmen kann. Dieser Wert liegt immer unter 100 Prozent und nimmt bei Genen, die später während der Paarung transferiert werden, allmählich ab. Das Plateau läßt vermuten, daß nicht alle F^--Bakterien an einer Konjugation teilnehmen und daß viele Paarungen während des Versuchs von selbst beendet werden.

Threonin und Leucin verloren hatten (Abb. 19.3a). Im Laufe der Paarung nahm der Anteil der Zellen mit Leucin- und Threoninprototrophie zu, bis einige Minuten später fast alle Empfängerzellen *thr*⁺ *leu*⁺ waren. Nach etwa zehn Minuten wurden die Zellen nach und nach azidsensitiv, wobei sich der Anteil langsam auf 80 Prozent der Population steigerte. Mit der Zeit wurden alle Gene in die Empfängerzellen übertragen; Wollman und Jacob stellten die Ergebnisse in Form eines Diagramms dar, das die Kinetik des Transfers eines jeden Gens deutlich machte (Abb. 19.3b).

b) Interpretation des Experiments der unterbrochenen Paarung. Der Wollman-Jacob-Versuch ist leicht zu erklären, wenn man sich vergegenwärtigt, daß Hfr-Zellen die Wirts-DNA teilweise oder ganz als lineares Molekül in F^--Zellen übertragen. Während dieses Transfers gelangt zuerst der F-Bereich in die Empfängerzelle,

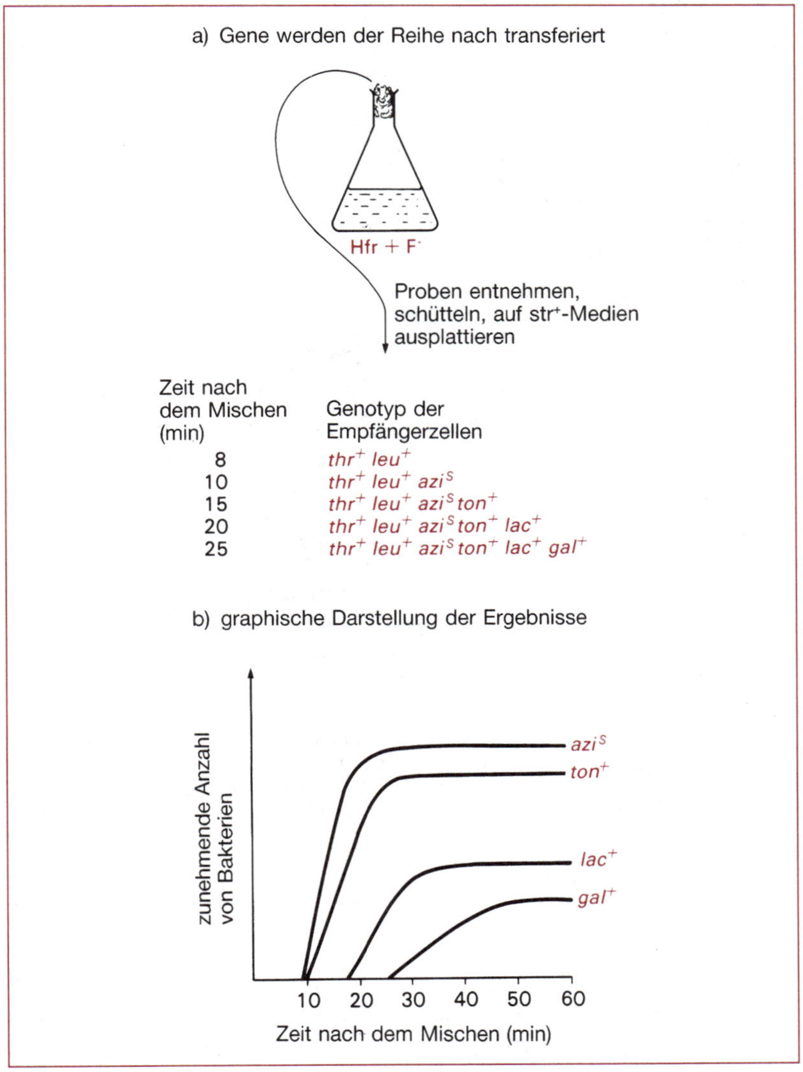

19.3 Die Ergebnisse des Experiments mit der unterbrochenen Paarung, das Wollman und Jacob durchführten.

gefolgt von dem Rest des *E. coli*-DNA-Moleküls. Wenn man die Paarung unterbricht, können nur diejenigen Moleküle mit der Empfänger-DNA rekombinieren und Rekombinanten erzeugen, die bereits übertragen wurden (Abb. 19.4). Wollman und Jacob bestimmten die Zeiten, zu denen verschiedene Gene in den Empfängerzellen erschienen, und damit kartierten sie eigentlich die relative Lage der Gene auf dem DNA-Molekül von *E. coli*. Tatsächlich drückt man Kartierungsentfernungen auf der DNA von *E. coli* heute in Minuten aus. Eine Minute repräsentiert dabei die DNA-Strecke, die in einer Minute übertragen wird. Die Karte umfaßt 100 Minuten, denn so lange dauert es, bis die gesamte DNA von *E. coli* transferiert ist.

Es ist jedoch unwahrscheinlich, daß die gesamte DNA übertragen wird, denn viele Bakterien beenden in der Natur die Paarung,

19.4 Die Vorgänge bei einer unterbrochenen Paarung zwischen einem Hfr-Bakterium und einer F⁻-Empfängerzelle.

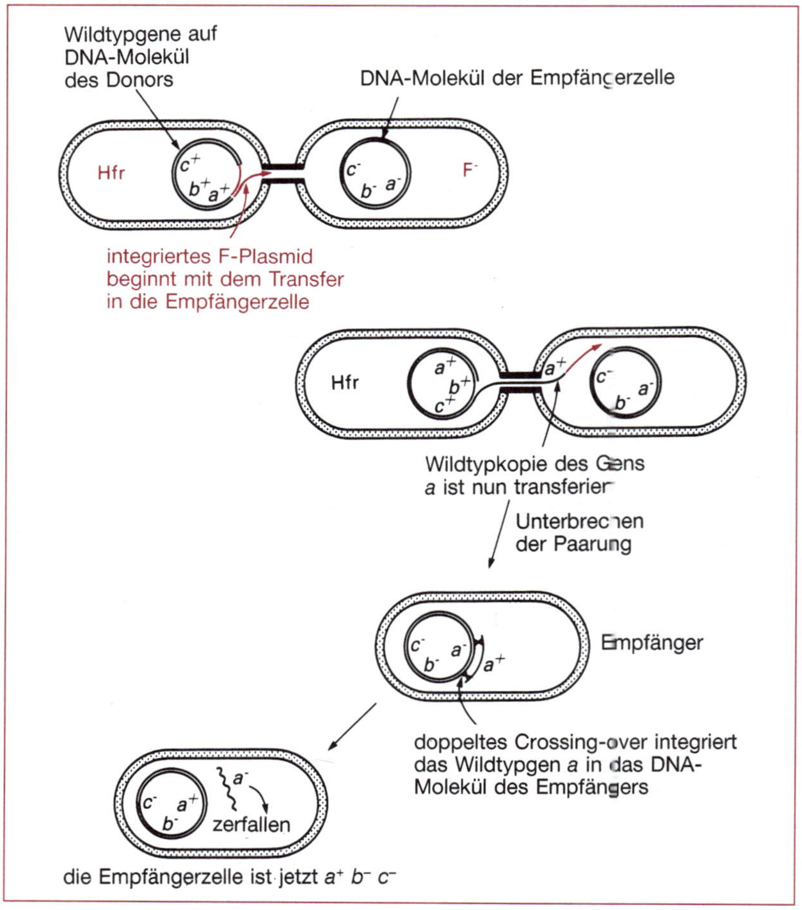

19.5 Unterbrochene Paarungsversuche mit verschiedenen Hfr-Stämmen ergaben eine Reihe linearer Karten (a); als man sie verband, war bewiesen, daß das DNA-Molekül von *E. coli* ringförmig ist (b).

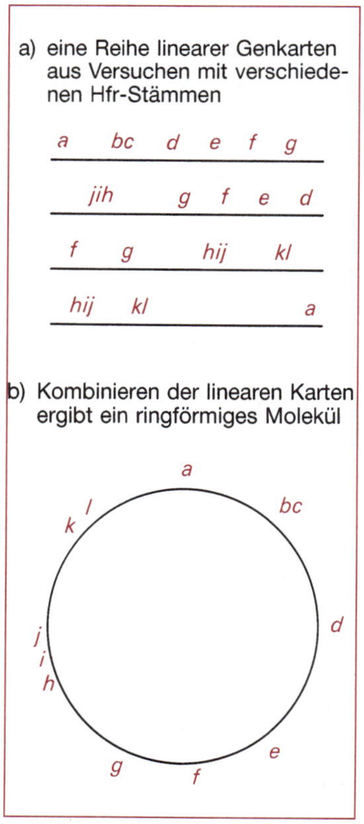

lange bevor 100 Minuten vergangen sind. Um die gesamte DNA von *E. coli* zu kartieren, mußte man mit verschiedenen Hfr-Stämmen, bei denen das F-Plasmid an unterschiedlichen Stellen eingebaut war, eine Reihe unterbrochener Paarungsexperimente durchführen. Die so untersuchten Bereiche überlappen sich, so daß man eine vollständige Karte zusammensetzen kann (Abb. 19.5). Wie sich schnell herausstellte, ist die genetische Karte von *E. coli* in Wirklichkeit ringförmig, obwohl die Gene linear übertragen werden.

Die Konjugationskartierung ist eine sehr geeignete Methode, um die relative Lage von Genen auf dem DNA-Molekül von *E. coli* zu bestimmen. Sie ist jedoch nicht besonders genau und kann Gene, die weniger als zwei Minuten entfernt sind, nicht auftrennen. Zwei Minuten entsprechen etwa 80 kb an DNA, das ist genug Platz für einige Gene. Außerdem kann man die Konjugationskartierung nur bei Bakterienarten anwenden, die F-Plasmide oder ihre Entsprechungen besitzen: Bei vielen ist das nicht der Fall. Deshalb müssen wir uns mit anderen Kartierungsmethoden bei Bakterien beschäftigen.

19.3 Kartierung mittels Transduktion

Konjugation und Transduktion (sowie Transformation) basieren auf völlig verschiedenen Gentransfermechanismen. Bei der Transduktion wird der Gentransfer vom Donor- zum Empfängerbakterium nicht durch direkten Kontakt zwischen Zellen, sondern von einem Bakteriophagen bewerkstelligt.

19.3.1 Die Entdeckung der Transduktion

Joshua Lederberg und Norton Zinder entdeckten 1952 die Transduktion, und zwar nicht bei *E. coli*, sondern bei dem verwandten Enterobakterium *Salmonella typhimurium*. Sie vermischten zwei auxotrophe Stämme dieses Organismus. Der eine hieß LA22 (mit dem Genotyp $phe^- \ trp^- \ met^+ \ his^+$), der andere LA2 ($phe^+ \ trp^+ \ met^- \ his^-$). Sie erhielten eine kleine Anzahl prototropher Bakterien ($phe^+ \ trp^+ \ met^+ \ his^+$), nämlich etwa eines pro 100 000 Zellen. Wie inzwischen klar sein sollte, können Prototrophe nur durch einen Gentransfer zwischen Bakterien entstehen, selbst wenn es, wie in diesem Fall, nur mit sehr geringer Häufigkeit geschieht (Abb. 19.6a).

Zuerst dachte man, diese Ergebnisse müßten ähnlich wie bei *E. coli* auf einer Konjugation beruhen. Weitere Untersuchungen ließen jedoch vermuten, daß dies nicht zutraf. Besonders eine Abwandlung des ursprünglichen Versuchs bewies, daß ein Zell-Zell-Kontakt für die Genübertragung zwischen LA2 und LA22 nicht erforderlich war: Man erhielt auch dann noch prototrophe Zellen, wenn man die einzelnen Kulturen in die Arme eines U-Röhrchens brachte, die durch ein Filter aus gesintertem Glas voneinander getrennt waren (Abb. 19.6b). Medien und kleine Teilchen können dieses Filter passieren, aber keine Zellen. So entdeckte man, daß der Gentransfer nur in einer Richtung stattfand und daß nur der Stamm LA22 prototroph wurde. Diese Ergebnisse ließen vermuten, daß für einen derartigen genetischen Austausch ein filtrierbares Agens verantwortlich ist, das die LA2-Zellen herstellt und in die LA22-Zellen transferiert.

Für die Transduktion ist ein Bakteriophage verantwortlich. Wie sich herausstellte, ist die Erklärung für die Transduktion in einem bekannten System zu finden, nämlich einer Infektion mit Bakteriophagen, jedoch auf eine unerwartete Art und Weise. Man entdeckte, daß der Stamm LA2 die Prophagenversion eines P22 genannten Phagen enthält. Hin und wieder wird ein P22-Prophage induziert und tritt in das lytische Stadium seines Infektionszyklus ein. Während der Einleitung der Lyse wird das DNA-Molekül des Bakteriums in Fragmente zerbrochen, von denen einige zufällig dieselbe Länge wie das DNA-Molekül des P22-Phagen besitzen. Irrtümlich kann deshalb ein Teil der Bakterien-DNA in eine

19.6 Transduktion. a) Die Entdekkung des Vorgangs und b) der erste Hinweis, daß ein Zell-Zell-Kontakt für den Gentransfer nicht erforderlich ist.

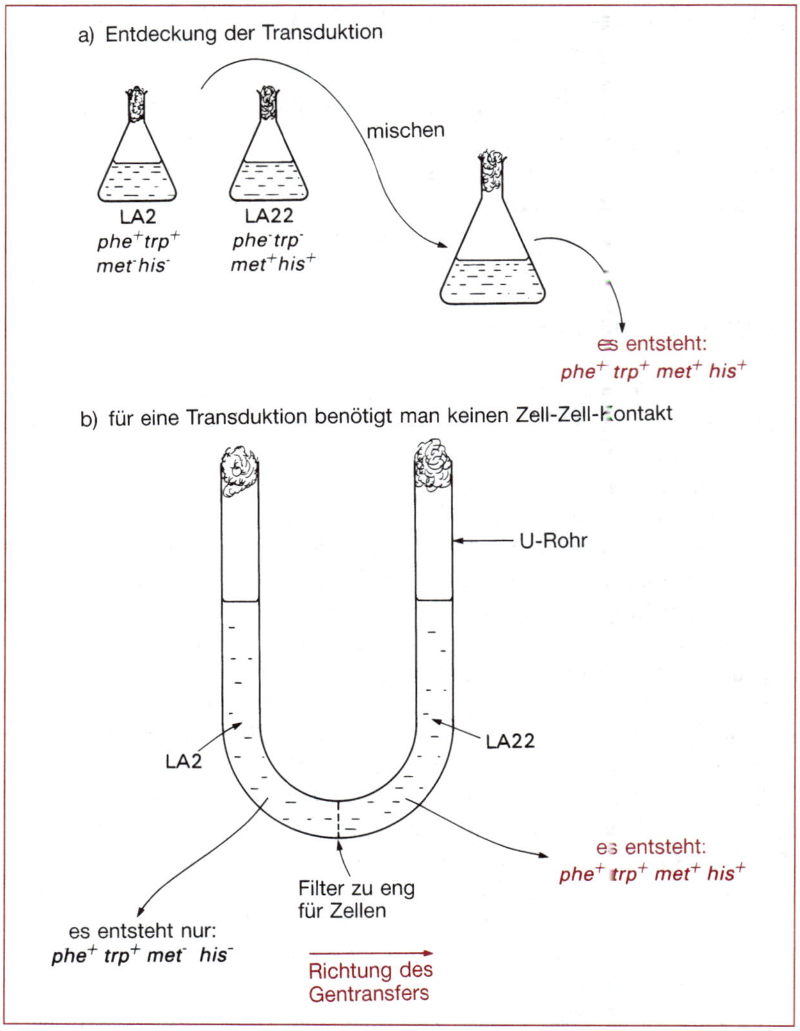

P22-Phagenhülle verpackt werden. Das geschieht allerdings sehr selten (Abb. 19.7). Das so entstandene Phagenpartikel ist noch immer infektiös, weil die Infektion nur von den Proteinen der Phagenhülle abhängt. Die Infektion ist jedoch **abortiv**, weil natürlich das bakterielle DNA-Fragment, das in eine neue Zelle injiziert wird, selbst die Synthese neuer Phagen nicht steuern kann.

Das Fragment bakterieller DNA kann jedoch in der neuen Zelle mit deren DNA rekombinieren. Das bedeutet, daß ein Gentransfer stattfinden kann: Die Donorzelle ist diejenige, die der Phage lysiert, und die Empfängerzelle wird von dem transduzierenden Phagenpartikel infiziert.

F-duktion

Ein weiteres wichtiges Mittel der Genkartierung ist die **F-duktion**. Sie beruht auf der Tatsache, daß F'-Plasmide einen kleinen Teil des DNA-Moleküls von *E. coli* enthalten (Abschnitt 14.3.2). Wenn ein F'-Plasmid in eine F^--Zelle gelangt, wird die Zelle diploid für alle Gene, die das F'-Plasmid enthält:

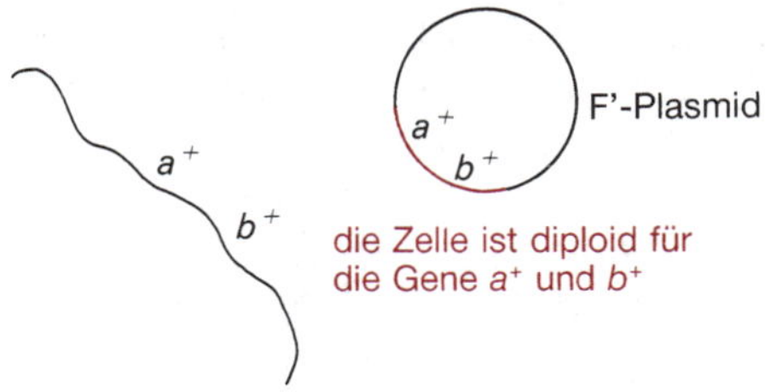

Dies ist ein neuer Weg des Gentransfers; er ermöglicht es, Gene auf eine Art und Weise zu kartieren, die der Transduktions- und Transformationskartierung entspricht. Dabei gilt es jedoch zu beachten, daß man die Reihenfolge der Gene nicht bestimmen kann, da keine Rekombination stattfindet. Trotz dieser Einschränkung besitzt die F-duktion eine Anzahl von Pluspunkten.

Erstens ist der Transfer des F'-Plasmids von einer F'- zu einer F^--Zelle sehr effizient, so daß man viele teilweise diploide (**merodiploide**) Zellen erhalten kann. Zweitens ist der Gentransfer nicht zufällig, da verschiedene F'-Plasmide mit Stücken der *E. coli*-DNA von unterschiedlicher Größe und aus allen Genombereichen zur Verfügung stehen. Man kann deshalb das Kartierungsexperiment gezielt mit dem Genombereich durchführen, in dem das Gen vermutlich liegt.

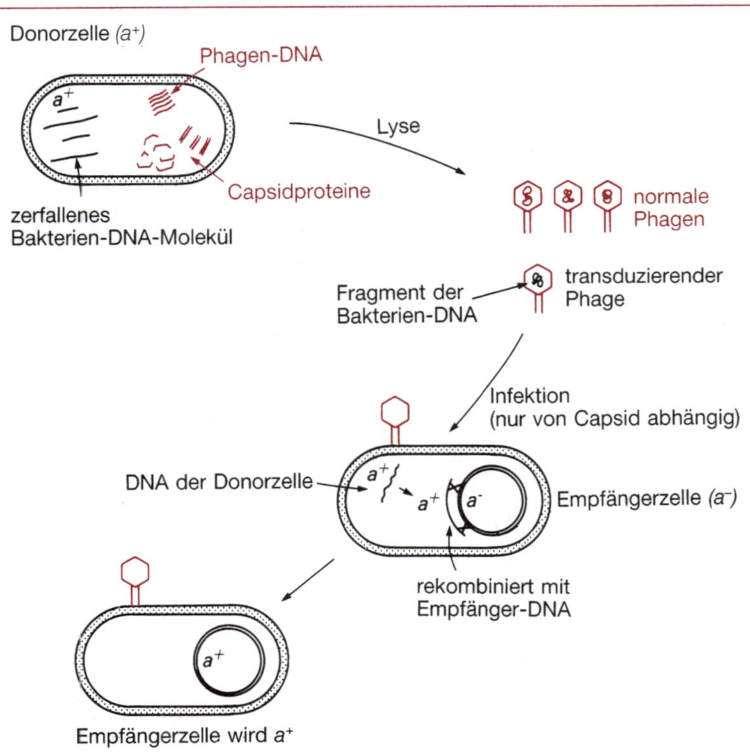

19.7 Der Ablauf des Gentransfers während einer Transduktion.

19.3.2 Genkartierung mittels Transduktion

Die DNA-Menge, die ein transduzierendes P22-Phagenpartikel enthält, beträgt etwa 40 kb oder 1 Prozent des Genoms von *S. typhimurium*. Das reicht für ein Dutzend oder mehr Gene. Eine **Cotransduktion**, der Transfer von zwei oder mehr Genen, findet statt, wenn die Gene auf dem DNA-Molekül von *S. typhimurium* relativ dicht benachbart sind, so daß sie in einem einzigen Fragment von 40 kb enthalten sein können (Abb. 19.8). Bei einer Transduktionskartierung benutzt man deshalb einen Wildtypdonor und einen Empfänger mit zwei Mutationen und testet auf eine Cotransduktion der beiden Wildtypgene in die Empfängerzelle. Solche Experimente sind nützlich, wenn man nachweisen will, daß zwei Gene auf der Bakterien-DNA relativ eng benachbart sind.

Man kann bei der Transduktionskartierung noch einen Schritt weiter gehen und die Anordnung von Genen bestimmen, indem man drei oder mehr Marker verwendet. Angenommen, die Gene *a*, *b* und *c* liegen zum Beispiel in dieser Reihenfolge in einem DNA-Bereich von 40 kb. Eine Cotransduktion der Gene würde man mit einem Donorbakterium mit den Wildtypkopien ($a^+b^+c^+$) und einem Empfänger mit einer dreifachen Mutation ($a^-b^-c^-$) untersuchen. Würde der Empfänger $a^+b^+c^+$, so läge eine Cotransduk-

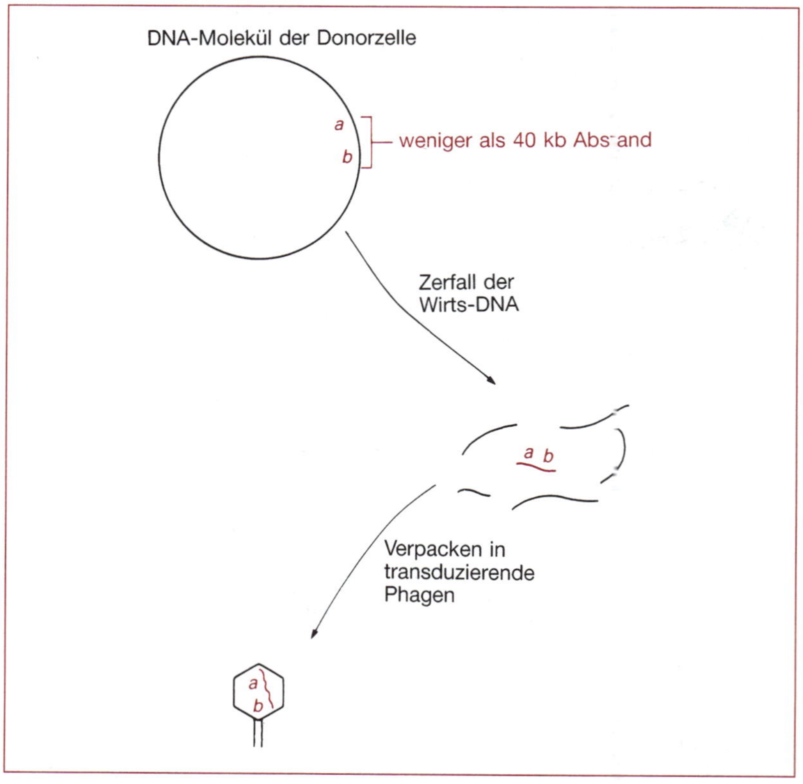

19.8 Eine Cotransduktion zweier Gene kann stattfinden, wenn sie auf dem DNA-Molekül der Donorzelle weniger als 40 kb voneinander entfernt sind.

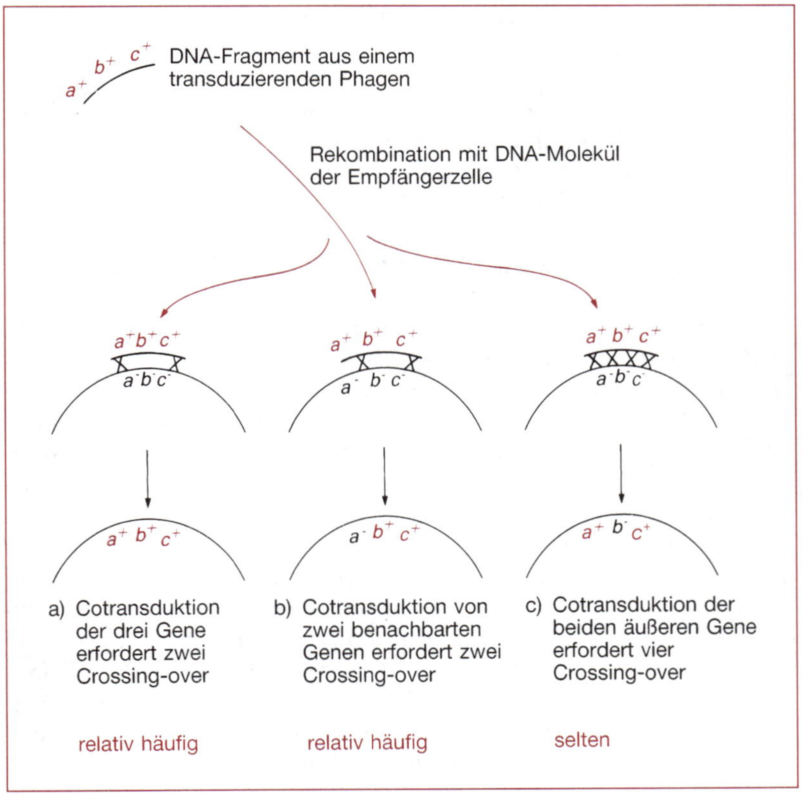

19.9 Mit Hilfe der Cotransduktion kann man die Reihenfolge von Genen auf einem DNA-Fragment ermitteln, denn benachbarte Gene werden häufiger gemeinsam transduziert als nicht benachbarte.

tion vor. Dazu müßten die beiden Crossing-over, die zur Rekombination führen, außerhalb der drei Gene stattfinden (Abb. 19.9a). Es könnte jedoch auch zu einem Crossing-over zwischen den Genen kommen, so daß die Gene paarweise oder sogar einzeln transduziert würden (Abb. 19.9b). Entscheidend ist, daß nur benachbarte Gene (*ab* und *bc* in dem dargestellten Beispiel) mit nennenswerter Häufigkeit als Paar cotransduziert werden. Das liegt daran, daß die Cotransduktion benachbarter Gene nur zwei Crossing-over benötigt, während eine Cotransduktion der äußeren Gene allein (*ac* in diesem Beispiel) vier Crossing-over erfordert (Abb. 19.9c). Anhand der Häufigkeit der Cotransduktion einzelner Genpaare kann man also die Reihenfolge der Gene bestimmen.

Spezielle Transduktion

Die im Text beschriebenen Vorgänge bezeichnet man genauer als **allgemeine Transduktion**, im Gegensatz zur **speziellen Transduktion**, einer Eigenschaft mehrerer lysogener Phagen (einschließlich λ). Eine spezielle Transduktion findet statt, wenn die Entfernung eines integrierten Prophagen nicht ganz akkurat erfolgt, so daß ein kurzes Stück der Bakterien-DNA mit dem Virusgenom verbunden bleibt. Dieses Stück wird dann mit dem Phagenpartikel in die nächste infizierte Zelle übertragen.

Der entscheidende Unterschied zwischen allgemeiner und spezieller Transduktion besteht darin, daß bei der ersteren ein Transfer eines beliebigen Stücks bakterieller DNA stattfindet, während es bei letzterer nur zu einer Übertragung von Genen kommt, die der Integrationsstelle des Prophagen unmittelbar benachbart sind.

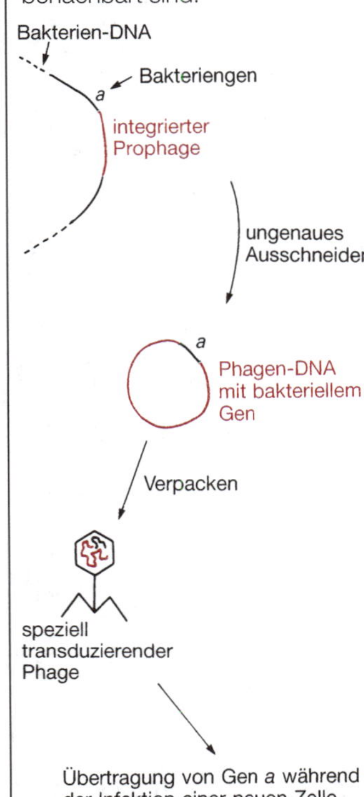

19.4 Kartierung mittels Transformation

Die Transformation setzt man auf ähnliche Weise wie die Transduktion zur Genkartierung ein. Das Prinzip des genetischen Austausches ist jedoch ein anderes. Bei der Transformation nimmt die Empfängerzelle „nackte" DNA-Moleküle auf – wie in den Experimenten mit dem „transformierenden Prinzip", mit denen man zeigte, daß Gene aus DNA bestehen (Abschnitt 2.2.1).

Wie die nackte DNA genau in eine Bakterienzelle gelangt, ist unbekannt. Man weiß jedoch, daß einige Bakterien, beispielsweise die *Bacillus*- und *Haemophilus*-Arten, wirkungsvolle Mechanismen für die DNA-Aufnahme besitzen, während andere, darunter *E. coli*, sich nur unter Schwierigkeiten transformieren lassen. Durch geeignete experimentelle Behandlungen kann man allerdings die Zellen *kompetenter* machen und so die Transformationseffizienz erhöhen (Abb. 19.10).

Für eine Transformationskartierung muß man eine DNA-Probe aus einem Donorstamm präparieren, der hinsichtlich der zu untersuchenden Gene Wildtyp sein muß (Abb. 19.11). Man mischt die DNA mit kompetenten Empfängerzellen. Dann findet die Aufnahme statt, gefolgt von der Rekombination. Wenn zwei Gene dicht genug nebeneinanderliegen, kann es zu einer Cotransformation kommen. Damit kann man genau wie mit der Cotransduktion die Reihenfolge von Genen ermitteln.

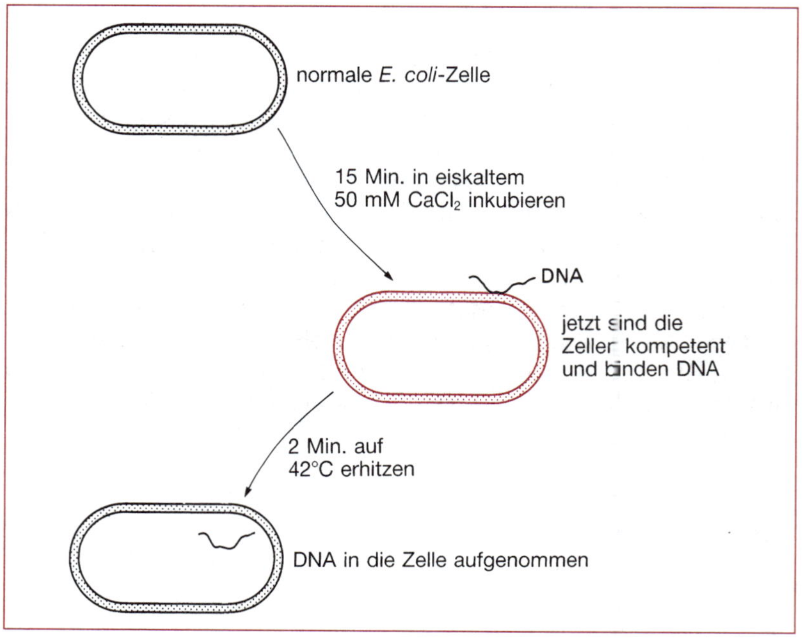

19.10 Die Präparation von *E. coli*-Zellen, die für eine DNA-Aufnahme kompetent sind.

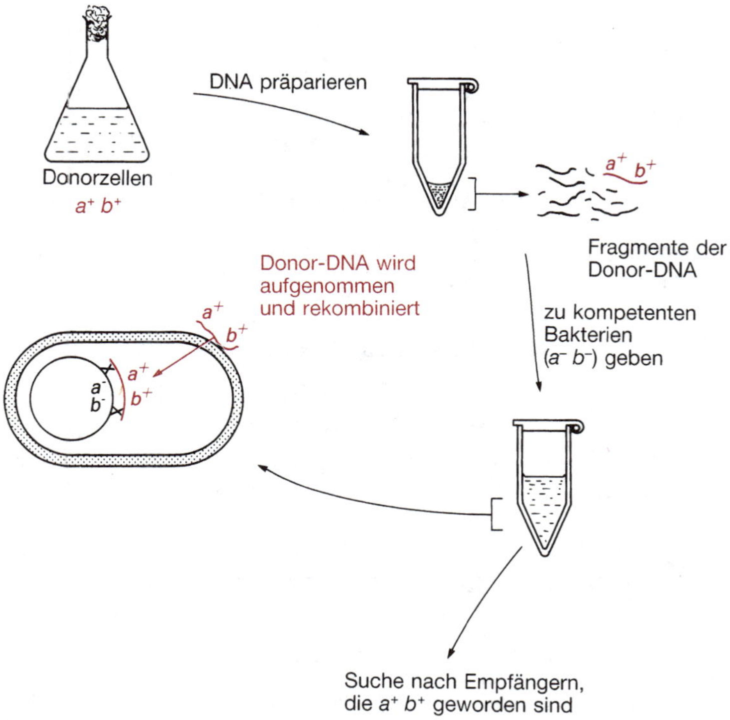

19.11 Cotransformation der Wildtypgene a^+ und b^+ in ein a^-b^--Empfängerbakterium.

Der *cis-trans*-Komplementationstest

Ein weiterer Vorteil der F-duktion (Seite 385) besteht darin, daß die merodiploiden Zellen stabil sind. Das erweitert das Repertoire der Genanalysen, die man mit Bakterien durchführen kann. Unter anderem ist es auf diese Weise möglich, die einzelnen Gene eines Operons zu unterscheiden, was mit den üblichen Genkartierungsmethoden schwer zu erreichen ist. Nehmen wir zum Beispiel das *trp*-Operon:

Es handelt sich um fünf Gene, die dicht nebeneinanderliegen und alle denselben Phänotyp beeinflussen. Wenn man eine Reihe tryptophanauxotropher Zellen als Empfänger in einem Genkartierungsexperiment benutzt, erscheinen alle *trp*⁻-Marker an derselben Stelle auf dem DNA-Molekül von *E. coli*. Dann kann es sich als unmöglich erweisen, selbst mit Hilfe der Transduktionskartierung die einzelnen Gene zu unterscheiden. Mit Hilfe des ***cis-trans*-Komplementationstests** kann man jedoch feststellen, ob zwei tryptophanauxotrophe Stämme Mutationen in denselben oder unterschiedlichen Genen enthalten. Man konstruiert einen merodiploiden Stamm mit einem Wirtsbakterium, das einen Marker *(trp1)* enthält, und einem F′-Plasmid mit einem zweiten Marker *(trp2)*:

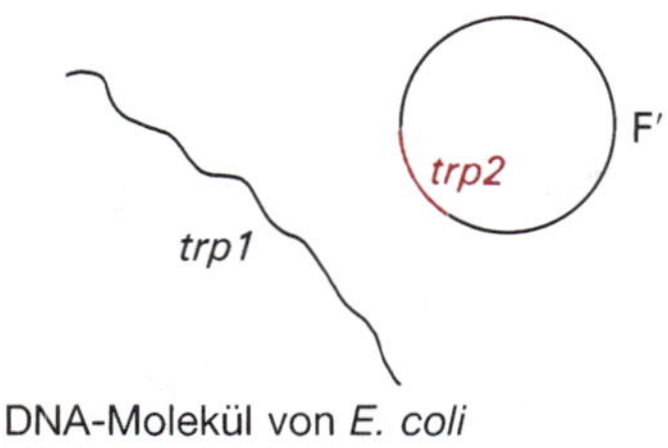

Wenn *trp1* und *trp2* dasselbe Gen repräsentieren, ist der merodiploide Stamm immer noch tryptophanauxotroph:

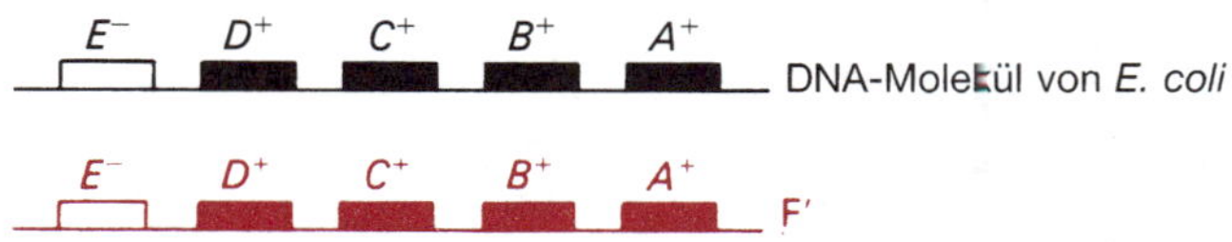

Wenn *trp1* und *trp2* andererseits für verschiedene Gene stehen, dann komplementieren sich die beiden Mutationen, und der merodiploide Stamm ist prototroph:

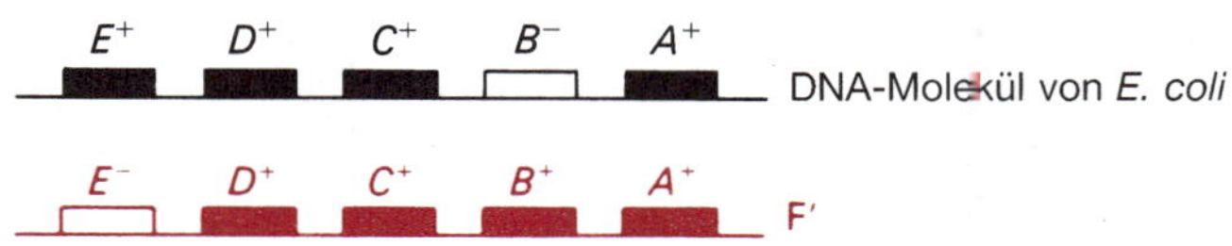

Dieser *cis-trans*-Test zeigt also, ob ein Locus, den man durch Genkartierung identifiziert hat, ein einzelnes Gen oder eine Gruppe verwandter Gene darstellt.

19.5 Die unterschiedlichen Vorteile der drei Methoden

Die Entwicklung dreier verschiedener Kartierungsmethoden bedeutete einen großen Fortschritt für das Wissen über die Genorganisation bei Bakterien. Um ein neu entdecktes Gen bei *E. coli* zu kartieren, sollte man zuerst ein unterbrochenes Paarungsexperiment durchführen. Damit läßt sich die Position des Gens mit einer Genauigkeit von etwa 2 Minuten ermitteln, das entspricht ungefähr 92 kb. Die genaue Lage kann man dann feststellen, indem man nach einer Cotransformation oder Cotransduktion mit Genen sucht, von denen man weiß, daß sie im gleichen Genombereich liegen. Schließlich kann man die Reihenfolge der Gene durch Cotransduktion und/oder Cotransformation herausfinden.

Dieses Vorgehen ist nicht bei allen Bakterien möglich. Die Konjugationskartierung beschränkt sich natürlich auf die Spezies, die F- oder ähnliche Plasmide besitzen. Das bedeutet, daß man es ganz allgemein nicht auf die Gruppe der grampositiven Bakterien anwenden kann, zu der mehrere wichtige Gattungen gehören (besonders *Streptomyces*, das 80 Prozent aller Antibiotika liefert). Der Anwendungsbereich der Transduktionskartierung ist ebenfalls begrenzt, da man nur bei wenigen Arten transduzierende Phagen kennt. Bei vielen Bakterien ist die Transformationskartierung die einzige Methode, die man zufriedenstellend anwenden kann.

Diese Limitierungen sind heutzutage nicht so entscheidend, weil die Gentechnik neue Verfahren für die Genkartierung verfügbar gemacht hat, die nicht auf einem Gentransfer im üblichen Sinne beruhen. Deshalb kann man sie praktisch bei allen Spezies anwenden, auch bei höheren Organismen. Die Gentechnik ermöglicht es dem Forscher auch, über die Genkartierung hinaus genaue Informationen über die Genstruktur und -expression zu gewinnen. Diese wirkungsvollen Methoden werden in den nächsten zwei Kapiteln beschrieben.

Literatur

Griffiths, A.J.F.; Miller, J.H.; Suzuki, D.T. et al. *An Introduction to Genetic Analysis.* 6. Aufl. New York (Freeman) 1996.
[Kapitel 10 behandelt die Genkartierung bei Bakterien.]

Wollman, E.L.; Jacob, F. *Sur le mécanisme du transfer de matériel génétique au cours de la recombinaison chez Escherichia coli K12.* In: *Comptes Rendus de l'Académie des Sciences* 240 (1955) S. 2449–2451.
Jacob, F.; Wollman, E.L. *Etapes de la recombinaison génétique chez Escherichia coli K12.* In: *Comptes Rendus de l'Académie des Sciences* 240 (1955) S. 2566–2568.
[Das erste Experiment einer unterbrochenen Paarung.]

Willetts, N.; Skurray, R. *The Conjugation System of F-Like Plasmids.* In: *Annual Review of Genetics* 14 (1980) S. 47–76.
[Ein aktuellerer Übersichtsartikel.]

Zinder, N.D.; Lederberg, J. *Genetic Exchange in Salmonella.* In: *Journal of Bacteriology* 64 (1952) S. 679–699.
Zinder, N.D. *‚Transduction' in bacteria.* In: *Scientific American* 199/5 (1958) S. 38–43.
[Der erste Bericht und ein Übersichtsartikel.]

Hotchkiss, R.D.; Marmur, J. *Double Marker Transformation as Evidence of Linked Factors in Desoxyribonucleate Transforming Agents.* In: *Proceedings of the National Academy of Sciences, USA* 40 (1954) S. 55–60.
[Der erste Versuch einer Transformationskartierung.]

Holloway, B.W. *Plasmids That Mobilize Bacterial Chromosome.* In: *Plasmid* 2 (1979) S. 1–19.

[Enthält eine Beschreibung von F-Plasmiden bei anderen Bakterien als *E. coli.*]

Goodgal, S.H. *Studies on Transformation of Hemophilus influenzae.* In: *Journal of General Physiology* 45 (1961) S. 205–228.

Dubnau, D.; Goldthwaite, C.; Smith, I.; Marmur, J. *Genetic Mapping in Bacillus subtilis.* In: *Journal of Molecular Biology* 27 (1967) S. 163–185.
[Kartierung bei anderen Bakterien als *E. coli.*]

Aufgaben

1. Definieren Sie die folgenden Begriffe:

Donorbakterium	unterbrochene Paarung
Empfängerbakterium	abortive Infektion
Gentransfer	Cotransduktion
doppelte Rekombination	Kompetenz
selektives Medium	Cotransformation

2. Beschreiben Sie die grundlegenden Abläufe eines Experiments zur Genkartierung bei Bakterien.

3. Beschreiben Sie die Unterschiede des Gentransfers bei der Konjugations-, Transduktions- und Transformationskartierung.

4. Beschreiben Sie, wie Wollman und Jacob den ersten Versuch einer unterbrochenen Paarung durchführten.

5. Erklären Sie, wie unterbrochene Paarungsexperimente den Beweis erbrachten, daß das DNA-Molekül von *E. coli* ringförmig ist.

6. Beschreiben Sie, wie die Transduktion entdeckt wurde.

7. Erklären Sie, wie man die Transduktionskartierung einsetzen kann, um die Reihenfolge von Genen zu bestimmen.

8. Erklären Sie, was eine Transformation ist und wie man sie für die Genkartierung einsetzen kann.

9. Vergleichen Sie die Vor- und Nachteile der drei bei Bakterien gebräuchlichen Genkartierungsmethoden.

10. Vollziehen Sie nach, wie Jacob und Wollman den Transfer jedes einzelnen Markers bei ihrem ersten unterbrochenen Paarungsexperiment testeten. (Die Marker sind in Tabelle 19.1 aufgeführt.)

11. Eine Serie unterbrochener Paarungsexperimente mit verschiedenen Hfr-Stämmen ergibt die folgenden linearen Genkarten:

    1. *A J F C*
    2. *D H E B*
    3. *I B E H*
    4. *J F C I*
    5. *A G D H*

    Zeichnen Sie eine ringförmige Karte des bakteriellen DNA-Moleküls, welche die Lage dieser Gene angibt.

12. Bei einer Reihe von Transduktionsversuchen mit den Genen *A*, *B*, *C* und *D* fand man, daß die folgenden Kombinationen recht häufig cotransduzieren:

    A und *B*
    C und *D*
    A und *D*

    Leiten Sie die Reihenfolge der Gene her.

20 DNA-Klonierung

Was ist DNA-Klonierung? • Konstruktion rekombinierter DNA-Moleküle – Restriktionsendonucleasen – Ligasen • **Klonierungsvektoren und wie sie funktionieren** – Klonieren mit pBR322 – Andere Arten von Klonierungsvektoren für *E. coli* – Genbibliotheken • **Klonierungsvektoren für Eukaryoten** – *Saccharomyces cerevisiae* – Pflanzen und Tiere

In den 70 Jahren nach der Wiederentdeckung der Mendelschen Arbeiten im Jahr 1900 gab es auf dem Gebiet der Genetik und der Molekularbiologie viele spektakuläre Fortschritte. Diese beruhten zum großen Teil auf den Methoden zur Genanalyse, die in den beiden vorhergehenden Kapiteln beschrieben wurden. Sie wurden jedoch durch weitere Versuche ergänzt, bei denen man ein großes Spektrum biochemischer, biophysikalischer und kristallographischer Verfahren nutzte. Man denke nur an einige der bedeutenden Experimente, die in diesem Buch beschrieben werden – die Versuche von Avery, Hershey-Chase und Meselson-Stahl zum Beispiel. Daran wird die Vielfalt der Methoden deutlich, die man auf das Gen und seine Wirkungsweise anwandte.

Ende der sechziger Jahre wurden die Grenzen der verfügbaren Methodik offensichtlich. Damals hatte man den genetischen Code aufgeklärt und die grundlegenden Eigenschaften der Transkription und Translation erarbeitet. Die Molekulargenetiker wollten das Gen immer genauer untersuchen, aber enttäuschenderweise gelang es zunächst nicht, Möglichkeiten zur Durchführung wichtiger Experimente zu entwickeln. Die Lage besserte sich in den frühen siebziger Jahren: Damals entstand eine ganz neue Methodik, die man als **DNA-Rekombinationstechnik** oder **Gentechnik** bezeichnete. In ihrem Mittelpunkt steht die sogenannte **DNA-Klonierung**. In dem nun folgenden Kapitel soll diese Methode beschrieben werden. In Kapitel 21 wollen wir dann untersuchen, welche Aufschlüsse man durch das Studium klonierter Gene gewinnen kann.

20.1 Was ist DNA-Klonierung?

Grundsätzlich läuft die DNA-Klonierung folgendermaßen ab (Abb. 20.1):

1. Man baut ein Fragment der DNA, die das zu klonierende Gen enthält, in ein zweites (gewöhnlich ringförmiges) DNA-Molekül ein, das man als **Klonierungsvektor** bezeichnet; das Ergebnis ist ein **rekombiniertes DNA-Molekül**.
2. Das rekombinierte DNA-Molekül schleust man mittels Transformation oder einer vergleichbaren Methode in eine Wirtszelle ein (oft, aber nicht immer *E. coli*).
3. In der Wirtszelle bewirkt der Vektor die Vervielfältigung des rekombinierten DNA-Moleküls, so daß zahlreiche identische Kopien entstehen.

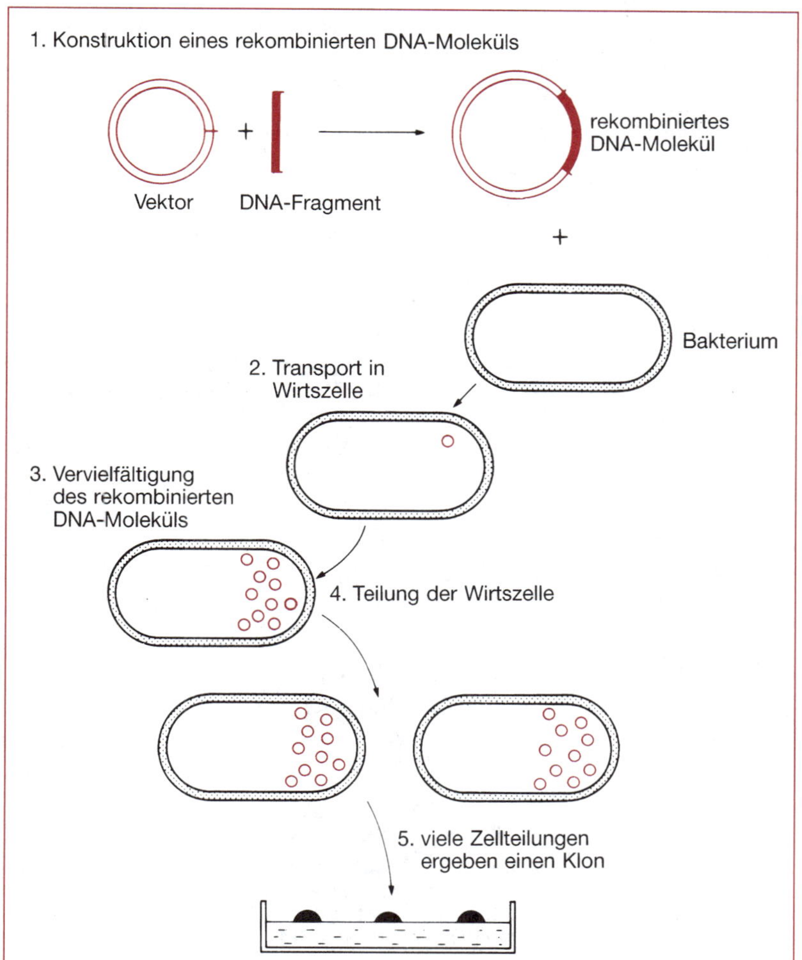

20.1 Die wichtigsten Schritte bei der DNA-Klonierung.

4. Wenn sich die Wirtszelle teilt, werden Kopien des rekombinierten DNA-Moleküls an die Nachkommen weitergegeben, und es kommt zu einer weiteren Replikation des Vektors.
5. Viele Zellteilungen ergeben einen **Klon**, eine Kolonie aus Zellen, von denen jede viele Kopien des rekombinierten DNA-Moleküls enthält.

Die DNA-Klonierung ist also prinzipiell eine recht einfache Methode. Warum hat sie dennoch in der Biologie eine solche Bedeutung erlangt? Die Antwort: Zum größten Teil deshalb, weil man durch die Klonierung eine reine Probe eines einzelnen Gens gewinnen kann, das getrennt ist von allen anderen Genen, mit denen es normalerweise in der Zelle vorliegt. Um genau zu verstehen, wie das geschieht, wollen wir eine DNA-Klonierung aus einem etwas anderen Blickwinkel betrachten (Abb. 20.2). Das

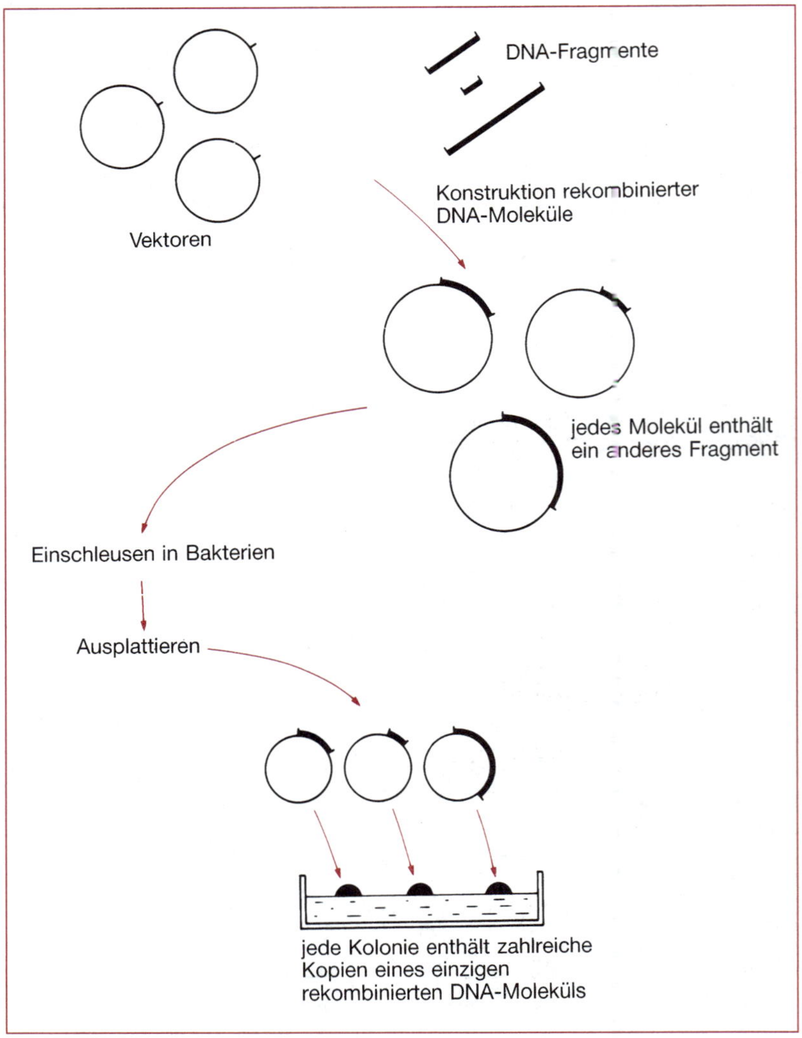

20.2 Durch Klonierung kann man einzelne DNA-Fragmente in reiner Form isolieren.

DNA-Fragment, das man klonieren möchte, kann in einem Gemisch mit vielen anderen Fragmenten vorliegen, von denen jedes andere Gene oder Genteile enthält. Bei diesem Gemisch kann es sich sogar um die gesamte genetische Substanz eines höheren Organismus handeln, zum Beispiel um das vollständige Genom des Menschen. All diese Fragmente werden in verschiedene Vektormoleküle eingebaut, so daß eine Familie rekombinierter DNA-Moleküle entsteht, von denen eines das gewünschte Gen enthält. Bei der Transformation nimmt jede Wirtszelle nur ein einziges rekombiniertes DNA-Molekül auf. Obwohl also der endgültige Satz von Klonen viele verschiedene rekombinierte DNA-Moleküle enthalten kann, befinden sich in jedem Klon nur viele Kopien eines einzigen Moleküls. Hat man erst einmal den Klon mit dem gewünschten Gen identifiziert, kann man aus dem Zellextrakt das rekombinierte DNA-Molekül isolieren und das Gen gewinnen.

Vor der Entwicklung der Klonierungsmethoden war es unmöglich, reine Proben einzelner Gene herzustellen. Das bedeutete, daß man bei Arbeiten über Genstruktur und Genexpression die Gene ganz allgemein untersuchen mußte und sich nicht auf bestimmte Eigenschaften eines speziellen Gens konzentrieren konnte. Es gab keine Möglichkeit, auf der Information aufzubauen, welche die Mendelsche Analyse zur Verfügung stellte, und der Fortschritt war in vielen Bereichen der Genetik blockiert. Die Klonierung lieferte den Ansporn, mit dem die genetische Forschung wieder an Dynamik gewann.

20.2 Konstruktion rekombinierter DNA-Moleküle

Zum ersten Schritt einer DNA-Klonierung, der Herstellung rekombinierter DNA-Moleküle, gehören das Schneiden der DNA-Moleküle an bestimmten Stellen und das kontrollierte Wiederverbinden. Solche Methoden, die eine Manipulation der DNA erlauben, greifen auf gereinigte Enzyme zurück, die in der Zelle an Vorgängen wie der DNA-Replikation beteiligt sind. Die beiden wichtigsten Arten von Enzymen, die man bei der DNA-Klonierung zur DNA-Veränderung einsetzt, sind **Restriktionsendonucleasen** und **Ligasen**.

20.2.1 Restriktionsendonucleasen: Enzyme, die DNA schneiden

Zur Konstruktion eines rekombinierten DNA-Moleküls muß man den ringförmigen Vektor an einer bestimmten Stelle auf-

20.3 Alle Vektormoleküle müssen an genau derselben Stelle geschnitten werden.

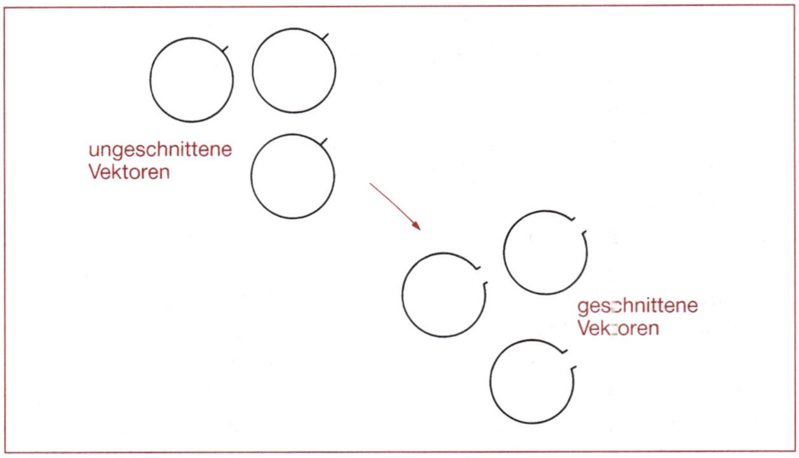

schneiden, an der man das DNA-Fragment, das man klonieren möchte, einbauen kann. Zum ersten soll also jeder Vektor nur einmal geschnitten werden, und das soll auch bei allen Vektormolekülen an genau der gleichen Stelle geschehen (Abb. 20.3). Dafür benötigt man natürlich eine ganz spezielle Nuclease.

Die entsprechenden Enzyme nennt man Typ-II-Restriktionsendonucleasen. Sie erkennen jeweils eine bestimmte Nucleotidsequenz und schneiden ein DNA-Molekül genau dort, aber nirgendwo anders. Zum Beispiel spaltet die Restriktionsendonuclease *Pvu*I (aus *Proteus vulgaris*) DNA nur an dem Hexanucleotid 5′-CGATCG-3′. Dagegen schneidet ein zweites Enzym desselben Bakteriums, *Pvu*II genannt, bei einem anderen Hexanucleotid, nämlich 5′-CAGCTG-3′. Viele Restriktionsendonucleasen erkennen Hexanucleotidziele, andere schneiden jedoch bei Sequenzen aus vier, fünf oder sogar acht Nucleotiden (Tabelle

Tabelle 20.1: Die Erkennungssequenzen einiger häufig benutzter Restriktionsendonucleasen

Enzym	Organismus	Erkennungssequenz*	Form der Enden
*Pvu*I	*Proteus vulgaris*	CGATCG	klebrig
*Pvu*II	*Proteus vulgaris*	CAGCTG	glatt
*Eco*RI	*Escherichia coli*	GAATTC	klebrig
*Bam*HI	*Bacillus amyloliquefaciens*	GGATCC	klebrig
*Hin*fI	*Haemophilus influenzae*	GANTC	klebrig
*Sau*3A	*Staphylococcus aureus*	GATC	klebrig
*Alu*I	*Arthrobacter luteus*	AGCT	glatt
*Hae*III	*Haemophilus aegyptius*	GGCC	glatt
*Not*I	*Nocardia otitidis-caviarum*	GCGGCCGC	klebrig

* Die angegebene Sequenz entspricht der eines Stranges in der 5′→3′-Richtung. Bemerkenswert ist, daß fast alle Erkennungssequenzen Palindrome sind: Wenn man beide Stränge betrachtet, lesen sie sich in beiden Richtungen gleich, zum Beispiel

```
        5′–GAAT TC–3′
EcoRI:     | | | | | |
        3′–CT TAAG–5′
```

20.1). Es gibt auch Restriktionsendonucleasen mit degenerierten Erkennungssequenzen, das heißt, sie spalten die DNA an einer Reihe verwandter Schnittstellen. *Hinf*I erkennt zum Beispiel 5′-GANTC-3′, schneidet also bei 5′-GAATC-3′, 5′-GATTC-3′, 5′-GAGTC-3′ und 5′-GACTC-3′.

a) Glatte und klebrige Enden. Die genaue Eigenschaft des Schnittes, den ein Restriktionsenzym bewirkt, ist für die DNA-Klonierung sehr wichtig. Viele Restriktionsendonucleasen machen einen einfachen, doppelsträngigen Schnitt in der Mitte der Erkennungssequenz (Abb. 20.4a). Das ergibt ein **glattes** oder bündiges Ende. Solche Enzyme sind zum Beispiel *Pvu*II und *Alu*I.

Andere Restriktionsenzyme schneiden DNA etwas anders. Diese Enzyme durchbrechen die beiden DNA-Stränge nicht an genau derselben Stelle, sondern die Spaltung ist versetzt, gewöhnlich um zwei bis vier Nucleotide. Die so entstehenden DNA-Fragmente besitzen also kurze, einzelsträngige Überhänge an jedem Ende (Abb. 20.4b). Man nennt sie **überhängende** oder **klebrige**

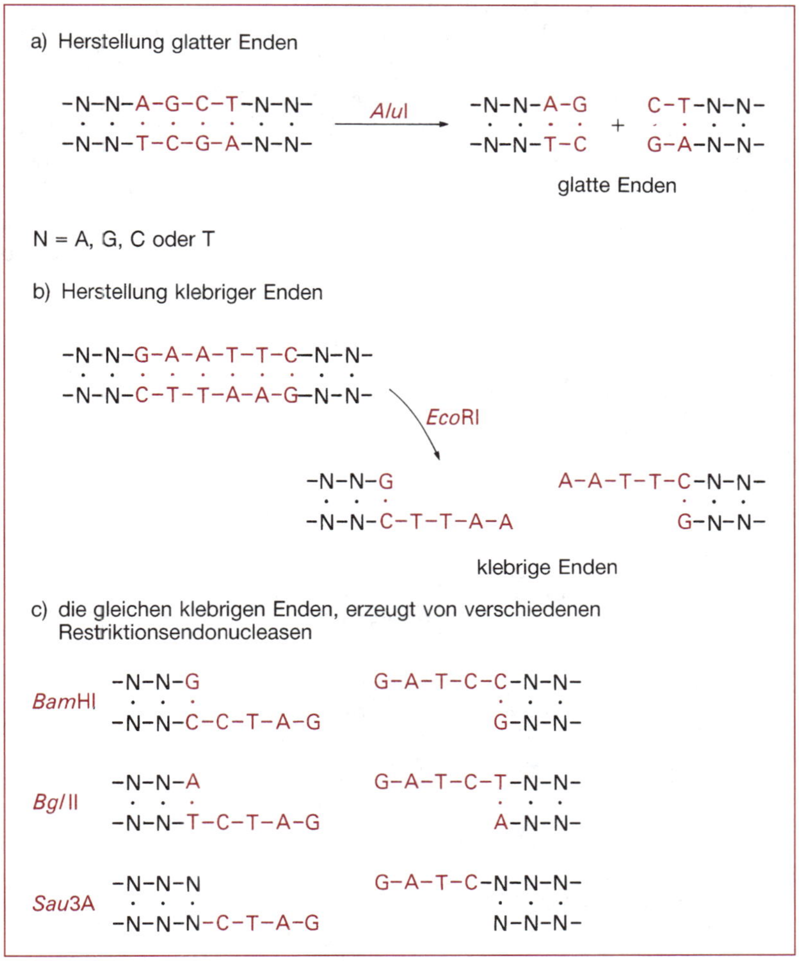

20.4 Enden, die bei einer Spaltung der DNA mit verschiedenen Restriktionsendonucleasen entstehen. a) Glattes Ende nach Behandlung mit *Alu*I. b) Klebriges Ende, entstanden mit *Eco*RI. c) *Bam*HI, *Bgl*II und *Sau*3A erzeugen die gleichen klebrigen Enden.

Enden, weil die Bildung von Basenpaaren zwischen ihnen das DNA-Molekül wieder zusammen„kleben“ kann. Diese Enzyme haben die wichtige Eigenschaft, daß Restriktionsenzyme mit unterschiedlichen Erkennungssequenzen die gleichen klebrigen Enden erzeugen können. *Bam*HI (Erkennungssequenz 5′-GGATCC-3′) und *Bgl*II (5′-AGATCT-3′) sind Beispiele dafür: Bei beiden entstehen klebrige 5′-GATC-3′-Enden (Abb. 20.4c). Auch *Sau*3A erzeugt solche Enden. Es erkennt nur das Tetranucleotid 5′-GATC-3′. DNA-Fragmente, die man mit einem dieser Enzyme hergestellt hat, kann man miteinander verbinden, weil sie komplementäre klebrige Enden besitzen.

20.2.2 Ligasen verbinden DNA-Moleküle

Der letzte Schritt bei der Herstellung eines rekombinierten DNA-Moleküls ist das Verbinden des Vektormoleküls mit der DNA, die man klonieren möchte (Abb. 20.5). Diesen Vorgang bezeichnet man als Ligation, und das Enzym, das die Reaktion katalysiert, ist die DNA-Ligase.

Alle lebenden Zellen stellen DNA-Ligasen her, aber am häufigsten verwendet man bei der DNA-Klonierung ein Enzym, das an der Replikation des Phagen T4 beteiligt ist. Man reinigt es aus phageninfizierten *E. coli*-Bakterien. In der Zelle knüpft das Enzym bei der Replikation der Phagen-DNA-Moleküle die Phosphodiesterbindungen zwischen benachbarten Nucleotiden (zur Rolle von Ligasen bei der DNA-Replikation siehe Abschnitt 11.2.2). Im Reagenzglas führen gereinigte DNA-Ligasen genau

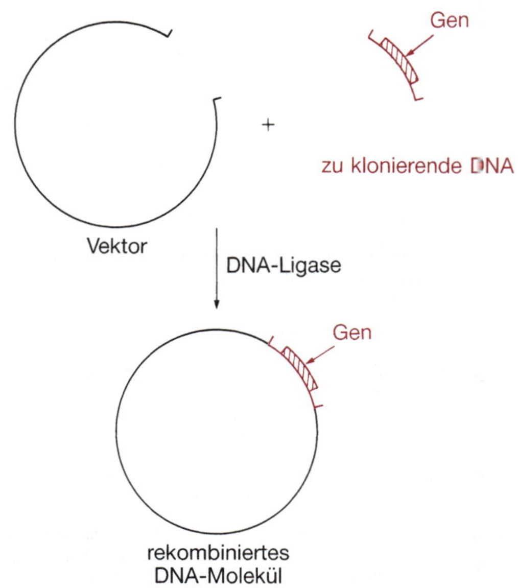

20.5 Ligation: letzter Schritt bei der Konstruktion eines rekombinanten DNA-Moleküls.

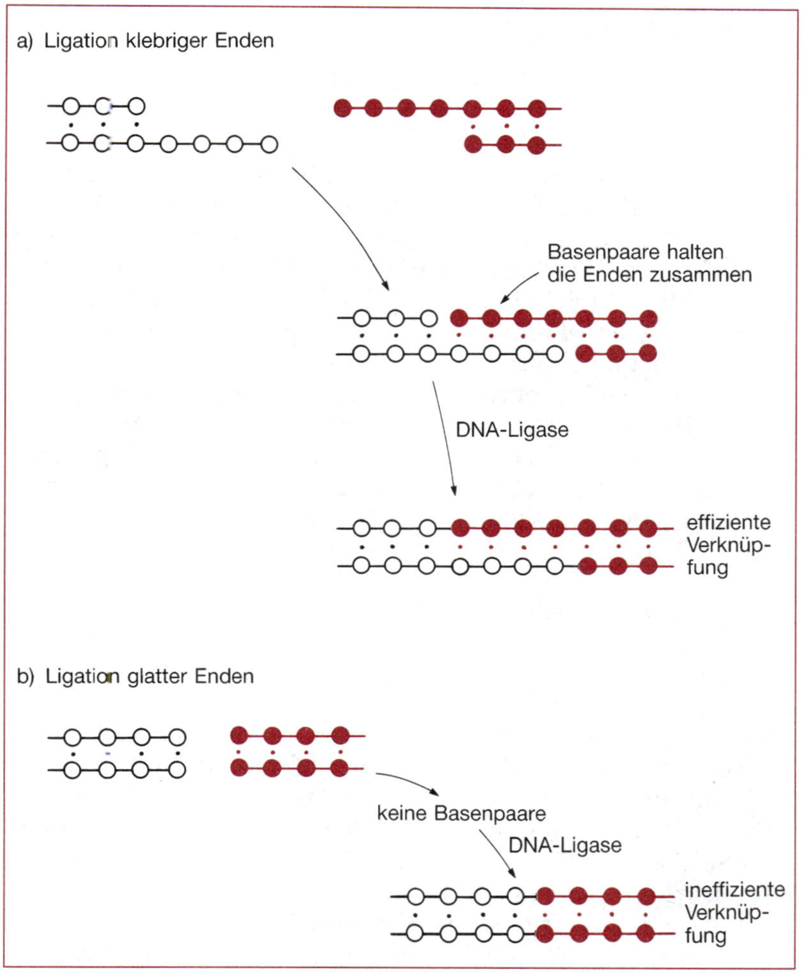

20.6 Ligation von a) klebrigen und b) glatten Enden.

die gleiche Reaktion durch. Sie können mit Restriktionsenzymen geschnittene DNA-Fragmente auf zwei Arten verbinden:

1. Indem sie die Unterbrechungen in der basengepaarten Struktur zwischen zwei klebrigen Enden reparieren (Abb. 20.6a). Das ist recht effizient, weil die Bildung von Basenpaaren zwischen den überhängenden Enden die Enden des Moleküls zumindest vorübergehend zusammenhält.
2. Indem sie zwei Moleküle mit glatten Enden verbinden (Abb. 20.6b). Dieser Vorgang ist weniger effizient, weil die DNA-Ligase die Moleküle, die ligiert werden sollen, nicht „zu fassen bekommen" kann und darauf warten muß, daß der Zufall die Enden zusammenführt.

Der Stammbaum von pBR322

Daß pBR322 sich so gut als Klonierungsvektor eignet, ist kein Zufall. Tatsächlich ist das Plasmid überhaupt nicht „natürlich“: Man konstruierte es im Labor durch Ligation von Fragmenten dreier verschiedener Plasmide. Das amp^R-Gen stammt ursprünglich vom Plasmid R1, einem typischen Antibiotikaresistenzplasmid, das in natürlichen Populationen von *E. coli* vorkommt (Abschnitt 14.3.1). Das tet^R-Gen leitet sich von pSC101 ab, und der Replikationsursprung gehört zu pMB1, das mit dem colicinproduzierenden Plasmid ColE1 verwandt ist.

20.3 Klonierungsvektoren und wie sie funktionieren

Der Vektor ist der zentrale Bestandteil bei der DNA-Klonierung. Er stellt die Replikationsfunktion zur Verfügung, die es dem rekombinierten DNA-Molekül ermöglicht, sich in der Wirtszelle zu vervielfältigen. Wir haben bereits zwei Arten natürlich vorkommender DNA-Moleküle kennengelernt, die sich in Zellen replizieren können: Plasmide und Bakteriophagengenome. Beide nutzt man häufig als Klonierungsvektoren.

Inzwischen stehen buchstäblich Hunderte von Klonierungsvektoren für verschiedene Wirtszellen zur Verfügung. Die meisten gibt es für *E. coli*. Das bekannteste dieser Plasmide ist **pBR322**. Es ist ein typischer Vektor, und an seinem Beispiel soll beschrieben werden, wie ein Klonierungsexperiment funktioniert.

20.3.1 Klonierung mit pBR322

Die genetische und physische Karte von pBR322 (Abb. 20.7) gibt einen Hinweis darauf, warum dieses Plasmid solch ein populärer Klonierungsvektor ist. Die erste nützliche Eigenschaft ist seine geringe Größe von 4363 bp. Sie ist der Grund, daß man das Plasmid und die von ihm abgeleiteten rekombinierten DNA-Moleküle leicht aus *E. coli* isolieren kann. Größere Moleküle (besonders solche von 50 kb und mehr) kann man kaum noch in unversehrter Form reinigen.

Als zweites hat pBR322 die Eigenschaft, daß es zwei Antibiotikaresistenzgene enthält. Eins codiert eine β-Lactamase, die Ampicillin so umformt, daß es für *E. coli* nicht mehr toxisch ist. Das zweite (eigentlich ist es ein ganzer Satz von Genen) codiert Enzyme, die Tetracyclin unschädlich machen. Diese Gene bewirken, daß ein Bakterium, das mit pBR322 transformiert wurde, auf einem Medium mit Ampicillin und/oder Tetracyclin wachsen kann, während Zellen ohne das Plasmid dazu nicht in der Lage sind. Man kann also transformierte Bakterien selektieren, indem man ihr Wachstum auf dem entsprechenden Medium testet (Abb. 20.8).

Ein dritter Vorzug von pBR322 besteht darin, daß es ein relaxiertes Plasmid ist (Abschnitt 14.3.3) und in ausreichend hoher Kopienzahl vorliegt. Normalerweise enthält eine transformierte Zelle von *E. coli* etwa 15 Moleküle von pBR322. Diese Anzahl kann man jedoch durch **Plasmidamplifikation** mit einem Proteinsynthesehemmstoff wie Chloramphenicol auf 1000 bis 3000 steigern (Abb. 20.9). Die Inkubation mit Chloramphenicol blokkiert die Replikation des bakteriellen DNA-Moleküls, nicht jedoch diejenige von pBR322. Die Zellteilung hört deshalb auf, das Plasmid vervielfältigt sich jedoch weiterhin, bis es in jeder Zelle

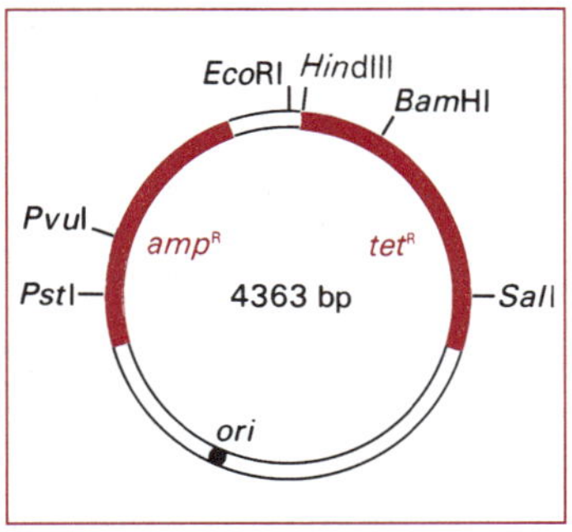

20.7 Der Klonierungsvektor pBR322 mit der Position seiner Gene und einiger Restriktionsstellen, die man bei der Konstruktion rekombinierter Moleküle einsetzen kann. Abkürzungen: amp^R, Ampicillinresistenz; tet^R, Tetracyclinresistenz.

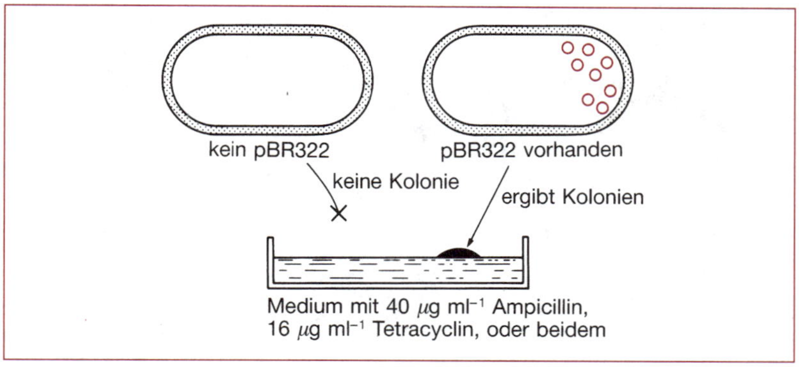

20.8 Zellen, die pBR322 enthalten, kann man selektieren, indem man sie auf einem Agarmedium mit normalerweise toxischen Konzentrationen von Ampicillin und/oder Tetracyclin ausplattiert.

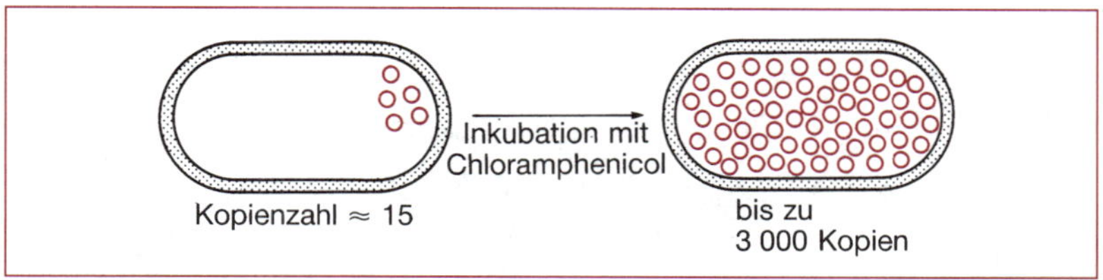

20.9 Plasmidamplifikation.

in großer Zahl vorliegt. Eine amplifizierte Kultur von *E. coli* liefert deshalb eine gute Ausbeute an rekombinierten pBR322-Molekülen.

Die Klonierung. In Abbildung 20.10 ist eine typische Klonierung mit pBR322 dargestellt. Zuerst muß man den Vektor mit einem Restriktionsenzym schneiden, um den Ring zu öffnen. pBR322 besitzt mehrere Erkennungsstellen für verschiedene Restriktionsendonucleasen, die jeweils nur einmal vorkommen (siehe Abb. 20.7) und zum Aufschneiden dienen können. In dem gezeigten Beispiel wurde *Bam*HI verwendet, das an seiner Schnittstelle innerhalb der tet^R-Gengruppe klebrige Enden erzeugt.

Die DNA, die man klonieren möchte, muß man ebenfalls mit einer Restriktionsendonuclease schneiden, entweder mit derselben oder einer anderen, welche die gleichen klebrigen Enden erzeugt. Anschließend verbindet man die DNA-Moleküle mittels Ligation und mischt sie mit kompetenten *E. coli*-Zellen (Abschnitt 19.4), um sie zu transformieren. Dann plattiert man die Bakterien auf Agarmedium aus und läßt Kolonien wachsen. Die Zusammensetzung des Mediums wählt man nach folgenden Überlegungen:

1. Zellen, die nicht transformiert wurden und deshalb kein Plasmid enthalten, sind $amp^S tet^S$.
2. Zellen, die ein pBR322-Molekül aufgenommen haben, das sich ohne Einbau eines DNA-Fragments wieder zu einem Ring geschlossen hat, sind $amp^R tet^R$. Wir nennen diese Zellen **Transformanten**.

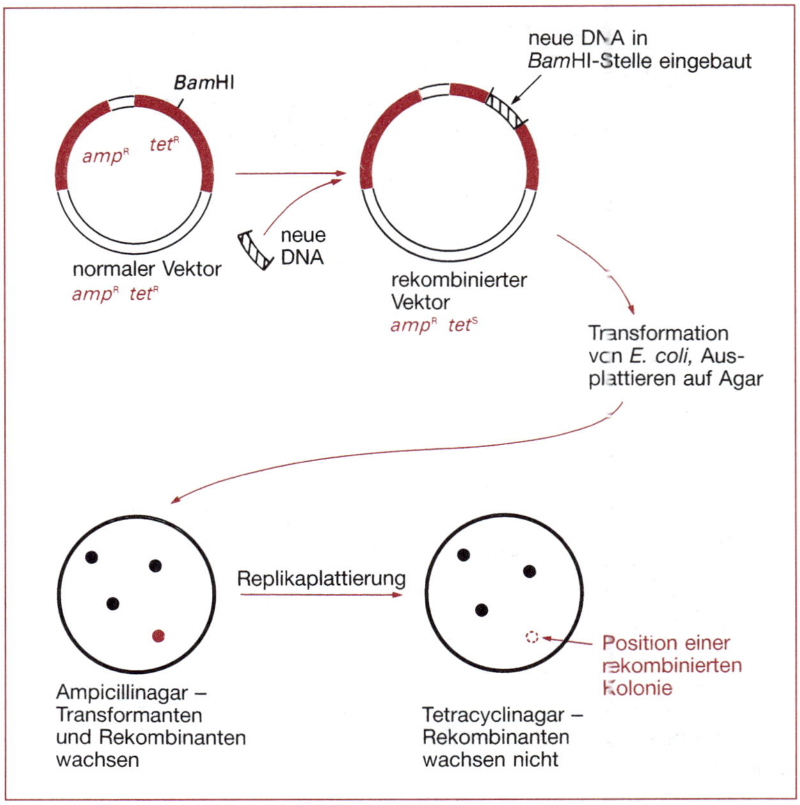

20.10 Klonierung mit pBR322. Einzelheiten im Text.

3. Zellen mit einem rekombinierten DNA-Molekül (wir nennen sie **Rekombinanten**) haben die Tetracyclinresistenz verloren, weil ein DNA-Fragment mitten in der Tetracyclinresistenzgengruppe eingebaut ist. Rekombinanten sind deshalb *amp*^{R}*tet*^{S}.

Durch einen Wachstumstest auf Ampicillinagar kann man untransformierte Zellen eliminieren. Sowohl aus Transformanten als auch aus Rekombinanten entstehen Kolonien. Die Rekombinanten kann man jedoch durch eine Replikaplattierung auf Agar mit Ampicillin und Tetracyclin identifizieren. Zellen, die nicht wachsen, sind rekombiniert. Für die DNA-Isolierung kann man sie von den Ampicillinplatten entnehmen.

20.3.2 Andere Klonierungsvektoren für *E. coli*

Es gibt für *E. coli* inzwischen viele verschiedenartige Klonierungsvektoren. Einige haben ähnliche Eigenschaften wie pBR322. Bei anderen muß man jedoch weitere Verfahren anwenden, um rekombinierte Klone zu identifizieren. Außerdem gibt es mehrere Vektoren, die auf Bakteriophagen und nicht auf Plasmiden basieren. Deshalb müssen wir uns mit einigen anderen Vektoren beschäftigen, um ein vollständiges Bild davon zu erhalten, wie man Gene in *E. coli* kloniert.

a) Plasmide mit dem *lacZ'*-Gen. Das Plasmid pBR322 hat einen wichtigen Nachteil: Man muß mit den transformierten Kolonien eine Replikaplattierung durchführen, bevor man Rekombinanten erkennen kann. Das nimmt einige Zeit in Anspruch. Vektoren, mit denen man Rekombinanten sofort beim ersten Ausplattieren identifizieren kann, bieten einen klaren Vorteil. Ein solcher Vektor ist zum Beispiel pUC8 (Abb. 20.11a).

pUC8 enthält zwei Gene: das *amp*^{R}-Gen, das wir schon von pBR322 kennen, und ein weiteres Gen namens *lacZ'*. Letzteres codiert keine Resistenz gegen ein Antibiotikum, sondern es steuert die Synthese eines Teils der β-Galactosidase. Wie bereits erwähnt wurde, handelt es sich dabei um das Enzym, das Lactose in Glucose und Galactose spaltet (Abschnitt 10.3.1). Ein rekombiniertes pUC8-Molekül konstruiert man, indem man neue DNA in eine der Restriktionsstellen einbaut, die nahe beim Anfang von *lacZ'* gruppiert sind (Abb. 20.11b). Das bedeutet:

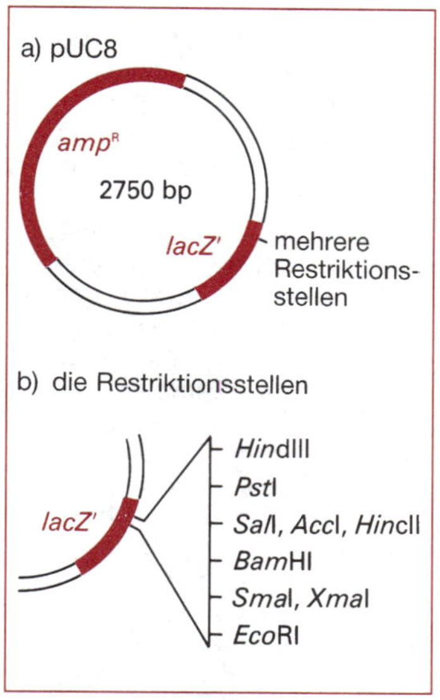

20.11 pUC8.

1. Zellen mit normalen pUC8-Plasmiden sind ampicillinresistent und können β-Galactosidase synthetisieren.
2. Zellen, die rekombinierte pUC8-Plasmide enthalten, sind ampicillinresistent, können jedoch keine β-Galactosidase synthetisieren.

Die beiden Zellarten kann man unterscheiden, indem man sie auf Agar plattiert, der Ampicillin und zwei weitere Substanzen enthält. Die erste nennt man IPTG (Isopropylthiogalactosid). Sie ist ein Induktor der *lac*-Gene und sorgt dafür, daß die *lacZ'*-Expression nicht reprimiert wird. Die zweite Substanz ist Xgal (5-Brom-4-chlor-3-indolyl-β-D-galactopyranosid). Xgal ist ein Substrat der β-Galactosidase. Das Enzym spaltet es so, daß ein dunkelblaues Produkt entsteht. Deshalb sind Kolonien, die nichtrekombinante Zellen enthalten (*amp*^{R} *lacZ'*$^+$), blau, während rekombinante Kolonien (*amp*^{R} *lacZ'*$^-$) weiß sind (Abb. 20.12). Man kann daher Rekombinanten ohne Replikaplattierung selektieren.

b) Klonierungsvektoren auf der Basis von Bakteriophagen. Der zweite Typ selbständig replizierender DNA-Moleküle, die man als Grundlage für einen Klonierungsvektor verwenden kann, sind Bakteriophagengenome. Häufig wird ein Bakteriophagenvektor durch **Transfektion** in *E. coli*-Wirtszellen eingeschleust. Das ist genau dasselbe wie eine Transformation, nur daß es um Phagen und nicht um Plasmide geht. Die Transfektanten mischt man mit normalen Bakterien und plattiert sie auf Agarplatten aus. So entsteht ein Satz von Plaques auf einem Bakterienrasen (S. 236). Jeder Plaque ist ein Klon, der aus den Bakteriophagen einer einzelnen transfizierten Zelle besteht (Abb. 20.13).

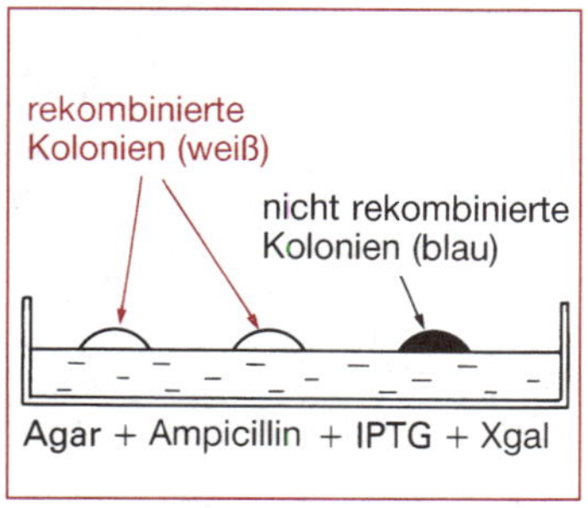

20.12 Selektion von Rekombinanten mit pUC8.

Verpackungsbeschränkungen

Die Größenbeschränkung für DNA-Fragmente, die man mit einem λ-Vektor klonieren kann, ergibt sich aus der Notwendigkeit, den rekombinierten Vektor in den λ-Phagenkopf zu verpacken. Dieser kann etwa 52 kb an DNA aufnehmen. Wenn das rekombinierte Molekül länger ist, wird es nicht in infektiöse Partikel verpackt. Das normale λ-Genom umfaßt 49,5 kb. Man kann daraus jedoch bis zu 22 kb entfernen, ohne die Fähigkeit des Phagen zur Infektion mittels des lytischen Zyklus zu beeinträchtigen. Das bedeutet, daß man mit λ-Vektoren DNA-Fragmente bis zu einer Länge von ungefähr 25 kb klonieren kann.

In vitro-Verpackung

Verglichen mit der Infektion einer Kultur von *E. coli* mit Phagenpartikeln ist die Transfektion mit λ-Vektoren nicht sehr effizient. Es wäre nützlich, wenn man rekombinierte λ-Moleküle im Reagenzglas in die Kopf-und-Schwanz-Strukturen von λ verpacken könnte. Diese Partikel könnte man dann direkt zu einer Bakterienkultur geben, was zu einer weit höheren Anzahl an Rekombinanten führen würde.

Phagenpartikel im Reagenzglas herzustellen mag schwierig klingen, es ist jedoch in Wirklichkeit recht einfach. Man reinigt aus infizierten Zellen die Proteine, die man für das Verpacken benötigt, und gibt sie zu Vektoren, die man zuvor in die gestreckte Form gebracht und über ihre endständigen *cos*-Stellen miteinander verbunden hat:

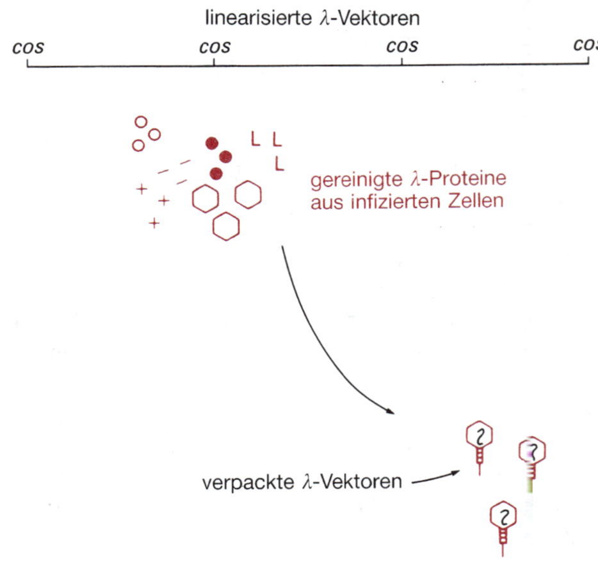

Man vergleiche dies mit den Vorgängen bei der Replikation eines normalen Phagen in einer Bakterienzelle (Seite 241).

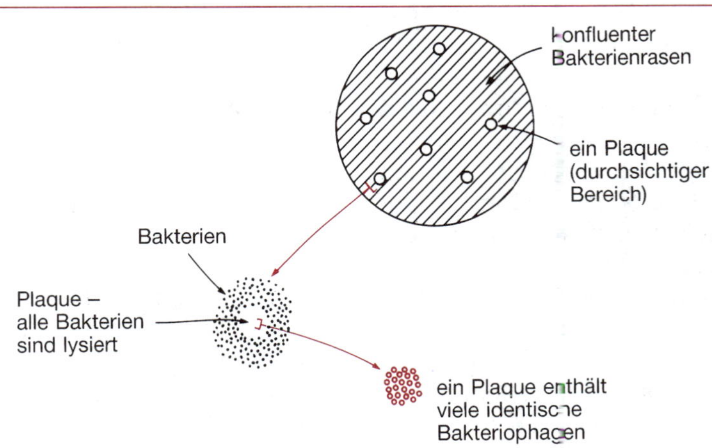

20.13 Infolge einer Transfektion von *E. coli* mit einem Bakteriophagen bilden sich Plaques in einem Bakterienrasen. Jeder Plaque ist ein Klon aus vielen identischen Bakteriophagen.

Praktisch alle Klonierungsvektoren aus Bakteriophagen basieren entweder auf λ- oder M13-Phagen. Sie besitzen folgende wichtige Eigenschaften:

1. λ-Vektoren. Bei den meisten λ-Vektoren ligiert man die zu klonierende DNA in den nicht lebenswichtigen Bereich des Phagengenoms (siehe Abb. 13.6b), denn dieser kann unterbrochen werden, ohne daß die Gene wichtiger Replikations- oder Strukturproteine des Phagen beeinträchtigt werden. Meist wurde das Phagengenom durch Deletionen und Mutationen so abgewandelt, daß es sich nicht mehr in die DNA von *E. coli* einfügen kann. Das zwingt den Bakteriophagen dazu, den lytischen Zyklus zu durchlaufen, und deshalb entstehen aus transfizierten Zellen sofort Plaques. Um rekombinierte Plaques zu identifizieren, kann man mehrere Verfahren einsetzen: Manche Vektoren enthalten das *lacZ'*-Gen, und deshalb plattiert man sie auf Xgal-Agar. Andere weisen kleine Unterschiede in der Morphologie der Plaques auf (Abb. 20.14).
2. *M13-Vektoren.* M13-Vektoren sind von großer Bedeutung, weil sie es ermöglichen, ein kloniertes Gen in einzelsträngiger Form zu gewinnen. Das liegt daran, daß die M13-Phagenpartikel, die ein infiziertes Bakterium unaufhörlich freisetzt (siehe Abb. 13.4), die einzelsträngige Form des M13-Genoms enthalten. Man kann also ein neues Gen, das man in einen M13-Vektor ligiert hat, als einzelsträngige DNA aus den von den rekombinierten Zellen freigesetzten Phagenpartikeln isolieren (Abb. 20.15). Einzelsträngige Gene benötigt man für mehrere Verfahren, vor allem für die DNA-Sequenzierung (Abschnitt 21.2), und man kann sie kaum mit anderen Methoden erzeugen.

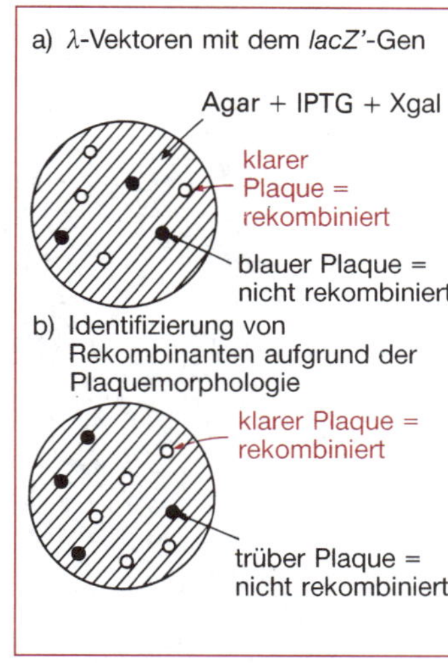

20.14 Zwei verschiedene Strategien für die Selektion von Rekombinanten mit einem λ-Vektor.

20.3.3 Genomische Bibliotheken

Vektoren, die auf λ basieren, haben vor allem einen Vorteil: Man kann mit ihnen viel größere DNA-Fragmente klonieren als mit Plasmiden wie pBR322 und pUC8. Das größte DNA-Stück, das

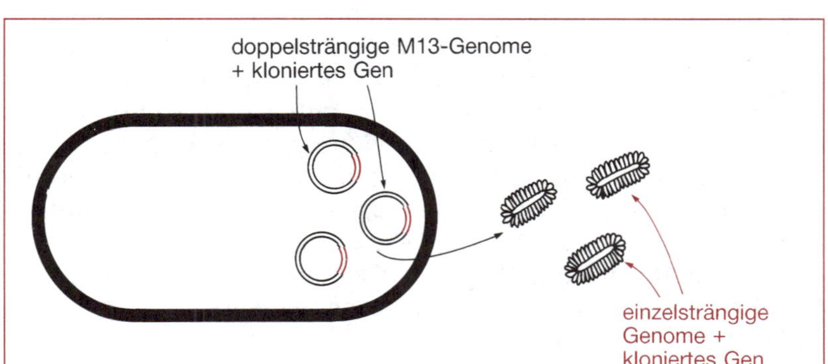

20.15 Mit M13-Vektoren kann man klonierte Gene in einzelsträngiger Form herstellen.

Cosmide

Cosmide vereinigen in sich Eigenschaften von Plasmiden und λ-Vektoren. Ein Cosmid besitzt alle normalen Charakteristika eines Plasmids, einschließlich eines oder mehrerer Antibiotikaresistenzgene, es enthält jedoch außerdem eine *cos*-Stelle von λ:

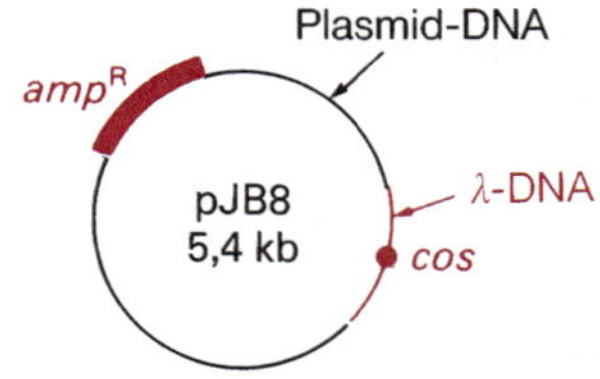

Die Klonierung mit einem Cosmid läuft folgendermaßen ab: Man öffnet das Cosmid an einer nur einmal vorhandenen Restriktionsstelle und baut ein neues DNA-Fragment ein. Die Ligation erfolgt so, daß sich die einzelnen Cosmid-Moleküle zu linearen Ketten verbinden, die sich für das Verpacken in λ-Phagenköpfe eignen. Dann setzt man den ligierten Cosmiden ein *in vitro*-Verpackungsgemisch von λ zu, das sie an den *cos*-Stellen spaltet und in die Phagenpartikel einschleust. Daß die Cosmide keine λ-Gene enthalten, ist dabei ohne Bedeutung. Die Verpackungsreaktion ist nämlich nur von *cos*-Stellen abhängig:

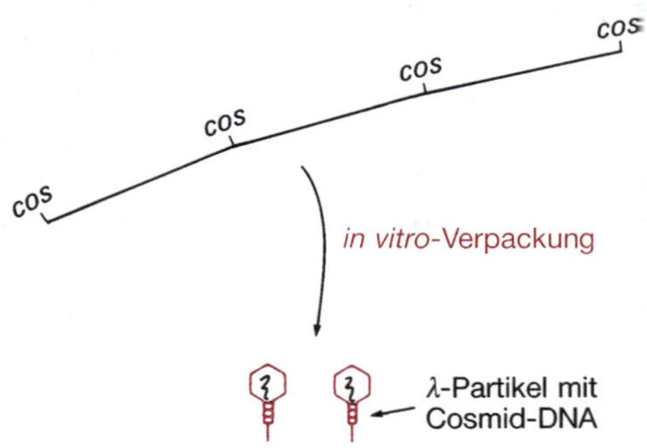

Die so entstandenen λ-Phagen benutzt man dann, um eine *E. coli*-Kultur zu infizieren, aber dabei entstehen natürlich keine Plaques. Stattdessen plattiert man die infizierten Zellen auf einem Antibiotikaagar aus und läßt resistente Kolonien heranwachsen. Das Cosmid selbst kann sehr klein sein und nur 8 kb oder weniger umfassen. Man kann also bis zu 44 kb an neuer DNA zusetzen, bevor das Verpackungslimit des λ-Phagenkopfes erreicht ist.

man mit einem Plasmid klonieren kann, umfaßt etwa 8 kb. Dagegen können manche λ-Vektoren Fragmente bis zu 25 kb aufnehmen. Das ist wichtig, denn es erlaubt die Herstellung einer **genomischen Bibliothek,** eines Satzes rekombinierter Klone, welche die gesamte DNA eines einzelnen Organismus enthalten. Eine genomische Bibliothek des Menschen enthält zum Beispiel alle menschlichen Gene in *E. coli* kloniert, so daß man der Bibliothek jedes gewünschte Gen entnehmen und es untersuchen kann.

Dabei ergibt sich allerdings das Problem, daß man viele Klone benötigt, wenn die Bibliothek das gesamte Genom repräsentieren soll (Tabelle 20.2). Die erforderliche Anzahl hängt von der Länge der DNA ab, die jeder Klon enthält. Deshalb verwendet man

Tabelle 20.2: Anzahl der für genomische Bibliotheken benötigten Klone

Spezies	Genomgröße (kb)	Zahl der Klone* 17-kb-Fragmente	35-kb-Fragmente
Escherichia coli	4 639	820	400
Saccharomyces cerevisiae	12 520	2 200	1 075
Taufliege	165 000	29 000	14 500
Mensch	3 000 000	535 000	258 000
Mais	5 000 000	900 000	450 000

* berechnet nach der Formel:

$$N = \frac{ln(1 - P)}{ln(1 - a/b)}$$

N = die Anzahl der erforderlichen Klone; P = die Wahrscheinlichkeit, daß jedes beliebige Gen vorhanden ist, bei diesen Berechnungen auf 0,95 gesetzt (das heißt 95 %); a = die durchschnittliche Größe der DNA-Fragmente in der Bibliothek; b = Gesamtgröße des Genoms.

Vektoren, die große DNA-Stücke aufnehmen können, um die Bibliothek so klein wie möglich zu halten. Die **Cosmide**, Vektoren eines besonderen Typs, die teilweise auf λ und teilweise auf Plasmiden basieren, können Fragmente von bis zu 40 kb aufnehmen, so daß für eine vollständige Bibliothek nur noch etwa halb so viele Klone notwendig sind. Eine komplette genomische Bibliothek des Menschen in λ-Klonen besteht beispielsweise aus ungefähr 500 000 Klonen, mit Cosmiden dagegen sind nur 250 000 Klone erforderlich.

Mehrere hunderttausend Klone herzustellen, ist keineswegs unmöglich, und auch die Methoden zum Nachweis eines einzigen Klons, der ein gewünschtes Gen trägt, kann man an derart große Zahlen anpassen, so daß genomische Bibliotheken der genannten Größe durchaus nichts Unvernünftiges sind. Dennoch sucht man ständig nach Möglichkeiten, die Zahl der notwendigen Klone zu vermindern. Eine Lösung besteht in der Entwicklung neuer Klonierungsvektoren, die noch größere eingebaute DNA-Stücke verkraften. Die Fortschritte auf diesem Gebiet konzentrierten sich in den letzten Jahren auf Vektoren, die auf dem Bakteriophagen P1 basieren und mit denen man DNA-Fragmente im Größenbereich von 75 bis 100 kb klonieren kann. Damit verringert sich die Zahl der für eine menschliche genomische Bibliothek erforderlichen Klone auf 90 000. Ein anderer Typ neuartiger Vektoren, bei denen man vom F-Plasmid (Seite 270) ausging, bezeichnet man als **künstliche Bakterienchromosomen** (*bacterial artificial chromosomes*, **BACs**). Ihre Kapazität ist noch größer: Sie nehmen DNA-Abschnitte von bis zu 300 kb auf, so daß die menschliche genomische Bibliothek auf nur noch 30 000 Klone schrumpft.

Transformation von nichtbakteriellen Organismen

E. coli-Zellen macht man für die DNA-Aufnahme kompetent, indem man sie mit Calciumchlorid inkubiert (Abschnitt 19.4). Im allgemeinen wirkt diese Behandlung nur bei Bakterien. Allerdings erhöht eine Inkubation mit Lithiumchlorid oder Lithiumacetat die DNA-Aufnahme bei Hefe.

Bei den meisten Organismen ist die Zellwand die entscheidende Barriere gegen die DNA-Aufnahme. Tierzellen in Kultur, die gewöhnlich keine Zellwand besitzen, kann man leicht transformieren, besonders wenn man die DNA auf der Zelloberfläche ausfallen läßt. Bei anderen Zelltypen muß man oft zuerst die Zellwand entfernen. Es gibt Enzyme, welche die Zellwände von Hefe, Pilzen und Pflanzen abbauen. Unter geeigneten Bedingungen kann man auf diese Weise intakte **Protoplasten** herstellen, die im allgemeinen recht bereitwillig DNA aufnehmen. Man kann die Transformation aber auch fördern, indem man die Protoplasten einem kurzen elektrischen Puls aussetzt.

Darüber hinaus gibt es physikalische Methoden, um DNA in Zellen einzuschleusen. Bei der Mikroinjektion verwendet man sehr dünne Kanülen, um DNA unmittelbar in den Zellkern zu injizieren. Diese Methode wandte man anfangs nur bei Tierzellen an. Sie war aber auch bei Pflanzen erfolgreich. Man kann Zellen auch mit Mikroprojektilen hoher Geschwindigkeit bombardieren. Normalerweise handelt es sich um Partikel aus Gold oder Wolfram, die mit DNA überzogen sind. Sie durchdringen die Zellwand und nehmen dabei die DNA-Moleküle mit.

20.4 Klonierungsvektoren für Eukaryoten

Da man *E. coli* leicht in Kultur züchten kann (S. 64), ist dieses Bakterium als Wirt für die DNA-Klonierung besonders beliebt. Man verwendet es ganz allgemein, wenn man einfach ein bestimmtes Gen isolieren möchte. Unter bestimmten Umständen ist es jedoch wünschenswert, einen Eukaryoten als Wirt zu verwenden. Das gilt besonders in der **Biotechnologie** (Abschnitt 21.5), wo es häufig nicht darum geht, ein Gen zu untersuchen, sondern wo man die Klonierung einsetzen möchte, um die Synthese eines wichtigen Stoffwechselprodukts (zum Beispiel eines Hormons wie Insulin) in Gang zu setzen oder zu steigern. Oder man möchte die Eigenschaften des Wirtsorganismus verändern (zum Beispiel indem man die Resistenz gegen Insekten auf eine Nutzpflanze überträgt). Deshalb müssen wir uns jetzt mit Klonierungsvektoren für Eukaryoten beschäftigen.

20.4.1 Klonierungsvektoren für *Saccharomyces cerevisiae*

Hefe kann man genauso in Kultur wachsen lassen wie *E. coli*, und es überrascht nicht, daß dieser Eukaryot am häufigsten für die DNA-Klonierung verwendet wird. Es gibt zahlreiche Hefeklonierungsvektoren. Drei Beispiele reichen jedoch aus, um die wichtigsten Punkte zu verdeutlichen.

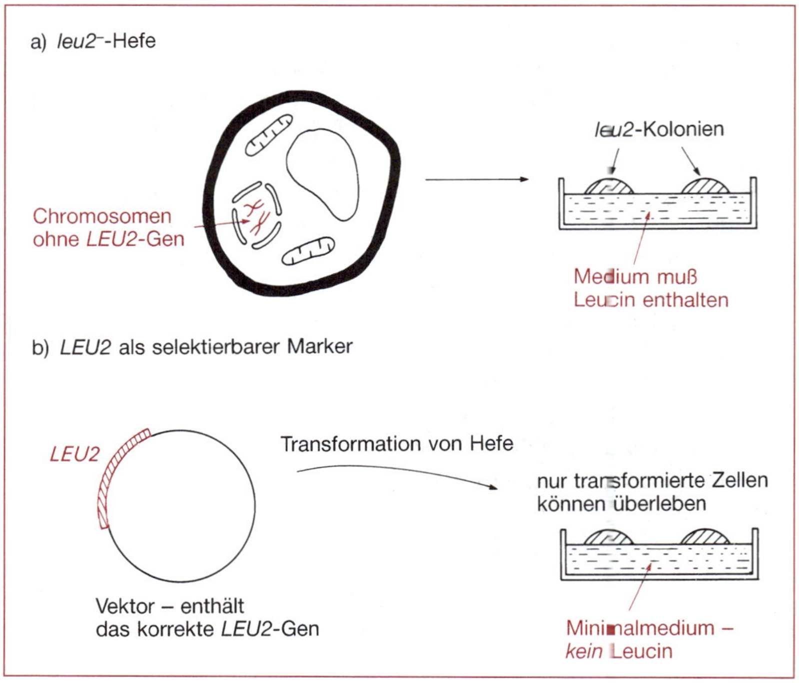

20.16 Das *leu2*-Gen als selektierbarer Marker bei einer Klonierung in Hefe.

a) Klonierungsvektoren, die auf dem 2-μm-Plasmid basieren. Hefe ist insofern ungewöhnlich für einen Eukaryoten, als sie ein Plasmid besitzt. Das sogenannte 2-μm-Plasmid hat eine Größe von 6 kb und eine Kopienzahl zwischen 70 und 200. Vektoren, die auf ihm basieren, nennt man **YEps** (*yeast episomal plasmids*).

YEps ähneln stark den Plasmiden von *E. coli*. Der Hauptunterschied besteht in der Art, wie man transformierte Zellen selektiert. Einige YEps tragen Gene, die ihnen eine Resistenz gegen Hemmstoffe wie Kupfer oder Methotrexat verleihen. Bei den meisten verwendet man jedoch völlig andere Selektionssysteme. Man benutzt ein normales Hefegen, meist eines, das ein Enzym der Aminosäurebiosynthese codiert. Ein Beispiel ist *leu2*, von dem bereits in Abschnitt 18.2.2 die Rede war. Um es als selektierbaren Marker einsetzen zu können, benötigt man einen Hefewirtsstamm, der ein funktionsunfähiges *leu2*-Gen besitzt und deshalb nur überlebt, wenn man die Aminosäure dem Medium als Nährstoff zufügt (Abb. 20.16a). Eine Selektion ist möglich, weil die Transformanten auf dem Plasmid eine Kopie des *leu2*-Gens besitzen und deshalb auf Minimalmedium ohne die Aminosäure Kolonien bilden können (Abb. 20.16b).

b) Integrative Hefevektoren. YEp-Vektoren haben den Nachteil, daß das 2-μm-Plasmid ausgesprochen instabil ist. Rekombinanten verlieren häufig ihre klonierten Gene, wenn man sie längere Zeit in Kultur hält. Wenn das klonierte Gen die Synthese eines wichtigen Produkts steuert, möchte man die Rekombinanten so lange wie möglich wachsen lassen. Für diesen Zweck ist ein YEp schlecht geeignet. Das führt uns zu der zweiten Gruppe von Hefeklonierungsvektoren, den **YIps** (*yeast integrative plasmids*). Sie sind so gestaltet, daß sie sehr stabile Rekombinanten ergeben, weil der Vektor sich in die chromosomale DNA des Wirtes integriert.

Der Einbau beruht auf homologer Rekombination (Abschnitt 12.3) zwischen dem Hefegen, das als selektierter Marker auf dem YIp liegt, und der inaktiven Form auf einem der Hefechromosomen. Ein YIp repliziert sich nicht als Plasmid, weil es keine Bestandteile des 2-μm-Plasmids besitzt. Es muß sich also über sein Hefegen integrieren, um zu überleben. Die Transformation mit einem YIp ist deshalb sehr ineffektiv, aber sie lohnt sich, weil die so entstandenen Rekombinanten sehr stabil sind.

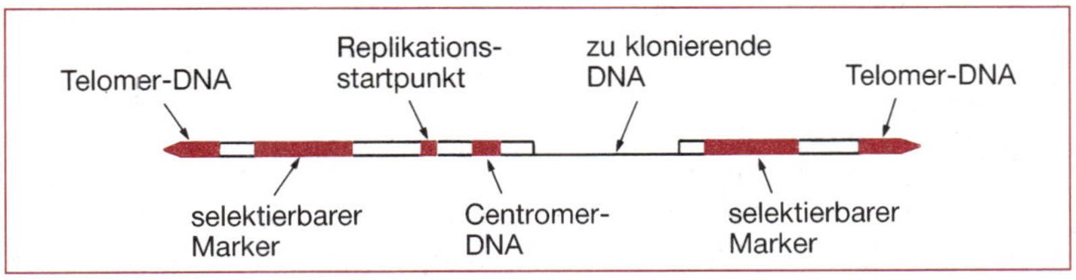

20.17 Ein künstliches Hefechromosom (YAC).

c) Künstliche Chromosomen. Der letzte Hefevektortyp, der hier beschrieben werden soll, ist das **künstliche Hefechromosom** (*yeast artificial chromosome*, YAC). Ein typisches YAC (Abb. 20.17) besteht aus einem Centromer, zwei Telomeren, einem Replikationsstartpunkt und einem oder mehreren Genen, die als selektierbare Marker fungieren. Im Prinzip ist das YAC ein Minichromosom.

Der Anfangsimpuls, ein künstliches Chromosom zu entwickeln, kam von Hefegenetikern. Sie wollten es benutzen, um verschiedene Aspekte der Chromosomenstruktur und des Chromosomenverhaltens zu untersuchen, zum Beispiel die Chromosomensegregation während der Meiose.

Wie sich in diesen Experimenten herausstellte, können sich künstliche Chromosomen in Hefezellen zuverlässig fortpflanzen; damit eröffnete sich die Möglichkeit, sie auch als Vektoren für Gene einzusetzen, die man wegen ihrer großen Länge nicht als zusammenhängende Fragmente in *E. coli*-Vektoren klonieren konnte. Mehrere wichtige Gene von Säugetieren sind länger als 100 kb (Abschnitt 16.1.1), und damit liegen sie jenseits der Kapazität fast aller *E. coli*-Klonierungssysteme (von den allerneuesten Entwicklungen einmal abgesehen); mit YAC-Vektoren lassen sie sich aber durchaus klonieren, denn diese können ohne weiteres bis zu 600 kb aufnehmen, und besondere Typen eignen sich sogar für DNA-Abschnitte von bis zu 1400 kb. Deshalb ebneten die YACs den Weg zur Untersuchung der Funktion und Expression von Genen, die der gentechnischen Analyse bis dahin nicht zugänglich waren.

Ebenso wichtig sind die YACs für die Herstellung genomischer Bibliotheken, lassen sie doch die Größe einer Bibliothek des menschlichen Genoms auf nur noch 6500 Klone schrumpfen. Bei manchen Typen der YACs zeigten sich allerdings Probleme mit der Stabilität der eingebauten DNA, denn diese wurde in einigen Fällen durch Rekombination innerhalb des Moleküls umgeordnet. Dennoch zeigt sich immer stärker, wie unschätzbar wertvoll die YACs sind, wenn man lange klonierte DNA-Abschnitte braucht, um sie im Projekt des menschlichen Genoms (Abschnitt 22.2.3) und anderen Großprojekten der DNA-Sequenzierung einzusetzen.

20.4.2 Vektoren für Pflanzen und Tiere

Pflanzen oder Tiere bieten als Wirtsorganismen wichtige Vorteile. Man ist zum Beispiel sehr optimistisch, daß man mit Hilfe der DNA-Klonierung neue Getreidesorten mit verbesserten Nahrungsqualitäten entwickeln wird, die unter ungünstigen Bedingungen wachsen können.

Die meisten Klonierungsvektoren für Pflanzen basieren auf dem **Ti-Plasmid**. Das ist kein natürliches Pflanzenplasmid, sondern es gehört dem Bodenbakterium *Agrobacterium tumefaciens.*

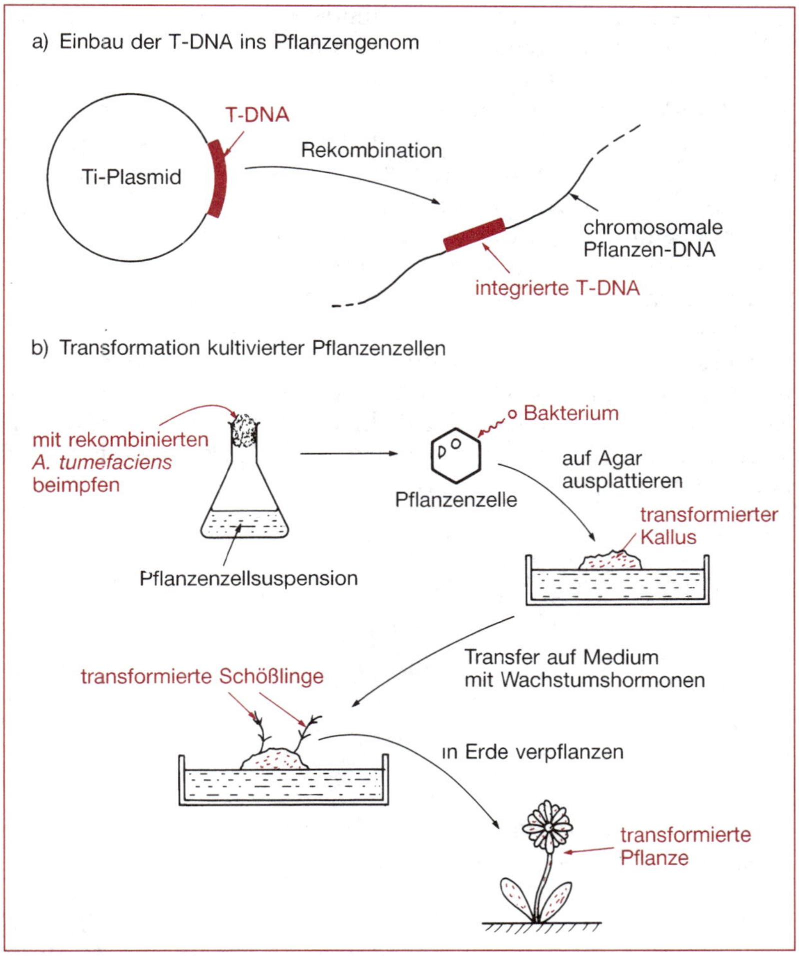

20.18 Genklonierung bei höheren Pflanzen. a) Die T-DNA integriert sich in die chromosomale DNA der Pflanze. b) Transformation von Pflanzenzellen mit einem Ti-Plasmid.

Dieses Bakterium dringt in Pflanzengewebe ein und verursacht dort eine krebsartige Wucherung, die sogenannte Wurzelhalsgalle. Während der Infektion integriert sich ein Teil des Ti-Plasmids, die sogenannte T-DNA, in die chromosomale DNA der Pflanze (Abb. 20.18a). Klonierungsvektoren auf der Basis des Ti-Plasmids entwickelt man deshalb so, daß man neue Gene in den Bereich der T-DNA einbaut, der dann mittels der normalen Infektion durch *Agrobacterium tumefaciens* in das Pflanzengenom eingeschleust wird. In der Praxis transformiert man eine einzelne Pflanzenzelle oder einen Protoplasten, die dann über den Kallus zu einer intakten Pflanzen heranwachsen (Abb. 20.18b).

Die einfachsten Klonierungsvektoren für Säugetiere basieren auf Bakterienplasmiden wie pBR322, die sich mittels nichthomologer Rekombination in die chromosomale DNA integrieren können (Abschnitt 12.3). Es gibt außerdem eine Anzahl von Vektoren, die sich von Säugetierviren ableiten. Das Affenvirus 40 (*Simian Virus 40,* SV40) hat eine Menge Aufmerksamkeit erregt.

Es kann jedoch leider nur wenige hundert Nucleotide eingebauter DNA aufnehmen. Handelt es sich um mehr DNA, wird die Vektor-DNA nicht mehr in ein Viruscapsid verpackt. Außerdem tötet ein SV40-Vektor normalerweise die Wirtszelle kurz nach der Infektion. Deshalb erhält man keine stabilen Transformanten. Ein zweites Virus, das Rinderpapillomvirus, eignet sich in dieser Beziehung eher, weil sein Genom in manchen Wirten die Form eines Plasmids annimmt, das in vielen Kopien vorliegt. Infizierte Zellen, die diese Plasmide enthalten, bleiben unversehrt und teilen sich weiterhin, wobei sie die Virusgenome an die Tochterzellen weitergeben.

Andere Vektoren für Tierzellen basieren auf Adenoviren oder Retroviren. In jüngster Zeit erweiterte sich das Arsenal durch die Konstruktion der ersten **künstlichen menschlichen Chromosomen**; sie ähneln in ihrem Aufbau den YACs, funktionieren aber in menschlichen Zellen.

Literatur

Brown, T.A. *Gentechnologie für Einsteiger.* 2. Aufl. Heidelberg (Spektrum Akademischer Verlag) 1996.
[Behandelt diese Themen genauer.]

Smith, H.O.; Wilcox, K.W. *A Restriction Enzyme from Haemophilus influenzae.* In: *Journal of Molecular Biology* 51 (1970) S. 379–391.
[Eine der ersten Beschreibungen einer Restriktionsendonuclease.]

Lobban, P.; Kaiser, A.D. *Enzymatic End-to-End Joining of DNA-Molecules.* In: *Journal of Molecular Biology* 79 (1973) S. 453–471.
[Ligation.]

Bolivar, F.; Rodriguez, R.L.; Greene, P.J. et al. *Construction and Characterisation of New Cloning Vectors. II. A Multipurpose Cloning System.* In: *Gene* 2 (1977) S. 95–113.
[pBR322.]

Frischauf, A.M.; Lehrach, H.; Poustka, A.; Murray, N. *Lambda Replacement Vectors Carrying Polylinker Sequences.* In: *Journal of Molecular Biology* 179 (1983) S. 827–842.
[λ-Vektoren.]

Sternberg, N. *Bacteriophage P1 Cloning System for the Isolation, Amplification and Recovery of DNA Fragments As Large As 100 Kilobase Pairs.* In: *Proceedings of the National Academy of Sciences, USA* 87 (1990) S. 103–107.

Shiyuza, H.; Birren, B.; Kim, U.J. et al. *Cloning and Stable Maintenance of 300-Kilobase-Pair Fragments of Human DNA in Escherichia coli Using an F-Factor-Based Vector.* In: *Proceedings of the National Academy of Sciences, USA* 89 (1992) S. 8794–8797.

[Vektoren zur Klonierung langer DNA-Fragmente in *E. coli.*]

Burke, D.T. et al. *Cloning of Large Segments of Exogenous DNA into Yeast by Means of Artificial Chromosome Vectors.* In: *Science* 236 (1987) S. 806–812.

[Eine Beschreibung der YACs und ihrer Verwendung bei der Genklonierung.]

Chilton, M.D. *Genmanipulation an Pflanzen: ein Schädling als Helfer.* In: *Spektrum der Wissenschaft* 8 (1983) S. 36–47.

Warburton, P.E.; Kipling, D. *Providing a Little Stability.* In: *Nature* 386 (1997) S. 553–555.

Roush, W. *Counterfeit Chromosomes for Humans.* In: *Science* 276 (1997) S. 38–39.

[Über die Entwicklung künstlicher menschlicher Chromosomen.]

Aufgaben

1. Definieren Sie die folgenden Begriffe:

   Gentechnik
   DNA-Klonierung
   Klonierungsvektor
   rekombiniertes DNA-Molekül
   Klon
   Restriktionsendonuclease
   DNA-Ligase
   glattes Ende
   klebriges Ende
   Plasmidamplifikation
   Transfektion
   Cosmid
   genomische Bibliothek
   Biotechnologie
   YEp
   YIp
   YAC
   Ti-Plasmid
   künstliches Bakterienchromosom
   künstliches menschliches Chromosom

2. Beschreiben Sie die wichtigsten Schritte bei der DNA-Klonierung.

3. Erklären Sie, warum die DNA-Klonierung so wichtig ist.

4. Beschreiben Sie die Funktion der Restriktionsendonucleasen und DNA-Ligasen bei der DNA-Klonierung.

5. Was ist der Unterschied zwischen Molekülen mit glatten und klebrigen Enden?

6. Beschreiben Sie die nützlichen Eigenschaften von pBR322.

7. Beschreiben Sie, wie man mit pBR322 eine DNA-Klonierung durchführt.

8. Wie setzt man das *lacZ'*-Gen bei der DNA-Klonierung ein?

9. Erklären Sie, was eine genomische Bibliothek ist, und beschreiben Sie die jeweiligen Vorzüge von λ-Vektoren und YACs für die Erstellung solcher Bibliotheken.

10. Was ist der Hauptvorteil eines M13-Klonierungsvektors?

11. Geben Sie die Gründe an, warum man für eine DNA-Klonierung einen Eukaryoten als Wirt wählt.

12. Was ist der Unterschied zwischen einem YEp und einem YIp?

13. Was sind die wichtigsten Eigenschaften eines YAC-Vektors?

14. Beschreiben Sie, welche Vektoren es für die DNA-Klonierung in Pflanzen und Tieren gibt.

Die Erforschung klonierter Gene

21

Suche nach einem Gen in einer Genbibliothek – Hybridisierungsmethoden – cDNA-Bibliotheken • **DNA-Sequenzierung** – die Sanger-Coulson-Methode – Was die DNA-Sequenzierung leistet • **Erforschung der Genexpression** – Transkriptanalyse – Erforschung der Genregulation • **Aufklärung der Funktion eines Proteins, das von einem klonierten Gen codiert wird** – HRT und HART – *in vitro*-Mutagenese • **Klonierte Gene in der Biotechnologie** – Gentechnische Proteinproduktion in Bakterien – Gentechnische Proteinproduktion in Eukaryoten

Hat man ein Gen kloniert, kann man über seine Struktur und Expression fast unbegrenzt weiterforschen. Die Entwicklung der Klonierungsmethoden in den siebziger Jahren löste parallel eine Entwicklung analytischer Verfahren zur Untersuchung klonierter Gene aus. In regelmäßigen Abständen wurden neue Methoden und Vorgehensweisen eingeführt. In diesem Kapitel wollen wir einen Blick auf die wichtigsten Methoden werfen. Außerdem gibt es einen Überblick darüber, wie man klonierte Gene in der Biotechnologie einsetzt. Zunächst muß jedoch von einem Problem die Rede sein, das häufig als erstes bei einem molekularbiologischen Projekt auftritt: Wie isoliert man aus einer genomischen Bibliothek einen Klon, der das gewünschte Gen enthält?

21.1 Die Suche nach einem Gen in einer genomischen Bibliothek

Wenn man eine genomische Bibliothek hergestellt hat (Abschnitt 20.3.2), kann man mehrere Verfahren einsetzen, um einen Klon zu identifizieren, der das gewünschte Gen enthält. Die meisten Ansätze basieren auf sogenannten **Hybridisierungsmethoden**.

Enzyme für gentechnische Versuche

Bei der Untersuchung klonierter Gene verwendet man gereinigte Enzyme, mit denen man DNA- und RNA-Moleküle ganz präzise manipulieren kann. Es war bereits davon die Rede, wie man bei der DNA-Klonierung die Restriktionsendonucleasen und DNA-Ligasen zum Schneiden und Verbinden von DNA-Molekülen einsetzt. Weitere wichtige Enzyme sind:

1. **DNA-Polymerasen**. Das sind Enzyme, die einen neuen DNA-Strang komplementär zu einer DNA- oder RNA-Matrize synthetisieren. Gereinigte DNA-Polymerase I von *E. coli* (Abschnitt 11.2.1) benutzt man für die Synthese markierter Polynucleotide. Eine abgewandelte Form verwendet man bei der DNA-Sequenzierung (Abschnitt 21.2). Mit der Reversen Transkriptase (Abschnitt 13.2.2) kann man cDNA-Kopien von RNA-Molekülen herstellen (Abschnitt 21.1.2).
2. **RNA-Polymerasen** verwendet man, um zum Beispiel bei der Erforschung des Intronspleißens von klonierten Genen RNA-Transkripte anzufertigen.
3. **Nucleasen** bauen DNA- und/oder RNA-Moleküle ab, indem sie die Phosphodiesterbindungen auflösen, welche die Nucleotide miteinander verbinden. **Exonucleasen** entfernen ein Nucleotid nach dem anderen von den Enden eines DNA- oder RNA-Moleküls. Dagegen unterbrechen **Endonucleasen** interne Phosphodiesterbindungen. Die wichtigsten Nucleasen in der Gentechnik sind die Restriktionsendonucleasen. Es gibt jedoch noch viele andere. Die S1-Nuclease baut die einzelsträngigen Bereiche (DNA oder RNA) eines doppelsträngigen DNA-RNA-Hybrids ab (Abschnitt 21.3.1).
4. **Modifizierende Enzyme** sorgen für das Anfügen oder Abspalten spezifischer chemischer Gruppen. Die alkalische Phosphatase entfernt die Phosphatgruppen von den 5′-Enden eines DNA-Moleküls und verhindert so, daß sie sich wieder verbinden. Die Polynucleotidkinase fügt die Phosphatgruppen wieder an. Die terminale Desoxynucleotidyltransferase fügt ein oder mehrere Desoxynucleotide an die 3′-Enden eines DNA-Moleküls an, so daß „Schwänze" entstehen, die bei der Konstruktion rekombinierter Moleküle mit Schwänzen komplementärer Nucleotide Basenpaare bilden können.

21.1.1 Hybridisierungsmethoden

Jeweils zwei beliebige einzelsträngige Nucleinsäuren können im Prinzip Basenpaare miteinander ausbilden. Bei den meisten Molekülpaaren sind die entsprechenden Hybridstrukturen instabil, da nur wenige Bindungen zwischen den Strängen entstehen (Abb. 21.1a). Wenn die Polynucleotide jedoch komplementär

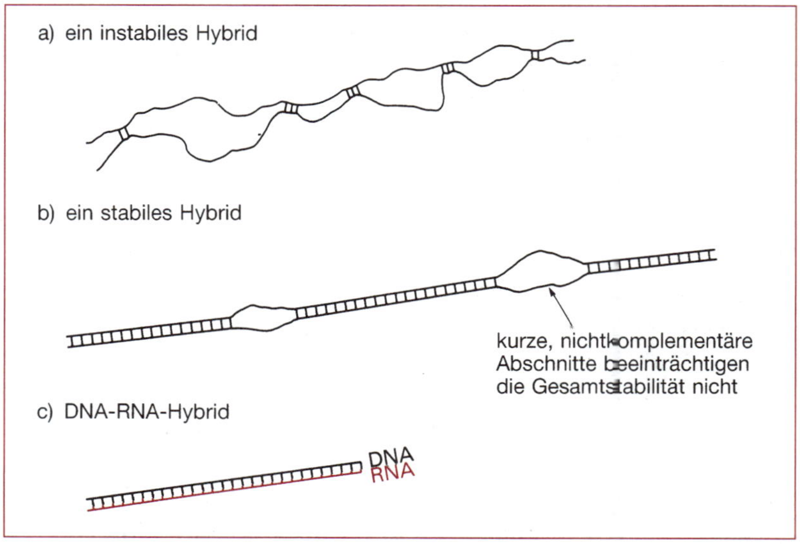

21.1 Nucleinsäurehybridisierung. a) Zwischen zwei DNA-Polynucleotiden bildet sich ein instabiles Hybridmolekül. b) Zwischen zwei komplementären Polynucleotiden bildet sich ein stabiles Hybrid. c) Ein DNA-RNA-Hybrid, wie es zwischen einem Gen und seinem Transkript entstehen kann.

sind, kommt es zu einer stärkeren Basenpaarbildung, und ein stabiles doppelsträngiges Molekül entsteht (Abb. 21.1b). Das kann nicht nur zwischen einzelsträngigen DNA-Molekülen zur Bildung einer DNA-Doppelhelix führen; auch zwischen einzelsträngigen RNA-Molekülen oder zwischen einem DNA- und einem RNA-Strang können Hybridmoleküle entstehen (Abb. 21.1c).

Durch **Nucleinsäurehybridisierung** kann man einen bestimmten rekombinierten Klon identifizieren, wenn eine DNA- oder RNA-Sonde zur Verfügung steht, die zum gesuchten Gen komplementär ist. Von solchen Sonden wird in einem der nächsten Abschnitte die Rede sein. Zunächst müssen wir uns ansehen, wie man eine Hybridisierung durchführt.

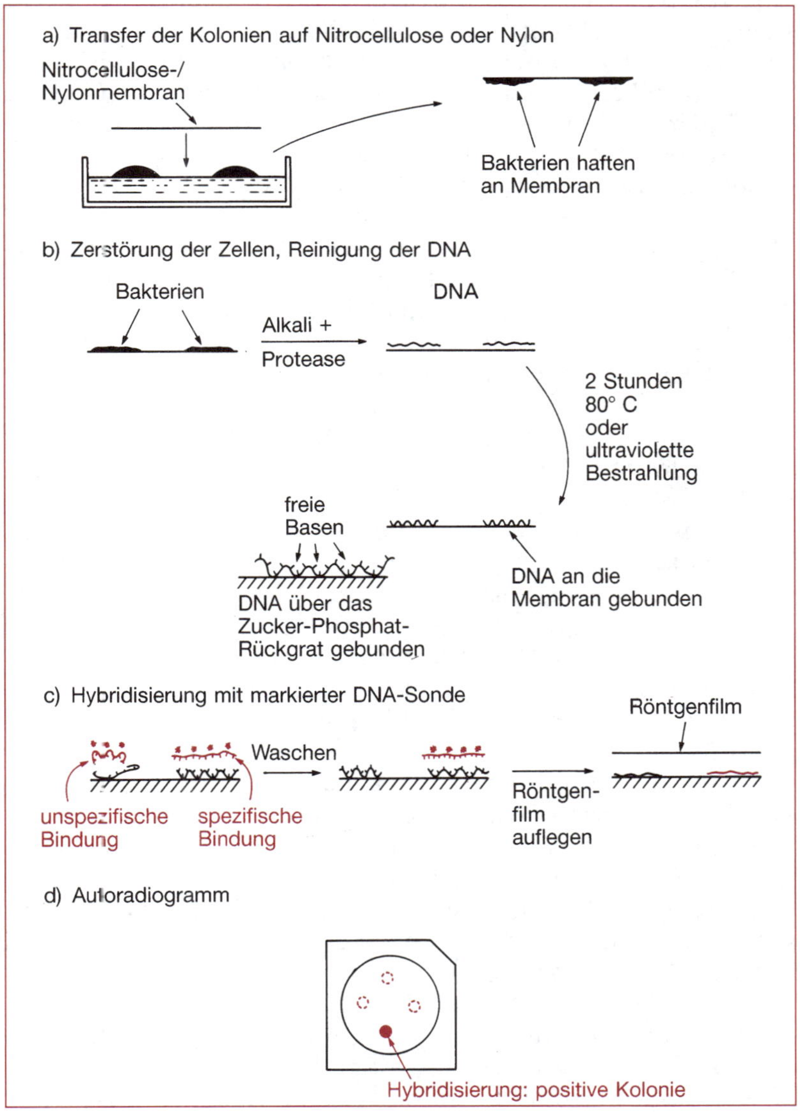

21.2 Koloniehybridisierung mit einer radioaktiv markierten Sonde.

a) Kolonie- und Plaquehybridisierung. Die Hybridisierung kann man einsetzen, um in Bakterienkolonien oder Bakteriophagenplaques rekombinierte DNA-Moleküle nachzuweisen. Zuerst transferiert man die Kolonien oder Plaques auf eine Nitrocellulose- oder Nylonmembran (Abb. 21.2a). Dann behandelt man sie so, daß alles verunreinigende Material entfernt wird und nur die DNA übrigbleibt (Abb. 21.2b). Gewöhnlich führt diese Behandlung auch zur Denaturierung der DNA-Moleküle, so daß die Wasserstoffbrücken zwischen den Einzelsträngen der Doppelhelix aufgelöst sind. Diese einzelsträngigen Moleküle binden dann unter kurzer Einwirkung von Hitze oder ultravioletter Strahlung fest an die Membran. Sie haften dort über ihr Zucker-Phosphat-Rückgrat, so daß die Basen frei sind und mit komplementären Nucleinsäuremolekülen Paare bilden können.

Jetzt markiert man die Sonde, denaturiert sie durch Hitze und trägt sie in einer Lösung aus Chemikalien, welche die Nucleinsäurehybridisierung fördern, auf die Membran auf (Abb. 21.2c). Nach einer bestimmten Zeit, während der die Hybridisierung stattfinden kann, wäscht man die Membran, um nicht gebundene Sondenmoleküle zu entfernen, trocknet sie und testet, wo die Sonden gebunden haben (Abb. 21.2d). Herkömmlicherweise markiert man die Sonde mit dem radioaktiven Phosphorisotop ^{32}P. Die Lage der Hybridisierungssignale macht man dann durch **Autoradiographie** sichtbar, bei der man einen Röntgenfilm auf die Membran legt (Abb. 21.2d). Die radioaktive Markierung wirft allerdings das Problem auf, daß sie für die Experimentatoren ein Gesundheitsrisiko bedeutet. Deshalb hat man inzwischen verschiedene nichtradioaktive DNA-Markierungsmethoden entwickelt. Bei einem Verfahren bildet die DNA-Sonde einen Komplex mit dem Enzym Meerrettichperoxidase, das sich leicht nachweisen läßt, weil es ein bestimmtes Substrat (Luminol) unter Aussendung von Chemilumineszenz abbauen kann. Das Signal kann, ähnlich wie bei der Autoradiographie, auf einem normalen photographischen Film festgehalten werden.

b) Die Auswahl der Hybridisierungssonde. Der Erfolg einer Kolonie- oder Plaquehybridisierung bei der Suche nach einem bestimmten rekombinierten Klon hängt natürlich davon ab, daß ein DNA-Molekül zur Verfügung steht, das man als Sonde verwenden kann. Diese Sonde muß zumindest einen Teil der Sequenz mit dem klonierten Gen gemeinsam haben. Das Gen selbst ist meist nicht verfügbar, wenn man einen Klon davon sucht. Was kann man also als Sonde verwenden?

In der Praxis bestimmt die über das gewünschte Gen bereits vorhandene Information die Art der Sonde. Wir wollen zwei Möglichkeiten betrachten:

1. *Oligonucleotidsonden für Gene, deren Translationsprodukte charakterisiert sind.* Häufig codiert das gesuchte Gen ein Protein, das man bereits in einiger Ausführlichkeit untersucht hat;

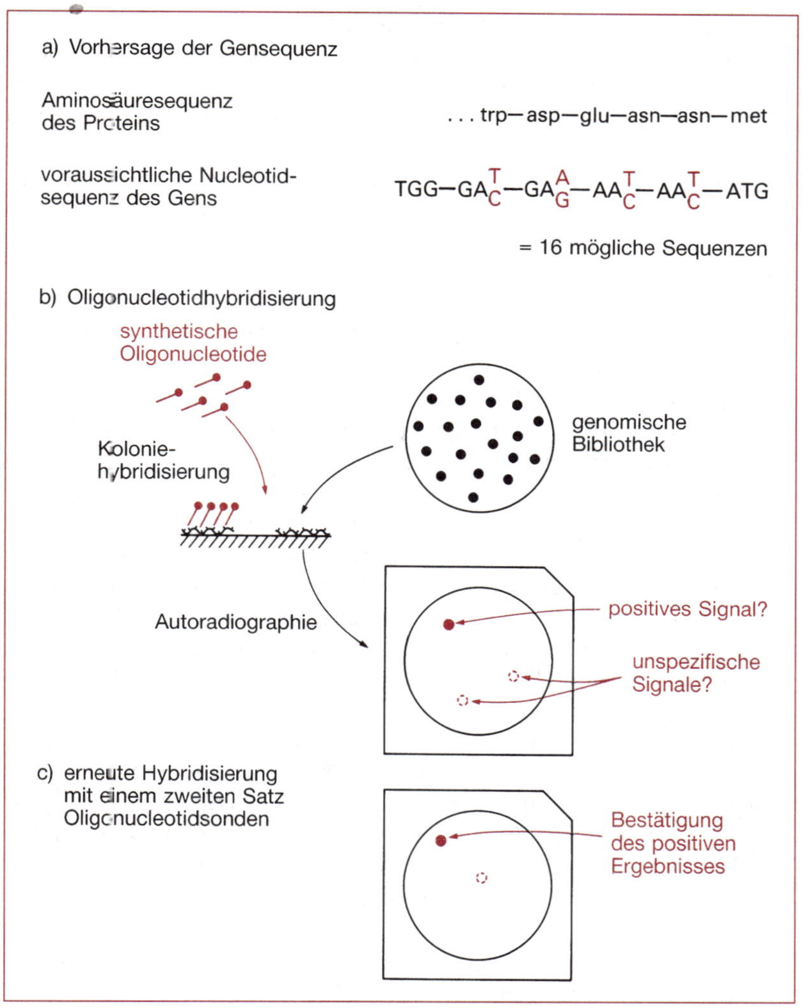

21.3 Der Nachweis eines Klons in einer genomischen Bibliothek mit Hilfe zweier Mischungen synthetischer Oligonucleotide.

vielleicht hat man bereits seine Aminosäuresequenz bestimmt. Ist das der Fall, dann kann man anhand des genetischen Codes die Nucleotidsequenz des entsprechenden Gens vorhersagen. Diese Voraussage kann immer nur annähernd zutreffen, da man nur den Aminosäuren Tryptophan und Methionin eindeutig ein Triplettcodon zuweisen kann: Alle anderen Aminosäuren werden von mindestens zwei Codons codiert (Abschnitt 8.2.3). Diese Codons sind jedoch gewöhnlich verwandt (Alanin entspricht zum Beispiel GCA, GCT, GCG und GCC). Deshalb lassen sich zwei der drei Nucleotide eines Tripletts trotzdem mit Sicherheit zuordnen (Abb. 21.3a). Normalerweise wählt man einen Bereich von fünf bis sechs Codons aus, die man relativ eindeutig vorhersagen kann, und benutzt als gemischte Sonde einen Satz synthetischer Oligonucleotide, der alle möglichen Sequenzen enthält (Abb. 21.3b). Eines dieser Oligonucleotide besitzt die korrekte Sequenz und hybridisiert deshalb mit dem gesuchten Gen. Es besteht auch die Möglichkeit, daß eines oder mehrere der anderen Oligonucleotide in dem Gemisch zufällig mit anderen Genen kreuzhybridisieren. Das führt dazu, daß auch einige unerwünschte Klone selektiert werden. Gewöhnlich kann man das überprüfen, indem man diese ersten Klone mit einem zweiten Satz von Oligonucleotiden testet, die mit einem anderen Bereich der vorausgesagten Gensequenz übereinstimmen (Abb. 21.3c).

2. *Ein ähnliches Gen als Sonde.* Häufig findet man eine erhebliche Ähnlichkeit, wenn man bei verschiedenen Organismenarten die Nucleotidsequenzen der Gene für das gleiche Protein vergleicht. Die Nucleotidsequenzen der β-Globin-Gene von Huhn und Mensch ähneln sich zum Beispiel zu 75 Prozent (durchschnittlich sind sieben von zehn Nucleotiden gleich). Das bedeutet, daß eine einzelsträngige Sonde, die man aus dem Gen eines Organismus präpariert, mit dem entsprechenden Gen eines zweiten Organismus ein Hybrid bildet: Obwohl die beiden Moleküle nicht völlig komplementär sind, bilden sich so viele Basenpaare aus, daß eine stabile Struktur entsteht (Abb. 21.4). Deshalb kann man das β-Globin-Gen des Huhns als Hybridisierungssonde für das entsprechende menschliche Gen verwenden. Diese Strategie nennt man **heterologe Sondierung**. Sie hat sich für das Durchmustern genomischer Bibliotheken nach Genen, die man bereits in anderen Organismen gefunden hat, als sehr nützlich erwiesen. Ein wichtiges Ergebnis war die Entdeckung von Homöoboxgenen bei Säugetieren (Abschnitt 10.5.2). Man fand sie, als man genomische Bibliotheken von Maus und Mensch mit einem *Drosophila*-Gen sondierte, das die Homöoboxsequenz enthielt.

21.1.2 cDNA-Bibliotheken

Bei vielen Pflanzen und Tieren enthält eine vollständige genomische Bibliothek eine so riesige Anzahl von Klonen (siehe Tabelle 20.2), daß die Identifizierung des gewünschten Klons eine mühselige Arbeit ist. Bei diesen Organismen ist häufig eine **cDNA-Bi-**

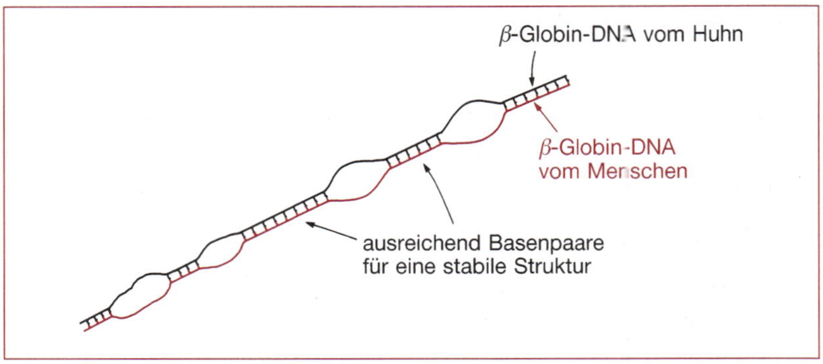

21.4 Die β-Globin-Gene von Huhn und Mensch ähneln sich so stark, daß sich ein durch Basenpaarung stabiles Hybrid ausbildet.

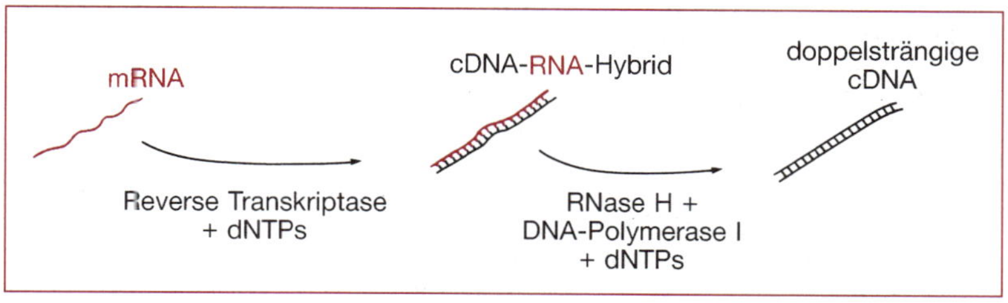

21.5 cDNA-Synthese.

bliothek (***cDNA = complementary DNA)***, die man ausgehend von mRNA anfertigt, wesentlich nützlicher.

Die mRNA selbst kann man nicht in einen Klonierungsvektor ligieren. Man kann sie jedoch mit Hilfe der cDNA-Synthese in DNA umwandeln. Der Schlüssel zu dieser Methode ist das Enzym Reverse Transkriptase (Abschnitt 13.2.2), das ein DNA-Polynucleotid komplementär zu einem bereits vorhandenen RNA-Molekül synthetisiert. Ist der cDNA-Strang fertig, ersetzt man den RNA-Bestandteil des Hybrids durch DNA. So entsteht ein doppelsträngiges DNA-Molekül, das man mit dem Vektor ligieren kann (Abb. 21.5).

Man verwendet cDNA-Bibliotheken, wenn man weiß, daß das gesuchte Gen in einem bestimmten Gewebe oder Zelltyp exprimiert wird. Nicht alle Gene werden gleichzeitig exprimiert. Deshalb kann man für das Gewebe, aus dem man die mRNA gewonnen hat, mit relativ wenigen Klonen eine cDNA-Bibliothek herstellen, die Kopien aller in diesem Gewebe aktiven Gene enthält. In einer solchen cDNA-Bibliothek kann man dann relativ einfach nach einem Klon suchen, der ein bestimmtes, exprimiertes Gen beinhaltet.

21.2 DNA-Sequenzierung: das Aufklären der Genstruktur

Die vermutlich wichtigste Methode der Molekularbiologie ist die DNA-Sequenzierung. Mit ihr kann man die genaue Reihenfolge der Nucleotide in einem DNA-Stück bestimmen. DNA-Sequenzierungsmethoden gibt es schon seit längerer Zeit, aber erst seit Ende der siebziger Jahre war ein schnelles und effizientes Sequenzieren möglich. Zwei verschiedene Methoden wurden fast gleichzeitig entwickelt: die Kettenabbruchmethode von Frederick Sanger und Andrew Coulson aus Cambridge und die Methode des chemischen Abbaus von Walter Gilbert und seinen Mitarbeitern in Harvard. Hier soll das Sanger-Coulson-Verfahren beschrieben werden, das sich als die populärere der beiden Methoden erwiesen hat.

Frederick Sanger

* 13. August 1918, Rendcombe, England.

»Wenn das geplante Experiment nicht klappt, mach dir nichts draus; fang an, dir ein neues auszudenken.«

Frederick Sanger ist für zwei der bedeutendsten technischen Fortschritte der letzten 40 Jahre verantwortlich. Zu Beginn der fünfziger Jahre entwickelte er zunächst eine Methode zur Bestimmung der Aminosäurensequenz eines Polypeptids und wandte sie bei der Bestimmung der Aminosäurensequenz von Insulin an. Mit diesen Arbeiten, die er 1955 vollendete, bewies er zum erstenmal, daß die Aminosäuren eines Proteins in einer konstanten, genetisch determinierten Sequenz vorliegen. Das ermutigte die Molekularbiologen, andere Probleme wie den genetischen Code zu lösen. 1977 perfektionierte Sanger dann ein Verfahren zur raschen DNA-Sequenzierung, und damit eröffnete sich die Möglichkeit zur genauen Untersuchung der Genstruktur und -organisation. Beide Errungenschaften sind von unschätzbarem Wert und wurden 1958 beziehungsweise 1980 mit dem Nobelpreis ausgezeichnet. Sanger arbeitete am University Department of Biochemistry und am Medical Research Council Laboratory for Molecular Biology in Cambridge, Großbritannien.

21.2.1 Die Sanger-Coulson-Methode: Kettenabbruchnucleotide

Für das Kettenabbruchverfahren benötigt man einzelsträngige DNA. Deshalb kloniert man das Molekül, das man sequenzieren möchte, normalerweise in einem M13-Vektor (Abschnitt 20.3.2). Bei dieser Methode wird nämlich ein zweiter, zur bereits vorhandenen Matrize komplementärer DNA-Strang enzymatisch synthetisiert.

a) Der Ablauf einer Sequenzierung. Der erste Schritt bei einer Kettenabbruchsequenzierung besteht darin, daß sich ein kurzes Oligonucleotid an das rekombinierte M13-Molekül anlagert (Abb. 21.6a). Dieses Oligonucleotid dient als Primer für die Synthese des komplementären Stranges durch eine modifizierte Form der DNA-Polymerase I aus *E. coli*. Wie bereits erläutert wurde, braucht dieses Enzym einen doppelsträngigen Bereich, an dem es mit der Strangsynthese beginnen kann (Abschnitt 11.2.2).

Man startet die Strangsynthesereaktion durch Zusetzen des Enzyms und der vier Desoxynucleotide (dATP, dTTP, dGTP und dCTP). Außerdem ist im Reaktionsgemisch ein einzelnes modifiziertes Nucleotid enthalten. Dabei handelt es sich um ein **Didesoxynucleotid** (zum Beispiel Didesoxy-ATP). Es wird in das wachsende Polynucleotid genauso effizient eingebaut wie das normale Nucleotid, blockiert jedoch die weitere Strangsynthese, weil ihm die Hydroxylgruppe an der 3′-Position des Zuckers fehlt (Abb. 21.6b). Diese Gruppe benötigt das nächste Nucleotid für seine Bindung. Immer wenn das Enzym ein Didesoxynucleotid einbaut, kommt es deshalb zum Kettenabbruch.

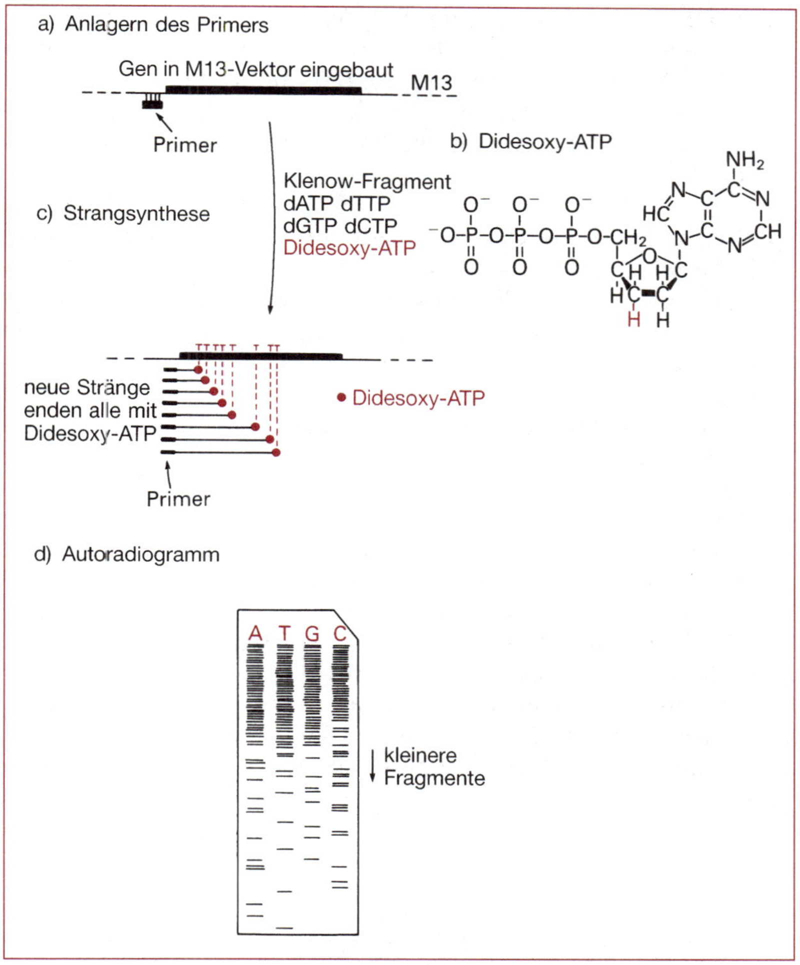

21.6 DNA-Sequenzierung mit der Kettenabbruchmethode.

Wenn man Didesoxy-ATP zum Reaktionsansatz gibt, kommt es gegenüber von Thymidinbausteinen in der Matrize zum Abbruch (Abb. 21.6c). Das geschieht jedoch nicht immer beim ersten T, weil auch normales dATP vorhanden ist, das anstelle des Didesoxynucleotids eingebaut werden kann. Das Verhältnis von dATP zu Didesoxy-ATP wählt man so, daß ein einzelner Strang eine beträchtliche Länge erreichen kann, bevor ein Didesoxy-ATP angehängt wird. Als Ergebnis erhält man eine Familie neuer Stränge von unterschiedlicher Länge, die jedoch alle ein Didesoxy-ATP an ihrem Ende tragen. Man führt vier Synthesereaktionen parallel durch, je eine mit jedem Didesoxynucleotid (Didesoxy-ATP, Didesoxy-TTP, Didesoxy-GTP und Didesoxy-CTP). Das Ergebnis sind vier verschiedene Familien neu synthetisierter Polynucleotide: Die erste enthält Stränge, die mit Didesoxy-ATP enden, die zweite solche mit Didesoxy-TTP, und so weiter.

Beim nächsten Schritt trennt man die Bestandteile der einzelnen Familien so, daß man die Länge jedes Stranges bestimmen kann. Das erreicht man durch Polyacrylamid-Gelelektrophorese (S. 20). Dabei entsteht eine Reihe von Banden, von denen jede ein DNA-Molekül anderer Länge repräsentiert. Gewöhnlich sind die DNA-Moleküle radioaktiv markiert, so daß man die Ergebnisse mit Hilfe der Autoradiographie sichtbar machen kann (Abb. 21.6d).

b) Das Ablesen der DNA-Sequenz aus dem Autoradiogramm. Das Ablesen der Sequenz ist sehr einfach (Abb. 21.7). Zuerst sucht man die Bande, die am weitesten gewandert ist. Sie repräsentiert das kleinste DNA-Stück, also den Strang, der durch den Einbau des Didesoxynucleotids an der ersten Position der Matrize abgebrochen wurde. Man notiert die Spur, in der diese Bande erschien, zum Beispiel Spur A. Das erste Nucleotid in der Sequenz ist deshalb A.

Die nächste Bande entspricht einem DNA-Molekül, das um ein Nucleotid länger ist als das erste. Wieder notiert man die Spur, in dem Beispiel in Abbildung 21.7 handelt es sich um T. Das zweite Nucleotid ist also T, und die Sequenz lautet bis hierher AT.

Auf diese Weise geht man das Autoradiogramm weiter durch, bis die einzelnen Banden so dicht nebeneinanderliegen, daß man sie nicht mehr unterscheiden kann. Im allgemeinen kann man aus einem Autoradiogramm eine Sequenz von ungefähr 400 Nucleotiden ablesen. Durch Kombination mit den Sequenzen überlappender DNA-Fragmente kann man dann eine viel längere Sequenz zusammensetzen.

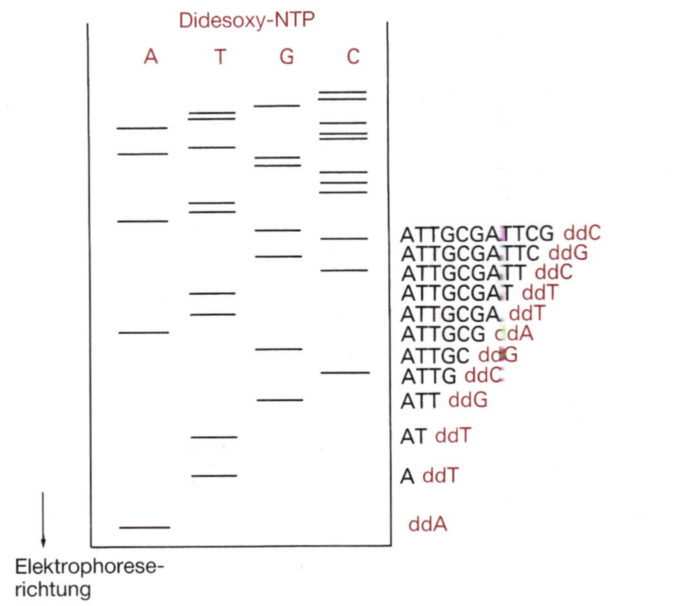

21.7 Die Auswertung des Autoradiogramms, das bei einer Kettenabbruchsequenzierung entsteht. Die vier Spuren enthalten die Fragmente, die bei der Strangsynthese in Anwesenheit je eines der vier Didesoxy-NTPs entstehen. Um die Sequenz zu lesen, stellt man jeweils fest, in welcher Spur die einzelnen Fragmente liegen. Dabei beginnt man mit dem Fragment, das am weitesten gewandert ist, und dann fährt man Schritt für Schritt auf dem Autoradiogramm fort.

21.2.2 Die Möglichkeiten der DNA-Sequenzierung

Das erste DNA-Molekül, das man vollständig sequenzierte, war das 5386 Nucleotide lange Genom des Bakteriophagen ΦX174. Diese Arbeit war 1975 vollendet. Schnell folgten die Sequenzen des SV40-Virus (5243 bp) im Jahr 1977 und des Klonierungsvektors pBR322 (4363 bp) 1978. Allmählich wandte man die Sequenzierung auf größere Moleküle an. Frederick Sangers Gruppe veröffentlichte 1981 die Sequenz des menschlichen Mitochondriengenoms (16,6 kb) und 1982 die des Bakteriophagen λ (49,5 kb). Heutzutage gehören Sequenzen von 5–10 kb zur Routine. Die meisten Forschungslabors verfügen über ausreichende Kenntnisse, um Sequenzdaten dieses Umfangs zu gewinnen.

Heute beschäftigen sich die Vorreiterprojekte mit der Sequenzierung langer DNA-Abschnitte. Sie zielen darauf ab, die Nucleotidsequenz des gesamten Genoms eines Organismus zu erhalten. Wir werden im Kapitel 22 darauf zurückkommen.

21.3 Die Erforschung der Genexpression

Hat man die Sequenz eines Gens entschlüsselt, betrifft die nächste Frage in vielen Fällen die RNA-Moleküle, die an diesem Gen transkribiert werden. Man wird sich vermutlich zwei Fragen stellen: Welche Teile der Sequenz werden transkribiert, und wie wird die Expression reguliert? Die erste der beiden Fragen kann man mit Hilfe einer **Transkriptanalyse** beantworten.

21.3.1 Transkriptanalyse

Die meisten Methoden der Transkriptanalyse basieren auf der Hybridisierung zwischen dem RNA-Transkript und einem DNA-Fragment, welches das entsprechende Gen enthält. Das so entstandene DNA-RNA-Hybrid kann man elektronenmikroskopisch oder durch Nucleasebehandlung analysieren.

a) Elektronenmikroskopische Untersuchungen von Nucleinsäuremolekülen. Man kann die Elektronenmikroskopie zur Untersuchung von Nucleinsäuremolekülen einsetzen, wenn man die Polynucleotide zuvor mit Chemikalien behandelt, die ihren scheinbaren Durchmesser vergrößern. Unbehandelte Moleküle sind nämlich zu dünn, als daß man sie sehen könnte. Normalerweise mischt man die DNA-Moleküle mit Proteinen, welche die Polynucleotide mit einer dicken Schicht bedecken. Dann färbt man sie mit einer elektronendichten Substanz an, beispielsweise mit Uranylacetat (Abb. 21.8a).

21.8 Elektronenmikroskopische Transkriptanalyse. a) Präparation eines DNA-Moleküls für die Betrachtung im Elektronenmikroskop. b) Ein DNA-RNA-Hybrid zwischen einem Gen mit drei Introns und seiner gespleißten mRNA.

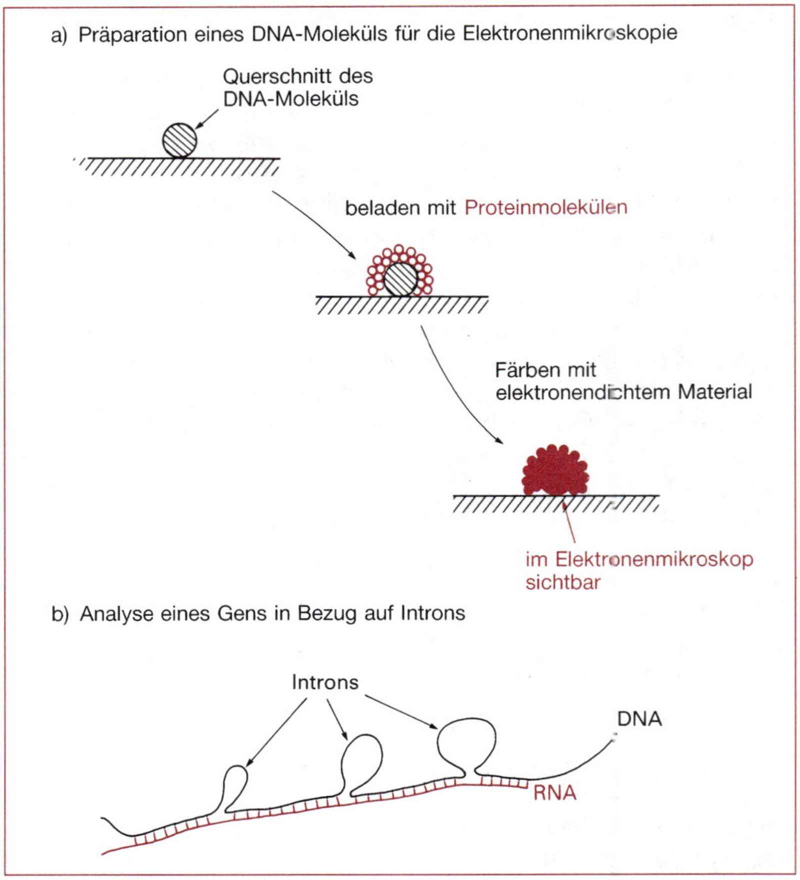

Besonders gut eignet sich die Elektronenmikroskopie, wenn man feststellen will, ob ein Gen Introns enthält. Wie wird ein Hybrid zwischen einem DNA-Polynucleotid mit einem Gen und dem zugehörigen RNA-Transkript aussehen? Wenn das Gen Introns enthält, besitzen diese Bereiche des DNA-Stranges keine Homologie mit dem RNA-Transkript, und folglich bilden sich keine Basenpaare. Vielmehr ergibt sich eine Schlaufe, die unter dem Elektronenmikroskop ein charakteristisches Aussehen hat (Abb. 21.8b). Anzahl und Position dieser Schlaufen entsprechen unmittelbar der Anzahl und Position der Introns in dem Gen.

b) Analyse von DNA-RNA-Hybriden mittels Nucleasebehandlung. Für die zweite Methode zur Untersuchung eines DNA-RNA-Hybrids benutzt man die S1-Nuclease. Dieses Enzym baut einzelsträngige DNA- oder RNA-Nucleotide ab, einschließlich einzelsträngiger Bereiche in überwiegend doppelsträngigen Molekülen. Es wirkt jedoch nicht bei doppelsträngiger DNA oder bei DNA-RNA-Hybriden. Wenn man ein DNA-Molekül, das ein Gen enthält, mit seinem RNA-Transkript hybridisiert und es dann mit S1-Nuclease behandelt, werden die nicht hybridisierten,

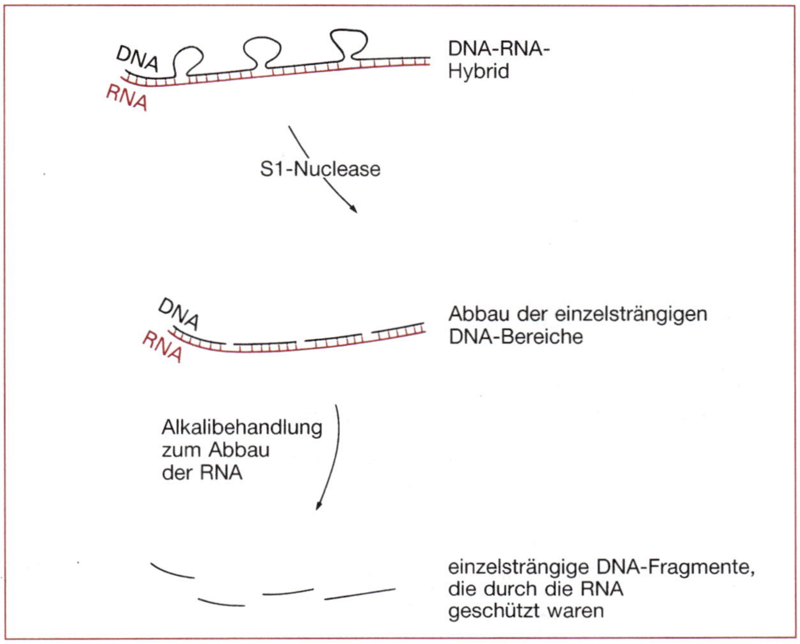

21.9 Die Wirkung der S1-Nuclease auf ein Hybrid aus DNA und RNA.

einzelsträngigen DNA-Bereiche an den Enden der Transkriptionseinheit ebenso abgebaut wie alle Introns, die Schlaufen bilden (Abb. 21.9). Das Ergebnis ist ein völlig doppelsträngiges Hybrid. Die einzelsträngigen DNA-Fragmente, die vor der S1-Behandlung geschützt waren, kann man isolieren, indem man den RNA-Strang durch Alkalibehandlung abbaut.

Die in Abb. 21.9 gezeigten Manipulationen muß man auf besondere Weise vornehmen, wenn sie Informationen liefern sollen. Der Trick besteht darin, ein Restriktionsfragment einzusetzen, das den Start oder das Ende der Transkriptionseinheit oder einen Exon-Intron-Übergang umfaßt (Abb. 21.10). Dieses Fragment baut man in einen M13-Vektor ein. So erhält man eine einzelsträngige DNA-Version, die man mit dem Transkript hybridisiert. Der Abbau mit S1-Nuclease ergibt dann ein geschütztes Fragment, bei dem das eine Ende durch die Restriktionsstelle und das andere durch das Ende der Transkriptionseinheit oder den Exon-Intron-Übergang markiert ist. Nun kann man die Größe dieses Moleküls mit Hilfe der Gelelektrophorese bestimmen und dann mit der Restriktionsstelle als Marker die Transkriptionseinheit auf der DNA-Sequenz lokalisieren.

21.3.2 Die Erforschung der Genregulation

Wenn man die Transkriptionseinheit auf der DNA-Sequenz kartiert hat, kann man fragen, wie das Gen exprimiert wird. Wie in Kapitel 10 beschrieben wurde, sind die Regulationssequenzen stromaufwärts von Genen gewöhnlich Bindungsstellen für Pro-

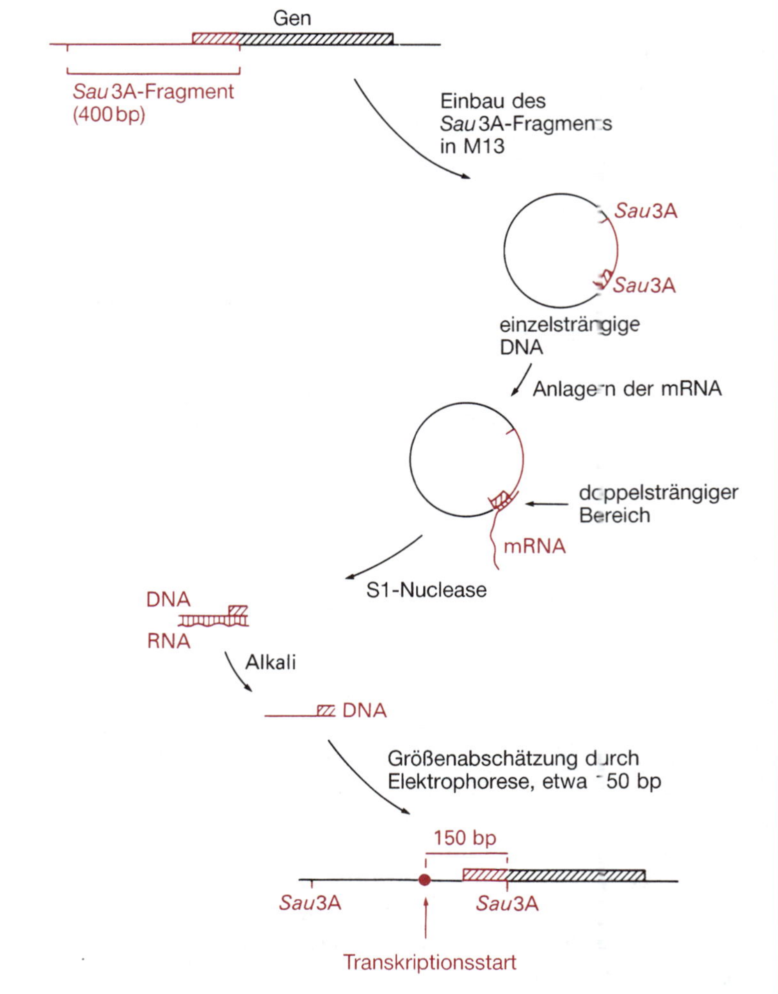

21.10 Lokalisierung eines Transkriptionstartpunktes mit Hilfe der S1-Nuclease-Kartierung.

teine, welche die Genexpression beeinflussen. Es sollte deshalb möglich sein, eine Regulationssequenz aufzuspüren, indem man eine Proteinbindungsstelle sucht. Dafür gibt es mehrere Möglichkeiten, die beliebteste ist die **Gelretentionsanalyse**.

a) Gelretentionsanalyse von DNA-Protein-Komplexen. Proteinmoleküle haben einen ganz beträchtlichen Umfang. Wenn sich ein Protein an ein DNA-Molekül anlagert, hat das eine erhebliche Steigerung der gesamten Molekülmasse zur Folge. Wenn man einen solchen Zuwachs findet, dann hat man ein DNA-Fragment entdeckt, das eine Proteinbindungsstelle enthält. In der Praxis weist man ein DNA-Fragment, das ein Protein gebunden hat, mit Hilfe der Gelelektrophorese nach, denn es besitzt eine geringere Beweglichkeit als das nicht im Komplex gebundene DNA-Molekül (Abb. 21.11a). Man nennt das einen *gel-shift* oder Gelretention.

Die Polymerasekettenreaktion

Die **Polymerasekettenreaktion** (*polymerase chain reaction*, **PCR**) ist eine neue Methode, die der gentechnischen Forschung viele Anwendungsmöglichkeiten bietet. Die PCR bewirkt eine selektive Vervielfältigung (Amplifizierung) eines bestimmten DNA-Abschnitts. Dazu muß nur eine Bedingung erfüllt sein: Man muß die Sequenzen an den Enden des gewünschten Bereichs kennen, damit man zwei kurze Oligonucleotide synthetisieren kann, die sich an die Ziel-DNA anlagern. Diese Oligonucleotide begrenzen den Abschnitt, der vervielfältigt wird.

Ausgeführt wird die Amplifizierung von der Polymerase I aus *Thermus aquaticus*, einem Bakterium, das in heißen Quellen lebt. Das Enzym ist thermostabil, das heißt, es wird durch Hitze nicht denaturiert. Um eine PCR zu starten, gibt man das Enzym und Oligonucleotide zu der DNA, die man vervielfältigen möchte. Die Oligonucleotide lagern sich an die DNA-Matrize an und fungieren als Primer für die Synthese neuer, komplementärer Polynucleotide:

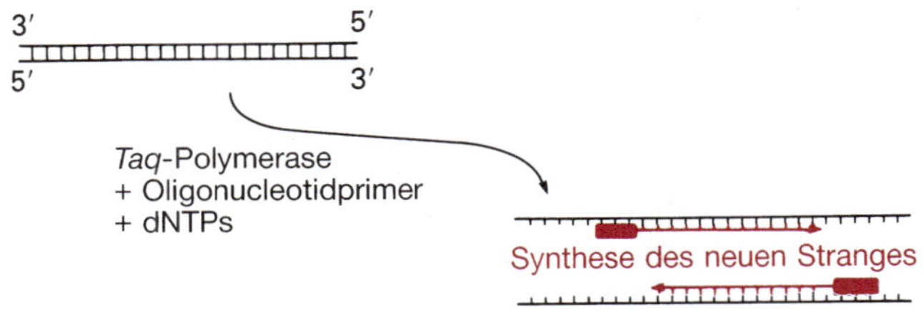

Mit den meisten DNA-Polymerasen könnte man nur diesen einzigen Reaktionsschritt durchführen. Wegen der Thermostabilität der *Taq*-Polymerase kann man das Reaktionsgemisch jetzt jedoch auf 90°C oder mehr erhitzen, so daß sich die neu synthetisierten Stränge von den Matrizen lösen. Kühlt der Ansatz wieder ab, lagern sich weitere Primer an den entsprechenden Stellen an (einschließlich der Positionen auf den neuen Strängen), und die *Taq*-Polymerase führt, unbeeinträchtigt von der Hitzebehandlung, eine zweite DNA-Syntheserunde durch:

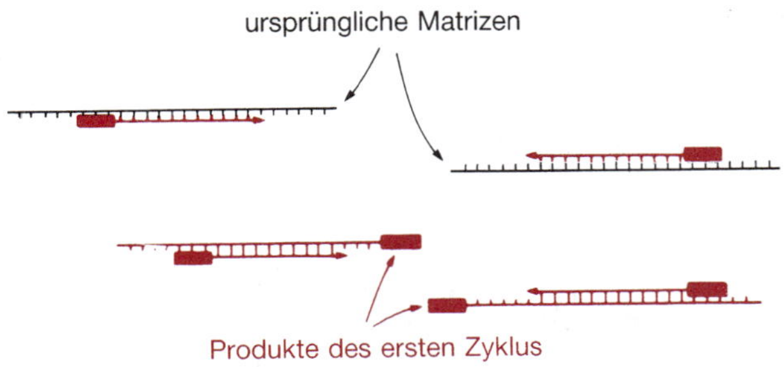

Die Reaktion kann man 30 bis 40 Zyklen lang fortsetzen. Dabei nimmt die DNA-Menge exponentiell zu.

Die PCR hat sich als wichtigste methodische Neuerung seit der Entwicklung der DNA-Klonierung selbst erwiesen. Wie bei der Klonierung kann man mit ihr große Mengen identischer DNA-Moleküle aus ganz wenig Startmaterial erzeugen. Sie hat den Vorteil, daß sie schnell abläuft und auch dann gelingt, wenn als Ausgangsmaterial nur ein einziges DNA-Molekül zur Verfügung steht. In einer Reaktion kann man mehrere kb an DNA vervielfältigen. Diese DNA kann man dann mit allen in diesem Kapitel beschriebenen Methoden untersuchen. Der einzige Nachteil besteht darin, daß man Oligonucleotide benötigt, um die Reaktion zu starten. Das bedeutet, daß man zumindest die Sequenz der angrenzenden Bereiche kennen muß. Das beschränkt die PCR auf die Erforschung solcher Gene, die man bereits teilweise mit Hilfe von Klonierungsmethoden charakterisiert hat.

21.11 Gelretentionsanalyse. a) Ein gebundenes Protein verringert die Beweglichkeit eines DNA-Fragments in der Gelelektrophorese. b) Der Ablauf einer Gelretentionsanalyse. Jedes „R" bezeichnet eine Restriktionsstelle.

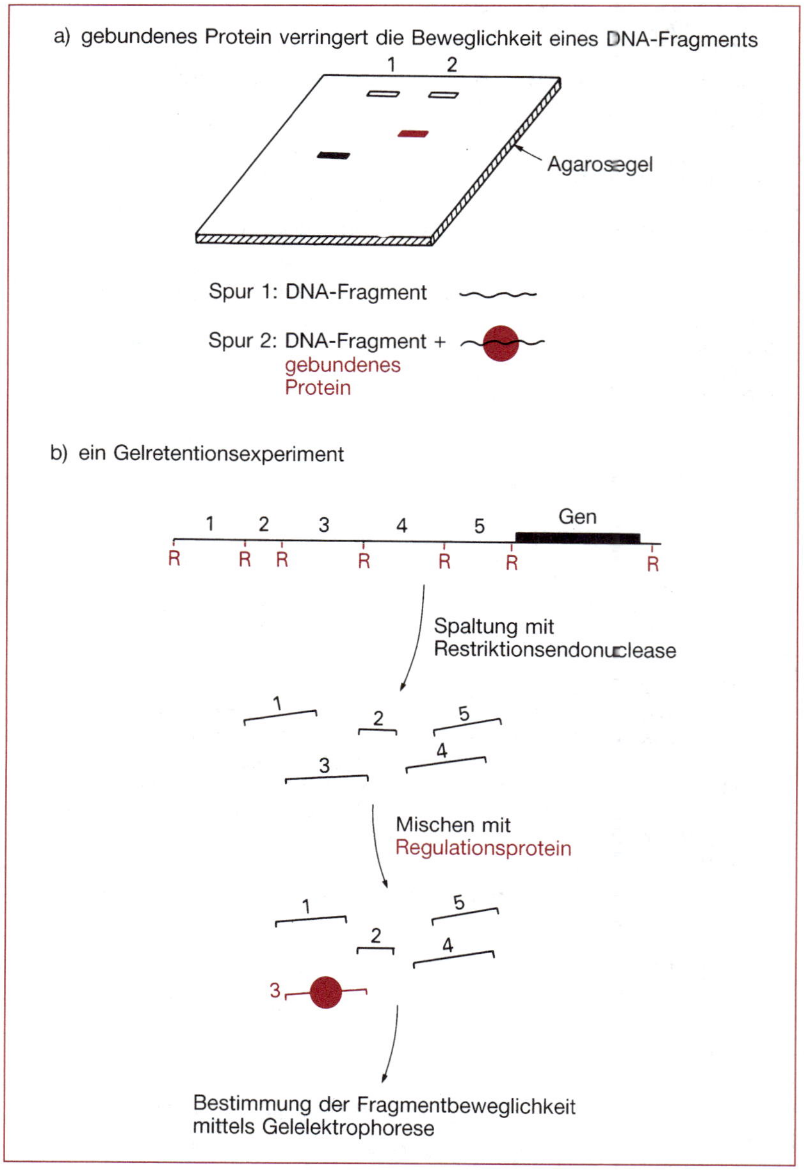

Um einen solchen Versuch durchzuführen, muß man den Bereich, der die Regulationssequenz enthält, mit einer Restriktionsendonuclease spalten und dann mit dem DNA-bindenden Protein mischen (Abb. 21.11b). Um die Position der Regulationssequenz zu bestimmen, stellt man fest, welches Restriktionsfragment an das Protein bindet. Häufig ist es nicht möglich, das Regulationsprotein in reiner Form zu gewinnen, und deshalb verwendet man statt dessen einen Rohextrakt von Proteinen aus dem Zellkern. Das macht die ganze Angelegenheit kompliziert, da der Extrakt unter Umständen Proteine enthält, die unspezifisch an DNA binden, was ebenfalls zu einer geringeren Beweglichkeit der DNA führt. Mit geeigneten Kontrollexperimenten kann man jedoch die wirklichen Regulationsproteine von diesem Hintergrund unterscheiden.

b) Die Bestimmung der Funktion einer Regulationssequenz. Ein Gelretentionsexperiment liefert Aufschlüsse über die Position einer Proteinbindungsstelle stromaufwärts von einem klonierten Gen. Es gibt jedoch keine Hinweise auf die Funktion dieser Regulationssequenz. Wenn man herausfinden will, ob die Sequenz ein Repressor, ein Enhancer oder irgendein Reaktionselement ist, muß man eine andere Analyse vornehmen.

Eine **Deletionsanalyse** geht von der Annahme aus, daß die Expressionsregulation des klonierten Gens sich verändert, wenn man die Regulationssequenz entfernt. Die Deletion eines Repressors sollte zum Beispiel dazu führen, daß das Gen stärker exprimiert wird. Das Entfernen eines Reaktionselements könnte zur Folge haben, daß das Zielgen nicht mehr auf das Regulationsmolekül reagieren kann. Für ein Deletionsexperiment ist es deshalb erforderlich, daß man die Expression des klonierten Gens irgendwie verfolgen kann. Das kann Probleme aufwerfen, denn häufig

Tabelle 21.1: Einige Beispiele für Reportergene

Gen	Genprodukt	Test
lacZ	β-Galactosidase	histochemischer Test
uidA	β-Glucoronidase	histochemischer Test
neo	Neomycin-Phosphotransferase	Kanamycinresistenz
cat	Chloramphenicol-Acetyltransferase	Chloramphenicolresistenz
dhfr	Dihydrofolatreduktase	Methotrexatresistenz
aphIV	Hygromycin-Phosphotransferase	Hygromycinresistenz
lux	Luciferase	Biolumineszenz

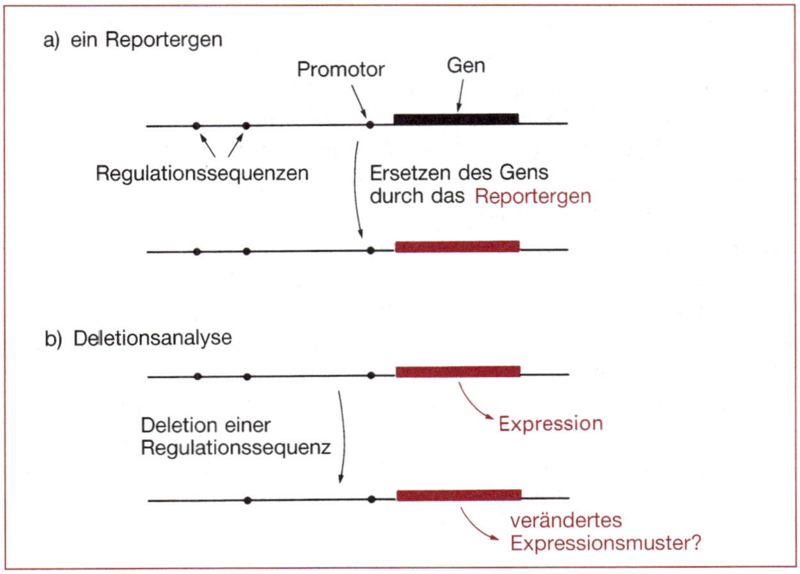

21.12 Ein Reportergen und seine Anwendung bei der Deletionsanalyse.

läßt sich kaum messen, in welchem Ausmaß ein Gen exprimiert wird, einfach weil es kein geeignetes Testsystem für sein Translationsprodukt gibt. Die Lösung ist in solchen Fällen ein **Reportergen**, das heißt ein Testgen, dessen Expression einen quantifizierbaren Phänotyp ergibt (Tabelle 21.1). Man verbindet das Reportergen mit dem DNA-Abschnitt, der ursprünglich stromaufwärts von dem untersuchten Gen lag (Abb. 21.12a). Wenn man ein solches Konstrukt in einem Wirtsorganismus kloniert, imitiert sein Expressionsmuster exakt dasjenige des ursprünglichen Gens. Man kann dann Deletionen in den stromaufwärts gelegenen Bereich des Konstrukts einführen und ihre Auswirkungen beurteilen, indem man nach Veränderungen im Muster und Ausmaß der Expression des Reportergens sucht (Abb. 21.12b).

Die Ergebnisse einer Deletionsanalyse sollte man vorsichtig interpretieren. Es können nämlich Komplikationen auftreten, wenn durch eine einzelne Deletion mehrere Regulationssequenzen entfernt werden oder wenn zwei verschiedene Sequenzen bei einer einzigen Reaktion zusammenwirken. Trotz der möglichen Schwierigkeiten hat diese Vorgehensweise zusammen mit Untersuchungen der Proteinbindungsstellen wichtige Informationen über die Regulation einzelner Gene geliefert.

21.4 Funktionsbestimmung eines Proteins, das von einem klonierten Gen codiert wird

Molekularbiologen bemerken bei ihren Versuchen schnell, daß es viel mehr Gene als bekannte Proteine gibt. Häufig findet man durch Klonierung ein Gen, dessen Translationsprodukt man nicht kennt. Aus der DNA-Sequenz des Gens kann man die Aminosäuresequenz ableiten, und es gibt Regeln, mit deren Hilfe man die mögliche Sekundärstruktur des Polypeptids vorhersagen kann. Das ist jedoch nur von begrenztem Nutzen, weil man weder aufgrund der Aminosäuresequenz noch aufgrund der Sekundärstruktur auf die Funktion des Proteins schließen kann.

Unter diesen Bedingungen ergibt sich als erstes die Möglichkeit, die Aminosäuresequenz in einen Computer einzugeben und Datenbanken zu durchsuchen, die alle jemals veröffentlichten Proteinsequenzen enthalten. Der Computer sucht nicht nur nach völliger Übereinstimmung, sondern auch nach Proteinen, die nur eine begrenzte Homologie aufweisen. So kann man Hypothesen über die Funktion des unbekannten Proteins aufstellen und durch weitere Versuche testen.

21.4.1 Mit HART und HRT kann man das Translationsprodukt eines klonierten Gens identifizieren

Als Ergänzung zur Computeranalyse kann man zwei Verfahren anwenden, um in Extrakten der Zellen, aus denen man das Gen gewonnen hat, das zugehörige Genprodukt zu identifizieren. Beide Methoden – sie heißen **hybridarretierte Translation** (*hybrid-arrest translation*, **HART**) und **Hybrid-Freisetzungstranslation** (*hybrid-release translation*, **HRT**) – bedienen sich der Tatsache, daß gereinigte mRNA in einem zellfreien Translationssystem (Abschnitt 8.2.2) für die Proteinsynthese sorgen kann, und beide funktionieren am besten, wenn das fragliche Gen als cDNA-Klon zur Verfügung steht.

Für die HRT denaturiert man die cDNA, immobilisiert sie auf einer Nitrocellose- oder Nylonmembran, und inkubiert sie mit einer mRNA-Probe aus dem Gewebe oder Zelltyp, aus dem man

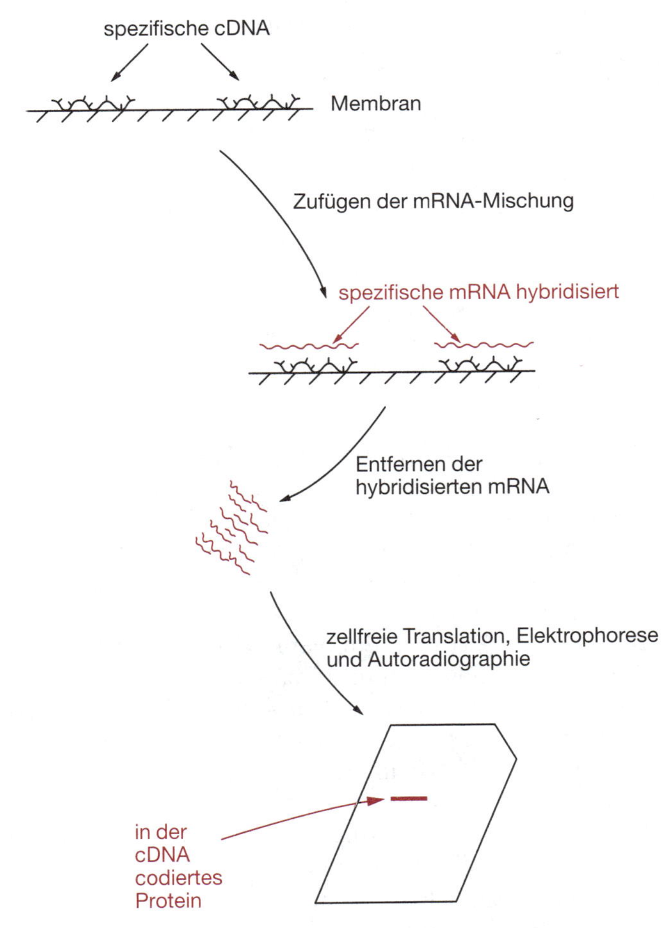

21.13 Hybrid-Freisetzungstranslation. Die durch zellfreie Translation synthetisierten Proteine werden markiert, weil man dem Reaktionsgemisch eine radioaktive Aminosäure (meist ^{35}S-Methionin) zusetzt.

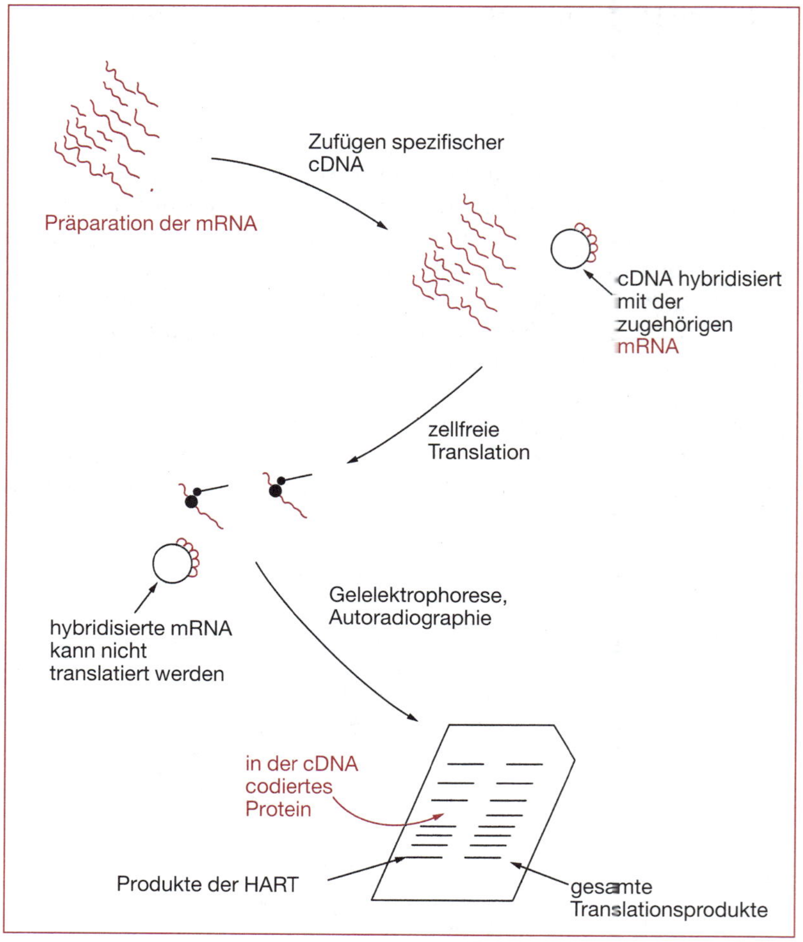

21.14 Hybridarretierte Translation.

die cDNA hergestellt hat (Abb. 21.13). Die spezifisch zur cDNA passende mRNA hybridisiert und bleibt an der Membran haften. Nachdem man nicht gebundene Moleküle beseitigt hat, gewinnt man die festgehaltene mRNA und translatiert sie in einem zellfreien System. Auf diese Weise erhält man das von der cDNA codierte Protein in reiner Form.

Bei der HART geht man ein wenig anders vor: Hier fügt man die denaturierte cDNA unmittelbar zur mRNA-Probe hinzu (Abb. 21.14). Die Hybridisierung findet wiederum zwischen der cDNA und ihrer zugehörigen mRNA statt, aber diesmal entfernt man ungebundene mRNA nicht, sondern man translatiert das gesamte Gemisch in einem zellfreien System. Die hybridisierte mRNA kann nicht für die Translation sorgen, das heißt, es werden alle Proteine synthetisiert, mit Ausnahme dessen, das in dem klonierten Gen codiert ist. Das Translationsprodukt des Gens ist also das Protein, das unter den Produkten der HART im Vergleich zu einer nicht behandelten mRNA-Probe fehlt.

21.4.2 Proteinanalyse durch *in vitro*-Mutagenese

Mit HART und HRT kann man zwar das Translationsprodukt des klonierten Gens identifizieren, über das Protein selbst liefern beide Methoden aber nur wenig Aufschlüsse. Die wichtigste Frage, die man in der Molekularbiologie heute stellt, betrifft den Zusammenhang zwischen der Struktur eines Proteins und seiner Wirkungsweise. Dieses Problem geht man am besten an, indem man in das Gen, welches das Protein codiert, eine Mutation einführt und dann untersucht, wie sich die Veränderung der Aminosäuresequenz auf die Eigenschaften des Translationsprodukts auswirkt. Unter normalen Umständen ereignen sich Mutationen aber nur nach dem Zufallsprinzip, und man müßte eine große Zahl von ihnen durchmustern, bevor man eine findet, die nützliche Erkenntnisse liefert. Diese Schwierigkeit beseitigt die *in vitro*-**Mutagenese**, ein Verfahren, mit dem man ein kloniertes Gen an vorherbestimmten Stellen gezielt verändern kann.

Mutationen lassen sich in klonierte Gene mit einer fast unbegrenzten Vielzahl von Kunstgriffen einführen. Am einfachsten sind die folgenden:

1. Man entfernt (deletiert) ein Restriktionsfragment.
2. Man spaltet das Gen an einer Restriktionsschnittstelle, erzeugt durch Entfernen einiger Nucleotide eine kleine Deletion und fügt das Gen dann durch Ligation wieder zusammen.
3. Man baut an einer Restriktionsschnittstelle ein kleines Oligonucleotid ein, das wenige Aminosäuren codiert.

a) Die oligonucleotidgesteuerte Mutagenese ist vielseitiger. Die genannten Verfahren sind zwar unter Umständen nützlich, man ist bei ihnen aber darauf angewiesen, daß sich in dem fraglichen Abschnitt des klonierten Gens zufällig eine Restriktionsschnittstelle befindet. Vielseitiger ist die **oligonucleotidgesteuerte Mutagenese**: Mit ihr kann man an jeder beliebigen Stelle eines klonierten Gens eine Punktmutation erzeugen.

Zunächst muß das Gen dazu in einzelsträngiger Form vorliegen, und deshalb kloniert man es in einem M13-Vektor. Man synthetisiert ein kurzes Oligonucleotid, das zu dem Genabschnitt, den man untersuchen möchte, komplementär ist, wobei es jedoch die gewünschte Sequenzveränderung enthält (Abb. 21.15a). Das Oligonucleotid hybridisiert trotz der Fehlpaarung mit der einzelsträngigen DNA und dient dort als Primer für die Synthese des Komplementärstranges (Abb. 21.15b). Diese Synthesereaktion läßt man laufen, bis ein vollständiger neuer Strang vorhanden ist, so daß das gesamte rekombinierte Molekül nun als Doppelstrang vorliegt.

Nachdem man die DNA durch Transfektion in kompetente *E. coli*-Zellen eingeschleust hat, entstehen durch DNA-Replikation viele Kopien des rekombinierten Moleküls. Wegen der semikonservativen Replikation ist die Hälfte der so gebildeten DNA-Mo-

21.15 Eine Methode der oligonucleotidgesteuerten Mutagenese.

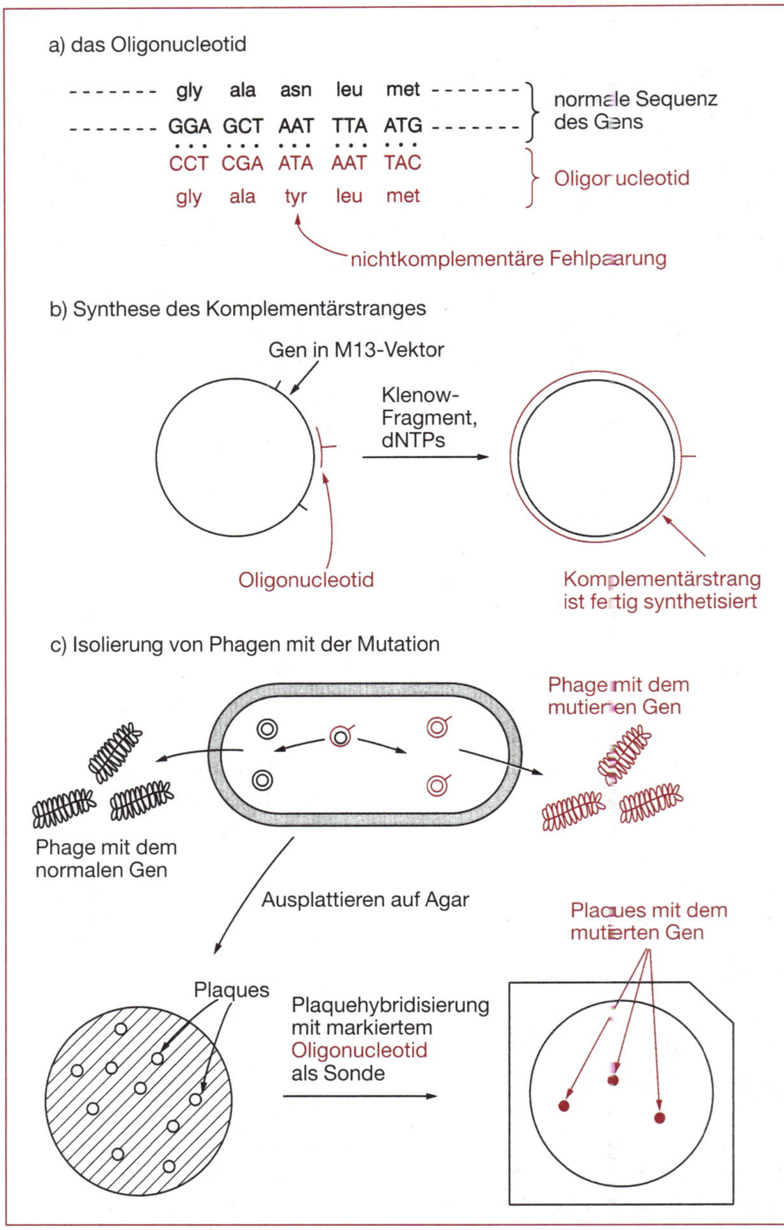

Proteindesign

Wie sich mittlerweile immer deutlicher zeigt, stecken in der oligonucleotidgesteuerten Mutagenese und ähnlichen Verfahren große Möglichkeiten, sowohl für die reine Forschung als auch für die angewandte Biotechnologie. In der Biochemie kann man jetzt beispielsweise sehr gezielt die Frage stellen, wie die Wirkung eines Enzyms von seiner Proteinstruktur beeinflußt wird. Früher konnte man sich durch biochemische Analysen nur eine ungefähre Ahnung davon verschaffen, welche Aminosäuren für die Substratbindung und Katalysatorwirkung eines Enzyms verantwortlich sind. Mit den Mutagenesemethoden läßt sich ein viel genaueres Bild zeichnen: Man kann die Funktion jeder einzelnen Aminosäure beurteilen, indem man sie gezielt gegen eine andere austauscht und den Effekt auf die Enzymaktivität untersucht. Die Möglichkeit, Enzyme auf diese Weise zu manipulieren, führte zu gewaltig erweiterten Kenntnissen über biologische Katalyse; die wiederum ebnete den Weg zum **Proteindesign**, bei dem man mit Hilfe der Mutagenese neue Enzyme für biotechnologische Zwecke entwickelt. So führte man zum Beispiel in das Subtilisin, ein in „biologisch aktiven" Waschmitteln enthaltenes Enzym, gezielte Veränderungen ein, die das Molekül in der Waschmaschine widerstandsfähiger gegen Hitze und optische Aufheller (Bleichmittel) machten.

leküle in beiden Strängen unmutiert, während die andere Hälfte in beiden Strängen die Mutation trägt. Mit anderen Worten: Die neu entstehenden M13-Phagen tragen zur Hälfte das nicht mutierte Molekül und zur Hälfte die abgewandelte Version (Abb. 21.15c). Man plattiert die Phagen auf Agarplatten, so daß sie Plaques bilden, und identifiziert unter ihnen die mutierten Kopien, indem man sie mit einer Sonde aus dem veränderten Oligonucleotid hybridisiert.

Wie untersucht man nun die Auswirkungen der Mutation? Wie bereits erwähnt wurde, lösen Zellen, die mit M13-Phagen infiziert sind, sich nicht auf, sondern sie teilen sich weiterhin (Abschnitt 13.1.2). Ein Gen, das man in einen M13-Vektor eingebaut hat, kann deshalb in den Wirtszellen exprimiert werden, so daß ein **rekombinantes Protein** entsteht. Das von dem klonierten Gen codierte rekombinante Protein kann man reinigen und seine Eigenschaften untersuchen, so daß man beurteilen kann, wie sich der Austausch eines einzigen Basenpaars auf die Aktivität des Proteins auswirkt.

21.5 Klonierte Gene in der Biotechnologie

Das letzte Thema, das wir betrachten wollen, ist die Biotechnologie – die Verwendung lebender Organismen für industrielle Prozesse; sie ist nicht neu, sondern hat schon eine lange Geschichte. Glaubt man den Archäologen, so reicht die britische biotechnologische Industrie 4000 Jahre zurück. Damals benutzte man in diesem Land zum erstenmal lebende Hefezellen für die Gärungen bei der Ale- und Metherstellung. Mit Sicherheit war die Braukunst zur Zeit der römischen Invasion in Britannien bereits etabliert.

Im 20. Jahrhundert eroberte die Biotechnologie mit der Entwicklung zahlreicher industrieller Anwendungen von Mikroorganismen verschiedene Bereiche. In den vierziger Jahren verwendete man zum erstenmal Pilze und Bakterien für die Herstellung von Antibiotika, Enzymen und anderen organischen Chemikalien. Dabei machte man sich die Tatsache zunutze, daß man Mikroorganismen leicht in Kulturen züchten kann, um große Mengen dieser Produkte zu erzeugen. Seit kurzem hat die DNA-Klonierung das Spektrum der Substanzen, die man auf diese Weise gewinnen kann, erheblich erweitert. Man ist jetzt nicht mehr auf natürliche Produkte von Mikroorganismen beschränkt, sondern man kann ein Gen von jedem beliebigen Lebewesen in ein Bakterium, eine Hefe oder einen Pilz übertragen und so große Mengen des Genprodukts herstellen. Soweit jedenfalls die Theorie: Ist es in der Praxis wirklich so einfach?

21.5.1 Bakterien sind für rekombinante Proteine keine idealen Wirtsorganismen

Für die ersten Versuche, rekombinante Proteine zu synthetisieren, verwendete man Bakterien wie *E. coli* als Wirtsorganismen. Das erste menschliche Protein, das man so herstellte, war das

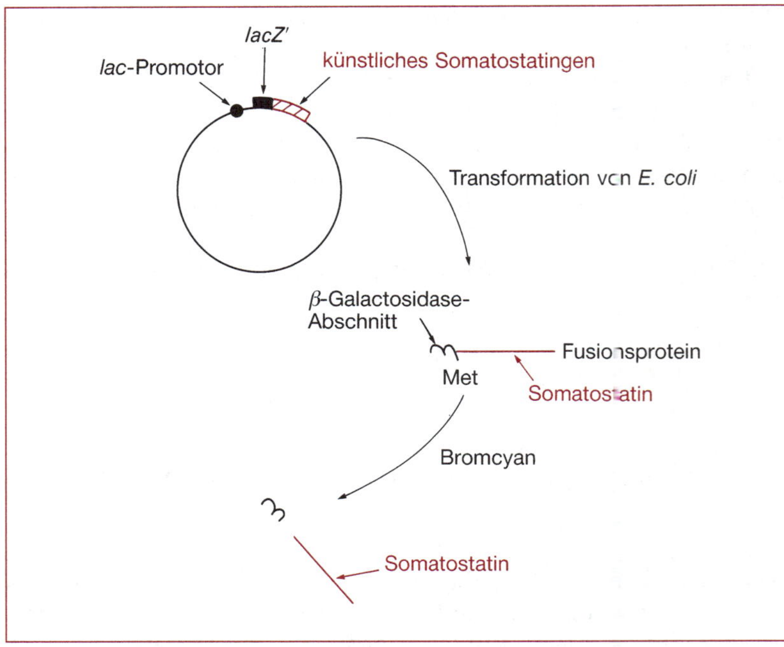

21.16 Herstellung von Somatostatin in rekombinierten *E. coli*-Zellen. Man verband das synthetische Gen, das Somatostatin codierte, mit dem Start des *lacZ'*-Gens, das in einen Klonierungsvektor von *E. coli* eingebaut war. Nach der Transformation transkribierte die RNA-Polymerase von *E. coli* das fusionierte Gen, weil sie den *lac*-Promotor als Bindungsstelle erkannte. Ribosomen, welche die *lac*-Ribosomenbindungssequenz erkannten, translatierten dann die mRNA. Das Fusionsprotein, das auf diese Weise synthetisiert wurde, spaltete man mit Bromcyan, das Polypeptide spezifisch beim Methionin schneidet. So erhielt man das Somatostatinpeptid in reiner Form.

Peptidhormon Somatostatin (Antiwachstumshormon), das für die Behandlung menschlicher Wachstumsstörungen wichtig ist. Da es ein sehr kurzes Protein ist, das nur aus 14 Aminosäuren besteht, konnte man relativ leicht ein künstliches Gen synthetisieren, welches das Peptid codiert, und man mußte nicht versuchen, das wirkliche Gen in einer genomischen Bibliothek des Menschen zu finden. Das künstliche Gen baute man stromabwärts vom *lac*-Promotor in einen Klonierungsvektor von *E. coli* ein (Abb. 21.16), und dann brachte man es in Wirtsbakterien, die daraufhin das Protein herstellten.

Ähnliche Projekte gab es für Insulin, Interferon und eine Vielzahl anderer menschlicher Proteine. Alle diese Experimente wurden jedoch kompliziert, weil man das Gen modifizieren mußte, damit es in *E. coli* funktionierte. Ein Gen aus einem höheren Organismus ist normalerweise in *E. coli* inaktiv, weil das Bakterium den eukaryotischen Promotor nicht erkennt und deshalb das klonierte Gen nicht transkribiert. Menschliche Gene, die man in *E. coli* einführen will, muß man deshalb stromabwärts von einem authentischen *E. coli*-Promotor einbauen, damit sie exprimiert werden. Das allein wäre zwar kein großes Problem, aber es ist noch nicht alles. Man muß außerdem eine Ribosomenbindungsstelle anbringen. Schließlich darf das Gen keine Introns enthalten, weil *E. coli* nicht die snRNAs und die Proteine für ihre Entfernung besitzt. Die Liste der Schwierigkeiten ist also recht umfangreich, und schon bald suchten die Biotechniker nach Eukaryoten, die sich als Wirte für die Synthese rekombinanter Proteine eigneten.

21.5.2 Die Synthese rekombinanter Proteine in Eukaryoten

Man geht davon aus, daß eukaryotische Mikroorganismen wie Hefe oder andere Pilze näher mit den Tieren verwandt sind und deshalb die Synthese eines rekombinanten Proteins effizienter ausführen können als *E. coli*. Hefe und Pilze kann man genauso leicht in großem Maßstab züchten wie Bakterien, und sie sollten ein kloniertes Tiergen eher wie das Tier selbst exprimieren.

a) Rekombinante Proteine aus Hefe und Fadenpilzen. Bis zu einem gewissen Grade sind solche Hoffnungen Wirklichkeit geworden. Eukaryotische Mikroorganismen dienen heute zur Routineproduktion mehrerer Tierproteine. Der beliebteste Wirtsorganismus ist derzeit *S. cerevisiae*, aber diese Spezies hat auch einige Nachteile: Insbesondere fehlt ihr ein wirksames System zur Ausscheidung von Proteinen ins Kulturmedium. Ohne eine solche Sekretion bleiben die rekombinanten Moleküle in den Zellen, so daß ihre Reinigung schwieriger wird. Dennoch ist *S. cerevisiae* nach wie vor der am häufigsten verwendete einzellige Eukaryot für die Synthese rekombinanter Proteine, insbesondere weil er auch für die Produktion von Arznei- und Nahrungsmittelproteinen allgemein als ungefährlich gilt; außerdem haben sich im Laufe der Jahre umfangreiche Kenntnisse über die biochemischen und genetischen Eigenschaften von *S. cerevisiae* angesammelt, so daß man relativ einfach Strategien entwickeln kann, um den auftretenden Schwierigkeiten zu begegnen.

b) Produktion rekombinanter Proteine in Tierzellen. Trotz aller Erfolge mit der Hefe gibt es einige Proteine, die sich in Mikroorganismen einfach nicht herstellen lassen. Gewöhnlich handelt es sich dabei um Moleküle, die in ihrem natürlichen Umfeld nach der Synthese umfangreiche chemische Veränderungen durchmachen, beispielsweise indem Zuckergruppen angefügt werden. Diese Abwandlungen sind notwendig, damit das Protein seine Aktivität vollständig entfalten kann, aber in Mikroorganismen werden sie nur selten richtig vollzogen.

Es ist aber auch möglich, Proteine an Genen zu produzieren, die in Säugerzellen kloniert wurden. Dies verdanken wir den raschen Fortschritten bei der Entwicklung geeigneter Klonierungsvektoren (Abschnitt 20.4.2) in Verbindung mit ähnlichen Weiterentwicklungen bei den Zellkultursystemen. Säugerzellkulturen haben relativ lange Generationszeiten, was die Ausbeute der aus ihnen gewonnenen rekombinanten Proteine einschränkt, aber das wird durch die Tatsache, daß das Protein fast immer in der richtigen Form synthetisiert wird, mehr als aufgewogen. Auch die Möglichkeit, Insektenzellen zur Synthese rekombinanter Proteine einzusetzen, wird in der Biotechnologie untersucht. Insektenzellen haben nämlich den großen Vorteil, daß sie Proteine in sehr großen Mengen liefern können, wenn das zugehörige Gen in einem Vektor auf Grundlage eines **Baculovirus** kloniert wurde. Im Ge-

Rekombinante Proteine

Einige Proteine, die nach der Klonierung der zugehörigen Gene in Bakterien und/oder eukaryotischen Zellen synthetisiert wurden:

Protein	dient zur Behandlung von
Insulin	Diabetes
Somatostatin	Wachstumsstörungen
Somatotropin	Wachstumsstörungen
Faktor VIII	Hämophilie
Faktor IX	Christmas-Krankheit
Interferon-α	Leukämie und andere Krebsformen
Interferon-β	Krebs, AIDS
Interferon-γ	Krebs, rheumatoide Arthritis
Interleukine	Krebs, Immunstörungen
Granulocyten-koloniestimulierender Faktor	Krebs
Tumornekrosefaktor	Krebs
Epidermis-Wachstumsfaktor	Geschwüre
Fibroblasten-Wachstumsfaktor	Geschwüre
Erythropoietin	Anämie
Gewebeplasminogenaktivator	Herzinfarkt
Superoxiddismutase	Nierenschäden durch freie Radikale
Lungen-Surfactantprotein	Atembeschwerden
α1-Antitrypsin	Emphyseme
Serumalbumin	Blutplasmaersatz
Relaxin	Erleichterung der Entbindung

nom der Baculoviren befindet sich das Gen für Polyhedrin, dessen normales Produkt sich gegen Ende des Infektionszyklus in Form großer Einschlußkörper in den Zellen ansammelt. Häufig macht das Produkt dieses einen Gens mehr als 50 Prozent der gesamten Proteinmenge in den Zellen aus. Eine ähnlich starke Proteinproduktion erzielt man auch, wenn man das normale Gen durch ein fremdes ersetzt. Die große Frage ist aber, ob Insektenzellen die Proteine nach der Synthese in der gleichen Weise weiterverarbeiten wie die Zellen von Säugetieren: In vielen Fällen sieht es so aus, als wäre das der Fall, aber nicht immer. Wie nützlich das Baculovirussystem wirklich ist, werden erst weitere Forschungsarbeiten zeigen.

Literatur

Brown, T.A. *Gentechnologie für Einsteiger*. 2. Aufl. Heidelberg (Spektrum Akademischer Verlag) 1996.
[Eine detailliertere Beschreibung gentechnischer Methoden.]

Grunstein, M.; Hoffman, B.J. *Colony Hybridization: A Method for the Isolation of Cloned cDNAs That Contain a Specific Ge-*

ne. In: *Proceedings of the National Academy of Sciences, USA* 72 (1975) S. 3961–3965.
[Die erste Beschreibung dieser wichtigen Methode.]

Gubler, U.; Hoffman, B.J. *A Simple and Very Efficient Method for generating cDNA Libraries.* In: *Gene* 25 (1983) S. 263–269.

Sanger, F.; Nicklen, S.; Coulson, A.R. *DNA Sequencing with Chain Terminating Inhibitors.* In: *Proceedings of the National Academy of Sciences, USA* 74 (1977) S. 5463–5467.
[Die Originalbeschreibung der modernen DNA-Sequenzierungsmethode.]

Brown, T.A. *DNA Sequencing: The Basics.* Oxford (Oxford University Press) 1994.
[Alles, was man über DNA-Sequenzierung wissen muß.]

White, T.J. et al. *The Polymerase Chain Reaction.* In: *Trends in Genetics* 5 (1989) S. 185–189.
[Ein nützlicher Übersichtsartikel über die PCR.]

Fried, M.; Crothers, D.M. *Equilibria and Kinetics of lac Repressor-Operator Interactions by Polyacrylamide Gel Electrophoresis.* In: *Nucleic Acids Research* 9 (1981) S. 6505–6525.

Smith, M. *In vitro mutagenesis.* In: *Annual Review of Genetics* 19 (1985) S. 423–462.

Kunkel, T.A. *Raid and Efficient Site-Specific Mutagenesis Without Phenotypic Selection.* In: *Proceedings of the National Academy of Sciences, USA* 82 (1985) S. 488–492.

Primrose, S.B. *Molecular Biotechnology.* 2. Aufl. Oxford (Blackwell Scientific Publications) 1991.
[Einzelheiten über alle Aspekte der Biotechnologie.]

Itakura, K. et al. *Expression in Escherichia coli of a Chemically Synthesized Gene for the Hormone Somatostatin.* In: *Science* 198 (1977) S. 1056–1063.
[Einer der ersten Erfolge mit einem rekombinanten Protein in *E. coli.*]

Hitzeman, R.A.; Hagie, F.E. et al. *Expression of Human Gene for Interferon in Yeast.* In: *Nature* 293 (1981) S. 717–722.
[Die erste Produktion eines rekombinanten Proteins mit *S. cerevisiae.*]

Aufgaben

1. Definieren Sie die folgenden Begriffe:

   Hybridisierungssonde
   Autoradiographie
   cDNA-Bibliothek
   Transkriptanalyse
   Deletionsanalyse
   hybridarretierte Translation
   rekombinantes Protein
   in vitro-Mutagenese
   Baculovirus
   Nucleinsäurehybridisierung
   Hybridisierung mit heterologen Sonden
   Didesoxynucleotid
   Gelretentionsanalyse
   Reportergen
   Hybrid-Freisetzungstranslation
   oligonucleotidgesteuerte Mutagenese

2. Beschreiben Sie, wie man eine Koloniehybridisierung durchführt.

3. Erklären Sie, wie man die Aminosäuresequenz eines Proteins einsetzen kann, um eine Hybridisierungssonde für das zugehörige Gen zu konstruieren.

4. Nennen Sie ein Beispiel für dieAnwendung heterologer Sonden bei der Hybridisierung.

5. Beschreiben Sie, wie man eine DNA-Sequenzierung mittels Kettenabbruch durchführt.

6. Wie liest man die DNA-Sequenz von einem Autoradiogramm ab?

7. Beschreiben Sie zwei Möglichkeiten, wie man die Position von Introns in klonierten Genen kartieren kann.

8. Auf welcher Grundannahme beruht die Deletionsanalyse?

9. Erklären Sie, wie man ein Reportergen bei einer Deletionsanalyse verwendet.

10. Nennen Sie die Unterschiede zwischen HART und HRT.

11. Beschreiben Sie in Umrissen die verschiedenen Methoden, mit denen man eine Mutation gezielt an einer bestimmten Stelle in ein Gen einführen kann.

12. Inwieweit ist *E. coli* ein geeigneter Wirt für die Synthese rekombinanter Proteine?

13. Welche Alternativen gibt es zu Bakterien als Wirte für die Synthese rekombinanter Proteine?

22 Die Sequenzierung ganzer Genome

Warum sequenziert man ein Genom? • Strategien der Genomsequenzierung – Kleine Bakteriengenome – Das Genom von *S. cerevisiae* – Das Genom des Menschen • **Was kommt nach den Genomprojekten? • Genetik im 21. Jahrhundert**

In den neunziger Jahren ergaben sich die bedeutendsten Fortschritte der Genetik aus der Veröffentlichung vollständiger DNA-Sequenzen für Chromosomen und ganze Genome. Das erste eukaryotische Chromosom, das man ganz und gar sequenzierte, war das Chromosom III von *Saccharomyces cerevisiae*, dessen Sequenz 1992 publiziert wurde. Es folgten 1995 die erste vollständige Sequenz des Genoms eines freilebenden Organismus, nämlich des Bakteriums *Haemophilus influenzae*, und 1996 die erste Sequenz eines ganzen Eukaryotengenoms, wiederum für *S. cerevisiae.* Eine ganze Reihe weiterer Genomprojekte sind zur Zeit im Gang (nicht nur für das menschliche Genom, sondern auch für *Drosophila*, Reis und Maus), und es ist damit zu rechnen, daß die Zahl vollständiger Sequenzen in den kommenden zehn Jahren dramatisch ansteigen wird. Möglicherweise wird schon um 2010 die vollständige Genomsequenz als Voraussetzung für jede ernsthafte genetische Untersuchung eines Lebewesens gelten, und die Molekularbiologen der Zukunft werden darüber staunen, wie wir in der Zeit vor der Genomsequenzierung überhaupt Fortschritte mit unseren Kenntnissen über Gene machen konnten.

In diesem Kapitel wollen wir uns mit den Strategien befassen, deren man sich bei den Großprojekten bedient, und es wird davon die Rede sein, welche Folgerungen sich aus der Kenntnis der Sequenzen für die weitere genetische Forschung ergeben. Zunächst müssen wir aber die Frage stellen, warum Genomsequenzen überhaupt für wichtig erachtet werden.

Die Genauigkeit der genomischen Sequenzen

Eine wichtige Frage bei allen Sequenzen aus dem Genom betrifft die Genauigkeit der Daten. Die Methoden zur DNA-Sequenzierung sind nicht perfekt, so daß durchaus Fehler auftreten können. Man schätzt, daß die Sequenz von *H. influenzae* zu 99,95 Prozent fehlerfrei ist, das entspricht weniger als einem Fehler je 5000 Nucleotide. Für das Projekt des menschlichen Genoms strebt man eine Genauigkeit von 99,99 Prozent an (weniger als ein Fehler je 10 000 Nucleotide). Es wurde auch vorgeschlagen, man solle sich zu Beginn mit einer geringeren Genauigkeit zufriedengeben, damit die „vollständige" Sequenz schneller vorliegt. Akzeptiert man eine Genauigkeit von 99,9 Prozent (ein Fehler je 1000 Nucleotide), stünde die Sequenz nicht 2005, sondern schon 2001 zur Verfügung. Die meisten Wissenschaftler sind aber der Ansicht, man solle lieber eine möglichst genaue Sequenz anstreben.

22.1 Warum sequenziert man ein Genom?

Seit Ende der siebziger Jahre, als man effiziente Methoden zur Sequenzierung der DNA entwickelte (Abschnitt 21.2), ermitteln die Molekularbiologen in immer größerem Umfang Sequenzdaten, und je mehr die Methoden zur Routine wurden, desto stärker wuchs ihr Ehrgeiz. Die allererste Sequenz eines ganzen Genoms, nämlich die des Bakteriophagen ΦX174, veröffentlichte die Arbeitsgruppe von Frederick Sanger schon 1977. Das menschliche Mitochondriengenom wurde 1981 sequenziert, 1982 folgte das Genom von λ, und 1986 kamen die Chloroplastengenome des Tabaks und des Lebermooses *Marchantia polymorpha* hinzu. Von der Sequenzierung eines ganzen Hefechromosoms war erstmals 1982 die Rede, und das Projekt des menschlichen Genoms geht auf das Jahr 1986 zurück. Woher kommt dieser Wunsch, die Sequenzen immer größerer Genomabschnitte zu ermitteln? Es gibt dafür viele Gründe, zum Beispiel folgende:

1. *Es ist wichtig, daß man die genetische Gesamtausstattung eines Genoms kennt.* Die Genetiker wollten schon immer über die Identität möglichst vieler Gene Bescheid wissen, denn man kann einen Vorgang schlicht und einfach nicht vollständig verstehen, wenn man nicht alle daran beteiligten Gene identifiziert hat. Der Nachweis zuvor unbekannter Gene war oftmals der entscheidende Durchbruch, der einem Forschungsgebiet neue Impulse gab. Ein gutes Beispiel sind die menschlichen *HOX*-Gene (Abschnitt 10.5.1): Ihre Entdeckung führte Ende der achtziger Jahre zu ganz neuen Vorstellungen über die genetischen Vorgänge, die der Entwicklung des Menschen zugrunde liegen. Eines der verblüffendsten Merkmale der bisher veröffentlichten Genomsequenzen ist in diesem Zusammenhang die große Zahl unbekannter Gene, die sie enthalten. Selbst in den Genomen von *E. coli* und *S. cerevisiae*, die man mit Hilfe der konventionellen genetischen Analyse weitgehend aufgeklärt zu haben glaubte, haben 16 beziehungsweise 35 Prozent der proteincodierenden Gene keine bekannte Funktion – das sind 379 unbekannte Gene bei *E. coli* und etwa 2000 bei der Hefe. Manche dieser unbekannten Gene sind wirklich faszinierend. So besitzt *S. cerevisiae* mehrere Gene, die eine auffällige Ähnlichkeit zu den Genen für die Stickstoffixierung bei Bakterien wie *Anabaena* aufweisen, obwohl Hefe, soweit man weiß, nicht in der Lage ist, Stickstoff zu fixieren.
2. *Zugang zu wichtigen Genen.* Genomprojekte führen nicht nur zur Entdeckung unbekannter Gene, sondern sie liefern auch Sequenzdaten für Gene, die man bereits identifiziert, aber nicht kloniert hat. Die genaue Kenntnis dieser Gene ist für die Biotechnologie und andere Bereiche der angewandten Forschung von großem Nutzen. Wie wir in Abschnitt 21.5 gesehen haben, kann man mit klonierten Genen die rekombinante

Form wichtiger Proteine herstellen, die als Hormone oder andere Arzneimittel dienen. Wenn man die Sequenz des menschlichen Genoms kennt, werden sich die Möglichkeiten auf diesem Gebiet erheblich erweitern, denn dann hat man Zugang zu bisher nicht klonierten Genen für medizinisch wichtige Proteine. Entsprechend werden die Erkenntnisse über Bakteriengenome auch wichtige, von diesen Organismen hergestellte Enzyme besser zugänglich machen. Von besonderem Interesse sind hier die derzeit laufenden Projekte zur Sequenzierung der Genome thermophiler Bakterien, denn ihre Enzyme sind hitzestabil und können deshalb für industrielle Hochtemperaturprozesse von Nutzen sein, die eine bessere Syntheseleistung ermöglichen, bei denen die üblichen Enzyme aber inaktiviert werden.

3. *Nachweis von Genen, die beim Menschen Krankheiten hervorrufen.* Eine der ersten Triebkräfte für das Projekt des menschlichen Genoms waren die positiven Auswirkungen, die sich aus der Kenntnis der gesamten Genomsequenz für unser Wissen über die Krankheiten ergeben werden. Viele Krankheiten entstehen nicht durch eine Infektion mit Bakterien oder anderen Erregern, sondern durch genetische Defekte (Tabelle 22.1). Der Nachweis des für eine genetisch bedingte Krankheit verantwortlichen Gens ist aus mehreren Gründen wichtig. Unter Umständen kann man daraus Indizien für die biochemischen Ursachen der Krankheit ablesen und Therapieverfahren entwickeln; oder aber man nimmt Reihenuntersuchungen in Angriff und identifiziert damit die Träger der Krankheit, darunter auch Risikopersonen, die bisher keine Symptome haben und von einer frühzeitigen Behandlung profitieren können. In den letzten Jahren hat man mehrere krankheitserzeugende Gene isoliert, insbesondere die für Brustkrebs und cystische Fibrose (Mukoviszidose), aber dazu war jedesmal ein langwieriges, teures Forschungsprogramm notwendig, und bei manchen Krankheiten hat sich die Lokalisierung des verantwortlichen Gens schlicht als unmöglich erwiesen. Wenn die Sequenz bekannt ist, wird die Genisolierung nicht gerade zu einer einfachen Aufgabe werden, aber zumindest wird sie im Vergleich zu heute wesentlich erleichtert.
4. *Hat die extragene DNA eine Funktion?* Wie wir in Abschnitt 16.1.2 erfahren haben, besteht das menschliche Genom zu 70 Prozent aus extragener DNA. Derzeit nimmt man an, daß diese Abschnitte keine Funktion haben, aber das könnte auch schlicht ein Ausdruck unseres Unwissens sein: Vielleicht scheint die extragene DNA nur deshalb keine Aufgaben zu erfüllen, weil wir sie nicht gut genug kennen und ihre Bedeutung deshalb nicht einschätzen können. Der erste Schritt zur Erweiterung unserer Kenntnisse über diese Teile des Genoms besteht deshalb darin, ihre Organisation in verschiedenen Genomen vollständig zu beschreiben, so daß man übereinstimmende Merkmale erkennt, die für einen Teil davon oder alles auf eine Funktion hindeuten.

Ziele für das Projekt des menschlichen Genoms

Mit dem Projekt des menschlichen Genoms verfolgt man nicht nur die Absicht, die vollständige Sequenz zu erarbeiten. Seine Ziele sind:

- die Konstruktion einer umfassenden genetischen Karte;
- die Herstellung von Bibliotheken mit überlappenden Klonen, die das gesamte Genom abdecken;
- die Sequenz selbst;
- Verbesserungen bei Speicherung, Handhabung und Weitergabe der Daten.

22.2 Strategien der Genomsequenzierung

Bei allen Sequenzierungsprojekten stellt sich das gleiche Grundproblem: Selbst mit der besten apparativen Ausstattung und neuesten Methoden kann man in einem einzelnen Experiment nicht mehr als 400 bis 500 bp der DNA analysieren. Das hat zur Folge, daß man lange Sequenzen aus vielen überlappenden Fragmenten zusammensetzen muß (Abb. 22.1), und um die Überlappungen zu finden, sucht man in den Einzelsequenzen nach übereinstimmenden Abschnitten. Je größer das Genom ist, desto schwieriger wird es, alle in Abschnitte aus den Einzelexperimenten richtig zusammenzufügen. Wir wollen uns jetzt nacheinander die Genomprojekte für Bakterien, Hefe und Mensch ansehen; dabei werden wir erfahren, wie dieses Problem in jedem Einzelfall gelöst wurde oder gelöst wird.

22.2.1 Kleine Bakteriengenome – die Schrotschußmethode

Das einfachste Verfahren zur DNA-Sequenzierung ist die **Schrotschußmethode**: Man setzt die Gesamtsequenz unmittelbar aus den jeweils 400 bis 500 bp langen Sequenzen der Einzelabschnitte zusammen, die man in den Experimenten analysiert hat (Abb. 22.2). Um die Frage, welche Möglichkeiten in dieser Vorgehensweise stecken, gab es Anfang der neunziger Jahre erhebliche Diskussionen: Viele Molekularbiologen glaubten, sie sei auf DNA-Moleküle von mehr als ein paar zigtausend Basenpaaren nicht anzuwenden und eigne sich deshalb nicht einmal für die kleinsten Bakteriengenome. Nach der damals vorherrschenden Meinung würde die Datenverarbeitung, die zum Auffinden der Überlappungen zwischen den Einzelabschnitten größerer Genome notwendig wäre, selbst die leistungsfähigsten Computersysteme überfordern.

a) Die Sequenz von *Haemophilus influenzae*. Deshalb war es allgemein eine große Überraschung, als die erste vollständige Sequenz eines Bakteriums veröffentlicht wurde: Das 1830 kb lange Genom von *Haemophilus* hatte man ausschließlich mit der Schrotschußmethode analysiert. Die Einzelheiten sind recht ver-

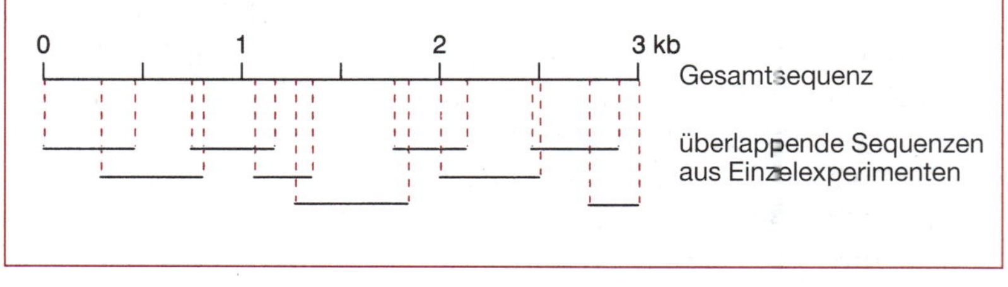

22.1 Das Zusammensetzen mehrerer überlappender, kurzer Sequenzen aus einzelnen Sequenzierungsexperimenten zu einer Gesamtsequenz.

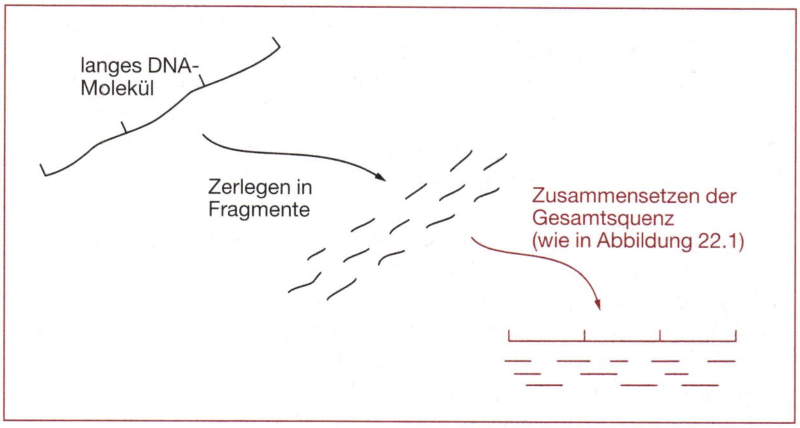

22.2 Das Schrotschuß-Verfahren zur Sequenzaufklärung eines langen DNA-Moleküls.

blüffend. Das Projekt wurde von einer großen Arbeitsgruppe des The Institute for Genomic Research (TIGR) in Gaithersbrugh (Maryland) durchgeführt: Man zerlegte die DNA von *H. influenzae* in Fragmente von 1,6 bis 2 kb Länge, klonierte diese Fragmente und führte dann mit 19 687 zufällig ausgewählten Klonen aus dieser Sammlung 28 643 einzelne Sequenzierungsexperimente durch. Von diesen wurden 4339 als „Versager" eingestuft, weil sie Sequenzen von weniger als 400 bp geliefert hatten. Die restlichen 24 304 Sequenzen wurden in einen Computer eingelesen, der daraufhin nach 30 Stunden 140 große Abschnitte aus zusammenhängenden, überlappenden Sequenzen lieferte; jedes dieser **Contigs** war ein Unterabschnitt des Gesamtgenoms (Abb. 22.3).

Die Contigs überlappten sich nicht: Bei der Zufallsauswahl hatte man die zwischen ihnen liegenden Sequenzen nicht erfaßt. Im nächsten Schritt mußte man deshalb herausfinden, welche Contigs in dem Genom paarweise nebeneinander liegen. Dazu bediente man sich mehrerer Verfahren; am nützlichsten war die Hybridisierungsanalyse (Abschnitt 21.1.1) einer genomischen DNA-Bibliothek von *H. influenzae*, die in einem λ-Vektor kloniert war. Als Sonden dienten dabei kurze, im Labor hergestellte Oligonucleotide, deren Sequenzen zu denen an den Enden der Contigs paßten (Abb. 22.4a). Hybridisierten zwei Oligonucleoti-

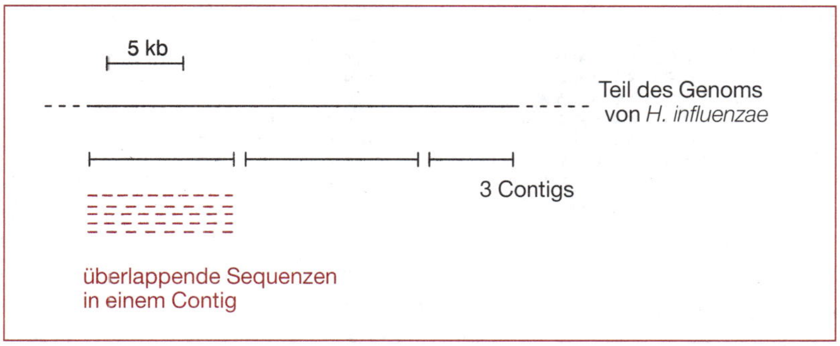

22.3 Eine Reihe hintereinander angeordneter Contigs im Genom von *H. influenzae*.

de mit demselben λ-Klon, mußten auch die Enden der zugehörigen Contigs in diesem Klon liegen, oder mit anderen Worten: Die beiden Contigs mußten im Genom benachbart sein (Abb. 22.4b). Und nachdem man ein Paar benachbarter Contigs entdeckt hatte, wurde die Lücke zwischen ihnen durch Sequenzieren des betreffenden DNA-Abschnitts aus dem λ-Klon geschlossen.

b) Schrotschuß-Sequenzierung anderer Bakteriengenome. Die Schrotschußmethode hat den Vorteil, daß sie relativ schnell geht, insbesondere wenn man das Projekt nach dem Fließbandprinzip organisiert: Ein großes Wissenschaftlerteam arbeitet koordiniert zusammen, wobei jeder seine besondere Aufgabe hat – der eine präpariert die DNA, der nächste führt die Sequenzierung durch, und ein dritter analysiert die Daten. Drei Monate nach der *H. influenzae*-Sequenz veröffentlichte TIGR die Sequenz von *Mycoplasma genitalium*, dessen relativ kurzes Genom nur 9846 Sequenzierungsexperimente erforderte. Ausgeführt wurden sie von fünf Personen innerhalb von acht Wochen. Ein Jahr später wurde die Sequenz des komplizierteren Genoms von *Methanococcus jannaschii* publiziert. Diese Leistungen sprachen eindeutig für die Schrotschußmethode, und es bestehen kaum Zweifel, daß man mit ihrer Hilfe in den kommenden Jahren noch eine ganze Reihe von Bakteriengenomen sequenzieren wird.

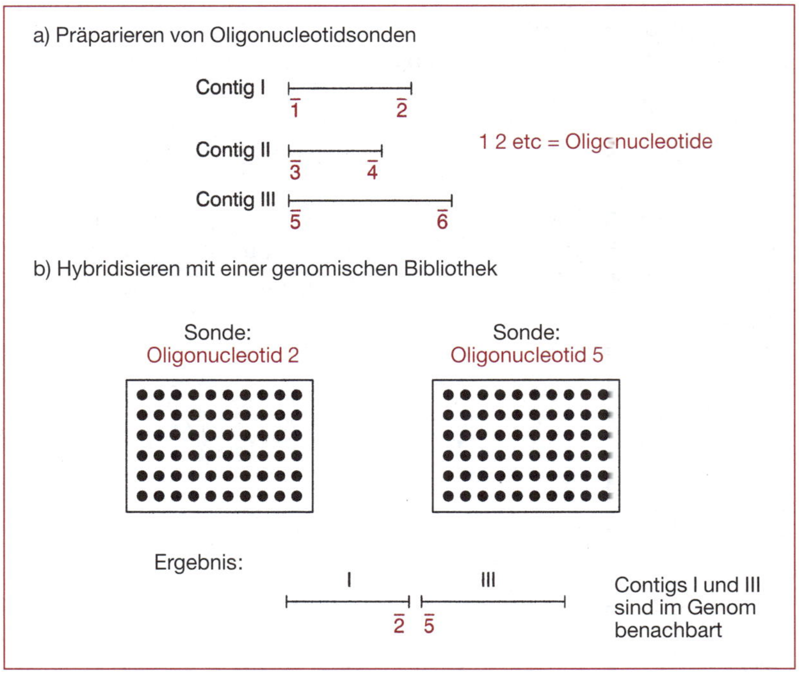

22.4 Die Ermittlung von Nachbarschaftsverhältnissen zwischen Contigs im Genom von *H. influenzae* mit Hilfe hybridisierender Sonden. Die Oligonucloetide 2 und 5 hybridisieren mit demselben genomischen Klon, das heißt, die Contigs I und III liegen hintereinander.

22.2.2 Das Genom von *S. cerevisiae* – Sequenzierung kartierter Klone

Aus den zuvor beschriebenen Ergebnissen der Sequenzierungsprojekte mit *H. influenzae* und *M. genitalium* kann man abschätzen, daß die Sequenzierung des Hefegenoms mit seinen 12 250 kb nach der Schrotschußmethode über 200 000 einzelne Sequenzierungsexperimente erfordern würde. Wenn fünf Personen in acht Wochen fast 10 000 solche Versuche schaffen, liegt die Ermittlung von 200 000 Einzelsequenzen nicht außerhalb aller Möglichkeiten, aber ist es wirklich die einfachste Vorgehensweise?

Für manche Organismen mit Genomen von 10 000 bis 20 000 kb könnte die Antwort durchaus ja lauten, wenn man unterstellt, daß die zukünftige Computertechnik mit den dabei anfallenden Datenmengen fertig wird. Bei *S. cerevisiae* war jedoch ein anderes Verfahren möglich und effizienter. Das lag daran, daß man das Hefegenom durch herkömmliche genetische Analysen bereits umfassend kartiert hatte (Abschnitt 18.2), so daß man die Lage vieler Gene auf den 16 Chromosomen kannte. Eine umfassende genetische Karte bietet den Vorteil, daß man Klone identifizieren kann, die bestimmte Abschnitte des Genoms enthalten; dazu stellt man einfach fest, welche Gene in der DNA des Klons vorhanden sind. Untersucht man auf diese Weise eine ausreichende Zahl von Klonen, sollte sich eine Reihe aufstellen lassen, die das gesamte Genom überspannt; genau das tat man beim Chromsom Nummer III, dem ersten, das man sequenzierte (Abb. 22.5).

Die DNA-Moleküle in den 29 Klonen, die das gesamte Chromosom III der Hefe umfaßten, hatten eine Durchschnittsgröße von 10,8 kb. Diese Klone wurden aber nicht alle in einem einzigen Labor sequenziert, sondern man organisierte das Ganze als Gemeinschaftsprojekt von 35 Arbeitsgruppen in mehreren europäischen Ländern. Jede Gruppe hatte die Aufgabe, Sequenzdaten für zehn bis 20 kb aus verschiedenen Abschnitten des Chromosoms zu liefern, und die Ergebnisse wurden dann in einem Institut im deutschen Martinsried zusammengeführt, das sich auf die Auswertung von Sequenzdaten spezialisiert hatte. Das gesamte Projekt dauerte zwei Jahre. Parallele Unternehmungen in anderen Ländern Europas sowie in den USA, Kanada und Japan setzten sich das Ziel, die anderen 15 Hefechromosomen zu sequenzieren, und nach knapp sechs Jahren war die Sequenz des Genoms komplett.

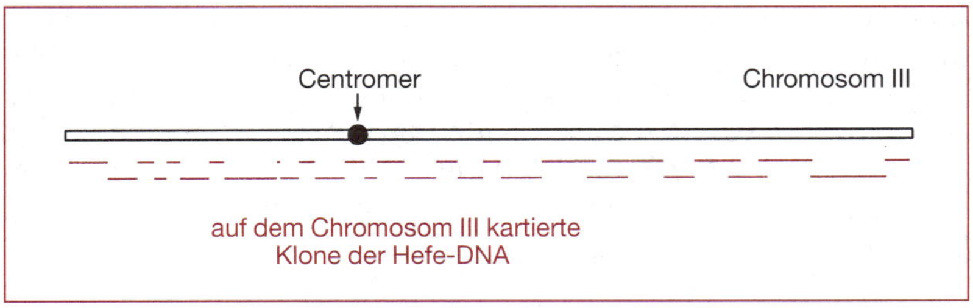

22.5 29 Klone der Hefe-DNA und ihre Kartierung auf dem Chromosom III.

22.2.3 Das menschliche Genom – Schwierigkeiten in ganz anderer Größenordnung

Das menschliche Genom ist 240mal so lang wie das der Hefe und 1640mal länger als die DNA von *H. influenzae*. Wie man daran sofort erkennt, steht das Projekt des menschlichen Genoms vor Schwierigkeiten in ganz anderer Größenordnung, als sie von den Organisatoren der Bakterien- und Hefeprojekte zu lösen waren. Aber trotz dieser viel größeren Probleme unterscheidet sich die Strategie zur Sequenzierung des menschlichen Genoms nicht grundlegend von der, die man bei der Analyse der Hefechromosomen anwandte: Man identifiziert eine Reihe von Klonen, die ein Chromosom abdecken, und ermittelt an ihnen die Sequenzen, die man dann auf der Karte der menschlichen DNA anordnen kann.

Hier stellte sich aber ein anderes Problem: Als man das Projekt des menschlichen Genoms in Angriff nahm, gab es für den Menschen noch keine genauen Genkarten. Der Grund liegt auf der Hand: Konventionelle genetische Analysen kann man beim Menschen nicht durchführen, weil kontrollierte Kreuzungsexperimente undenkbar sind. Und andere Methoden zur Genkartierung hatte man Anfang der achtziger Jahre noch nicht entwickelt. Das Projekt des menschlichen Genoms stellte sich deshalb zunächst einmal die Aufgabe, die genetische Karte zusammenzustellen, die man als Grundlage für die Sequenzierung brauchte. Auf welchen Wegen wird dieses Ziel erreicht?

a) Eine begrenzte genetische Karte wurde durch Stammbaumanalyse gewonnen. Kontrollierte Kreuzungsexperimente sind natürlich mit Menschen nicht möglich, aber unkontrollierte Kreuzungen finden im ganz normalen Leben der Menschen ständig statt. In den achtziger Jahren unternahm man die ersten Versuche, aus der Vererbung genetischer Marker in Familien eine genetische Karte des Menschen abzuleiten. Es handelt sich dabei um eine Erweiterung der **Stammbaumanalyse**, die schon seit geraumer Zeit dazu dient, die Vererbungsmuster genetisch bedingter Erkrankungen zu untersuchen – solche Kenntnisse sind von großer Bedeutung, wenn man vorhersagen will, mit welcher Wahrscheinlichkeit zukünftige Kinder die Krankheit erben werden (Abb. 22.6). Um die Stammbaumanalyse zur Entwicklung einer Genkarte nutzbar zu machen, brauchte man nur die Vererbung einer Vielzahl von Markern zu verfolgen; anschließend konnte man mit den Standardmethoden zur genetischen Analyse von Eukaryoten Paare gekoppelter Marker identifizieren und ihre Rekombinationshäufigkeit ermitteln (Kapitel 18). Dazu wandte man folgende Strategie an: Man wählte einige wenige Familien aus – in der ersten größeren Studie waren es 21 –, untersuchte die Genotypen aller Familienmitglieder und analysierte die Vererbung so vieler Marker wie möglich.

Modelle für das Genom des Weizens

Weizen ist die weltweit wichtigste Nahrungspflanze: Er macht etwa 20 Prozent der gesamten Kalorienaufnahme aller Menschen aus. Deshalb gehört er zu den Pflanzen, die man besonders gern untersuchen möchte, um ihn gegebenenfalls zu manipulieren und so den Ertrag zu verbessern. Leider hat Weizen aber ein riesiges Genom: Es ist mit 17 000 000 kb sechsmal so groß wie das menschliche, und daß seine vollständige Sequenz in absehbarer Zukunft zur Verfügung stehen wird, kann man sich schwer vorstellen. Deshalb hat man andere Mittel entwickelt, um seine Genausstattung kennenzulernen und Zugang zu seinen Genen zu finden. Weizen und andere Getreidesorten (zum Beispiel Reis) gehören zur großen Familie der Gräser oder *Gramineae*. Das Reisgenom besteht nur aus 400 000 kb, und vermutlich ist es bei anderen Gräsern noch kleiner. Wäre es möglich, daß die Reihenfolge der Gene bei diesen vielfältigen Arten gleich geblieben ist? Die Antwort ist offenbar ein vorsichtiges Ja, denn in der vergleichenden Kartierung des Reis- und Weizengenoms zeigen sich viele Ähnlichkeiten. Es besteht also die Möglichkeit, Gene aus dem Weizengenom zu isolieren, indem man zunächst die Lage der entsprechenden Gene beim Reis oder einem anderen kleineren Genom kartiert.

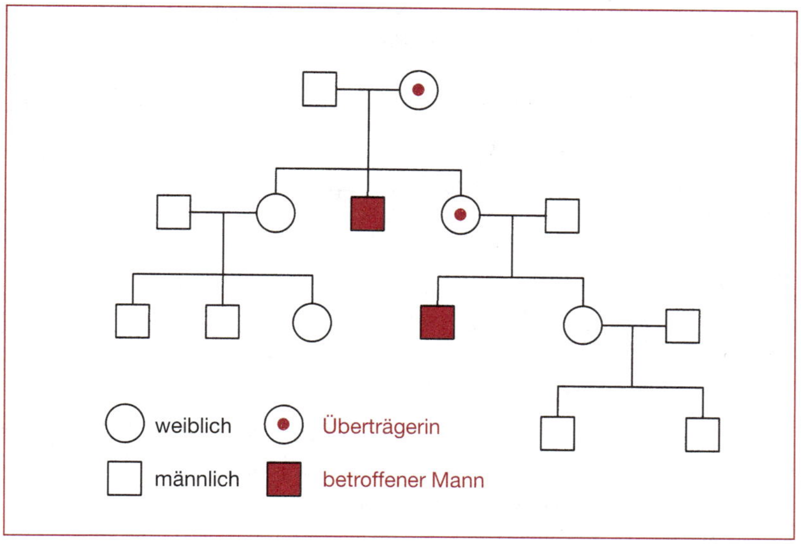

22.6 Die Vererbung einer genetisch bedingten Erkrankung im Stammbaum einer Familie. Aus der Darstellung kann man ablesen, daß es sich um eine X-gekoppelte, von einem rezessiven Gen hervorgerufene Krankheit handelt.

Von vornherein war klar, daß man nicht nur genetisch bedingte Erkrankungen als Marker verwenden konnte, denn nur wenige Familien haben das Pech, daß bei ihnen mehrere Krankheiten vorkommen. Man brauchte also andere Marker; wie könnten sie aussehen? Wie bei jeder genetischen Analyse müssen sie in mindestens zwei Allelen vorkommen (wie die roten und weißen Augen bei *Drosophila* – Abschnitt 18.1.1). Bei der Auswahl genetischer Marker für die genetische Analyse von Menschen stellte sich eine weiteres Problem: Wenn ein Marker nur mit zwei Allelen vorkommt, besteht eine relativ hohe Wahrscheinlichkeit, daß alle Mitglieder einer untersuchten Familie für diesen Marker homozygot sind. Um diese Möglichkeit weitgehend auszuschließen, mußte man Marker mit mehreren Allelen verwenden, beispielsweise die Blutgruppen (Abschnitt 17.2.2) und die *HLA*-Gene (Abschnitt 16.2.1), aber solche Marker kannte man nur in geringer Zahl, und sie reichten nicht aus, um eine umfassende Karte zu erstellen.

Die Lösung für dieses Problem fand man schließlich Anfang der neunziger Jahre. Statt ausschließlich Gene als genetische Marker zu verwenden, setzten die Wissenschaftler des Généthon-Labors in Frankreich auch Teile der extragenen DNA ein. Wie wir auf Seite 313 erfahren haben, findet man an vielen Stellen im menschlichen Genom die Mikrosatelliten-DNA mit zahlreichen Wiederholungen kurzer Sequenzen wie 5′-CA-3′, und durch Rekombination oder Fehler bei der DNA-Replikation kann sich die Zahl der Wiederholungen und damit die Länge solcher Abschnitte ändern. Das heißt: Jede derartige Einheit ist eigentlich ein **Locus** mit vielen Allelen, die sich durch die Zahl der Wiederholungen unterscheiden (Abb. 22.7a).

Identifiziert werden diese Allele, wie man in Abbildung 22.7a erkennt, in der Regel durch PCR (Seite 430). Da viele Mikrosa-

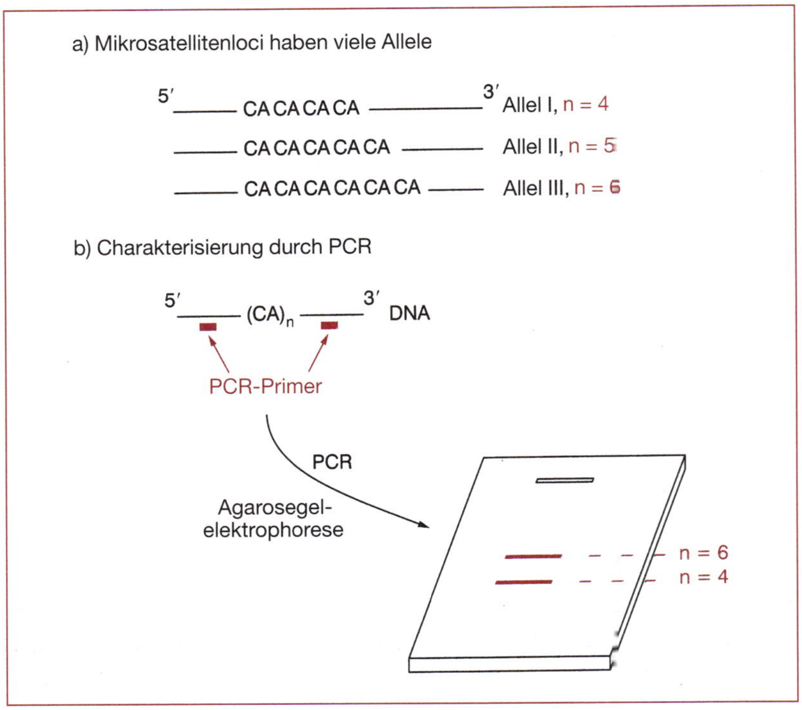

22.7 Mikrosatelliten können als genetische Marker dienen. a) Mikrosatellitenloci können wegen der unterschiedlichen Anzahl von Wiederholungen in Form zahlreicher Allele vorliegen. b) Die Allele am Mikrosatellitenlocus kann man durch PCR charakterisieren; die Primer müssen dabei mit den nur einmal vorhandenen Sequenzen beiderseits des Mikrosatelliten hybridisieren. Nach der PCR bestimmt man durch Gelelektrophorese die Länge der Produkte. In dem hier gezeigten Beispiel erkennt man zwei Banden, ein Hinweis, daß die untersuchte Person an diesem Locus heterozygot ist: Die Allele I und II liegen jeweils mit einem Exemplar vor.

telliten-Loci sich über das gesamte Genom verteilen, sind sie die idealen Marker zum Erstellen einer genetischen Karte: In der neuesten Version dieser Karte des menschlichen Genoms sind 5264 von ihnen eingetragen.

b) Die Anordnung genomischer Klone auf der Karte. Parallel zur Erstellung der genetischen Karte des Menschen gab es ebenso wichtige Weiterentwicklungen bei der DNA-Klonierung. Wie in dem Projekt mit *S. cerevisiae* hat die Sequenzierungsphase des Unternehmens zur Voraussetzung, daß man sich eine Bibliothek genomischer Klone verschafft, von denen jeder einen anderen DNA-Abschnitt enthält, so daß sie schließlich eine Serie bilden, die ein ganzes menschliches Chromosom abdeckt. Bei *S. cerevisiae* erreichte man das durch Klonierung in einem Cosmidvektor; bis Anfang der neunziger Jahre war das der Vektortyp, der die größten DNA-Fragmente aufnehmen konnte. Aber die Maximallänge der DNA-Abschnitte, die man in Cosmiden klonieren kann, liegt bei nur 40 kb (Seite 408). Für eine genomische Bibliothek der Hefe reicht das aus, denn hier erreicht man mit nur 1000 Klonen, daß alle Teile des Genoms mit 95 Prozent Wahrscheinlichkeit enthalten sind (Tabelle 20.2). Eine entsprechende Bibliothek des menschlichen Genoms dagegen müßte 250 000 Klone umfassen. Das sind so viele, daß ihre Handhabung nicht mehr praktikabel ist.

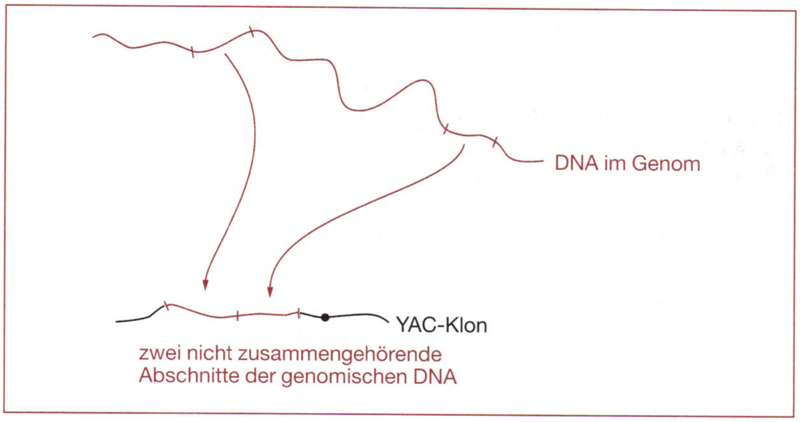

22.8 In manchen YAC-Klonen sind zwei (oder mehr) nicht zusammengehörige Stücke der menschlichen DNA eingebaut.

Im Projekt des menschlichen Genoms stellte man deshalb eine Klonbibliothek mit YAC-Vektoren her (Abschnitt 20.4.1). Diese Vektoren haben eine weitaus höhere Kapazität: Mit ihnen kann man DNA-Abschnitte von 1000 kb und mehr klonieren, so daß eine vollständige Bibliothek aus nur 6000 Klonen besteht. Das ist zwar immer noch eine große Zahl, aber sie liegt im Bereich des praktisch Möglichen. Um sicherzustellen, daß das Genom möglichst vollständig enthalten ist, benutzte man in Wirklichkeit sogar eine Hauptbibliothek aus 33 000 Klonen.

Nachdem nun YAC-Bibliotheken des menschlichen Genoms zur Verfügung stehen, widmet man sich vor allem der Aufgabe, einzelne Klone auf der genetischen Karte einzuordnen und auf diese Weise diejenigen zu identifizieren, die überlappende DNA-Abschnitte enthalten. Dazu bedient man sich mehrerer Strategien; eine besteht darin, daß man untersucht, welche Klone bestimmte Mikrosatelliten-Loci enthalten. Dies ist mit der PCR relativ einfach zu bewerkstelligen: Man benutzt einfach die gleichen Primer, mit denen man die an einem Locus vorhandenen Allele ursprünglich bestimmt hatte (Abb. 22.7). Führt man eine PCR, die für einen einzelnen Mikrosatelliten spezifisch ist, mit allen genomischen Klonen in der Bibliothek durch, zeigen sich sofort diejenigen, welche den fraglichen Mikrosatelliten enthalten, und dann kann man die betreffenden Klone ihrer Position im Genom zuordnen.

Nun bleibt nur noch ein Hindernis: Da die Präparation der Klone in den YAC-Bibliotheken nicht unproblematisch ist, besteht die Befürchtung, daß die DNA in manchen Klonen umgeordnet worden sein könnte und daß manche Klone vielleicht DNA-Abschnitte aus verschiedenen Teilen des Genoms enthalten (Abb. 22.8). Wenn das zutrifft, kann man die betreffenden Klone natürlich nicht als DNA-Lieferanten für die Sequenzierung benutzen, und auch bei ihrer Anordnung auf der genetische Karte kann es zu Fehlern kommen. Deshalb besteht unter Umständen die Notwendigkeit, neue Bibliotheken herzustellen, beispielsweise in einem P1-Vektor (Abschnitt 20.3.3). Dieser nimmt nicht so lange DNA-Stücke auf wie ein YAC-Vektor, das heißt, man muß eine größere Zahl von Klonen untersuchen, aber selbst wenn die Informationen aus den YAC-Klonen ungenau sein sollten, bieten sie wenigstens die Hoffnung, daß diese die Zuordnung der P1-Klone zur genetischen Karte erleichtern.

c) Die Sequenzierung des menschlichen Genoms beginnt. Wenn die Bibliothek mit überlappenden Klonen zur Verfügung steht, kann die Sequenzierungsphase des Projekts beginnen. Man hat das Ziel, die vollständige Sequenz bis 2005 fertigzustellen. Wie in Kapitel 16 bereits erwähnt, erfordert das noch einige Verbesserungen bei der Geschwindigkeit, mit der die Sequenzdaten sich ansammeln, aber alles weist darauf hin, daß diese Beschleunigung tatsächlich eintreten wird. Dennoch haben einige Fachleute die Ansicht vertreten, die vollständige Sequenz solle nicht das vorrangige Ziel sein, sondern man solle zunächst versuchen, die Sequenzen möglichst vieler Gene zu ermitteln; dahinter steht der Gedanke, daß die Gene der wichtige Bestandteil des Genoms sind und daß man ihre Sequenzen am dringendsten braucht. Wie kann man Gene getrennt vom übrigen Genom sequenzieren? Dazu gibt es mehrere Möglichkeiten:

1. *cDNA-Sequenzierung*. Durch Umschreiben der in einer Zelle vorhandenen mRNA stellt man cDNA her (Abschnitt 21.1.2). Da die mRNA ausschließlich von den Genen stammt, enthält auch die cDNA-Bibliothek nur Kopien dieser DNA-Abschnitte, aber weder extragene DNA noch Introns.
2. *Lokalisierung von Genen anhand der CpG-Inseln*. Eine nützliche Eigenschaft des menschlichen Genoms sind die **CpG-Inseln**, kurze, GC-reiche DNA-Abschnitte, die häufig in dem Bereich unmittelbar stromaufwärts von einem Gen liegen, an anderen Stellen aber nur selten anzutreffen sind. Die Lokalisierung einer CpG-Insel in einer klonierten menschlichen DNA ist also ein Weg, um ein Gen schnell aufzuspüren.

Pionierarbeit für diesen „Nur-Gene-Ansatz" beim menschlichen Genom leistete TIGR, das Unternehmen, das für die Sequenzen von *H. influenzae* und anderen Bakterien verantwortlich zeichnet. Dort wurden bereits die Sequenzen von mehreren hunderttausend cDNAs ermittelt. Man bezeichnet solche Sequenzen dort als **exprimierte Sequenzteilstücke** (*expressed sequence tags*, **ESTs**); der Begriff weist darauf hin, daß es sich vielfach nicht um die Sequenzen vollständiger Gene handelt, sondern nur um kurze Abschnitte aus dem exprimierten Bereich von Genen. Die aus ihnen gewonnenen Sequenzdaten sind zwar unvollständig, aber wenn sie von einem Gen stammen, für das man sich interessiert, reichen sie zu dessen Identifizierung aus, insbesondere wenn man die Aminosäuresequenz des zugehörigen Genprodukts kennt. In einer genomischen Bibliothek kann man sie deshalb als Sonden einsetzen und

Klone mit den gewünschten Genen isolieren; damit hat man einen schnellen Zugang zur vollständigen Sequenz dieser Gene.

Speicherung von Sequenzdaten

Die gewaltigen Mengen an Sequenzdaten, die Monat für Monat anfallen, müssen so gespeichert werden, daß andere Wissenschaftler Zugang zu ihnen haben und sie für ihre eigenen Projekte benutzen können. An die Stelle der Veröffentlichung gedruckter Sequenzen in Fachzeitschriften ist schon seit langem die elektronische Publikation getreten. Alle DNA-Sequenzen (nicht nur die aus den Genomprojekten) werden in drei zentralen Datenbanken gespeichert: im Europäischen Labor für Molekularbiologie in Heidelberg, beim National Center for Biotechnology Information in Bethesda (USA) und am Nationalen Institut für Genetik in Mishima (Japan). Die drei Datenbanken tauschen ihre Bestandsinformationen jeden Tag untereinander aus, so daß alle stets sämtliche bekannten Sequenzen enthalten. Man kann die Datenbestände über das Internet durchsuchen, und zwar nicht nur nach einzelnen, namentlich bekannten Sequenzen, sondern auch nach allen Sequenzen eines bestimmten Organismus, allen Sequenzen des gleichen Gens aus verschiedenen Organismen und sogar nach Sequenzen, die einer vorgegebenen Sequenz ähneln. Weitere Datenbanken enthalten jeweils Sequenzen einer bestimmten biologischen Art. Menschliche Sequenzen werden zum Beispiel auch in der Genome Database (GDB) der Johns Hopkins University in Baltimore (USA) gespeichert.

22.3 Was kommt nach den Genomprojekten?

Welche Folgerungen ergeben sich aus den Genomprojekten für die Genetik im allgemeinen? Im Abschnitt 22.1 haben wir uns mit einigen speziellen Fragestellungen befaßt, die den Anstoß zur Sequenzierung ganzer Genome gaben – mit dem Wunsch, die genetische Ausstattung eines Lebewesens vollständig kennenzulernen, mit dem Nutzen der menschlichen Genomsequenz für die klinische Forschung und so weiter. Als die ersten Gesamtsequenzen zur Verfügung standen, bestätigte sich, daß diese sich auch in einem allgemeineren Sinn auf die weitere Forschungsplanung auswirken können. Das gilt besonders für die Hefe: Hier führte die vollständige Sequenz zu einigen ganz neuen Forschungsgebieten. Es seien nur zwei Beispiele genannt:

1. *Identifizierung unbekannter Gene.* Die Erkenntnis, daß wir die Funktionen von 35 Prozent aller proteincodierenden Gene im Hefegenom nicht kennen, hat nur allzu deutlich gemacht, wie wenig wir über die biologischen Vorgänge bei *S. cerevisiae* wissen, und das, obwohl es sich um den bestuntersuchten Eukaryoten überhaupt handelt. Die Hefegenetiker bezeichnen solche unbekannten Gene liebevoll als „Waisen" und sind erpicht darauf, ihre Funktionen kennenzulernen. Das europäische Konsortium, das für die Sequenzierung des ersten Hefechromosoms verantwortlich war, widmet sich jetzt der Aufgabe, die Funktion von 1000 verwaisten Genen aufzuklären; die entscheidende experimentelle Strategie besteht darin, daß man einzelne Genwaisen mit gentechnischen Methoden inaktiviert und dann untersucht, wie sich dies auf die biochemischen Vorgänge in der Zelle auswirkt.
2. *Das Proteom.* Nachdem wir jetzt die gesamte genetische Information der Hefe kennen, lautet die nächste Frage: Wie wird die Expression der Gene in diesem Genom koordiniert? Der erste Schritt auf dem Weg zu einer Antwort ist die Identifizierung der Gene, die in den verschiedenen Stadien des Zellzyklus und unter unterschiedlichen Umweltbedingungen aktiv sind. Unter anderem geht man diese Frage an, indem man den Proteingehalt (oder das **Proteom**, wie man ihn auch nennt) der Zellen analysiert, um die vorhandenen Proteine und ihre Mengenverhältnisse zu identifizieren.

22.4 Genetik im 21. Jahrhundert

Unter allen Wissenschaften vom Lebendigen ist die Genetik die lebendigste. Eine neue Entdeckung folgt auf die andere, und das Forschungstempo nimmt mit den Jahren eher noch zu. Als die zweite englische Auflage diese Buches (die erste deutsche, Anm. d. Übers.) erschien, kannten wir noch keine einzige vollständige Sequenz eines Bakterien- oder Eukaryotengenoms. Heute stehen für mehrere Lebewesen die kompletten Sequenzen zur Verfügung. Die Fertigstellung der Hefesequenz war das bedeutendste Ereignis in der Genetik seit der Entdeckung der Doppelhelixstruktur im Jahr 1953. Außerdem gab es wichtige Fortschritte in den Kenntnissen über rRNA-Synthese (Abschnitt 6.1.1) und über das Spleißen der Introns (Abschnitt 7.4); diese Themen sind von zentraler Bedeutung für unser Wissen darüber, wie die in einem Gen gespeicherte Information umgesetzt und in der Zelle nutzbar gemacht wird. Ebenso wichtige neue Erkenntnisse gab es auch in den Fragen nach Genen in der Entwicklung (Abschnitt 10.5) und nach dem Zusammenhang zwischen Viren und Krebs (Abschnitt 13.2.3). Mit der molekularen Anthropologie (Abschnitt 16.2) hat die Molekulargenetik ein ganz neues Gebiet erobert und in den höchst unterschiedlichen Disziplinen der Archäologie, Ökologie und Evolutionsbiologie neue Vorgehensweisen möglich gemacht.

Für Molekulargenetiker ist es heute wirklich eine spannende Zeit. In den ersten Jahren des 21. Jahrhunderts werden wir miterleben, wie immer mehr Genomsequenzen aufgeklärt werden, und die Fertigstellung der menschlichen wird 2005 oder kurz danach den Höhepunkt bilden. Auch in der Anwendung der Genetik und Molekularbiologie zur Erforschung und Bekämpfung von AIDS und Krebs werden stetige Fortschritte zu beobachten sein. Und zum erstenmal werden wir Zeuge werden, wenn man unsere wirksamen wissenschaftlichen Hilfsmittel auf ein breites Spektrum von Krankheiten anwendet – von der Alzheimer-Krankheit bis zu Parkinson und Schizophrenie. Gregor Mendel würde staunen, wie weit wir mit den Genen gekommen sind, seit er sie in seinem Klostergarten in Brünn entdeckte; man kann nur hoffen, daß er mit dem, was er in Gang gesetzt hat, zufrieden wäre.

Literatur

Fleischmann, R.D.; Adams, M.D. et al. *Whole-Genome Random Sequencing and Assembly of Haemophilus influenzae Rd.* In: *Science* 269 (1995) S. 496–512.

Fraser, C.M.; Gocayne, J.D. et al. *The Minimal Gene Complement of Mycoplasma genitalium.* In: *Science* 270 (1995) S. 397–403.

Bult, C.J.; White, O. et al. *Complete genome Sequence of the Methanogen Archaeon, Methanococcus jannaschii.* In: *Science* 273 (1996) S. 1058–1073.

[Die ersten drei vollständigen Sequenzen von Bakterien, aufgeklärt mit der Schrotschußmethode.]

Oliver, S.G.; van der Aart, M.L. et al. *The Complete DNA Sequence of Yeast Chromosome III.* In: *Nature* 357 (1992) S. 38–46.

[Die erste Sequenz eines ganzen Eukaryotenchromosoms.]

Dujon, B. *The Yeast Genome Project: What Did We Learn?* In: *Trends in Genetics* 12 (1996) S. 263–270.

[Eine Übersicht über das abgeschlossene Hefeprojekt.]

Strachan, T.; Read, A.P. *Molekulare Humangenetik.* Heidelberg/Berlin (Spektrum Akademischer Verlag) 1996.

[Kapitel 13 befaßt sich mit dem Projekt des menschlichen Genoms; andere Kapitel behandeln die genetische Kartierung beim Menschen.]

Dib, C.; Fauré, S. et al. *A Comprehensive Genetic Map of the Human Genome Based on 5,264 Microsatellites.* In: *Nature* 380 (1996) S. 152–154.

Hudson, T.J.; Stein, L.D. et al. *An STS-Based Map of the Human Genome.* In: *Science* 270 (1995) S. 1945–1954.

[Zwei Originalarbeiten über die Kartierung menschlicher Gene.]

Oliver, S.G. *A Network Approach to the Systematic Analysis of Yeast Gene Function.* In: *Trends in Genetics* 12 (1996) S. 241–242.

[Eine Strategie zur Aufklärung der Funktion unbekannter Hefegene.]

Aufgaben

1. Definieren Sie folgende Begriffe:

   Schrotschußmethode
   Contig
   Stammbaumanalyse
   Locus
   CpG-Insel
   exprimiertes Sequenzteilstück
   Proteom

2. Skizzieren Sie die Gründe, warum man ganze Genome sequenziert.

3. Was ist die „Schrotschußmethode" und wie wurde sie bei der Sequenzierung des Genoms von *Haemophilus influenzae* angewandt?

4. Warum benutzte man die Schrotschußmethode nicht auch, um das Chromosom III der Hefe zu sequenzieren?

5. Beschreiben Sie, wie man Gene des Menschen mit Hilfe der Stammbaumanalyse kartiert.

6. Erklären Sie, warum man zur Kartierung menschlicher Gene möglichst Marker mit mehreren Allelen benutzt.

7. Beschreiben sie, wie man sich beim Projekt des menschlichen Genoms der Mikrosatellitenloci bedient.

8. Welche Strategien wenden Forschungsteams an, die im menschlichen Genom nur die Gene sequenzieren wollen?

9. Erläutern Sie, warum das Proteom zu einem wichtigen Forschungsobjekt geworden ist.

10. *Mit dem Projekt zur Vielfalt des menschlichen Genoms (*Human Genome Diversity Project*) versucht man, zusätzliche Genomsequenzen aus verschiedenen Bevölkerungsgruppen aufzuklären. Welchen Nutzen könnte dieses Projekt haben?

11. *Werden beim Projekt des menschlichen Genoms die möglichen Gefahren durch den Nutzen aufgewogen?

Lösungen

Kapitel 3

15. 5′-TTGCATTGCTAT-3′

16. a) 30 Prozent
    b) 40 Prozent
    c) 20 Prozent
    d) 20 Prozent

17. 54 Prozent

Kapitel 4

12. 4^{95}

13. 29 von 36 = 81 %

14. 5′- AUGGGUACUAAAGGGCGCUAUAUAUACGGACGUUAG-3′
    5′- AUGGGAACCAAAGCGCGCUACAUAUAUGGUCCUUAG-3′

Kapitel 5

12. Die Sequenzen lassen sich wie folgt zusammenfassen:

    1. Nucleotid: 6 As 1 T
    2. Nucleotid: 6 Ts 1 G
    3. Nucleotid: 6 As 1 T
    4. Nucleotid: 5 Gs 1 C 1 A
    5. Nucleotid: 6 As 1 C
    6. Nucleotid: 5 Cs 1 G 1 T
    7. Nucleotid: 6 As 1 T
    8. Nucleotid: 6 Ts 1 A
    9. Nucleotid: 4 As 3 Ts

    So wäre die Consensussequenz 5′-ATAGACAT$^{A}_{T}$-3′.
    Nur das letzte Nucleotid ist zweifelhaft.

13. Jede von ihnen.

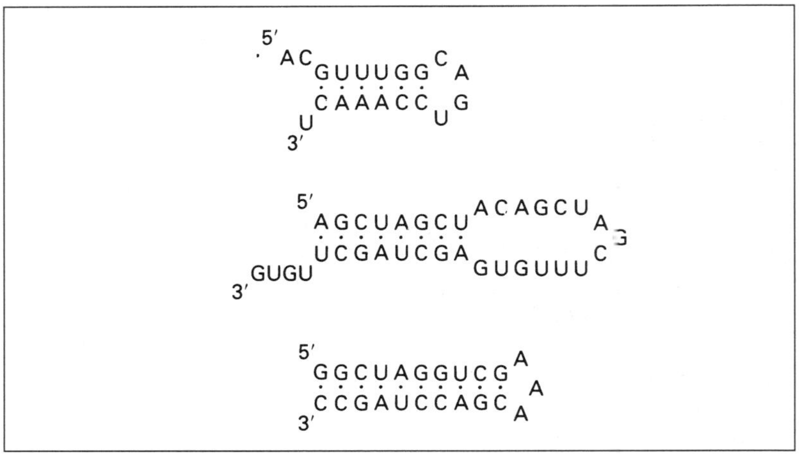

Kapitel 6

11.

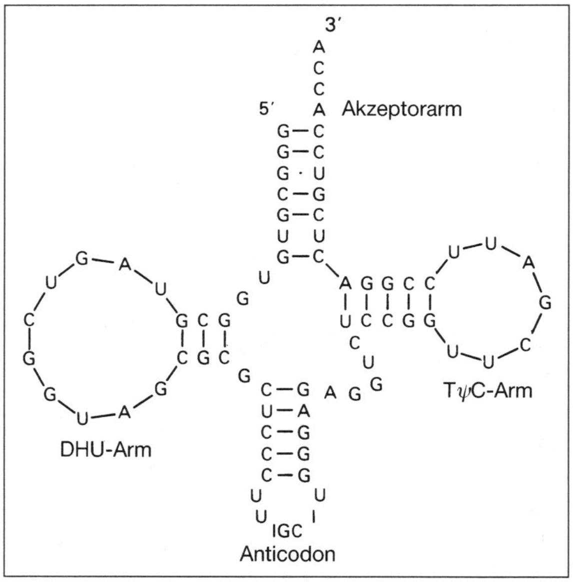

12.

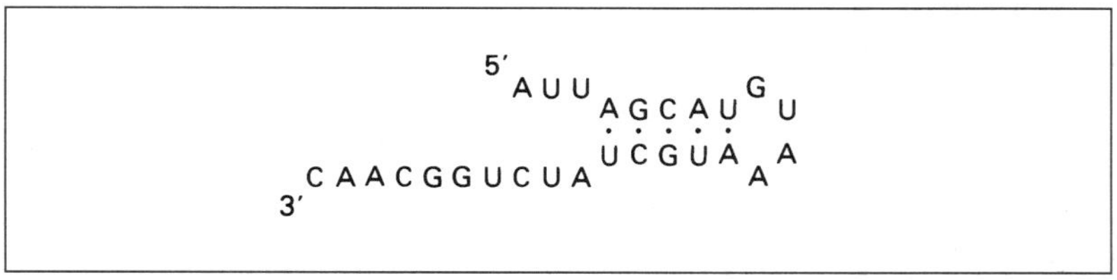

13.

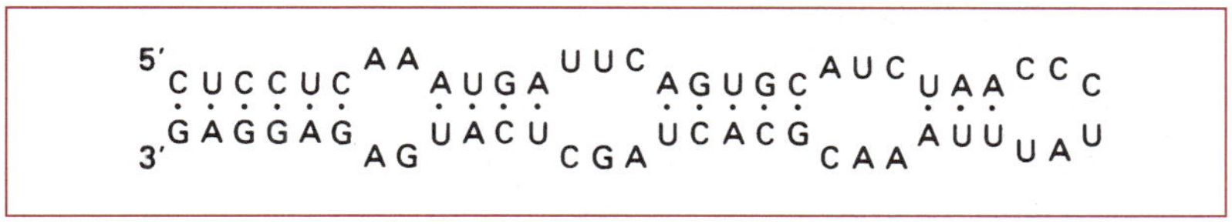

Kapitel 8

15. $4^4 = 256$

16. Codons: AAA, AAG, AGA, GAA, AGG, GGA, GAG, GGG.
    Aminosäuren: Lys, Arg, Glu, Gly.

17. Met-Leu-Ala-Asp-Pro-Glu-Met-Met-Leu-Tyr-Ile-Ile-Tyr-Ala-Gln.

Kapitel 10

13. a) Abwesenheit von Galactose: Das Repressorprotein bindet an den Operator, und es findet keine Transkription statt.
    b) Anwesenheit von Galactose: Galactose bindet an das Repressorprotein, der Repressor-Induktor-Komplex kann nicht an den Operator binden, und die Transkription findet statt.

14. a) Wenn der Repressor nicht an den Operator binden kann, wird das Operon ständig exprimiert, auch in Abwesenheit von Lactose.
    b) Wenn kein Repressorprotein vorhanden ist, wird das Operon ständig exprimiert, auch in Abwesenheit von Lactose.
    c) Wenn die RNA-Polymerase nicht an den Promotor binden kann, kann keine Transkription erfolgen, und das Operon wird überhaupt nicht exprimiert.
    d) Wenn der Repressor keine Lactose binden kann, geht die Wirkung des Induktors verloren. Das Operon wird nicht exprimiert, weil der Repressor ständig am Operator gebunden ist.
    e) *lacZ* wird noch richtig transkribiert, aber es ensteht nur ein unvollständiges Transkript von *lacY*. *lacA* wird überhaupt nicht transkribiert. Insgesamt wird nur β-Galactosidase synthetisiert, und deren Synthese wird richtig reguliert.
    f) Wenn die *lac*-mRNA nicht abgebaut wird, wird jede mRNA, die als Reaktion auf die Anwesenheit von Lactose synthetisiert wird, in der Zelle zurückbehalten, auch nach-

dem die Lactose aufgebraucht ist. Folglich sind alle Enzyme ständig vorhanden, und das Operon kann nicht mehr reguliert werden.

Kapitel 11

9.

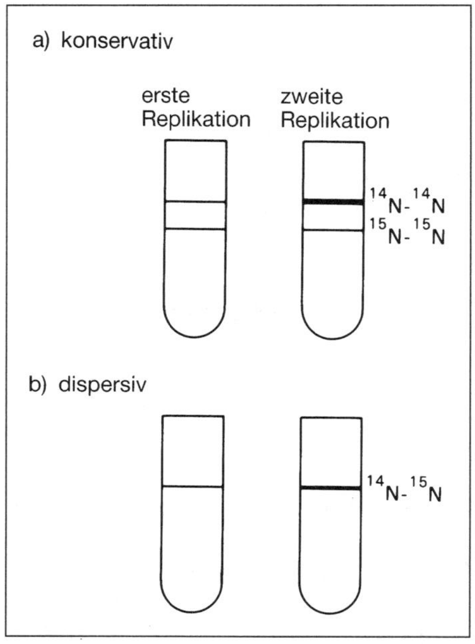

10.

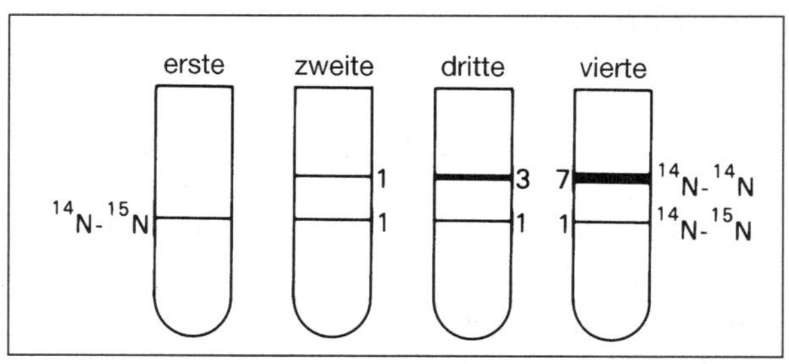

Kapitel 12

18. Aminosäuren = met-gly-arg-thr-thr-gly-ser-tyr-trp-phe-ser.
Für a), b) und d) gibt es mehrere Möglichkeiten. Für c) lauten die einzigen Möglichkeiten:
Nucleotid 24 C zu A (TAC → TAA)
oder G (TAC → TAG)
Nucleotid 26 G zu A (TGG → TAG)
Nucleotid 27 G zu A (TGG → TGA)

19. a) GGA, GGU, GGG oder GGC zu GCA, GCU, GCG oder GCC
b) UGG zu UGA oder UAG
c) UGU oder UGC zu CGU oder CGC
d) AGU oder AGC zu AUU oder AUC
e) AGU oder AGC zu ACU oder ACC
f) ACU oder ACC zu UCU oder UCC

20. Siehe Seite 376.

Kapitel 14

16. Man braucht einen F^--Stamm, der streptomycinsensitiv ist und auch einen genetischen Marker trägt, der ihn vom F^+-Stamm unterscheidet. Geignet wäre ein $F^- str^S amp^R$-Stamm (amp^R = ampicillinresistent). F^+- und F^--Zellen werden gemischt, und die Konjugation kann stattfinden. Dann streicht man die Zellen auf ein Agarmedium, das sowohl Streptomycin als auch Ampicillin enthält. Nur wenn R100 beweglich ist, gibt es $str^R amp^R$-Zellen, die auf dem selektiven Medium wachsen können.

Kapitel 17

10. F_1: Nur *Gg*, nur grüne Schoten.
F_2: 1 *GG* : 2 *Gg* : 1 *gg*; 3 grüne Schoten : 1 gelbe Schote.

11. 9 volle grüne : 3 volle gelbe : 3 eingeschnürte grüne : 1 eingeschnürte gelbe.

12. Die Genotypen sind 27 *ABC* : 9 *ABc* : 9 *AbC* : 9 *aBC* : 3 *Abc* : 3 *aBc* : 3 *abC* : 1 *abc*.

13. Die gleiche Anzahl heterozygoter langstieliger und homozygoter kurzstieliger Pflanzen.

14. Die F_2-Genotypen sind 1 *RR* : 2 *Rr* : 1 *rr*.
Die F_2-Phänotypen sind 1 rote : 2 rosa : 1 weiße.

Kapitel 18

14. Die Anzahl rekombinierter Nachkommen = 131 + 139 = 270.
Die Gesamtzahl der Nachkommen = 1010.
Rekombinationsfrequenz = 26,7 %.
Kartenentfernung = 26,7 cM.

15.

a	d	b	c	
0	25	30	40	cM

16. Daß a^- und b^- auf verschiedenen Chromosomen liegen.

17. i) Da die Anzahl von PD-Tetraden die Anzahl von NPD-Tetraden bei weitem übertrifft, wissen wir, daß die Marker gekoppelt sind.
    ii) Die Häufigkeit der Crossing-over kann man berechnen als:

$$
\begin{aligned}
CF &= \frac{T + 6\,NPD}{2 \times (T + NPD + PD)} \\
&= \frac{56 + 6}{2 \times (56 + 1 + 101)} \\
&= \frac{62}{2 \times 158} = \frac{62}{316} \\
&= 19{,}6\,\%
\end{aligned}
$$

Kapitel 19

10. *thr*⁻ Wachstumstest auf Minimalmedium.
    leu⁻ Wachstumstest auf Minimalmedium.
    azi^R Wachstumstest auf einem Medium mit Azid.
    ton^A Mischen mit einem Aliquot T1-Phagen, Ausplattieren auf Agar, Suche nach Plaques.
    lac⁻ Wachstumstest auf einem Medium mit Lactose als einzigem Zucker.
    gal⁻ Wachstumstest auf einem Medium mit Galactose als einzigem Zucker.

11.

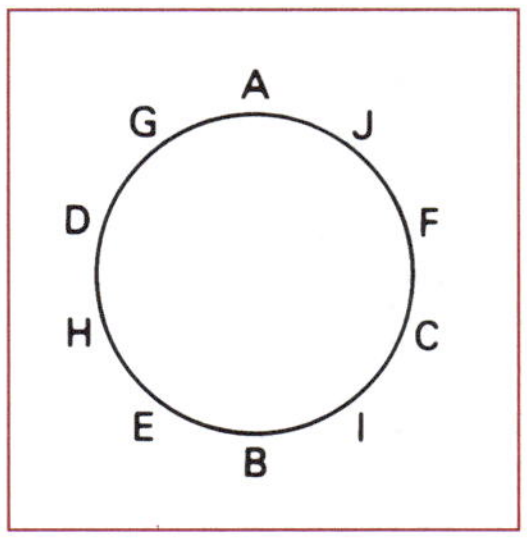

12. C–D–A–B

Glossar

abortive Infektion Infektion eines Bakteriums mit einem transduzierenden Bakteriophagen, der anstelle des Phagengenoms einen Abschnitt Bakterien-DNA aus dem vorherigen Wirt enthält. Man nennt den Infektionszyklus „abortiv", weil keine neuen Phagenpartikel entstehen.

Acridinfarbstoffe Familie chemischer Substanzen, die eine Mutation in Form einer Verschiebung des Leserasters *(frameshift)* erzeugen, indem sie sich zwischen nebeneinanderliegende Basenpaare der Doppelhelix schieben (interkalieren).

Adenin Ein Purin, eine der stickstoffhaltigen Basen in DNA und RNA.

Adenylatcyclase Enzym, das ATP in cyclisches AMP umwandelt. Während der Katabolitrepression wird es durch Glucose gehemmt.

A-Form Eine der Konfigurationen der Doppelhelix, allerdings vermutlich nicht die verbreitetste DNA-Form in der Zelle.

akut transformierendes Retrovirus Retrovirus, das ein Onkogen aufgenommen hat und deshalb Zellen sehr effizient transformiert.

allgemeine Rekombination Rekombination zwischen zwei doppelsträngigen DNA-Molekülen, bei denen sich ein großer Teil der Nucleotidsequenz ähnelt.

Allel Eine von zwei oder mehr verschiedenen Ausprägungen eines Gens.

Alpha-DNA Gehäufte repetitive DNA-Sequenzen, die sich in den Centromerbereichen menschlicher Chromosomen befinden.

α-Helix Spiralförmige Konfiguration, die manche Polypetidabschnitte annehmen; eine der verbreitetsten Protein-Sekundärstrukturen.

***Alu*-Familie** Repetitive DNA, die man in der DNA verschiedener Säugetierarten findet.

Aminoacylierung Das Anhängen einer Aminosäure an den Akzeptorarm eines tRNA-Moleküls; einer der notwendigen Schritte der Proteinsynthese.

Aminoacyl- oder A-Stelle Die Stelle auf dem Ribosom, an die sich die Aminoacyl-tRNA während der Translation anlagert.

Aminoacyl-tRNA-Synthetasen Vielgestaltige Enzymfamilie, die für die Aminoacylierung verantwortlich ist.

Aminosäure Monomerer Baustein der Proteinmoleküle.

Anticodon Das Nucleotidtriplett in einem tRNA-Molekül, das zu einem Codon in einer mRNA komplementär ist und mit diesem Basenpaare bildet.

antike DNA (*ancient DNA*) DNA in erhalten gebliebenem biologischem Material aus früheren Zeiten.

Archaea Gruppe von Organismen, die man zuerst den Bakterien zuordnete. Heute betrachtet man sie jedoch als eigenes Reich.

Ascospore Eines der haploiden Meioseprodukte bei Ascomyceten wie der Hefe *Saccharomyces cerevisiae.*

Ascus Behälter für die vier Ascosporen, die bei einer einzigen Meiose der Hefe *Saccharomyces cerevisiae* entstehen.

AT-AC-Intron Relativ seltener Introntyp: Die beiden ersten Nucleotide sind 5′-AT-3′, die beiden letzten 5′-AC-3′.

Attenuation Mechanismus, der die Expression eines Aminosäurebiosynthese-Operons (zum Beispiel des *trp*-Operons) über den Spiegel der Aminosäure in der Zelle reguliert.

Autoradiographie Methode zum Nachweis radioaktiv markierter Moleküle durch Schwärzung eines röntgenstrahlempfindlichen Films.

Autosom Jedes Chromosom, das kein Geschlechtschromosom ist.

auxotroph Ein mutierter Mikroorganismus ist auxotroph, wenn er nur in Gegenwart eines Nährstoffs wächst, den der Wildtyp nicht benötigt.

Baculovirus Virus, das als Klonierungsvektor für die Produktion rekombinanter Proteine in Insektenzellen benutzt wurde.

Bakteriophage (kurz Phage) Virus, dessen Wirt ein Bakterium ist.

Bakterium Ganz allgemein: jeder Prokaryot.

Basenanalogon Chemische Substanz, die in ihrer Molekülstruktur einer der DNA-Basen ähnelt und mutagen wirken kann.

Basenpaar Durch Wasserstoffbrücken verbundene Struktur, die sich zwischen zwei komplementären Nucleotiden bildet.

β-Faltblatt Durch Wasserstoffbrücken verbundene Faltblattstruktur, die manche Polypeptidabschnitte annehmen; eine der häufigsten Protein-Sekundärstrukturen.

B-Form Die Standardkonfiguration der Doppelhelix; vermutlich die in der Zelle vorherrschende Form, deren Struktur Watson und Crick 1953 entschlüsselten.

biologische Information Information in den Genen einer biologischen Art; steuert die Entwicklung eines lebenden Exemplars dieser Art.

biologische Sicherheit (*biological containment*) Eine der Vorsichtsmaßnahmen gegen die Vermehrung von Mikroorganismen mit rekombinierten DNA-Molekülen in der Umwelt. Zu den biologischen Sicherheitsmaßnahmen gehört die Verwendung von Vektoren und Wirtsorganismen, die man so verändert hat, daß sie außerhalb des Labors nicht überleben können.

Biotechnologie Der Einsatz von Lebewesen (häufig, jedoch nicht immer Mikroorganismen) bei industriellen Verfahren.

–25-Box Bestandteil der Nucleotidsequenz des prokaryotischen Promotors.

CAAT-Box Bestandteil der Nucleotidsequenz, aus welcher der eukaryotische Promotor besteht.

Capsid Der Proteinmantel, der das DNA- oder RNA-Molekül eines Virus umhüllt.

CAP-Stelle Nucleotidsequenz oberhalb mancher bakterieller Gene und Operons; der Anheftungspunkt des Katabolit-Aktivatorproteins CAP *(catabolite activator protein)*.

Cap-Struktur Das modifizierte 5′-Ende eines eukaryotischen mRNA-Moleküls.

cDNA-Bibliothek (cDNA = *complementary DNA*) Eine Bibliothek aus Klonen, die man aus mRNA nach der Umwandlung in doppelsträngige DNA präpariert hat.

CentiMorgan Die Einheit, die man verwendet, um die Entfernung zwischen zwei Genen auf einem Chromosom zu beschreiben. 1 cM ist die Distanz, die einer Rekombinationswahrscheinlichkeit von einem Prozent während einer einzigen Meiose entspricht.

Centromer Der Punkt eines Chromosoms, an dem das Chromatidenpaar des Metaphasechromosoms zusammengehalten wird.

Chi-Form Intermediärstruktur bei der Rekombination zwischen DNA-Molekülen.

Chromatid Ein Chromosomenarm.

Chromatin Ursprünglich das gut anfärbbare Material in den Zellkernen, das den Chromosomen entspricht. Heute spezifischer die strukturelle Verbindung zwischen DNA und Proteinen in Chromosomen.

30-nm-Chromatinfiber Die Unterstruktur des Chromatins, die aus einer möglicherweise spiraligen Anordnung von Nucleosomen in Form einer Fiber mit etwa 30 nm Durchmesser besteht.

Chromosomen Die Strukturen aus DNA und Proteinen, die man in eukaryotischen Zellkernen findet und die den größten Teil der Zellgene enthalten.

Chromosomentheorie Die Theorie, daß sich auf den Chromosomen Gene befinden. Sie wurde am überzeugendsten 1903 von Sutton vertreten.

cI-Repressor Eines der Regulationsproteine, die für die Kontrolle der Expression von λ-Genen zuständig sind.

***cis-trans*-Test** Genetische Analyse, mit der man überprüfen kann, ob sich zwei Mutationen in demselben Gen oder in verschiedenen Genen befinden. Sie kann außerdem Aufschlüsse über Dominanz und Rezessivität liefern. Bei dem Test werden zwei mutierte Gene in eine einzige Zelle übertragen, indem man zum Beispiel ein F′-Plasmid mit einem mutierten Gen in ein Bakterium mit einer chromosomalen Kopie des zweiten mutierten Gens einschleust.

Codominanz Die Situation, in der beide Mitglieder eines Allelpaares zum Phänotyp beitragen.

Codon Nucleotidtriplett, das eine Aminosäure codiert.

Colinearität Bezeichnet die Tatsache, daß ein Gen und das Polypeptid, das es codiert, direkt linear zueinander in Beziehung stehen, wobei das 3′-Ende des Matrizenstranges des Gens dem Aminoende des Polypeptids entspricht.

c-onc Die zelluläre Version eines transformierenden Retrovirusgens.

Concatemer DNA-Molekül aus einer Serie kleinerer DNA-Abschnitte, die hintereinander aufgereiht sind. Concatemere bilden sich bei der Replikation mancher Viren- und Phagengenome.

Consensussequenz Nucleotidsequenz, mit der man eine große Anzahl verwandter, jedoch nicht identischer Sequenzen beschreiben kann. Jede Position der Consensussequenz repräsentiert das Nucleotid, das dort in den wirklichen Sequenzen am häufigsten anzutreffen ist.

Contig Ununterbrochene Folge überlappender DNA-Sequenzen.

Core-Enzym Die Form der RNA-Polymerase von *E. coli*, die aus den Untereinheiten $\alpha_2\beta\beta'$ besteht und DNA transkribiert, obwohl sie Promotoren nicht effizient lokalisieren kann.

Core-Octamer Die Struktur, die je zwei Untereinheiten der Histone H2A, H2B, H3 und H4 enthält und den zentralen Bestandteil bildet, um den sich die DNA zur Bildung eines Nucleosoms wickelt.

Corepressor Kleines Molekül, das an ein Repressorprotein binden muß, bevor sich dieses an seinen Operator anlagern kann.

Core-Promoter Sequenz oberhalb eines Gens, an welche die RNA-Polymerase-II bindet, bevor sie mit der Transkription beginnt.

Cosmid Klonierungsvektor mit der λ-*cos*-Stelle, die in ein Plasmid eingebaut ist. Man verwendet es zur Klonierung von DNA-Fragmenten bis zu einer Größe von 40 kb.

***cos*-Stelle** Die Sequenz in einem λ-DNA-Molekül, die an den Enden des linearen Genoms einzelsträngige Überhänge bildet.

Cotransduktion Die Übertragung von zwei oder mehr Genen von einem Bakterium zu einem anderen mit Hilfe eines transduzierenden Phagen.

Cotransformation Die Aufnahme von zwei oder mehr Genen auf einem einzigen DNA-Molekül während der Transformation eines Bakteriums.

Cro-Repressor Eines der Regulationsproteine, die für die Expressionssteuerung der λ-Gene verantwortlich sind.

Crossing-over Der Austausch von Polynucleotiden zwischen Chromosomen während der Meiose.

cyclisches AMP Eine modifizierte Form von AMP, bei der eine intramolekulare Phosphodiesterbindung die 5′- und 3′-Kohlenstoffatome verbindet.

Cyclobutyldimer Dimerstruktur, die sich als Folge ultravioletter Bestrahlung in einem Polynucleotid zwischen zwei nebeneinanderliegenden Pyrimidinbasen ausbildet.

Cytochemie Die Analyse des chemischen Aufbaus von Zellbestandteilen, häufig durch Bestimmung ihrer Färbeeigenschaften.

Cytoplasma Allgemeine Bezeichnung für das komplexe Molekülgemisch, das sich außerhalb des Kerns einer lebenden Zelle befindet.

Cytosin Pyrimidin, eine der Basen in DNA und RNA.

defektes Virus Virusgenom, das lebenswichtige Nucleotidsequenzen verloren hat und sich deshalb allein nicht replizieren kann. Ein defektes Virus kann Nachkommen hervorbringen, indem es Proteine benutzt, die ein intaktes Virusgenom in derselben Zelle synthetisiert hat.

Degeneration Beim genetischen Code die Eigenschaft, daß die meisten Aminosäuren von mehr als einem Triplettcodon codiert werden.

Deletionsanalyse Die Suche nach Regulationssequenzen eines Gens durch Analyse der Wirkungen, die bestimmte Deletionen im stromaufwärts gelegenen Bereich auf die Expression haben.

Deletionsmutation Mutation, die durch die Deletion eines Nucleotids aus der DNA-Sequenz entsteht.

Denaturierung Zerstörung der nichtkovalenten Wechselwirkungen, die für die sekundäre oder höhergradige Struktur von Proteinen und Nucleinsäuren verantwortlich sind, mit Hilfe chemischer oder physikalischer Mittel.

Desoxyribonuclease Enzym, das ein DNA-Polynucleotid schneidet, indem es die Phosphodiesterbindungen spaltet.

Dichtegradientenzentrifugation (*density gradient centrifugation*) Auftrennung von Molekülen und Teilchen aufgrund ihrer Dichte, gewöhnlich durch Zentrifugation in einer konzentrierten Saccharose- oder Cäsiumchloridlösung.

Didesoxynucleotid Modifiziertes Nucleotid, dem die 3′-Hydroxylgruppe fehlt und das deshalb eine Kettenverlängerung verhindert, wenn es in ein wachsendes Polynucleotid eingebaut wird.

Dihybridkreuzung Sexuelle Kreuzung, bei der man die Vererbung zweier Allelpaare verfolgt.

diploid Zwei Kopien eines jeden Chromosoms besitzend.

direkte Sequenzwiederholungen (*direct repeats*) Zwei oder mehr identische Nucleotidsequenzen in einem einzelnen Polynucleotid.

Disulfidbrücke Ein bestimmter Typ kovalenter Bindung unter Beteiligung zweier Schwefelatome, die sich zwischen zwei Cysteinen in einem einzelnen Polypeptid oder zwischen verschiedenen Polypeptiden ausbilden kann.

DNA Desoxyribonucleinsäure (*deoxyribonucleic acid*), das genetische Material.

DNA-Biegung Topologischer Zustand einer DNA: Das Molekül ist so verbogen, daß zwei auf der Doppelhelix weit voneinander entfernte Stellen in enge Nachbarschaft gebracht werden.

DNA-bindendes Protein Protein, das sich im Laufe seiner normalen Funktion an DNA anlagert, zum Beispiel Histone, RNA-Polymerase und der *lac*-Repressor.

Dnab-Helicase Enzym, das bei *E. coli* die Basenpaarungen vor der Replikation aufbricht.

DNA-Gyrase Typ-II-Topoisomerase in *E. coli*.

DNA-Klonierung Einbau eines DNA-Fragments in einen Klonierungsvektor mit anschließender Vermehrung des rekombinierten DNA-Moleküls in einem Wirtsorganismus.

DNA-Ligase Enzym, das Einzelstrangunterbrechungen in doppelsträngigen DNA-Molekülen repariert. In der Zelle sind Ligasen an der DNA-Replikation beteiligt. Gereinigte Ligasen setzt man bei der Herstellung rekombinierter DNA-Moleküle ein.

DNA-Polymerase I Bei *E. coli* das Enzym, das während der DNA-Replikation die Synthese einzelner Okazaki-Fragmente vollendet.

DNA-Polymerase III Das wichtigste DNA-Replikationsenzym von *E. coli*.

DNA-Rekombinationstechnik (Gentechnik) Alle Methoden, die der Schaffung, Untersuchung und Verwendung rekombinierter DNA-Moleküle dienen.

DNA-Reparatur Die Korrektur von Nucleotidfehlern, die während der DNA-Replikation oder als Folge der Einwirkung mutagener Agentien entstehen.

DNA-Sequenzierung Die Bestimmung der Nucleotidreihenfolge in einem DNA-Molekül.

DNA-Topoisomerase Enzym, das durch vorübergehendes Aufbrechen eines oder beider Polynucleotide die Überspiralisierung der Doppelhelix bewirkt oder beseitigt.

DNA-Tumorvirus Virus, das ein DNA-Genom enthält und bei Infektion einer Tierzelle Krebs verursachen kann, zum Beispiel SV40 und Adenovirus.

dominant Bezeichnet das Allel, das in einem heterozygoten Lebewesen exprimiert wird.

Donorzelle Die Zelle, die während einer Kreuzung zwischen zwei Bakterien Gene abgibt.

Doppelhelix Die natürliche Form der DNA in der Zelle, bestehend aus zwei Polynucleotiden, die Basenpaare bilden.

doppelte Rekombination Zwei Rekombinationsereignisse zwischen denselben DNA-Molekülen, die zum Einbau eines kurzen linearen Moleküls in ein längeres lineares oder ringförmiges Molekül führen können.

3′-OH-Terminus Das Ende eines Polynucleotids, das mit einer Hydroxylgruppe am 3′-Kohlenstoff des Zuckers aufhört.

durchlässige Mutation (*leaky mutation*) Mutation, die nur den teilweisen Verlust einer Eigenschaft bewirkt.

egoistische DNA DNA, die anscheinend keine Funktion besitzt und auch der Zelle, in der sie sich befindet, zu nichts von Nutzen ist.

Einzelkopie-DNA DNA-Sequenz, die im Genom nur einmal vorkommt.

einzelstrangbindendes Protein (*single-strand binding protein,* SSB) Eines der Proteine, die sich im Bereich der Replikationsgabel an Einzelstrang-DNA binden und so das Wiederverbinden nichtreplizierter DNA verhindern.

Elektrophorese Auftrennung von Molekülen aufgrund ihrer elektrischen Nettoladung.

Elongationsfaktor Eines der Proteine, die am Verlängerungsschritt der Translation beteiligt sind.

Empfängerzelle Die Zelle, die während einer Genübertragung zwischen Bakterien die DNA erhält.

Endonuclease Enzym, das Phosphodiesterbindungen in einem Nucleinsäuremolekül schneidet.

Enhancer Ein spezieller Typ eukaryotischer Regulationssequenzen; der Enhancer kann unabhängig von seiner Orientierung die Transkriptionsgeschwindigkeit eines Gens erhöhen, das sich in einiger Entfernung befindet.

Episom Plasmid, das sich in das Chromosom der Wirtszelle integrieren kann.

Epistase Die Fähigkeit eines Gens, den Phänotyp, den ein anderes Gen verursacht, zu maskieren.

ergänzende Genwirkung Situation, in der ein Phänotyp nur dann entsteht, wenn zwei ganz bestimmte Allele verschiedener Gene zusammenwirken.

Euchromatin Die Bereiche eines eukaryotischen Chromosoms, die weniger kondensiert erscheinen und sich mit DNA-spezifischen Farbstoffen weniger stark anfärben lassen.

Eukaryot Organismus, dessen Zellen einen membranumhüllten Kern enthalten.

Excisionsreparatur Reparatursystem, das verschiedene Arten von DNA-Schäden korrigieren kann, indem es einen Polynucleotidbereich herausschneidet und die korrekte Nucleotidsequenz neu synthetisiert.

Exon Einer der codierenden Bereiche eines gestückelten Gens.

exon shuffling (Hin-und-Herschieben von Exons) Nach der Theorie vom *exon shuffling* sind Exons abgeschlossene Untereinheiten genetischer Information, die „vertauscht" werden können, so daß neue funktionsfähige Gene entstehen.

Exonuclease Enzym, das ein Nucleotid nach dem anderen von den Enden eines Nucleinsäuremoleküls entfernt.

exprimiertes Sequenzteilstück (*expressed sequence tag,* EST) Nach dem Zufallsprinzip aus einer cDNA-Klonbibliothek gewonnene cDNA-Sequenz, die ein Teilstück der codierenden Region eines Gens darstellt.

extrachromosomales Gen Gen, das nicht auf den Zellchromosomen liegt, wie zum Beispiel die Gene der Chloroplasten- oder Mitochondriengenome oder Gene auf Plasmiden.

extragene DNA Jeder Teil des Genoms, der nicht zu einem Gen gehört oder von einem solchen abgeleitet ist (zum Beispiel Pseudogene) oder zu einem Gen in Beziehung steht (zum Beispiel Promotoren oder Introns).

F-duktion Der Transfer bakterieller Gene von Donor- zu Empfängerbakterium mittels eines F′-Plasmids; Grundlage einer Genkartierungsmethode.

Fehlpaarungsreparatur (*mismatch repair*) DNA-Reparatursystem, das fehlgepaarte Nucleotidpaare erkennen und das falsche Nucleotid auf dem Tochterstrang ersetzen kann.

fMet N-Formylmethionin, eine modifizierte Aminosäure; ist mit der tRNA verbunden, die bei Bakterien die Translation initiiert.

Folgestrang (*lagging strand*) Der Strang der Doppelhelix, der während der DNA-Replikation diskontinuierlich synthetisiert wird.

F-Plasmid Fertilitätsplasmid mit Genen, welches die Übertragung von DNA zwischen Bakterien durch Konjugation steuert.

Freisetzungsfaktor (*release factor* oder RF) Eines der Proteine, die an der Termination der Translation beteiligt sind.

frühe Gene Bakteriophagengene, die während des frühen Stadiums der Infektion einer Bakterienzelle exprimiert werden. Gewöhnlich sind die Produkte früher Gene an der Replikation des Phagengenoms beteiligt.

Leitstrang (*leading strand*) Der Strang der Doppelhelix, der während der DNA-Replikation kontinuierlich synthetisiert wird.

F^+-Zelle Bakterium, das ein F-Plasmid enthält.

F^--Zelle Bakterium, das kein F-Plasmid enthält.

F′-Zelle Bakterium, das ein modifiziertes F-Plasmid mit einem kleinen Stück bakterieller Wirts-DNA enthält.

G1-Phase Erste Ruhephase (*gap*, das heißt „Lücke“ in der DNA-Synthese) des Zellzyklus.

G2-Phase Zweite Ruhephase des Zellzyklus.

Gamet Keimzelle, die gewöhnlich den haploiden Chromosomensatz enthält und mit einem zweiten Gameten verschmelzen kann, so daß bei der sexuellen Vermehrung eine neue Zelle entsteht.

GC-Box Bestandteil der Nucleotidsequenz, die bei Eukaryoten den Promotor bildet.

Gelelektrophorese Elektrophorese, die in einer Gelmatrix abläuft. Moleküle ähnlicher elektrischer Ladung trennen sich dabei entsprechend ihrer Größe auf.

Gelretentionsanalyse Methode, mit der man ein DNA-Fragment, das ein Protein gebunden hat, aufgrund seiner geringeren Beweglichkeit in der Gelelektrophorese nachweist

Gen DNA-Abschnitt, der biologische Information enthält und ein RNA- und/oder Polypeptidmolekül codiert.

Genamplifizierung Die Erzeugung vieler Kopien eines DNA-Abschnitts mit dem Ziel, die Expressionsrate eines Gens in diesem Bereich zu erhöhen.

Genetik Der Bereich der Biologie, der sich der Erforschung von Genen widmet.

genetischer Code Die Regeln, die bestimmen, welches Nucleotidtriplett bei der Translation welche Aminosäure codiert.

genetischer Marker Allel mit leicht erkennbarem Phänotyp, der es ermöglicht, die Vererbung des entsprechenden Gens während eines Kreuzungsversuchs zu verfolgen.

Genexpression Der Vorgang, durch den mit Hilfe von Transkription und meist auch Translation die biologische Information eines Gens umgesetzt und für die Zelle nutzbar gemacht wird.

Genom Der gesamte Genbestand einer Zelle.

genomische Bibliothek Sammlung von Klonen, deren Anzahl ausreicht, um alle Gene eines bestimmten Organismus zu enthalten.

Genotyp Beschreibung der genetischen Zusammensetzung eines Organismus.

Gentechnik Der Einsatz experimenteller Methoden, um DNA-Moleküle mit neuen Genen oder neuen Zusammenstellungen von Genen herzustellen.

Gentransfer Die Weitergabe eines Gens oder einer Gruppe von Genen von einem Donor- zu einem Empfängerorganismus.

Geschlechtschromosom Chromosom, das an der Festlegung des Geschlechts beteiligt ist.

geschlechtsgekoppelt Bezeichnung für ein Gen, das sich auf einem Geschlechtschromosom befindet, oder für einen Phänotyp, der sich aus einem solchen Gen ergibt.

geschlossener Promotorkomplex Der Komplex, der sich zu Anfang zwischen der RNA-Polymerase und einem Promotor bildet und in dem die Doppelhelix noch vollständig geschlossen ist.

gestückeltes Gen (*split gene*) Gen, bei dem die biologische Information auf zwei oder mehr durch Introns getrennte Exons verteilt ist.

glatte Enden (*blunt ends*) Enden eines DNA-Moleküls, bei denen beide Stränge an derselben Nucleotidposition enden, so daß kein Einzelstrang überhängt.

große Furche (*major groove*) Die größere der beiden Vertiefungen, die sich spiralförmig um die Oberfläche der DNA-Doppelhelix ziehen.

GT-AG-Regel Bezieht sich auf die Tatsache, daß bei Introns in proteincodierenden Genen des Zellkerns die ersten beiden Nucleotide GT und die letzten beiden AG sind.

Guanin Purin, eines der Nucleotide in DNA und RNA.

Haarnadelstruktur (Stamm-Schleife-Struktur, *stem-loop-structure*) Struktur aus einem durch Basenpaarung gebildeten Stamm und einer offenen Schleife, die sich in einem einzelsträngigen Polynucleotid mit invertierten Sequenzwiederholungen bilden kann.

Halbwertszeit Die Zeit, in der die Hälfte der Atome einer radioaktiven Probe zerfallen ist.

haploid Bezeichnet eine Zelle, die von jedem Chromosom eine Kopie besitzt.

Haupthistokompatibilitätskomplex (*major histocompatibility complex*, MHC) Multigenfamilie bei Säugetieren, die eine Reihe von Zelloberflächenproteinen codiert. Verschiedene Mitglieder der Genfamilie sind hochpolymorph und wurden in Populationsstudien intensiv eingesetzt.

Helfervirus Virusgenom, das es einem defekten oder modifizierten Virus erlaubt, seinen Infektionszyklus zu vollenden, indem es Genprodukte, die das defekte Virus nicht codiert, zur Verfügung stellt.

Helicase Das Enzym, das während der Replikation für das Aufbrechen der Wasserstoffbrückenbindungen in der Doppelhelix sorgt.

Helix-Turn-Helix Strukturmotiv, das man bei verschiedenen DNA-bindenden Proteinen findet.

hemizygot Bezeichnet ein Gen, das in einer diploiden Zelle in nur einer Kopie vorliegt, wie zum Beispiel die Gene auf dem Y-Chromosom.

Heterochromatin Die Bereiche eines Chromosoms, die relativ dicht erscheinen und mit DNA-spezifischen Farbstoffen stark reagieren.

Heteroduplex Struktur mit Basenpaaren, die sich zwischen zwei nicht vollständig komplementären Polynucleotiden gebildet haben.

heterogene Kern-RNA (*heterogeneous nuclear RNA, hnRNA*) Fraktion der Kern-RNA aus nicht verarbeiteten Transkripten, welche die RNA-Polymerase-II synthetisiert hat.

heterologe Sonde Markiertes Nucleinsäuremolekül für die Suche nach verwandten Molekülen mit Hilfe von Hybridisierungsmethoden.

Heteropolymer Künstliches Nucleinsäuremolekül aus einem Gemisch unterschiedlicher Nucleotide.

heterozygot Bezeichnet eine diploide Zelle oder einen diploiden Organismus, die zwei verschiedene Allele eines bestimmten Gens enthalten.

Hfr-Zelle Bakterium, dessen DNA-Molekül eine Kopie des F-Plasmids integriert hat.

Histone Basische Proteine, aus denen Nucleosomen bestehen und die für die Chromosomenstruktur eine fundamentale Rolle spielen.

Hogness-Box Nucleotidsequenz, die Teil des eukaryotischen Promotors ist.

Holliday-Struktur Intermediärstruktur, die sich vermutlich während der Rekombination zwischen zwei DNA-Molekülen ausbildet.

Holoenzym Die Form der RNA-Polymerase von *E. coli*, die aus den Untereinheiten $\alpha_2\beta\beta'\sigma$ besteht und an der effizienten Erkennung von Promotorsequenzen beteiligt ist.

Homöobox Konserviertes Sequenzelement in einer Anzahl von Genen, die vermutlich bei der Entwicklung eukaryotischer Organismen eine Rolle spielen.

homöotisches Gen Gen, bei dessen Mutation sich ein Körperteil in einen anderen umwandelt.

homologe Chromosomen Zwei oder mehr identische Chromosomen.

homologe Rekombination Rekombination zwischen zwei doppelsträngigen DNA-Molekülen, deren Nucleotidsequenzen sich sehr ähnlich sind.

Homopolymer Künstliches Nucleinsäuremolekül aus Nucleotiden eines Typs.

homozygot Bezieht sich auf eine diploide Zelle oder einen diploiden Organismus, die zwei identische Allele eines bestimmten Gens besitzen.

hybridarretierte Translation (***hybrid-arrest translation, HART***) Methode, um das von einem klonierten Gen codierte Polypeptid zu identifizieren.

Hybrid-Freisetzungstranslation (***hybrid-release translation, HRT***) Methode, um das von einem klonierten Gen codierte Polypeptid zu identifizieren.

Hybridisierung Verfahren, bei dem man mit Hilfe eines markierten Nucleinsäuremoleküls (der Sonde) komplementäre oder homologe Moleküle aufgrund der Entstehung stabiler Hybride identifiziert, die Basenpaare gebildet haben.

illegitime Rekombination Rekombination zwischen zwei doppelsträngigen DNA-Molekülen, deren Nucleotidsequenzen sich wenig oder gar nicht ähneln.

Immunscreening Die Verwendung eines Antikörpers, um das von einem klonierten Gen synthetisierte Polypeptid aufzuspüren.

Induktion Chemische oder physikalische Behandlung, die zum Herausschneiden der integrierten Form eines lysogenen Phagen aus dem Wirtsgenom führt, mit anschließendem Umschalten auf die lytische Form der Infektion.

Induktor Molekül, das die Expression eines Gens oder Operons auslöst (induziert), indem es an ein Repressorprotein bindet und dadurch verhindert, daß sich dieses an seinen Operator anlagert.

Inkompatibilität Unfähigkeit bestimmter Plasmidarten, gleichzeitig in derselben Zelle zu existieren.

Inkompatibilitätsgruppe Gruppe verschiedener Plasmide, die nicht gleichzeitig in derselben Zelle existieren können.

Initiationsfaktor Eines der Proteinmoleküle, die zur Initiation der Translation beitragen.

Initiationskomplex Zu diesem Komplex gehören mRNA, eine kleine ribosomale Untereinheit, aminoacylierte Initiator-tRNA und Initiationsfaktoren. Er bildet sich während der Startphase der Translation.

Insertionsmutation Änderung der Sequenz eines DNA-Moleküls durch Einbau eines oder mehrerer Nucleotide.

Insertionssequenz Relativ kleines transponierbares Element in Bakterien.

interkalierendes Agens Chemische Substanz, die in den Raum zwischen zwei benachbarten Basenpaaren eines doppelsträngigen DNA-Moleküls eindringen kann und häufig Mutationen verursacht.

intermediäre Vererbung Situation, in der keines von zwei Allelen dominant ist, so daß der Phänotyp des heterozygoten Lebewesens eine Zwischenform (Intermediat) zwischen den Phänotypen der beiden entsprechenden Homozygoten darstellt.

Interphase Zeitraum zwischen zwei Zellteilungen.

Intron Bei einem gestückelten Gen einer der Abschnitte, die keine biologische Information enthalten.

Inversionsmutation Veränderung der Sequenz eines DNA-Moleküls durch Entfernen eines Abschnitts mit anschließendem Wiedereinbau in der entgegengesetzten Orientierung.

invertierte (gegenläufige) Sequenzwiederholung (*inverted repeat*) Zwei identische Nucleotidsequenzen, die auf einem DNA-Molekül in entgegengesetzter Orientierung wiederholt sind, entweder nebeneinander oder in einiger Entfernung.

***in vitro*-Mutagenese** Verschiedene Verfahren, mit denen man eine bestimmte Mutation an einer festgelegten Stelle eines DNA-Moleküls erzeugen kann.

***in vitro*-Verpackung** Synthese infektiöser λ-Partikel aus einer Präparation von λ-Capsidproteinen und einem Concatemer von DNA-Molekülen, die durch *cos*-Stellen voneinander getrennt sind.

Isoakzeptoren Zwei oder mehr tRNA-Moleküle die für dieselbe Aminosäure spezifisch sind.

Isotope Zwei oder mehr Atome, welche dieselbe Ordnungszahl besitzen (und deshalb dasselbe Element darstellen), die jedoch eine unterschiedliches Atommasse haben.

Kapsel Hülle, häufig aus Polysacchariden, die bestimmte Arten von Bakterienzellen umgibt.

Karteneinheit Einheit für den Abstand zwischen zwei Genen auf einem Chromosom; heißt heute centiMorgan.

Karyotyp Der gesamte Chromosomenbestand einer Zelle, wobei jedes Chromosom entsprechend seines Aussehens in der Metaphase definiert ist.

Kaskadensystem System, bei dem die Beendigung eines Ereignisses den Beginn eines zweiten auslöst. In der Genetik gewöhnlich ein System zur Steuerung der Reihenfolge, in der Gene exprimiert werden.

Katabolit-Aktivatorprotein (*catabolite activator protein*, CAP) Das Regulationsprotein, das für die Katabolitrepression (Hemmung) der Genaktivität sorgt, indem es auf den Glucosespiegel in der Zelle reagiert.

Katabolitrepression (Hemmung) Der Vorgang, mit dessen Hilfe Glucose die Aktivität von Genen und Operons hemmen kann, die an der Verwendung verschiedener Zucker als Energiequellen beteiligt sind.

Keimzelle (Geschlechtszelle) Zelle, die sich mittels Meiose teilt.

Kinetochor Der Teil des Centromers, an den sich die Mikrotubuli des Spindelapparats anheften.

klebrige Enden (*sticky ends*) Enden eines doppelsträngigen DNA-Moleküls mit einem einzelsträngigen Überhang.

Kleeblattstruktur Eine bequeme zweidimensionale Darstellung der Struktur eines tRNA-Moleküls.

kleine Furche (*minor groove*) Die kleinere der beiden Vertiefungen, die sich spiralförmig um die Oberfläche des DNA-Doppelhelixmoleküls ziehen.

kleine Nucleolus-RNA (snoRNA) Teil der RNA im Zellkern; besteht aus relativ kleinen Molekülen, die vermutlich an der chemischen Abwandlung der rRNA mitwirken.

Klon Population identischer Zellen, normalerweise solche, die dieselben rekombinierten DNA-Moleküle enthalten.

Klonierungsvektor DNA-Molekül, das sich in einem Wirtsorganismus replizieren kann und in das man ein Gen einbaut, um ein rekombiniertes DNA-Molekül zu konstruieren.

kompetent Bezeichnet eine Kultur von Bakterien, die man so behandelt hat, daß ihre Fähigkeit, DNA-Moleküle aufzunehmen, gesteigert ist.

komplementär Bezeichnet Nucleotide oder Nucleotidsequenzen, die Basenpaare bilden können. A und T sind zum Beispiel komplementär. Die Sequenz 5′-ATGC-3′ ist komplementär zu 5′-GCAT-3′.

konditional (bedingt) letale Mutation Mutation, die dazu führt, daß eine Zelle oder ein Organismus nur unter bestimmten Bedingungen überleben können.

Konjugation Physischer Kontakt zwischen zwei Bakterien, gewöhnlich gekoppelt mit der Übertragung von DNA von einer Zelle in die andere.

Konjugationskartierung Methode, die es erlaubt, die relative Lage bakterieller Gene zu kartieren, indem man die Zeit bestimmt, die jedes Gen während der Konjugation für seine Übertragung benötigt.

konstitutive Gene (*housekeeping genes*, „Haushaltsgene“) Die Gene, deren Produkte die Zelle immer benötigt.

konstitutive Mutante Mutante, bei der ein Gen oder ein Gensatz, die normalerweise reguliert sind, kontinuierlich exprimiert werden.

konventionelles Pseudogen DNA-Sequenz, die einem Gen ähnelt, die aber durch die Ansammlung von Mutationen inaktiv ist.

Kopienzahl Normalerweise die Anzahl von Plasmiden, die eine einzelne Zelle enthält. Auch die Anzahl von Kopien eines Gens, Transposons oder repetitiven Elements in einem Genom.

Kopplung Die räumliche Verbundenheit zweier Gene, die sich daraus ergibt, daß sie auf demselben Chromosom liegen.

Kopplungsgruppe Gruppe von Genen, bei denen eine Kopplung vorliegt. Bei Eukaryoten entspricht eine Kopplungsgruppe normalerweise einem Chromosom.

Korrekturlesen Die Fähigkeit einer DNA-Polymerase, fälschlich eingebaute Nucleotide aufgrund ihrer 3′-5′-Exonuclease-Aktivität zu korrigieren.

Kreuzbefruchtung Befruchtung einer weiblichen Keimzelle mit einer männlichen Keimzelle eines anderen Individuums.

Kreuzstruktur Durch intramolekulare Basenpaarung entstehende kreuzförmige Struktur eines doppelsträngigen DNA-Moleküls, das invertierte Sequenzwiederholungen enthält.

künstliches Bakterienchromosom Klonierungsvektor auf der Grundlage des F-Plasmids; dient zur Klonierung relativ großer DNA-Fragmente in *E. coli*.

künstliches Hefechromosom Siehe YAC.

***lac*-Operon** Gruppe dreier Strukturgene, die Enzyme codieren, die an der Verwertung von Lactose durch *E. coli* beteiligt sind.

Lactose-Repressor (*lac*-Repressor) Das Regulationsprotein, das die Transkription des *lac*-Operons als Reaktion auf den Lactosespiegel in der Umgebung kontrolliert.

Latenzzeit Der Zeitraum zwischen der Injektion eines Phagengenoms in eine Bakterienzelle und dem Zeitpunkt, an dem die Zellyse beginnt.

Leader-Sequenz Der nichttranslatierte Abschnitt eines mRNA-Moleküls oberhalb des Startcodons.

Leseraster Eine der drei überlappenden Abfolgen von Triplettcodons, die in jeder DNA-Sequenz enthalten sind.

Leserasterverschiebung (*frameshift*) Entsteht durch die Insertion oder Deletion einer Gruppe von Nucleotiden, die kein Vielfaches von drei ist. Das verändert das Leseraster, in dem das veränderte Gen translatiert wird, und führt zu Mutationen.

letale Mutation Mutation, die dazu führt, daß eine Zelle oder ein Organismus lebensunfähig wird.

Leucin-Reißverschluß Strukturmotiv mehrerer DNA-bindender Proteine.

LINE (*long interspersed nuclear element*) Eine Form über das Genom verteilter repetitiver DNA, häufig mit Transposonaktivität.

LINE-1 Eines der am besten charakterisierten LINEs des Menschen.

Linker-DNA Die DNA, die Nucleosomen verbindet und die bei dem Perlenkettenmodell der Chromatinstruktur der „Schnur" entspricht.

Locus Lage eines Gens oder eines anderen genetischen Markers auf den Chromosomen.

lysogen Bezeichnung für eine Bakteriophageninfektion, welche die Integration des Phagengenoms in das DNA-Molekül des Wirtes beinhaltet.

Lysozym Enzym, das die Zellwände bestimmter Bakterien schwächt. Verschiedene Phagentypen synthetisieren es, um die Wirtszelle am Ende des Infektionszyklus aufplatzen zu lassen.

lytisch Bezeichnung für eine Bakteriophageninfektion, welche die Wirtszelle sofort nach der anfänglichen Infektion lysiert. Es findet keine Integration des Phagen-DNA-Moleküls in das Wirtsgenom statt.

Makromolekül Allgemein: jedes große Molekül. Speziell in der Biologie: polymere Substanzen wie Nucleinsäuren, Proteine und Polysaccharide.

Marker Siehe genetischer Marker und radioaktiver Marker.

Matrizenstrang Das Polynucleotid eines Gens, das bei der Transkription als Matrize für die RNA-Synthese fungiert.

Meiose Vorgang, der zwei Zellteilungen umfaßt und aus diploiden Zellen haploide entstehen läßt.

menschliches endogenes Retrovirus (*human endogenous retrovirus*, HERV) Typ verstreut liegender, repetitiver Sequenzelemente im menschlichen Genom, die Retroviren ähneln.

Messenger-RNA (mRNA) (Boten-RNA) Transkript eines proteincodierenden Gens.

Metaphasechromosom Chromosom im Metaphasestadium der Zellteilung. Organisierteste Form der Chromosomenstruktur, bei der man das Bandenmuster sichtbar machen kann.

Minimalmedium Medium, das nur das Minimum an verschiedenen Nährstoffen enthält, die ein bestimmtes Bakterium für das Wachstum benötigt.

Missense-Mutation Eine Veränderung der Nucleotidsequenz, die ein Codon, das eine Aminosäure bestimmt, in ein Codon für eine andere Aminosäure verwandelt.

Mitose Vorgang, der zur Teilung einer Zelle in zwei Tochterzellen führt.

Modellbau Experimentelles Verfahren zur Beurteilung möglicher biologischer Strukturen: Man baut die Moleküle maßstabsgetreu nach.

Molekularbiologie Schlecht definierte Bezeichnung für das Gebiet der Biologie, das sich mit der Erforschung der molekularen Eigenschaften der Gene und ihrer biochemischen Reaktionen befaßt, wie zum Beispiel der Transkription und Translation. Nach Chargaff alles, was im *Journal of Molecular Biology* veröffentlicht wird.

Molekulargenetik Heute ein Synonym für „Genetik". Man verwendet es, um zu betonen, daß die Genetik nicht nur die Untersuchung der Vererbung, sondern auch der molekularen Eigenschaften der Gene und ihrer Expression beinhaltet.

Monohybridkreuzung Kreuzung, bei der man den Erbgang eines einzigen Allelpaares verfolgt.

Monomer Eine der Struktureinheiten, aus denen ein Polymer aufgebaut ist.

Mosaikgen Ein gestückeltes Gen.

M-Phase Der Zeitraum des Zellzyklus, in dem die Mitose oder Meiose stattfindet.

Multigenfamilie Gruppe von Genen, die meist (jedoch nicht immer) hintereinander angeordnet sind und sich entweder in ihrer Nucleotidsequenz oder in ihrer Funktion ähneln.

multiple Allele Die verschiedenen Zustandsformen eines Gens, das mehr als zwei Allele besitzt.

Mutagen Chemisches oder physikalisches Agens, das in einem DNA-Molekül eine Mutation verursachen kann.

Mutagenese Behandlung einer Gruppe von Zellen oder Organismen mit einem Mutagen mit dem Ziel, Mutationen zu induzieren.

Mutante Zelle oder Organismus mit anomaler genetischer Beschaffenheit.

Mutation Veränderung in der Nucleotidsequenz eines DNA-Moleküls.

nichthomologe Rekombination Siehe illegitime Rekombination.

nichtpermissiver Wirt Tierart, deren Zellen einem bestimmten Virus die Vermehrung nicht gestatten. In manchen Fällen können solche Zellen durch die Virusinfektion zu Krebszellen werden.

nichtvirales Retroelement Mobiles DNA-Element; transponiert mittels einer RNA-Zwischenform, die durch reverse Transkription in DNA umgewandelt wird. Einige nichtvirale Retroelemente ähneln Retroviren, besitzen jedoch keine Gene für Capsidproteine.

Nonsense-Mutation Eine Veränderung der Nucleotidsequenz, die ein Triplett, das eine Aminosäure codiert, in ein Stopcodon verwandelt.

Nuclease Enzym, das Nucleinsäuremoleküle abbaut.

Nucleinsäure Ursprünglich die saure chemische Substanz, die man aus dem Kern eukaryotischer Zellen isolierte. Jetzt die polymeren Moleküle, die Nucleotidmonomere enthalten: DNA und RNA.

Nucleinsäurehybridisierung Entstehung eines doppelsträngigen Moleküls, wobei sich zwischen komplementären Polynucleotiden Basenpaare bilden.

Nucleoid Der DNA-haltige Bereich in einer prokaryotischen Zelle.

Nucleolus Der Bereich des Zellkerns, in dem die rRNA-Transkription stattfindet.

Nucleoplasma Allgemeine Bezeichnung für das komplexe Molekülgemisch, das die Grundsubstanz des Kerns einer lebenden Zelle darstellt.

Nucleosid Chemische Substanz aus einer Purin- oder Pyrimidinbase, die mit einem Zucker aus fünf Kohlenstoffen verbunden ist.

Nucleosom Die Struktur aus Histonproteinen und DNA, welche die grundlegende Organisationseinheit der Chromatinstruktur bildet.

Nucleotid Chemische Substanz aus einer Purin- oder Pyrimidinbase, einem Zucker aus fünf Kohlenstoffatomen und einem Mono-, Di- oder Triphosphat. Die monomere Untereinheit von DNA und RNA.

offener Promotorkomplex Der Komplex, der sich zwischen einer RNA-Polymerase von *E. coli* und einem Promotor bildet, in dem die Doppelhelix als Vorbereitung auf den Beginn der RNA-Synthese teilweise entwunden wird.

offenes Leseraster Eine Reihe von Codons mit einem Startcodon am 5′-Ende. Häufig synonym mit „Gen" verwendet. Angemessener zur Beschreibung einer DNA-Sequenz, die wie ein Gen aussieht, der man jedoch noch keine Funktion zugeordnet hat.

Okazaki-Fragment Einer der kurzen Abschnitte RNA-gestarteter DNA, die bei der DNA-Replikation während der Synthese des Folgestrangs entstehen.

oligonucleotidgesteuerte Mutagenese Methode der *In-vitro*-Mutagenese, bei der man ein synthetisches Oligonucleotid verwendet, um eine bestimmte Nucleotidveränderung in das Gen einzuführen, das man abwandeln möchte.

Onkogen Gen in einem Retrovirus, das eine Zelltransformation verursachen kann.

Operator Nucleotidsequenzelement, an das sich ein Repressor anlagern kann, um die Transkription eines Gens oder eines Operons zu verhindern.

Paarungstyp (*mating type*) Entsprechung des Geschlechts bei eukaryotischen Mikroorganismen. Bei einer sexuellen Vermehrung verschmelzen Gameten unterschiedlichen Paarungstyps.

Pararetrovirus Ein virales Retroelement, dessen eingekapseltes Genom aus DNA besteht.

partielle Kopplung Die Eigenschaft, die gewöhnlich zwei Gene auf demselben Chromosom besitzen, die wegen der Möglichkeit einer Rekombination nicht immer gemeinsam vererbt werden.

pBR322 Ein künstlich hergestelltes Plasmid, das häufig als Klonierungsvektor in *E. coli* eingesetzt wird.

Penetranz Das Ausmaß, in dem ein Phänotyp exprimiert wird, gemessen als der Anteil von Einzellebewesen mit einem bestimmten Genotyp, die tatsächlich den entsprechenden Phänotyp aufweisen.

Peptidbindung Die chemische Bindung, die in einem Polypeptid benachbarte Aminosäuren verbindet.

Peptidyl- oder P-Stelle Die Stelle auf dem Ribosom, an welche die mit dem wachsenden Polypeptid assoziierte tRNA während der Translation gebunden ist.

Peptidyltransferase Das Enzym, das bei der Translation für die Synthese der Peptidbindung verantwortlich ist.

Phänotyp Die wahrnehmbaren Eigenschaften einer Zelle oder eines Organismus.

Phosphodiesterbindung Die chemische Bindung, die in einem Polynucleotid benachbarte Nucleotide verbindet.

Photoreaktivierung DNA-Reparatursystem, bei dem ein lichtaktiviertes Enzym Thymindimere korrigiert.

Plaque Klare Zone in einem Bakterienrasen, die durch die Lyse phageninfizierter Zellen entsteht.

Plasmid Gewöhnlich ringförmiges DNA-Stück, prinzipiell unabhängig vom Wirtsgenom. Man findet es häufig in Bakterien und einigen anderen Zellarten.

Plasmidamplifikation Inkubation plasmidhaltiger Zellen mit einem Proteinsyntheseinhibitor. Führt bei manchen Plasmiden zu einer beträchtlich erhöhten Kopienzahl.

Pleiotropie Die Fähigkeit eines einzelnen Gens, einen komplexen Phänotyp hervorzubringen, der auf zwei oder mehr Eigenschaften beruht.

polar Bezeichnung für eine hydrophile (wasserliebende) chemische Gruppe.

polare Mutation Mutation in einem Gen, welche die Expression anderer, stromabwärts gelegener Gene beeinflußt.

Polyadenylierung Das Anfügen einer Reihe von Adeninresten an das 3′-Ende eines eukaryotischen mRNA-Moleküls nach Beendigung der Transkription.

Poly(A)-Polymerase Das Enzym, das eukaryotische mRNA-Moleküle polyadenyliert.

Polymer Chemische Substanz, deren Moleküle lange Ketten identischer oder ähnlicher Untereinheiten sind.

Polymerasekettenreaktion (*polymerase chain reaction* oder PCR) Methode, mit der man durch enzymatische Amplifizierung einer Zielsequenz viele Kopien eines DNA-Moleküls erzeugen kann.

Polymorphismus Variable DNA-Sequenz, die als eine Anzahl unterschiedlicher, jedoch verwandter Formen vorkommen kann.

Polynucleotid Polymer aus Nucleotiduntereinheiten.

Polynucleotid-Phosphorylase Enzym, das Polynucleotide ohne Matrize aus Nucleotiduntereinheiten synthetisieren kann. Man verwendete sie bei der Aufklärung des genetischen Codes zur Herstellung künstlicher mRNA.

Polyprotein Translationsprodukt aus mehreren Proteinen, die zu einem einzigen Polypeptid verbunden sind; wird durch proteolytische Spaltung so weiterverarbeitet, daß reife Proteine entstehen.

Polysom mRNA-Molekül, an das bei der Translation mehrere Ribosomen gleichzeitig angeheftet sind.

Prä-mRNA Das primäre, nicht weiterverarbeitete Transkript eines proteincodierenden Gens.

Prä-rRNA Das primäre, nicht weiterverarbeitete Transkript eines Gens oder einer Gruppe von Genen, welche die rRNA-Moleküle codieren.

Prä-tRNA Das primäre, nicht weiterverarbeitete Transkript eines Gens oder einer Gruppe von Genen, welche die tRNA-Moleküle codieren.

Prä-Primingkomplex Struktur aus mehreren Proteinen, die sich bei *E. coli* an den Replikationsstartpunkt heften und die DNA-Replikation in Gang setzen.

Prä-Startkomplex Struktur aus RNA-Polymerase-II und Transkriptionsfaktoren, die sich an der TATA-Box oberhalb eukaryotischer Gene bildet.

Pribnow-Box Bestandteil der Nucleotidsequenz des prokaryotischen Promotors.

Primärtranskript Das direkte Produkt der Transkription eines Gens oder einer Gruppe von Genen, das anschließend zu einem reifen Transkript (oder auch mehreren) weiterverarbeitet wird.

Primase Die RNA-Polymerase, welche die Primer für den Start der Replikation eines DNA-Polynucleotids synthetisiert.

Primer Kurzes Oligonucleotid, das sich an ein einzelsträngiges DNA-Molekül anlagert und so einen Startpunkt für die DNA-Replikation bildet.

Primosom Die Struktur aus mehreren verschiedenen Proteinen, die für die Initiation der DNA-Replikation sorgt, einschließlich des Beginns der Synthese der Okazaki-Fragmente.

Prion Ungewöhnliches infektiöses Agens, das anscheinend nur aus Protein ohne Nucleinsäure besteht.

Proflavin Chemisches Mutagen, ein Acridinfarbstoff, mit dem man zu Versuchszwecken häufig Mutationen induziert.

Prokaryot Organismus, dessen Zellen ein abgegrenzter Kern und ganz allgemein Membranstrukturen fehlen.

promiskuitive DNA DNA-Sequenz aus dem Chloroplastengenom, die sich jedoch in der mitochondrialen DNA eines photosynthetischen Organismus befindet.

Promotor Die Nucleotidsequenz oberhalb eines Gens, an die sich die RNA-Polymerase bei der Initiierung der Transkription anheftet.

Prophage Die integrierte Form des DNA-Moleküls eines lysogenen Phagen.

Protease Enzym, das Proteine abbaut.

Proteindesign Sammelbegriff für mehrere Verfahren (unter anderem Mutagenese von Genen) zur gezielten Abwandlung von Proteinmolekülen; dient häufig dazu, die Eigenschaften von Enzymen zu industriellen Zwecken zu verbessern.

Proteine Die polymeren Substanzen, die aus Aminosäureuntereinheiten bestehen.

Proteom Die Gesamtausstattung einer Zelle mit Proteinen.

Protomer Eine der einzelnen Polypeptiduntereinheiten, die zusammen die Proteinhülle eines Virus bilden.

Protoplast Zelle, von der man die gesamte Zellwand entfernt hat.

prototroph Bezeichnung für einen Organismus, der die gleiche Nahrung wie der Wildtyp benötigt und deshalb in Minimalmedium wachsen kann.

Provirus Die DNA-Kopie eines Retrovirusgenoms, die sich in die chromosomale Wirts-DNA integriert hat.

Pseudogen Nucleotidsequenz, die einem funktionsfähigen Gen ähnelt, in der jedoch die biologische Information durcheinandergeraten ist, so daß das Pseudogen selbst nicht funktioniert.

5′-P-Terminus Das Ende eines Polynucleotids, das mit einem Mono-, Di- oder Triphosphat am 5′-Kohlenstoff des Zuckers endet.

Punktmutation Mutation, die auf dem Austausch eines einzelnen Nucleotids in einem DNA-Molekül beruht.

Punnett-Schema Eine Tabelle, mit der man die Genotypen der Nachkommen vorhersagen kann, wenn man bei einer Kreuzung mehrere Allele verfolgt.

Purin Eine der beiden Arten von Stickstoffbasen, die Bestandteile von Nucleotiden sind.

Pyrimidin Eine der beiden Arten von Stickstoffbasen, die Bestandteile von Nucleotiden sind.

quantitativer Phänotyp Phänotyp, wie zum Beispiel die Größe, der innerhalb einer Population ein kontinuierliches Verteilungsmuster aufweist und typischerweise dem kombinierten Einfluß mehrerer Gene unterliegt.

radioaktiver Marker Radioaktives Atom, das in eine chemische Substanz eingebaut ist und dessen radioaktive Strahlung man ausnutzen kann, um die Substanz während einer biochemischen Reaktion nachzuweisen und zu verfolgen.

radioaktive Markierung Methode, bei der man ein radioaktives Atom an ein chemisches Molekül oder Makromolekül anhängt, zum Beispiel der Einbau von ^{32}P-dATP in DNA.

Redigieren von RNA (*RNA-editing*) Vorgang, bei dem nach der Transkription nicht vom Gen codierte Nucleotide an bestimmten Stellen in ein mRNA-Molekül eingefügt werden.

Regulationsgen Gen für ein Protein (wie zum Beispiel einen Repressor), das an der Regulation der Expression anderer Gene beteiligt ist.

Reifungs-Förderfaktor (*maturation promoting factor*) Protein von *Saccharomyces cerevisiae*, das die Mitose fördert und für den Übergang der Zelle über den Ausgangspunkt des Zellzyklus hinaus benötigt wird.

Rekombinante Zelle, die aus einer Kreuzung entstanden ist und bei den untersuchten Allelen nicht die elterlichen Kombinationen aufweist.

rekombinantes Protein Polypeptid, das infolge der Expression eines klonierten Gens in einer rekombinanten Zelle synthetisiert wird.

Rekombination Physikalischer Vorgang, der den Austausch von Polynucleotidabschnitten zwischen zwei DNA-Molekülen bewirkt und damit bei einer Kreuzung zu Nachkommen führen kann, die andere Allelkombinationen als die Elternteile besitzen.

Rekombinationsfrequenz Der Anteil von rekombinierten Nachkommen in bezug auf die gesamte Nachkommenschaft einer Kreuzung.

rekombiniertes DNA-Molekül DNA-Molekül, das im Reagenzglas durch das Verbinden von DNA-Stücken entstanden ist, die normalerweise nicht zusammengehören.

relaxiertes Plasmid Plasmid, dessen Replikation nicht an die Replikation des Wirtsgenoms gekoppelt ist und das deshalb in der Zelle in mehreren oder vielen Kopien vorkommen kann.

Renaturierung Die Rückkehr eines denaturierten Moleküls zu seinem natürlichen Zustand.

repetitive DNA DNA-Sequenz, die sich mehrere Male in einem DNA-Molekül oder in einem Genom wiederholt.

Replikaplattierung Methode, mit der man die Kolonien einer Agarplatte insgesamt auf eine neue Platte überträgt, auf der die Kolonien in derselben Anordnung wie zuvor wachsen.

Replikationsgabel Der Bereich eines doppelsträngigen DNA-Moleküls, an dem sich die Elternstränge trennen, damit die Replikation stattfinden kann.

Replikationsstartpunkt Stelle auf einem DNA-Molekül, an der die Entwindung beginnt, damit die Replikation stattfinden kann.

Reportergen Gen, dessen Phänotyp man in einem transformierten Organismus testen kann und das man zum Beispiel bei der Deletionsanalyse von Regulationssequenzen einsetzen kann.

Restriktionsendonuclease Enzym, das DNA-Moleküle nur an einer begrenzten Anzahl spezifischer Basensequenzen schneidet.

Retrovirus Virales Retroelement, dessen eingekapseltes Genom aus RNA besteht.

Reverse Transkriptase Enzym, das eine DNA-Kopie einer RNA-Matrize synthetisiert.

rezessiv Bezeichnet das Allel, dessen Phänotyp in einem heterozygoten Organismus nicht exprimiert wird.

Rho Protein, das für die Termination einiger prokaryotischer Transkripte benötigt wird.

Rho-abhängiger Terminator Nucleotidsequenz, die zusammen mit dem Rho-Faktor bei Prokaryoten zur Beendigung der Transkription führt.

Rho-unabhängiger Terminator Nucleotidsequenz, die unabhängig vom Rho-Faktor bei Prokaryoten zur Beendigung der Transkription führt.

Ribonuclease Enzym, das RNA abbaut.

Ribosomen Protein-RNA-Strukturen, an denen die Translation abläuft.

ribosomale RNA (rRNA) Die RNA-Moleküle, die als Strukturelemente der Ribosomen fungieren.

Ribosomenbindungsstelle Die Nucleotidsequenz, die in einem RNA-Molekül als Anheftungsstelle für ein Ribosom dient.

Ribozym RNA-Molekül, das katalytische Aktivität besitzt.

RNA (*ribonucleic acid*) Ribonucleinsäure, eine der beiden Nucleinsäurearten in lebenden Zellen.

RNA editing Siehe Redigieren von RNA.

RNA-Polymerase Enzym, das eine RNA-Kopie von einer DNA-Matrize synthetisieren kann.

RNase D Das Enzym, das durch Schneiden am 3′-Ende der reifen tRNA-Sequenzen die Prä-tRNA verarbeitet.

RNase P Das Enzym, das durch Schneiden am 5′-Ende der reifen tRNA-Sequenzen die Prä-tRNA verarbeitet.

RNA-Transkript RNA-Kopie eines Gens.

Röntgenbeugungsmuster Das Punktmuster auf einem Röntgenfilm, das entsteht, wenn man Röntgenstrahlen durch einen Kristall schickt.

Röntgenstrukturanalyse Methode zur Aufklärung der Molekülstruktur: Man analysiert die Winkel, in denen ein Kristall der Substanz Röntgenstrahlen beugt.

Rollender-Ring-Replikation Strategie, die es ermöglicht, in kurzer Zeit eine große Anzahl Kopien eines ringförmigen DNA-Moleküls zu synthetisieren.

Rückmutation Mutation, welche die Wirkung einer vorherigen Mutation rückgängig macht, indem sie die ursprüngliche Nucleotidsequenz wiederherstellt.

Satelliten-DNA DNA aus gehäuft auftretenden, repetitiven Sequenzen, so genannt, weil sie in einem Dichtegradienten eine Satellitenbande bildet.

Satellitenvirus Kleines Virusgenom, das sich im Capsid eines zweiten Virus von Zelle zu Zelle bewegt.

„Satzzeichen-Codon“ Codon, das Anfang oder Ende eines Gens signalisiert.

Scanning Hypothetisches System für die Initiation der eukaryotischen Translation, bei dem sich das Ribosom an die 5′-terminale Cap-Struktur der mRNA anheftet und dann an dem Molekül entlanggleitet, bis es ein Startcodon erreicht.

Schmelzen Denaturierung eines doppelsträngigen DNA-Moleküls in Polynucleotide, die nicht mehr durch Basenpaare verbunden sind, meist (jedoch nicht ausschließlich) durch Erhitzen.

Schwebedichte Die Dichte, die ein Molekül oder Teilchen in einer wässerigen Salz- oder Zuckerlösung besitzt.

Schrotschußverfahren Strategie zur DNA-Sequenzierung: Das zu untersuchende Molekül wird in Zufallsfragmente zerlegt, die man dann einzeln sequenziert.

second-site-reversion Eine zweite Mutation, die den Effekt einer vorherigen Mutation in demselben Gen ausgleicht, ohne jedoch die ursprüngliche Nucleotidsequenz wiederherzustellen.

Sedimentationsgeschwindigkeitsanalyse Methode, welche die Masse eines Moleküls oder eines Teilchens anhand der Geschwindigkeit bestimmt, mit der es durch eine dichte Lösung sedimentiert, wenn man es einer großen Zentrifugalkraft aussetzt.

Sedimentationskoeffizient Wert zur Angabe der Geschwindigkeit, mit der ein Molekül oder eine Struktur beim Zentrifugieren einer dichten Lösung sedimentiert.

Segregation Die Verteilung homologer Chromosomen oder Allelpaare in unterschiedliche Gameten während der Meiose.

S1-Nuclease Enzym, das spezifisch einzelsträngige Moleküle oder einzelsträngige Bereiche vorwiegend doppelsträngiger Nucleinsäuremoleküle abbaut.

Selbstbefruchtung Befruchtung eines weiblichen Gameten durch einen männlichen Gameten desselben Individuums.

selektives Medium Medium, das nur das Wachstum von Zellen mit einem bestimmten genetischen Marker fördert.

semikonservative Replikation Die Art der DNA-Replikation, bei der jede Tochterdoppelhelix ein Polynucleotid von der Eltern-DNA und ein neu synthetisiertes Polynucleotid enthält.

sequenzspezifische Rekombination Rekombination zwischen zwei doppelsträngigen DNA-Molekülen, die sich nur in kurzen Bereichen der Nucleotidsequenz ähneln.

Serotyp Bakterienstamm, der sich von anderen Serotypen derselben Art aufgrund immunologischer Eigenschaften unterscheidet.

Sexpilus Röhrchenähnliche Struktur der äußeren Membran von F^+-Bakterien, die vermutlich an der DNA-Übertragung während der Konjugation beteiligt ist.

Shine-Dalgarno-Sequenz Die Ribosomenbindungsstelle von *E. coli*.

Silencer DNA-Sequenz bei Eukaryoten, welche die Expression eines Gens abschwächt.

SINE (*short interspersed nuclear element*) Eine Form über das Genom verteilter, repetitiver DNA. Typische Vertreter sind die *Alu*-Sequenzen des menschlichen Genoms.

snRNA (*small nuclear RNA*) RNA-Fraktion im Zellkern aus relativ kleinen Molekülen, die vermutlich am Spleißen und an anderen Schritten der Weiterverarbeitung von Transkripten beteiligt sind.

snRNP (*small nuclear ribonucleoprotein*) Die Partikel im Zellkern, die aus ein oder zwei snRNA-Molekülen in Verbindung mit Proteinen bestehen.

somatische Zelle Zelle, die keine Fortpflanzungszelle ist, das heißt eine Zelle, die sich mittels Mitose teilt.

SOS-Reaktion Die Reaktion von *E. coli* auf DNA-Schäden, die durch ultraviolettes Licht oder andere Agentien entstehen. Umfaßt die Synthese von Reparatursystemen und anderen Enzymen.

späte Gene Bakteriophagengene, die während späterer Stadien des Infektionszyklus exprimiert werden. Späte Gene codieren gewöhnlich Proteine, die für die Synthese neuer Phagenpartikel notwendig sind.

spezielle Transduktion Das Ergebnis des ungenauen Herausschneidens eines Prophagen aus dem Wirtsgenom mit dem Ergebnis, daß die neuen Phagenpartikel Phagen-DNA und einige Bakteriengene enthalten, die während des nächsten Infektionszyklus in ein anderes Bakterium übertragen werden.

S-Phase Der Zeitraum des Zellzyklus, in dem die DNA-Synthese stattfindet.

Spleißen Die Entfernung von Introns aus dem Primärtranskript eines gestückelten Gens.

Spleißosom (*spliceosome*) Die Protein-RNA-Struktur, die vermutlich für das Spleißen verantwortlich ist.

spontane Mutationsrate Bezieht sich auf Mutationen, die natürlich vorkommen, ohne eine künstliche mutagene Behandlung.

stabile RNA RNA-Moleküle wie rRNA oder tRNA, jedoch nicht mRNA, die in der Zelle keinem schnellen Umsatz unterliegen.

Stammbaum Diagramm der genetischen Verwandtschaftsbeziehungen in einer Familie.

Stammbaumanalyse Analyse der Vererbung genetischer Marker anhand von Stammbäumen.

Startcodon Das Codon, das Startpunkt für die Translation einer mRNA ist, üblicherweise, jedoch nicht ausschließlich, 5′-AUG-3′.

Startpunkt-Erkennungskomplex Komplex aus Proteinen, die bei Eukaryoten an den Startpunkt der DNA-Replikation binden.

stickstoffhaltige Base Eine der Purin- oder Pyrimidinkomponenten, die einen Teil der molekularen Struktur eines Nucleotids bilden.

Stopcodon Eines von drei Codons (5′-UAA-3′, 5′-UAG-3′ und 5′-UGA-3′), welche den Endpunkt der Translation einer mRNA festlegen.

stringentes Plasmid Plasmid, das in der Zelle in einer niedrigen Kopienzahl vorliegt.

stromabwärts In Richtung des 3′-Endes eines Polynucleotids.

stromaufwärts In Richtung des 5′-Endes eines Polynucleotids.

stromaufwärts gelegene Promotorelemente Teile der Promotoren für Gene, die von der RNA-Polymerase-II transkribiert werden, unter anderem die GC- und CAAT-Boxen.

Strukturgen Gen für ein RNA-Molekül oder ein Protein, das kein Regulationsprotein ist.

stumme Mutation Änderung der DNA-Sequenz, die keinen Einfluß auf die Expression oder Funktion eines Gens oder Genprodukts hat.

Suppression Mutation in einem Gen, welche die Wirkung einer vorherigen Mutation in einem anderen Gen aufhebt.

S-Wert Die Maßeinheit eines Sedimentationskoeffizienten.

Tandemwiederholung Direkte Sequenzwiederholungen, die ohne andere zwischengeschaltete DNA nebeneinanderliegen.

TATA-bindendes Protein (TBP) Das Protein, das die TATA-Box oberhalb eines eukaryotischen Gens erkennt und an sie bindet, so daß das Gen von der RNA-Polymerase-II transkribiert werden kann.

TATA-Box Bestandteil der Nucleotidsequenz im prokaryotischen Promotor.

tautomere Umlagerung Spontane Umwandlung eines Moleküls von einem Strukturisomer in ein anderes.

Telomer Das Ende eines Chromosoms.

Telomerase Das Enzym, das die Enden von Chromosomen stabilisiert, indem es an den Telomeren Wiederholungssequenzen synthetisiert.

temperatursensitive Mutation Form einer konditional letalen Mutation. Sie ist nur oberhalb einer bestimmten Temperaturschwelle wirksam.

temperenter Phage Bakteriophage, der eine lysogene Infektion durchführen kann.

Testkreuzung Kreuzung zwischen einem heterozygoten und einem rezessiv homozygoten Organismus.

Tetrade Die vier haploiden Zellen, die bei einem eukaryotischen Mikroorganismus aus einer einzelnen meiotischen Teilung hervorgehen.

Θ-Form Zwischenstufe bei bestimmten Arten der DNA-Replikation.

Thymin Pyrimidin, eine der stickstoffhaltigen Basen der DNA.

Ti-Plasmid Das große Plasmid in den Zellen von *Agrobacterium tumefaciens*, das man als Ausgangsmaterial zur Konstruktion mehrerer Klonierungsvektoren für höhere Pflanzen benutzt hat.

***Tra*-Gene** Gruppe von Genen auf dem F-Plasmid; sie codieren Proteine, die während der Konjugation an der DNA-Übertragung beteiligt sind.

Trailer-Sequenz Der nicht translatierte Bereich stromabwärts vom Stopcodon eines mRNA-Moleküls.

Transduktion Die Übertragung bakterieller Gene von Zelle zu Zelle durch zufälliges Verpacken in ein Phagenpartikel während der Infektion.

Transduktionskartierung Die Durchführung von Transduktionsversuchen zur Bestimmung der relativen Lage von zwei oder mehr Genen auf einem bakteriellen DNA-Molekül.

Transfektion Das Einschleusen gereinigter Bakteriophagen-DNA in ein Bakterium.

Transfer-RNA (tRNA) Eines der kleinen RNA-Moleküle, die während der Translation als Adapter fungieren und für die Entschlüsselung des genetischen Codes verantwortlich sind.

Transformante Zelle, die durch Aufnahme nackter DNA transformiert wurde.

Transformation Die Aufnahme neuer Gene durch eine Zelle in Form isolierter DNA.

Transformation, bakterielle Transformation eines Bakteriums von einer Form in eine andere oder Annahme einer neuen Eigenschaft durch ein Bakterium aufgrund der Aufnahme genetischen Materials.

Transformationskartierung Die Durchführung von Transformationsversuchen zur Bestimmung der relativen Lage von zwei oder mehr Genen auf einem Molekül der Bakterien-DNA.

transformierendes (aktives) Prinzip Die chemische Substanz, die *Streptococcus*-Bakterien von einem Serotyp in einen anderen umwandelt. Avery und seine Kollegen konnten zeigen, daß es sich dabei um DNA handelt.

Transition Punktmutation, die dazu führt, daß ein Purin ein anderes Purin oder ein Pyrimidin ein anderes Pyrimidin ersetzt.

Transkript RNA-Kopie eines Gens.

Transkription Die Synthese einer RNA-Kopie eines Gens.

Transkriptionsanalyse Versuche, die bestimmen sollen, welche Bereiche eines DNA-Moleküls in RNA transkribiert werden.

Transkriptionsfaktor Protein, das an der Initiation eines eukaryotischen Transkripts beteiligt ist.

Translation Die Synthese eines Polypeptids, dessen Sequenz nach den Regeln des genetischen Codes durch die Nucleotidsequenz einer mRNA bestimmt wird.

Translokation Die Bewegung eines Ribosoms auf einem mRNA-Molekül von einem Codon zum nächsten während der Translation.

transponierbares Element Genetisches Element, das sich auf einem DNA-Molekül von einem Ort zu einem anderen fortbewegen kann.

Transposase Das Enzym, das die Fortbewegung eines transponierbaren Elements katalysiert.

Transposition Die Bewegung eines genetischen Elements auf der DNA von einem Ort zu einem anderen.

Transversion Punktmutation, die dazu führt, daß ein Pyrimidin ein Purin ersetzt oder umgekehrt.

Triplettbindungsversuch Methode, mit der man die Codierungsspezifität eines Nucleotidtripletts bestimmen kann.

tRNA-Deacylase Das Enzym, das während der Translation die Bindung zwischen einem tRNA-Molekül und dem wachsenden Polypeptid spaltet.

tRNA-Nucleotidyltransferase Das Enzym, das nach der Transkription die Nucleotidsequenz 5′-CCA-3′ an das 3′-Ende eines tRNA-Moleküls anhängt.

überhängende Enden (*cohesive ends*) Enden eines doppelsträngigen DNA-Moleküls, bei denen es einen einzelsträngigen Überhang gibt.

überlappende Gene Zwei Gene, deren codierende Bereiche sich ganz oder teilweise überlappen.

Überspiralisierung (*supercoiling*) Konformation, in der eine Doppelhelix stärker oder schwächer verdrillt ist, so daß eine superhelikale Spiralisierung entsteht.

Ultrazentrifuge Maschine, mit der man Proben hohen Gravitationskräften aussetzen kann, indem man sie mit sehr hoher Geschwindigkeit zentrifugiert.

Umsatzgeschwindigkeit (*turnover rate*) Die Geschwindigkeit, mit der eine Molekülpopulation in der Zelle abgebaut wird.

unpolar Bezeichnung für eine hydrophobe (wassermeidende) chemische Gruppe.

unteilbarer Faktor Begriff, den Mendel für das Gen benutzte.

unterbrochene Paarung Künstliche Beendigung der Konjugation zwischen Bakterien, häufig durch kräftiges Schütteln der Kultur; Teil der Methode zur Konjugationskartierung von Bakeriengenen.

Uracil Pyrimidin, eine der stickstoffhaltigen Basen der RNA.

U-RNA RNA-Molekül im Zellkern, das am Spleißen und anderen Schritten der Transkriptverarbeitung beteiligt ist.

UV-Spektroskopie Die Bestimmung der Menge an ultraviolettem Licht, die eine Probe absorbiert. Man setzt sie zur Identifizierung chemischer Substanzen und zur Konzentrationsbestimmung von Nucleinsäurelösungen ein.

vegetative Zelle Zelle, die keine Fortpflanzungszelle ist, sondern sich durch Mitose teilt.

Vererbung Die Weitergabe von Eigenschaften von Eltern zu Nachkommen.

virales Retroelement Virus, zu dessen Genomreplikation eine reverse Transkription gehört.

Virion Proteinhülle eines Virus.

virulent Bezieht sich auf einen Bakteriophagen mit einer lytischen Infektionsform.

Virus Infizierendes Teilchen aus Protein und Nucleinsäure, das als Parasit eine Wirtszelle benötigt, um sich replizieren zu können.

v-*onc* Die Version eines Onkogens, die zu einem transformierenden Retrovirus gehört.

Wandern auf dem Chromosom (*chromosome walking*) Eine gentechnische Methode, mit der man eine Reihe überlappender Restriktionsfragmente identifizieren kann. Häufig setzt man sie zur Bestimmung der relativen Positionen von Genen auf großen DNA-Molekülen ein.

Wasserstoffbrücken Relativ schwache chemische Bindung, die jedoch für die Stabilisierung der höhergradigen Struktur vieler Biomoleküle von großer Bedeutung ist.

weiterverarbeitetes Pseudogen Pseudogen, dessen Sequenz der mRNA-Kopie des ursprünglichen Gens ähnelt und das vermutlich durch die Integration eines DNA-Abschnitts in das Genom entstand, der sich durch reverse Transkription der mRNA gebildet hatte.

Wildtyp Ein Gen, eine Zelle oder ein Organismus mit dem typischen Phänotyp und/oder Genotyp der betreffenden Art; gilt daher als ein Standard.

***Wobble*-Hypothese** Die 1966 von Crick vorgeschlagene Hypothese, die erklärt, wie eine einzige tRNA mit nur einem Anticodon mehr als ein Codon erkennen kann.

YAC (*yeast artificial chromosome*, künstliches Hefechromosom) Klonierungsvektor aus Strukturkomponenten eines Hefechromosoms, in dem man sehr große DNA-Stücke klonieren kann.

YEp (*yeast episomal plasmid*) Hefevektor, der den Replikationsursprung des 2-μm-Plasmids von Hefe enthält.

YIp (*yeast integrative plasmid*) Hefevektor, der für die Replikation die Integration in ein Wirtschromosom benötigt.

Z-DNA Strukturform der DNA, bei der die beiden Polynucleotide zu einer linkshändigen Helix gewunden sind.

zellfreies Proteinsynthesesystem Zellextrakt, der alle für die Proteinsynthese erforderlichen Komponenten enthält (zum Beispiel Ribosomenuntereinheiten, tRNAs, Aminosäuren, Enzyme und Cofaktoren) und der zugesetzte mRNA-Moleküle translatieren kann.

Zellkern Die von einer Membran begrenzte Struktur in einer eukaryotischen Zelle, welche die Chromosomen enthält.

Zelltransformation Die Veränderung morphologischer und biochemischer Eigenschaften, die auftritt, wenn ein onkogenes Virus eine Tierzelle infiziert.

Zellzyklus Zeit zwischen zwei Zellteilungen.

zentrales Dogma Die Schlüsselhypothese der Molekularbiologie, die 1958 von Crick entwickelt wurde. Sie besagt, daß die genetische Information stets von der DNA über die RNA zum Protein fließt.

Zinkfinger Strukturmotiv in mehreren DNA-bindenden Proteinen.

Zygote Die Zelle, die bei der Verschmelzung zweier Sameten während der Befruchtung entsteht.

Weiterführende Literatur

Wenn Sie dieses Buch durchgearbeitet haben, können Sie sich mit genetischen Lehrbüchern für Fortgeschrittene befassen. Drei solcher Werke sind vorbehaltlos zu empfehlen:

Griffiths, A.J.F.; Miller, J.H.; Suzuki, D.T. et al. *An Introduction to Genetic Analysis.* 6. Aufl. New York (Freeman) 1996.
[Das beste Lehrbuch über alle Aspekte der Mendelschen Genetik und der Genkartierung.]

Strachan, T.; Read, A.P. *Molekulare Humangenetik.* Heidelberg/Berlin (Spektrum Akademischer Verlag) 1996.
[Ein ausgezeichnetes Buch über alle Aspekte des menschlichen Genoms.]

Kendrew, J. (Hrsg.) *The Encyclopedia of Molecular Biology* Oxford (Blackwell Science) 1994.
[Eine verständliche, umfassende Darstellung aller Aspekte von Genetik und Molekularbiologie.]

Die Genetik entwickelt sich mit großem Tempo weiter, und das einzige Mittel, um mit den Neuerungen auf dem laufenden zu bleiben, sind die Fachzeitschriften. Die besten Zeitschriften von allgemeinem Interesse sind *Science* und *Nature*; in beiden erscheinen nicht nur Originalarbeiten, in denen die Forschungsgruppen ihre Ergebnisse beschreiben, sondern auch kurze Übersichtsartikel. Ausführlichere zusammenfassende Darstellungen findet man in *Trends in Genetics* und *Trends in Biochemical Sciences* – letztere enthält regelmäßig auch Aufsätze über Genexpression.

Zusätzliche deutschsprachige Literatur:

Große und mittlere Lehrbücher der Genetik

Hennig, W. *Genetik.* 2. Aufl. Berlin/Heidelberg/New York (Springer) 1998.

Knippers, R. *Molekulare Genetik.* 6. Aufl. Stuttgart (Thieme) 1995.

Lewin, B. *Molekularbiologie der Gene.* Heidelberg/Berlin (Spektrum Akademischer Verlag) 1998.

Seyffert, W. et al. (Hrsg.) *Lehrbuch der Genetik.* Stuttgart (Gustav Fischer) 1998.

Gentechnische Methoden

Brown, T.A. *Gentechnologie für Einsteiger.* 2. Aufl. Heidelberg/Berlin (Spektrum Akademischer Verlag) 1996.

Gassen, H.G.; Schrimpf, G. (Hrsg.) *Gentechnische Methoden.* 2. Aufl. Stuttgart (Gustav Fischer) 1999.

Nicholl, D.S.T. *Gentechnische Methoden.* Heidelberg/Berlin (Spektrum Akademischer Verlag) 1995.

Index

A

B

E

L

M

T